高等院校规划教材

有机化学
Organic Chemistry

（上 册）

刘庆俭　编著

内容提要

本书是高等学校有机化学教材,供各类相关专业使用,包括化学、应用化学、化工、制药等。

本书分上下两册,按官能团分类讨论,包括饱和烃、不饱和烃(烯与炔)、芳香烃、卤代烃、醇酚醚、醛酮醌、羧酸及其衍生物、含氮化合物、含硫化合物、元素与金属有机化合物、杂环化合物、生物分子(糖、氨基酸与蛋白质、核酸、天然产物——类脂、萜类、甾体与生物碱)。

全书分为 16 章(含导论),上册插入立体化学与有机化合物波谱解析 2 章,共 8 章,分别介绍:导论、饱和烃、立体化学、不饱和烃(烯与炔)、波谱解析、芳香烃、卤代烃和醇酚醚。

图书在版编目(CIP)数据

有机化学. 上册/刘庆俭编著. -- 上海:同济大学出版社,2018.11
 ISBN 978-7-5608-8161-4

Ⅰ. ①有… Ⅱ. ①刘… Ⅲ. ①有机化学-高等学校-教材 Ⅳ. ①O62

中国版本图书馆 CIP 数据核字(2018)第 213018 号

有机化学(上册)

刘庆俭　编著

| 责任编辑 | 张智中 | 责任校对 | 徐春莲 | 封面设计 | 钱如潺 |

出版发行	同济大学出版社　　www.tongjipress.com.cn
	(地址:上海市四平路1239号　邮编:200092　电话:021-65985622)
经　　销	全国各地新华书店
排　　版	南京月叶图文制作有限公司
印　　刷	江苏启东市人民印刷有限公司
开　　本	787 mm×1 092 mm　1/16
印　　张	29
字　　数	724 000
版　　次	2018 年 11 月第 1 版　　2018 年 11 月第 1 次印刷
书　　号	ISBN 978-7-5608-8161-4
定　　价	89.00 元

本书若有印装质量问题,请向本社发行部调换　　版权所有　侵权必究

前　言

本书是高等学校有机化学教材,可供化学、应用化学、化工、制药、高分子化学以及医学、卫生、生物、食品、环境、材料等专业本、专科有机化学教学用。

全书分上下册。基本按官能团分类排列,包括烷烃(饱和烃)、不饱和烃(烯与炔)、芳香烃、卤代烃、醇酚醚、醛酮醌、羧酸及其衍生物、含氮化合物、含硫化合物、元素与金属有机化合物、杂环化合物、生物分子(糖、氨基酸与蛋白质、核酸、天然产物——类脂、萜类、甾体与生物碱),中间插入立体化学与波谱解析两章,周环反应放在最后。

本书在章节编排与行文上力求简明。如把烯与炔作为不饱和烃一章,传统的糖、氨基酸与蛋白质、核酸、天然产物——类脂、萜类、甾体与生物碱四章合而为生物分子一章,也符合现代学科的发展与分类。这样,官能团只有12章,加专题3章,共15章。本书将专题部分立体化学和波谱解析往前放,一些基本概念和理论都尽可能提前介绍,以便读者在后续各章中通过反复应用,逐渐加深理解,并掌握它们。立体化学放在不饱和烃之前讲,这样烯炔反应的立体化学可以深入讨论。波谱解析放在芳香烃之前,除增加应用外,想藉此讨论芳香性。本书尽可能多地介绍反应,尽可能反映学科的发展与研究成果。鉴于已单独开设高分子化学课程,因此本书不再专章讨论合成高分子。本书这样处理是想强调而且体现有机化学的系统性与完整性。

各章行文中插入了大量的问题,供读者有针对性地练习时使用。每章给出了一定量的习题,但大多不够全面而且量还较少,只能希望再版时补充。同时,作者将尽快编写相应的习题与解答。

本书尽量按照双语教材的目标要求编写,专业术语都给出英文,以人名命名的反应和某些专业名词如 carbene, nitrene, ylide 等不再翻译成中文。

本书是作者多年来的有机化学教学积累与总结,体现了作者的努力、探索与实践。教学是一门艺术。对内容如何取舍、如何传授,因人而异。

感谢化学院领导的支持。

感谢我的学生,感谢每一届学生对我的帮助、支持与鼓励。

我的研究生刘燕绘制了第11~13章的结构与反应图式,谨此致谢。

限于作者水平所限,疏漏、不妥甚至错误之处在所难免,敬请读者批评指正。

刘庆俭

济南,山东师范大学

2018年10月20日

目 录

前言

导论 Introduction ·· 1
  0.1 有机化合物与有机化学 ··· 1
    0.1.1 有机化合物与有机化学 ··· 1
    0.1.2 有机化合物的特点 ··· 1
    0.1.3 有机化合物的分类 ··· 2
    0.1.4 有机化学的发展 ·· 3
    0.1.5 有机化学的重要性 ··· 5
    0.1.6 如何学习有机化学 ··· 5
  0.2 有机化合物的结构理论 ··· 5
    0.2.1 化学结构理论的历史发展 ·· 6
    0.2.2 化学结构理论 ··· 6
    0.2.3 结构与异构 ·· 9
    0.2.4 键线式结构表达 ·· 10
    0.2.5 共价键参数 ·· 10
    0.2.6 共价键与分子的极性 ·· 10
    0.2.7 共价键的断裂与反应 ·· 11
    0.2.8 两类试剂与反应 ·· 11
  0.3 有机化合物的结构测定 ··· 11
  习题 ·· 13

第 1 章 烷烃 Alkanes——饱和烃 Saturated Hydrocarbons ····································· 14
  1.1 开链烷烃 ··· 14
    1.1.1 烷烃的命名 ·· 14
    1.1.2 烷烃的结构 ·· 16
    1.1.3 烷烃的物理性质 ·· 21
    1.1.4 烷烃的化学反应 ·· 23
    1.1.5 烷烃的来源、用途与制备 ·· 29
  1.2 环烷烃 ·· 32
    1.2.1 环烷烃命名 ·· 32
    1.2.2 环烷烃的结构 ··· 35
    1.2.3 环烷烃的物理性质 ··· 44
    1.2.4 环烷烃的化学反应 ··· 44
    1.2.5 环烷烃的来源、用途与制备 ··· 46

习题 · · · · · · 47

第2章 立体化学 Stereochemistry … 49
2.1 立体异构 … 49
2.1.1 顺反异构 … 49
2.1.2 顺反异构体的性质 … 50
2.2 对称性与手性 … 51
2.2.1 对称性 … 51
2.2.2 手性 … 54
2.3 手性与对映异构 … 55
2.3.1 手性与对映异构 … 55
2.3.2 手性因素 … 56
2.3.3 构型表达 … 58
2.3.4 手性与旋光性 … 63
2.4 对映异构与非对映异构 … 66
2.4.1 对映异构体与非对映异构体 … 66
2.4.2 含两个手性碳的化合物 … 68
2.4.3 含三个手性碳的化合物 … 70
2.4.4 环状化合物的立体异构 … 70
2.4.5 立体异构体数 … 71
2.4.6 外消旋体拆分 … 73
2.4.7 光学纯度与对映体过量 … 75
2.5 构象与构象分析 … 76
2.5.1 构象与稳定性 … 76
2.5.2 构象与旋光性 … 77
2.5.3 构象与反应性——构象分析 … 78
习题 … 79

第3章 不饱和烃 Unsaturated Hydrocarbons … 80
3.1 烯烃 Alkenes —— 不饱和烃(1) … 80
3.1.1 烯烃的结构与命名 … 80
3.1.2 烯烃的物理性质 … 84
3.1.3 烯烃的化学反应 … 88
3.1.4 二烯烃 … 126
3.1.5 烯烃的制备 … 138
3.1.6 烯烃的存在与用途 … 139
习题 … 140
3.2 炔烃 Alkynes —— 不饱和烃(2) … 142
3.2.1 炔烃的结构与命名 … 143
3.2.2 炔烃的反应 … 145

3.2.3　炔烃的制备 ·· 154
　习题 ··· 156

第4章　有机化合物波谱解析 Spectral Elucidation of Organic Compounds ············ 157
　4.1　核磁共振谱 NMR ··· 157
　　　4.1.1　氢谱 ^{1}H NMR ·· 158
　　　4.1.2　碳谱 ^{13}C NMR ··· 178
　　　4.1.3　二维核磁共振谱 ·· 181
　4.2　红外光谱 ··· 182
　　　4.2.1　分子振动与红外吸收光谱 ··· 183
　　　4.2.2　化合物的基团特征频率与指纹区 ·· 185
　　　4.2.3　影响红外振动吸收频率的因素 ··· 186
　　　4.2.4　各类化合物的红外特征吸收 ·· 188
　　　4.2.5　红外谱测定 ·· 189
　　　4.2.6　红外谱解析 ·· 189
　4.3　质谱 ··· 190
　　　4.3.1　质谱与离子 ·· 191
　　　4.3.2　断裂方式及其断裂规律 ·· 193
　　　4.3.3　质谱解析 ··· 194
　　　4.3.4　质谱离子源与质量分析器 ··· 195
　4.4　紫外-可见光谱 Ultraviolet and Visible Spectroscopy (UV/Vis) ····················· 197
　　　4.4.1　电子跃迁 ··· 197
　　　4.4.2　紫外-可见吸收谱与分子结构 ··· 198
　　　4.4.3　紫外-可见吸收谱实例 ·· 203
　4.5　波谱综合解析 ··· 204
　　　4.5.1　结构推导信息 ··· 204
　　　4.5.2　结构推导方式与不饱和度 ·· 205
　　　4.5.3　化学法推导结构 ·· 206
　　　4.5.4　波谱法推导结构 ·· 206
　习题 ··· 209

第5章　芳香烃 Aromatic Hydrocarbons ··· 215
　5.1　芳香烃的命名与结构 ·· 215
　5.2　芳香烃的物理与生化性能 ·· 220
　　　5.2.1　芳香烃的物理 ··· 220
　　　5.2.2　芳香烃的生化性能 ··· 221
　5.3　芳烃的化学反应 ·· 221
　　　5.3.1　芳香亲电取代反应 ··· 221
　　　5.3.2　芳环的氧化还原反应 ·· 241
　　　5.3.3　芳环侧链的反应 ·· 243

5.4 多环芳烃 ... 247
5.4.1 多苯代脂烃 ... 247
5.4.2 联苯 ... 249
5.4.3 稠环与多环芳烃 ... 251
5.5 芳烃的来源与个别化合物 ... 261
5.5.1 芳烃的来源 ... 261
5.5.2 重要的个别化合物 ... 263
5.6 芳香性与非苯芳烃 ... 263
5.6.1 芳香性 ... 263
5.6.2 Hückel 规则 ... 264
5.6.3 非苯芳香体系 ... 264
5.7 富勒烯与石墨烯 ... 268
5.7.1 富勒烯 Fullerene ... 268
5.7.2 石墨烯 Graphene ... 268
习题 ... 269

第 6 章 卤代烃 Halohydrocarbons ... 274
6.1 卤代烃的类型与命名 ... 274
6.1.1 卤代烃的类型 ... 274
6.1.2 卤代烃的命名 ... 274
6.2 卤代烃的结构、物理与生化性能 ... 277
6.2.1 卤代烃的结构 ... 277
6.2.2 卤代烷的物理性质 ... 277
6.2.3 卤代烷的生化性能 ... 277
6.3 卤代烃的化学反应 ... 277
6.3.1 亲核取代反应 ... 277
6.3.2 消去反应 ... 312
6.3.3 金属化反应 ... 331
6.3.4 还原反应 ... 341
6.4 卤代烃的制备 ... 342
6.4.1 由醇制备 ... 342
6.4.2 卤代烃与卤素交换 ... 342
6.4.3 烯、炔加成卤化氢、卤素 ... 342
6.4.4 饱和碳的自由基卤代 ... 342
6.4.5 芳环卤代 ... 342
6.4.6 由羰基化合物制备 ... 342
6.4.7 卤仿反应 ... 342
6.5 个别化合物与用途 ... 342
6.5.1 卤代烃的用途 ... 342
6.5.2 个别化合物 ... 343

6.6 氟代烃 ··· 347
    6.6.1 氟代烃制备 ·· 348
    6.6.2 个别化合物与用途 ·· 348
习题 ··· 351

第7章 醇 酚 醚 Alcohols, Phenols and Ethers ··· 360
7.1 醇 Alcohols ·· 360
    7.1.1 醇的分类与命名 ··· 360
    7.1.2 醇的结构与物理性质 ·· 362
    7.1.3 醇的化学反应 ·· 365
    7.1.4 醇的制备与个别化合物 ··· 385
    7.1.5 多元醇 ··· 389
7.2 酚 Phenols ··· 400
    7.2.1 酚的分类、结构与命名 ··· 400
    7.2.2 酚的物理与生化性质 ·· 401
    7.2.3 酚的化学反应 ·· 405
    7.2.4 酚的制备与个别化合物 ··· 414
7.3 醚 Ethers ··· 422
    7.3.1 醚的命名 ·· 422
    7.3.2 醚的结构与物理性质 ·· 423
    7.3.3 醚的化学反应 ·· 424
    7.3.4 醚的制备 ·· 429
    7.3.5 环醚 ·· 435
习题 ··· 447

导 论
Introduction

0.1 有机化合物与有机化学

0.1.1 有机化合物与有机化学

有机化合物(organic compound)：碳、氢化合物及其衍生物，即除碳、氢元素以外，还可以有氧、氮、硫、磷、硅、卤素等元素。

烃(hydrocarbon)：碳、氢化合物，也就是只含碳、氢两种元素的化合物。烃类化合物及其衍生物(derivative)统称为有机化合物。

有机化学(organic chemistry)：研究有机化合物即烃及其衍生物的学科即为有机化学。有机化学研究有机化合物的结构与性能、反应与机理、制备与合成、存在与应用以及相关理论与方法。

烃

CH_4 $CH_2=CH_2$ $CH\equiv CH$

烃的衍生物

CH_3Cl $CHCl_3$ CH_3OH CH_3NH_2 CH_3SH

CH_3CHO CH_3COCH_3 CH_3CO_2H $CH_3CO_2C_2H_5$

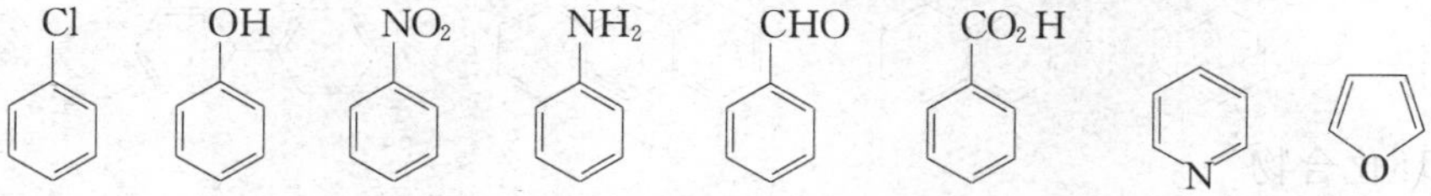

0.1.2 有机化合物的特点

0.1.2.1 结构特点

有机化合物结构(组成、构造、构型)复杂，存在同分异构现象，数量庞大。

大量的有机化合物分子具有复杂的组成与结构，如阿司匹林(asiprin, $C_9H_8O_4$)，奎宁(quinine, $C_{20}H_{24}N_2O_2$)等。

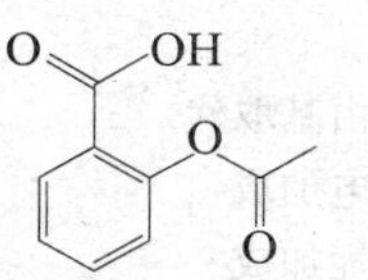

阿司匹林 asiprin 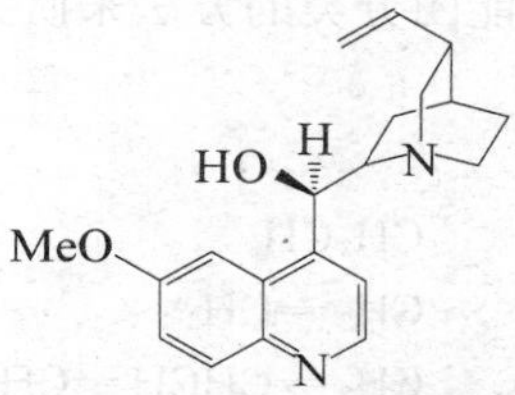   奎宁 quinine

同分异构现象——组成元素相同但结构不同,是导致有机化合物众多的重要因素。

有机化合物数量庞大,目前已知有七千万种之多。

0.1.2.2 物理特点

熔、沸点低:一般有机化合物的熔、沸点比较低,分别多在 300℃~400℃。

溶解性:难溶于水。一般有机化合物难溶或不溶于水,易溶于有机溶剂。

0.1.2.3 化学特点

易燃:一般有机化合物多易燃。

有机反应一般较慢,且较为复杂,而且往往副反应多。因此,有机反应多需要加热、使用催化剂等方法加速。选择适宜的反应条件以减少副反应、提高所需产物的转化率与产率是制备或合成的重要方法。

0.1.3 有机化合物的分类

0.1.3.1 根据碳构架分类

1. 链状化合物(chain compound)

脂肪烃及其衍生物

2. 环状化合物(cyclic compound)

1) 脂环化合物

2) 芳香环化合物

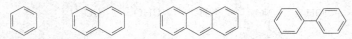

3) 杂环化合物

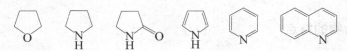

0.1.3.2 根据官能团分类

官能团(functional group)是指有机化合物分子中反映其特征的原子或原子团。官能团决定有机化合物的基本性质和特征反应。

因此,可采用按官能团分类的方法来研究有机化合物。常见的重要官能团及其特征反应如下:

烃

烷烃	CH_3CH_3	自由基取代
烯烃	$CH_2\!=\!CH_3$	亲电加成
	$CH_2\!=\!CHCH\!=\!CH_2$	共轭加成
炔烃	$CH\!\equiv\!CH$	加成

芳烃	 (benzene ring)	芳香亲电取代
烃衍生物		
卤烃	CH_3CH_2Cl	亲核取代与消去；金属化
含氧衍生物		
醇	CH_3CH_2OH	亲核取代、消去、氧化
酚	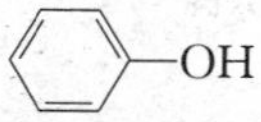 (phenol)	酸性、氧化、芳香亲电取代
醚	$CH_3CH_2OCH_2CH_3$	惰性
醛酮	CH_3CHO CH_3COCH_3	亲核加成
羧酸	CH_3CO_2H	酸性、亲核加成-消去
酯	$CH_3CO_2CH_3$	亲核加成-消去
酰卤	CH_3COCl	亲核加成-消去
酸酐	$(CH_3CO)_2O$	亲核加成-消去
酰胺	CH_3CONH_2	亲核加成-消去
腈	CH_3CN	亲核加成-消去
含氮衍生物		
硝基	$CH_3CH_2NO_2$	还原
胺类	$CH_3CH_2NH_2$	碱性与亲核性
重氮	$C_6H_5N_2Cl$	取代
偶氮	$C_6H_5N=NC_6H_5$	显色
含硫衍生物		
元素与金属有机化合物		

0.1.4 有机化学的发展

有机化学奠基于18世纪中叶。1777年，瑞典化学家 T. D. Bergman 将从动植物有机体内得到的物质称为有机物，以区别于有关矿物质的无机物。1808年，瑞典化学家 J. J. Berzelius 首先使用"有机化合物"一词。

有机化学发展的初期是从动植物体内提取有机物。18世纪末，化学家已经得到了一系列纯的有机化合物。代表人物是瑞典化学家舍勒（Carl Wilhelm Scheele，1742—1786）。

从酒石提取酒石酸（1770） HOCCH—CHCOH（带OH、OH及两个C=O）

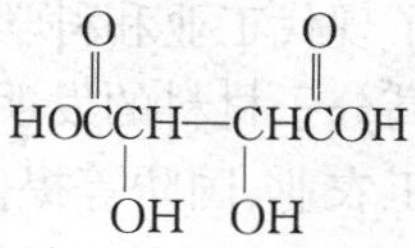

从酢浆草中提取草酸（1776） HOC—COH（两个C=O）

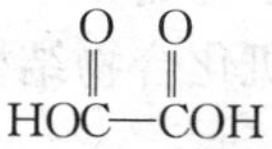

从酸牛奶中提取乳酸（1780） CH_3CHCO_2H（带OH）

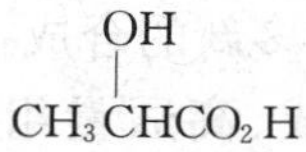

从尿中提取尿酸（1780） (uric acid structure)

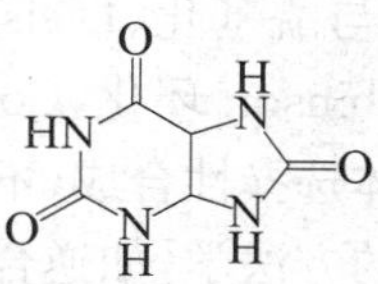

从柠檬中提取柠檬酸（1784）　　　　$HO_2CCH_2\underset{\underset{OH}{|}}{\overset{\overset{CO_2H}{|}}{C}}CH_2CO_2H$

从苹果中提取苹果酸（1785）　　　　$HO_2CCH_2\overset{\overset{OH}{|}}{C}HCO_2H$

从五倍子中提取没食子酸（1786）　　（3,4,5-三羟基苯甲酸）

在这之前，人们只知道四种酸：蚁酸（甲酸）、醋酸（乙酸）、琥珀酸（丁二酸）和安息香酸（苯甲酸）。

$$HC\overset{O}{\overset{\|}{C}}OH \quad CH_3\overset{O}{\overset{\|}{C}}OH \quad HOC\overset{O}{\overset{\|}{C}}CH_2CH_2\overset{O}{\overset{\|}{C}}OH \quad C_6H_5\overset{O}{\overset{\|}{C}}OH$$

1828 年，德国化学家 F. Wöhler 从无机化合物合成了尿素（urea）：

$$NH_4Cl + AgOCN \longrightarrow NH_4OCN + AgCl$$

$$NH_4OCN \xrightarrow{\triangle} NH_2\overset{O}{\overset{\|}{C}}NH_2$$

尿素是生物体的产生物，这就是说，有机物也可由无机物转化而来。Wöhler 的实验推翻了生命力论，打破了无机与有机化学的界线。从此，新的观念与实践产生了，有机化合物可以在实验室中制备与合成、制造与生产。

1845 年，H. Kolbe 合成了乙酸。1854 年，M. Berthelot 合成了油脂。1856 年，W. H. Perkin 制造了第一种合成染料苯胺紫（mauvein），开始了合成染料新时代。

有机化学的近现代时期（1849—）进入了合成时代。19 世纪下半叶，有机合成发展迅速。20 世纪初，开始了以煤焦油为原料制造合成染料、药物和炸药的有机化学工业。20 世纪 40 年代，开始了以石油为基本原料的石油有机化工，其中以生产合成塑料、合成纤维与合成橡胶为主的合成材料工业的大发展，促进了现代工业和科学技术的发展，推动了社会的进步。合成塑料、合成纤维与合成橡胶三大合成高分子材料的发明是 20 世纪中期合成化学的重大进展，为人类的衣、食、住、行等日常生活与工农业、国防等提供了必不可少的新材料。这一领域后来发展成为一个新的二级学科——高分子化学与高分子物理。

这一时期建立了系统测定和表征有机化合物结构的方法与技术。逐步建立和完善了有机化学的理论。

进入 20 世纪，有机化学家发展了许多新的合成技术与方法，如电解合成、低温合成、高压合成、光化学合成、固相合成、微波合成、高通量组合合成等，创造了大量的有机反应，如 Grignard 反应、Friedel-Crafts 烷基化与酰基化、Diels-Alder 反应、Michael 加成、Hofmann 重排、Clasien 重排、Stork 烯胺反应、Robinson 环化、Corey-House 合成、Suzuki 反应等，发明了许多高选择性的合成方法，特别是立体选择性合成（不对称合成），还将这些反应巧妙地组合起来，形成了合成复杂结构有机化合物的方法学，如逆合成分析法，这在现代有机合成中称为"合成艺术"。20世纪七八十年代,复杂分子维生素 B_{12}(vitamin B_{12})和海葵毒素(palytoxin)(具有64个不对称中心,7个非末端双键)的全合成是有机合成化学的两个标志性成果。今天,几乎绝大部分已知的天然有机化合物以及化学家感兴趣的其他有机化合物都能够通过合成的方法来获得。在有机合成领域,曾有10余项重大研究成果获得诺贝尔化学奖。

在人类目前已拥有的约7 000万种化合物中,大多数是有机化学家合成的。正如著名有机合成化学家 R. B. Woodward 所说,"自从合成化学创始人 M. Berthelot 提出了合成的概念以后,有机化学在旧的自然界旁又建起了一个新的自然界,改变了人类社会物质及商品的面貌,使人类的饮食起居发生了巨大的革命"。

0.1.5 有机化学的重要性

著名化学家 Ronald Breslow(1931—2017)在他的《化学的今天与明天——中心、实用和创造性科学》(*Chemistry Today and Tomorrow—The Central, Useful and Creative Science*)(1996)一书中指出,化学是中心、实用和创造性的学科。化学的核心是合成。有机化学是化学学科的中心,有机合成是化学合成的核心。因此,有机化学是现代科学与技术的重要基础学科、中心学科。

有机化学作为二级学科,衍生出一系列三级学科:有机合成化学、天然有机化学、生物有机化学、元素与金属有机化学、物理有机化学、有机分离与分析化学等。

有机化学不仅是无机化学、分析化学、物理与结构化学、高分子化学与物理、材料化学、生物化学与化学生物学、药物化学与医药、环境化学的基础,也是石油化工、煤炭化工、精细化工(包括香料、化妆品、界面活性剂等精细化学品)、工业化学、农业化学与农副产品化工、农药化学等应用化学的基础。

0.1.6 如何学习有机化学

要有正确的学习态度与兴趣;积极上课、听课,记笔记;课前预习,课后复习;多看书,精读一本,泛读几本;用心做作业、多做练习、勤动手;善于总结、多交流。

学习有机化学中应注意的几个方面:

(1) 有机化合物的分类与命名。

(2) 有机化合物的结构与性能:

结构 ←→ 性质 { 物理性质; 化学性质 ⟹ 有机反应 { 一般反应; 特殊反应 }

(3) 有机反应与机理:①各类有机反应;②反应前后的结构变化及其特点、反应试剂与条件;③反应机理——反应如何是如何发生的,中间经历了什么。

(4) 有机反应的应用——有机合成:由简单、小分子经过多步反应合成复杂、较大的分子。如下图所示。

简单分子 →(多步反应)→ 复杂分子

0.2 有机化合物的结构理论

结构决定性能。欲了解物质的性能必先熟悉其结构,结构理论是研究结构的工具与方法。

0.2.1 化学结构理论的历史发展

美国杰出的化学家、诺贝尔奖获得者 L. Pauling 指出:"化学键理论是化学家手中的金钥匙。"

1857 年,F. A. Kekule 和 A. S. Couper 独立提出了碳四价理论。

1865 年,F. A. Kekule 提出了苯的结构式。

1874 年,van't Hoff 和 Le Bel 分别提出了碳的四面体结构学说。

1885 年,A. von Baeyer 提出张力学说。

1927 年,W. Heiter 和 F. Londen 应用量子力学处理并解释了氢分子的共价键。

1931 年,E. Hückel 提出芳香结构理论。

1931—1945 年,L. Pauling 提出杂化轨道理论和共振论。

1952 年,Kenichi Fukui(福井谦一)提出了前线轨道理论。

1965 年,R. B. Woodward 与 R. Hoffmann 提出分子轨道对称守恒原理,给出了周环反应 Woodward-Hoffmann 规则。

1972 年,G. Olah 在超酸中生成碳正离子并用 NMR(^{1}H, ^{13}C)研究其结构。

1978 年,Donald J. Cram、Jean-Marie Lehn 等提出了主客体化学(host-guest chemistry)和超分子化学(supramolecular chemistry)的概念。

0.2.2 化学结构理论

0.2.2.1 Lewis 电子对理论

G. N. Lewis(1916)提出了电子对理论,即原子间通过共用电子对形成共价键。共用一对或几对电子达到八电子稳定结构——"八隅体规则",此即 Lewis 结构式,例如:

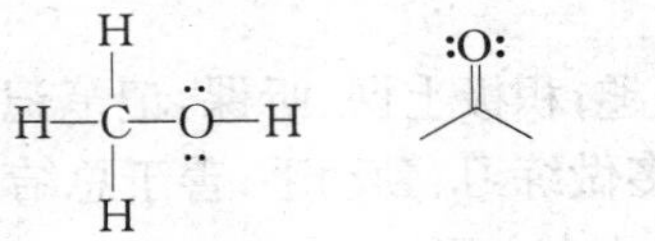

0.2.2.2 价键理论

价键理论(valence-bond theory)又称电子配对法。该理论认为,原子间电子配对形成定域化学键。量子力学近似处理(W. Heiter, F. Londen, 1927)揭示了共价键的本质。

0.2.2.3 Kekule 结构理论

Friedrich A. Kekule(凯库勒)(1857)提出,碳是四价的,碳原子间可以结合成链,并给出苯的环状结构以及芳香族化合物的结构(1865)。

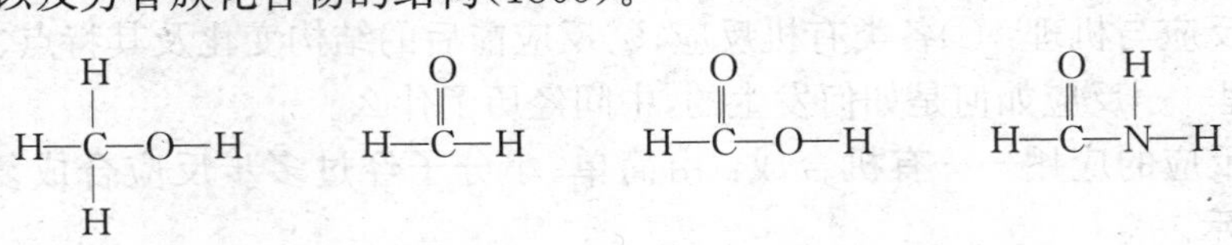

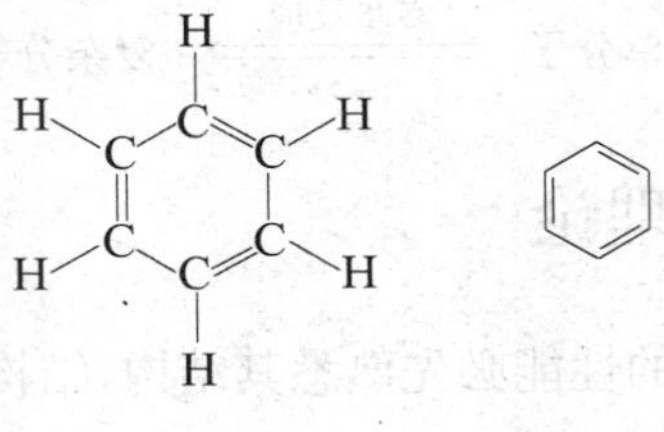

0.2.2.4 杂化轨道理论

著名化学家 L. Pauling 在 1931 年提出了杂化轨道理论(hybrid orbital theory)。

杂化轨道理论的基本要点：

(a) 能量相近的原子轨道可以重新组合成新的杂化轨道。

(b) 杂化轨道的数目等于参与杂化的原子轨道数目，并且杂化轨道包含原子轨道的成分。

(c) 杂化轨道方向性更强，成键能力增大。

碳原子的杂化轨道(见本书第 1 章饱和烃和第 3 章不饱和烃)：

sp^3 杂化，四面体杂化；sp^2 杂化，三角平面杂化；sp 杂化，线型杂化。

例：

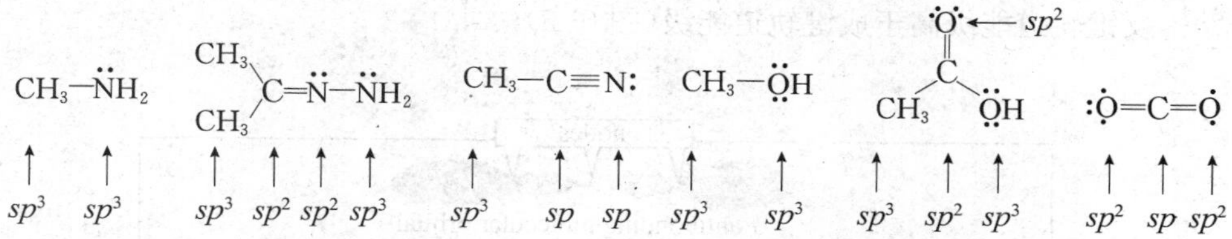

$$CH_3-\ddot{N}H_2 \quad \underset{CH_3}{\overset{CH_3}{|}}C=\ddot{N}-\ddot{N}H_2 \quad CH_3-C\equiv N: \quad CH_3-\ddot{O}H \quad CH_3-\overset{\overset{\ddot{O}}{\|}}{C}-\ddot{O}H \leftarrow sp^2 \quad :\ddot{O}=C=\ddot{O}:$$

sp^3 sp^3 sp^3 sp^2 sp^2 sp^3 sp^3 sp sp sp^3 sp^3 sp^2 sp^3 sp^2 sp sp^2

0.2.2.5 共振论

有些分子结构不能用经典的价键式充分表达，为此 Pauling 提出了共振论(resonance theory)(L. Plauing, 1945)。例如：

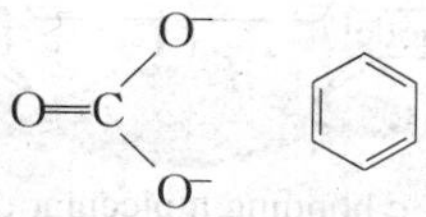

共振论认为，真实结构是所有共振式的共振杂化体(resonance hybrid)。

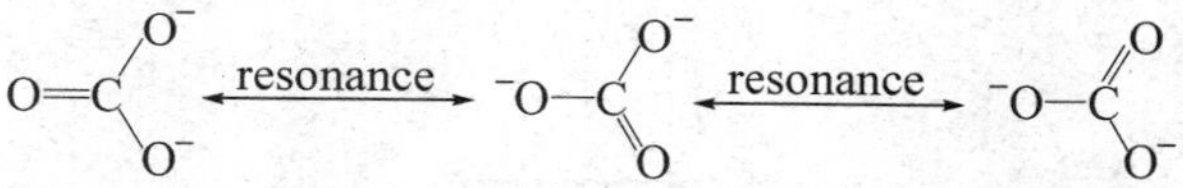

书写共振式的原则：(a) 各共振式中原子应有相同或相近的空间分布，即原子不动，只是电子的移动；(b) 各共振式中应有相同的单电子。

共振论的基本点：共振式愈稳定，对杂化体的贡献愈大；电负性大的原子荷负电较稳定，具有封闭电子构型的共振式较稳定；真实体系的能量比任何一个极限共振式的能量要低；共振杂化体如由几个等价的共振式构成，体系的能量特别低。

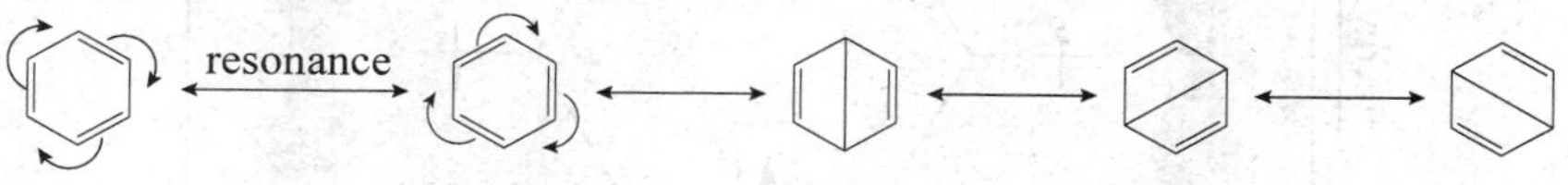

    i   ii   iii   iv   v

在苯的所有共振式中，i 和 ii 是等价的，iii, iv 和 v 是等价的(Dewer 苯)。

注意共振与平衡的区别：

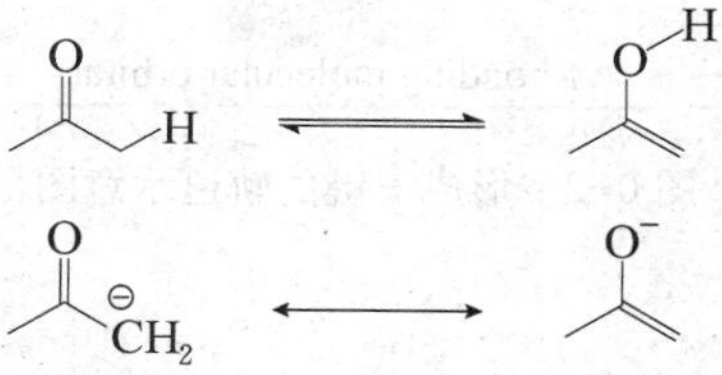

共振论的应用：用共振论讨论分子、离子与活性中间体的稳定性，解释产物的分布等。

0.2.2.6 分子轨道理论

R.S. Mulliken 和 F. Hund 在 1932 年提出了分子轨道理论（molecular orbital theory），又称 MO 法，其基本点有：

(a) 分子中电子运动状态，即分子轨道可用波函数表示，分子轨道也有不同能级，电子的填充遵守基本定理。

(b) 原子轨道的数目与形成的分子轨道数目相等（原子轨道线性组合法 LACO）。

(c) 组成分子轨道的原子轨道，应遵从能量近似、对称性匹配、最大重叠三原则。

原子轨道顶头重叠构成 σ 轨道（单键）（图 0-1）。原子轨道平行重叠构成 π 轨道（双键）（图 0-2）。反键轨道能级高于成键轨道能级（图 0-3）。

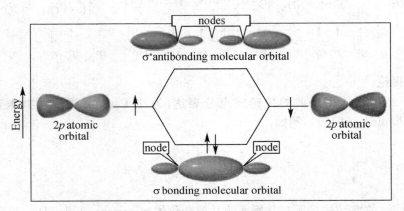

图 0-1　形成 σ 键的轨道示意图

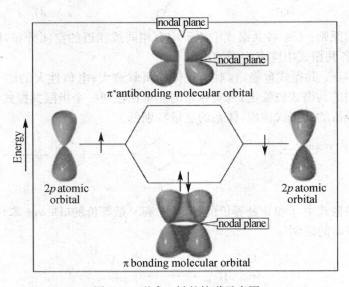

图 0-2　形成 π 键的轨道示意图

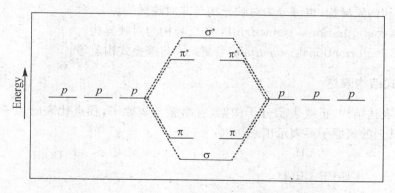

图 0-3 分子轨道能级示意图

0.2.2.7 前线轨道理论

日本化学家 K. Fukui 于 1952 年提出了前线轨道理论(frontier orbital theory)。有电子占据的最高能级分子轨道称为最高占据轨道(the highest occupied molecular orbital, HOMO);没有电子占据的最低能级分子轨道称为最低未占轨道(the lowest unoccupied molecular orbital, LUMO)。HOMO 和 LUMO 都是前线轨道(frontier molecular orbitals, FMOs)。Fukui 认为,FMOs 决定反应的对称性允许与禁阻。

0.2.3 结构与异构

结构(structure):包括构造(constitution)、构型(configuration)和构象(conformation)。

构造(constitution):分子中原子连接的方式与次序。构造异构:分子中原子连接次序或方式不同而产生的异构,包括碳干异构、位置异构、官能团异构。

碳干异构体:因碳构架不同而引起的异构体。

$$C_4H_{10} \quad CH_3CH_2CH_2CH_3 \quad CH_3CHCH_3\text{(}CH_3\text{)}$$

位置异构体:官能团在碳链或碳环上的位置不同而产生的异构。

$$C_3H_8O \quad CH_3CH_2CH_2OH \quad CH_3CHCH_3\text{(}OH\text{)}$$

官能团异构体:由于分子中官能团不同而产生的异构体。

$$C_3H_8O \quad CH_3CH_2CH_2OH \quad CH_3CH_2OCH_3$$

互变异构:分子中氢原子位置移动而产生的官能团异构,一种特殊的官能团异构。

立体异构(stereoisomerism):分子中原子或基团空间排列不同而导致的异构。立体异构包括构型异构和构象异构,也可分为对映异构与非对映异构。

构型异构(configurational isomerism):顺反异构与对映异构。

构象异构(conformational isomerism):交叉式与重叠式构象等。

0.2.4 键线式结构表达

用键线式表达结构,折线表示分子构架,省略碳与氢原子,拐点代表碳原子,端点代表甲基,杂原子和其上的氢原子要表示出来。例:

0.2.5 共价键参数

共价键参数包括键长、键角与键能,见表0-1。

通过键参数,可以预测分子的构型,解释分子的稳定性、极性等物理、化学性质。

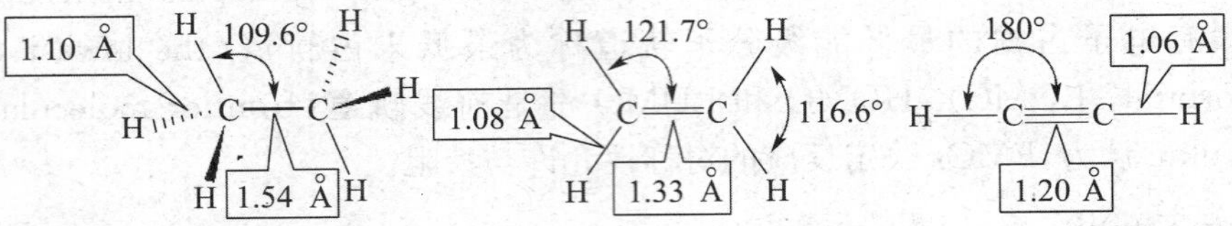

表0-1 一些常见共价键的键长与键能

键型	键长/nm	键能/kJ·mol^{-1}	键型	键长/nm	键能/kJ·mol^{-1}
C—C	0.154	347	C—I	0.212	218
C—H	0.109	414	C=C	0.134	611
C—N	0.147	305	C≡C	0.120	837
C—O	0.143	360	C=O	0.123	695
C—F	0.142	485	C=N	0.127	749
C—Cl	0.177	339	C≡N	0.116	866
C—Br	0.191	285	O—H	0.096	463

0.2.6 共价键与分子的极性

分子的极性与极性共价键:含有极性共价键的分子不一定是极性分子。多原子分子,分子的偶极矩是各键矩的矢量和。如氯仿是极性分子,而四氯化碳是非极性的。

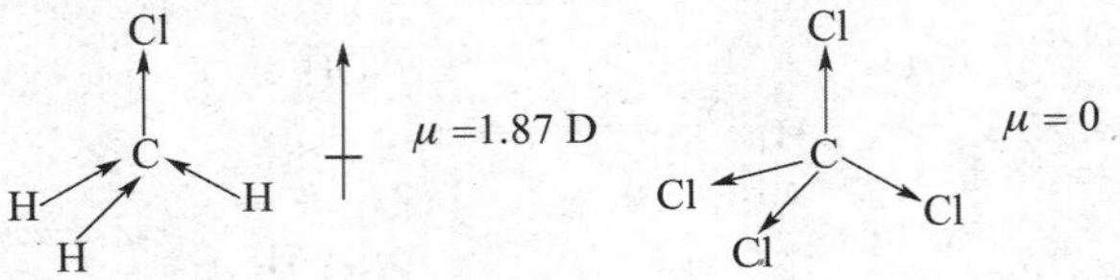

$\mu = 1.87$ D $\qquad \mu = 0$

诱导效应(inductive effect,I):键的极性通过单键传递,这种极性的传递即为诱导效应。

特点:随键延长迅速减弱。给电子诱导效应,+I;吸电子诱导效应,-I。电负性大,吸电子效应强。不饱和度愈高,吸电子效应愈强。

杂化轨道的电负性大小:

$$sp > sp^2 > sp^3$$
$$C\equiv CH > CH=CH_2 > CH_2CH_3$$

烷基给电子效应:

$$C(CH_3)_3 > CH(CH_3)_2 > CH_2CH_3 > CH_3$$

0.2.7 共价键的断裂与反应

均裂(homolysis 或 homolytic fission):共价键断裂时,成键的一对电子平均分给成键的两个原子或基团,产生带有未成对电子的原子或基团,称为自由基或游离基(free radical 或 radical)。

$$H\!-\!CH_2CH=CH_2 \longrightarrow H\cdot + \cdot CH_2CH=CH_2$$

共价键均裂产生自由基的反应称为自由基反应(radical reaction)。

异裂(heterolysis 或 heterolytic fission):共价键断裂时,成键电子对完全归属于一个原子或基团,产生正离子和负离子。如果成键原子是碳,带正电荷的离子称为碳正离子,带负电荷的离子称为碳负离子。

$$Cl\!-\!CH_2CH=CH_2 \longrightarrow Cl^- + {}^+CH_2CH=CH_2$$

共价键异裂产生离子的反应称为离子型反应(ionic reaction)。

自由基、碳正离子和碳负离子都是在反应过程中产生的,称为活性中间体(reactive intermediate),一般具有寿命短、能量高、活性高的特点。

还有些反应不产生任何活性中间体,键的断裂与键的生成同时进行,这样的反应叫做协同反应,经过环状过渡态的协同反应称为周环反应。

0.2.8 两类试剂与反应

亲电试剂与亲电反应:亲电试剂(electrophile)是缺电子试剂,在反应过程中进攻负电荷中心,即有亲电性,如:H^+,BF_3,$AlCl_3$ 等。由亲电试剂引发的反应称为亲电反应(electrophilic reaction),如亲电加成、芳香亲电取代等。

亲核试剂与亲核反应:亲核试剂(nucleophile)是多电子试剂,在反应过程中进攻正电荷中心,即有亲核性,如:HO^-,CH_3O^-,$^-CH_3$,RNH_2,PPh_3 等。由亲核试剂引发的反应称为亲核反应(nucleophilic reaction),如亲核取代、亲核加成等。

0.3 有机化合物的结构测定

有机化合物结构测定的一般程序:
① 分离、提纯;
② 元素定性分析和定量分析;
③ 经验式和分子式的确定;
④ 结构测定与表征 NMR,IR,MS,UV,X-射线;
⑤ 天然产物往往还要通过实验室合成,才能确证。

(1) 首先进行分离、纯化：方法包括蒸馏、分馏、减压蒸馏、水蒸气蒸馏、萃取、重结晶、薄层析与柱层析等。

经验式和分子式确定采用元素分析与质谱测定法。

(2) 经典元素定量分析：

碳与氢的定量分析：Liebig 燃烧法——测定生成二氧化碳和水的量。

法国化学家、现代化学之父 A. Lavoisier(拉瓦锡，1777)提出了有机物中碳氢元素定量分析的原理，即燃烧测定产生的二氧化碳与水。1831 年，德国化学家 J. Liebig 把 Lavoisier 的原理发展成一种精密的测定技术。

$$C(\%) = 12 \times W_{CO_2}/44 \times W_{sample} \times 100$$

$$H(\%) = 2 \times W_{H_2O}/18 \times W_{sample} \times 100$$

氮的定量分析：Dumas 燃烧法——测定生成氮气的体积(量氮计)。
　　　　　　　Kjeldahl 测氮法——转化成氨(NH_3)再行测定。

卤素、硫的定量分析：Carius 法——硝酸分解卤化物与硫酸盐。

氧的定量分析：氧一般不直接测定。各元素之和不足百分之百的话，可能含有氧。

$$O(\%) = 100 - \sum E_i(\%)$$

经验式(实验式)确定：经验式确定通过下述例子说明。

例：兹有元素分析结果：C 20.0%，H 6.7%，N 46.4%，求其实验式。

解：O(%) = 100 − (20.0 + 6.7 + 46.4) = 26.9

　　C = 20/12 = 1.67

　　H = 6.7/1 = 6.7

　　N = 46.4/14 = 3.31

　　O = 26.9/16 = 1.68

分别除以最小数值 1.67，化为整数：

　　C = 1.67/1.67 = 1

　　H = 6.7/1.67 = 4

　　N = 3.31/1.67 = 2

　　O = 1.68/1.67 = 1

则有 C：H：N：O = 1：4：2：1，即得到实验式 CH_4N_2O。

1911 年，F. Pregl 发明了微量分析方法(invention of the method of micro-analysis of orgcunic substahces)，为此获得 1923 年诺贝尔化学奖。

(3) 分子式与分子量的确定：

经典的分子量测定方法包括蒸气密度法、沸点升高法、凝固点降低法等。

现代分子量测定方法包括质谱(MS)—分子离子峰(M^+)法和高分辨质谱(HRMS)法。

由分子量(分子大小)确定 n 值，即得分子式：

$$(CH_4N_2O)_n$$

波谱测定：NMR(^1H, ^{13}C)，IR，MS，UV-Vis；若有需要或可能，再进行单晶(或粉末)X-射线衍射测定。进行波谱解析，推断结构，各信息间应互相印证而不冲突或矛盾。这样下来，一个化合物的结构才得以确定和表征。

习题

一、根据下述结构，回答问题。

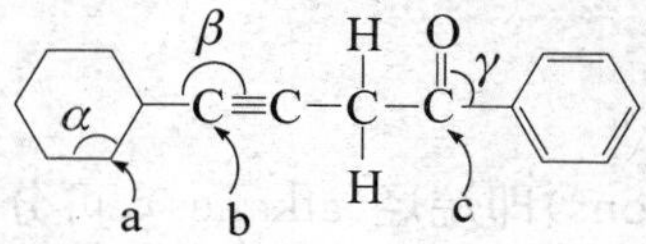

(1) 指出碳原子 a，b 和 c 的杂化状态；
(2) 预估键角 α，β 和 γ。

二、胰岛素的质谱显示分子离子峰为 5 734，含硫 3.4%。问胰岛素分子中含多少硫原子？

三、指示剂 MO 元素分析，C 51.4%，H 4.3%，N 12.8%，S 9.8%，Na 7.0%。给出该指示剂的实验式。

四、消炎镇痛药 B 元素分析，C 75.7%，H 8.8%，质谱显示分子离子峰为 206.28。给出其分子式。

五、生物碱 M 元素分析，C 71.6%，H 6.7%，N 4.9%。质谱显示其分子离子峰为 285.34。给出其分子式。

第 1 章 烷烃 Alkanes——饱和烃
Saturated Hydrocarbons

饱和烃(saturated hydrocarbons)即烷烃(alkanes),可分为开链与环状两大类。

1.1 开链烷烃

开链烷烃又称石蜡烃(paraffins)。

1.1.1 烷烃的命名

烷烃的命名是基础。在学习烷烃命名之前首先讨论烷烃基。

1.1.1.1 烷烃基

烷烃分子去除一个氢原子所剩余的部分(moiety)或原子团(group)称为烷烃基(alkyl),通常用 R 表示。

$$R-H \xrightarrow{-H} R-$$
烷烃 alkane   烷烃基 alkyl

一些常见的烷烃基的名称与缩写:

R—	中文名称	英文名称	缩写
—CH$_3$	甲基	methyl	Me
—CH$_2$CH$_3$	乙基	ethyl	Et
—CH$_2$CH$_2$CH$_3$	正丙基	n-propyl	n-Pr
—CH(CH$_3$)$_2$	异丙基	iso-propyl	i-Pr
—C$_4$H$_9$	丁基	butyl	Bu
—CH$_2$CH$_2$CH$_2$CH$_3$	正丁基	n-butyl	n-Bu
—CH$_2$CH(CH$_3$)$_2$	异丁基	iso-butyl	i-Bu
—CHCH$_2$CH$_3$ (CH$_3$)	仲丁基	sec-butyl	s-Bu
—C(CH$_3$)$_3$	叔丁基	$tert$-butyl	t-Bu

其中:n—normal(正),i 或 iso—iso(异),s 或 sec—secondary(仲),t 或 $tert$—tertiary(叔)。

戊烃基的几种常用形式:

—CH$_2$CH$_2$CH$_2$CH$_2$CH$_3$	正戊基	n-pentyl	n-amyl
—CH$_2$CH$_2$CH(CH$_3$)$_2$	异戊基	iso-pentyl	i-amyl
—CCH$_2$CH$_3$ (CH$_3$)(CH$_3$)	叔戊基	$tert$-pentyl	t-amyl
—CH$_2$C(CH$_3$)$_3$	新戊基	neo-pentyl	neo-amyl

1.1.1.2 烷烃的命名

烷烃的命名有普通或习惯命名(trivial name)法、衍生物命名法和系统(IUPAC)命名法。

例：

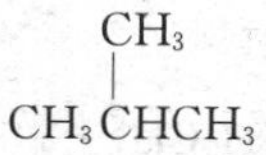

```
       CH₃
       |
   CH₃CHCH₃
```

普通(习惯)命名法：异丁烷
衍生物命名法：三甲基甲烷
IUPAC 命名法：2-甲基丙烷

普通命名法：

用正、异、新表示异构体，直链的为正(normal, n)，末端有两个甲基即含异丙基结构单元的为异(iso, i)，含有季碳的称为新(neo)。

十个碳原子以内的用甲、乙、丙、丁、戊、己、庚、辛、壬、癸表示，称为某烷，自十一烷开始用中文数字表示。

例：

CH₃CH₂CH₂CH₃　　　　　　　CH₃CHCH₃（带CH₃支链）
　　正丁烷　　　　　　　　　　　异丁烷

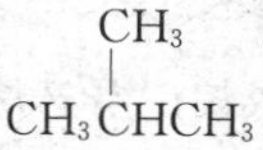

CH₃CH₂CH₂CH₂CH₃　　CH₃CH₂CHCH₃（带CH₃支链）　　(CH₃)₄C
　　正戊烷　　　　　　　　异戊烷 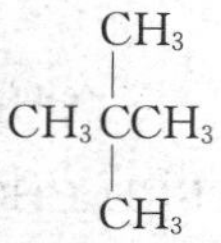　　　　　　新戊烷；四甲基甲烷(衍生物命名法)

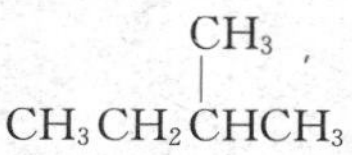

正己烷 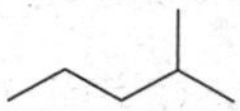　　　　　　　　异己烷 　　　　　　新己烷

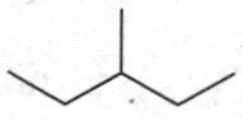

?　　　　　　?

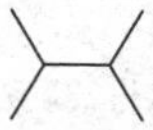

衍生物命名法：

通常以甲烷或乙烷为母体命名。

例：

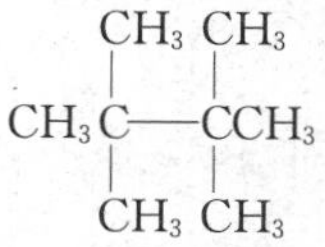

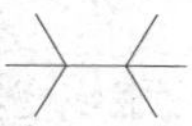

```
       CH₃ CH₃
       |   |
   CH₃-C---C-CH₃
       |   |
       CH₃ CH₃
```

衍生物命名法：六甲基乙烷
IUPAC 命名法：2,2,3,3-四甲基丁烷

系统命名法(IUPAC 命名法)：

这是中国化学会根据国际理论与应用化学联合会(International Union of Pure and Applied Chemistry, IUPAC)的命名原则结合我国文字特点制定的命名规则。

基本原则：

(1) 选主链定母体：选较长或最长、取代基较多或最多的碳链作为主碳链，以此作为母体并命名。

(2) 定位编号：遵照最低系列原则从主碳链一端编号，即取代基有较低或最低的位次，支链作为取代基定位。

(3) 名称：位次+取代基名+母体名。
注意：相同的取代基合并，注意连接与分隔等。例：

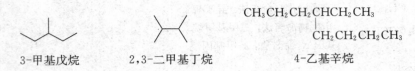

3-甲基戊烷　　2,3-二甲基丁烷　　4-乙基辛烷

主碳链较长或最长；取代基位次较低或最低。例：

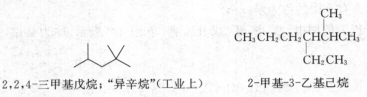

2,2,4-三甲基戊烷；"异辛烷"（工业上）　　2-甲基-3-乙基己烷

主碳链上有较多的取代基，先小后大排列。例：

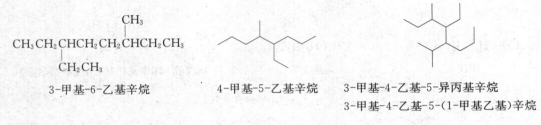

3-甲基-6-乙基辛烷　　4-甲基-5-乙基辛烷　　3-甲基-4-乙基-5-异丙基辛烷
　　　　　　　　　　　　　　　　　　　　　　3-甲基-4-乙基-5-(1-甲基乙基)辛烷

最低系列原则：
碳链定位编号遵循最低系列原则，即应使官能团及取代基具有"最低系列"的位次。

例：

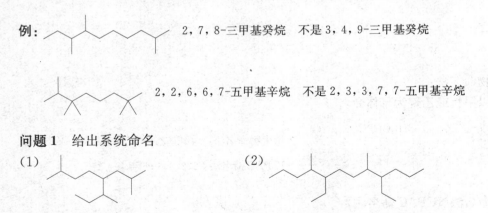

2,7,8-三甲基癸烷　不是 3,4,9-三甲基癸烷

2,2,6,6,7-五甲基辛烷　不是 2,3,3,7,7-五甲基辛烷

问题1 给出系统命名
(1)　　　　　　　　　　(2)

1.1.2　烷烃的结构

1.1.2.1　烷烃的通式

同系列(homologous series)：通式相同、组成上相差一个结构单元的一系列化合物。
同系物(homolog)：同系列中的化合物即为同系物。

$$C_nH_{2n+2}$$
$$CH_4, C_2H_6, C_3H_8, C_4H_{10}, \cdots$$

系差：烷烃的系差是 CH_2 或其倍数。

同系物具有相近或相似的性质。

掌握与应用同系物的概念对于学习、研究大量有机化合物的命名、结构与性能，反应与制备等具有重要意义。

1.1.2.2 碳氢原子的类型

伯碳(1°，primary)：连接一个烃基的碳原子，伯碳上的氢即为伯氢。

仲碳(2°，secondary)：连接两个烃基的碳原子，仲碳上的氢即为仲氢。

叔碳(3°，tertiary)：连接三个烃基的碳原子，叔碳上的氢即为叔氢。

季碳(4°，quaternary)：连接四个烃基的碳原子。例：

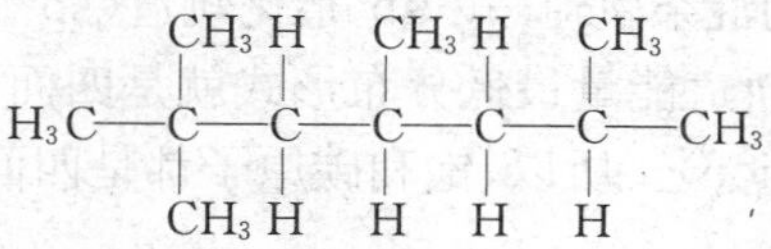

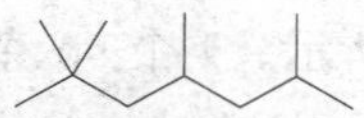

问题 2　指出化合物所含碳、氢原子的类别：

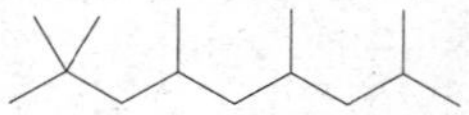

碳原子的种类与反应活性中间体(如碳自由基、碳正离子与碳负离子等)的稳定性直接相关。因此，正确区分与掌握碳与氢原子的种类是重要而有意义的。

1.1.2.3 构造与构造异构

构造(constitution)：分子中原子间相互连接的方式与次序，是一级结构，也就是基本结构。

单键(σ bond)：烷烃分子的碳-碳与碳-氢键都是单键，也就是 σ 键。

$$C—C: sp^3—sp^3 \quad 0.154 \text{ nm}, \quad \Delta E = 346 \text{ kJ/mol}$$
$$C—H: s—sp^3 \quad 0.110 \text{ nm}, \quad \Delta E = 414 \text{ kJ/mol}$$

构造异构：分子组成相同但构造不同的现象称为构造异构(constitutional isomerism)。

碳干异构：烷烃从 C_4 开始出现构造异构/碳干异构(skeletal isomerism)，异构体的数量随着碳原子数增多而迅速增加，见表 1-1。

表 1-1　开链烷烃碳原子个数与异构体数量

C_n	3	4	5	6	7	8	9	10
Isomers	1	2	3	5	9	18	35	75

例：

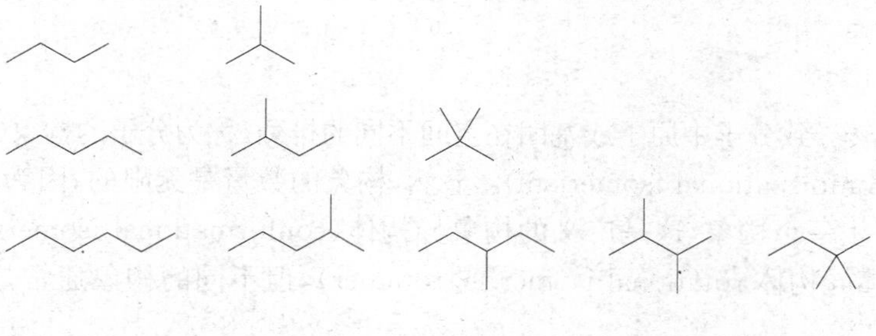

1.1.2.4 构型

分子的构型(configuration)是分子中原子或基团在空间的刚性排列,是三维的立体结构。

甲烷的构型

实验表明,甲烷的一取代如 CH_3Cl、二取代如 CH_2Cl_2 或 CH_2ClBr、三取代如 $CHCl_3$ 或 $CHBrCl_2$ 都只有一种,但不同三取代如 $CHFClBr$ 则有两种。这就排除了平面正方形或四方锥型结构,只可能是四面体的构型。

问题 3 用模型验证以上事实。

杂化轨道理论处理

碳原子 2s 轨道上的一个电子激发到 $2p_z$ 轨道,1 个 2s 轨道和 3 个 2p 轨道重新混合——杂化(hybridization),形成 4 个新的等价的混杂轨道——sp^3 杂化轨道(sp^3 hybrid orbitals),此即 sp^3 杂化,如图 1-1 所示。4 个 sp^3 杂化轨道能量最低分布形式就是四面体形,因此,sp^3 杂化又称为四面体杂化(tetrahedral hybridization)。所以,饱和碳原子都是四面体构型。

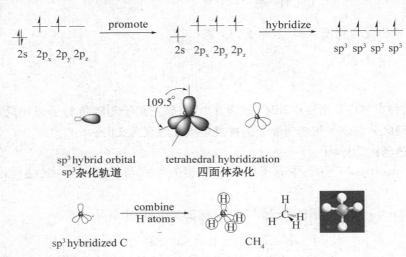

图 1-1 sp^3(四面体)杂化与甲烷成键

键角即四面体角 109°28′,∠HCH=109.5°。

两个碳原子分别提供 1 个 sp^3 杂化轨道,以顶头重叠的方式构成碳-碳单键,此即 σ 键。烷烃分子中,每个碳原子都采用 sp^3 杂化,四面体构型,键角接近四面体角,即 109°左右,∠CCC=110°~113°,∠HCH=106°~109°。丙烷的部分键角如下:

1.1.2.5 构象

由于单键旋转导致分子中原子或基团在空间不同的排列,称为分子的构象(conformation)。

构象异构(conformational isomerism):显然,构象的数量是无限的,因为绕单键旋转任意一个角度就会产生一个构象,这是广义的构象异构体(conformational isomers 或 conformers)(或称为旋转立体异构体 rotational isomer 或 rotamer),但不同的构象通常是指典型的、具有代表性的极限构象。如乙烷的两种代表性（极限）构象：交叉式（staggered；gauche）与重叠式（eclipsed；syn）。单键如 C－C 键是可以旋转的，但未必是自由的。

立体结构的表达：楔形式、锯架式与 Newman 投影式（Melvin Spencer Newman）。

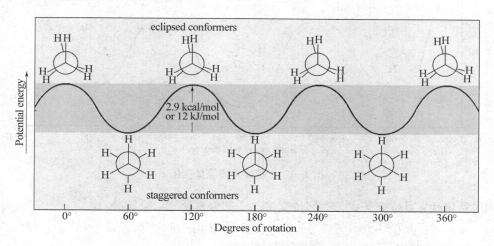

乙烷碳-碳键旋转的能量变化如图 1-2 所示。

图 1-2　乙烷构象的能量变化

键扭转（bond twisting）遇到的阻力，也即偏离交叉式构象产生的张力，称为扭转张力（torsional strain）。乙烷的扭转张力 $\Delta E = 12$ kJ/mol。

在乙烷分子中，扭转张力来源于 C－H 键电子云静电排斥。

丙烷的构象：

交叉式构象　　　　　　　　重叠式构象

丁烷的构象：

丁烷 C(2)－C(3) 键旋转的能量变化见图 1-3。

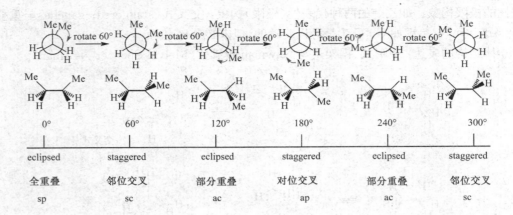

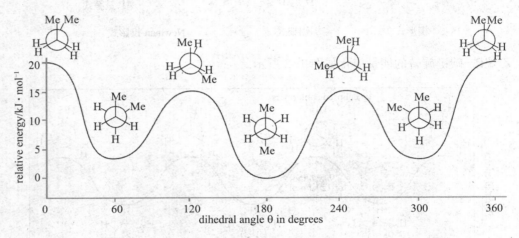

图 1-3 丁烷构象的能量变化

相对稳定性：对位交叉式 ＞ 邻位交叉 ＞ 部分重叠 ＞ 全重叠
　　　　　　　　　　　3.7 kJ/mol　　　　　　15.9 kJ/mol　18.8 kJ/mol

优势构象：对位交叉式 63%，邻位交叉式 37%。

在丁烷分子中，C(2)-C(3) 键旋转的扭转张力不仅是单键电子云静电排斥力，还有 van der Waals 张力。

IUPAC 构象表示：

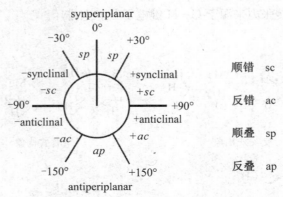

顺错　sc

反错　ac

顺叠　sp

反叠　ap

高级烷烃的构象：在最稳定的构象中，C-H键都处于交叉式的位置。在气、液态，各种构象迅速相互转变，而在晶体中，这种互变运动受阻。直链烷烃在晶体中，由于分子主要以交叉式构象的形式存在，所以碳链排列成锯齿形（zigzag），这种构象不仅能量低，也有利于分子在晶格中紧密排列。

1.1.3 烷烃的物理性质

物理性质包括状态、密度、熔点、沸点、溶解度等。

状态：烷烃碳原子数在4个以下的是气体，5到16的为液体，17个以上的是固体。

密度（比重，d_4^{20}）：烷烃的密度小于1，随相对分子质量增加而增大，这也是分子间相互作用力的结果，密度增加到一定数值后变化很小，如二十烷的密度为0.7886。

溶解度：烷烃难溶于水，较易溶于有机溶剂。

烷烃的物理性质随碳原子数增加而规律地变化（表1-2）。

表1-2　烷烃的部分物理性质

Alkane	Formula	Boiling Point/℃	Melting Point/℃	Density(at 20℃)
Methane	CH_4	-162	-182	gas
Ethane	C_2H_6	-89	-183	gas
Propane	C_3H_8	-42	-188	gas
Butane	C_4H_{10}	0	-138	gas
Pentane	C_5H_{12}	36	-130	0.626 (liquid)
Hexane	C_6H_{14}	69	-95	0.659 (liquid)
Heptane	C_7H_{16}	98	-91	0.684 (liquid)
Octane	C_8H_{18}	126	-57	0.703 (liquid)
Nonane	C_9H_{20}	151	-54	0.718 (liquid)
Decane	$C_{10}H_{22}$	174	-30	0.730 (liquid)
Undecane	$C_{11}H_{24}$	196	-26	0.740 (liquid)
Dodecane	$C_{12}H_{26}$	216	-10	0.749 (liquid)
Hexadecane	$C_{16}H_{34}$	281	18	0.773
Icosane	$C_{20}H_{42}$	343	37	solid
Triacontane	$C_{30}H_{62}$	450	66	solid
Tetracontane	$C_{40}H_{82}$	525	82	solid
Pentacontane	$C_{50}H_{102}$	575	91	solid
Hexacontane	$C_{60}H_{122}$	625	100	solid

熔沸点随正构烷烃分子量增加而升高（表1-3）。正构烷烃有高的沸点，高对称性的异构体有高的熔点。

表1-3　烷烃的沸点与熔点

Compound	Formula	Boiling Point/℃	Melting Point/℃
Pentane	$CH_3(CH_2)_3CH_3$	36	-130
Hexane	$CH_3(CH_2)_4CH_3$	69	-95
Heptane	$CH_3(CH_2)_5CH_3$	98	-91
Octane	$CH_3(CH_2)_6CH_3$	126	-57
Nonane	$CH_3(CH_2)_7CH_3$	151	-54
Decane	$CH_3(CH_2)_8CH_3$	174	-30
Hexamethylethane	$(CH_3)_3CC(CH_3)_3$	106	+97

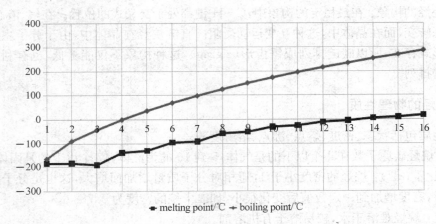

图 1-4　正构烷烃的熔点(下)沸点(上)与碳数的关系

沸点与分子的大小、异构化的关系：大的分子量通常有较高的沸点。直链分子通常有较高的沸点。直链烷烃的沸点随分子量增大而升高。

图 1-4 显示，正构烷烃的沸点随着碳数增加而升高，但熔点呈现两条曲线。这是由于偶数碳较邻近的奇数碳有较高的对称性而有较高的熔点。

碳干异构体，正构烷烃的沸点最高，支链愈多沸点愈低。

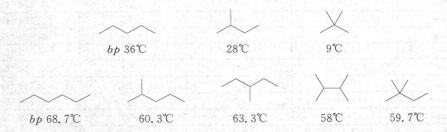

沸点由分子的大小、接触面积、特殊相互作用等因素决定。碳干异构中，直链分子有最大的接触面积，所以沸点最高。异构化导致分子接触面积减小，沸点也随之降低。

熔点与分子的大小、异构化和对称性的关系：对于晶体的熔点，分子大小是重要的，但是形状也是关键性的。一般球型分子有相对较高的熔点。直链烷烃的熔点随分子量增大而升高。碳干异构，正构烷烃的熔点高于支链烷烃。高对称性的分子具有高的熔点。

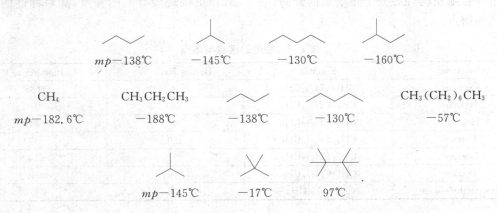

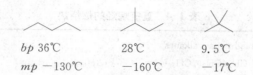

bp 36℃　　　　　28℃　　　　　9.5℃
mp −130℃　　　−160℃　　　−17℃

熔点由分子的大小、对称性等因素决定。球形分子高度对称,在晶格中可紧密堆积,分子间作用力强,熔点高。

问题 4　讨论以下实验事实：

(1)　　CH₄　　　　　CH₃CH₂CH₃
　　mp −182.6℃　　−187℃

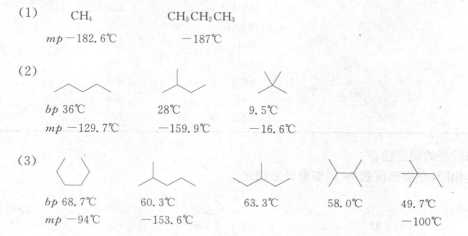

(2)

bp 36℃　　　　28℃　　　　　9.5℃
mp −129.7℃　　−159.9℃　　−16.6℃

(3)

bp 68.7℃　　60.3℃　　　63.3℃　　　58.0℃　　　49.7℃
mp −94℃　　−153.6℃　　　　　　　　　　　　　−100℃

1.1.4　烷烃的化学反应

结构分析

—C—C—H　　C−C: 非极性共价键
　　　　　　　C−H: 弱极性共价键

烷烃分子只有碳-碳和碳-氢两种非极性或弱极性共价键,键能高、稳定,不易异裂或均裂,显示化学惰性。一般,烷烃是化学惰性的,耐酸、碱,抗一般氧化,常用作非极性惰性溶剂,如正戊烷、正己烷、石油醚等。但在一定的条件下,烷烃分子中的碳-碳和碳-氢键也可以断裂(均裂),而发生氧化、卤代等自由基反应。

1.1.4.1　氧化

1. 燃烧

燃烧(combustion)是一种剧烈的氧化(oxidation)。

烷烃的重要用途之一就是用作燃料,也就是石化燃料,如汽油、柴油和煤油等。

燃烧热($\Delta H_C^\ominus$): 在标准状况下,1 mole 烷烃完全燃烧放出的热量。

$$CH_4 + 2O_2 \xrightarrow{combustion} CO_2 + 2H_2O + 891 \text{ kJ} \cdot \text{mol}^{-1}$$

$$\Delta H_C^\ominus = -891 \text{ kJ} \cdot \text{mol}^{-1}$$

$$C_nH_{2n+2} + (3n+1/2)O_2 \xrightarrow{combustion} nCO_2 + (n+1)H_2O + \Delta H_C^\ominus$$

表 1-4 直链烷烃的燃烧热

Heats of combustion for some straight-chain alkanes

Straight-chain alkane	$CH_3(CH_2)_nCH_3$: $n=$	$-\Delta H_{combustion}$, kJ·mol^{-1}	Difference, kJ·mol^{-1}
ethane	0	1 560	
propane	1	2 220	660
butane	2	2 877	657
pentane	3	3 536	659
hexane	4	4 194	658
heptane	5	4 853	659
octane	6	5 511	658
nonane	7	6 171	660
decane	8	6 829	658
undecane	9	7 487	658
dodecane	10	8 148	661

燃烧热与烷烃的稳定性：

分子大小相同，燃烧热值愈小、内能愈低愈稳定。

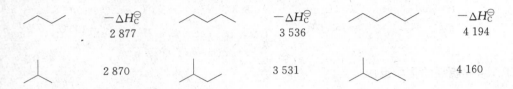

异构烷烃较直链烷烃稳定，支链愈多愈稳定。直链烷烃每增加一个 CH_2，燃烧热平均增加 658 kJ·mol^{-1}。

2. 控制氧化

石油化工利用高级烷烃进行控制氧化以生产高级脂肪酸等化工产品，如生产脂肪酸以代替植物油制肥皂。

1.1.4.2 裂解

烷烃在高温下热解（pyrolysis）产生低分子量的烷烃与烯烃混合物，石油化工上称为裂化（cracking），以生产汽油等燃料油和乙烯等基本化工原料，此即石油炼制与石油化工。

裂化又分为热裂化（thermal cracking）和催化裂化（catalytic cracking）。热裂化是烷烃分子在较高的温度下裂解过程，是一种自由基反应。催化裂化可以在较低的温度下进行。

烷烃自由基与反应活性中间体

热解导致键的断裂（均裂），产生含单电子的碎片——自由基（free radical）。自由基是高度活泼的反应中间体，存留时间非常短暂。

例如丁烷受热发生裂化。若均裂发生在 C(2)-C(3) 键（38%），则产生两个乙自由基。乙自由基进攻另一乙自由基中甲基上的一个氢而生成乙烷，被夺去氢的乙自由基则转化成乙烯。若均裂发生在 C(1)-C(2) 键（48%），则产生甲自由基和正丙自由基。甲自由基夺去丙自由基的一个氢放出甲烷，而失去一个氢的丙自由基则生成丙烯。碳-氢键均裂（14%）产生氢自由基和仲丁自由基，最终放出氢气并产生 1-丁烯和 2-丁烯。

$H_3CH_2C \overgroup{-} CH_2CH_3 \xrightarrow{cracking} CH_3\dot{C}H_2 + \dot{C}H_2CH_3$
乙自由基

$CH_3\dot{C}H_2 + \dot{C}H_2CH_3 \longrightarrow CH_3CH_3 + CH_2=CH_2$
乙烷　　乙烯

$H_3\overgroup{C-CH_2}CH_2CH_3 \xrightarrow{cracking} H_3\dot{C} + \dot{C}H_2CH_2CH_3$
甲自由基　　正丙自由基

$H_3\dot{C} + \dot{C}H_2CH_2CH_3 \longrightarrow CH_4 + CH_3CH=CH_2$
甲烷　　丙烯

$CH_3CH_2\overset{H)}{C}HCH_3 \xrightarrow{cracking} CH_3CH_2\dot{C}HCH_3 + \dot{H}$

$CH_3CH_2\dot{C}HCH_3 + \dot{H} \longrightarrow CH_3CH=CHCH_3 + CH_3CH_2CH=CH_2 + H_2$

键裂解能愈小,键愈容易断裂,生成的自由基能量愈低愈稳定。自由基愈稳定愈易产生。

碳自由基的结构

甲基自由基是平面的,sp² 杂化。其他的碳自由基都不是平面的,而是角锥型的。

甲基自由基,sp² 杂化　　　　叔丁自由基,sp³ 杂化,角锥型

自由基稳定性

自由基的相对稳定性次序:

$$3° > 2° > 1°$$

结构讨论

超共轭效应 (hyperconjugate effect): C-H σ键与邻位的 p 或 π 轨道相互重叠(作用),σ 电子离域,此为超共轭效应。超共轭效应是一种稳定化因素。参与超共轭作用的 C-H 越多,超共轭效应越强,自由基越稳定。

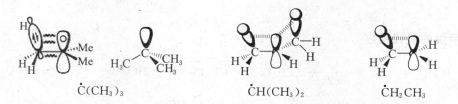

$\dot{C}(CH_3)_3$　　　　　　　$\dot{C}H(CH_3)_2$　　　　　　　$\dot{C}H_2CH_3$

热力学讨论

键裂解能与自由基的相对稳定性:

碳-氢键裂解能($\Delta H^{\ominus}$, kJ·mol⁻¹)

H—CH₃	H—CH₂CH₃	H—CH₂CH₂CH₃
435	410	410

$$\underset{410}{H-CH_2\overset{CH_3}{\underset{|}{C}}HCH_3} \quad \underset{415}{H-CH_2\overset{CH_3}{\underset{\underset{CH_3}{|}}{C}}CH_3} \quad \underset{398}{H-\overset{CH_3}{\underset{|}{C}}HCH_3} \quad \underset{389}{H-\overset{CH_3}{\underset{\underset{CH_3}{|}}{C}}CH_3}$$

伯氢的裂解能最高,同是伯氢,甲烷的最高;叔氢的裂解能最低。裂解能愈低,自由基愈容易生成,自由基愈稳定。

碳-氢键裂解能($\Delta H^{\ominus}$):

$$CH_3CH_2\overset{H}{\underset{|}{C}H_2} \xrightarrow{410 \text{ kJ·mol}^{-1}} CH_3CH_2\dot{C}H_2 + \dot{H}$$

$$CH_3\overset{H}{\underset{|}{C}}HCH_3 \xrightarrow{397.5 \text{ kJ·mol}^{-1}} CH_3\dot{C}HCH_3 + \dot{H}$$

$$CH_3\overset{H}{\underset{\underset{CH_3}{|}}{C}}HCH_2 \xrightarrow{410 \text{ kJ·mol}^{-1}} CH_3\underset{\underset{CH_3}{|}}{C}H\dot{C}H_2 + \dot{H}$$

$$CH_3\overset{H}{\underset{\underset{CH_3}{|}}{C}}CH_3 \xrightarrow{389.1 \text{ kJ·mol}^{-1}} CH_3\underset{\underset{CH_3}{|}}{\dot{C}}CH_3 + \dot{H}$$

显然,叔碳—氢键裂解所需能量($\Delta H^{\ominus}$)最低,因而叔自由基最容易生成,伯碳-氢键均裂所需能量($\Delta H^{\ominus}$)最高,因而伯自由基(1°)最难生成。所以叔碳自由基最稳定,其次是仲碳自由基,伯碳自由基最不稳定。

碳自由基的相对稳定性: 3° > 2° > 1°

1.1.4.3 卤代反应

烷烃在光照、高温或有引发剂存在条件下与卤素反应生成卤代烷烃,称为烷烃的卤代反应(halogenation),是工业生产卤代烷烃的重要反应。氟的活性太高,碘的活性太低,通常卤代是指氯代和溴代。

$$CH_3CH_3 + Cl_2 \xrightarrow{420℃} \underset{78\%}{CH_3CH_2Cl} + HCl$$

1. 甲烷的氯代反应

$$CH_4 + Cl_2 \xrightarrow[\text{or } \triangle]{h\nu} CH_3Cl + CH_2Cl_2 + CHCl_3 + CCl_4 + HCl$$

$$CH_4(\text{excess}) + Cl_2 \xrightarrow[\text{or } \triangle]{h\nu} CH_3Cl + HCl$$

$$CH_4 + Cl_2(\text{excess}) \xrightarrow[\text{or } \triangle]{h\nu} CCl_4 + HCl$$

控制投料比例可获得一种卤代甲烷为主的产物。

2. 其他烷烃的卤代反应

丙烷氯代(25℃):

$$CH_3CH_2CH_3 \xrightarrow[h\nu,\ 25℃]{Cl_2} \underset{45\%}{CH_3CH_2CH_2Cl} + \underset{55\%}{CH_3CHClCH_3}$$

丙烷有伯氢六个，氯代产物不是 75%，而只有 45%，显然不是概率的问题。这表明，仲氢更容易被氯代。由此可以得出，仲氢与伯氢的相对反应活性：

$$2°:1°=(55/2):(45/6)\approx 4:1$$

异丁烷氯代(25℃)：

$$(CH_3)_2CHCH_3 \xrightarrow[h\nu,\ 25℃]{Cl_2} \underset{64\%}{(CH_3)_2CHCH_2Cl} + \underset{36\%}{(CH_3)_3CCl}$$

叔氢与伯氢的相对反应活性：

$$3°:1°=(36/1):(64/9)\approx 5:1$$

因此，烷烃不同类型氢的氯代相对反应活性(25℃)：

$$3°:2°:1°\ H=5:4:1$$

溴代反应(127℃)：

$$CH_3CH_2CH_3 \xrightarrow[h\nu,\ 127℃]{Br_2} \underset{3\%}{CH_3CH_2CH_2Br} + \underset{97\%}{CH_3CHBrCH_3}$$

仲氢与伯氢的相对反应活性：$2°:1°\approx 97:1$

$$(CH_3)_2CHCH_3 \xrightarrow[h\nu,\ 127℃]{Br_2} \underset{trace}{(CH_3)_2CHCH_2Br} + \underset{>99\%}{(CH_3)_3CBr}$$

叔氢与伯氢的相对反应活性：

$$3°:1°\approx 1600:1$$

烷烃不同类型氢的溴代相对反应活性(127℃)：

$$3°:2°:1°\ H=1600:82:1$$

3. 烷烃卤代反应机理 —— 自由基取代

$$Br-Br \xrightarrow{h\nu} \dot{B}r + \dot{B}r$$

$$CH_3CH_2CH_3 + \dot{B}r \longrightarrow \underset{\text{正丙自由基}}{CH_3CH_2\dot{C}H_2} + \underset{\text{异丙自由基}}{CH_3\dot{C}HCH_3} + HBr$$

$$CH_3CH_2\dot{C}H_2 + Br-Br \longrightarrow CH_3CH_2CH_2Br + \dot{B}r$$

$$CH_3\dot{C}HCH_3 + Br-Br \longrightarrow CH_3CHBrCH_3 + \dot{B}r$$

自由基取代是链反应(chain reaction)。

首先是溴分子吸收光能均裂成溴自由基(溴原子),由此引发自由基链反应,此为链引发阶段(chain initiation)。

溴自由基夺取丙烷分子中的氢原子产生异丙自由基与正丙自由基,异丙自由基比正丙自由基稳定,因此更易产生。然后丙自由基再与溴反应,夺取溴原子生成溴代丙烷并产生新的溴自由基。溴自由基进入下一循环反应,此为链传播(增长)阶段(chain propagation)。

自由基的稳定性:

$$CH_3\dot{C}HCH_3 \quad > \quad CH_3CH_2\dot{C}H_2$$

自由基愈稳定愈容易生成,所以异丙基溴是主要产物。

自由基偶联、烃自由基歧化等都导致自由基消失,从而使自由基反应逐渐湮灭,此为自由基链反应的终止阶段(chain termination)。

除光照以外,还可通过高温或加入自由基反应引发剂(chain initiators)如过氧化苯甲酰(Bz_2O_2,DBPO)、偶氮二异丁腈(AIBN)等引发自由基链反应。反应体系中如有氧、氢醌等易捕获自由基的化合物,将抑制或终止自由基链反应,称为自由基反应抑制剂(chain inhibitor)。

问题 5 解释甲烷氯化反应现象:
(1) 甲烷和氯气混合在室温或黑暗中长期放置而不反应。
(2) 将氯气光照,然后迅速在黑暗中与甲烷混合,可以得到氯化产物。
(3) 将氯气光照后在黑暗中放置一段时间再与甲烷混合,得不到氯化产物。
(4) 将甲烷光照,在黑暗中与氯气混合,得不到氯化产物。
(5) 甲烷和氯气在光照下反应,每吸收一个光子产生许多氯甲烷分子。
(6) 甲烷和氯气通常需要加热到250℃以上才反应,但若加入微量(0.1%~0.02%)四乙基铅,反应在140℃就能发生。为什么?已知Cl-Cl与C-Pb键的键能分别是242 kJ/mol和205 kJ/mol。
(7) 甲烷和氯气反应,产物中检测到乙烷的氯代物。
(8) 当甲烷和氯气反应的体系中有氧时,在氧消耗完之前,没有取代产物生成。仅当不再有氧时,反应才正常进行,即反应有延迟期。

问题 6 解释以下实验事实:
等当量的甲烷和乙烷混合物与氯气在一定的条件下进行一氯代反应,发现产物中氯甲烷与氯乙烷之比为1∶400。试解释之。据此判断,甲自由基与乙自由基,哪一个较稳定?

问题 7 烷烃卤代反应,
不同类型氢的相对反应活性:3° > 2° > 1°
如何解释上述反应活性?
卤素的反应活性:氯代 > 溴代。
卤素的反应选择性:溴代 > 氯代。此即反应低活性、高选择性。
卤代反应举例:

$$\text{CH}_3\text{CH}_2\text{CH}_2\text{CH}_3 \xrightarrow[h\nu]{\text{Br}_2} \text{CH}_3\text{CHBrCH}_2\text{CH}_3 + \text{CH}_3\text{CH}_2\text{CH}_2\text{CH}_2\text{Br}$$
$$\text{98\%} \qquad\qquad \text{2\%}$$

$$(\text{CH}_3)_2\text{CHCH}_3 \xrightarrow[h\nu]{\text{Cl}_2} (\text{CH}_3)_2\text{CClCH}_3 + \text{CH}_3\text{CH}(\text{CH}_3)\text{CH}_2\text{Cl} + \cdots$$

$$(\text{CH}_3)_2\text{CHCH}_3 \xrightarrow[h\nu]{\text{Br}_2} (\text{CH}_3)_2\text{CBrCH}_3 \text{ (major)} + (\text{CH}_3)_2\text{CHCHBr} \text{ (minor)}$$

比较有制备价值的卤代反应：

$$\text{CH}_3\text{CH}_3 \xrightarrow[h\nu, 127\ ^\circ\text{C}]{\text{Br}_2} \text{CH}_3\text{CH}_2\text{Br}$$

$$(\text{CH}_3)_3\text{CCH}(\text{CH}_3)_2 \xrightarrow[h\nu]{\text{Br}_2} (\text{CH}_3)_3\text{CC}(\text{CH}_3)_2\text{Br}$$

$$\text{C}_{12}\text{H}_{26} \xrightarrow[120\ ^\circ\text{C}]{\text{Cl}_2} \text{C}_{12}\text{H}_{25}\text{Cl}$$

十二烷基氯（氯代十二烷）

1.1.4.4　其他取代反应

在工业上有价值的烷烃其他取代反应有硝化、磺化、氯磺化等。

硝化：

$$\text{CH}_3\text{CH}_3 + \text{HNO}_3 \xrightarrow{450\ ^\circ\text{C}} \text{CH}_3\text{CH}_2\text{NO}_2$$

硝基乙烷

磺化：

$$\text{CH}_3\text{CH}_3 + \text{H}_2\text{SO}_4 \xrightarrow{400\ ^\circ\text{C}} \text{CH}_3\text{CH}_2\text{SO}_3\text{H}$$

乙磺酸

氯磺化：

$$\text{C}_{12}\text{H}_{26} + \text{SO}_2\text{Cl}_2 \xrightarrow{h\nu} \text{C}_{12}\text{H}_{25}\text{SO}_2\text{Cl} \xrightarrow{\text{NaOH}} \text{C}_{12}\text{H}_{25}\text{SO}_3\text{Na}$$

十二烷基磺酰氯　　　　十二烷基磺酸钠

长链的烷基磺酸盐可用作表面活性剂，如十二烷基磺酸钠即是合成洗涤剂。

1.1.5　烷烃的来源、用途与制备

1.1.5.1　来源与用途

碳氢化合物的主要来源是石油（petroleum）和天然气（natural gas）。

石油被称为"工业的血液"，主要成分是各种烷烃、环烷烃和芳香烃的混合物。开链烷烃中有 1~50 个碳原子的各种烷烃，环烷烃以环戊烷、环己烷及其衍生物为主，芳香烃含量因地区

而异，有些地区的石油中含有较丰富的芳香烃。

石油的成油机制有生物沉积和石化油两种学说。前者较广为接受，认为石油是古代海洋或湖泊中的生物经过漫长的演化形成，属于生物沉积变油，不可再生；后者认为石油是由地壳内本身的碳生成，与生物无关，可再生。

开采出来的原油需经一系列的分离纯化等才可以应用，此即石油炼制。

石油炼制是把原油通过联合操作加工为各种石油产品。炼油的主要装置有：原油蒸馏（常、减压）、热裂化、催化裂化、加氢裂化、石油焦化、催化重整以及炼厂气加工、石油产品精制等。石油炼制主要产品是汽油、煤油、柴油、燃料油、润滑油、石油蜡、石油沥青、石油焦和各种石油化工原料。

石油主要用作燃料油和汽柴油，也是基本的化工原料。2012 年石油 88% 用作燃料，其余用作化工原料。

汽油(gasoline; petrol)，馏程为 60℃～220℃，主要成分为 C_5～C_{12} 脂肪烃和环烷烃类，以及适量的芳香烃如甲苯、二甲苯等。汽油由石油炼制得到的直馏汽油组分、催化裂化汽油组分、催化重整汽油组分等与高辛烷值组分、汽油添加剂经调和制得，有 90～98 号等牌号。

汽油在内燃机中燃烧而发生爆燃或爆震，这会降低发动机的功率并会损伤发动机。燃油引起爆震的倾向，用辛烷值(octane rating)表示，在汽油燃烧范围内，将"异辛烷"(2,2,4-三甲基戊烷)的辛烷值定为 100。辛烷值越高，防止发生爆震的能力越强。带支链的不饱和脂环烃和芳香烃如甲苯有很高的辛烷值，甚至超过 100。现在的汽车要求辛烷值都在 90～100。

催化重整(catalytic reforming)是将石脑油中 C_6 以上组分芳构化(aromatization)，即产生芳香烃。此法除可提高辛烷值外，在石化中主要用于生产丙烯、丁烯等基本化工原料。

页岩油是指以页岩为主的页岩层系中所含的石油，其中包括泥页岩孔隙和裂缝中的石油，也包括泥页岩层系中的致密碳酸岩或碎屑岩邻层和夹层中的石油。20 世纪 90 年代美国在页岩油开采方面取得重大技术突破，通过压裂技术开采页岩油，引起新一轮能源革命，世界的能源格局改变。

天然气主要成分是甲烷(90%～95%)，还有少量的乙烷、丙烷等低级烷烃。有机物在细菌作用下分解产生可燃气体(沼气)主要成分也是甲烷。

甲烷在低温、压力下能形成水合物 $CH_4 \cdot nH_2O$，这是水分子通过氢键形成笼状晶格，甲烷包在其中。天然气水合物俗称可燃冰，存在于浅海底层沉积物、深海大陆斜坡沉积地层以及极地地区的永久冻土层中。蕴藏量巨大，含碳量约为已探明的石油和天然气矿藏的两倍，可能成为未来的洁净能源。天然气输气管在低温下管道堵塞也是由于水合物的生成。我国已成功开发出可燃冰。

甲烷是重要的燃料和化工原料。甲烷在催化剂存在下与水高温反应生成一氧化碳和氢气的混合物，称为合成气，是生产合成氨和甲醇的原料。将甲烷直接转化成有机原料或液体燃料是重要的研究课题。

乙烷主要用来生产乙烯和氯乙烯。

丙烷是液化石油气的组分，主要用来生产乙烯和丙烯。

丁烷裂解生产乙烯和丙烯，脱氢生产丁二烯，酸催化重排生产异丁烷，气相催化氧化生产顺丁烯二酸酐，气相氧化生产乙酸等。丁烷可以从液化石油气中回收。

异丁烷主要用作烃化剂与异丁烯、丙烯等生产高辛烷值汽油；脱氢生产异丁烯；氧化生产甲基丙烯酸等；用作新型制冷剂。异丁烷可以从液化石油气中回收或由丁烷异构化生成。

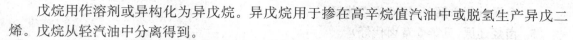

戊烷用作溶剂或异构化为异戊烷。异戊烷用于掺在高辛烷值汽油中或脱氢生产异戊二烯。戊烷从轻汽油中分离得到。

己烷从轻汽油中分离，用作溶剂，催化重整生产苯。

含 6 个碳原子以上的直链烷烃可以从适当石油馏分中分离，主要用作燃料、润滑剂或化工原料。

凡士林(vaseline)是从石油分馏得到的高级烷烃混合物，碳原子数多在 17~21，在常温时介于固体及液体之间，密度在 0.820~0.865，终馏温度高于 300℃。凡士林化学稳定性和抗氧化性好，用作药品和化妆品原料，也用作润滑剂、防腐(润滑)油。

石蜡(paraffin)又称晶形蜡，是碳原子数 18~30 的烷烃混合物，直链烷烃占 80%~95%，含少量支链化烷烃和长链烷烃基单环烷烃，是原油蒸馏所得的润滑油馏分经溶剂精制、脱蜡或经冷冻结晶、压榨脱蜡制得的蜡膏，呈片状或针状结晶，有全精炼石蜡、半精炼石蜡和粗石蜡三种。粗石蜡含油量较高，主要用于制造火柴、纤维板、篷帆布等。全精炼石蜡和半精炼石蜡主要用于食品、药物等，大量用于生产蜡纸、蜡笔、蜡烛、复写纸等和包装材料，用于水果保鲜，电器元件绝缘，提高橡胶抗老化和增加柔韧性等，也用于氧化生成合成脂肪酸。

石油醚(petroleum ether)是无色透明液体，有煤油气味，主要为 5~7 个碳的烷烃混合物，主要含戊烷和己烷，易燃易爆。主要用作非极性有机溶剂，工业上用于油脂提取与处理。通常用铂重整抽余油或直馏汽油经分馏、加氢制得。一般有沸程 30℃~60℃、60℃~90℃、90℃~120℃等规格，实验室多用 60℃~90℃。

1.1.5.2 制备

研究用纯净的烷烃还需在实验室制备或合成。

1. 偶联反应 —— Würtz 反应

卤代烷与金属钠作用生成二烃基偶联产物，此为 Würtz 反应(Charles-Adolphe Würtz, 1855)(见第 6 章卤代烃)。

$$2R\text{—}X + 2Na \xrightarrow[\text{Et}_2O]{Na} R\text{—}R + 2NaX$$

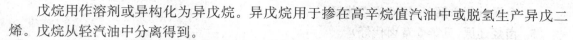

2. Kolbe 电解

羧酸盐电解(H. Kolbe, 1849)制备高级烷烃(见第 9 章羧酸)。

$$2R\text{—}CO_2Na + H_2O \xrightarrow{\text{electrolysis}} R\text{—}R + 2CO_2 + 2NaOH + H_2$$

$$CH_3(CH_2)_{10}CO_2Na \xrightarrow{\text{electrolysis}} CH_3(CH_2)_{20}CH_3$$

二十二烷

3. 烯炔催化加氢

烯炔催化加氢生成饱和烃(见第 3 章烯烃)。

2,2,4-三甲基戊烷

"异辛烷"(工业)　辛烷值

4. 金属试剂水解(见第 6 章卤代烃)

5. 卤烃还原(见第 6 章卤代烃)

1.2 环烷烃

环状化合物结构丰富多彩、数量众多。从组成上看,就有全由碳原子构建的碳环和含其他原子的杂环。碳环又分脂环和芳香环。本部分讨论饱和脂环烃即环烷烃。

环烷烃的类型
单环烷烃

单环烷烃通式:C_nH_{2n}(与单烯烃通式相同)

稠环(桥环烃)　　桥环烃　　螺环烃

1.2.1 环烷烃命名

1.2.1.1 简单环烷烃的命名

环烷烃命名的基本原则:根据环的大小(元数)——组成环的碳原子个数定为烷烃的大小,名称前加环字即可。环上的分支作为取代基放在母体前。若有多个取代基,遵照最低系列原则定位并依次放在母体前。例:

环丙烷　　甲基环戊烷　　环己烷　　异丙基环己烷

1,3-二甲基环己烷　　1-甲基-4-异丙基环己烷　　1-甲基-3-乙基环己烷

环上若有两个取代基,则存在着顺反异构,命名应有明确表达。两取代基在环的同一面为顺,否则是反。例:

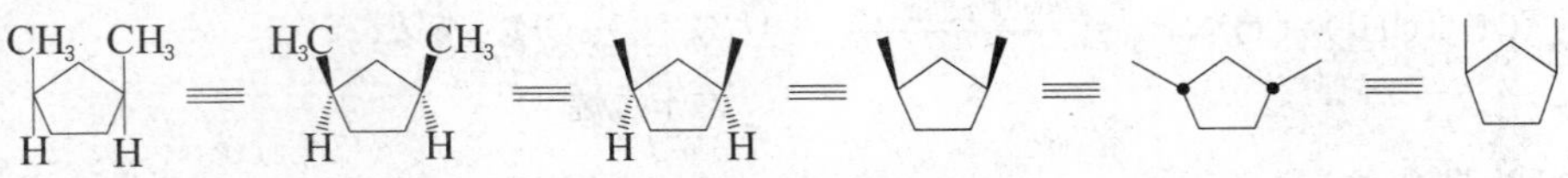

顺-1,3-二甲基环戊烷

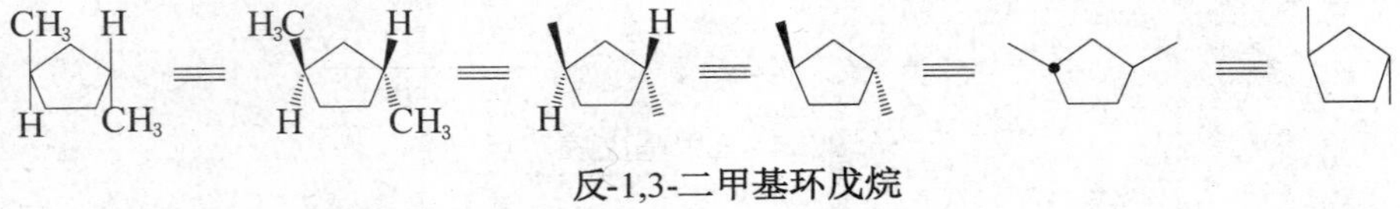

反-1,3-二甲基环戊烷

较复杂的体系,环作为取代基可能更简洁明了。例:

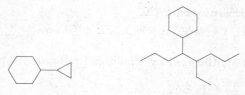

环丙基环己烷　　　　4-乙基-5-环己基辛烷

1.2.1.2　桥环与螺环

二环或多环根据共用原子的情况可分为螺环、稠环与桥环。

以分子式为 C_8H_{14} 的二环烷烃(bicycloalkane)为例讨论多环烷烃。

两环未共用原子,是孤立的多环(isolated ring),如:

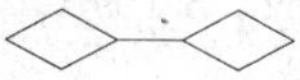

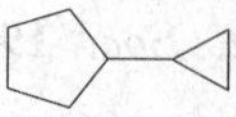

两环共用一个原子(joined at a single atom)的称为螺环(spiro ring),共用两个相邻的原子(joined at two adjacent atoms)是稠环(fused ring),而共用两个不相邻的原子(joined two nonadjacent atoms)是桥环(bridged ring)。

螺环

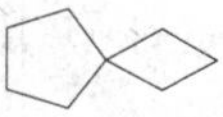

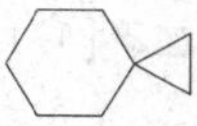

稠环

桥环

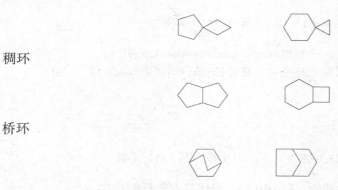

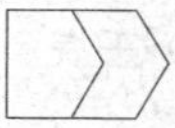

稠环、桥环与螺环的命名

桥环:编号从桥头原子开始,环若大小不同,先大后小,取代基有较低的位次。环的结构放在中括号内,由所有的桥组成,桥长即构成桥的原子数,不包括桥头原子,由大到小排列。例:

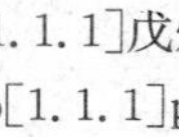

二环[1.1.1]戊烷　　二环[2.2.1]庚烷　　1,7,7-三甲基二环[2.2.1]庚烷
bicyclo[1.1.1]pentane　降莰烷(norbornane)　莰烷(bornane);莰烯(camphene)

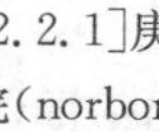

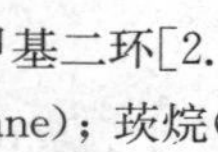

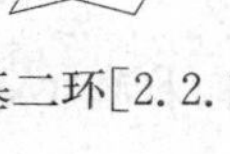

2-甲基二环[2.2.1]庚烷 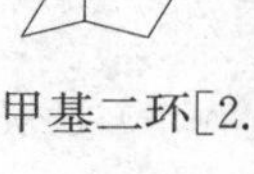　　2,7,7-三甲基二环[2.2.1]庚烷

像形分子

例: 金刚烷 Adamantane mp 270℃
三环[3.3.1.1^{3,7}]癸烷 Tricyclo[3.3.1.1^{3,7}]decane

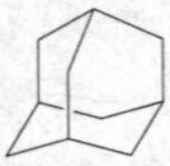

Adamantane was first synthesized by Vladimir Prelog in 1941 from Meerwein's ester.

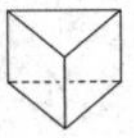

三棱烷(棱烷)   五棱烷
prismane(triprismane)   Pentaprismane
(1973)   (1981)

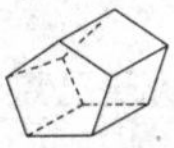

三棱烷的系统命名为四环[2.2.0^{2,6}0^{3,5}]己烷。三棱烷具爆炸性,这在烷烃中是不寻常的(Philip Eaton. *J. Am. Chem. Soc.* **1964**, *86*, 962, 3 157)。

 立方烷 Cubane mp 131℃
五环[4.2.0.0^{2,5}.0^{3,8}.0^{4,7}]辛烷
Pentacyclo[4.2.0.0^{2,5}.0^{3,8}.0^{4,7}]octane

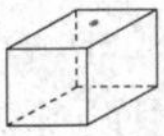

稠环: 稠环是一种特殊的桥环,即主桥是一根键,因此环的结构最后一项是零。

例: 二环[1.1.0]丁烷 bicyclo[1.1.0]butane

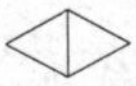

 十氢萘 decalin(decahydronaphthalene)
二环[4.4.0]癸烷 bicyclo[4.4.0]decane

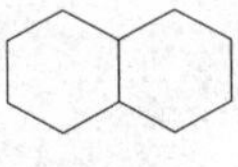

8-甲基二环[4.3.0]壬烷 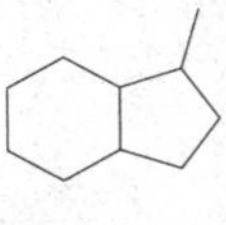   7-甲基二环[4.3.0]壬烷

螺环: 编号从螺原子的邻位开始,环先小后大,取代基有较低的位次。

例:

螺[3.3]庚烷 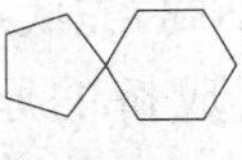   螺[4.5]癸烷 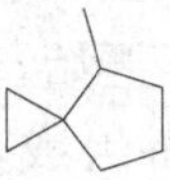   4-甲基螺[2.4]庚烷

衍生物命名:

 ⟹

十氢萘 decahydronaphthalene (decalin)   萘 (naphthalene)

 ⟹

莰烷(camphene); 菠烷(bornane)   2-莰酮(樟脑)(camphor)

1.2.2 环烷烃的结构

环的分类

小环 C_{3-4}　三、四元环

普通环 C_{5-7}　五、六、七元环

中环 C_{8-11}　八、九、十、十一元环

大环 $C_{>11}$　十二环或更大的环

环的大小与稳定性

$$普通环 > 中环 > 小环$$

从环烷烃的燃烧热看其稳定性(表 1-5)：

表 1-5　每个 CH_2 的燃烧 (kJ/mol)

环系	环烷烃	Formula	$\Delta H/CH_2/(kJ/mol)$
小环	环丙烷	C_3H_6	697.1
	环丁烷	C_4H_8	686.1
普通环	环戊烷	C_5H_{10}	664.0
	环己烷	C_6H_{12}	658.6
	环庚烷	C_7H_{14}	662.4
中环	环辛烷	C_8H_{16}	663.8
	环壬烷	C_9H_{18}	664.6
	环癸烷	$C_{10}H_{20}$	663.6
大环	环十四烷	$C_{14}H_{28}$	658.6
	环十五烷	$C_{15}H_{30}$	659.0

比较开链烷烃每个 CH_2 的燃烧热 658.6 kJ/mol,可知环己烷是没有张力的。

环的大小与张力：

平面环：偏离键角 = (109°28′ − 内角)/2

偏离键角　　+24°44′　　+9°44′　　+0°44′　　−5°44′

偏离角度越大,应该越不稳定。如是,环己烷还不如环戊烷稳定,这显然与事实不符。问题在于前提假设错误,结论自然不正确。事实上,除三元环以外,其他的环系都不是平面的。

1.2.2.1 环丙烷的结构

环丙烷是平面型分子。现代实验测定共价键参数是,碳-碳与碳-氢键长分别为 0.151 nm 和 0.109 nm,碳-碳键长比一般的碳-碳单键的短,键角∠CCC 和∠HCH 分别为 105°30′和 115°,∠CCC 比一般的键角小。

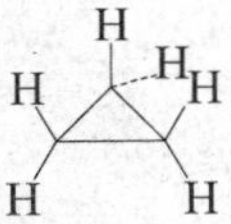

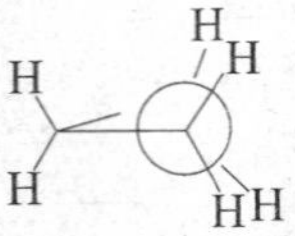

Newman 投影式

在环丙烷分子中,所有键均为重叠式,存在扭转张力,又称 Pitzer 张力(Pitzer strain)。

∠CCC=105°30′   C—C 0.151 nm
∠HCH=115°   C—H 0.109 nm

在环丙烷分子中,每个碳原子都采取近似 sp^3 杂化,轨道重叠成键既不能是四面体夹角 (109°28′),这样重叠太小,成键太弱,也不能沿碳-碳连线(60°)成键,这样虽然可最大重叠但键角太小,轨道间电子排斥太强烈,张力太大。折中的结果是以略小于四面体角(105°30′)的重叠弯曲成键,此即弯键(bent bond),形似香蕉,故又称香蕉键(banana bond)。

环丙烷分子中的弯键由于轨道重叠较小,成键较弱,易开环。这种碳-碳单键却类似于碳-碳双键,如易发生加成反应并导致开环。

角张力(angle strain)又称 Baeyer 张力(Baeyer strain),是由于偏离四面体夹角产生的张力。

张力环:环丙烷分子中既存在角张力又有扭转张力,是典型的张力环。

环丙烷虽然存在显著的张力,但这并不意味着不能存在。在一些天然产物分子中含有环丙烷结构单元,例如:

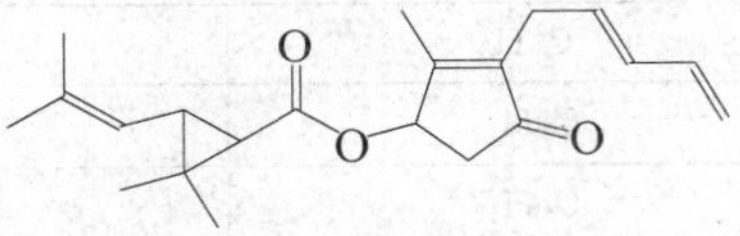

除虫菊酯(pyrethrin, 1924)

环丙烷脂肪酸(cyclopropane fatty acids)就是含有环丙环的脂肪酸,在荔枝(lychee)的种子油中含近 40% 的环丙烷脂肪酸以三甘油酯的形式存在。

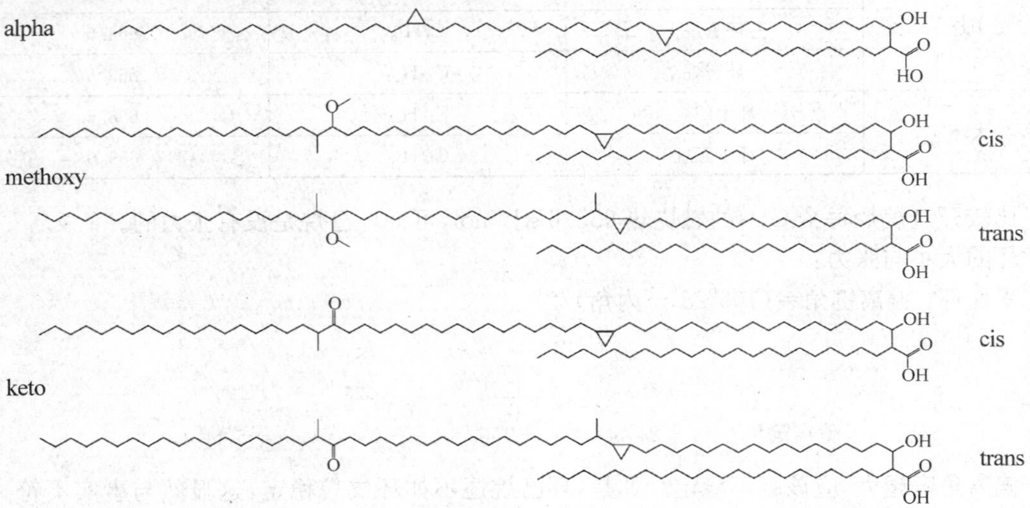

alpha

methoxy   cis

trans

keto   cis

trans

U-106305 也是一种环丙烷脂肪酸,含有 6 个环丙环,分离自 *Streptomyces sp*。

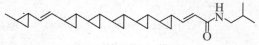

1.2.2.2 环丁烷的构象

环丁烷分子的稳定构象不是平面的,而是折叠式的(puckered or butterfly conformation)。

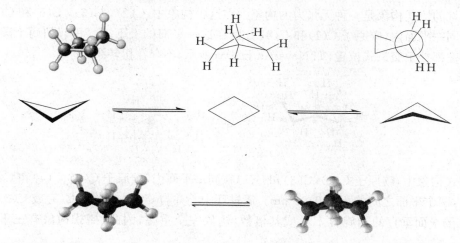

处于折叠式构象的环丁烷分子不是固定的而是流动的。环丁烷分子采取折叠式构象可显著减少扭转张力,虽然角张力稍有增加。

1.2.2.3 环戊烷的构象

环戊烷分子的稳定构象也不是平面的,而是信封式("open envelope" conformation)和半椅式(half chair)。

"open envelope" conformation

处于折叠式构象的环戊烷分子不是固定的而是流动的。环戊烷分子采取折叠信封式或半椅式构象都可显著减少扭转张力。

envelope   half chair   envelope

1.2.2.4 环己烷的构象

环己烷分子的碳构架不是平面的,而是折叠的。

早在 1890 年,H. Sachse 就认为环己烷分子中的六个碳原子可以不在同一平面内而保持四面体角。1918 年,W. M. Morhr 提出了环己烷的椅式(chair form)和船式(boat form)构象两种模型。1938 年 O. Hassel 用电子衍射技术测定确证环己烷分子主要以椅式构象存在。

事实上,环己烷除最稳定的椅式构象外,还有船式、扭船式和半椅式(half chair form)等极限构象。

    chair   twist-boat   boat   half chair

环己烷的极限构象

椅式构象

  环己烷的椅式构象是一种无张力的构象。在这种构象中,C(2),C(3),C(5)和C(6)四个碳原子在同一平面内,碳原子C(1)和C(4)分别在这一平面的上下方。相邻的两个碳原子上的C-H键都处于交叉式位置,如Newman投影式所示,不存在扭转张力。

  在椅式构象中,碳原子C(1),C(3)和C(5)在同一平面内,碳原子C(2)、C(4)和C(6)在另一平面内,两个平面之间的相距0.05 nm。通过环中心并与C(1)-C(3)-C(5)或C(2)-C(4)-C(6)所在的平面垂直的轴旋转120°或其倍数,构象完全重叠,因此,椅式构象有三重对称轴(C_3)。

  在环己烷的椅式构象中,所有键角都保持近似四面体角,∠CCC和∠HCH分别为107.5°和111.4°,因此,不存在角张力。

  环己烷分子的键长都是正常的,C-C 0.153 6 nm,C-H 0.112 1 nm。所有氢-氢之间距离均大于氢原子的van der Waals半径之和(0.240 nm),不存在使键长改变得到因素,因此不存在van der Waals张力。

  因此,在环己烷的椅式构象中,各个张力项都不存在,椅式构象的环己烷分子没有张力。

两种类型C-H键

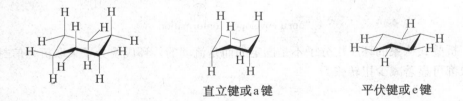

        直立键或a键   平伏键或e键

  在环己烷的椅式构象中,C-H键可以分为两类。每个碳原子均有一根C-H键在垂直方向,向上或向下,称为直立键(竖键)或a键(axial bond),另有一根C-H键斜向上或斜向下,称为平伏键(横键)或e键(equatorial bond)。

椅式构象中C-H键的顺反关系

1,2-关系:相邻的a键与e键是顺式的,而a-a键、e-e键则是反式的。

1,4-关系:1,4-位的a-e键是顺式的,而a-a键和e-e键都是反式的。

1,3-关系:1,3-位a-a键和e-e键都是顺式的,而a-e键是反式的。

环己烷椅式构象的画法

  六个碳原子交替分布在两个平面上,相对的两根碳-碳键平行,所有的a/a键都平行,1,4-

位 e/e 键平行。

船式构象

在环己烷的船式构象中，C(2)，C(3)，C(5) 和 C(6) 四个碳原子在同一平面内（船底），碳原子 C(1) 和 C(4) 都在这一平面的上方（船头和船尾），如透视式和 Newman 投影式所示。

在船式构象中，船底的 C(2)-C(3) 和 C(5)-C(6) 的碳-氢键都处于重叠状态，因此存在显著的扭转张力。船头和船尾 C(1) 和 C(4) 上相对的两个内氢原子（旗杆键）的距离只有 0.183 nm，小于 van der Waals 半径之和（0.240 nm），故这两个氢原子之间相互排斥（非键张力），迫使环变得更扁平一些，即键角偏离四面体角，因而存在角张力，键长也会发生一定程度的改变，结果是船式构象中哪一项张力都不为零，因而存在显著的张力。

扭船式构象

将环己烷的船式构象模型扭动，使船头和尾碳原子错开，船底的碳原子 C(2) 和 C(3) 及 C(5) 和 C(6) 上之间的扭转角也随之发生变化，当所有的扭转角达到 30°时，张力减小最大，这就是扭船式构象（twist-boat）。

环己烷的构象转环

即使在室温下，由于分子的热运动，通过假旋转，环己烷的椅式构象经历半椅式、扭船式、船式、扭船式、半椅式，转化成另一个椅式构象，从而实现环的翻转（ring flipping）（转环 ring inversion），见图 1-5。

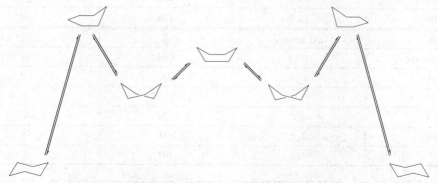

图 1-5　环己烷的构象转环与能量变化

半椅式构象能量最高，比椅式构象高出 45 kJ/mol，这是由于五个碳原子共平面，其扭转张力和角张力都很高。船式构象能量达到次高，比椅式构象高出 29 kJ/mol。扭船式构象比较稳定，非键张力、角张力和扭转张力都有部分缓解，能量比船式构象低 6 kJ/mol，即比椅式构象高出 23 kJ/mol。

转环特点：构型不变，只是 a 键转化成 e 键，e 键转化为 a 键。

取代环己烷的构象

一般，取代环己烷尽可能采取椅式构象。取代基占据 e 键的构象较稳定。

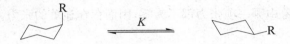

95%

尽可能多地取代基占据 e 键较稳定。大的取代基占据 e 键较稳定。

构象自由能

在一定温度下构象达到平衡，其平衡常数的大小与组分——取代基处于 a 键与 e 键的含量决定于前后自由能变化。一取代环己烷构象平衡的自由能变化（ΔG°）见表 1-6。

表 1-6 取代环己烷构象平衡的自由能变化

R	ΔG° kJ/mol	K	e
H	0	1	50%
Me	7.3	19	95%
Et	7.5	20	96%
i-Pr	9.3	42	98%
t-Bu	21	>3 000	99.9%
OMe	2.5	2.7	73%
Ph	11.7	110	99%
R	ΔG° kJ/mol	R	ΔG° kJ/mol
Cyclohexyl	8.97	OH	3.2
neo-Amyl	8.34	OAc	2.5
F	1.0	CO_2H	5.6
Cl	2.2	CN	0.8
Br	2.4	NH_2	5.0
I	1.9	SH	3.75

为什么取代基处于 e 键的构象更稳定呢？这与一种非键相互作用有关。

1，3-二直立键相互作用（diaxial interaction）：处于 a 键的取代基与 3-位和 5-位的 a 氢在空间上靠近而拥挤，存在天然的排斥作用。排斥作用大小取决于取代基的体积大小，越大的取代基排斥作用也越强烈。此即 1，3-二直立键相互作用，是 van der Waals 张力，一种非键相互作用，是立体(空间)张力。而处于 e 键的取代基就不存在这种排斥作用。所以，取代基处于 e 键的构象能量更低，更稳定。

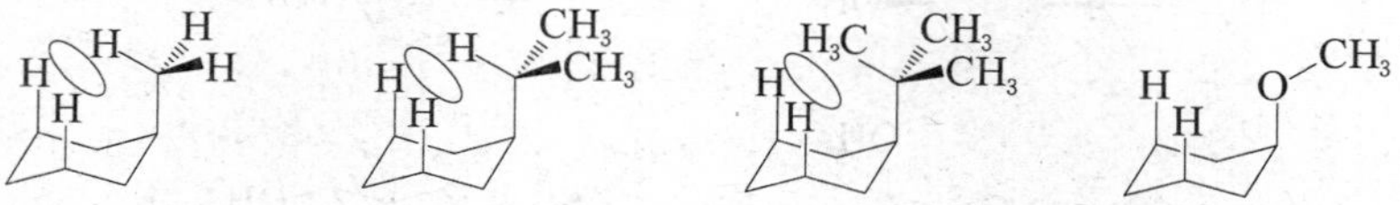

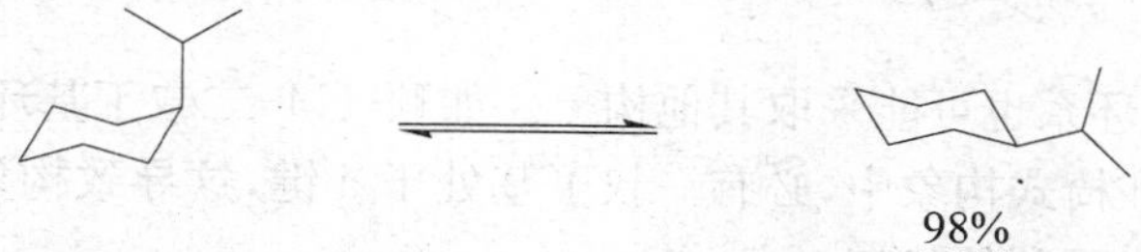

98%

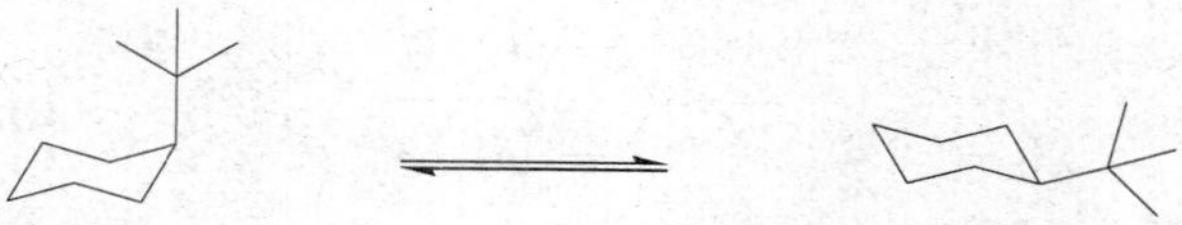

99.99%

可以看出，叔丁基只处于 e 键，因为处于 a 键的几率极低。因此，在构象分析研究中叔丁基常用作构象固定基。

二取代环己烷

1,2-二取代与 1,4-二取代：反式(ee)较稳定。1,3-二取代：顺式(ee)较稳定。

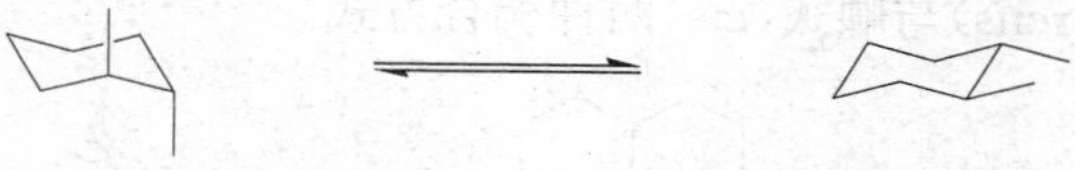

(aa) (ee)

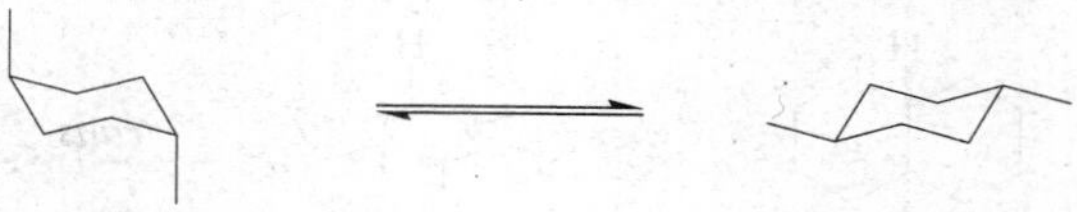

(aa) (ee)

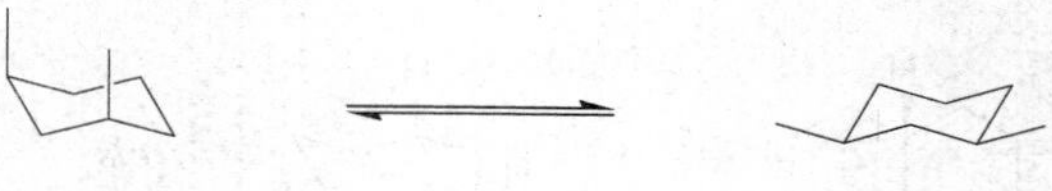

(aa) (ee)

特定构型的优势构象

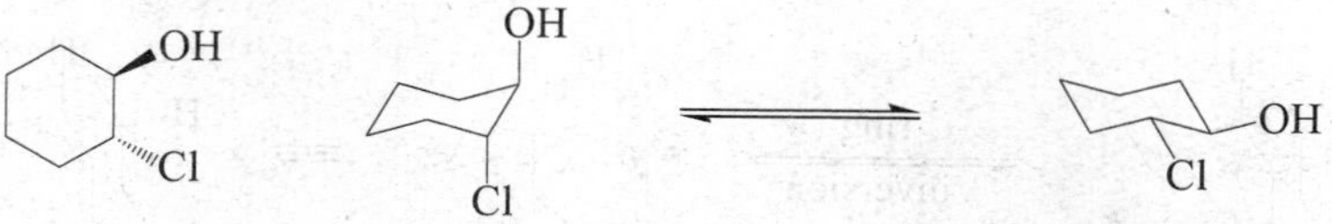

优势构象

异薄荷醇(isomenthol)

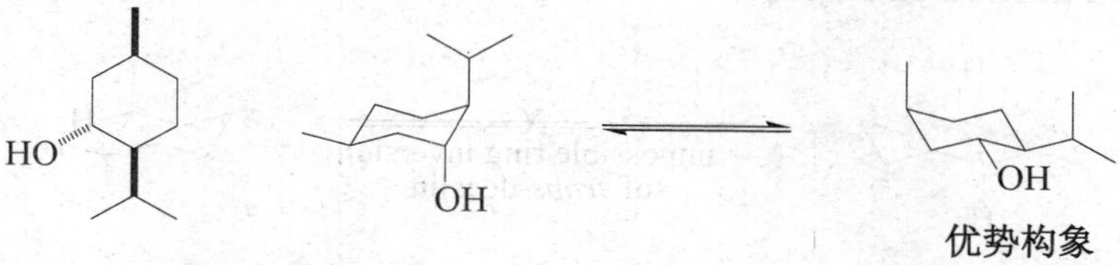

优势构象

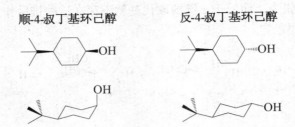
顺-4-叔丁基环己醇　　　反-4-叔丁基环己醇

不可能的话,环己环系也可能采取其他构象。如顺-1,4-二叔丁基环己烷的构象就不是椅式而是扭船式。因为在椅式构象中,必有一叔丁基处于 a 键,这导致构象能量极高,而采取扭船式就避免了这一极为不利的状态。

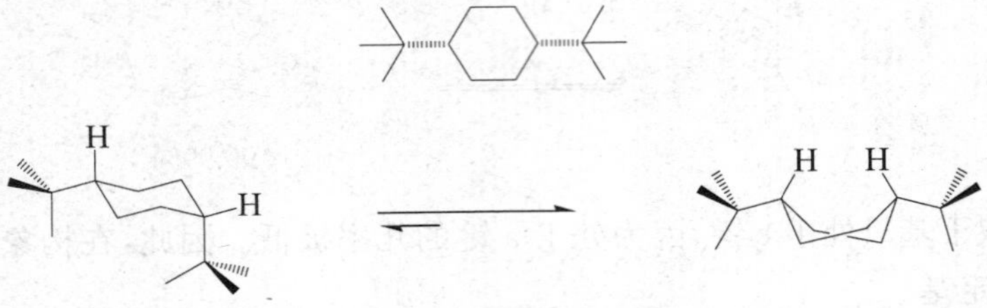

1.2.2.5　多环烃

多环烷烃,可能的话,环己环采取椅式构象。十氢萘(decalin)是稠合的两个环己烷,均采取椅式构象,但有反式(trcns)与顺式(cis)两种稠合方式。

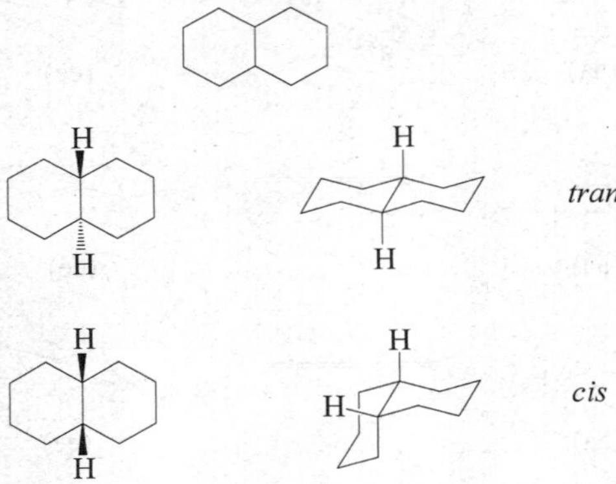

trans

cis

顺式十氢萘可以转环。

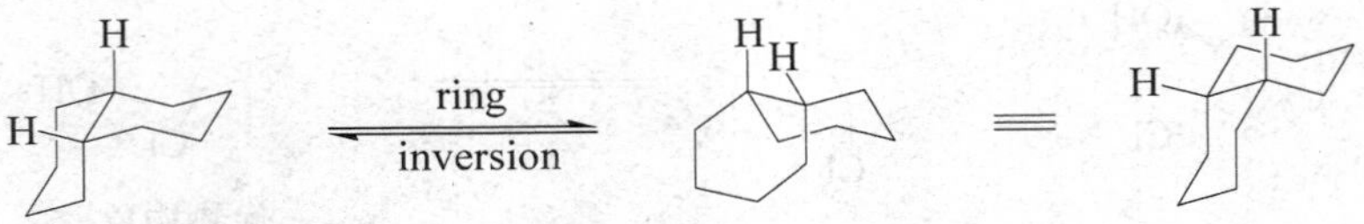

反式十氢萘不能转环,因为不可能连接两个 a 键成六元环(impossible to join two axial positions into six-membered ring)。

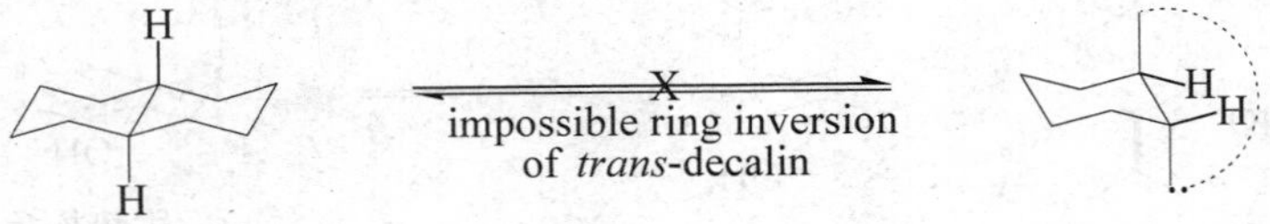

全氢化蒽的构型与构象：

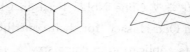

全氢化菲的构型与构象：

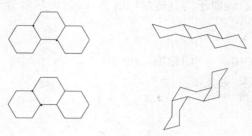

甾体(steroid)：
甾类化合物的基本构架是环戊烷并全氢化菲的四环系。

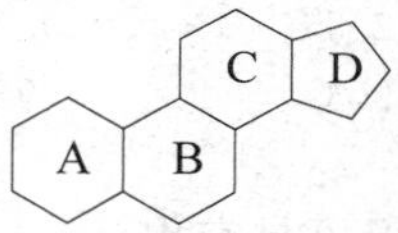

胆固醇(cholestanol)：

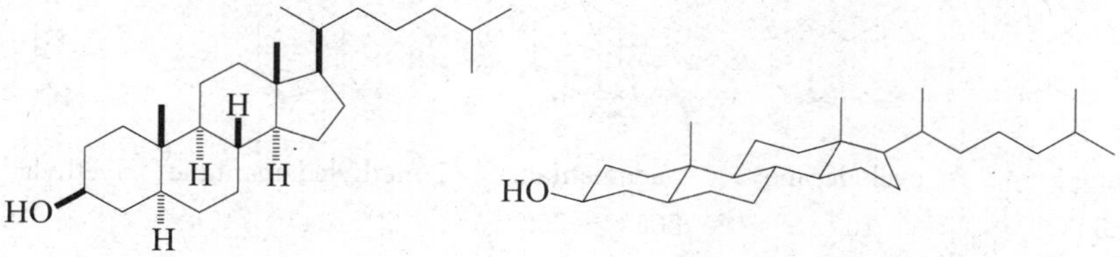

桥环的结构表达：

[2.2.1]

   exo 外向型
                            endo 内向型

[2.2.2]

立体表示：

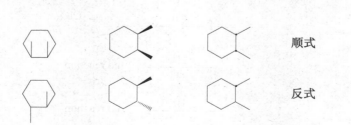   顺式

                        反式

Derek Barton 和 Odd Hassel 由于在构象概念的发展及其在化学中的应用——构象分析的研究工作获得 1969 年 Nobel 化学奖(The Nobel Prize in Chemistry 1969 was awarded jointly to Derek H. R. Barton and Odd Hassel "for their contributions to the development of the concept of conformation and its application in chemistry")。

1.2.3 环烷烃的物理性质

环烷烃的物理性质与结构：

环烷烃的熔点较含同数碳原子的直链烷烃的高，因为环烷烃分子在晶格中比直链烷烃分子排列得更紧密。

	$CH_3CH_2CH_3$	$CH_3CH_2CH_2CH_3$		
bp	−42℃	−0.5℃	36℃	68.7℃
mp	−187℃	−138.4℃	−130℃	−94℃

bp	−34.5	−12.5℃	49.5℃	80℃
mp	−127	−90℃	−93℃	6.5℃

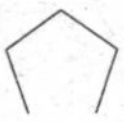

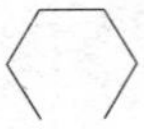

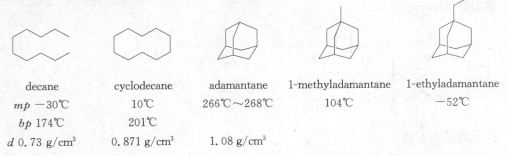

金刚烷及其衍生物在这方面表现得更是突出。

	decane	cyclodecane	adamantane	1-methyladamantane	1-ethyladamantane
mp	−30℃	10℃	266℃～268℃	104℃	−52℃
bp	174℃	201℃			
d	0.73 g/cm³	0.871 g/cm³	1.08 g/cm³		

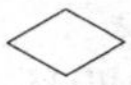

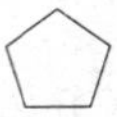

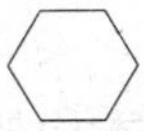

环烷烃的沸点比相应的开链烷烃高 10℃～20℃。

1.2.4 环烷烃的化学反应

1.2.4.1 取代反应

普通环及以上的环烷烃的性质与开链烷烃相似。例：

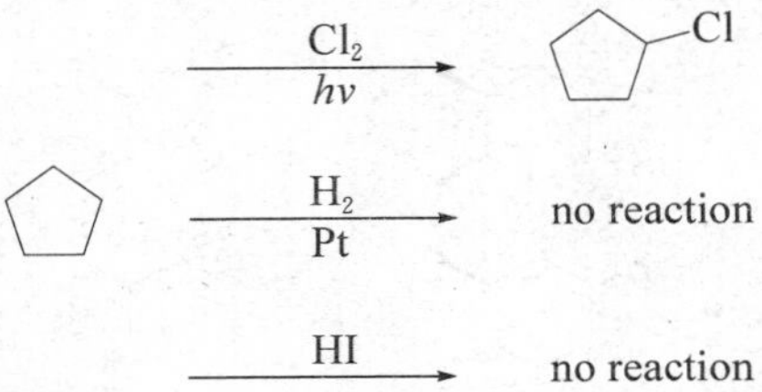

Cl₂
hν
Cl
H₂
Pt
no reaction
HI
no reaction

1.2.4.2 开环加成

小环烷烃活泼,易开环加成。

小环化合物的特殊性质 —— 易开环加成。

1. 催化加氢

小环可催化加氢,开环成直链烷烃。例:

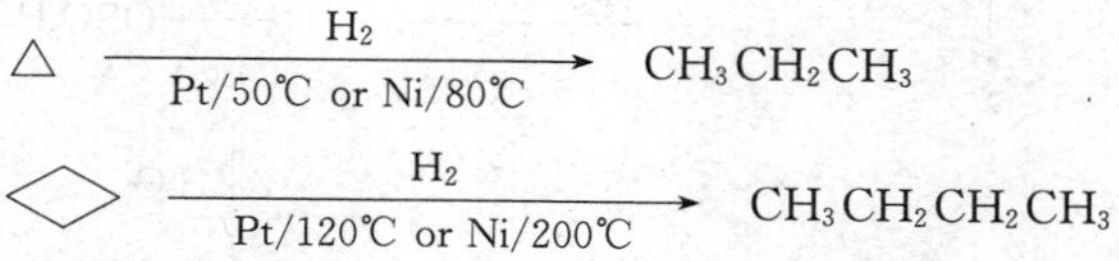

$$\triangle \xrightarrow{H_2}{Pt/50℃\ or\ Ni/80℃} CH_3CH_2CH_3$$

$$\diamondsuit \xrightarrow{H_2}{Pt/120℃\ or\ Ni/200℃} CH_3CH_2CH_2CH_3$$

如有选择,主要生成取代较多较稳定的产物。例:

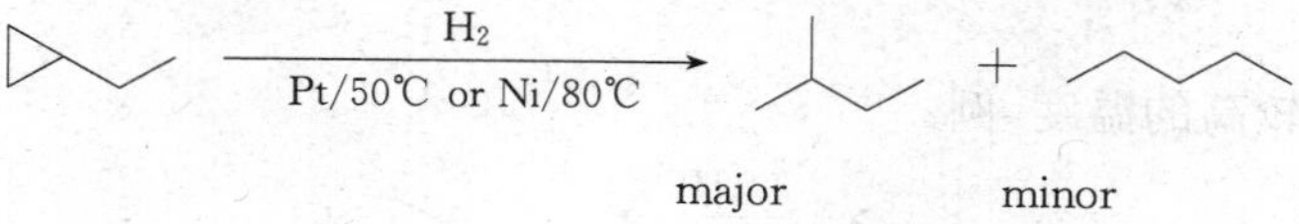

$$\text{(methylcyclopropane)} \xrightarrow{H_2}{Pt/50℃\ or\ Ni/80℃} \text{isopentane (major)} + \text{n-pentane (minor)}$$

2. 加成卤素

如有选择,开环加成发生在取代较多与较少的碳碳键。例:

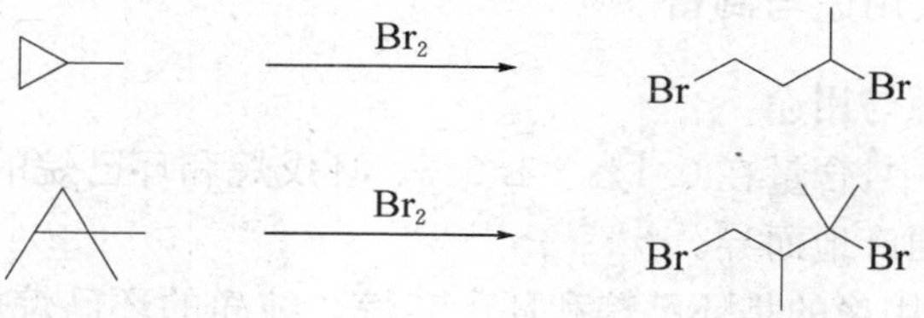

$$\text{(methylcyclopropane)} \xrightarrow{Br_2} CH_2Br-CH_2-CHBr-CH_3$$

$$\text{(1,1-dimethylcyclopropane)} \xrightarrow{Br_2} BrCH_2-C(CH_3)_2-CH_2Br\ (\text{中间碳带两甲基})$$

四元环、普通环或更大的环一般不发生开环加成。例:

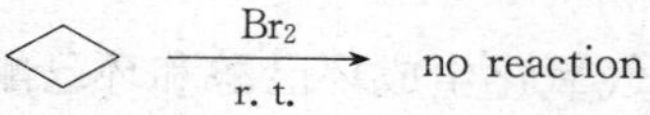

$$\diamondsuit \xrightarrow[r.t.]{Br_2} \text{no reaction}$$

注意区分加成与取代(光照或加热):

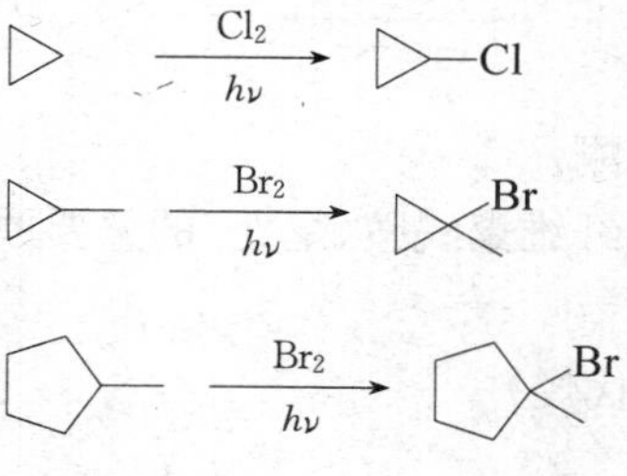

$$\triangle \xrightarrow[h\nu]{Cl_2} \triangle-Cl$$

$$\triangle-CH_3 \xrightarrow[h\nu]{Br_2} \triangle-C(Br)(CH_3)(?)$$

$$\text{cyclopentane-CH}_3 \xrightarrow[h\nu]{Br_2} \text{1-bromo-1-methylcyclopentane}$$

3. 加成卤化氢(HX)和硫酸(H_2SO_4)

小环易加成卤化氢(HX)和硫酸(H_2SO_4)。例:

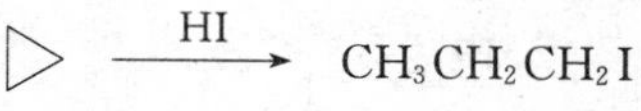

$$\triangle \xrightarrow{HI} CH_3CH_2CH_2I$$

如有选择,开环加成发生在取代较多与较少的碳-碳键之间,氢加到含氢较多的碳原子上。例:

$$\triangle \xrightarrow{HI} \text{(CH}_3\text{)}_2\text{CHCH}_2\text{I}$$

$$\text{methylcyclopropane} \xrightarrow{HI} \text{(CH}_3\text{)}_3\text{C-I}$$

$$\text{1,1-dimethylcyclopropane} \xrightarrow{H_2SO_4} \text{product-OSO}_3\text{H} \xrightarrow{\Delta, H_2O} $$

$$\text{1,1-dimethylcyclopropane} \xrightarrow{H_2O, H_2SO_4} \text{product-OH}$$

四元环加成需较高的温度,例:

$$\square \xrightarrow[\Delta]{HI} \text{CH}_3\text{CH}_2\text{CH}_2\text{CH}_2\text{I}$$

普通环或更大的环一般不发生开环加成。

1.2.5 环烷烃的来源、用途与制备

1.2.5.1 环烷烃的来源与用途

环己烷存在于石油中,含量在 0.1%~1.0%。环戊烷和环己烷的甲基和乙基衍生物也存在于石油中,含量随石油产地而异。

环烷烃有重要工业用途的是环己烷和环十二烷。纯净的环己烷由苯加氢制备,纯度较低的环己烷可由原油或催化重整产物中分离得到。环十二烷在工业上可由丁二烯聚合生产(见第 12 章)。

环己烷在催化剂存在下经空气氧化生成环己醇和环己酮混合物:

$$\text{cyclohexane} \xrightarrow[\text{catalyst}]{O_2} \text{cyclohexanol} + \text{cyclohexanone}$$

环十二烷也可以氧化环十二酮。

环己酮与环十二酮都是合成纤维聚酰胺(尼龙)的重要原料。

1.2.5.2 环烷烃的制备

1. Würtz 反应(见第 6 章卤代烃)

$$\text{Cl-CH}_2\text{CH}_2\text{CH}_2\text{-Br} \xrightarrow{Na} \square$$

2. 不饱和烃催化加氢(见第 3 章不饱和烃和第 5 章芳香烃)

$$\text{cyclohexene} \xrightarrow[\text{Ni}]{H_2} \text{cyclohexane}$$

$$\text{benzene} \xrightarrow[\text{temperture, pressure}]{H_2/Pt} \text{cyclohexane}$$

3. 异构化

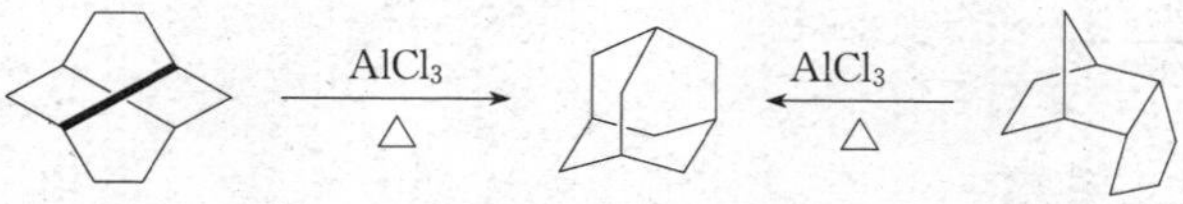

扭烷 Twistane $\xrightarrow[\triangle]{AlCl_3}$ 金刚烷 $\xleftarrow[\triangle]{AlCl_3}$

4. 分子内亲核取代（见第 6 章卤代烃）

习题

一、系统命名

1. 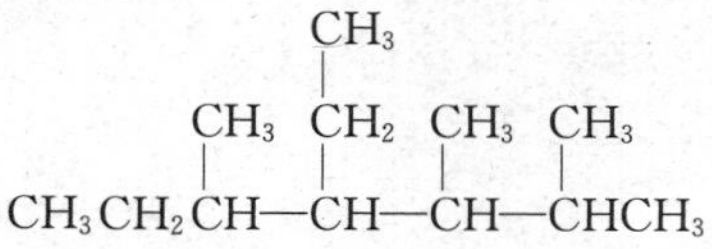 CH$_3$CH$_2$CH$_2$CH(CH$_3$)CH(CH$_2$CH$_3$)CH(CH$_3$)CHCH$_3$ 上带有 CH$_3$ 支链

2.

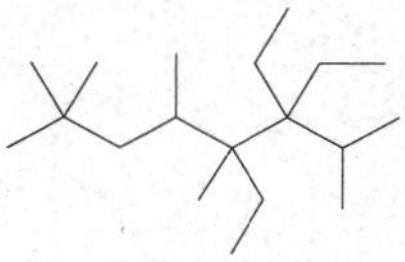

二、画出构象

1. 画出可能的构象。

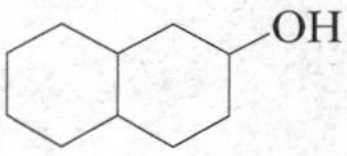

2. 画出稳定构象。

(1) Phenalenol （含 OH、H 的三环结构）

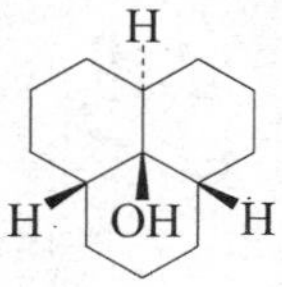

(2) （两个稠合芳环示意图）

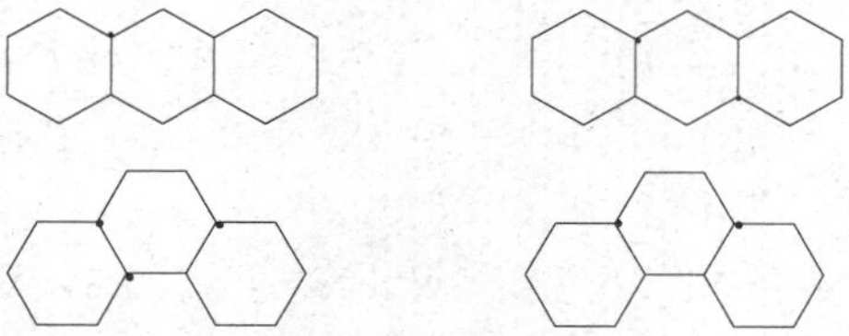

(3) （三环稠合结构示意图）

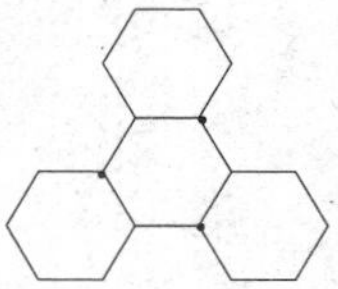

三、完成反应

1. 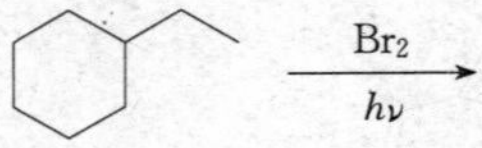 (ethylcyclohexane) $\xrightarrow[h\nu]{Br_2}$

2. (ethylcyclopropane) $\xrightarrow[h\nu]{Br_2}$

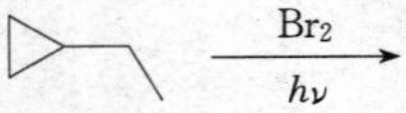

3. 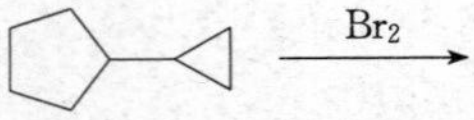 (cyclopentylcyclopropane) $\xrightarrow{Br_2}$

4. 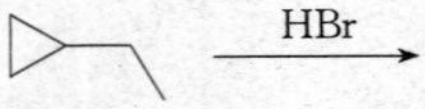 (ethylcyclopropane) $\xrightarrow{HBr}$

5. 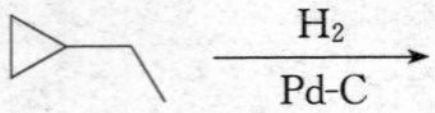 (ethylcyclopropane) $\xrightarrow[Pd-C]{H_2}$

6. 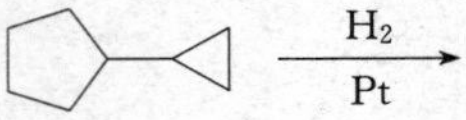 (cyclopentylcyclopropane) $\xrightarrow[Pt]{H_2}$

7. 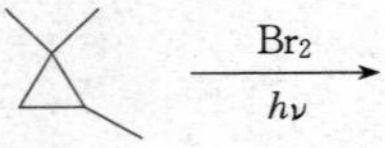 (1,1-dimethylcyclopropane) $\xrightarrow[h\nu]{Br_2}$

8. 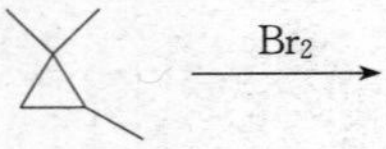 (1,1-dimethylcyclopropane) $\xrightarrow{Br_2}$

9. 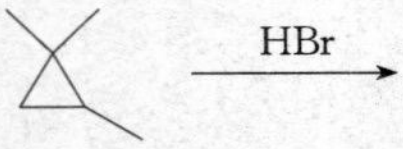 (1,1-dimethylcyclopropane) $\xrightarrow{HBr}$

10. 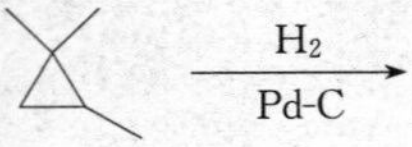 (1,1-dimethylcyclopropane) $\xrightarrow[Pd-C]{H_2}$

11. 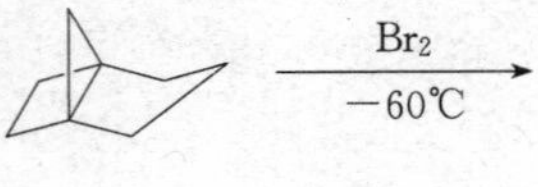 (bicyclic compound) $\xrightarrow{Br_2}{-60℃}$

12. 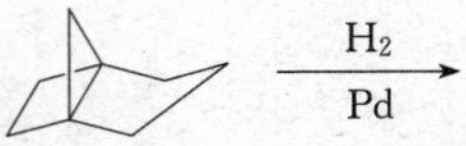 (bicyclic compound) $\xrightarrow[Pd]{H_2}$

第 2 章 立 体 化 学
Stereochemistry

从立体即三维的角度研究有机化合物的结构与性能之间的关系,此即有机立体化学(organic stereochemistry)。

2.1 立体异构

立体异构(stereoisomerism):分子中原子或基团在空间的分布不同而产生的异构,包括构型异构与构象异构。由立体异构产生的异构体称为立体异构(stereoisomers)。

构型异构(configurational isomerism):分子中原子或基团在空间的刚性排列不同而产生的异构体,相互转化需要很高的能量,包括顺反异构与对映异构。

构象异构(conformational isomerism):单键旋转导致分子中原子或基团在空间不同的排列而产生异构,这种不同的排列不是刚性的而是柔性的,之间转化仅需很低的能量,包括对映与非对映构象异构。

2.1.1 顺反异构

双键与环导致的顺反异构(*cis-trans* isomerism),以前叫几何异构(geometric isomerism)。这是一种非对映构型异构,即没有对映关系的立体异构。

导致顺反异构的双键包括碳-碳($C=C$)、碳-氮($C=N$)和氮-氮($N=N$)等。

碳-碳双键($C=C$):

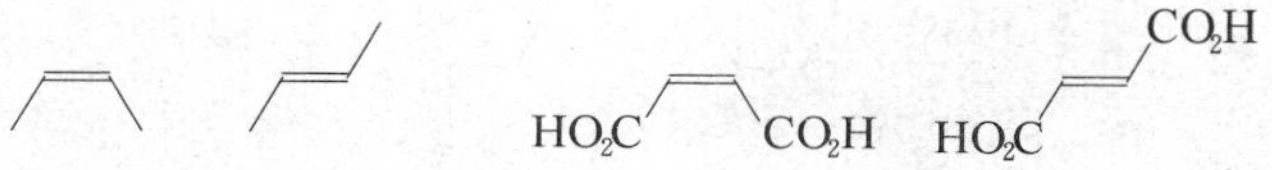

碳-氮双键($C=N$):

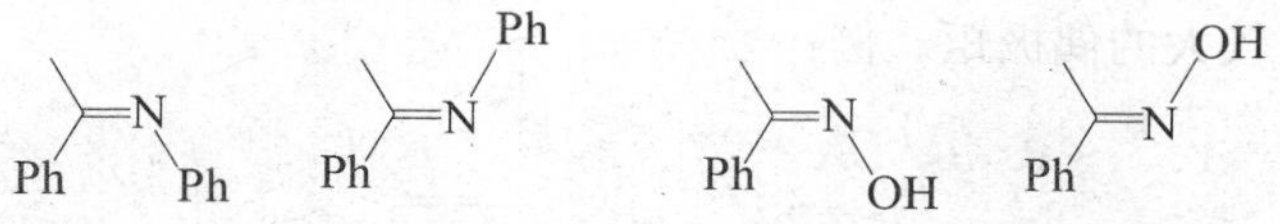

氮-氮双键($N=N$):

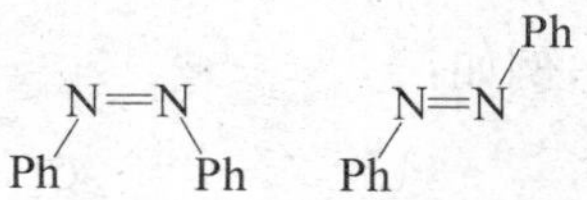

环:

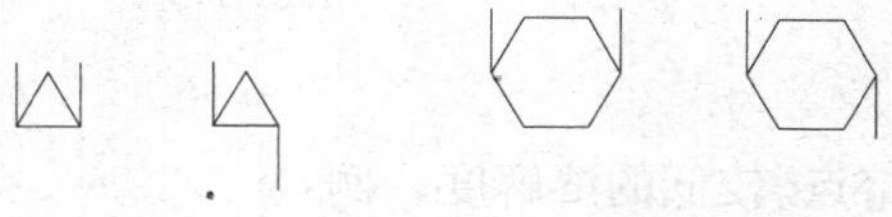

顺反异构的构型表达

顺反异构的构型用顺/反或 Z/E 表示。一般构型表达：通常用顺/反表示，即两双键碳上两相同、相似或相近的基团在同一侧即为顺式，否则为反式。如顺式烯烃：

命名：顺/反、Z/E。

顺/反：两双键碳上两相同基团在同一侧即为顺式，否则为反式。例如：

顺-2-丁烯　　反-2-丁烯

Z/E：当两双键碳上没有两相同基，即两双键碳上连接四个不同的原子或基团，这时顺/反不适用，需发展一套新的表示系统，此即 Z/E 表示法（见第 3 章烯烃命名法）。例如：

2.1.2 顺反异构体的性质

2.1.2.1 稳定性

一般，反式体较顺式体稳定。例：

但有例外，如 1,3-二甲基环己烷，顺式体比反式体稳定。

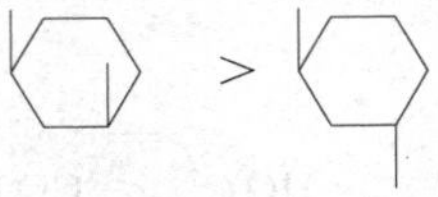

2.1.2.2 物理性质

1. 极性

一般，顺式体有较大的偶极矩。例：

$$\mu\ 1.89 \qquad 0\ D$$

但若构造不对称，就不一定了，例如：

$$\mu\ 1.71 \qquad 1.97\ D$$

2. 熔点与溶解度性

一般，反式体有较高的熔点、较低的溶解度。例：

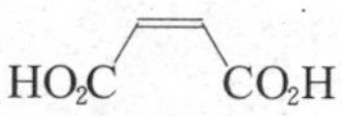

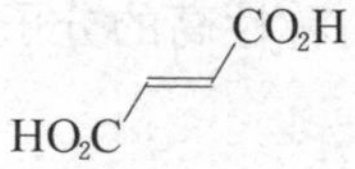

$$\begin{array}{cc}
\text{(cis structure)} & \text{(trans structure)} \\
mp \quad 130℃ & 300℃ \\
sol \quad 77.8 \text{ g}/100 \text{ mL} & 0.7 \text{ g}/100 \text{ mL}
\end{array}$$

3. 沸点与密度、折光率

一般,具有较大偶极矩的异构体有较高的沸点、密度与折光率。例:

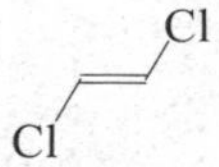

$$\begin{array}{cc}
\text{(cis-1,2-dichloroethene)} & \text{(trans-1,2-dichloroethene)} \\
bp \quad 60℃ & 48℃ \\
d_4^{20} \quad 1.283\ 5 & 1.256\ 5 \\
n_D^{20} \quad 1.448\ 6 & 1.445\ 4
\end{array}$$

4. 机械性能

顺、反异构体的机械性能不同。

天然橡胶是全顺式聚异戊二烯,具有良好的弹性,用于制造生产汽车轮胎,而反式体杜仲胶(gutta rubber)硬度大、无弹性。

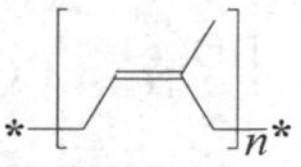

顺式 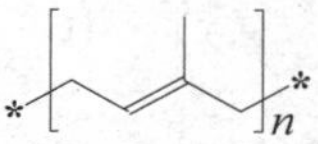　　　　　反式

2.1.2.3　化学与生理活性

顺、反异构体有不同的化学与生理生化性能。如油脂中的不饱和脂肪酸全是顺式的,氢化油中可能含有微量的反式脂肪酸,是有害的。β-胡萝卜素中的双键则全是反式的。

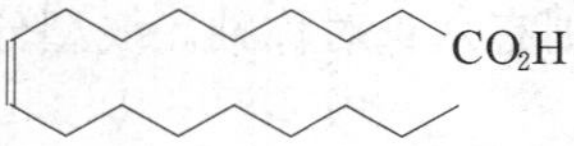

oleic acid

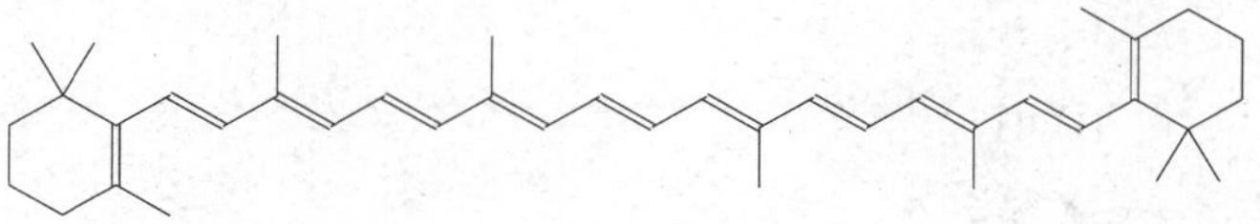

β-carotene

2.2　对称性与手性

2.2.1　对称性

分子的对称性是由其对称元素决定的。对称元素包括对称面、对称中心和对称轴。

2.2.1.1　对称元素

1. 对称面

对称面就是平分分子的平面(m),也称镜面(mirror plane),平分的两半互为镜像(mirror

image),其操作是反映。对称性高的分子可能有多个对称面。

例：

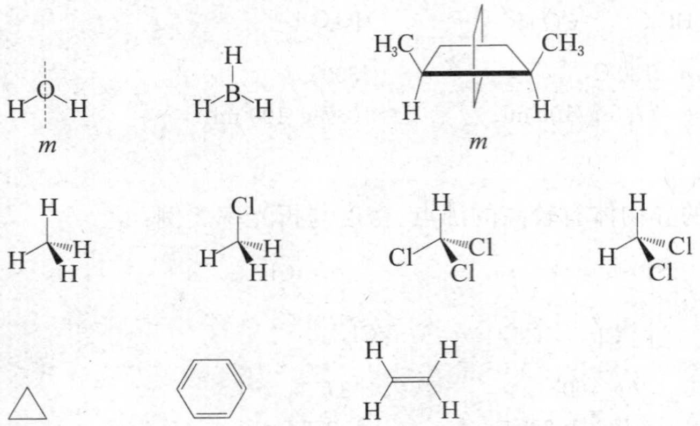

[分子结构图示：H₂O (m), BH₃ (m), 环己烷二甲基 (m), CH₄, CH₃Cl, CH₂Cl₂, CHCl₃, 环丙烷, 苯, 乙烯]

有对称面的分子是对称的,可与其镜像完全重叠。

2. 对称中心

分子内的一点与任何原子连线,在其反方向等距离延长线上有相应的原子存在,该点即是分子的对称中心(i),其操作是反演。例：

[分子结构图示：反式二氯二氟环己烷 i, 酒石酸 i]

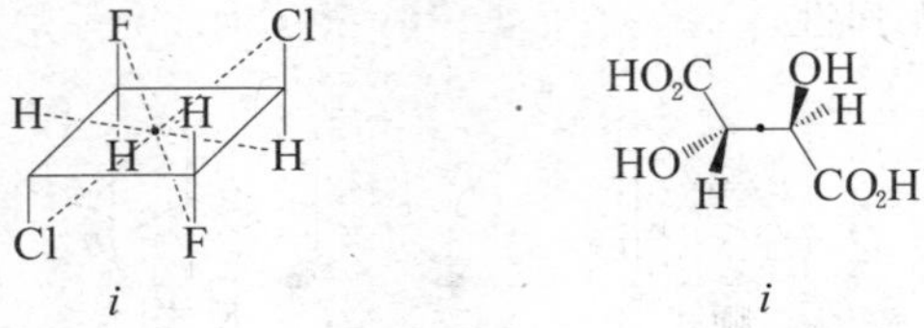

有对称中心的分子是对称的,可与其镜像完全重叠。

3. 对称轴

分子绕通过其自身的直线旋转一定的角度 $\theta(2\pi/n)$ 重叠或复原,该直线即是其 n 重对称轴(C_n),其操作是旋转。如水、二氯甲烷等有二重对称轴(C_2),环丙烷、一氯甲烷、三氯甲烷、环己烷椅式构象等有三重对称轴(C_3),苯则有六重对称轴。线型分子具有对称轴(C_∞)。分子可以有一个以上的对称轴。

例：C_n $n=2\pi/\theta$

C_2 [H₂O, CH₂Cl₂ 结构图]

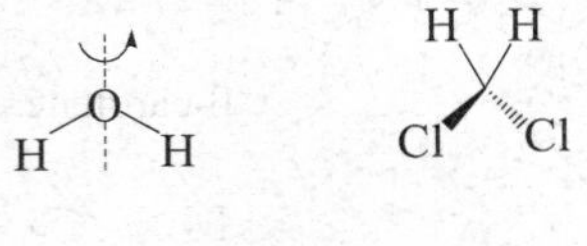

C_3 [环丙烷, CH₃Cl, CHCl₃, 环己烷椅式 结构图]

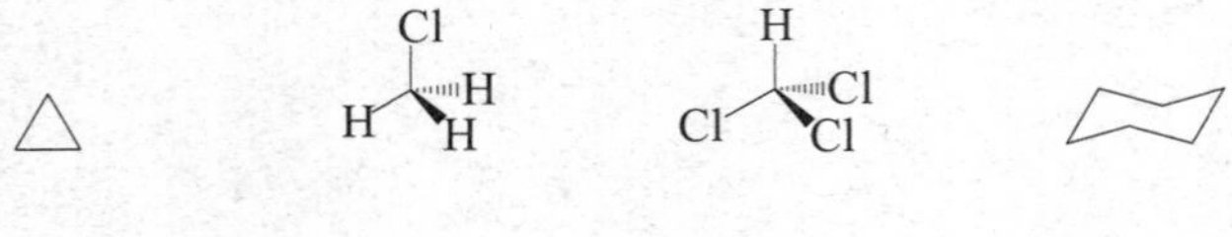

C_6 [苯结构图]

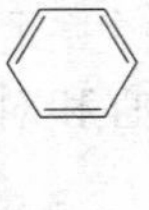

C_∞ H—≡—H   H—≡—D

仅有对称轴的分子是非对称的,不能与其镜像完全重叠。如仅有二重对称轴的反-1,2-二甲基环丙烷和其镜像就不能完全重叠。例：

4. 象转轴

象转轴(improper rotation axis)，又称交替对称轴或更迭对称轴或映轴，是一种组合对称元素，其动作是联合操作，即旋转-反映(rotation-reflection)。先绕某轴旋转 $2\pi/n$，接着经垂直于该轴的镜面反映，若能复原，此轴即为 n 重象转轴(n-fold improper rotation, S_n)。

化合物 a(具有 i)旋转 180°得 b，用垂直于该轴的镜面反映得 c，而 c 与 a 是等同的，即 a 具有二重象转轴 S_2。

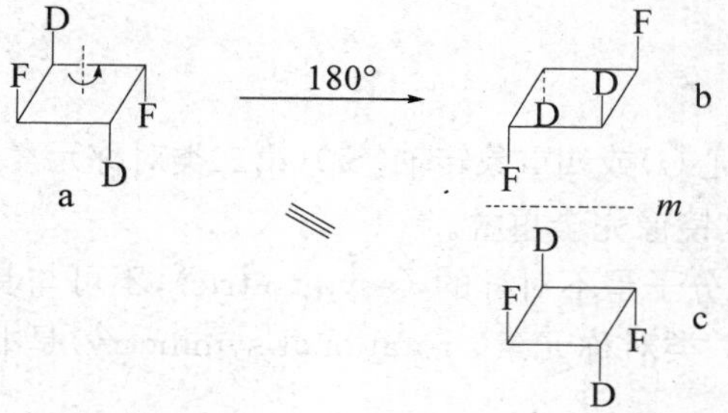

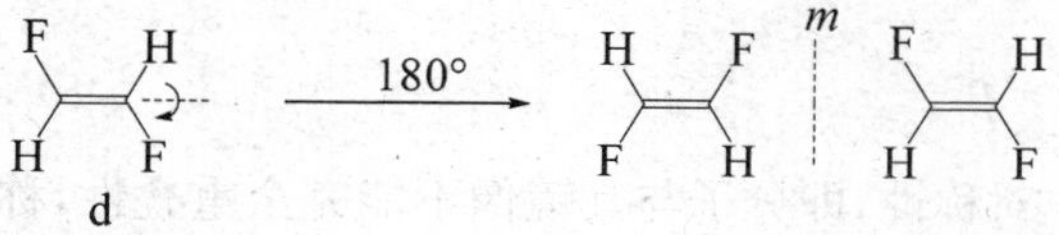

显然，具有对称中心的分子将具有二重象转轴，即 $S_2=i$。

甲烷具有四重象转轴 S_4。

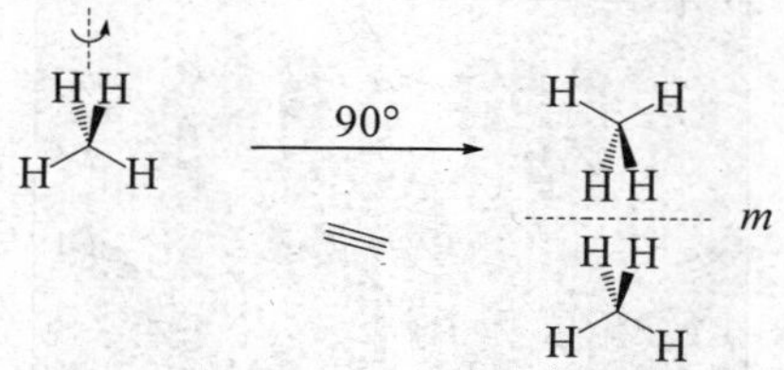

分子 e 具有 S_4：

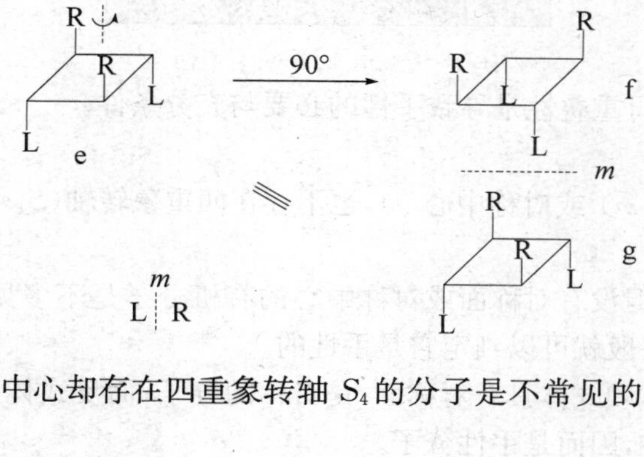

没有对称面或对称中心却存在四重象转轴 S_4 的分子是不常见的。1956 年首次合成了具有 S_4 对称性的分子。

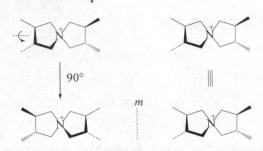

事实上,具有对称中心的分子就有二重象转轴,有对称面的分子就有一重象转轴。

$$S_1 = m, S_2 = i$$

仅 S_4 是独立的。具有 S_4 的分子是对称的,可与其镜像重叠。

反轴:与象转轴类似的是反轴(rotoinversion axis)($\bar{n}$),是旋转-反延联合操作。乙烷的交叉式构象具有三重反轴。

2.2.1.2 对称性

具有对称面(m)、对称中心(i)或四重象转轴(S_4)(第二类对称元素,reflection symmetry),是对称的(symmetric),可与其镜像完全重叠。

不具有任何对称元素的分子是不对称的(asymmetric),不可与其镜像完全重叠。

仅具有对称轴(C_n)(第一类对称元素,rotational symmetry)是非对称的(dissymmetric),不可与其镜像完全重叠。

2.2.2 手性

分子的不对称性与非对称性,即分子与其镜像不能完全重叠性,称为分子的手性(chirality, coined by Lord Kelvin in 1894, handedness)。就像人的左右手,是实物与镜像的关系,互为镜像,但二者不能完全重叠。具有手性的分子是手性分子(chiral molecule)。

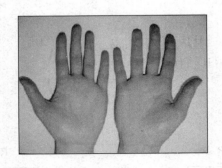

实物与其镜像的不可重叠性是导致手性的必要与充分条件。

手性分子的判据

分子若没有对称面(m)或对称中心(i),也不存在四重象转轴(S_4),是手性分子,不能与其镜像完全重叠。

由于有四重象转轴但没有对称面或对称中心的有机分子是不多见的。因此,只要分子没有对称面或对称中心,一般就可以判定它是手性的。

1,2-二甲基环丁烷,顺式体具有对称面,是对称的分子;而反式体没有对称面也没有对称中心,仅具有二重对称轴,因而是手性分子。

例: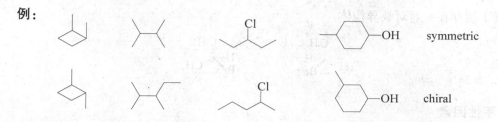

symmetric

chiral

问题 1 判断下列分子的对称性，具有何种对称元素？有无手性？

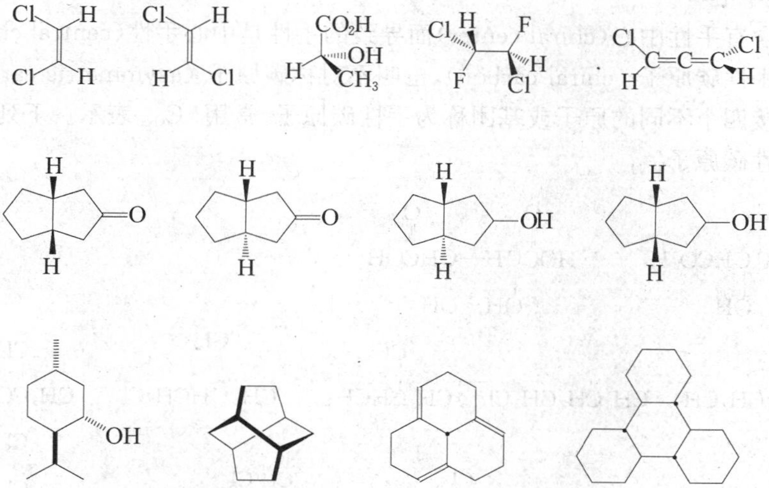

2.3 手性与对映异构

2.3.1 手性与对映异构

立体异构体(stereoisomers)互为镜像，即呈对映关系，但又不能完全重叠，称为对映异构体 (enantiomers)。这种立体异构称为对映异构(enantiomerism)。手性分子与其镜像互相对映，但不能完全重叠，是对映异构体。

分子(物体)的手性是其存在对映异构的必要、充分条件。

L-丙氨酸的镜像是 D-丙氨酸，二者不能重叠，是不同的分子，属于对映异构体。

L-丙氨酸   D-丙氨酸

乳酸存在一对对映异构体：

L-乳酸   D-乳酸

2-溴丁烷存在一对对映异构体：

2.3.2 手性因素

手性因素有手性中心、手性轴与手性面等。

2.3.2.1 手性中心

由于分子含有手性中心（chiral center）而导致的手性是中心手性（central chirality）。手性中心常见的是手性碳原子（chiral carbon），也叫不对称碳原子（asymmetric carbon）。

碳原子连接四个不同的原子或基团称为手性碳原子，常用 *C_{abcd} 表示。下列分子中标有星号（*）的是手性碳原子。

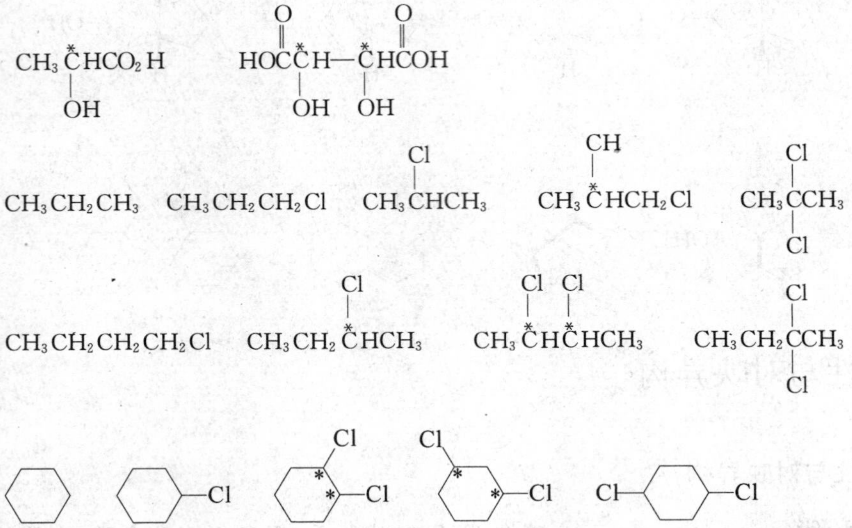

问题 2 下列分子有无手性碳原子？

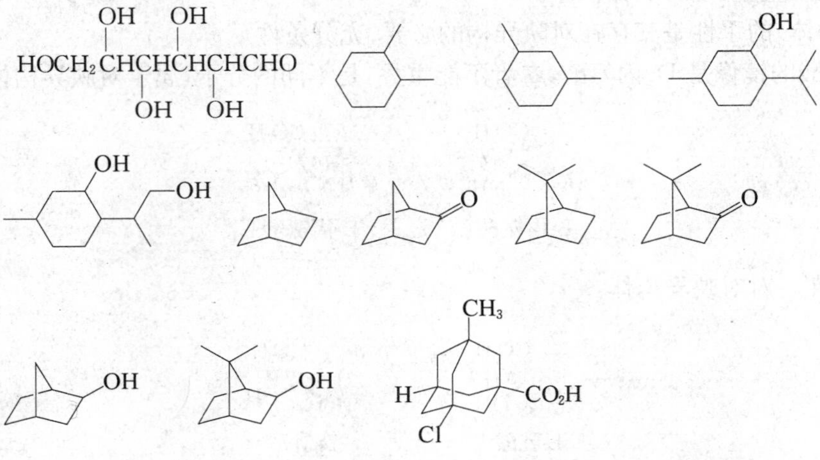

手性中心也可以是其他原子,如氮、磷、硫、硅、铜等(见后续有关章节)。

2.3.2.2 手性轴

分子的手性因存在手性轴(chiral axial)而产生称为轴手性(axial chirality),有丙二烯型和联苯型等。

丙二烯型 (allenes)

丙二烯分子两端碳原子若分别有不同取代,既没有对称面也没有对称中心,因而是手性的,这比手性碳原子的要求低,三碳原子所连的直线即是分子的手性轴。

例:

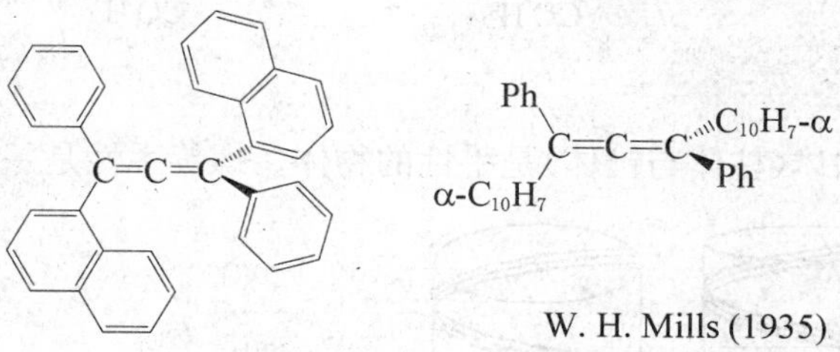

W. H. Mills (1935)

双键可以衍生成环,可能有环外双键或螺环系列的轴手性体系。

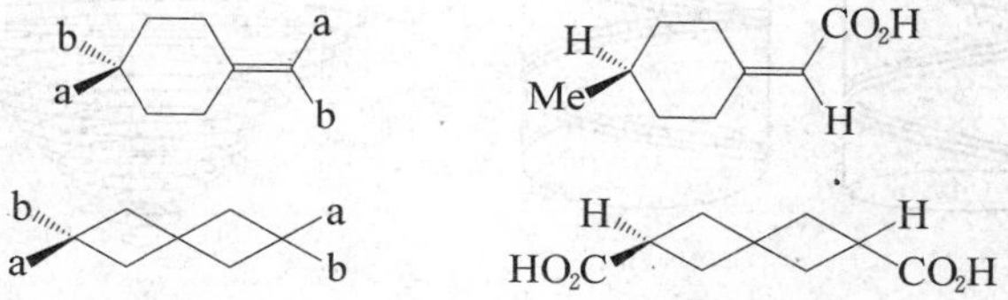

联苯型 (biphenyl)

联苯不是平面的,其平衡态的扭转角为44.4°。适当取代,绕单键旋转受阻,将产生阻转异构体(atropisomers),可能构成轴手性分子。

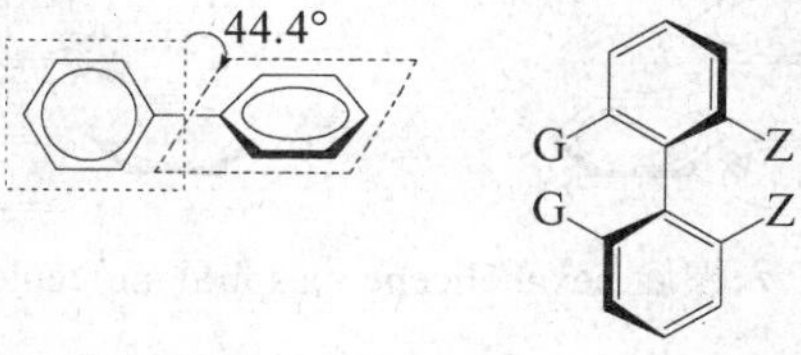

例:

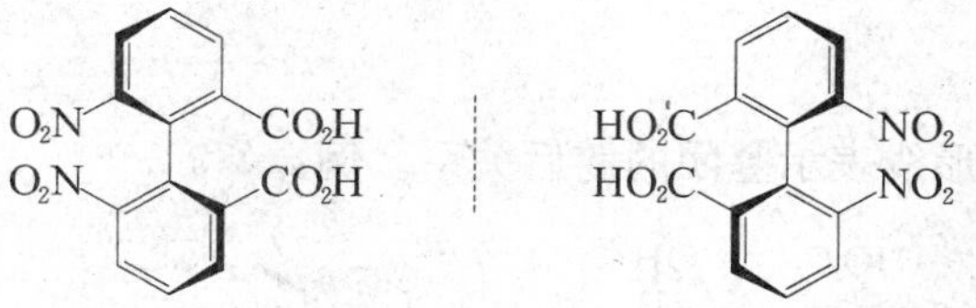

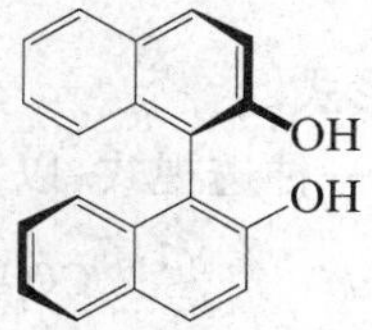

6,6′-二硝基-2,2′-联苯二甲酸 1,1′-联萘-2,2′-二酚

2.3.2.3 手性面

分子的手性是由于分子含有手性面(chiral plane)而导致的,此为面手性(planar chirality)。

对环蕃(paracyclophane)是对称的,但苯环上增加一个取代基,就成为手性分子。例:

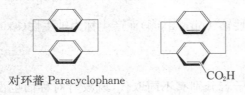

对环蕃 Paracyclophane

类似的还有柄型化合物(ansa compound):

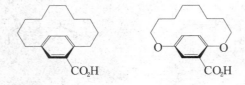

2.3.2.4 螺旋性

螺旋性(helicity)物体(柱体与锥体)是手性的物体。螺旋手性是一种特殊的轴手性。

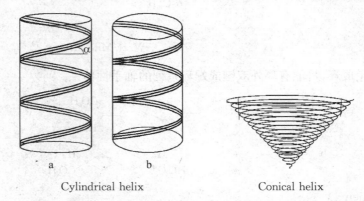

Cylindrical helix   Conical helix

六螺烯(hexahelicene)由六个苯环通过邻位稠合而成,末端的两个苯环不能共处于同一个平面而是一上一下,这就失去了对称性而成为手性分子,是一种螺旋分子(spiral molecule)。

六螺烯 hexahelicene - a spiral molecule

2.3.3 构型表达

2.3.3.1 楔形式

楔形式是一种透视式,以实虚楔形线表示基团的前后关系。例:

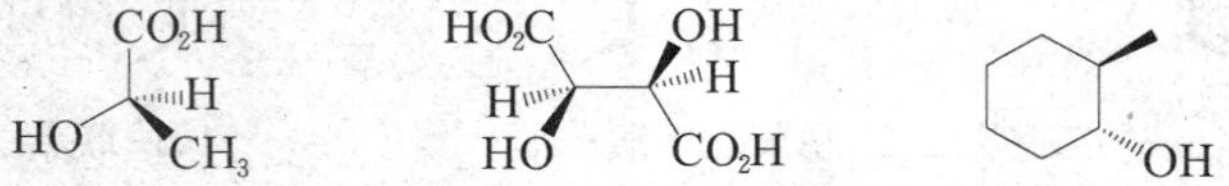

2.3.3.2 锯架式

锯架式又称伞形式,也是一种透视式,都用实线表达,但四面体的立体关系是清晰的。例:

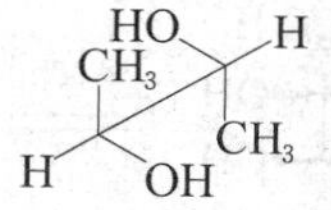

2.3.3.3　Fischer 式

Fischer 投影式（Fischer projection）简称 Fischer 式，由 Hermann Emil Fischer 于 1891 年提出。Fischer 式是以十字表示中心碳原子，规定横线前指，竖线后指，一般（习惯上）主碳链竖向放置，编号自上而下。例：

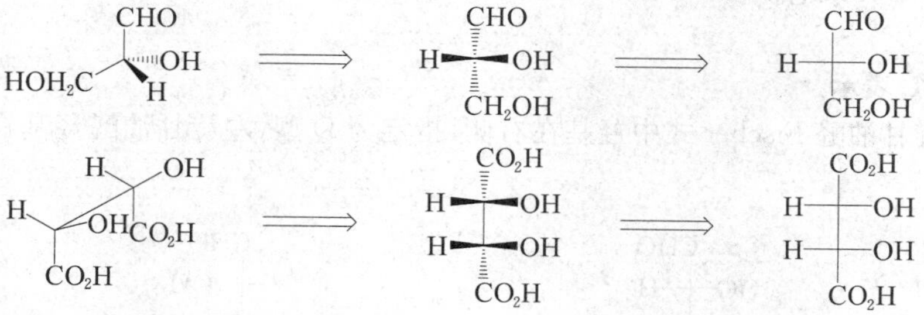

Fischer 投影式的特点与应用注意：
(a) 不能转动 90°，不能离开平面反转，只可平移或 180°转动。
(b) 任意两基互换，转变为其对映体。
(c) 任意三基依次轮换，构型不变。

例：

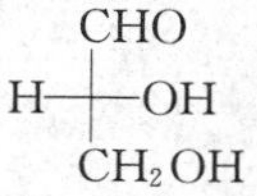

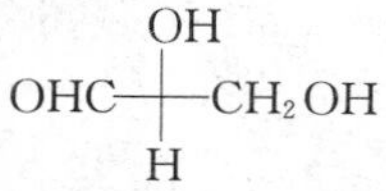

旋转 90° 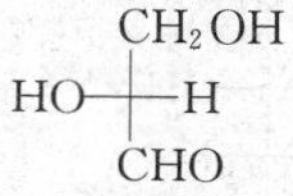　　　旋转 180°

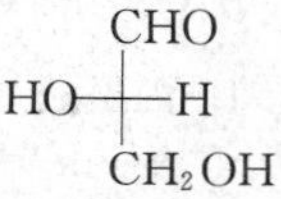

两基互换　　　两基互换两次　　　三基轮换

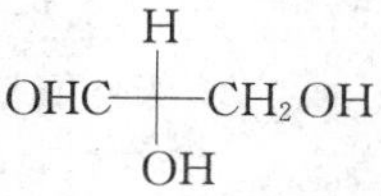

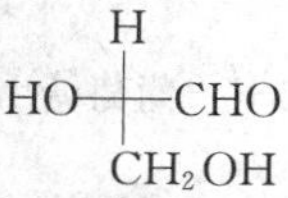

2.3.3.4　Newman 式

Newman 投影式（Newman projection）简称 Newman 式，由美国化学家 Melvin Spencer Newman 于 1952 年提出。例：

Fischer 式、楔形式、锯架式和 Newman 式等只是不同的表达方式和观察角度，它们之间可以相互转化。例：

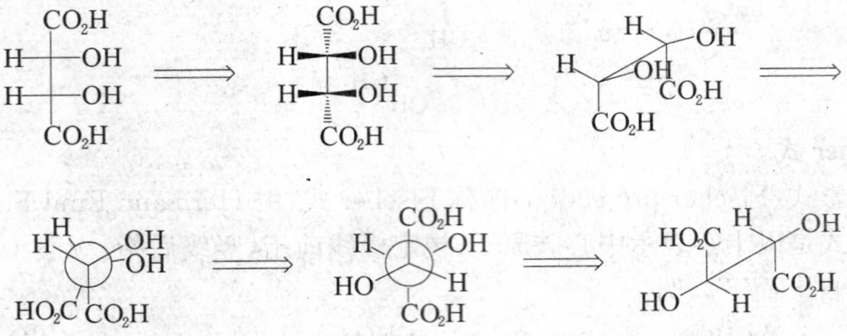

2.3.3.5 D/L 表示

假设右旋甘油醛 Fischer 式中羟基在右侧，指定为 D 型，左旋甘油醛羟基在左侧，设定为 L 型。

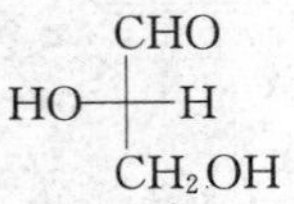

L-(-)-Glyceraldehyde
L-(-)-甘油醛

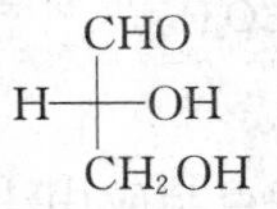

D-(+)-Glyceraldehyde
D-(+)-甘油醛

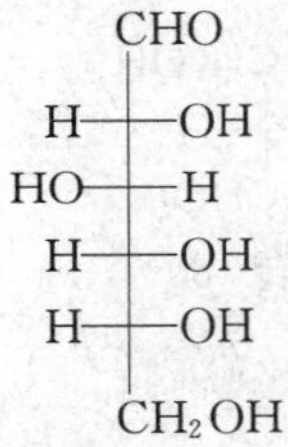

D-(+)-葡萄糖 D-(+)-Glucose

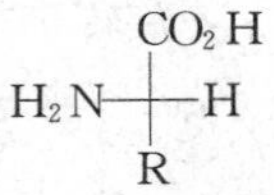

天然氨基酸

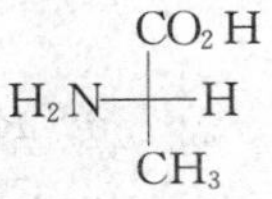

L-丙氨酸 L-Alanine

天然的糖大都是 D 型的，而氨基酸则是 L 型的。

2.3.3.6 赤式/苏式表示

赤式(erythro)与苏式(threo)表示来自赤藓糖（erythrose）与苏阿糖(threose)。

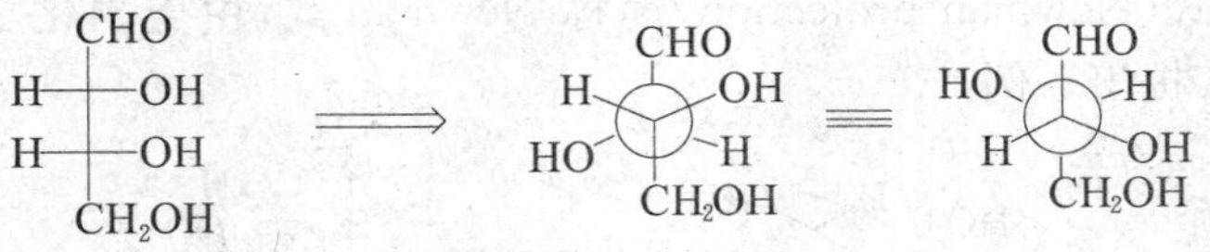

D-赤藓糖 D-(-)-Erythrose

推而广之，具有赤藓糖（erythrose）构型的称为赤式(erythro)。

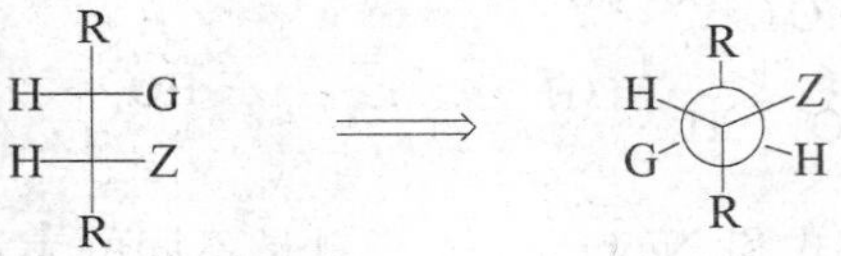

erythro form 赤式

D-苏阿糖 D-(−)-Threose

推而广之,具有苏阿糖(threose)构型的称为苏式(threo)。

threo form 苏式

2.3.3.7 R/S 表示

R/S 表示又称 Cahn-Ingold-Prelog 表示(CIP Convention)。

R/S 构型确定基于次序规则(sequence rule)。

次序规则即原子或基团的优先顺序(priority),又称 Cahn-Ingold-Prelog 次序规则(Cahn-Ingold-Prelog priority rule)(Robert Sidney Cahn, Christopher Kelk Ingold, and Vladimir Prelog,1956)。

次序规则适用于:取代基的排列;双键的 Z/E 构型确定;手性碳的 R/S 构型确定。

(a) 元素次序

以元素的原子序数为序,同位素以质量为序:

$$H < D < C < N < O < F < Si < P < S < Cl < Br < I$$

(b) 饱和基团的次序

首先以一级原子为序排列,若无法确定再以二级原子为序比较,仍不能区分则以三级原子为序排列比较,直至出现差异为止。对于四个碳的丁基,优先次序是:

正丁基 < 异丁基 < 仲丁基 < 叔丁基

$$-CH_2CH_2CH_3 < -CH_2\overset{CH_3}{C}HCH_3 < -\overset{CH_3}{C}HCH_2CH_3 < -\overset{CH_3}{C}(CH_3)_2$$

部分饱和基团的优先次序

$$CH_3 < CH_2CH_3 < CH_2CH_2CH_3 < CH(CH_3)_2 < C(CH_3)_3 < NH_2 <$$
$$NHCH_3 < N(CH_3)_2 < OH < OCH_3 < OCH_2CH_3 < F < Si(CH_3)_3 >$$
$$P(CH_3)_2 < SH < SCH_3 < Cl < Br < I$$

(c) 不饱和基团

对于不饱和基团,首先打开重键(π 键),连接虚原子(对方),再依次比较。例如,乙烯基与异丙基比较:

$$-CH=CH_2 \xrightarrow{\text{equivalent to}} \overset{(C)}{\underset{H}{-C}}\overset{(C)}{\underset{H}{-CH}} \quad VS \quad \overset{CH_3}{\underset{H}{-C}}-CH_3$$

$$CH=CH_2 > CH(CH_3)_2$$

因此有次序：乙烯基优于异丙基。

$$C\equiv CH \Longrightarrow -\underset{(C)(C)}{\overset{(C)(C)}{C}}-CH \qquad C\equiv N \Longrightarrow -\underset{(N)(C)}{\overset{(N)(C)}{C}}-N$$

$$CH=O \Longrightarrow -\underset{H}{\overset{(O)(C)}{C}}-O \qquad C=O \Longrightarrow -\underset{OH}{\overset{(O)(C)}{C}}-O$$

不饱和基团的次序：

$CH=CH_2 < C\equiv CH < C\equiv N < CHO < COCH_3 < CONH_2 < CO_2H < CO_2CH_3$

部分取代基优先顺序

$CH_2CH_2=CH_2 < CH_2C\equiv CH < CH_2C_6H_5$
$CH_2C_6H_5 < CH(CH_3)_2 < CH=CH_2$
$CH=CHCH_3 < C(CH_3)_3 < \overset{CH_3}{\underset{}{C}}=CH_2 < C\equiv CH < C_6H_5$
$CH_2CO_2H < CH_2NH_2 < CH_2OH < CH_2OCH_3 < CHO < COCH_3 <$
$COC_6H_5 < CO_2H < CO_2CH_3 < CO_2C_2H_5 < NH_2 < NHCH_3 <$
$NC(CH_3)_2 < N=NPh < NO < NO_2 < OH < OCH_3 < OC_2H_5 <$
$OCH_2C_6H_5 < OC_6H_5 < OCOCH_3 < SH < SCH_3 < SC_6H_5$

(d) 构型

规定：双键　顺 > 反，$Z > E$；手性碳　$R > S$

R/S 构型确定

手性碳原子 *C_{abcd} 并有取代基优先次序：$a > b > c > d$，置最次基 d 于远处，观察余三基 $a \to b \to c$ 的排列方向，若顺时针排列为 R（rectus, right），逆时针排列则为 S（sinister, left）。

$a \to b \to c$ 逆时针　S　　　$a \to b \to c$ 顺时针　R

R　　　　S　　　　R　　　　S

(S)-布洛芬 (S)-Ibuprofen

Fischer 式表示也可以直接判断其 R/S。例：

(S)-D-甘油醛　　　(R)-D-甘油醛　　　(S)-L-苹果酸

判断 Fischer 式的 R/S，要注意最小基团的方位：最小基团处于竖向键时，直接转出来的构型就是其实际构型；最小基团处于横向键时，直接转出来的构型的相反才是其实际构型。

例：

（结构式略）

| R | S | R | R |

（结构式略）

(2R, 3R)　　　　(2S, 3R)　　　　(2S, 3R)
D-赤藓糖　　　　D-苏阿糖　　　　L-苏氨酸

绝对构型与 R/S 构型：考察以下三个 Fischer 式的构型，你会得出什么结论？

（结构式略）

| R | S | R | R |

分子的绝对构型（中心碳原子四个价键的空间分布）是相同的。而 R/S 不同是因为取代基排列基于次序规则。

（结构式略）

| R | | S | R |

反应前后，构型显然未变，即构型保持，因为没涉及手性碳原子上的键。但由于基团优先排列次序变了，所以 R/S 也随之变化。

2.3.4　手性与旋光性

手性只能在手性条件下识别。手性化合物具有旋光性。识别化合物手性的常用方法是测定旋光性。

平面偏振光与旋光性

光是电磁波，电场和磁场振动矢量都与传播方向垂直，因此光波是横波，具有偏振性。仅在一个方向上（平面内）振动的称为平面偏振光（plane-polarizied light）或线偏振光（linear polarized light）(图 2-1)。

当普通光通过起偏器如 Nicol 棱镜时，只有振动方向和棱镜晶轴平行的光才能通过，就得到只在一个平面上振动的平面偏振光。偏振光的振动平面称为偏振面。

从自然光中获得偏振光的器件称为起偏器

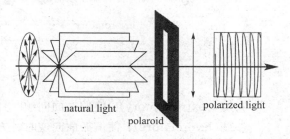

图 2-1　平面偏振光示意图

(polarizer，polaroid），如尼科尔棱镜（Nicol prism invented in 1828 by William Nicol of Edinburgh——由冰洲石即方解石Calcite制成）、偏振片等。起偏器是重要的光学元件，广泛用于现代光学仪器如摄像机、液晶显示（LCD）屏等的制造生产。目前偏振片主要由聚乙烯醇（PVA）生产，再经三乙酸纤维素（triacetyl ellulose，TAC）、聚对苯二甲酸乙二醇酯（PET）等处理。

当平面偏振光通过手性介质时，偏振面的方向就被旋转一定的角度。这种能使偏振面发生旋转的性质称为物质的旋光性（optical activity）。具有旋光性的物质（optical substance）称为光学活性物质（optically active substance）。

有机化合物的旋光性最早是由Louis Pasteur在1848年发现的。他观察到酒石酸晶体有两种相对映的晶型，其溶液的旋光方向相反，即有左旋与右旋。Pasteur不仅发现旋光性与酒石酸晶体的晶型相关，而且提出是分子内部的不对称排列导致旋光性。

物质的旋光性或光学活性（optically activity）由其分子的结构决定。手性物质具有旋光性，是光学活性的。

天然酒石酸、苹果酸、乳酸、葡萄糖、果糖、蔗糖、樟脑等是光学活性的（optically active），而水、乙醇、丙酮、肉桂酸、琥珀酸、水杨酸等化合物不能使偏振光发生旋转，是非光学活性的（non-optically active）。

旋光度：手性化合物使偏振面发生旋转的方向与角度称为旋光度（optical rotation），由旋光仪测定，是实验结果。

旋光仪（polarimeter）由光源、起偏器、旋光管、检偏器等组成，如图2-2所示。

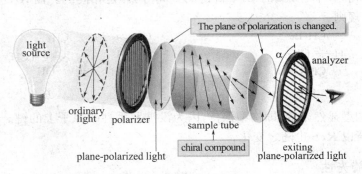

图2-2 旋光仪示意图

左旋和右旋：

旋光方向有左旋与右旋，由旋光仪测定。

右旋（dextrorotatory）：使偏振面向顺时针方向转动，记为（＋）或（d）。

左旋（levorotatory）：使偏振面向逆时针方向转动，记为（－）或（l）。

旋光性化合物，有的使平面偏振光发生右旋，如天然L-酒石酸、D-葡萄糖等；有的则使偏振光发生左旋,如 D-果糖、樟脑等。

一对对映异构体的旋光能力大小相同,但方向相反,即一个左旋,另一个——其对映体一定是右旋的。一对对映异构体就是左旋异构体与右旋异构体或左旋体与右旋体。因此,对映异构体又称为旋光异构体或光学异构体(optical isomer)。

手性化合物的旋光性(方向与大小)是实验测定结果,与其构型没有直接的联系。

例:

$$\begin{array}{c} CO_2H \\ HO \text{—} H \\ CH_3 \end{array} \qquad \begin{array}{c} CO_2CH_3 \\ HO \text{—} H \\ CH_3 \end{array} \qquad \begin{array}{c} CO_2H \\ MeO \text{—} H \\ CH_3 \end{array} \qquad \begin{array}{c} CO_2H \\ EtO \text{—} H \\ CH_3 \end{array}$$

$[\alpha]_D = +3.82°$ $\qquad$ $[\alpha]_D = -8.4°$ $\qquad$ $[\alpha]_D = -75.5°$ $\qquad$ $[\alpha]_D = -66.4°$

比旋光度:

单位浓度单位旋光管长度的旋光度称为比旋光度(specific rotation),同熔点、沸点、折光率一样,是手性化合物的特征物理常数。

$$[\alpha]_D^t = \frac{\alpha}{c \times l}$$

式中,α 是实验观察到的旋光度,注意方向,即左旋或右旋;t 是测定温度,一般采用 20℃;D 是光源波长,一般采用钠(Na)光灯,D 线 589 nm;c 为旋光样品溶液浓度(g/mL),即每毫升溶液中所含旋光化合物的克数;l 是盛液管即旋光管的长度,单位分米(dm)。

例: D-葡萄糖 $[\alpha]_D^{20} = +52.5°(H_2O)$

D-果糖 $[\alpha]_D^{20} = -93.0°(H_2O)$

L-酒石酸 $[\alpha]_D^{20} = +12°(H_2O, 20\%)$

摩尔比旋光度

有时用摩尔比旋光度表示,即比旋光度再乘以旋光化合物的分子量(M)。

$$[\alpha]_D^t = \frac{\alpha}{c \times l} \times M$$

通过旋光度测定,可以计算比旋光度;根据比旋光度,也可以计算被测化合物溶液的浓度;也可以检验样品的纯度,并可用于测定样品含量。

例 1 有一化合物的水溶液(5 g/100 mL),用 1 dm 长的盛液管测定,其旋光度是 $-4.64°$。求其比旋光度。

$$[\alpha]_D^{20} = -4.64/1 \times 5/100 = -92.8°$$

因此,判断该未知物可能是 D-果糖。

例 2 一葡萄糖水溶液,其旋光度是 $+3.4°$,样品管长 1 dm,求其浓度。

$$c = 3.4/52.5 \times 1 = 0.064\,6 \text{ g/mL}$$

外消旋体

外消旋体(racemate)是对映异构体左旋体与右旋体的等量混合物,以($\pm$)表示,以前用(dl)。

外消旋体由于含等量的左旋体与右旋体,其旋光度相等,方向相反,相消而不旋光。例如发酵得到的乳酸是左旋的,肌肉运动产生的乳酸则是右旋的,而一般合成的乳酸却没有旋光性,即外消旋体。这是因为由普通合成方法得到的乳酸是右旋与左旋乳酸的等量混合物,所以不旋光。

外消旋体是混合物，可以分离开，此即外消旋体拆分（resolution）。

2.4 对映异构与非对映异构

2.4.1 对映异构体与非对映异构体

2.4.1.1 对映异构体

对映彼此（互为镜像），但不能完全重叠的立体异构体，称为对映异构体（enantiomers），是分子的手性导致的。

对映异构体的特性

旋光：等值反向。

物理性质：熔点、沸点、密度、折光率均同；溶解度则取决于溶剂——在非手性溶剂中相同，在手性溶剂中不同。

化学性质：相同（非手性条件），不同（手性条件）。

生理生化：不同。手性化合物两对映异构体的生物活性、药理或生理行为不同。

例：乳酸（lactic acid）

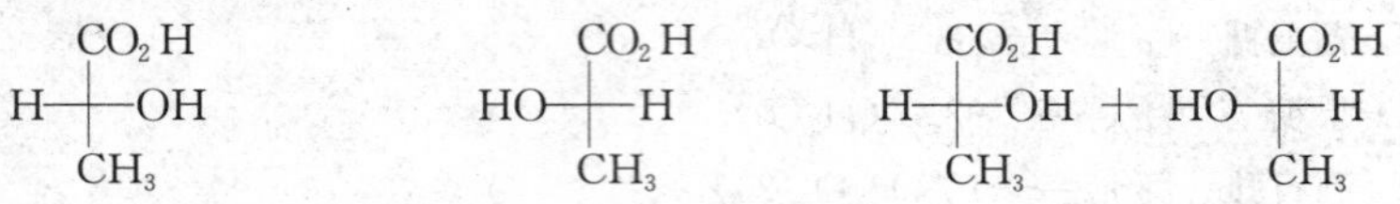

	(D)-(−)-乳酸	(L)-(+)-乳酸	(±)-乳酸
$[\alpha]_D^{20}$	−3.8°	+3.8°	0°
mp	53℃	53℃	18℃
pK_a	3.79℃	3.79	3.79

苹果酸（malic acid）

	(L)-(−)-苹果酸	(D)-(+)-苹果酸
mp	101℃～103℃	101℃～103℃
pK_a	3.40, 5.20	3.40, 5.20

扁桃酸（mandelic acid）

	(L)-(+)-扁桃酸	(D)-(−)-扁桃酸	(±)-扁桃酸
mp	131℃～134℃	131℃～132℃	120℃～122℃

柠檬烯(limonene)

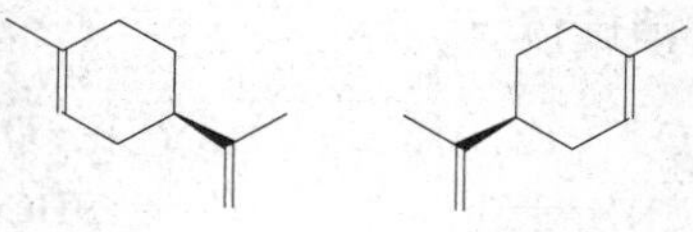

orange   lemon

香芹酮(carvone)有一对对映异构体,但其香气不同,左旋体呈留兰香气,而右旋体则有芫荽香味。

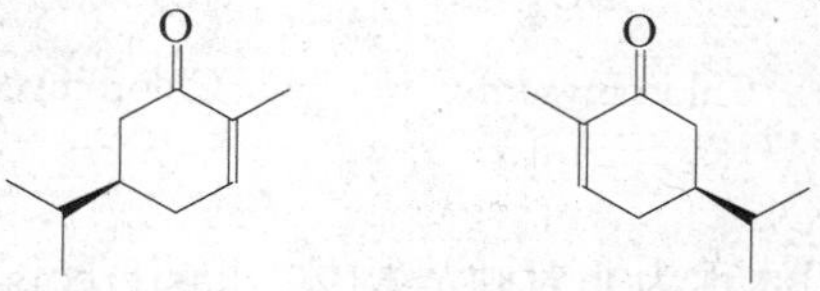

(－)- Carvone   (＋)- Carvone

天冬酰胺(asparagine)的 R 构型有甜味,而 S 构型则味苦。

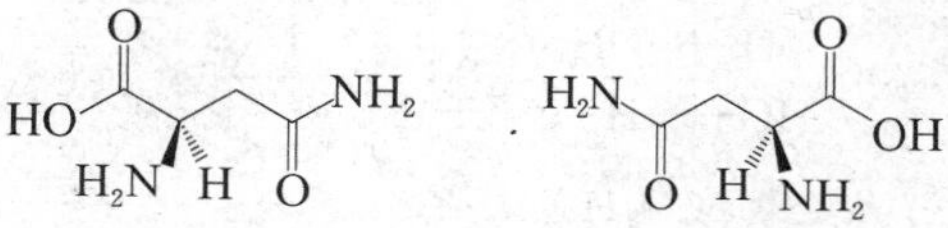

(R)- Asparagine   (S)- Asparagine

氧化苯并芘的右旋体无致癌性,而其左旋体有强致癌性。

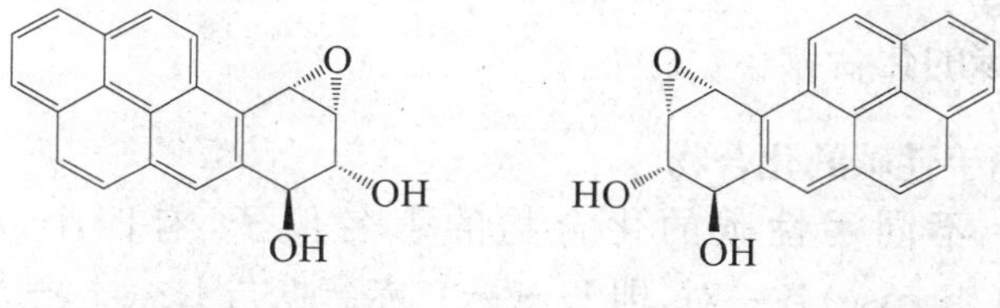

(＋)- Benzopyryldiol   (－)- Benzopyryldiol

Thalidomide(沙利度胺;酞胺哌啶酮)是德国 Chemie Grünenthal 格兰泰公司于1957年推出的一种镇静止痛药物,随后发现有减轻妊娠反应如恶心、呕吐等功效,于是就有了"反应停"。但后来出生大量畸形婴儿(海豹胎 phocomelia),调查发现和服用此药有关,此即现代医学史上的最大灾难性"反应停"事件。研究显示,右旋的沙利度胺具有镇静药效(tranquiliser),左旋体则有致畸作用(foetal abnormalitie),而当时作为止吐药物用的是外消旋体,在体内各自发挥作用。这说明手性药物的应用必须慎重,其左右旋体的药理活性与临床应用都应该研究清楚。

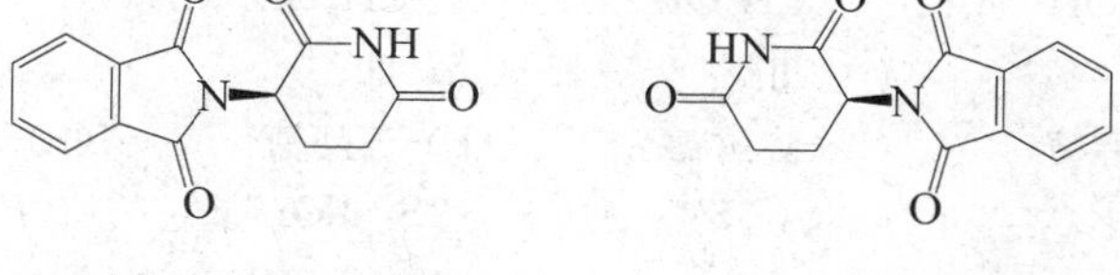

(＋)- Thalidomide   (－)- Thalidomide

氯霉素(chloromycetin)是抑菌性广谱抗生素,用于治疗由伤寒杆菌、痢疾杆菌、大肠杆菌、流感杆菌、布氏杆菌、肺炎球菌等引起的感染,但有粒细胞及血小板减少、再生障碍性贫血、消化道反应与二重感染等副作用。现在多外用防治眼部感染。左旋体才有抑菌作用,右旋体则无此效。作为外用药用的是外消旋体。

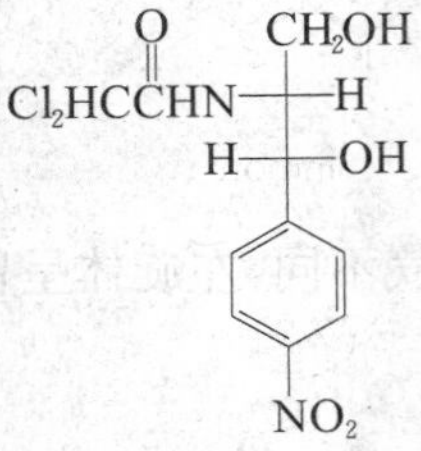

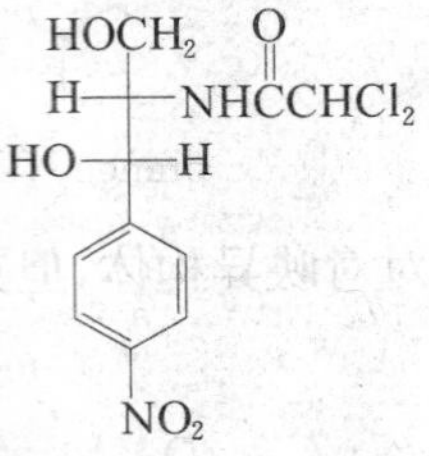

(−)- Chloromycetin   (−)- Chloromycetin

2.4.1.2 非对映异构体

没有对映关系的立体异构体称为非对映异构体(diastereoisomers),和手性没有必然的联系。例如:

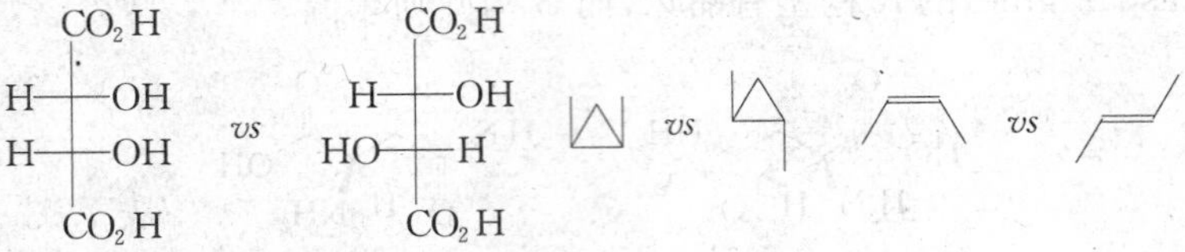

非对映异构体在任何情况下都有不同的理化、生化等性质。物理性质如熔点、沸点、溶解度等不同。旋光性可能相同也可能不同。化学性质相似,但反应活性不同。

2.4.2 含两个手性碳的化合物

2.4.2.1 含两个不同手性碳的化合物

丁醛糖是含两个不同手性碳的化合物的著名例子,有四个立体异构体,赤藓糖(erythrose)和苏阿糖(threose)各一对,即 D-(−)-赤藓糖与 L-(+)-赤藓糖、D-(−)-苏阿糖和 L-(+)-苏阿糖。

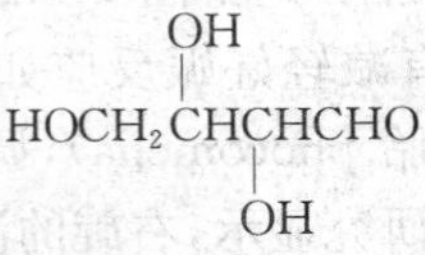

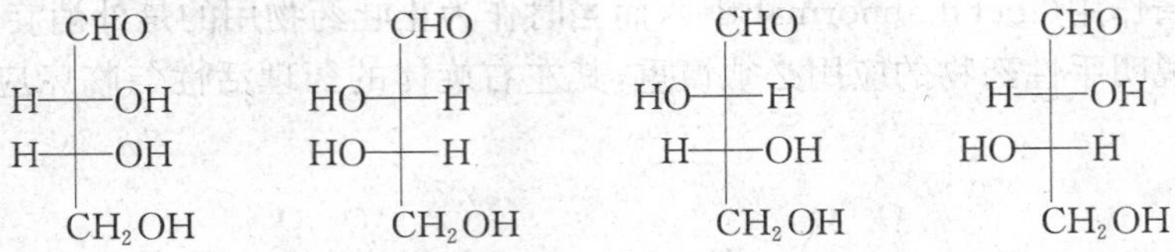

$HOCH_2CHCHCHO$ (with OH, OH)

I	II	III	IV
(D)-赤藓糖	(L)-赤藓糖	(D)-苏阿糖	(L)-苏阿糖
(2R, 3R)	(2S, 3S)	(2S, 3R)	(2R, 3S)

其中,Ⅰ与Ⅱ,Ⅲ与Ⅳ是对映异构体;而Ⅰ与Ⅲ或Ⅳ,Ⅱ与Ⅲ或Ⅳ是非对映异构体。

含两个不同手性碳的化合物的立体异构体:$2^2=4$,即有 4 个对映体异构体,组成两个外消旋体。

非对映异构体有不同的物理性质如熔沸点、密度、折光率、溶解度、吸附等。

2.4.2.2 含两个相同手性碳的化合物

酒石酸(tartaric acid)是含两个相同手性碳原子的化合物的典型例子。

酒石酸只有三个立体异构体，一对光活性体和一个不旋体。

$$
\begin{array}{ccc}
\text{I} & \text{II} & \text{III} \\
(+)\text{-酒石酸} & (-)\text{-酒石酸} & meso\text{-酒石酸} \\
(2R,3R) & (2S,3S) & (2R,3S)
\end{array}
$$

其中，I与II是对映体，而I与III、II与III是非对映异构体。I与II是光活性异构体，III是对称的分子（面对称），因而是不旋体。

事实上，不论含两个或多个手性碳原子，只要分子有对称面或对称中心，那它就是对称的而不是手性的，因而不旋光。

内消旋体

当分子含有不止一个手性碳原子时，由于分子内部的结构因素——存在对称面或中心对称而导致不旋光，称为内消旋化合物（meso compounds），简称内消旋体（meso）。如酒石酸III的Fischer式是面对称的，锯架式或Newman式的交叉构象具有对称中心，虽然含两个手性碳原子，但是对称的，是内消旋体。

具有两个手性中心的内消旋体一定是(R,S)型。

外消旋体是混合物，可拆分开成一对对映异构体。内消旋体是化合物，不可拆分。

酒石酸有三个立体异构体：右旋体$(+)$、左旋体$(-)$与内消旋体，但酒石酸可以四种形式存在，即右旋体$(+)$、左旋体$(-)$、内消旋体与外消旋体。

酒石酸的部分物理性质

	$(+)$-酒石酸	$(-)$-酒石酸	$meso$-酒石酸	$(\pm)$-酒石酸
$[\alpha]_D^{20}$	$+12°$	$-12°$	$0°$	$0°$
mp	168℃～170℃	172℃～174℃	165℃～166℃	210℃～212℃
sol	139	139	125	20.6
pK_{a1}	2.93	2.93	3.22	2.96
pK_{a2}	4.23	4.23	4.85	4.24

$[\alpha]_D^{20}$：H_2O 20%　　　　sol：g/100 mL H_2O

含两个或多个手性碳原子的分子，不一定就是手性化合物。因此，不能说有手性碳原子就一定是手性分子。实际上，还是要看分子是否具有对称面或对称中心。如下面的分子都含有两个或三个手性碳原子，但都不是手性的，因为都有对称面。

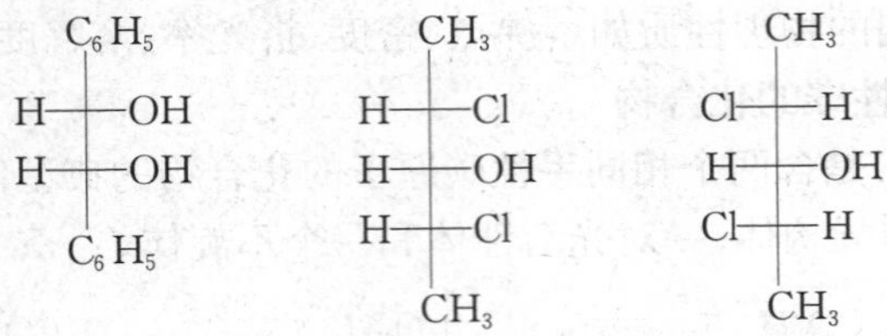

2.4.3 含三个手性碳的化合物

三羟基戊二酸含三个手性碳原子，但只有四个立体异构体。

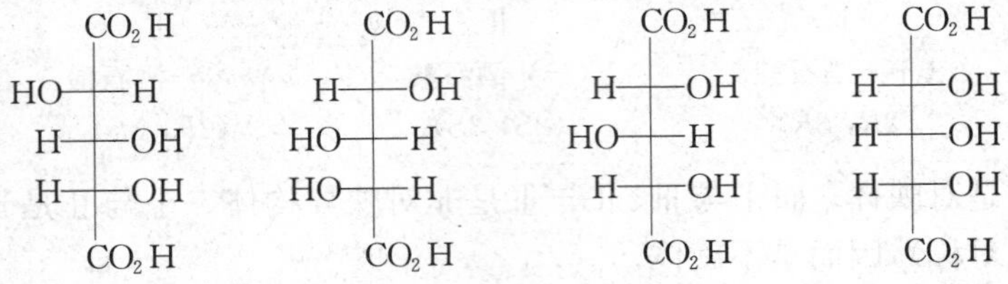

    Ⅰ   Ⅱ   Ⅲ   Ⅳ

(2S, 4S) (2R, 4R) (2R, 3s, 4S) (2R, 3r, 4S)

mp 127℃   127℃   190℃   170℃

其中，Ⅰ与Ⅱ是对映体，Ⅲ和Ⅳ都是内消旋体。Ⅰ与Ⅲ或Ⅳ，Ⅱ与Ⅲ或Ⅳ是非对映异构体。

假手性碳

Ⅲ与Ⅳ中的 C(3) 是手性碳，但位于分子的对称面之上，称为假手性碳（pseudochiral carbon）。假手性碳的构型用小写的 r/s 表示。

前手性碳

Ⅰ与Ⅱ中的 C(3) 不是手性碳原子，但是潜在的(potential)手性碳(prochiral carbon)。

2.4.4 环状化合物的立体异构

环状化合物可能同时存在顺反与对映异构。是否存在对映异构取决于取代情况和相对位置等因素。

五元环系

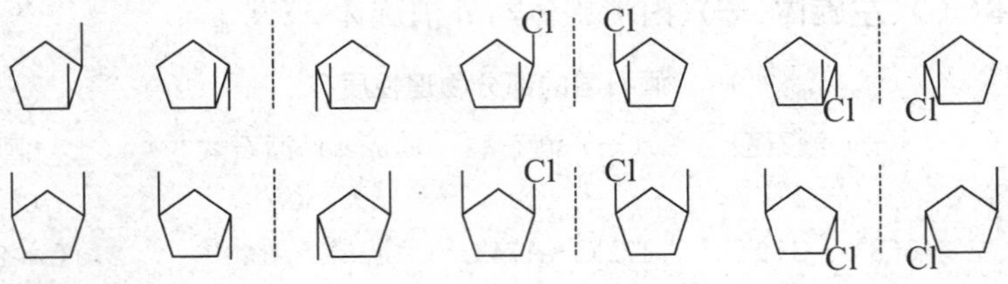

六元环系

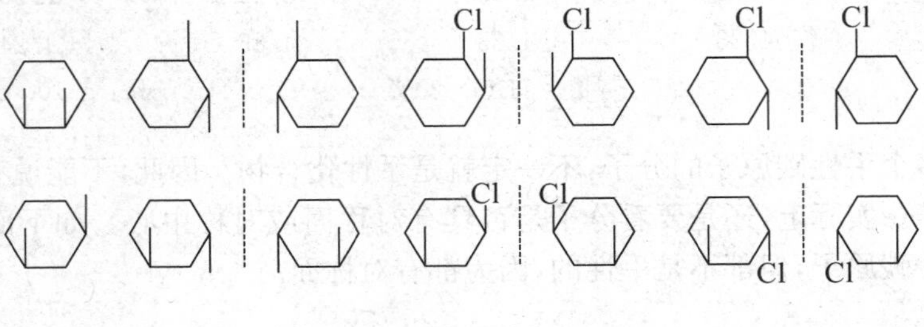

1,4-二取代环己烷,不论两取代基相同与否,都是对称的。

Cl
Cl

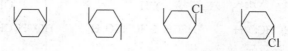

偶数环系的对位二取代,不论取代基相同还是不同,都是面对称的。

2.4.5　立体异构体数

分子中若含 n 个手性碳（中心),可能存在 2^n 个立体异构体,并有 2^{n-1} 个外消旋体,此为 Le Bel-van't Hoff 规律(Joseph Achille Le Bel, Jacobus Henricus van't Hoff, 1874)。

例：丁醛糖有 2 个手性碳,4 个立体异构体。

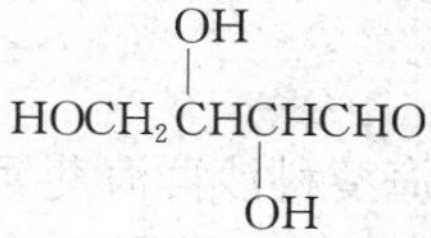

OH
HOCH2CHCHCHO
OH

4 (2^2)

己醛糖有 4 个手性碳,16 个立体异构体,葡萄糖是其中之一。

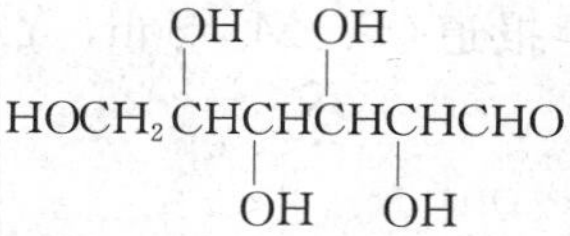

OH OH
HOCH2CHCHCHCHCHO
OH OH

16 (2^4)

分子同时含有手性碳和可产生顺反异构的双键：

$$\text{立体异构体数} = 2^n,\quad n = \text{手性碳数} + \text{双键数}$$

蓖麻油酸(ricinoleic acid)分子同时含有一个手性碳和一个有顺反异构的双键,就有立体异构体 4 个。

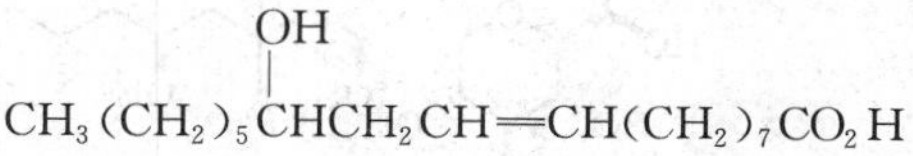

OH
CH3(CH2)5CHCH2CH=CH(CH2)7CO2H

4 (2^2)

例：

CH=CHCO2H
OH

2(2^1)

CH=CHCO2H
OH

4(2^2)

CH=CHCO2H
OH

8(2^3)

2(2^1)

O

4(2^2)

OH

8(2^3)

O
OH

4(2^2)

O
OH
OH

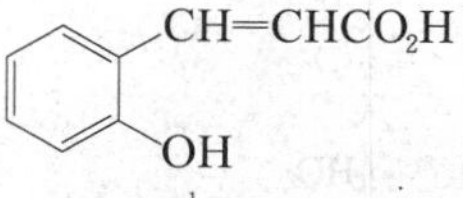

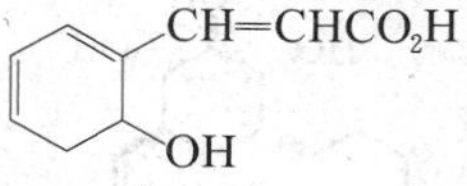

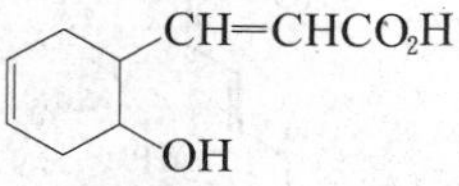

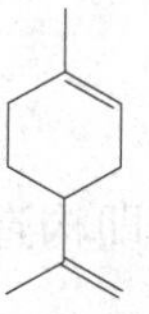

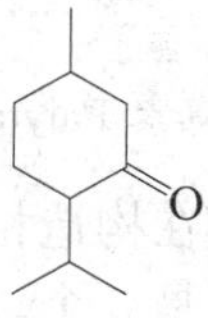

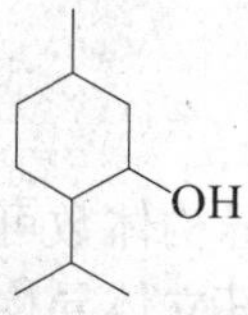

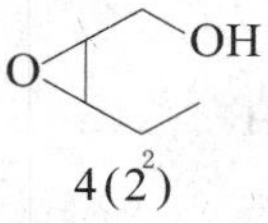

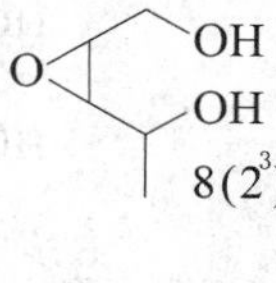

8(2^3)

问题 3 有多少个立体异构体?

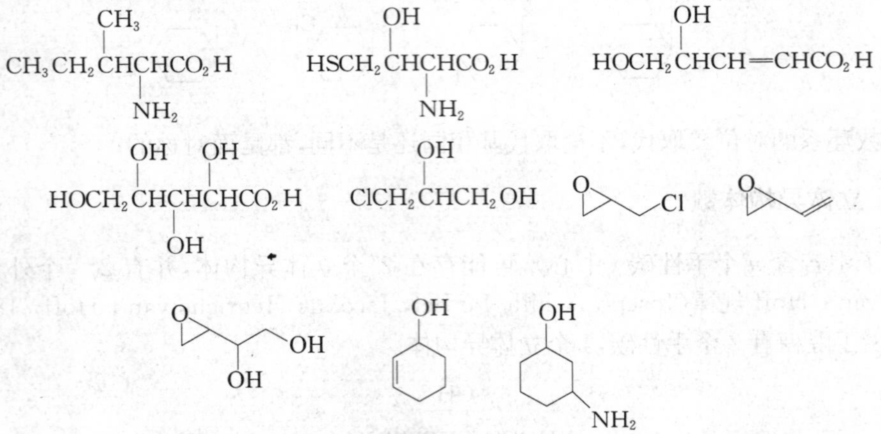

$CH_3CH_2CHCHCO_2H$ (带 CH_3 和 NH_2 取代)

$HSCH_2CHCHCO_2H$ (带 OH 和 NH_2 取代)

$HOCH_2CHCH=CHCO_2H$ (带 OH 取代)

$HOCH_2CHCHCHCO_2H$ (带 OH, OH, OH 取代)

$ClCH_2CHCH_2OH$ (带 OH 取代)

环氧乙烷-CH_2Cl

环氧乙烷-$CH=CH_2$

环氧乙烷-$CH(OH)$

3-羟基环己烯

3-氨基环己醇

海葵毒素(palytoxin,PTX)分离自沙海葵科沙群海葵属毒沙群海葵(Palythoa toxica),是已知非蛋白毒素中毒性最强烈的一种多醚毒素。PTX 的分子式为 $C_{131}H_{227}N_3O_{53}$,分子中有 64 个手性碳、7 个异构双键,共有立体异构体 $2^{(64+7)}=2.36\times10^{21}$!PTX 的全合成首先由 Kishi 教授(Harvard University)在 1994 年报道(E. M. Suh, Y. Kishi. *J. Am. Chem. Soc.* 1994, *116*, 11205)。

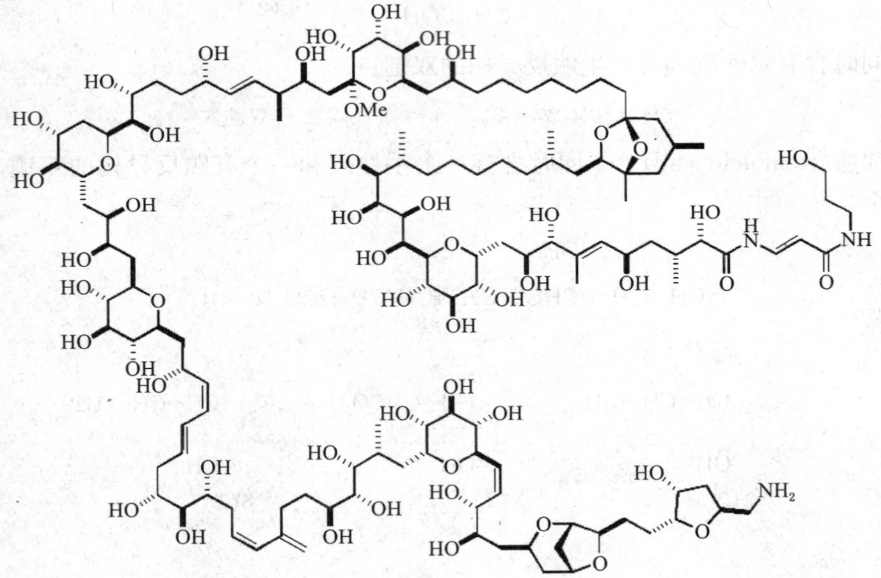

海葵毒素 Palytoxin

结构特殊,立体异构体数可能减少。存在构造相同的手性碳,即构造对称,立体异构体数减少。例如,酒石酸其立体异构体不是 4 而是 3 个。

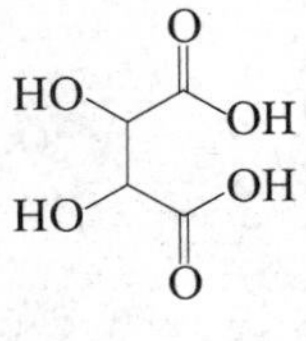

2，3，4-三羟基戊二酸其立体异构体不是 8 而是 4 个。

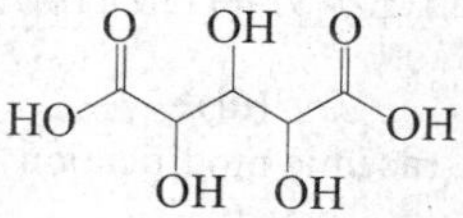

桥环：手性桥环化合物的立体异构体数小于 2^n（两个手性桥头原子相当于一个手性中心）。

例：樟脑（camphor）只有两个立体异构体。

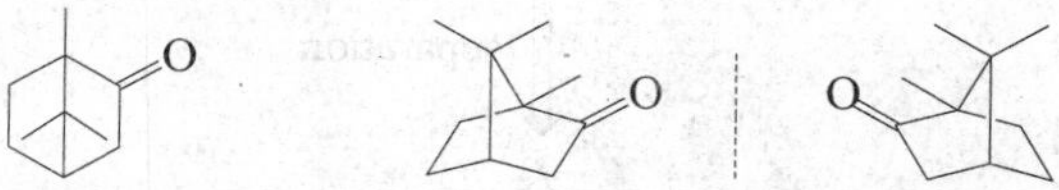

莰醇（camphol）则有 4 个立体异构体，内式一对（冰片）外式一对（异冰片）。

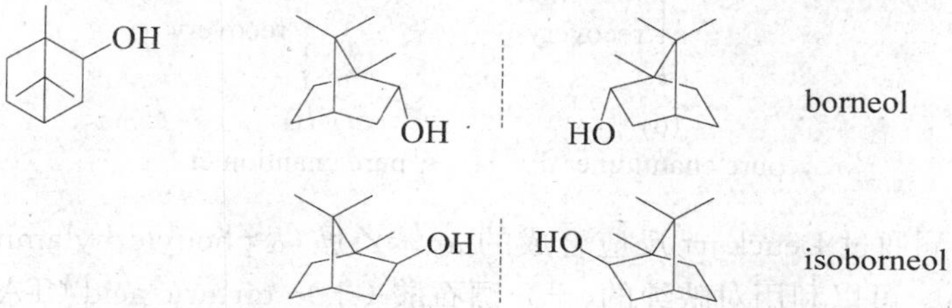

borneol

isoborneol

在稠环体系中，由于刚性与几何空间关系，小环只能顺式稠合，导致立体异构体数减少。例如氧化环己烯只有一对对映异构体。

2.4.6 外消旋体拆分

将不旋光的外消旋体分离开为旋光的纯的右旋体与左旋体称为外消旋体拆分（resolution）。

外消旋体拆分的方法：物理机械分离；诱导结晶分离；化学法：非对映异构体法、动力学法、分子识别法；生物化学——酶促分离法；层析分离法。

2.4.6.1 物理机械分离

晶体机械分离法：仅适用于外消旋混合物且结晶良好。最著名的例子是 Pasteur 在 1848 年完成的第一次外消旋体的拆分——酒石酸钠铵外消旋体的拆分。

2.4.6.2 诱导结晶分离

向一外消旋体过饱和溶液加入其一纯对映体（左旋体或右旋体）的晶体作为晶种以诱导此对映体结晶析出（preferential seeding）。

2.4.6.3 化学法

1. 非对映异构体化法

此法是将一对对映异构体（外消旋体）转化成为具有不同物理性质的一对非对映异构体进而实现分离。

(a) 转化为非对映异构体；(b) 分离非对映异构体并提纯；(c) 恢复对映体。

将外消旋体（dl）转化成一对非对映异构体，可以通过与一纯的手性化合物（拆分剂

resolving reagent)反应来实现。分离非对映异构体最常用的方法是重结晶。利用非对映异构体有不同的物理性质如溶解度通过重结晶逐步分离,最后除去拆分剂即得纯的对映体(d)或(l)。

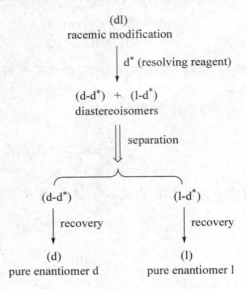

例如,由苯乙酮通过 Leuckart 反应合成的 α-苯乙胺(α-phenylethylamine,α-TPA)是外消旋体(±)-PEA。可以利用对映纯的(+)-酒石酸 (+)-tartaric acid (TA)进行拆分。首先用(+)-酒石酸和外消旋体(±)-PEA 成盐,得到一对非对映异构体(+)-PEA-(+)-TA 和(-)-PEA-(+)-TA。然后利用这一对非对映异构体的溶解度不同,在甲醇溶剂中进行分步重结晶,实现了将这一对非对映异构体分开。最后加入氢氧化钠中和(+)-酒石酸,从而释放出纯净的右旋或左旋 α-苯乙胺。

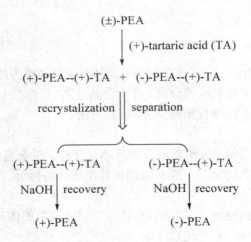

一个良好的拆分剂应符合以下条件:
(a) 拆分剂必须易于和外消旋体形成非对映异构体,而且又易于恢复到原对映体。
(b) 所形成的非对映异构体应结晶良好,而且在适当的溶剂中有较大的溶解度差异。
(c) 拆分剂应是对映纯的。

外消旋的酸类化合物可用光活性碱如马钱子碱等作拆分剂拆分。外消旋的碱类化合物可用光活性酸如酒石酸作拆分剂进行拆分。

2. 动力学拆分

动力学拆分(kinetic resolution)就是利用两个对映异构体与手性试剂的反应速度的差异而进行的外消旋体拆分。例如用不足量的(−)-金鸡纳酸与(±)-α-苯乙胺反应,剩下未反应的(+)-α-苯乙胺的旋光纯度为10%左右。

3. 分子识别法

分子识别法(molecular recognition)是利用拆分剂有选择性地与外消旋体的一对映体(左或右旋体)形成分子复合物(molecular complex),进而实现与另一对映体的分离拆分。这种复合物(包合物,inclusion compound)的形成是源于主体与客体分子之间的 van der Waals 力、氢键等弱相互作用力,实现超分子识别(supramolecular recognition),也就是手性识别(chiral recognition)。

尿素:具有螺旋状隧道结构(六方晶系),可形成隧道包合物。可用于正构烃与异构烃的分离,也可用于手性识别,如 2-氯辛烷和 2-甲基癸烷就曾用此法拆分。

环糊精(cyclodextrin, CD):环糊精分子的空穴(参见第 14 章生物分子 糖部分)可容纳适当大小的对映体客体分子并形成包合物,可用于外消旋体拆分。

4. 层析法

层析法(chromatography)可用于外消旋体拆分和对映异构体定量,对于手性合成具有重要意义。

柱层析法(column chromatography, CC):手性吸附剂如淀粉、蔗糖、乳糖、旋光的石英粉等填柱。如以淀粉为吸附剂,水淋洗拆分消旋丙氨酸,(+)-乳糖作吸附剂,石油醚淋洗拆分消旋的 Tröger 碱。非手性吸附剂如氧化铝经手性化合物处理亦可用于外消旋体拆分。如以经(+)-酒石酸处理的氧化铝为吸附剂拆分消旋的扁桃酸。

纸层析法(paper chromatography):载体纤维素是手性的,可用于外消旋体拆分。L-氨基酸一般有较大的 R_f 值。

高压液相色谱法(high pressure liquid chromatography, HPLC):固定相若是非手性的,则需先将外消旋体与光活性对映纯试剂作用转化成非对映异构体。若固定相是手性的,外消旋体则可直接上柱进行拆分。

2.4.6.4 生物化学法

生物化学拆分法即是利用微生物或酶拆分外消旋体,也是 L. Pasteur 首先发现的,如利用酵母直接拆分消旋 α-氨基酸,利用酶促不对称分解制备光活性化合物。

2.4.7 光学纯度与对映体过量

光学纯度:旋光观测值与最大值之比称为纯光学纯度(optical purity, op)。

$$op\% = \frac{[\alpha]_{obs}}{[\alpha]_{max}} \times 100\%$$

例 1 此有(S)-2-丁醇,$[\alpha]^{25} = +6.76°$,已知其$[\alpha]_{max} = +13.52°$,求样品的光学纯度。

解:$op\% = 6.67/13.2 \times 100\% = 50\%$

例 2 光学纯化合物的$[\alpha]^{25} = +27.0°$。其样品 $[\alpha]^{25} = +9.0°$,求样品的组成。

解:$op = 9/27 = 1/3$

$op = (d-l)/(d+l)$

$d/l = (1+op)/(1-op) = (1+1/3)/(1-1/3) = 2:1$

对映体过量：一对映体相对于另一对映体的百分过量称为对映体过量（enantiomeric excess，ee）。

若右旋体（d）过量，则有：

$$ee(\%) = (d-l)/(d+l) \times 100\% = d\% - l\%$$

对映体过量（ee）在数值等于光学纯度（op）。

例：此有一合成样品（−）-多巴的光学纯度是95%，求其百分含量。

解：(−)(%) = 95 + (100 − 95)/2
　　　　　　= 95/2 + 50
　　　　　　= 97.5

非对映体过量：一非对映体相对于另一非对映体的百分过量称为非对映体过量（diastereoisomeric excess，de）。

不对称合成的效率可用对映体过量或非对映体过量来衡量。

消炎药萘普生（Naproxen）的生产普通催化加氢——得到的是外消旋体：

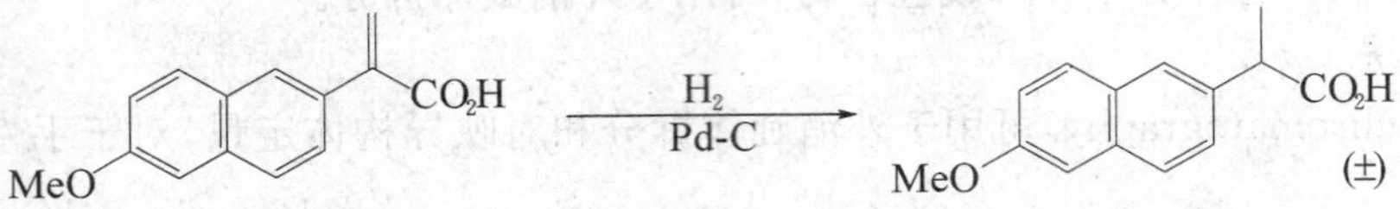

Noyori 不对称催化氢化——不对称合成：

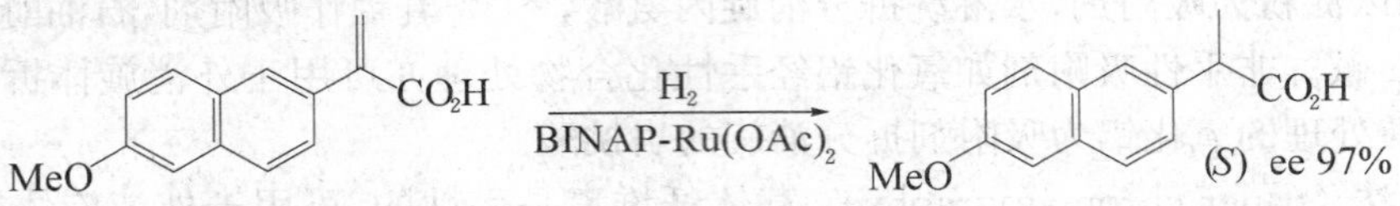

William S. Knowles（1917—2012，St. Louis，MO，USA）和 Ryoji Noyori（1938—，Nagoya University，Nagoya，Japan）由于在不对称催化氢化领域里的开创性研究获得2001年 Nobel 化学奖（The Nobel Prize in Chemistry 2001 was divided, one half jointly to William S. Knowles and Ryoji Noyori "for their work on chirally catalysed hydrogenation reactions" (and the other half to K. Barry Sharpless)。

2.5 构象与构象分析

构象异构体（构象体）又称旋转异构体，亦有对映与非对映构象异构体。

构象异构：单键旋转导致的原子或基团不同空间排布，是柔性易变的，相互转化仅需较低的能量，不必断裂价键，一般室温下不能够分离异构体。

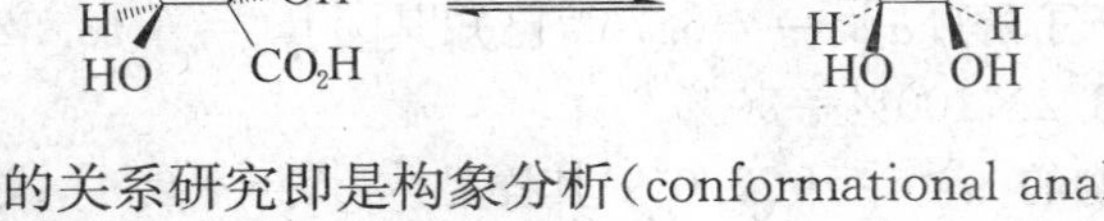

构象与化合物性能的关系研究即是构象分析（conformational analysis）。

2.5.1 构象与稳定性

一般，交叉式构象较稳定。

对位交叉 > 邻位交叉 > 部分重叠 > 全重叠
ap > sc > ac > sp

一般,赤式体较苏式体稳定,即 meso 体较光活性体稳定。

例:

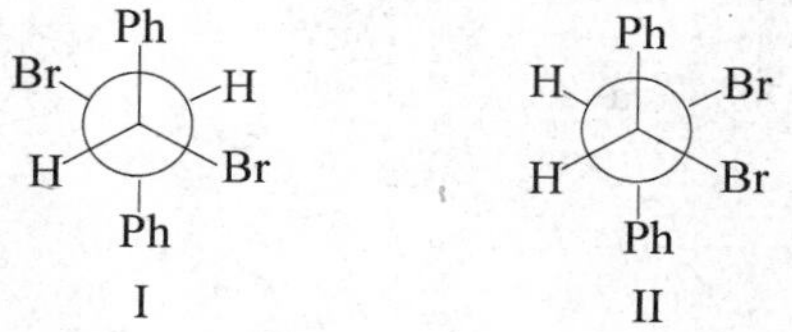

（Newman 投影式 I 和 II）

I　　　　　　II

$E_{II} - E_{I} = 5.8$ kJ/mol

但有特殊强相互作用(如氢键、偶极)的例外。例如:苏式-2,3-丁二醇的 Newman 构象就是形成分子内氢键所要求的构象,更稳定。

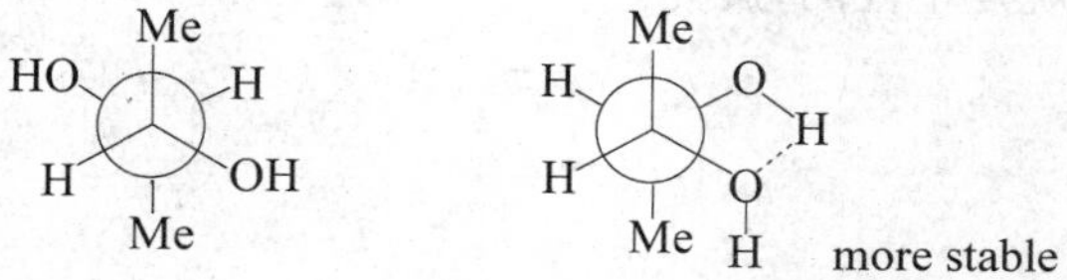

more stable

环己烷系

相对稳定性:椅式 > 扭船式 > 船式

一般,取椅式构象。

取代环己烷的优势构象:取代基占据 e 键;尽可能多的取代基占据 e 键;大的取代基占据 e 键较稳定。

但是,顺-1,3-环己二醇的优势构象是二 a 键,因为这种构象可以形成分子内氢键。

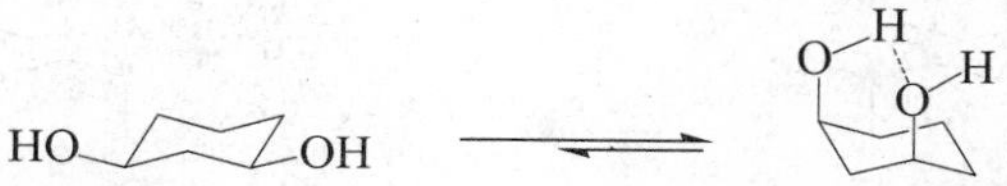

2.5.2 构象与旋光性

丁烷是对称的分子,非光学活性。虽然构象邻位交叉+sc 与 -sc 是手性的(仅有 C_2),但这种构象对映异构体同时存在并是等量的,构成外消旋体。

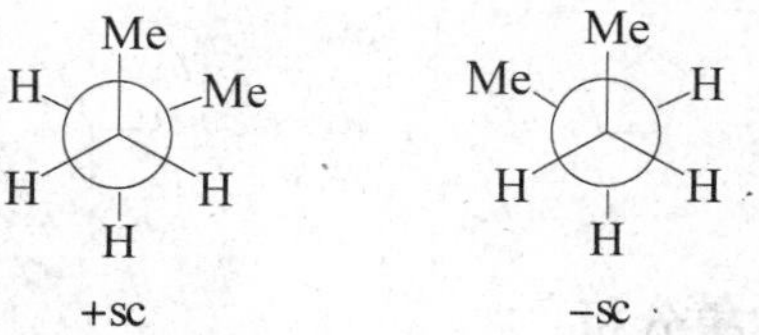

+sc　　　　　　-sc

任何一种手性构象都有其等量的对映构象存在,因而旋光而相消。

只要有一种构象是对称的,这种分子就是对称的,就是非光学活性的。

例如,顺-1,2-二甲基环己烷是对称的分子,不旋光。

构象 a 是手性的，其镜像是 b。a 转环成 c，再旋转 120° 得 d，而 d 可与 b 重叠，这就是说，a 经转环转变为其对映体。转环在室温下即可进行，在构象平衡中，a 与 b 应有同样的含量，即旋光相消。因此，顺-1,2-二甲基环己烷没有旋光性，这与从平面构型表达所得的结果是一致的。

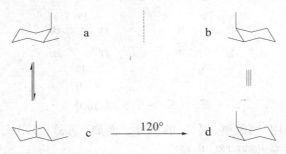

反-1,2-二甲基环己烷是手性的，旋光。

反-1,2-二甲基环己烷，构象 a(ee) 转环成构象 c(aa)，构象 a 的对映体是构象 b，构象 b(ee) 转环成构象 d(aa)，构象 c 的对映体是构象 d，构象(ee)或构象(aa)都是手性的，但不能通过转环转化成其对映体。因此，反-1,2-二甲基环己烷是手性的，也应是旋光的，这与从平面构型表达所得的结果是一致的。

因此，讨论环系的对称性与手性，用平面构型表达式更方便，也是准确的。下面这些相同二取代环系的顺式体都是对称的，而反式体都是手性的。

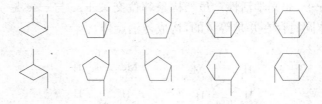

2.5.3 构象与反应性——构象分析

研究反应性与构象之间的关系即为构象分析(conformational analysis)。

此内容在以后各章有关部分讨论。

构象分析开创性研究应归功于 Derek H. R. Barton (Nobel Laureate 1969)。

有机立体化学研究对于结构与反应活性、催化与有机合成、生物与医学、药物与材料开发等都有重要意义。John W Cornforth (1917—2013, University of Sussex, Brighton, United

Kingdom)和 Vladimir Prelog(1906—1998, Swiss Federal Institute of Technology, Zurich, Switzerland)由于在有机立体化学领域的研究而获 1975 年 Nobel 化学奖(The Nobel Prize in Chemistry 1975 was divided equally between John Warcup Cornforth "for his work on the stereochemistry of enzyme-catalyzed reactions" and Vladimir Prelog "for his research into the stereochemistry of organic molecules and reactions")。

习题

一、下列分子各有多少个立体异构体？标定其 R/S。

1. [structure: 1-phenyl-2-(methylamino)propan-1-ol with OH and NHCH$_3$]

2. [structure: cyclohexanone with methyl and isopropyl substituents]

3. [structure: cyclohexanol with methyl and isopropyl substituents]

4. HOCH$_2$CHCHCH=CHCO$_2$H (with OH, OH substituents)

5. [structure: 2,5-diketopiperazine with two methyl groups]

6. [structure: shikimic acid-like cyclohexene with CO$_2$H, three OH groups]

二、Depudecin(组蛋白脱乙酰酶抑制剂,分离自真菌,已经合成)有几个手性碳原子？有多少立体异构体？

[structure of Depudecin]   Depudecin

三、菌霉素(mycomycin, a natural antibiotics, isolated from the bacterium Nocardia acidophilus, $[\alpha]_D = -130°$)理论上有多少立体异构体？

CH≡C—C≡C—CH=C=CH—CH=CH—CH=CH—CH$_2$CO$_2$H   Mycomycin

四、有人曾提出 Cordyceptic acid 的结构如下：

[structure with CO$_2$H, HO, OH, OH, H groups on cyclohexane] $[\alpha]_D^{20} = +40.3°$

这个结构是不可能的,为什么？

五、山梗烷啶(lobinanidine)分离自印度烟叶,已被用作戒烟剂,没有旋光性,也不能拆分,应具有何种可能的立体结构？

[structure of lobinanidine with two phenyl-CH(OH)-CH$_2$- groups on piperidine NH]

六、1,2-二氯乙烷的偶极矩随温度变化如下：

t(K)	223	248	273	298	323
μ(D)	1.13	1.21	1.30	1.36	1.42

为什么？

第3章 不饱和烃
Unsaturated Hydrocarbons

不饱和烃(unsaturated hydrocarbons)包括烯烃和炔烃两大类。

3.1 烯烃 Alkenes——不饱和烃（1）

烯烃是指含有碳-碳双键（C═C）（烯键）的碳氢化合物，属于不饱和烃，分为开链烯烃与环烯烃。按含双键的多少分别称单烯烃、二烯烃等。

烯烃也是天然产物，在生物学多方面起重要作用。

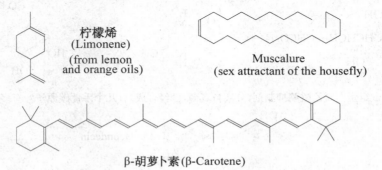

柠檬烯 (Limonene) (from lemon and orange oils)

Muscalure (sex attractant of the housefly)

β-胡萝卜素（β-Carotene）

3.1.1 烯烃的结构与命名

3.1.1.1 烯烃的结构

烯烃的官能团是烯键，即碳-碳双键(C═C)。

乙烯的结构

现代物理方法证明：乙烯分子中所有原子都在同一平面上，是平面分子。

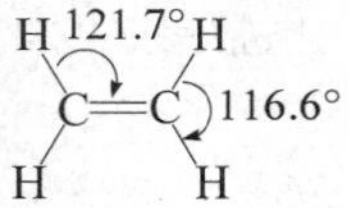

$$\text{C═C } 0.134 \text{ nm}$$
$$\text{C—H } 0.108 \text{ nm}$$

（键角 121.7°, 116.6°）

显然，碳-碳双键(C═C)键长比碳-碳单键(C—C)(0.154 nm)短，双键键能(610 kJ/mol)比单键(346 kJ/mol)高，但不是二倍，即 $\Delta E_\pi = 610 - 346 = 264$ kJ/mol。

杂化轨道理论处理

双键碳原子 2s 轨道上的一个电子激发到 $2p_z$ 轨道，1 个 2s 轨道和 2 个 2p 轨道（譬如 $2p_x$ 和 $2p_y$）重新混合——杂化(hybridization)，形成 3 个新的等价的 sp^2 杂化轨道(sp^2 hybrid orbitals)，此即 sp^2 杂化，如图 3-1 a 所示。3 个 sp^2 杂化轨道能量最低分布就是平面三角形，因此，sp^2 杂化又称为三角平面杂化(trigonal planar hybridization)。sp^2 杂化轨道如图 3-1 b 所示。

两个碳原子分别提供 1 个 sp^2 杂化轨道，这 2 个 sp^2 杂化轨道顶头重叠构成碳-碳单键即 σ 键。π 键是由两个双键碳原子剩余的 $2p_z$ 轨道侧面平行重叠形成。碳-碳双键由此形成。单键构架是平面的(sp^2 杂化平面)，π 键垂直于这个平面。乙烯成键见图 3-2。

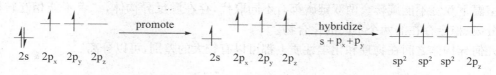

a sp² 杂化示意图

b sp² 杂化轨道

图 3-1　a sp² 杂化示意图；b sp² 杂化轨道

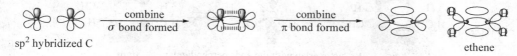

图 3-2　乙烯成键示意图

π 键电子云分布于 sp² 杂化平面上下方，且离碳核较远，受束缚较弱。乙烯 π 键与模型如图 3-3 所示。

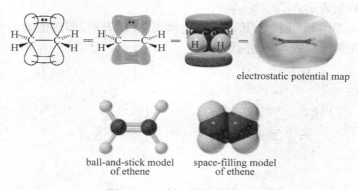

图 3-3　乙烯 π 键与模型图

3.1.1.2　异构现象

开链单烯烃分子通式为 C_nH_{2n}，与单环烷烃是同分异构。

构造异构（constitutional isomerism）：烯烃分子中除有碳构架异构外，还存在由于双键位置而产生的异构，二者均属于构造异构。

分子式 C_4H_8 就有构造异构体三个：

$$CH_3CH_2CH=CH_2 \qquad CH_3CH=CHCH_3 \qquad (CH_3)_2C=CH_2$$

　　1-丁烯　　　　　　　2-丁烯　　　　　　　2-甲基丙烯

顺反异构：顺反异构（cis-trans isomerism）以前称为几何异构，这是一种立体异构。双键碳分别连不同的原子或基团存在顺反异构。

室温下双键不能旋转。两双键碳都有不同取代,存在顺反异构体,二者不能相互转换,是可以分离、稳定存在的两个不同的化合物。

几何异构体之间在物理和化学性质上都可以有较大的差别,可以分离。

bp　36.9℃　　　　　36.4℃
mp　−151.4℃　　　−136.0℃

顺反异构体相互转化需要很高的能量,高温或光照。

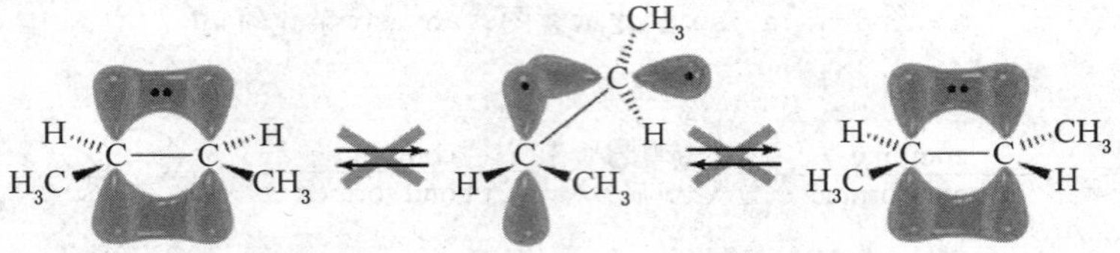

cis　　　no overlap with the ends perpendicular　　　trans

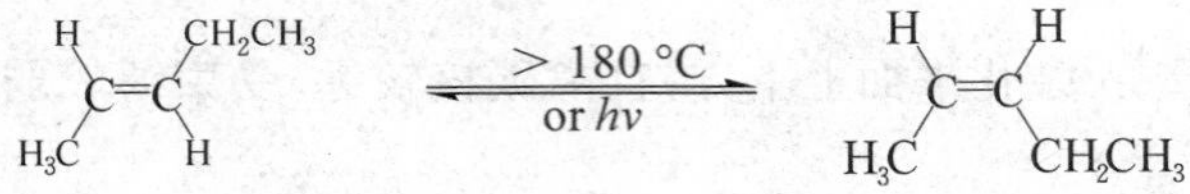

$$\xrightleftharpoons[\text{or }h\nu]{>180\ °C}$$

顺反异构的构型表示:

顺反异构的构型用顺/反或 Z/E 表示。通常用顺/反表示,即双键碳上两相同、相似或相近的基团在同一侧即为顺式,否则为反式。

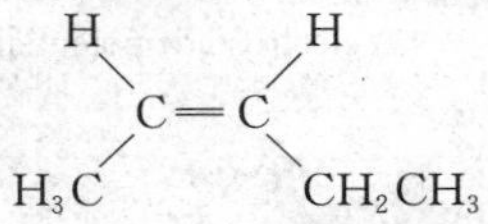

顺式 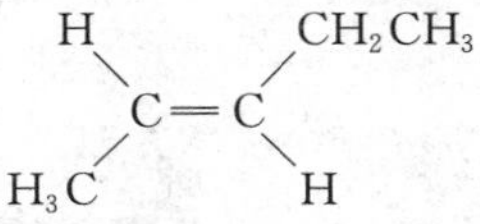　　　　　　　　　反式

顺式烯烃

顺反异构体命名:

顺/反:两双键碳上两相同基团在同一侧即为顺式,否则为反式。

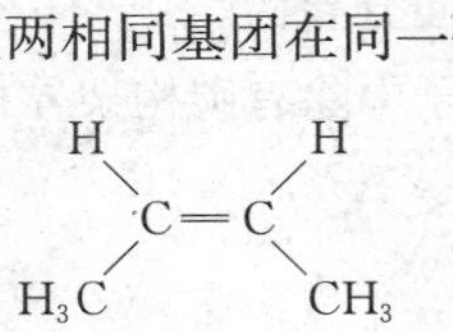

顺式(cis)　顺-2-丁烯 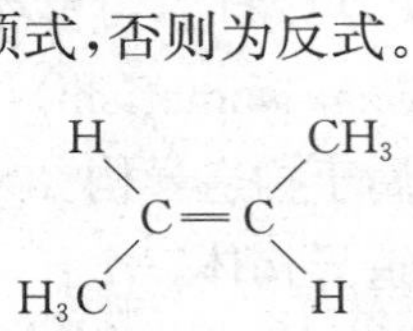　　　反式(trans)　反-2-丁烯

但是对于两双键碳上连有四个不同的基团,顺/反表示就无能为力了,因此需要新的表示方法,这就是 Z/E 命名法。

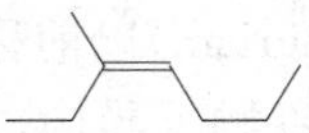

Z/E 表示：(E-Z notation, E-Z convention)
两双键碳上较优的基团在同一侧即为 Z(*zusammen*, together)式，在两侧则为 E(*entgegen*, opposite)式。

例：

Z-form；(Z)-2-丁烯

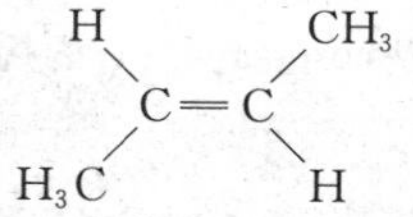

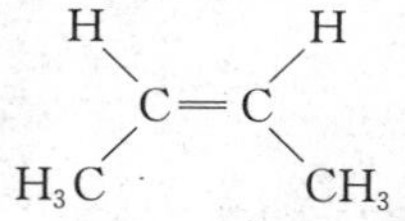

E-form；(E)-2-丁烯

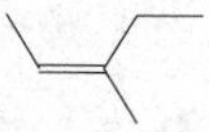

Z-form

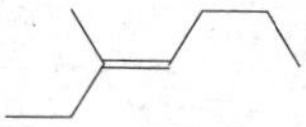

E-form；

3.1.1.3 烯烃命名

IUPAC 命名法：

$H_2C=CH_2$ 乙烯 Ethylene (IUPAC name: ethene)

$CH_3CH=CH_2$ 丙烯 Propylene (Propene)

(a) 选主链：含双键较长或最长的碳链，定为母体；
(b) 定位编号：双键和取代基应有较低的位次。
(c) 构型及其位次。

例：

(Z)-2-戊烯

(E)-2-戊烯

(Z)-3-甲基-2-戊烯

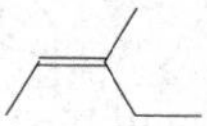

(Z)-3-甲基-3-庚烯

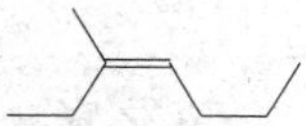

(E)-3-甲基-3-庚烯

5-甲基-3-乙基-1-己烯

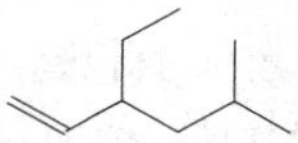

(Z)-3-甲基-3-己烯

$CH_3CH_2CH=CHCH_2CH(CH_3)_2$ (with CH_2CH_3 and CH_2CH_3 branches)

8-甲基-5-乙基-6-丙基-3-壬烯

问题 1 此化合物有多少个立体异构体？分别命名。

例：

(Z)-4-甲基-2-戊烯

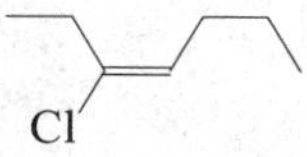

(E)-3-氯-3-庚烯

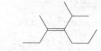
(E)-3-甲基-4-异丙基-3-庚烯

(E)-4,6-二甲基-3-庚烯

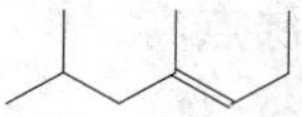

(E)-4-甲基-4-癸烯

(Z)-6-甲基-4-异丙基-5-异丁基-4-辛烯

1,6-二甲基-1-环己烯

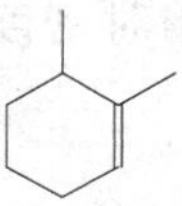

1,6-二甲基-1,4-环己二烯

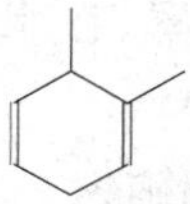

重要的烯烃基(alkenyl)：

—CH=CH₂　　　　乙烯基(ethenyl; vinyl)

—CH₂CH=CH₂　　烯丙基(allyl)；2-丙烯基

—CH=CHCH₃　　　丙烯基(propenyl)；1-丙烯基

　　CH₃
　　｜
—C=CH₂　　　　　异丙烯基(isopropenyl)；1-丙烯-2-基；1-甲基乙烯基

亚基：有两个自由价的双基称为亚基(ylene, lidene)。

=CH₂　　　　亚甲基 methylene

=CHCH₃　　　亚乙基 ethylidene　　　—CH₂CH₂—　　　1,2-亚乙基 ethylene

=CHCH₂CH₃　亚丙基 propylidene　　　—CH₂CHCH₃　　　1,2-亚丙基 propylene

=C(CH₃)₂　　亚异丙基 isopropylidene　—CH₂CH₂CH₂—　1,3-亚丙基 1,3-propylene

双键在环上，以环为母体；双键在环外链上，环作取代基。

3-乙烯基-1-环己烯　　　2-甲基-3-环己基-1-丙烯　　　5-甲基-1,3-环戊二烯

柠檬烯；苧烯(Limonene)
(R)-1-甲基-4-异丙烯基-1-环己烯
(R)-1-甲基-4-异丙烯基环己烯
(R)-4-isopropenyl-1-methylcyclohexene

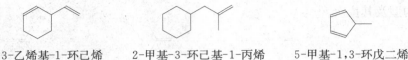

(Z)-1,2-二氯-1-溴乙烯
反-1,2-二氯-1-溴乙烯

环外双键

亚甲基环己烷　　　　　　　　　　　　亚异丙基环戊烷
methylenecyclohexane　　　　　　　　(propan-2-ylidene)cyclopentane
　　　　　　　　　　　　　　　　　　isopropylidenecyclopentane

3.1.2　烯烃的物理性质

烯烃是非极性或弱极性分子，不溶或微溶于水。

常温下 $C_2 \sim C_4$ 烯烃为气体； $C_5 \sim C_{18}$ 为液体； C_{19} 以上是固体。在正构烯烃中，随着相对分子质量的增加，沸点升高。同碳数正构烯烃的沸点比带支链的烯烃沸点高。相同碳架的烯烃，双键由链端移向链中间，沸点、熔点都有所增加。

反式烯烃的沸点比顺式烯烃的沸点低，而熔点高，这是因为反式异构体极性小，对称性高。与相应的烷烃相比，烯烃的沸点、折光率、在水中的溶解度以及相对密度等都比烷烃的略高些。

顺式异构体极性较强，沸点高于反式异构体。

反式异构体对称性较高，熔点高于顺式异构体。

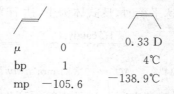

μ	0	0.33 D
bp	1	4℃
mp	−105.6	−138.9℃

氢化热、燃烧热与烯烃的相对稳定性：
氢化热是在标准状况下一摩尔碳-碳双键加氢饱和放出的热量。

$$\text{烯烃} \xrightarrow[\text{Pd}]{H_2} CH_3CH_2CH_2CH_3 + \Delta H_H^\circ \quad \begin{array}{c} 120 \text{ kJ/mol} \\ 116 \text{ kJ/mol} \end{array}$$

显然，2-丁烯催化加氢，反式异构体比顺式体少放出 4 kJ/mol 的能量。也就是，顺式体能量更高，因此，反式体更稳定。事实上，放出的氢化热越少，体系能量越低也就越稳定。部分烯烃的氢化热见表 3-1。

表 3-1　部分烯烃的氢化热

Alkenes	$\Delta H_H^\circ /(\text{kJ/mol})$
$CH_2=CH_2$	137.3
$CH_3CH=CH_2$	126.0
$CH_3CH_2CH=CH_2$	126.8
$(Z)\text{-}CH_3CH=CHCH_3$	119.5
$(E)\text{-}CH_3CH=CHCH_3$	115.5
$(CH_3)_2C=CH_2$	118.6
$(CH_3)_2C=CHCH_3$	112.6
$(CH_3)_2C=C(CH_3)_2$	111.3
$(Z)\text{-}CH_3CH=CHCH_2CH_3$	117.6
$(E)\text{-}CH_3CH=CHCH_2CH_3$	113.9
cyclopropene	223.9
cyclobutene	128.9
cyclopentene	110.5
cyclohexene	118.5

燃烧热也有同样的规律。

$$\Delta H_C^\circ \quad -2\,685.5 \quad -2\,682.2 \text{ kJ/mol}$$

显然，反式体比顺式体少放出能量 3.3 kJ/mol。异构体放出的燃烧热越少，体系能量越低也就越稳定。

大量实验事实表明，双键碳上烃基取代越多，烯烃越稳定。反式烯烃比顺式烯烃更稳定。

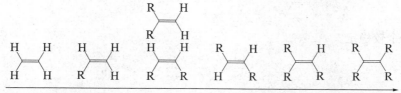

Decreasing heat of hydrogenation and increasing stability of the double bond

2-丁烯在酸催化下异构化,达平衡时,反式体为主,达 76%,是更稳定的形式。

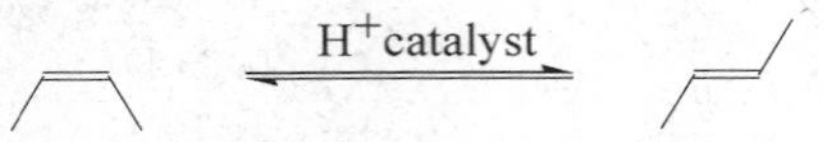

$$\text{cis } 24\% \xrightarrow{H^+\text{catalyst}} \text{trans } 76\%$$
$$\Delta G° = -2.8 \text{ kJ/mol}$$

在顺-2-丁烯分子中,两个甲基在空间上过于拥挤而产生 van der Waals 排斥张力——立体张力(steric strain),因而内能升高。碳-碳双键-碳键角∠C=C—C 为 127°,大于正常三角平面杂化轨道夹角,是顺-2-丁烯分子中存在张力的证据。反式体中没有这样的立体张力,因而更稳定。

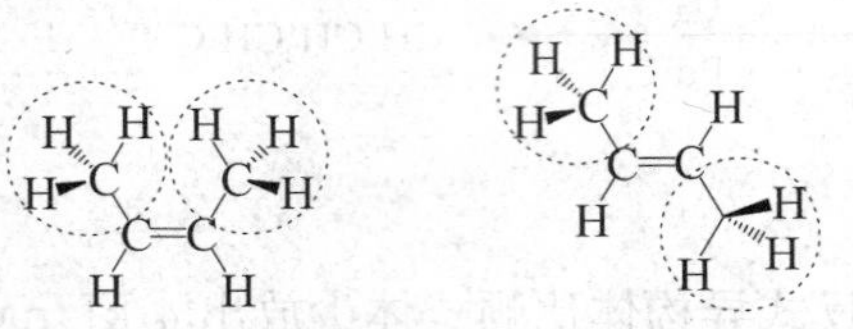

不同的烷烯基差异不大,实际上任何烷烯基都贡献大约 1 kJ/mol 的稳定化能。

烷烯基是给电子的,能稳定化缺电子的烯键碳。烷烯基越多,烯键越稳定。

超共轭效应:

超共轭效应是指 σ-π 或 σ-p 之间的相互作用

碳-氢或碳-碳 σ 键成键轨道(电子占据)与碳-碳双键反 π 轨道(电子未占据)之间的相互作用(重叠),称为超共轭效应(hyperconjugate effect),如图 3-4 所示。

图 3-4 超共轭作用

超共轭作用是一种稳定化效应。取代越多,参与共轭的 C-H 或 C-C 键越多,共轭的机会也就越多,烯键越稳定。

问题 2

(1) 分别按照氢化热(从大到小)和相对稳定性(从稳定到不稳定)排序。

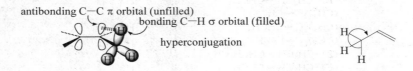

(2) 按照燃烧热(从大到小)和相对稳定性(从稳定到不稳定)排序。

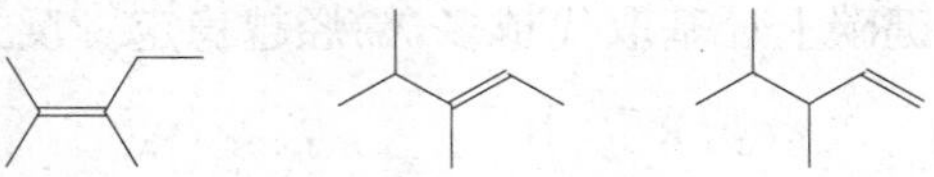

(3) 哪一个较稳定?

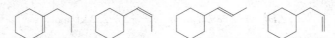

$\Delta H°_H$ 80 Kj/mol   74 kJ/mol

环烯：

最简单的环烯（cycloalkene）是环丙烯（cylopropene），是张力极高的小环，内能甚高，很不稳定。但含环丙烯结构单元的化合物如苹婆酸和锦葵酸仍存于自然界。

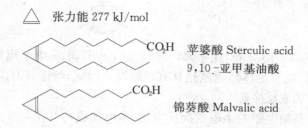

张力能 277 kJ/mol

苹婆酸 Sterculic acid
9,10-亚甲基油酸

锦葵酸 Malvalic acid

由于结构的几何原因，较小的环中不可能存在反式双键。反-环庚烯只能在低温下合成，在1℃只能存在几分钟。最小的反式环烯是反式环辛烯，已合成出来。因此，环辛烯有三个立体异构体，即顺式环辛烯和反式环辛烯一对（对映异构体）。

Bredt 规律：

在有机化学中有这样的经验观察，那就是双键不能处于桥环化合物的桥头，即桥环化合物的桥头不能容纳双键，除非环足够大，此即 Bredt 规律（Julius Bredt，1924）。实际上，桥环分子内 7 元或更小的环有反式双键，这种体系极不稳定，如二环[2.2.1]型的桥环，降菠烯（norbornene）是稳定的，而其异构体二环[2.2.1]-1-庚烯是不能稳定存在的（forbidden norbornene isomer），迄今尚未分离到纯品。

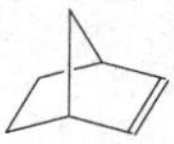

降菠烯 Norbornene　　二环[2.2.1]-1-庚烯 Bicyclo[2.2.1]hept-1-ene
　　（stable）　　　　　　　　（unstable to exist）

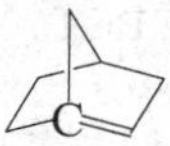

同样，二环[2.2.2]-1-辛烯和二环[3.2.1]-1-壬烯都是不稳定的。

中环的反式环烯可以分离，如二环[3.3.1]-1-壬烯可以分离但不能长时间稳定存在。

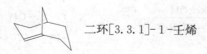

二环[3.3.1]-1-壬烯

[4.4.0]稠环反式环烯可以稳定存在，二环[4.4.0]-1-癸烯、二环[4.4.0]-1(6)-癸烯。

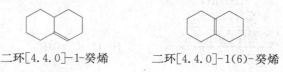

二环[4.4.0]-1-癸烯　　　二环[4.4.0]-1(6)-癸烯

3.1.3 烯烃的化学反应

双键的结构与性质：

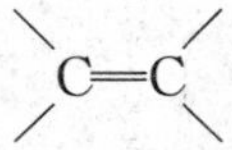

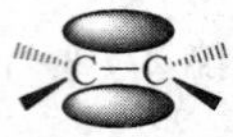

从键能看，π 键(～263 kJ/mol)比 σ 键(～347 kJ/mol)弱，π 电子离核较远，结合较松散，易参与反应，是电子源(电子给体)，也就是具有亲核性。因此，烯键具有以下反应特征：

π 键易破裂，发生加成反应；

π 键易提供电子，与缺电子的亲电试剂反应，如亲电加成与氧化；

α-氢被活化，易卤代与氧化。

3.1.3.1 加成反应

烯键 π 键破裂，加成反应试剂，sp^2 杂化烯键碳转化为 sp^3 杂化饱和碳，称为加成反应(addition)。

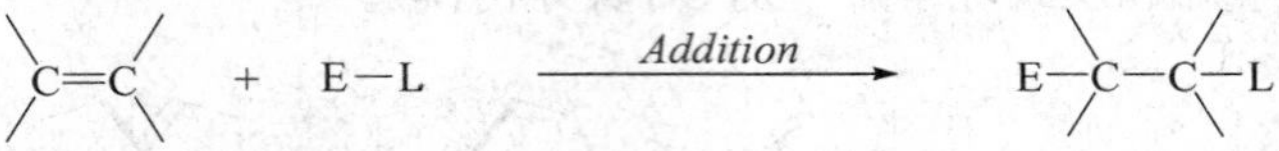

$$\text{C=C} + \text{E—L} \xrightarrow{\text{Addition}} \text{E—C—C—L}$$

亲电加成：异裂离子性加成，缺电子试剂引发反应。

自由基加成：均裂自由基反应，自由基引发反应。

配位加成：金属催化加氢。

1. 烯烃的亲电加成

烯烃可以加成卤化氢(HX，X=Cl，Br，I)、硫酸、水、卤素(X—X，X=Cl，Br)、次卤酸(HOX，X=Cl，Br)、乙酸汞/水和硼烷等，属于亲电加成(electrophilic addition, A_E)。

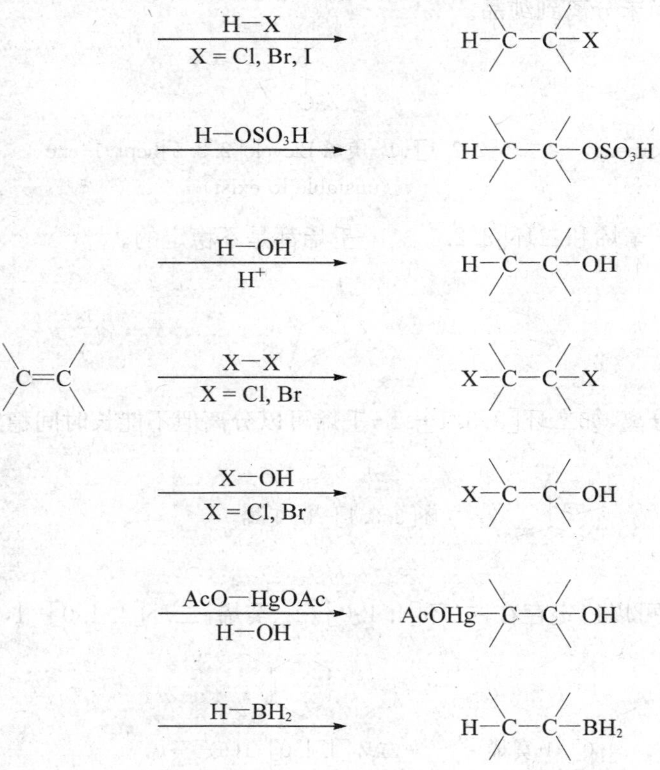

$\xrightarrow{\text{H—X}}$ X = Cl, Br, I	H—C—C—X	卤代烷
$\xrightarrow{\text{H—OSO}_3\text{H}}$	H—C—C—OSO$_3$H	硫酸氢酯
$\xrightarrow[\text{H}^+]{\text{H—OH}}$	H—C—C—OH	醇
$\xrightarrow{\text{X—X}}$ X = Cl, Br	X—C—C—X	邻二卤代烷
$\xrightarrow{\text{X—OH}}$ X = Cl, Br	X—C—C—OH	卤代醇
$\xrightarrow[\text{H—OH}]{\text{AcO—HgOAc}}$	AcOHg—C—C—OH	羟基汞化
$\xrightarrow{\text{H—BH}_2}$	H—C—C—BH$_2$	氢硼化

1) 加成卤化氢(HX)

烯键加成卤化氢(HX)生成卤代烷烃。如乙烯加成溴化氢产生溴乙烷。

$$H_2C=CH_2 + HBr \longrightarrow CH_3CH_2Br$$

反应活性：
C=C：双键的 π 电子云密度愈高，亦即烷烃基取代愈多，加成活性愈高、反应愈快。
HX：和氢卤酸的酸性一致，即 HI＞HBr＞HCl。
加成 HCl 需用三氯化铝等催化。

$$H_2C=CH_2 + HCl \xrightarrow[150-250℃]{AlCl_3} CH_3CH_2Cl$$

构造对称的烯键加成 HX：

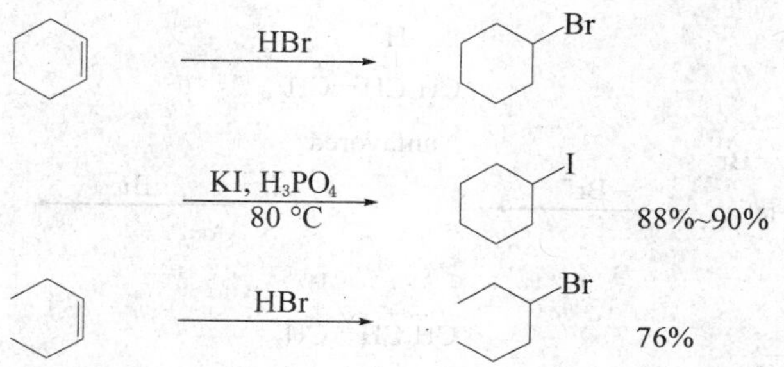

环己烯 $\xrightarrow{HBr}$ 溴代环己烷

环戊烯 $\xrightarrow[80\ ℃]{KI,\ H_3PO_4}$ 碘代环己烷 88%~90%

环戊烯 $\xrightarrow{HBr}$ 溴代环戊甲基 76%

反应的热力学：

$$\mathrm{\underset{|}{\overset{|}{C}}=\underset{|}{\overset{|}{C}} + H-Br \longrightarrow H-\underset{|}{\overset{|}{C}}-\underset{|}{\overset{|}{C}}-Br}$$

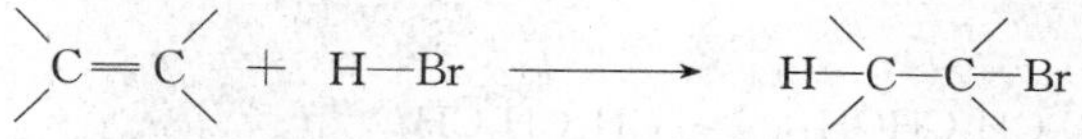

Bond broken: $\pi_{C=C}$ + H-Br = 263.5 + 366 = 629.5 kJ/mole
Bond formed: H-C + C-Br = 414 + 284.5 = 698.5 kJ/mole
Heat of reaction = 629.5 − 698.5 = −69 kJ/mole

表明加成 HBr 在热力学上是允许的。

构造不对称的烯键加成 HX——区域选择性与马氏加成规则：

构造不对称的烯键加成卤化氢有一个区域选择性的问题，也就是氢原子加到哪个双键碳上。区域选择性(regioselectivity)导致构造异构。一个经验规律是，氢原子加到含氢较多的双键碳上，卤原子加到含氢较少的烯键碳上，此即经典的 Markovnikov 规则(马尔科夫尼科夫加成规则，马氏加成规则)(Vladimir Vasilevich Markovnikov, 1870)。

例：

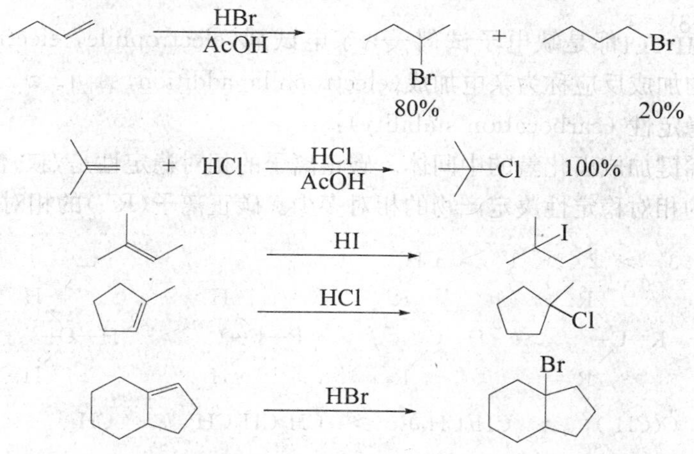

丙烯 $\xrightarrow[AcOH]{HBr}$ 2-溴丙烷 (80%) + 1-溴丙烷 (20%)

异丁烯 + HCl $\xrightarrow[AcOH]{HCl}$ 叔丁基氯 100%

2-甲基-2-丁烯 $\xrightarrow{HI}$ 产物

1-甲基环戊烯 $\xrightarrow{HCl}$ 1-甲基-1-氯环戊烷

二氢茚 $\xrightarrow{HBr}$ 溴代茚烷

马式加成规则的现代表述：

极性试剂的正性部分加到荷负电的双键碳上，产生较稳定的碳正离子中间体，由此决定主要加成产物。

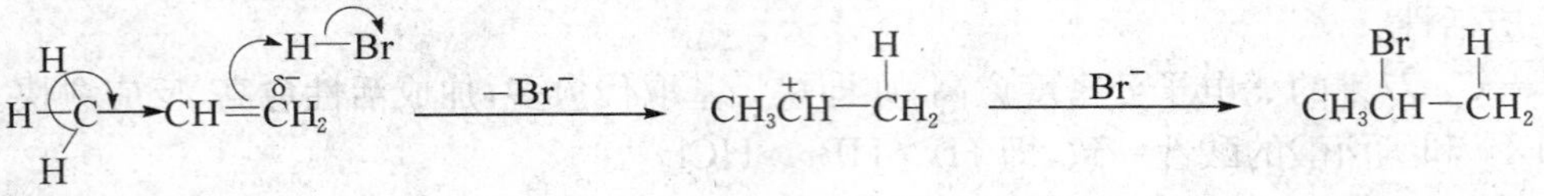

$$CH_3-CH=CH_2 + H-Br \xrightarrow{-Br^-} CH_3\overset{+}{C}H-CH_2 \xrightarrow{Br^-} CH_3\underset{Br}{C}H-CH_2$$

甲基具有给电子诱导效应（$+I$），使 π 键电子云分布向外端碳偏移，即使其荷负电。所以是丙烯的 C—1 接受质子而产生较稳定的异丙基碳正离子。

碳正离子的稳定性决定产物多少，较稳定的碳正离子生成主要产物。

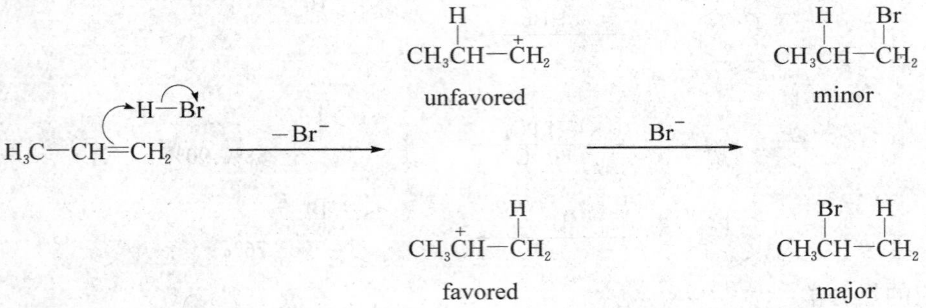

$$H_3C-CH=CH_2 + H-Br \xrightarrow{-Br^-} \begin{array}{c} CH_3CH-\overset{+}{C}H_2 \quad \text{unfavored} \\ \\ CH_3\overset{+}{C}H-CH_2 \quad \text{favored} \end{array} \xrightarrow{Br^-} \begin{array}{c} CH_3CH-CH_2Br \quad \text{minor} \\ \\ CH_3CHBr-CH_3 \quad \text{major} \end{array}$$

碳正离子的相对稳定性：

$$CH_3\overset{+}{C}HCH_3 \quad > \quad CH_3CH_2\overset{+}{C}H_2$$

所以异丙基溴是主要产物。

反应机理（reaction mechanism）：

加成是分步进行的，异丁烯首先加成质子产生特别稳定的中间体碳正离子——叔丁基正离子而不是很不稳定的异丁正离子，然后接受氯负离子的亲核进攻生成最后加成产物叔丁基氯。

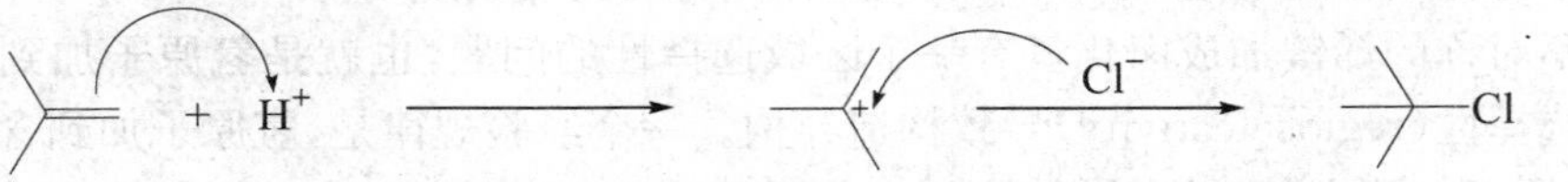

$$\begin{array}{c} \diagup\!\!\!= + H^+ \longrightarrow \underset{\text{叔丁正离子}}{\diagup\!\!\!\overset{+}{\diagdown}} \xrightarrow{Cl^-} \diagup\!\!\!\diagdown-Cl \end{array}$$

质子（H^+）或 $\overset{\delta+}{H}-\overset{\delta-}{Cl}$ 都是缺电子试剂——亲电试剂（electrophile, electrophilic reagent）。由亲电试剂引发的加成反应称为亲电加成（electrophilic addition，A_E）。

碳正离子的稳定性（carbocation stability）：

碳正离子是烯键加成卤化氢的中间体。碳正离子的相对稳定性是，叔、仲、伯，稳定性依次下降。碳正离子的相对稳定性决定产物的相对多少。碳正离子（R^+）的相对稳定性：

$$3° > 2° > 1° > {}^+CH_3$$

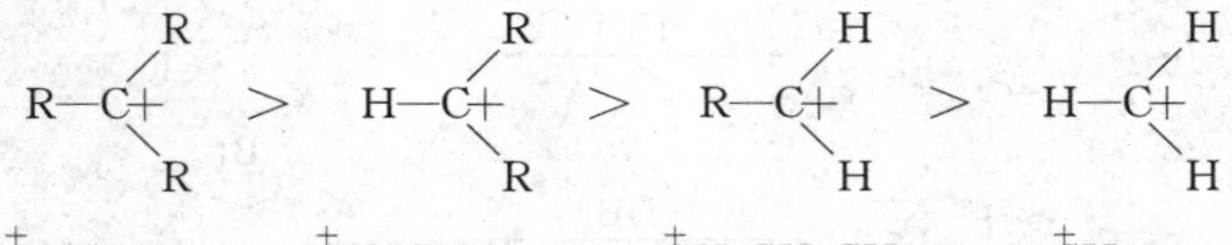

$$R-\overset{R}{\underset{R}{\overset{|}{C}}}{}^+ > H-\overset{R}{\underset{R}{\overset{|}{C}}}{}^+ > R-\overset{H}{\underset{H}{\overset{|}{C}}}{}^+ > H-\overset{H}{\underset{H}{\overset{|}{C}}}{}^+$$

$$\overset{+}{C}(CH_3)_3 > \overset{+}{C}H(CH_3)_2 > \overset{+}{C}H_2CH_2CH_3 > \overset{+}{C}H_3$$

碳正离子的结构：

碳正离子的中心碳原子取 sp^2 杂化，三角平面构型，p 轨道空。

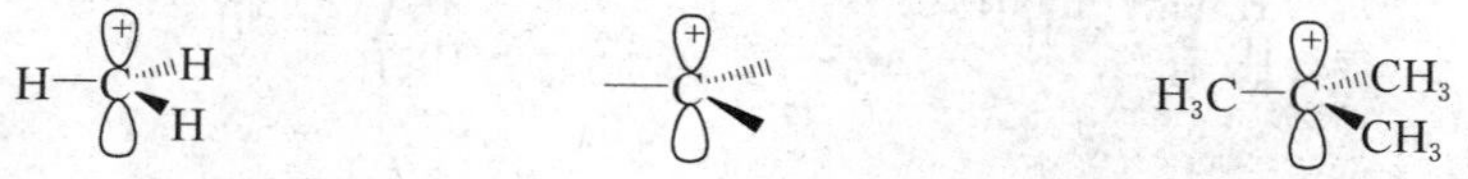

$\overset{+}{C}H_3$ $\overset{+}{C}R_3$ $\overset{+}{C}(CH_3)_3$

甲正离子 叔碳正离子 叔丁正离子

planar structure for the carbocations

碳正离子的相对稳定性讨论——电子效应：

碳正离子因正电荷分散或离域而稳定（carbocation is stabilized by the dispersion or delocalization of the positive charge）。

诱导效应：烷烃基(R)是给电子基，即具有给电子诱导效应(+*I*)。给电子诱导效应稳定碳正离子。

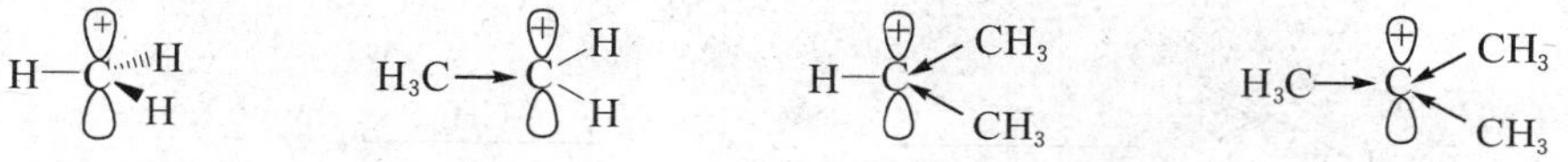

$\overset{+}{C}H_3$ $\overset{+}{C}H_2CH_3$ $\overset{+}{C}H(CH_3)_2$ $\overset{+}{C}(CH_3)_3$

给电子效应分散正电荷，碳正离子得到稳定化。烷烃基越多，给电子诱导效应越强，碳正离子越稳定。所以有叔、仲、伯碳正离子稳定性依次下降的规律。

超共轭效应：

邻位碳-氢或碳-碳 σ 轨道与碳正离子的空 p 轨道有某种程度的重叠（相互作用），σ 轨道向 p 轨道给予电子，亦即分散其正电荷，碳正离子因而得以稳定。这种邻位 σ 键向平面碳正离子的空 p 轨道给予电子带来额外稳定化（extra stabilization from σ donation into empty p orbital of planar carbocation）即为超共轭效应（hyperconjugate effect）（图 3-5）。

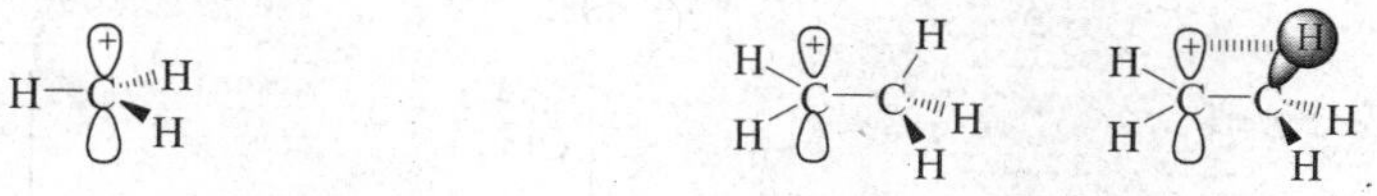

$\overset{+}{C}H_3$ $\overset{+}{C}H_2CH_3$

No stabilization: no electrons to donate into empty p orbital. Note: The C-H bonds are at 90° to the empty p orbital and cannot interact with it.

Stabilization: extra stabilization from σ donation into empty p orbital of the carbocation.

图 3-5 甲基正离子与超共轭化的乙基正离子

参与超共轭作用的邻位碳-氢键或碳-碳键越多，超共轭效应越强。因此，叔丁基正离子最稳定，三乙基甲基碳正离子也特别稳定（图 3-6）。

因此，碳正离子的相对稳定性是叔、仲、伯依次下降。

图 3-6 叔丁碳正离子与三乙基甲基正离子的超共轭效应

碳正离子重排：

碳正离子可能重排。例如 2,2-二甲基-1-丁烯加成氯化氢，主要产物不是 2,2-二甲基-3-氯丁烷而是 2,3-二甲基-2-氯丁烷。

2,2-二甲基-1-丁烯接受质子产生仲碳正离子，若只接受氯负离子的进攻给出次要产物。另一种命运是仲碳正离子发生重排（rearrangement）——邻位上的一个甲基带着一对电子经历 1,2-迁移（1,2-shift），生成更稳定的叔碳正离子，再接受氯负离子的进攻即给出主要产物。

重排生成更稳定的碳正离子，这是重排的驱动力（driving force）。甲基与氢作为迁移基是最常见的重排基团。1,2-迁移（邻位迁移）是最常见的重排（邻位重排）。例：

给电子基取代的烯键加成区域选择性：

$$G-CH=CH_2 + HX \longrightarrow G-\underset{\underset{X}{|}}{C}H-CH_3$$

$G = \ddot{X}, \ddot{O}R, \ddot{N}HR, \ddot{N}R_2$ 具有给电子共轭效应（+C）

连有卤素、氧、氮等取代基的乙烯加成卤化氢遵从马氏规则(区域选择性)。连有烷氧基和胺基的乙烯加成反应活性高于乙烯,而卤代乙烯则低于乙烯。因为烷氧基和胺基具有强大的给电子共轭效应(+C),增加了双键的 π 电子密度,所以更加容易加成。卤原子虽有给电子共轭效应但较弱(重叠较小),吸电子的诱导效应(+I)更强,净结果是吸电子的,所以亲电加成活性低于乙烯。例:

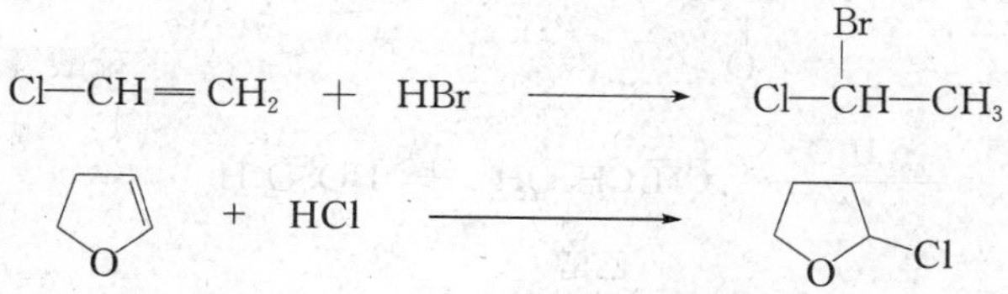

$$Cl-CH=CH_2 + HBr \longrightarrow Cl-CH(Br)-CH_3$$

$$\text{2,5-dihydrofuran} + HCl \longrightarrow \text{2-chlorotetrahydrofuran}$$

加成 HX 的立体化学:

若先加合质子生成游离的碳正离子,卤负离子可从两边进攻,结果导致反式与顺式加成共存,得到混合产物。

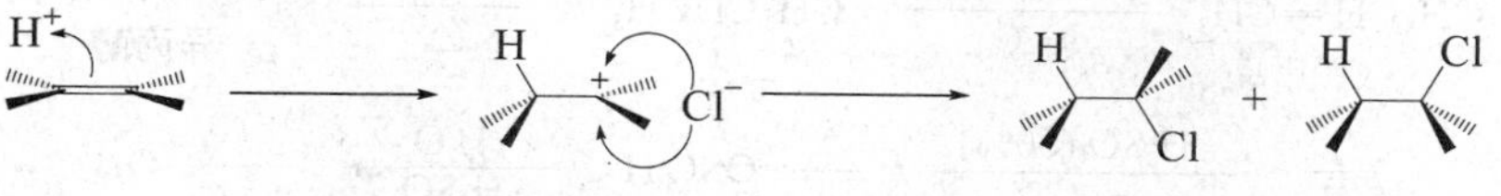

游离碳正离子 → 反式加成 + 顺式加成

事实上,烯键与卤化氢反应是复杂的,动力学实验表明,对 HX 不是一级的。

简单的烯键与 HX 反应,是反式加成。例:

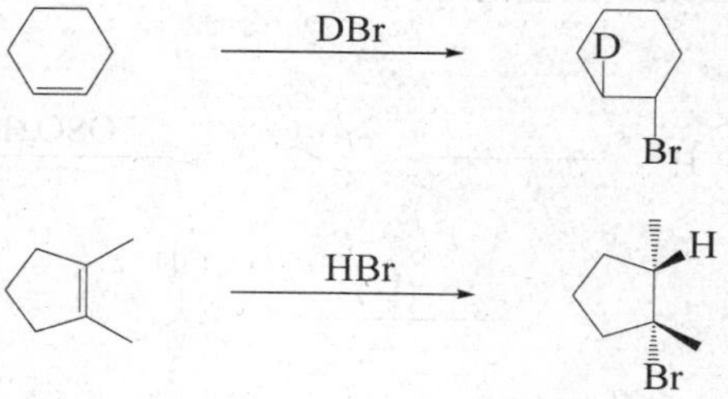

环己烯 + DBr → 反式加成产物

1-甲基环戊烯 + HBr → 反式加成产物

问题 3 完成反应

$$\text{(CH}_3\text{)}_2\text{CHCH}_2\text{CH=CH}_2 \xrightarrow{HCl}$$

$$\text{CH}_3\text{CH}_2\text{CH(CH}_2\text{CH}_3\text{)CH=CH}_2 \xrightarrow{HBr}$$

$$\text{(CH}_3\text{)}_2\text{C=CHCH}_3 \xrightarrow{HI}$$

$$\text{ethylidenecyclohexane} \xrightarrow{HCl}$$

$$\text{1-ethylcyclohexene} \xrightarrow{HBr}$$

$$\text{octahydronaphthalene (1,2,3,4,5,6,7,8-)} \xrightarrow{HBr}$$

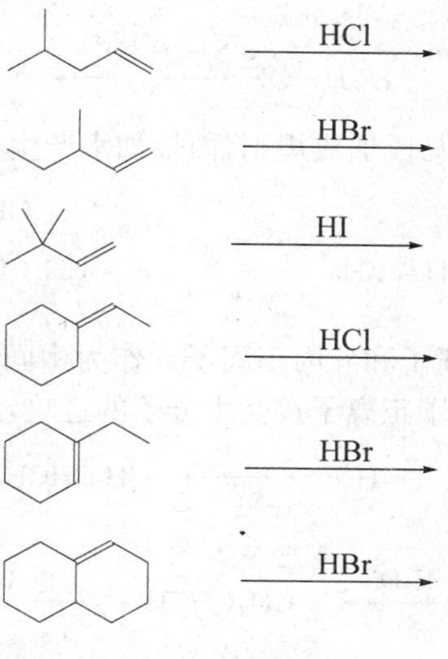

2) 加成硫酸（HOSO₃H）

烯键加成硫酸生成硫酸氢酯，水解产生醇。

合成应用——工业上曾用此法生产乙醇、异丙醇、叔丁醇等。例：

$$H_2C=CH_2 + H-OSO_3H \xrightarrow{H_2SO_4(98\%)} H-CH_2CH_2-OSO_3H$$
硫酸氢乙酯

$$\xrightarrow[\triangle]{H_2O} CH_3CH_2OH + HOSO_3H$$
乙醇

构造不对称的烯键加成硫酸遵守马氏规则，例：

$$CH_3CH=CH_2 \xrightarrow[0℃]{H_2SO_4} CH_3CH(OSO_3H)CH_3 \xrightarrow[\triangle]{H_2O} CH_3CH(OH)CH_3$$
异丙醇

$$(CH_3)_2C=CH_2 \xrightarrow{H_2SO_4(60\%)} (CH_3)_3C-OSO_3H \xrightarrow[-H_2SO_4]{H_2O} (CH_3)_3C-OH$$
叔丁醇

加成产物硫酸氢酯溶于硫酸，借此可用于分离纯化。

问题 4 如何除去环己烷中微量的烯烃？

反应机理：

$$CH_3CH=CH_2 + H^+ \longrightarrow CH_3\overset{+}{C}HCH_3 \xrightarrow{^-OSO_3H} CH_3CH(OSO_3H)CH_3$$

$$\xrightarrow[\triangle]{H_2O} CH_3CH(OH)CH_3$$

3) 加成水等含氧试剂

烯烃在强酸催化下加成水生成醇。常用的催化剂有硫酸、磷酸、对甲苯磺酸（TsOH）、氟硼酸（HBF₄）等。例：

$$H_2C=CH_2 + H-OH \xrightarrow{H_2SO_4} CH_3CH_2OH$$

烯键构造不对称，加成遵守马氏加成规则，丙烯加水产生异丙醇。

$$CH_3CH=CH_2 \xrightarrow[H_2SO_4]{H_2O} CH_3CH(OH)CH_3$$

丙烯质子化产生正丙基正离子和异丙正离子。作为中间体的异丙正离子更稳定，生成得更快更多，由此决定主要产物。碳正离子接受水分子的进攻，消去质子生成最后加成产物醇。

$$CH_3CH=CH_2 + H^+ \longrightarrow CH_3\overset{+}{C}HCH_3 + CH_3CH_2\overset{+}{C}H_2$$

$$CH_3\overset{+}{C}HCH_3 \xrightarrow{H_2O} CH_3CH(\overset{+}{O}H_2)CH_3 \xrightarrow{-H^+} CH_3CH(OH)CH_3$$

例:

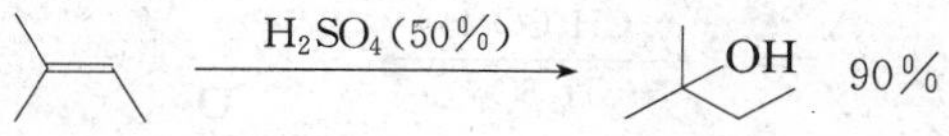

$$\text{(CH}_3)_2\text{C=CH}_2 \xrightarrow{\text{H}_2\text{SO}_4(50\%)} \text{(CH}_3)_3\text{C-OH} \quad 90\%$$

问题 5 完成反应

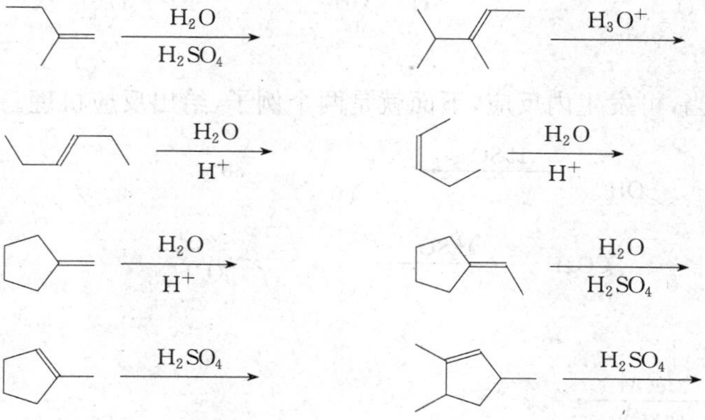

$$\text{CH}_2=\text{C(CH}_3)\text{CH}_2\text{CH}_3 \xrightarrow[\text{H}_2\text{SO}_4]{\text{H}_2\text{O}} \qquad \qquad \xrightarrow{\text{H}_3\text{O}^+}$$

$$\text{(E)-2-pentene} \xrightarrow[\text{H}^+]{\text{H}_2\text{O}} \qquad \qquad \text{(Z)-2-pentene} \xrightarrow[\text{H}^+]{\text{H}_2\text{O}}$$

$$\text{methylenecyclopentane} \xrightarrow[\text{H}^+]{\text{H}_2\text{O}} \qquad \qquad \text{ethylidenecyclopentane} \xrightarrow[\text{H}_2\text{SO}_4]{\text{H}_2\text{O}}$$

$$\text{1-methylcyclopentene} \xrightarrow{\text{H}_2\text{SO}_4} \qquad \qquad \text{3,5-dimethylcyclopentene} \xrightarrow{\text{H}_2\text{SO}_4}$$

碳正离子重排：

经历中间体碳正离子就可能重排。例如叔丁基乙烯在硫酸存在下水化得到异丙基异丙醇，显然重排发生了。

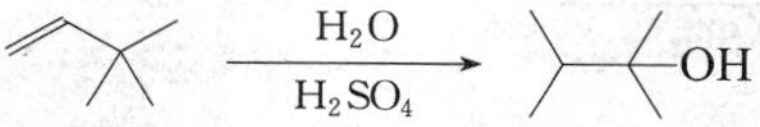

$$(\text{CH}_3)_3\text{C-CH=CH}_2 \xrightarrow[\text{H}_2\text{SO}_4]{\text{H}_2\text{O}} (\text{CH}_3)_2\text{CH-C(CH}_3)_2\text{OH}$$

反应机理：

$$(\text{CH}_3)_3\text{C-CH=CH}_2 \xrightarrow{\text{H}^+} \xrightarrow{\sim \text{CH}_3} \xrightarrow{\text{H}_2\text{O}} \xrightarrow{-\text{H}^+}$$

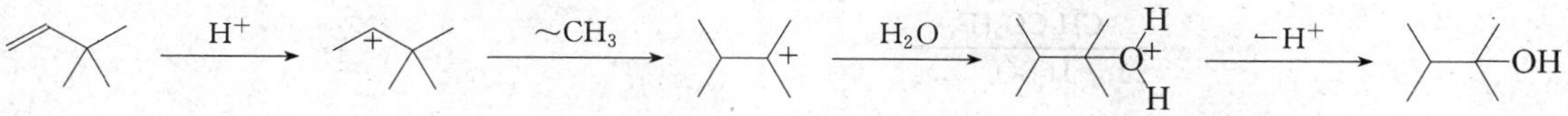

碳正离子重排规律：向着生成更稳定的碳正离子的方向发展。

烯烃酸催化加成醇或酚，生成相应的醚。如异丁烯在硫酸催化下加成甲醇生成甲基叔丁基醚（高辛烷值汽油添加剂 methyl tertiary butyl ether, MTBE, 全球大约五分之一的甲醇用于生产 MTBE）。

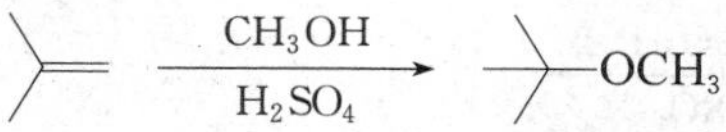

$$(\text{CH}_3)_2\text{C=CH}_2 \xrightarrow[\text{H}_2\text{SO}_4]{\text{CH}_3\text{OH}} (\text{CH}_3)_3\text{C-OCH}_3$$

问题 6 如何制备乙基叔丁基醚（ETBE）？

同样存在重排的可能：

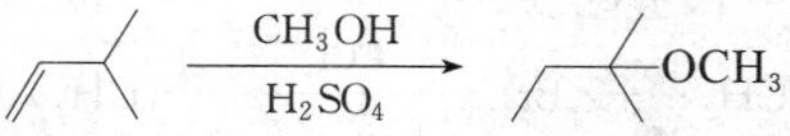

$$(\text{CH}_3)_2\text{CHCH=CH}_2 \xrightarrow[\text{H}_2\text{SO}_4]{\text{CH}_3\text{OH}} (\text{CH}_3)_3\text{C-OCH}_3$$

烯烃酸催化加成羧酸，生成相应的羧酸酯。如异丁烯在硫酸催化下加成乙酸生成乙酸叔丁酯：

$$\text{(CH}_3)_2\text{C=CH}_2 \xrightarrow[\text{H}_2\text{SO}_4]{\text{CH}_3\text{CO}_2\text{H}} \text{t-BuOAc}$$

反应机理：

[机理示意图]

问题 7 建议机理

双官能团分子，位置适当，可发生内反应，下面就是两个例子，给出反应机理。

$$\text{CH}_2\text{=CHCH}_2\text{CH}_2\text{CH}_2\text{OH} \xrightarrow{\text{H}_2\text{SO}_4} \text{2-甲基四氢呋喃} \quad 88\%$$

$$\text{CH}_2\text{=CHCH}_2\text{CH}_2\text{CO}_2\text{H} \xrightarrow{\text{H}_2\text{SO}_4} \gamma\text{-戊内酯}$$

问题 8 完成反应

(1) 氢化茚烯 $\xrightarrow[\text{H}_2\text{SO}_4]{\text{MeOH}}$

氢化茚烯 $\xrightarrow[\text{H}_2\text{SO}_4]{\text{AcOH}}$

(2) 1-甲基环己烯 $\xrightarrow[\text{H}_2\text{SO}_4]{\text{H}_2\text{O}}$

1-甲基环己烯 $\xrightarrow[\text{H}_2\text{SO}_4]{\text{CH}_3\text{OH}}$

1-甲基环己烯 $\xrightarrow[\text{H}_2\text{SO}_4]{\text{CH}_3\text{CO}_2\text{H}}$

(3) 亚甲基环己烷 $\xrightarrow[\text{H}_2\text{SO}_4]{\text{H}_2\text{O}}$

亚甲基环己烷 $\xrightarrow[\text{H}_2\text{SO}_4]{\text{CH}_3\text{OH}}$

亚甲基环己烷 $\xrightarrow[\text{H}_2\text{SO}_4]{\text{CH}_3\text{CO}_2\text{H}}$

4) 加成卤素

烯键加成卤素（X_2）生成邻二卤代烃，例如：

$$\text{H}_2\text{C=CH}_2 + \text{Br}_2 \xrightarrow[\text{r.t.}]{\text{CCl}_4} \text{BrCH}_2\text{CH}_2\text{Br}$$

$$(\text{CH}_3)_2\text{CHCH=CHCH}_3 + \text{Br}_2 \xrightarrow[5℃]{\text{CCl}_4} (\text{CH}_3)_2\text{CHCHBr—CHBrCH}_3 \quad 100\%$$

$$(\text{CH}_3)_3\text{CCH=CH}_2 + \text{Cl}_2 \xrightarrow[5℃]{\text{CCl}_4} (\text{CH}_3)_3\text{CCHClCH}_2\text{Cl} \quad 53\%$$

烯烃与溴反应的相对速度,有以下实验结果:

$CH_2=CH_2$	$CH_2=CHCH_3$	$CH_2=C(CH_3)_2$	$(CH_3)_2C=C(CH_3)_2$
r.r. 1	2	10	14

$CH_2=CHC_6H_5$	$CH_2=CHBr$	$CH_2=CHCO_2H$
3.4	<0.04	<0.03

可以看出,烯键上连有甲基,与溴的反应活性提高,甲基越多活性越高,苯基也是。反之,连有溴(卤素)和羧基,活性降低。大量的实验事实表明,加成卤素等亲电试剂,烯键上连接烷烃基、苯基等给电子基,反应活性增加;而有硝基、羧基等吸电子基,反应活性降低。此即烯键 π 电子密度愈高,亲电加成反应活性愈高。

$$\underset{R}{\overset{R}{>}}C=C\underset{R}{\overset{R}{<}} > \underset{R}{\overset{H}{>}}C=C\underset{R}{\overset{R}{<}} > \underset{H}{\overset{H}{>}}C=C\underset{R}{\overset{R}{<}} > \underset{R}{\overset{H}{>}}C=C\underset{R}{\overset{H}{<}} > \underset{H}{\overset{H}{>}}C=C\underset{R}{\overset{H}{<}} > \underset{H}{\overset{H}{>}}C=C\underset{R}{\overset{H}{<}}$$

$$> \underset{H}{\overset{H}{>}}C=C\underset{H}{\overset{H}{<}} > \underset{H}{\overset{H}{>}}C=C\underset{Cl}{\overset{H}{<}} > \underset{H}{\overset{H}{>}}C=C\underset{CO_2H}{\overset{H}{<}} > \underset{H}{\overset{H}{>}}C=C\underset{NO_2}{\overset{H}{<}}$$

如丙烯酸乙烯酯和 1 摩尔的溴反应,加成发生在电子密度较高的氧乙烯键上。

卤素与烯键的反应是亲电加成。卤素与烯烃分子彼此靠近,受 π 键电子的排斥影响,卤素的成键电子对发生向外偏移,从而使靠里的卤原子荷部分正电荷,可以接受 π 电子的进攻,显示亲电试剂的特性。因此反应中(动态)的卤素是亲电试剂,而其引发的加成也就是亲电加成。

$$\underset{}{\overset{}{>}}C=C\underset{}{\overset{}{<}} \quad \overset{\delta+}{X}—X \quad \longleftarrow \quad X—X$$
electrophile

实验事实:乙烯分别通入溴的水溶液、甲醇溶液和氯化钠水溶液中,除生成 1,2-二溴乙烷外,还分别得到 2-溴乙醇、2-溴乙基甲醚和 1-氯-2-溴乙烷,但通入氯化钠水溶液中,无反应。

$$CH_2=CH_2 + Br_2 \xrightarrow{H_2O} BrCH_2CH_2Br + BrCH_2CH_2OH$$

$$CH_2=CH_2 + Br_2 \xrightarrow{CH_3OH} BrCH_2CH_2Br + BrCH_2CH_2OCH_3$$

$$CH_2=CH_2 + Br_2 \xrightarrow[NaCl]{H_2O} BrCH_2CH_2Br + BrCH_2CH_2Cl$$

$$CH_2=CH_2 + NaCl \xrightarrow{H_2O} 不反应$$

表明乙烯与溴的加成反应是分步进行的,可能有正离子中间体生成。

立体化学:

环己烯与溴的四氯化碳溶液在较低的温度下(5℃)反应,只得到反-1,2 二溴环己烷:

$$\text{环己烯} \xrightarrow[\text{CCl}_4,\ 5\ ^\circ\text{C}]{\text{Br}_2} \text{反式-1,2-二溴环己烷} + \text{反式-1,2-二溴环己烷} \quad 73\% \sim 86\%$$
(±)

仅得到反式加成产物,说明反应是分步进行的,因为溴分子不可能同时从环的两面进攻。
反应机理:

$$\text{环己烯} \xrightarrow[-\text{Br}^-]{\text{Br}-\text{Br}} \text{环溴鎓离子} \xrightarrow{\text{Br}^-} \text{反式产物} + \text{反式产物}$$

双键 π 电子进攻荷部分正电的溴原子,生成中间体环溴正离子(环溴鎓离子)(cyclic bromonium ion),溴负离子必然从溴桥正离子的反面进攻,也就是开环加成,必然导致反式加成产物。

环溴正离子可以认为是邻位溴代碳正离子的稳定进化体,即溴原子借其一对电子给予邻位的正离子碳,形成荷正电的溴杂环丙烷。在这种桥式离子中,正电荷主要集中在溴原子上,溴和碳原子周围都有 8 个外层电子,比开式的 2-溴碳正离子更稳定。

$$\text{环溴鎓离子} > \text{2-溴碳正离子}$$

环溴正离子的形成也可以认为是一种邻基参与现象,即邻位溴原子参与稳定化碳正离子。事实上,碳正离子稳定化需要,邻基就可能参与,形成环状(桥式)正离子,否则就以开式的碳正离子形式存在。这取决于碳正离子和邻位取代基双方的结构。

事实上,凡经历环卤正离子中间体的加成,必然是立体反式的。

问题 9 完成反应

$$\text{1,1-二甲基环戊烯} \xrightarrow{\text{Br}_2} \qquad \text{1,2-二甲基环戊烯} \xrightarrow{\text{Br}_2}$$

$$\text{十氢萘(烯)} \xrightarrow{\text{Br}_2} \qquad \text{茚烯} \xrightarrow{\text{Br}_2}$$

$$\text{1-甲基环戊烯} \xrightarrow{\text{Cl}_2} \qquad \text{双环戊烯} \xrightarrow{\text{Cl}_2}$$

$$\text{亚乙基环己烷} \xrightarrow{\text{Cl}_2} \qquad \text{1-甲基环己烯} \xrightarrow{\text{Br}_2}$$

$$\text{八氢萘烯} \xrightarrow{\text{Br}_2} \qquad \text{降冰片烯} \xrightarrow{\text{Br}_2}$$

简单取代的开链烯烃也是反式加成。例：

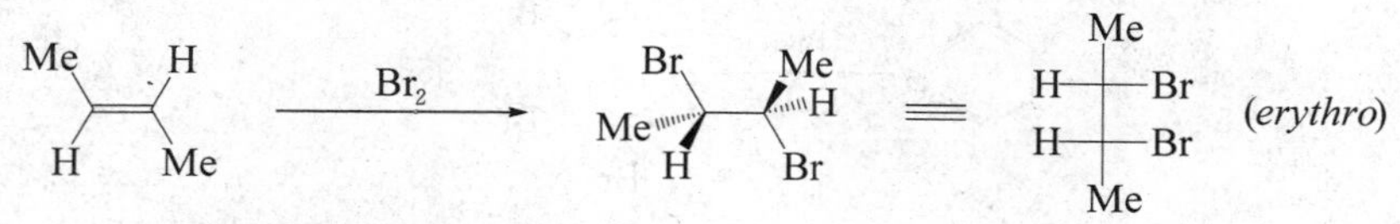

$$\text{cis-2-butene} \xrightarrow{Br_2} \text{(erythro)}$$

反应机理：

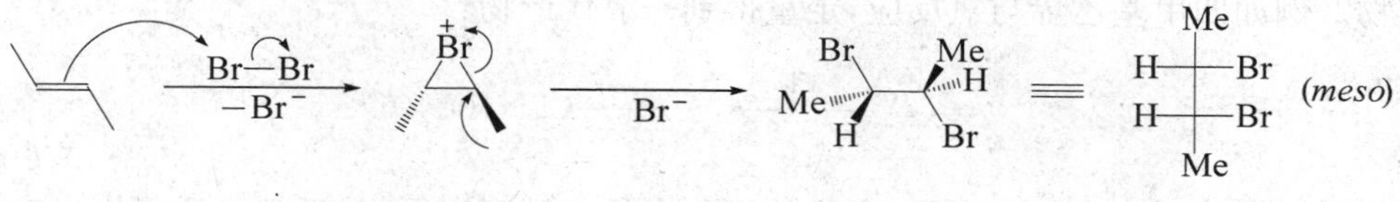

加成规律：反式烯烃-反式加成产生赤式体，构造对称得到内消旋体。

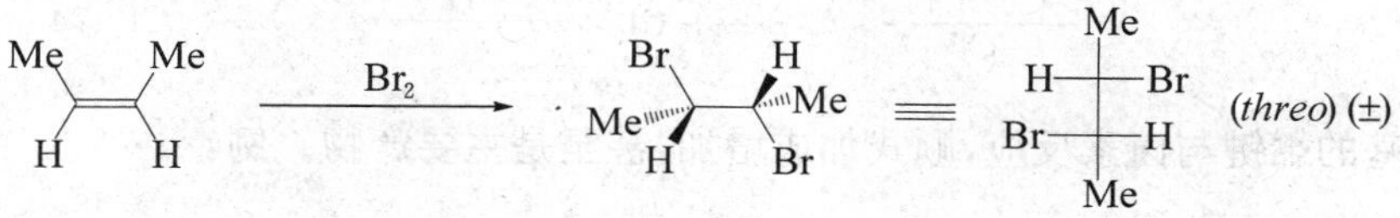

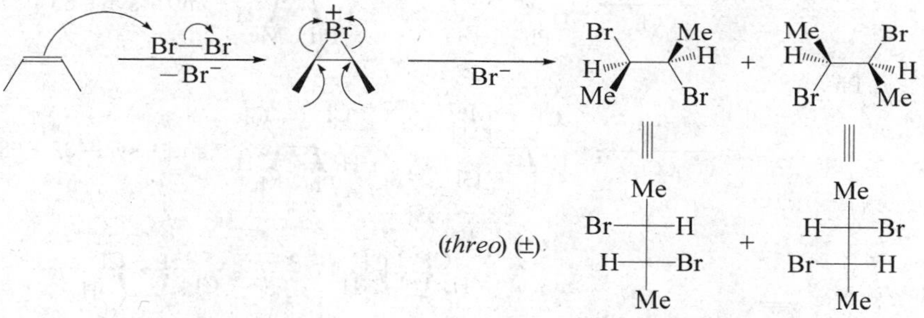

$$\text{trans-2-butene} \xrightarrow{Br_2} \text{(threo) (±)}$$

加成规律：顺式烯烃-反式加成给出苏式体（外消旋体）。

问题10 完成反应

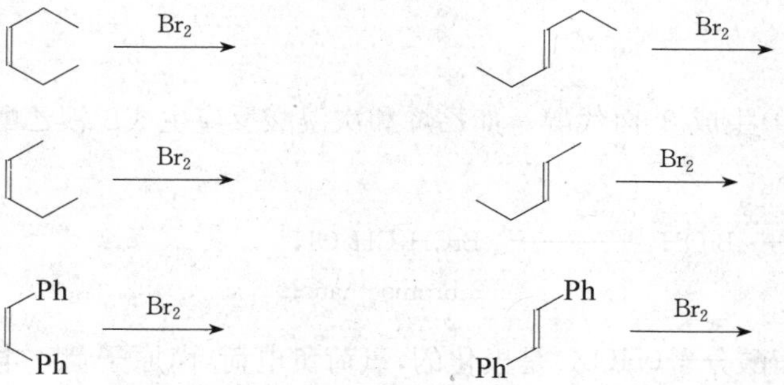

$$\text{环己烯} \xrightarrow{Br_2} \qquad \text{trans-2-己烯} \xrightarrow{Br_2}$$

$$\text{cis-2-戊烯} \xrightarrow{Br_2} \qquad \text{trans-2-戊烯} \xrightarrow{Br_2}$$

$$\text{cis-PhCH=CHPh} \xrightarrow{Br_2} \qquad \text{trans-PhCH=CHPh} \xrightarrow{Br_2}$$

应用：烯烃加成卤素反应用于有机分析、烯烃鉴别、结构推导等。若是鉴别，用烯烃和溴的四氯化碳溶液（5%）作用，现象是红棕色褪去。烯烃加成卤素也用于制备邻二卤代烃。

例：

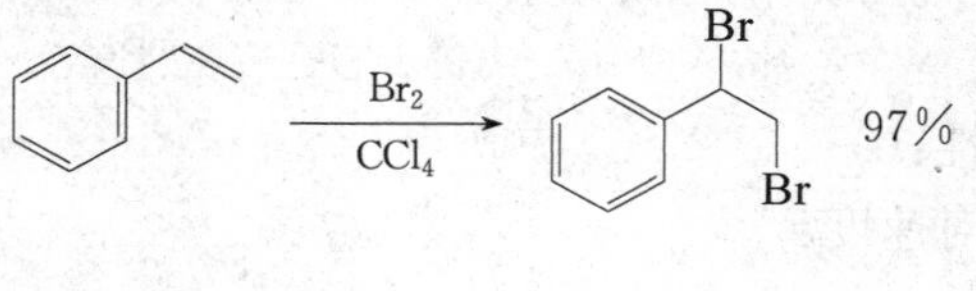

$$\text{PhCH=CH}_2 \xrightarrow[CCl_4]{Br_2} \text{PhCHBrCH}_2\text{Br} \quad 97\%$$

$$\text{CH}_2=\text{CH-CH}_2\text{-CH}_2\text{-CH=CH}_2 \xrightarrow[\text{CCl}_4]{\text{Br}_2} \text{BrCH}_2\text{-CHBr-CH}_2\text{-CH}_2\text{-CHBr-CH}_2\text{Br} \quad 95\%$$

烯烃与卤素的反应,不一定都是邻二卤代烷加成产物,也可能发生能消去、重排等,甚至是主要产物。例如四甲基乙烯与氯反应,定量得到一氯代产物:

$$(\text{CH}_3)_2\text{C}=\text{C}(\text{CH}_3)_2 \xrightarrow{\text{Cl}_2} \text{CH}_2=\text{C}(\text{CH}_3)\text{-C}(\text{CH}_3)_2\text{Cl} \quad 100\%$$

四甲基乙烯接受一个氯正离子,产生特别稳定的叔碳正离子,然后消去质子生成产物。

$$(\text{CH}_3)_2\text{C}=\text{C}(\text{CH}_3)_2 \xrightarrow[-\text{Cl}^-]{\text{Cl-Cl}} (\text{CH}_3)_2\overset{+}{\text{C}}\text{-C}(\text{CH}_3)_2\text{Cl} \xrightarrow{-\text{H}^+} \text{CH}_2=\text{C}(\text{CH}_3)\text{-C}(\text{CH}_3)_2\text{Cl}$$

连有芳基的烯键与卤素反应,顺式加成增加,甚至是主要产物。例:

Ph-CH=CH-Me

$\xrightarrow[\text{CCl}_4]{\text{Br}_2}$ (anti product) + (syn product) anti : syn = 83 : 17

$\xrightarrow[\text{CCl}_4]{\text{Cl}_2}$ (anti product) + (syn product) anti : syn = 32 : 68

菲 $\xrightarrow[\text{AcOH}]{\text{Cl}_2}$ (trans-二氯) 83% + (cis-二氯) 17%

5) 加成次卤酸

烯键加成次卤酸 HOX(X_2/H_2O)生成β-卤代醇。如乙烯和次溴酸反应生成β-溴乙醇(2-溴乙醇)。

$$\text{CH}_2=\text{CH}_2 + \text{BrOH} \longrightarrow \text{BrCH}_2\text{CH}_2\text{OH}$$
$$\text{2-bromoethanol}$$

加成次卤酸的区域选择性:次卤酸分子(HOX)是极化的,氧荷负电荷,卤原子荷正电荷。构造不对称的烯键,卤原子加到含氢较多(荷负电)的双键碳上。例:

$$(\text{CH}_3)_2\text{C}{=}^{\delta^-}\text{CH}_2 \xrightarrow{\overset{\delta^+}{\text{Br}}\text{-OH}} (\text{CH}_3)_2\text{C(OH)-CH}_2\text{Br}$$

加成次卤酸的反应活性:
烯烃与溴水反应的相对速度:

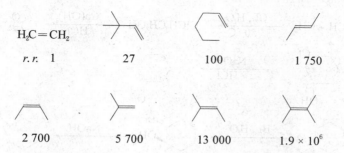

显然,烯键π电子密度愈高,亲电加成反应活性愈高,亦即双键碳上烃基愈多,亲电加成反应愈快。

加次卤酸的立体化学:简单烯键与HOX反应是反式加成。如环己烯与次氯酸反应,仅得到反式的2-氯环己醇。

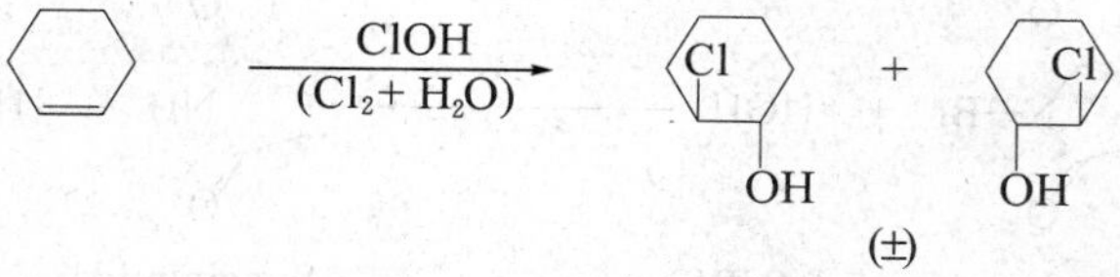

$$\text{环己烯} \xrightarrow[(Cl_2 + H_2O)]{ClOH} \text{反式-2-氯环己醇 (±)}$$

反式的2-氯环己醇生成表明反应经历环氯正离子中间体,然后是水分子作为亲核试剂从反面进攻,导致开环加成,脱质子给出反式产物。

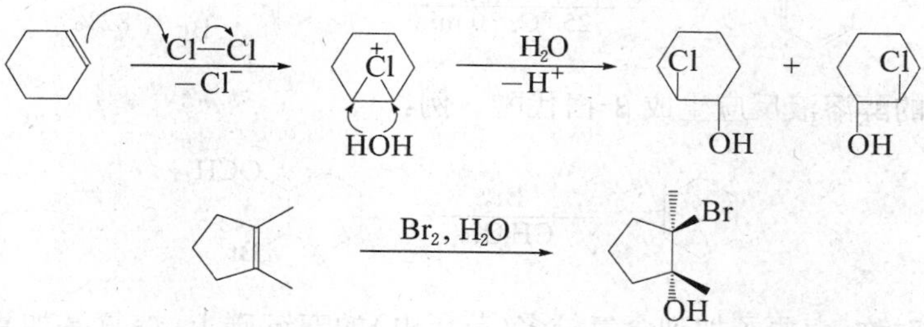

简单开链烯烃与次卤酸反应也是反式加成。反式烯烃加成次卤酸得到赤式体,顺式烯烃则给出苏式体。例:

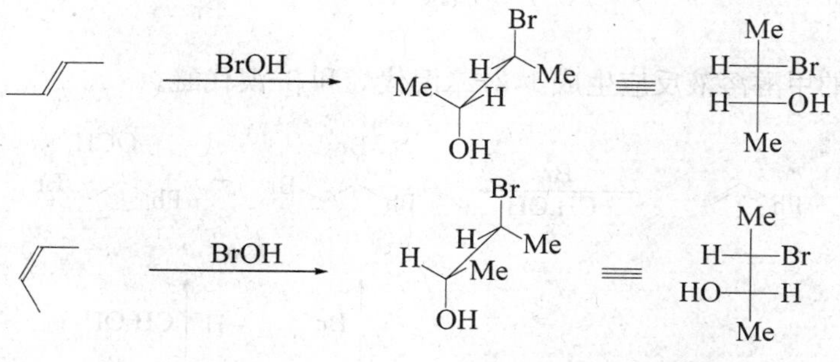

β-卤代醇的应用——制备环氧化物:

β-卤代醇与碱作用,消去一分子卤化氢,产生氧杂环丙烷——环氧化合物。这是制备环氧化物的一种方法。例:

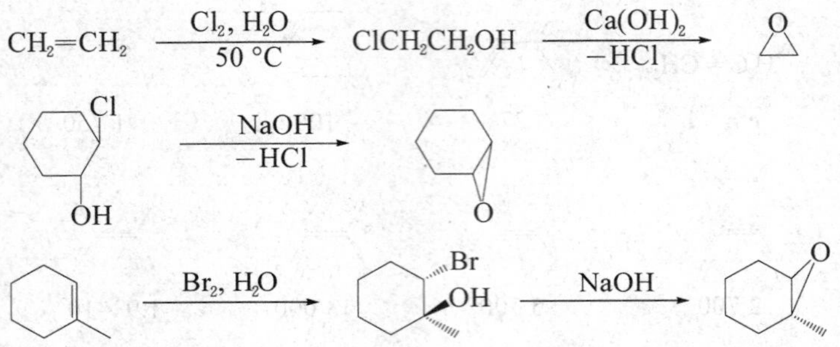

$$CH_2=CH_2 \xrightarrow[50\ ^\circ C]{Cl_2,\ H_2O} ClCH_2CH_2OH \xrightarrow[-HCl]{Ca(OH)_2} \triangle O$$

[环己基 Cl/OH] $\xrightarrow[-HCl]{NaOH}$ [环氧环己烷]

[1-甲基环己烯] $\xrightarrow{Br_2,\ H_2O}$ [环己基 Br/OH/CH₃] $\xrightarrow{NaOH}$ [1-甲基-1,2-环氧环己烷]

次卤酸化的原位产生——N-卤代酰胺：

N-卤代酰胺与水作用原位(in situ)产生次卤酸，这就避免了直接使用不稳定的次卤酸。

$$CH_3CONHBr + H_2O \longrightarrow CH_3CONH_2 + BrOH$$

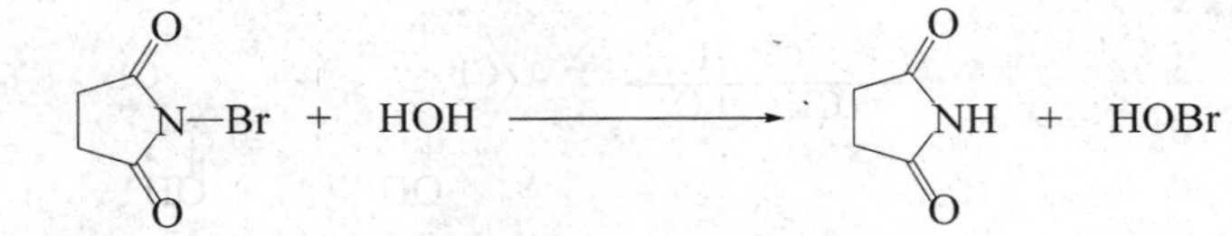

[N-溴代丁二酰亚胺结构] + HOH ⟶ [丁二酰亚胺] + HOBr

N-Bromosuccinimide(NBS)　　　　　　　　　　Succinimide

例：

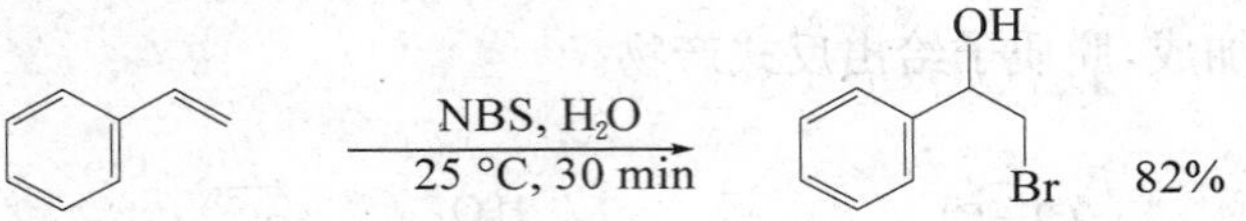

[苯乙烯] $\xrightarrow[25\ ^\circ C,\ 30\ min]{NBS,\ H_2O}$ [PhCH(OH)CH₂Br]　82%

烯烃与卤素的醇溶液反应生成 β-卤代醚。例：

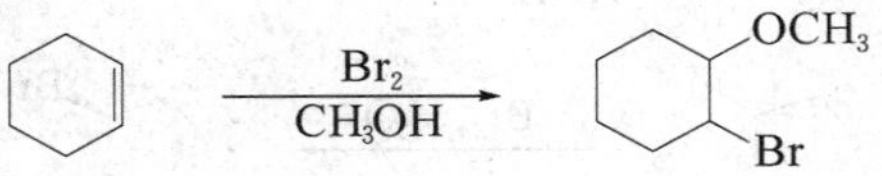

[环己烯] $\xrightarrow[CH_3OH]{Br_2}$ [反-1-甲氧基-2-溴环己烷]

烯键构造不对称，卤原子加到含氢较多(荷负电)的双键碳上，烷氧基加到含氢较少(荷正电)的双键碳上。例：

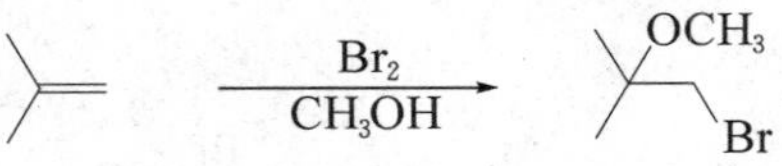

[异丁烯] $\xrightarrow[CH_3OH]{Br_2}$ [(CH₃)₂C(OCH₃)CH₂Br]

苯乙烯与溴的甲醇溶液反应生成 1,2-二溴代烃和 β-溴代醚。

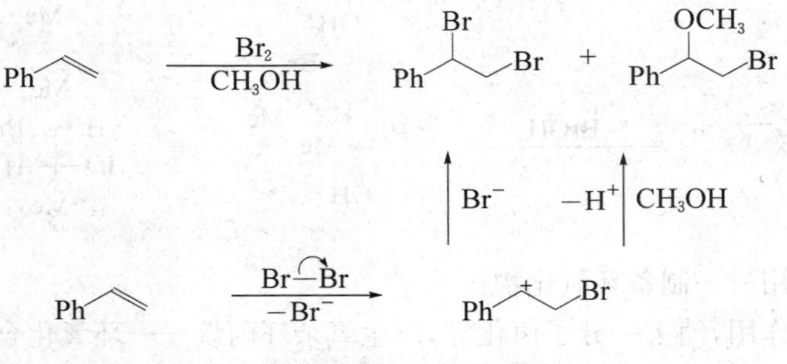

$$Ph-CH=CH_2 \xrightarrow[CH_3OH]{Br_2} PhCHBrCH_2Br + PhCH(OCH_3)CH_2Br$$

$$\uparrow Br^- \quad -H^+ \mid CH_3OH$$

$$Ph-CH=CH_2 \xrightarrow[-Br^-]{Br-Br} Ph\overset{+}{C}HCH_2Br$$

这里，苯甲正离子足够稳定，不需溴参与形成环溴正离子。

不饱和羧酸与卤素反应可能产生内酯卤化产物,如 4-戊烯酸与碘在碳酸氢钠存在下反应生成 5-碘-4-戊内酯:

$$\text{CH}_2=\text{CHCH}_2\text{CH}_2\text{CO}_2\text{H} \xrightarrow[\text{NaHCO}_3]{\text{I}_2} \text{5-碘-4-戊内酯}$$

先形成环碘正离子中间体,然后羧基负离子亲核进攻,开环加成给出碘代内酯:

问题 11 完成反应

$$\text{(八氢萘)} \xrightarrow[\text{H}_2\text{O}]{\text{Br}_2} \qquad \text{(氢化茚)} \xrightarrow[\text{MeOH}]{\text{Br}_2}$$

$$\text{(顺-1,2-二苯乙烯)} \xrightarrow[\text{H}_2\text{O}]{\text{Br}_2} \qquad \text{(反-1,2-二苯乙烯)} \xrightarrow[\text{H}_2\text{O}]{\text{Br}_2}$$

$$\text{(十氢萘)} \xrightarrow[\text{H}_2\text{O}]{\text{Br}_2} \qquad \text{(降冰片烯)} \xrightarrow[\text{MeOH}]{\text{Br}_2}$$

$$\text{(亚甲基环戊烷)} \xrightarrow[\text{H}_2\text{O}]{\text{Br}_2} \qquad \text{(1-甲基环己烯)} \xrightarrow[\text{MeOH}]{\text{Cl}_2}$$

6)加成其他极性试剂

烯键亦可以加成 ICl,IN_3,ClNO(亚硝酰氯),ClHgCl,RSCl 等极性试剂,而且也是反式加成。例:

$$\text{环己烯} \xrightarrow{\text{IN}_3} \text{反式-1-碘-2-叠氮基环己烷}$$

$$\text{环己烯} \xrightarrow{\text{ClNO}} \text{反式-1-氯-2-亚硝基环己烷}$$

$$\text{环己烯} \xrightarrow[\text{AgNCO}]{\text{I}_2} \text{反式-1-碘-2-异氰酸酯基环己烷}$$

区域选择性:遵从马氏加成规则,即极性试剂的正性部分加到负电荷的双键碳上。
例:

$$(\text{CH}_3)_2\text{C}=\text{CH}_2 + \text{ICl} \longrightarrow (\text{CH}_3)_2\text{CCl}-\text{CH}_2\text{I}$$

$$(\text{CH}_3)_2\text{C}=\text{CH}_2 + \text{PhSCl} \longrightarrow (\text{CH}_3)_2\text{CCl}-\text{CH}_2\text{SPh}$$

问题 12 完成反应

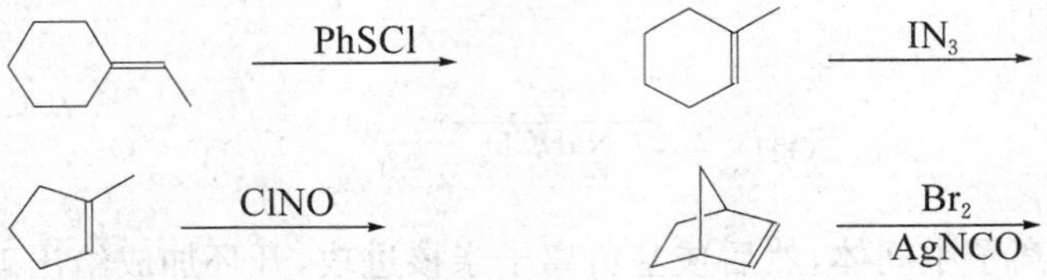

环亚甲基环己烷 $\xrightarrow{\text{PhSCl}}$ 环己烯 $\xrightarrow{\text{IN}_3}$

1-甲基环戊烯 $\xrightarrow{\text{ClNO}}$ 降冰片烯 $\xrightarrow[\text{AgNCO}]{\text{Br}_2}$

7) 氧汞化反应

烯键与乙酸汞 $Hg(OAc)_2$ 的水溶液反应,生成羟基汞化物(organomercury compound),再经还原(常用还原剂硼氢化钠 $NaBH_4$)去汞生成醇,此即羟汞化-去汞反应(oxymercuration-demercuration)。例:

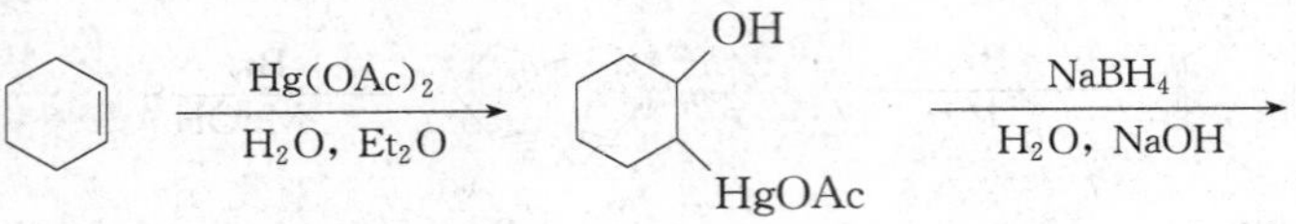

环己烯 $\xrightarrow[\text{H}_2\text{O, Et}_2\text{O}]{\text{Hg(OAc)}_2}$ 2-羟基环己基乙酸汞 $\xrightarrow[\text{H}_2\text{O, NaOH}]{\text{NaBH}_4}$ 环己醇

加成的区域选择性:羟汞化反应遵守马氏加成规则,汞加到含氢较多的双键碳上。

例:

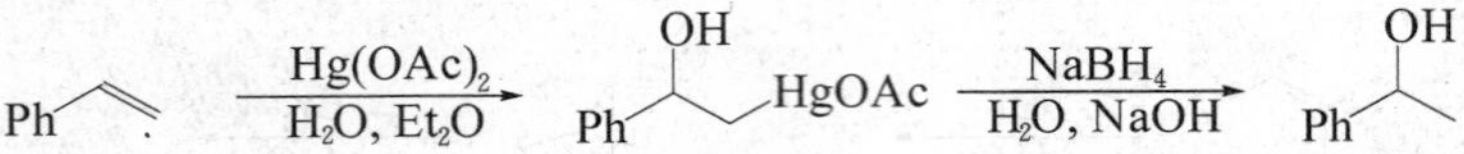

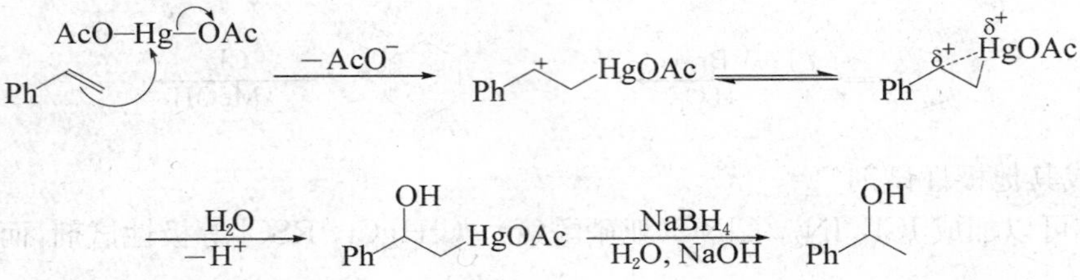

$PhCH=CH_2 \xrightarrow[\text{H}_2\text{O, Et}_2\text{O}]{\text{Hg(OAc)}_2}$ Ph-CH(OH)-CH$_2$HgOAc $\xrightarrow[\text{H}_2\text{O, NaOH}]{\text{NaBH}_4}$ Ph-CH(OH)-CH$_3$

$AcO-Hg-OAc + PhCH=CH_2 \xrightarrow{-AcO^-}$ Ph-CH$^+$-CH$_2$HgOAc $\rightleftharpoons$ Ph-CH(δ+)⋯CH$_2$(δ+)⋯HgOAc (环状汞鎓离子)

$\xrightarrow[-\text{H}^+]{\text{H}_2\text{O}}$ Ph-CH(OH)-CH$_2$HgOAc $\xrightarrow[\text{H}_2\text{O, NaOH}]{\text{NaBH}_4}$ Ph-CH(OH)-CH$_3$

因此,净结果相当于烯键水合(马氏加成),是实验室制备醇的好方法。

例:

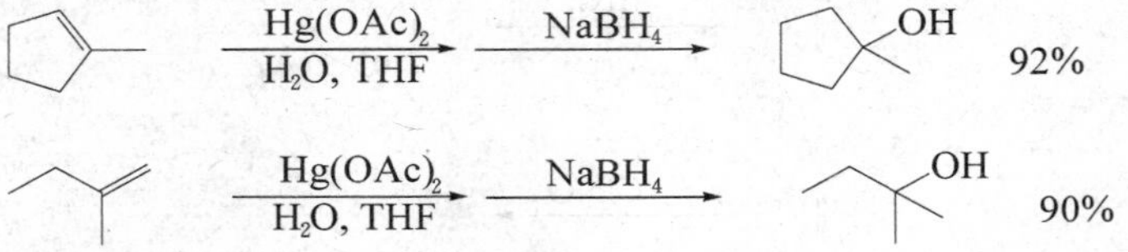

1-甲基环戊烯 $\xrightarrow[\text{H}_2\text{O, THF}]{\text{Hg(OAc)}_2} \xrightarrow{\text{NaBH}_4}$ 1-甲基环戊醇 92%

异丁烯 $\xrightarrow[\text{H}_2\text{O, THF}]{\text{Hg(OAc)}_2} \xrightarrow{\text{NaBH}_4}$ 叔丁醇 90%

问题 13 完成反应

环己烯 $\xrightarrow[\text{ii NaBH}_4]{\text{i Hg(OAc)}_2, \text{H}_2\text{O}}$

亚甲基环己烷 $\xrightarrow[\text{ii NaBH}_4]{\text{i Hg(OAc)}_2, \text{H}_2\text{O}}$

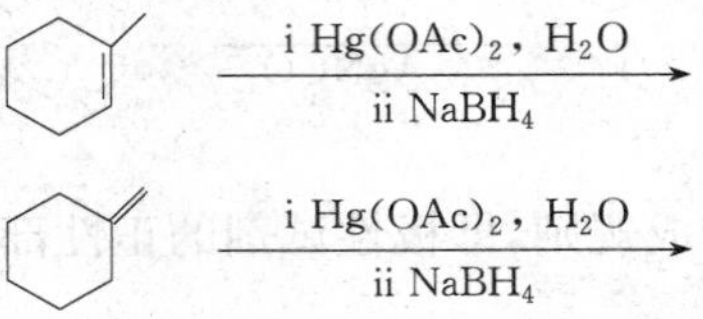

烷氧汞化反应:

烯键与乙酸汞在醇溶液中发生烷氧汞化,还原去汞生成醚。例:

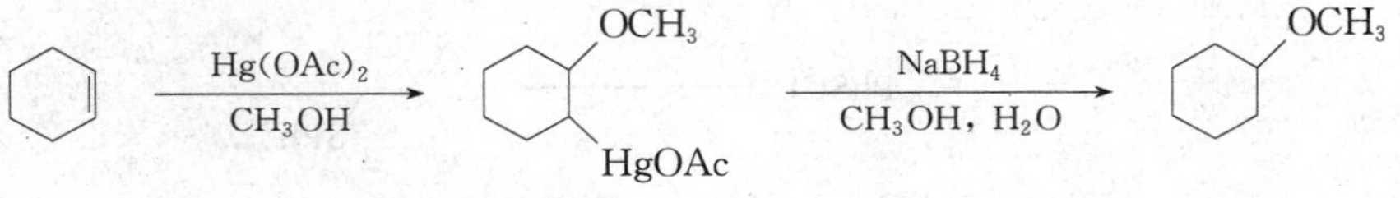

环己烯 $\xrightarrow[\text{CH}_3\text{OH}]{\text{Hg(OAc)}_2}$ 2-甲氧基环己基乙酸汞 $\xrightarrow[\text{CH}_3\text{OH, H}_2\text{O}]{\text{NaBH}_4}$ 甲氧基环己烷

烷氧汞化反应可用于合成醚。例：

$$\text{(CH}_3\text{)}_3\text{C-CH=CH}_2 \xrightarrow[\text{ii NaBH}_4]{\text{i Hg(OAc)}_2,\text{ MeOH}} \text{(CH}_3\text{)}_3\text{C-CH(OCH}_3\text{)-CH}_3 \quad 83\%$$

若用叔醇合成醚，应用三氟乙酸汞较好。例：

$$\text{环己烯} \xrightarrow[\text{Me}_3\text{COH}]{\text{Hg(OCCF}_3\text{)}_2} \xrightarrow{\text{NaBH}_4} \text{环己基-O-C(CH}_3\text{)}_3 \quad 95\%$$

问题 14 完成反应

$$\text{环己烯类} \xrightarrow{\text{i Hg(OAc)}_2,\text{ H}_2\text{O/THF}}$$

$$\text{烯-OH} \xrightarrow[\text{ii NaBH}_4,\text{ NaOH}]{\text{i Hg(OAc)}_2,\text{ H}_2\text{O/THF}}$$

$$\text{烯-OH} \xrightarrow[\text{ii NaBH}_4,\text{ NaOH}]{\text{i Hg(OAc)}_2,\text{ H}_2\text{O/THF}}$$

8) 硼氢化反应 Brown Hydroboration

烯键与硼烷（甲硼烷 BH_3、乙硼烷 B_2H_6）反应生成烷基硼（BR_3）(trialkyl borane, organoboron compound)，称为 Brown 硼氢化反应 (Herbert C. Brown, 1950's)。如乙烯、2-丁烯和环己烯分别与甲硼烷反应，分别生成三乙基硼、三仲丁基硼和三环己基硼：

$$H_2C=CH_2 + BH_3 \xrightarrow{\text{THF}} B(CH_2CH_3)_3$$

$$CH_3CH=CHCH_3 + BH_3 \xrightarrow{\text{THF}} (CH_3CH_2CH(CH_3))_3B$$

$$\text{环己烯} + BH_3 \xrightarrow{\text{THF}} (\text{环己基})_3B$$

烷基硼的一个重要反应是碱性过氧化氢氧化成硼酸酯（trialkyl borate），接着水解生成醇：

$$R_3B + 3HOOH \xrightarrow[\text{oxidation}]{HO^-} (RO)_3B + 3HOH$$

$$\sim R(C-B \rightarrow C-OB)$$

trialkyl borane　　　　　　　　　　　　　trialkyl borate

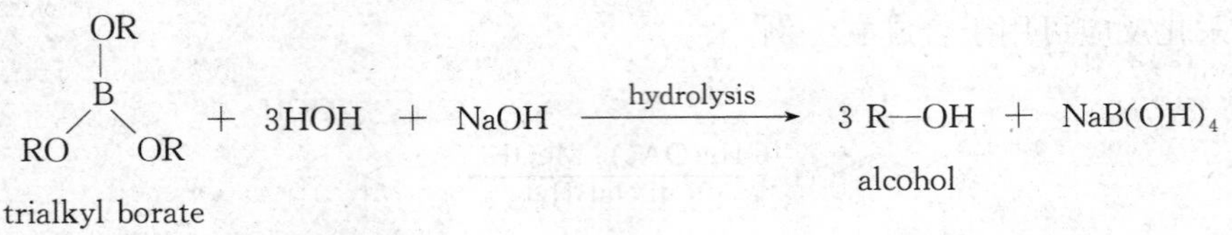

$$\text{(RO)}_3\text{B} + 3\text{HOH} + \text{NaOH} \xrightarrow{\text{hydrolysis}} 3\,\text{R—OH} + \text{NaB(OH)}_4$$

trialkyl borate → alcohol

烯烃的硼氢化是合成醇的重要方法。

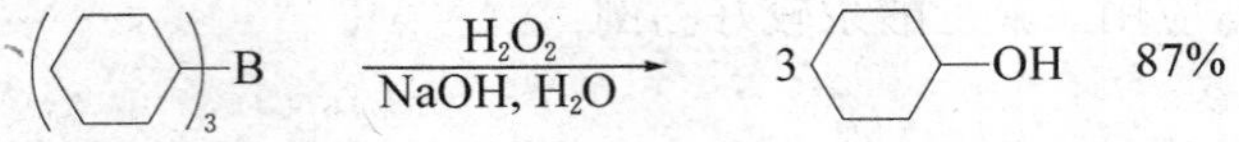

$$(\text{C}_6\text{H}_{11})_3\text{B} \xrightarrow[\text{NaOH, H}_2\text{O}]{\text{H}_2\text{O}_2} 3\,\text{C}_6\text{H}_{11}\text{OH} \quad 87\%$$

硼氢化的区域选择性与立体化学：

构造不对称烯键的硼氢化,是立体专一性的反马氏顺式加成。如 1-甲基环己烯经硼氢化-氧化水解仅得到反-2-甲基环己醇。

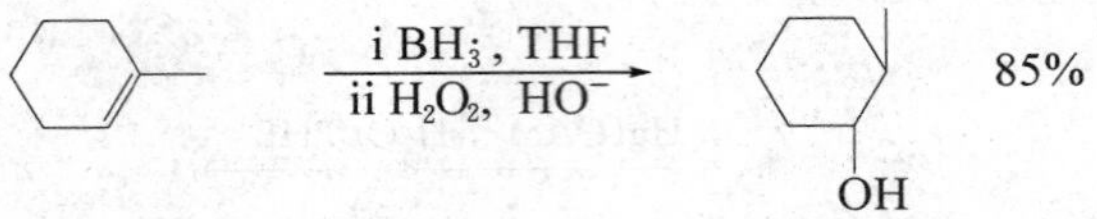

1-甲基环己烯 $\xrightarrow[\text{ii }H_2O_2,\ HO^-]{\text{i }BH_3,\ THF}$ 反-2-甲基环己醇 85%

电子效应：硼是亲电的,加到荷负电的双键碳上。**立体效应**：硼加到含氢较多的双键碳上空间有利。

四员环过渡态(transition state,TS)决定了硼氢化的加成方式——专一性的顺式加成。

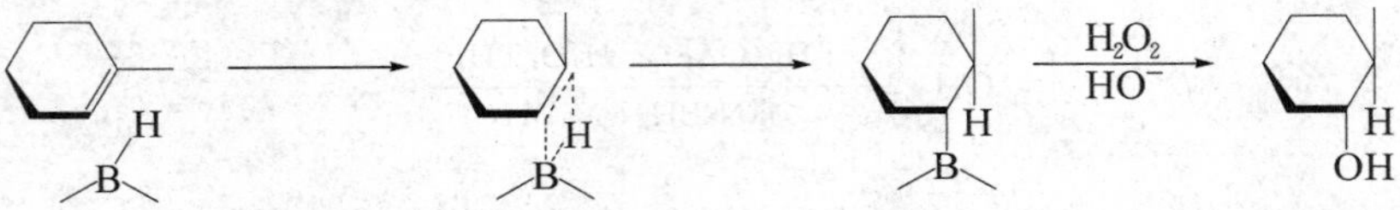

四元环TS　　顺式加成　　顺式加成

例：

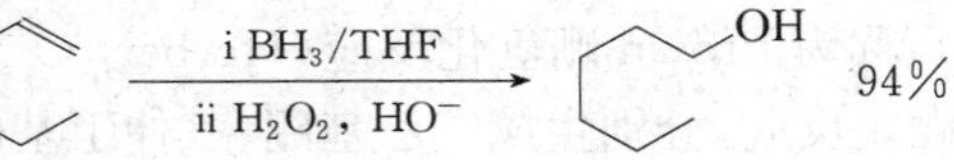

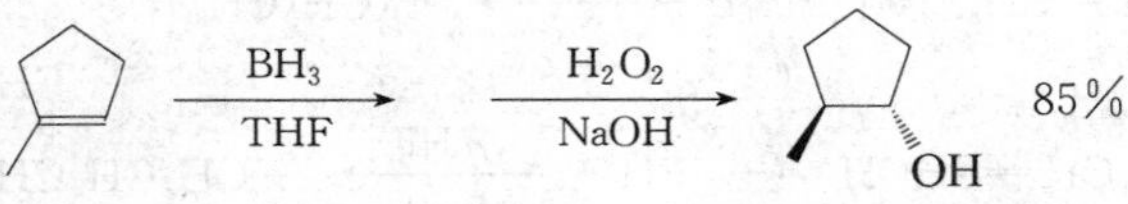

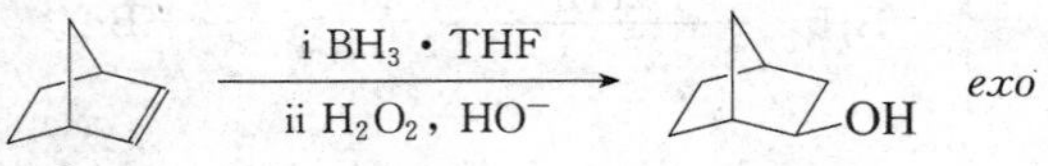

1-己烯 $\xrightarrow[\text{ii }H_2O_2,\ HO^-]{\text{i }BH_3/THF}$ 正己醇 94%

1-甲基环戊烯 $\xrightarrow{\text{BH}_3/\text{THF}} \xrightarrow{\text{H}_2\text{O}_2/\text{NaOH}}$ 反-2-甲基环戊醇 85%

降冰片烯 $\xrightarrow[\text{ii }H_2O_2,\ HO^-]{\text{i }BH_3\cdot THF}$ 外式-降冰片醇 *exo*

降菠烯硼氢化发生在位阻较小的一面,所以主要是外式醇。

位阻大的烯键硼氢化可得到二烷基或一烷基硼：

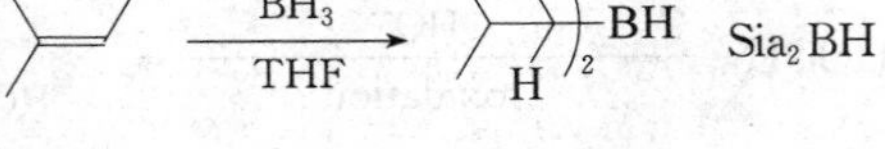

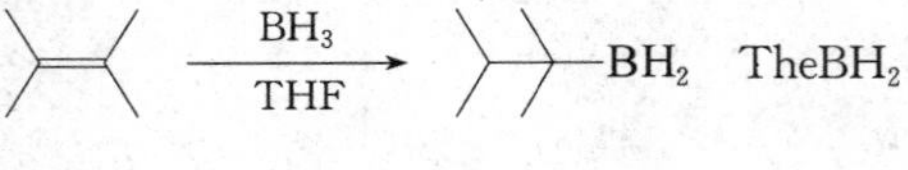

$$(\text{CH}_3)_2\text{C}=\text{CHCH}_3 \xrightarrow{\text{BH}_3/\text{THF}} [(\text{CH}_3)_2\text{CH-CH(CH}_3)]_2\text{BH} \quad \text{Sia}_2\text{BH}$$

$$(\text{CH}_3)_2\text{C}=\text{C(CH}_3)_2 \xrightarrow{\text{BH}_3/\text{THF}} (\text{CH}_3)_2\text{CH-C(CH}_3)_2\text{BH}_2 \quad \text{ThexBH}_2$$

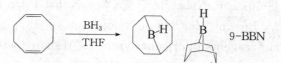

这些都是选择性很高的硼烷试剂。
不同硼氢化试剂的加成区域选择性比较：

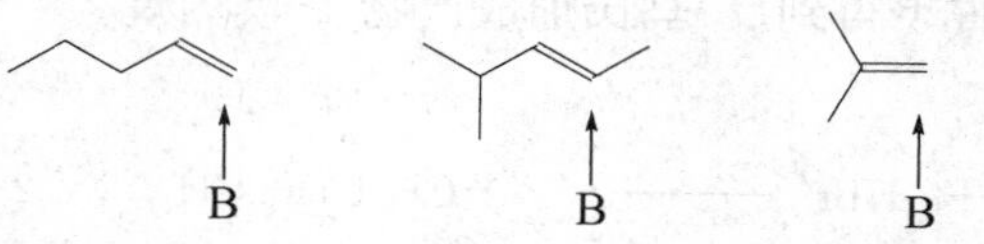

BH₃ 94%	57%	99%
Sia₂BH 99%	97%	

显然，大体积硼氢化试剂的加成区域选择性更高，这在合成上是非常有意义的。例：

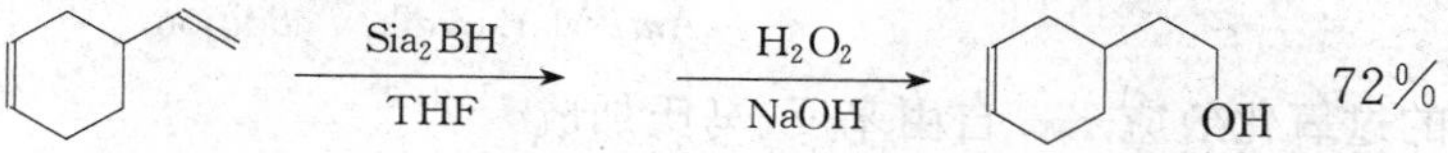

3,3-二甲基-1-丁烯的酸水合、羟汞化与硼氢化反应比较：

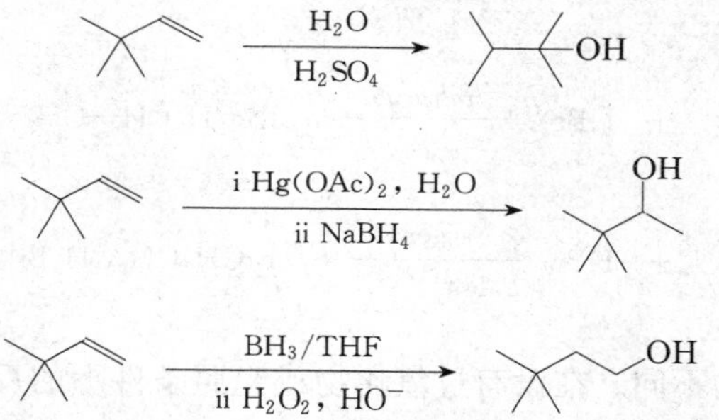

酸水合导致重排产物，而羟汞化与硼氢化都没有重排的问题，但羟汞化生成仲醇，而硼氢化氧化水解则产生伯醇。因而硼氢化反应在合成醇方面有特殊的用途。

问题 15 完成反应

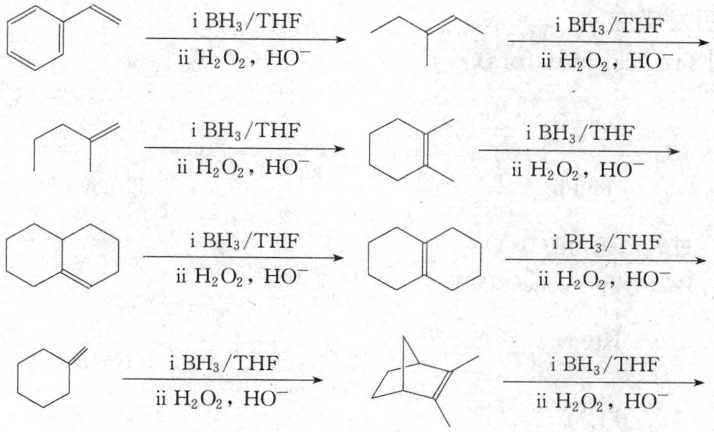

H. C. Brown 教授(1912—2004，Purdue University，USA)由于在硼氢化反应及其在有

机合成中应用研究荣获 1979 年 Nobel 化学奖（The Nobel Prize in Chemistry 1979 was awarded to Herbert C. Brown "for the development of the use of boron-containing compounds into important reagents in organic synthesis"）（shared with Georg Wittig）。

2. 自由基加成

由自由基引发、经历自由基中间体的加成反应称为自由基加成（free radical addition）。

丙烯与溴化氢（HBr）反应，在没有过氧化物或光照条件下得到马氏加成产物 2-溴丙烷，而在有过氧化物或光照条件下得到反-马氏加成产物 1-溴丙烷。

$$CH_3CH=CH_2 + HBr \longrightarrow CH_3\underset{|}{C}H-CH_2 \quad \text{2-bromopropane}$$
$$\text{(Br, H)} $$
Markovnikov addition

$$CH_3CH=CH_2 + HBr \xrightarrow{ROOR} CH_3CH-CH_2 \quad \text{1-bromopropane}$$
$$\text{(H, Br)}$$
Anti-Markovnikov addition

加成溴化氢的过氧化效应——自由基反-马氏加成

构造不对称的烯键在过氧化物存在下反-马氏加成溴化氢——过氧化物效应（peroxide effect, Kharasch effect）（Morris S. Kharasch, 1933）。例：

$$BrCH_2CH=CH_2 + HBr \xrightarrow{in\ vacuo} BrCH_2\underset{|}{C}H-CH_3 \quad \text{1,2-dibromopropane}$$
$$\text{Br}$$
65%～85%

$$BrCH_2CH=CH_2 + HBr \xrightarrow{air\ or\ O_2} BrCH_2CH_2CH_2Br \quad \text{1,3-dibromopropane}$$
87%

这显然是反应机理的不同。在没有过氧化物或光照条件下的反应是亲电加成，遵守马氏加成规则，产物是 1,2-二溴丙烷，而在有空气或氧（过氧化物）或光照条件下是自由基反应，不服从马氏加成规则，得到的是 1,3-二溴丙烷。

过氧化物如二叔丁基过氧化物（t-BuOOBu-t）、过氧化苯甲酰（benzoyl peroxide, BPO, Bz_2O_2）、偶氮二异丁腈（AIBN）等是自由基反应引发剂（radical initiators），可在较温和条件下产生自由基，由此引发反应。

自由基引发剂（radical initiators）：

$$\underset{Ph\ Ph}{O=\overset{O-O}{C-C}=O} \xrightarrow[\Delta G = 139\ kJ/mol]{60℃～80℃} \underset{Ph\ Ph}{O=\overset{O^{\cdot}\ \cdot O}{C\ \ \ \ C}=O}$$

过氧化苯甲酰（Bz_2O_2）
Benzoyl peroxide（BPO）

$$\underset{CN\ NC}{\overset{N=N}{\diagup\ \ \diagdown}} \xrightarrow[\Delta G = 131\ kJ/mol]{66℃～72℃} \underset{CN\ \ \ \ \ \ \ \ CN}{\cdot\ \ \ \ N\equiv N\ \ \ \ \cdot}$$

Azoisobutyronitrile
偶氮二异丁腈（AIBN）

光照、过氧化物等都是自由基反应的条件。

自由基链反应机理（radical chain reaction mechanism）

自由基链反应经历三个阶段：自由基引发、自由基链增长（传播）和自由基链终止。

自由基引发（radical initiation）：在一定条件下，化学键均裂产生自由基。

$$PhCO-OCPh \xrightarrow{\triangle} PhCO· \longrightarrow Ph· + CO_2$$
$$Ph· + H-Br \longrightarrow PhH + Br·$$

链增长（chain propagation）：溴自由基与烯丙基溴反应生成两种碳自由基（仲和伯），再和溴化氢反应，给出加成产物1,2-二溴丙烷和1,3-二溴丙烷，同时产生新的溴自由基，从而可以连续循环反应。此即自由基反应的链增长阶段。

$$BrCH_2CH=CH_2 + Br· \longrightarrow BrCH_2\overset{·}{C}HCH_2Br + BrCH_2CH\overset{Br}{\overset{|}{\overset{·}{C}}}H_2$$

$$BrCH_2\overset{·}{C}HCH_2Br + H-Br \longrightarrow BrCH_2\overset{H}{\overset{|}{C}}\overset{Br}{\overset{|}{}}CH_2 + Br·$$

$$BrCH_2\overset{Br}{\overset{|}{C}}\overset{·}{C}H_2 + H-Br \longrightarrow BrCH_2\overset{Br}{\overset{|}{C}}\overset{H}{\overset{|}{}}CH_2 + Br·$$

反应的主要产物由更稳定的碳自由基决定。碳自由基的稳定性是，仲碳自由基比伯仲碳自由基更稳定，所以主要产物是1,3-二溴丙烷。

$$BrCH_2\overset{·}{C}HCH_2Br > BrCH_2CH\overset{Br}{\overset{|}{\overset{·}{C}}}H_2$$

链终止（chain termination）：自由基自相结合将终止自由基的链传播。

$$Br· + Br· \longrightarrow Br-Br$$

$$BrCH_2\overset{·}{C}HCH_2Br + Br· \longrightarrow BrCH_2\overset{Br}{\overset{|}{C}}HCH_2Br$$

$$BrCH_2\overset{·}{C}H\overset{}{\underset{CH_2Br}{|}} + \overset{·}{C}HCH_2Br\overset{}{\underset{CH_2Br}{|}} \longrightarrow BrCH_2\overset{CH_2Br}{\overset{|}{C}}H-CH\overset{}{\underset{CH_2Br}{|}}CH_2Br$$

异丁烯加成溴化氢得到马氏加成产物叔丁基溴，而在过氧化物存在下则是反-马氏加成给出异丁基溴，这就是过氧化物效应。烯丙基氯在过氧化苯甲酰存在下与溴化氢反应也存在过氧化物效应，主要产物是反-马氏加成的1-氯-3-溴丙烷。

$$ClCH_2CH=CH_2 \xrightarrow[Bz_2O_2]{HBr} ClCH_2CH_2CH_2Br \quad 85\%$$

氢醌(对苯二酚)、二苯胺等是自由基反应抑制剂(free radical inhibitors),由于生成稳定的自由基,从而阻止(切断)了自由基链增长(传播)。此种情况下可能发生马氏加成。

热力学数据(键能)表明,加成氟化氢、氯化氢和碘化氢均无过氧化物效应,只有溴化氢才有。

自由基链反应增长第一步,卤原子自由基进攻碳-碳双键,开裂一个 π 键($\Delta E_\pi = 610 - 346 = 264$ kJ/mol),生成一个碳-卤键(C-X)。第二步,碳自由基进攻另一卤化氢分子的氢原子,断裂一个氢-卤键(H-X),形成一个碳-氢键($\Delta E_{C-H} = 414$ kJ/mol)。只有这两步反应都是放热的,自由基链才能传播下去。如果其中一步是放热,另一步是吸热的,即使两步总和能量变化是放热的,整个反应也不能发生。两步及总反应的能量变化见表3-2。

烯键加成 HX 链增长:

$$X^\cdot + \text{C=C} \xrightarrow{i} X-C-C$$

$$X-C-C + H-X \xrightarrow{ii} H-C-C-H + X^\cdot$$

表3-2 烯键加成 HX 链增长的能量变化 (kJ/mol)

HX	ΔE_{HX}	ΔE_{CX}	ΔE_i	ΔE_{ii}	Total
HF	565	485	−221.0	+151.0	−70.0
HCl	431	339	−75.0	+17.0	−58.0
HBr	363	285	−21.0	−51.0	−72.0
HI	298	218	+46.0	−116.0	−70.0

由表可知,烯键加成卤化氢的自由基两步增长反应总和都是放热的。但氟化氢、氯化氢与碘化氢,其中都有一步是吸热的,只有溴化氢的两步都是放热的。因此,只有加成溴化氢的自由基链增长反应能够顺利进行。氟化氢与氯化氢的键能都较高(565 kJ/mol 和 431 kJ/mol),所以第二步是吸热的,即不易均裂产生氟、氯自由基。碘化氢的键能低(298 kJ/mol),第二步是放热的,即易均裂产生碘自由基,但碳-碘键能低(218 kJ/mol),生成碳-碘键所放出的能量不足以补偿断裂 π 键所消耗的能量,因此第一步是吸热的,即碘自由基不易与碳-碳双键反应(活化能高),且易自相结合,使得自由基链难以传播下去。所以,烯键与氟化氢、氯化氢或碘化氢反应,都不能以自由基的形式加成,故都没有过氧化物效应,只有加成溴化氢才有过氧化物效应。

过氧化物效应是重要的发现,对于有机化学、自由基化学与高分子化学等具有重要意义,在高分子合成中得到广泛应用。

在自由基反应条件下烯烃还可以和硫醇、醛、多卤代烷、活性亚甲基化合物如丙二酸酯、乙酰乙酸酯、卤代乙酸酯等化合物反应,在有机合成中有重要应用。

例1

$$\text{环己烯} \xrightarrow[\text{Bz}_2\text{O}_2]{\text{CH}_3\text{CH}_2\text{SH}} \text{环己基-S-乙基}$$

反应机理:

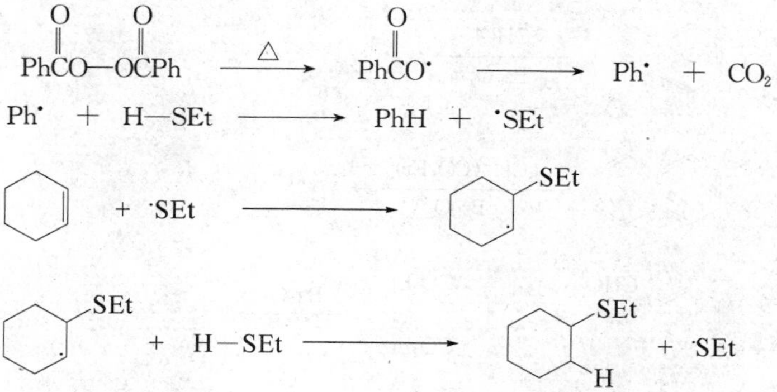

$$PhCO-OCPh \xrightarrow{\Delta} PhCO\cdot \longrightarrow Ph\cdot + CO_2$$

$$Ph\cdot + H-SEt \longrightarrow PhH + \cdot SEt$$

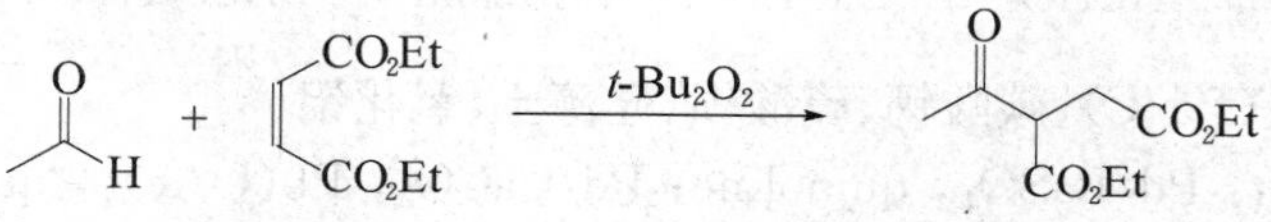

环己烯 + ·SEt ⟶ 环己基-SEt

环己烯基-SEt + H—SEt ⟶ 环己烷(SEt)(H) + ·SEt

例 2

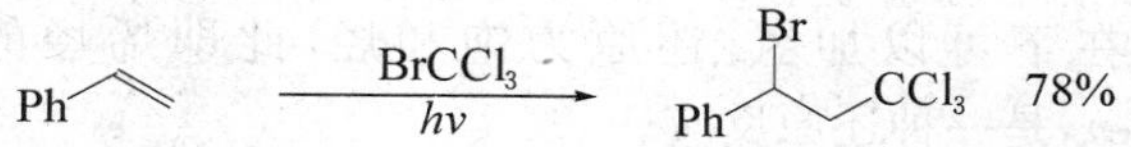

$$Ph-CH=CH_2 \xrightarrow[h\nu]{BrCCl_3} Ph-CHBr-CH_2CCl_3 \quad 78\%$$

反应机理：

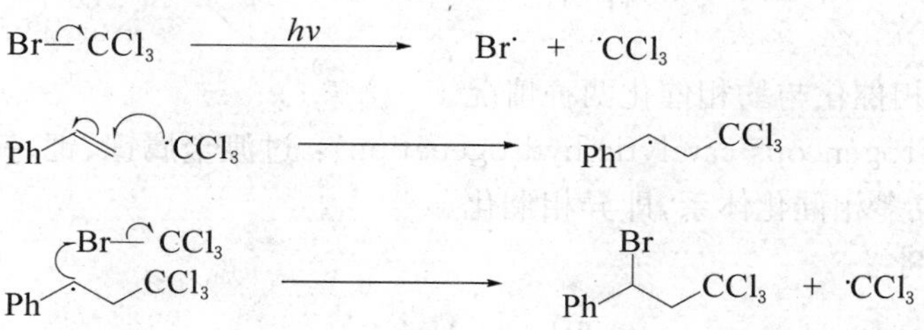

$$Br-CCl_3 \xrightarrow{h\nu} Br\cdot + \cdot CCl_3$$

$$Ph-CH=CH_2 + \cdot CCl_3 \longrightarrow Ph-\dot{C}H-CH_2CCl_3$$

$$Ph-\dot{C}H-CH_2CCl_3 + Br-CCl_3 \longrightarrow Ph-CHBr-CH_2CCl_3 + \cdot CCl_3$$

例 3

$$CH_3CHO + \underset{CO_2Et}{\overset{CO_2Et}{>}}C=C< \xrightarrow{t\text{-}Bu_2O_2} CH_3COCH(CO_2Et)CH_2CO_2Et$$

例 4

辛烯 + $BrCH_2CO_2Et$ $\xrightarrow{Bz_2O_2}$ 产物（Br取代 CH₂CO₂Et加成）

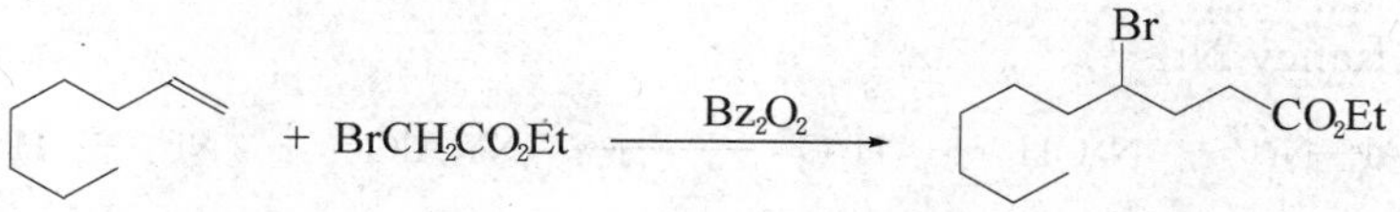

例 5

$$EtOC(CH_2)_8CH=CH_2 + CH_2(CO_2Et)_2 \xrightarrow[145-150℃]{Bz_2O_2} EtOC(CH_2)_8CH_2CH_2CH(CO_2Et)_2$$

ω十一碳烯酸乙酯   香料中间体十三碳二酸前体

这里，烯烃作为烷基化剂，与羧酸酯反应，实现碳链增长，在有机合成中有特殊用途。

问题 16 完成反应

$$CH_2=CH(CH_2)_7CO_2CH_3 \xrightarrow[Bz_2O_2]{HBr}$$

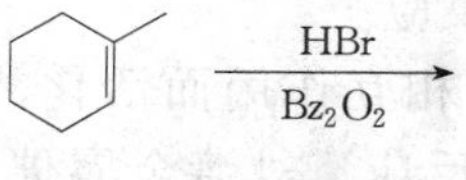

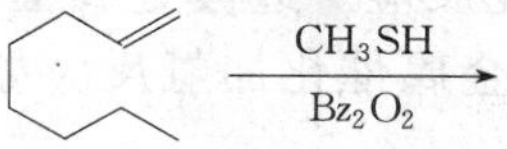

环己烯 $\xrightarrow[Bz_2O_2]{HBr}$

辛烯 $\xrightarrow[Bz_2O_2]{CH_3SH}$

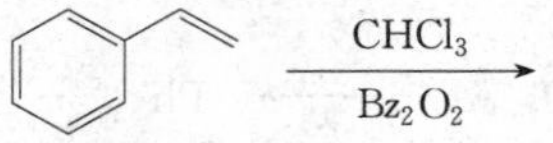

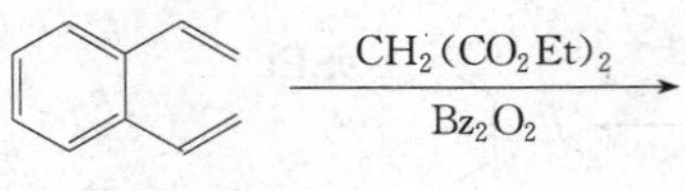

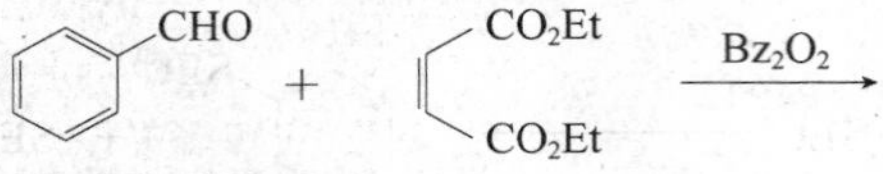

PhCH=CH₂ + CHCl₃ —Bz₂O₂→

(naphthalene divinyl) + CH₂(CO₂Et)₂ —Bz₂O₂→

PhCHO + (EtO₂C)CH=CH(CO₂Et) —Bz₂O₂→

3. 烯烃的催化氢化

烯烃在催化剂存在下可以加氢，还原为饱和烃，此即烯烃的催化氢化（catalysed hydrogenation of alkene），是一种还原反应。

$$\text{C=C} + \text{H—H} \xrightarrow{\text{catalyst}} \text{H—C—C—H}$$

催化加氢有异相催化与均相催化两种情况。

异相催化（heterogeneous catalytic hydrogenation）：过渡金属镍、钯、铂、铜、铬等，不溶于有机溶剂，因此构成多相催化体系，即异相催化。

钯（Pd）催化剂：

钯黑　$PdCl_2 + H_2 \longrightarrow Pd + HCl$

$PdCl_2 + HCHO + NaOH \longrightarrow Pd + HCO_2Na + NaCl + H_2O$

钯载体：活性炭（Pd/C）、碳酸钙、硫酸钡、硅藻土、氧化铝

Lindlar' catalyst：$Pd/BaSO_4$, quinoline; $Pd/CaCO_3$, $Pb(OAc)_2$, quinoline.

镍（Ni）催化剂：

金属镍 Ni；Raney Ni：

$Al—Ni + NaOH + H_2O \longrightarrow Na_2AlO_4 + Ni + H_2$

铂（Pt）催化剂：

铂黑　$H_2PtCl_6 \xrightarrow{NaBH_4} Pt$

$Na_2PtCl_6 + 2HCl + 6NaOH \longrightarrow Pt + 2HCO_2Na + 6NaCl + 4H_2O$

Adams' Pt catalyst (PtO_2)

$(NH_4)_2PtCl_6 + 4NaNO_3 \longrightarrow PtO_2 + 4NaCl + 2NH_4Cl + 4NO_2 + O_2$

均相催化（homogeneous catalytic hydrogenation）：过渡金属配位化合物如 Wilkinson 催化剂能溶于有机溶剂，是均相催化。

催化氢化机理：催化氢化的基本机理是吸附-活化-反应。

首先，烯键与氢分子分别吸附在过渡金属表面上，相互作用而活化，继而发生加成反应。没有催化剂的存在，反应的活化能特别地高，不能反应。过渡金属催化极大地降低了反应的活化能，使加氢反应在不太高的温度下实现。金属催化加氢反应如图 3-7 所示，能量变化见图 3-8。

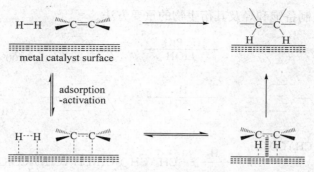

图 3-7 金属催化加氢反应示意图

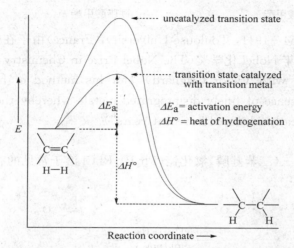

图 3-8 金属催化加氢反应能量变化示意图

例：

立体化学：主要是顺式加成，双键两面空间位阻不同，主要是从立体位阻较小的一侧进攻。

例：

烯烃催化加氢是制备饱和烃及其衍生物的重要方法。

例：

$$\text{limonene} \xrightarrow[\text{EtOH}]{\text{H}_2, \text{PtO}_2} \text{4-isopropyl-1-methylcyclohexene} \quad 100\%$$

$$\text{limonene} \xrightarrow{\text{H}_2 / \text{Ni}} \text{1-methyl-4-isopropylcyclohexane}$$

$$\text{油酸甲酯} \xrightarrow{\text{H}_2/\text{Ni}} CH_3(CH_2)_7CH_2CH_2(CH_2)_7CO_2CH_3 \quad \text{硬脂酸甲酯}$$

Paul Sabatier (1854—1941, Toulouse University, France) 由于在烯烃催化加氢方面的开创性研究获得 1912 年 Nobel 化学奖 (The Nobel Prize in Chemistry 1912 was awarded to Paul Sabatier (shared with Victor Grignard) "for his method of hydrogenating organic compounds in the presence of finely disintegrated metals whereby the progress of organic chemistry has been greatly advanced in recent years").

均相催化加氢

Wilkinson 催化剂三(三苯基膦)氯化铑 $(Ph_3P)_3RhCl$ 溶于常见的有机溶剂,可在常温常压下加氢。

$$\text{香芹酮} \xrightarrow[\text{ClRh(PPh}_3)_3]{\text{H}_2, C_6H_6} \text{二氢香芹酮}$$

$$\text{linalool} \xrightarrow[\text{PhH, r.t.}]{\text{H}_2, \text{ClRh(PPh}_3)_3} \text{product} \quad 90\%$$

均相催化氢化多是专一性的顺式加成：

$$\underset{\text{CO}_2\text{H}}{\overset{\text{CO}_2\text{H}}{\diagup\!\!\!\diagdown}} \xrightarrow[\text{ClRh(PPh}_3)_3]{D_2} \text{meso-产物} \quad meso$$

4. 环加成反应

反应活性中间体

反应活性中间体 (reactive intermediate) 是反应中产生的短寿命、高能、高活性的分子或物种 (species)。碳基反应活性中间体包括碳自由基、碳正离子、碳负离子、carbene 和苯炔。

$$\overset{|}{-}\overset{|}{C}\cdot \quad \overset{|}{-}\overset{|}{C}^+ \quad \overset{|}{-}\overset{|}{C}^- \quad \overset{|}{-}\overset{|}{C}: \quad \text{benzyne}$$

反应活性中间体的存在可以帮助我们认识了解反应是如何发生的。

碳原子连接两个基团，再加一对电子，即外层仅有六个价电子，称为卡宾(carbene)。Carbene 是高活性反应中间体，虽然寿命比较长的(persistent)carbene 是已知的，但大多寿命极短。

$$:CH_2,\ :CHPh,\ :CHBr,\ :CHCl,\ :CCl_2,\ :CBr_2$$

Carbene 的结构

Carbene 有单线态(singlet)和三线态(triplet)两种，见图 3-9。

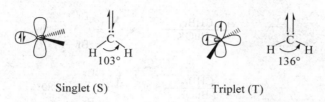

Singlet (S)　　　　　Triplet (T)

图 3-9　Structure of Carbene

单线态的 carbene 碳采取 sp^2 杂化，电子自旋配对，∠HCH＝103°。三线态 carbene 碳原子采取近似 sp 杂化，两电子未配对，自旋平行，但不是线型的，∠HCH＝136°。三线态的 carbene 通常比单线态的 carbene 稳定，能量低约 8 kcal/mol (33 kJ/mol)。

Carbene 的产生

$:CH_2$ (prototypical carbene, methylene)可由重氮甲烷 (CH_2N_2) 分解产生：

$$N\equiv \overset{\oplus}{N}-\overset{\ominus}{C}H_2 \xrightarrow[\text{or}\ \triangle]{h\nu} N_2 + :CH_2$$

其他取代的 carbene 多可通过 α 消去生成，如 dichlorocarbene $:CCl_2$ 就可由氯仿在强碱作用下产生：

$$HO^- + H-CCl_3 \rightleftharpoons H_2O + {}^-CCl_3 \longrightarrow :CCl_2 + Cl^-$$

Carbene 的反应主要是加成(重键)和插入(单键)。

Carbene 加成碳碳双键，形成环丙烷——环丙烷化，此即环加成(cycloaddition)。

例：

$$\text{环己烯} + N\equiv \overset{\oplus}{N}-\overset{\ominus}{C}H_2 \xrightarrow[-N_2]{h\nu} \text{双环化合物}$$

单线态 carbene 加成烯键是立体专一性的(协同机理 concerted mechanism)，即顺式烯键生成顺式产物，反式烯键产生反式环丙烷异构体。三线态 carbene 加成双键的立体化学不能保持。重氮甲烷在液相中光照分解产生单线态的 carbene。

例:

$$\text{(cis-2-butene)} \xrightarrow[\text{liq.}, h\nu]{CH_2N_2} \text{(cis-cyclopropane)}$$

$$\text{(trans-2-butene)} \xrightarrow[\text{liq.}, h\nu]{CH_2N_2} \text{(trans-cyclopropane)}$$

立体专一反应(stereospecific reaction): 一种立体异构体反应物只产生一种立体异构体产物,称为立体专一性反应(stereospecific reaction)。

例:

$$\text{cis-2-butene} \xrightarrow[t\text{-BuOK}]{CHBr_3} \text{(cis product with Br, Br)} \quad 70\%$$

$$\text{trans-2-butene} \xrightarrow[t\text{-BuOK}]{CHBr_3} \text{(trans product with Br, Br)} \quad 80\%$$

重氮甲酸乙酯在氰化亚铜作用下分解放氮产生甲氧羰基取代的 carbene (methoxycarbonyl carbene),立即加成降菠烯生成三环化合物:

$$\text{(norbornene)} + N\equiv\overset{\oplus}{N}-\overset{\ominus}{C}HCOCH_3 \xrightarrow[-N_2]{CuCN} \text{(tricyclic product)}-CO_2CH_3$$

Simmons-Smith 试剂与反应

二碘甲烷与锌-铜偶(zinc-copper couple)作用生成锌 carbene 类体(zinc carbenoid),称为 Simmons-Smith 试剂。锌 carbene 类体分解产生 carbene (原位产生 generated *in situ*):

$$CH_2I_2 + Zn \xrightarrow{Cu} \underset{\text{zinc carbenoid}}{\overset{H\quad H}{\underset{I\quad ZnI}{C}}} \longrightarrow :CH_2 + ZnI_2$$
$$\qquad\qquad\qquad\qquad\qquad\qquad\qquad\qquad\qquad\text{carbene}$$

Simmons-Smith 试剂分解产生的 carbene 与烯烃反应,生成环丙烷化的产物,称为 Simmons-Smith 反应(Howard Ensign Simmons, Jr. and Ronald D. Smith, 1958)。Simmons-Smith 试剂使用方便、安全,在合成化学中应用广泛。

例:

$$\text{(cyclohexene)} \xrightarrow[\text{Zn-Cu}]{CH_2I_2} \text{(bicyclic)} \quad 65\%$$

$$\text{(methyl vinyl ketone)} \xrightarrow[\text{Zn-Cu}]{CH_2I_2} \text{(cyclopropyl ketone)} \quad 50\%$$

$$\text{(2-cyclohexenol)} \xrightarrow[\text{Zn-Cu}]{CH_2I_2} \text{(bicyclic alcohol)}$$

3.1.3.2 聚合反应

1. 低聚

1) 烯烃的二聚

异丁烯酸催化二聚产生两种烯烃,经催化加氢给出同一种烷烃——"异辛烷",高辛烷值的汽油。

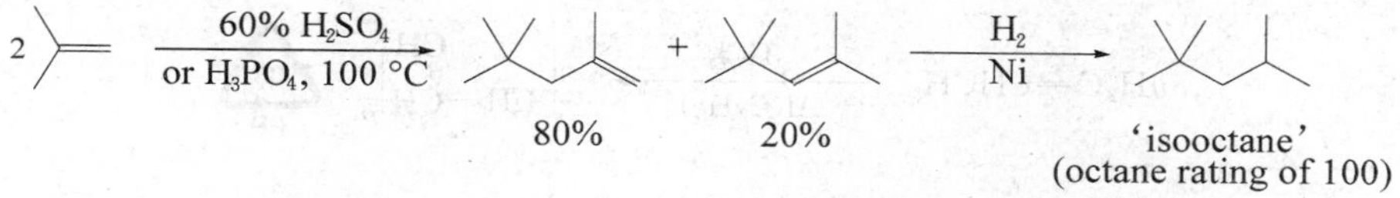

$$2\,\text{CH}_2=\text{C(CH}_3)_2 \xrightarrow[\text{or H}_3\text{PO}_4,\ 100\ ^\circ\text{C}]{60\%\ \text{H}_2\text{SO}_4} \text{(80\%)} + \text{(20\%)} \xrightarrow{\text{H}_2/\text{Ni}} \text{'isooctane' (octane rating of 100)}$$

异丁烯二聚反应机理:异丁烯酸化产生叔丁基正离子,接受另一分子异丁烯进攻,生成新的叔碳正离子,消去质子产生两种烯烃,催化加氢得到"异辛烷"。

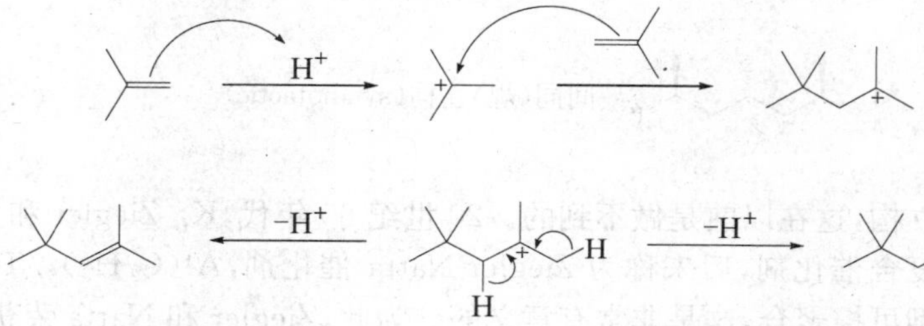

异丁烷机理:异丁烯酸催化二聚产生叔碳正离子,异丁烷叔氢转移,产生"异辛烷"并生成新的叔丁基正离子。

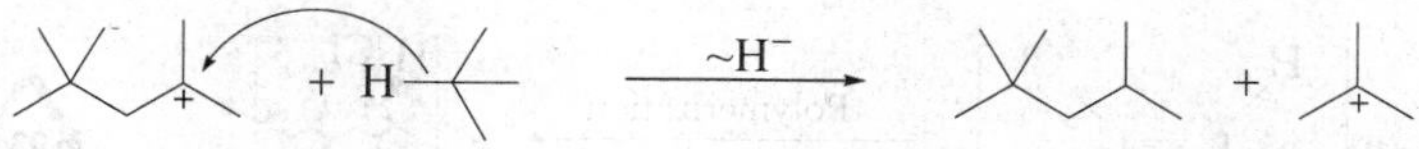

2) 烯烃的低聚

丙烯三聚和四聚产生三聚丙烯和四聚丙烯,是生产壬烷基苯和十二烷基苯磺酸钠的原料。但这样得到的是支链烃,生产的洗涤剂的生物降解性差。20 世纪 60 年代初,发展了乙烯催化(三乙基铝、镍配合物)低聚生产直链 α-烯烃的方法。用这种 α-烯烃制得的洗涤剂生物降解性能好,而且具有其他许多新的用途。

2. 高聚

高聚物(polymer),也称高分子或大分子(macromolecule),通常是指合成有机高分子,是重要的化学合成材料,是材料化学的重要领域。

聚合从形式看有加成聚合(addition polymerization,chain-growth polymerization)、缩合聚合(condensation polymerization,step-growth polymerization)以及开环聚合(ring-opening polymerization),从机理上看有离子聚合(正离子聚合 cationic polymerization 与负离子聚合 anionic polymerization)、自由基聚合(free radical polymerization)与配位聚合(coordination polymerization)。

加成聚合(addition polymerization)

聚乙烯(polyethylene,polyethene,PE):

$$n\text{H}_2\text{C}=\text{CH}_2 \xrightarrow[\text{Al}(\text{C}_2\text{H}_5)_3]{\text{TiCl}_4} *\!\!-\!\!\left[\text{CH}_2\text{CH}_2\right]_n\!\!-\!\!*$$ (PE-HD, 02)

聚丙烯（polypropylene, polypropene, PP）：

$$n\text{H}_2\text{C}=\text{CHCH}_3 \xrightarrow[\text{Al}(\text{C}_2\text{H}_5)_3]{\text{TiCl}_4} \left[\text{CH}_2\text{CH}(\text{CH}_3)\right]_n$$ (PP, 05)

聚丙烯的立体化学即构型直接决定材料的物理机械性能。

全同（等规）立构 (isotactic polypropylene)

间同（规）立构 (syndiotactic)

理想的是全同立构，这在以前是做不到的。20 世纪 60 年代，K. Ziegler 和 G. Natta 发展了烷基铝与氯化钛复合催化剂，后来称为 Ziegler-Natta 催化剂，$\text{Al}(\text{C}_2\text{H}_5)_3/\text{TiCl}_3$，实现了丙烯等烯烃的立体构型可控聚合，这是非常有意义的。为此，Ziegler 和 Natta 荣获 1963 年 Nobel 化学奖（The Nobel Prize in Chemistry 1963 was awarded jointly to Karl Ziegler and Giulio Natta "for their discoveries in the field of the chemistry and technology of high polymers"）。

聚氯乙烯（polyvinyl chloride, PVC）：

$$n[\text{CH}_2=\text{CHCl}] \xrightarrow{\text{Polymerization}} *\!\!-\!\!\left[\text{CH}_2\text{CHCl}\right]_n\!\!-\!\!*$$ (PVC, 03)

聚苯乙烯（polystyrene, PS）：是最广泛应用的一种合成高聚物。

$$n\,\text{C}_6\text{H}_5\text{CH}=\text{CH}_2 \xrightarrow{\text{Polymerization}} \left[\text{CH}_2\text{CH}(\text{C}_6\text{H}_5)\right]_n$$ (PS, 06)

共聚

如乙丙橡胶（PEP）就是乙烯和丙烯共聚物。

$$n\text{H}_2\text{C}=\text{CH}_2 + n\text{CH}_3\text{CH}=\text{CH}_2 \xrightarrow{\text{Polymerization}} \left[\text{CH}_2\text{CH}_2-\text{CH}_2\text{CH}(\text{CH}_3)\right]_n$$

3.1.3.3 氧化反应

1. 双键部分破裂氧化

1) 烯键氧化成邻二醇——顺式二羟基化

碱性或中性稀、冷高锰酸钾氧化烯键生成顺式邻二醇。

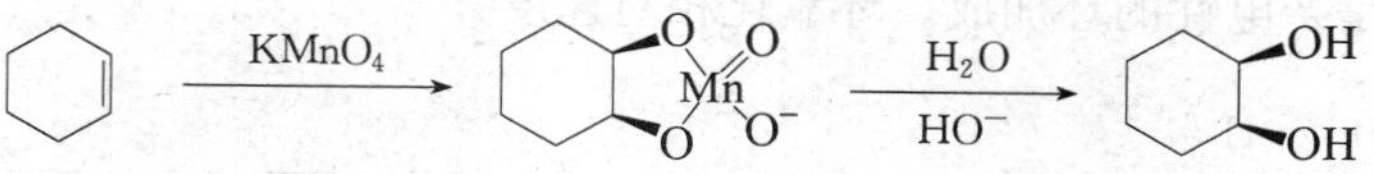

第3章 不饱和烃 Unsaturated Hydrocarbons

氧化反应可能经历了环状的锰酸内酯,水解必然给出顺式邻二醇。

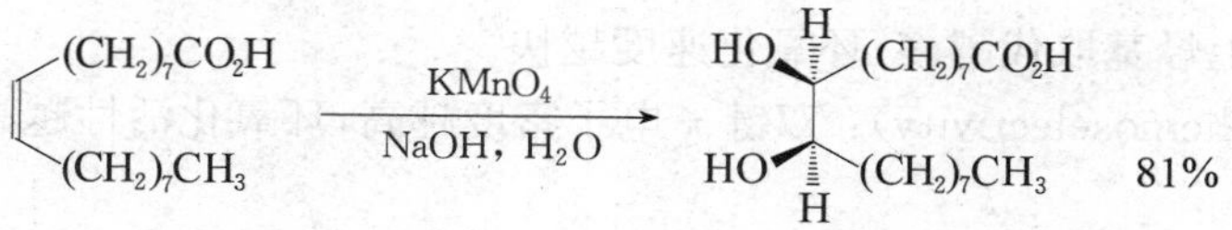

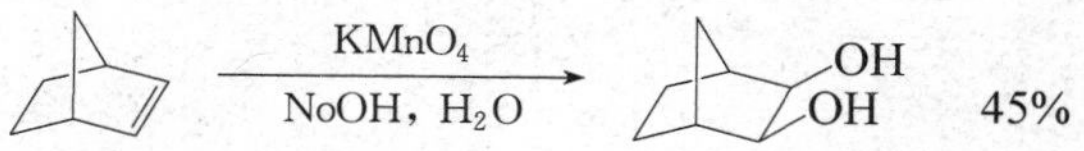

四氧化锇在醚(乙醚、四氢呋喃)或吡啶(Py)溶剂中氧化烯键,经历环状锇酸内酯,还原产生顺式邻二醇。

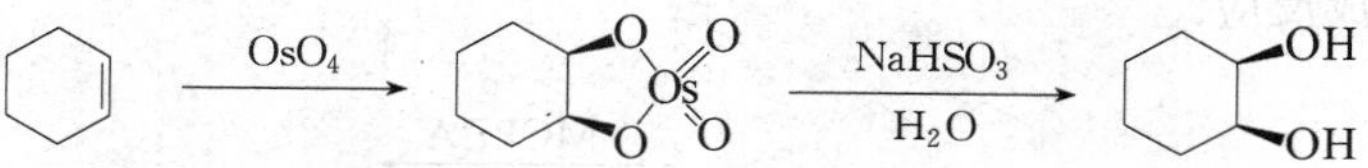

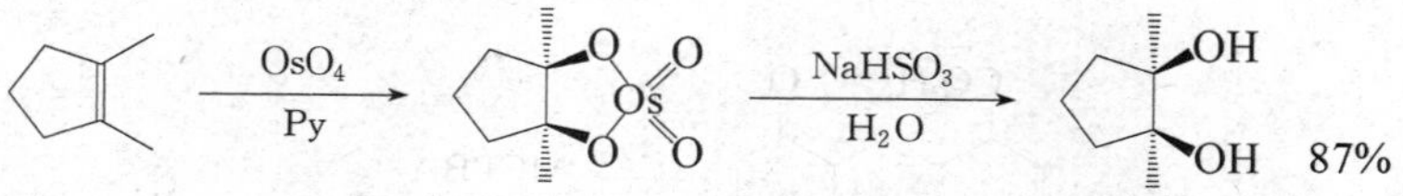

改良:在催化量四氧化锇存在下用过氧化氢氧化。

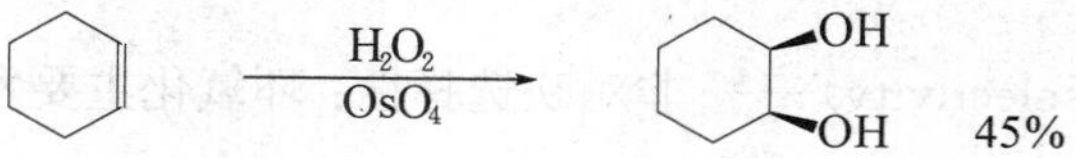

2) 环氧化

过氧酸氧化烯键生成环氧化物(epoxide),称为环氧化(epoxidation)。

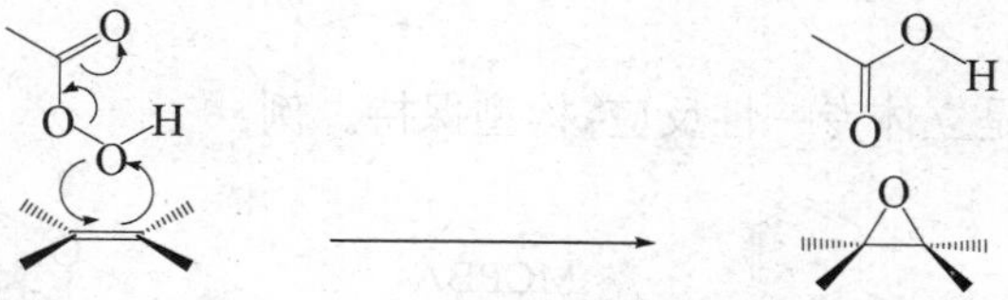

常用的过氧酸:过氧乙酸、三氟过氧乙酸、过氧苯甲酸、间氯过氧苯甲酸(MCPBA)等。
立体化学——立体专一性顺式。例:

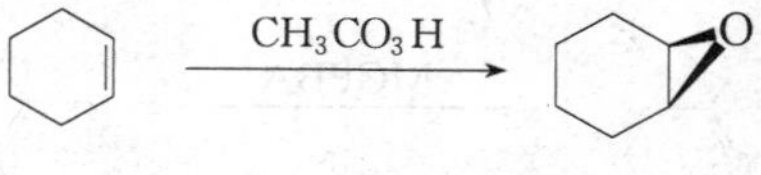

问题 17 完成反应

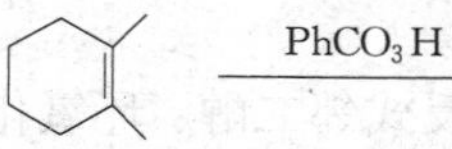

环氧化反应是亲电性的环加成。环氧化相对速度：

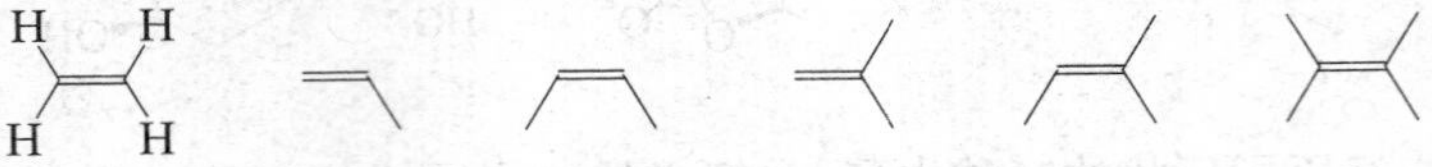

	H₂C=CH₂	CH₃CH=CH₂	CH₃CH=CHCH₃	(CH₃)₂C=CH₂	(CH₃)₂C=CHCH₃	(CH₃)₂C=C(CH₃)₂
r.r.	1	24	500	500	6 500	> 6 500

显然，双键碳上烃基取代越多，环氧化速度越快。

化学选择性（chemoselectivity）：双键 π 电子密度越高，环氧化活性越高。

问题 18 完成反应

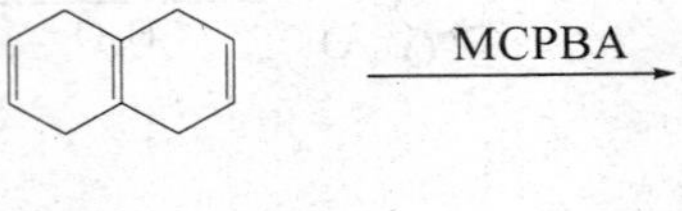

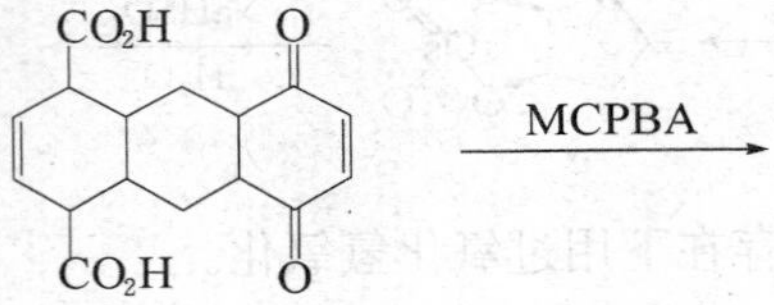

立体选择性（stereoselectivity）——非对映选择性：环氧化主要发生在空间位阻较小的一面。例：

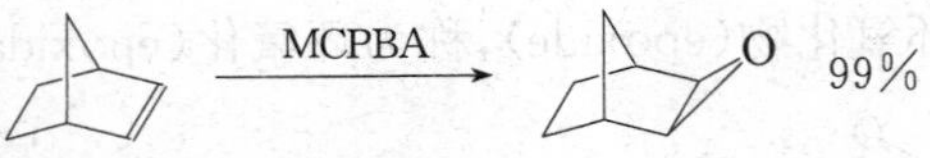

过氧酸环氧化烯键是立体专一性反应，构型保持。例：

trans-stilbene → *trans*-stilbene oxide

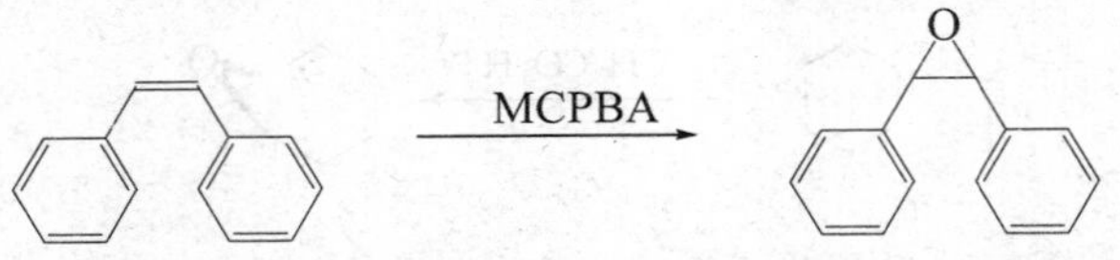

cis-stilbene → *cis*-stilbene oxide

合成应用：合成环氧化物。制备反式邻二醇：环氧化键水解开环产生反式邻二醇。

例:

环戊二烯 $\xrightarrow{\text{MeCO}_3\text{H}}{\text{Na}_2\text{CO}_3,\text{NaOAc}}$ 环氧环戊烯

亚甲基环丙烷 $\xrightarrow{\text{4-O}_2\text{NC}_6\text{H}_4\text{CO}_3\text{H}}{20\,°\text{C}}$ 螺环氧化物

环己烯 $\xrightarrow{\text{PhCO}_3\text{H}}$ 环己烯氧化物 $\xrightarrow{\text{H}_2\text{O}}{\text{H}^+}$ 反-1,2-环己二醇

过氧甲酸、过氧三氟乙酸环氧化、水解一步完成。例:

环己烯 $\xrightarrow{\text{H}_2\text{O}_2}{\text{HCO}_2\text{H}}$ 反-1,2-环己二醇 69%

问题 19 完成反应

降冰片烯 $\xrightarrow{\text{F}_3\text{CCO}_3\text{H}}$

两种制备邻二醇方法比较：顺式烯环氧化、水解给出反式加成产物外消旋苏式体。反式烯顺式二羟基化得到赤式内消旋体。

2-丁烯 $\xrightarrow[\text{ii H}_2\text{O, H}^+]{\text{i CH}_3\text{CO}_3\text{H}}$ (苏式, ±)

2-丁烯 $\xrightarrow[\text{H}_2\text{O, HO}^-]{\text{KMnO}_4}$ (meso)

催化环氧化：工业生产环氧乙烷是在银等催化下空气氧化：

$$\text{H}_2\text{C}=\text{CH}_2 \xrightarrow[200\,°\text{C}\sim300\,°\text{C}]{\text{O}_2/\text{Ag}} \text{环氧乙烷}$$

羰基化——Wacker 氧化：钯（PdCl_2 - CuCl_2）催化空气氧化烯烃生成至醛或酮，称为 Wacker 法（Wacker process）（Wacker Chemie, 1956）。经 Wacker 氧化，由乙烯得到乙醛，丙烯生成丙酮，端烯得到甲基酮。

$$\text{RCH}=\text{CH}_2 + \frac{1}{2}\text{O}_2 \xrightarrow[\text{H}_2\text{O}]{\text{PdCl}_2,\text{CuCl}_2} \text{RCOCH}_3$$

$$2\text{H}_2\text{C}=\text{CH}_2 + \text{O}_2 \xrightarrow[100\,°\text{C}\sim125\,°\text{C}]{\text{PdCl}_2,\text{CuCl}_2} 2\text{CH}_3\text{CHO}$$

$$2\text{CH}_3\text{CH}=\text{CH}_2 + \text{O}_2 \xrightarrow[120\,°\text{C}]{\text{PdCl}_2,\text{CuCl}_2} 2\text{CH}_3\text{COCH}_3$$

Wacker 法没有浪费原料,是原子经济反应(atom economic reaction),也没有废物排放,是绿色化学工艺,是现代有机化学工艺典范。

2. 双键完全破裂氧化

1) 强氧化

高锰酸、铬酸等强氧化,导致烯键完全破裂,生成酮或酸。例:

$$\text{(CH}_3\text{)}_2\text{C=CHCH(CH}_3\text{)}_2 \xrightarrow[\text{or H}_2\text{CrO}_4, \triangle]{\text{KMnO}_4, \triangle} \text{CH}_3\text{CH}_2\text{COCH}_3 + \text{(CH}_3\text{)}_2\text{CHCO}_2\text{H}$$

应用:烯烃强氧化可用于制备酮、酸,烯烃鉴别,结构推导。例:

$$\begin{array}{c}\text{(CH}_2\text{)}_7\text{CO}_2\text{H}\\ \text{(CH}_2\text{)}_7\text{CH}_3\end{array} \xrightarrow[\triangle]{\text{KMnO}_4} \text{CH}_3\text{(CH}_2\text{)}_7\text{CO}_2\text{H} + \text{HO}_2\text{C(CH}_2\text{)}_7\text{CO}_2\text{H}$$

问题 20 完成反应

$$\text{[decalin-like alkene]} \xrightarrow[\triangle]{\text{KMnO}_4}$$

$$\text{CH}_2\text{=CH(CH}_2\text{)}_7\text{CO}_2\text{H} \xrightarrow[\triangle]{\text{KMnO}_4}$$

问题 21 某烯烃经高锰酸钾氧化后得到如下产物,试推断该烯烃的结构。

丙酮, HOOC-CH$_2$-CH$_2$-COOH, CH$_3$COOH

2) 臭氧化

烯键与臭氧(1,3-偶极)发生[4+2]环加成,生成不稳定的分子臭氧化物(molozonide),立即重排成稳定的臭氧化物(ozonide),此即臭氧分解(ozonolysis)。例:

$$\text{CH}_3\text{CH=CHCH}_3 + \text{O}_3 \xrightarrow{[4+2]} \text{molozonide}$$

$$\rightarrow \text{CH}_3\text{CHO} + \text{CH}_3\text{CHOO}^+$$

$$\rightarrow \text{ozonide}$$

$$\text{(CH}_3\text{)}_2\text{C=CH}_2 \xrightarrow{\text{O}_3} \text{molozonide} \rightarrow \text{ozonide}$$

$$\text{ozonide} \xrightarrow{\text{H}_2\text{O}} \text{(CH}_3\text{)}_2\text{C=O} + \text{HCHO} + \text{H}_2\text{O}_2$$

臭氧化物水解给出醛、酮以及过氧化氢。产生的过氧化氢可氧化醛成酸。若希望得到醛，就必须除去过氧化氢，这可加还原剂，此即还原处理（reductive work up）：金属锌-水、锌-乙酸、催化氢化（H_2，Pd/C）、二甲基硫醚（CH_3SCH_3，DMS）。若以制备酸为目的，可再加氧化剂过氧化氢，此即氧化处理（oxidative work up）：过氧化氢（H_2O_2，H_2O 或 AcOH）。

臭氧氧化烯烃的应用：制备醛、酮、酸；结构推导——通过产物醛酮的结构推导烯烃的结构。

制备举例：

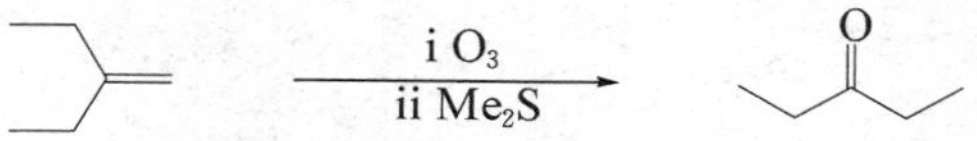

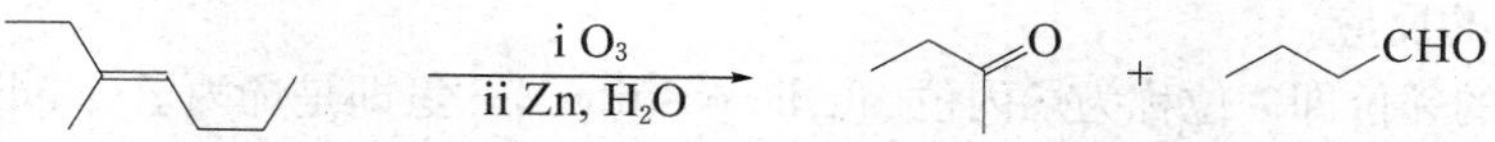

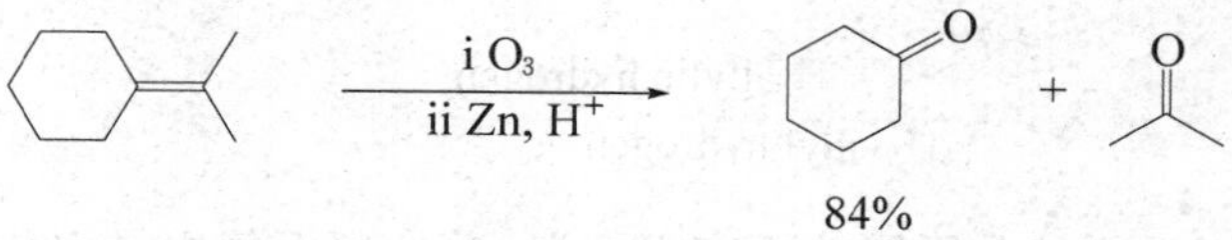

结构推导举例：

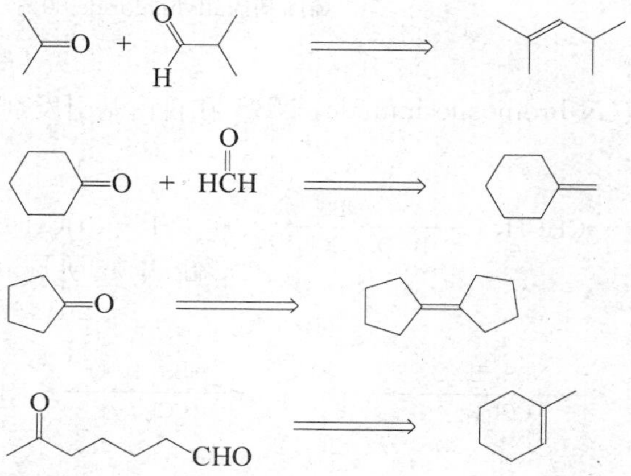

问题 22 给出反应物的结构

(1) 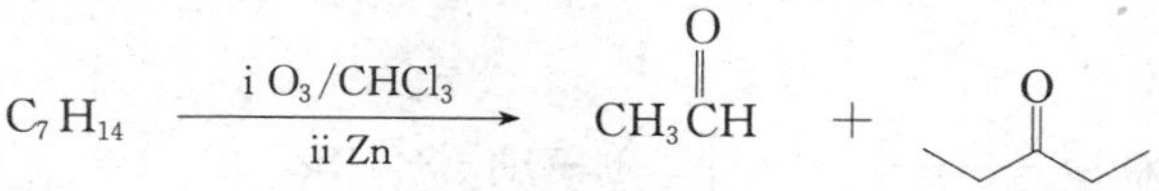 C_7H_{14} $\xrightarrow[\text{ii Zn}]{\text{i } O_3/CHCl_3}$ CH_3CHO + (3-戊酮)

(2) C_7H_{14} $\xrightarrow[\text{ii } H_2O_2]{\text{i } O_3/CHCl_3}$ CH_3CH_2COOH + (丁酮)

(3) C_7H_{14} $\xrightarrow[\text{ii } H_2O_2]{\text{i } O_3/CHCl_3}$ CH_3CH_2COOH + (丁酮)

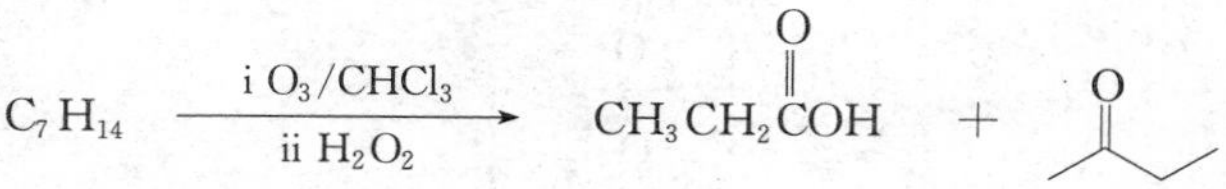

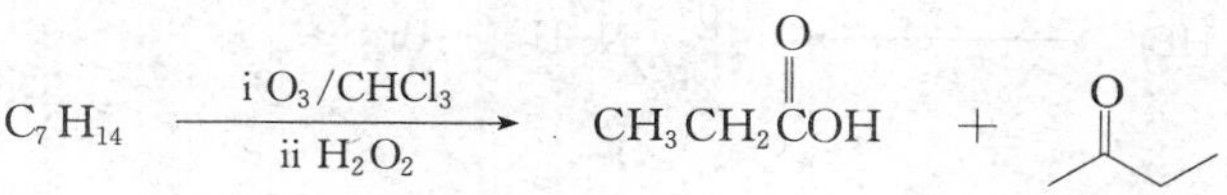

(4) 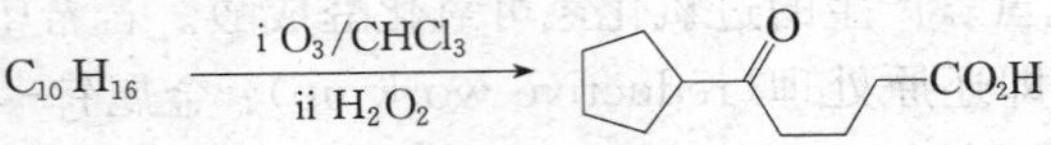 $C_{10}H_{16}$ $\xrightarrow[\text{ii } H_2O_2]{\text{i } O_3/CHCl_3}$ [cyclopentyl-CO-CH$_2$CH$_2$CH$_2$-CO$_2$H]

(5) 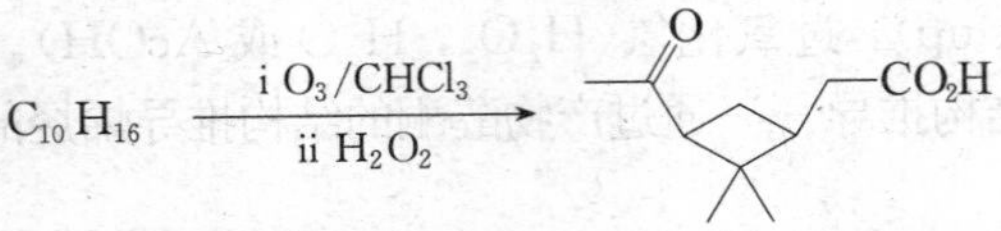 $C_{10}H_{16}$ $\xrightarrow[\text{ii } H_2O_2]{\text{i } O_3/CHCl_3}$ [acetyl-gem-dimethylcyclobutyl-CH$_2$CO$_2$H]

(6) 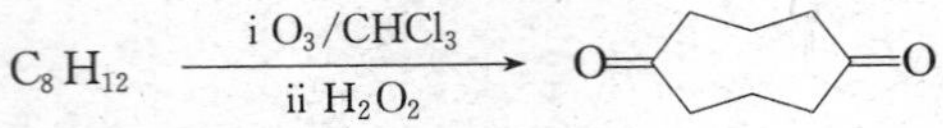 C_8H_{12} $\xrightarrow[\text{ii } H_2O_2]{\text{i } O_3/CHCl_3}$ [1,4-cyclohexanedione]

3.1.3.4 α-氢的反应

碳-碳双键的邻位即 α 位称为烯丙位(allylic position)，α-氢即是烯丙氢(allylic hydrogen)。

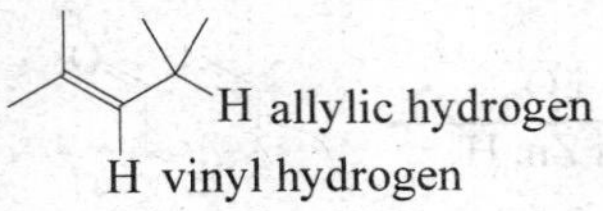

$$(CH_3)_2C=C(CH_3)-H \text{ allylic hydrogen}$$
$$H \text{ vinyl hydrogen}$$

烯丙位受双键和超共轭效应的共同影响而变得活泼，譬如烯丙氢更易卤代和氧化。

1. 卤代反应

烯丙氢(α-氢)易于卤代。

高温卤代：低浓度的氯或溴在高温下发生烯丙氢氯代或溴代反应。

$$CH_2=CHCH_3 \xrightarrow[500℃]{Cl_2} CH_2=CHCH_2Cl$$

烯丙基氯 allyl chloride 80%～83%

NBS 溴代：

N-溴代丁二酰亚胺(N-bromosuccinimide，NBS)在自由基引发剂如过氧化苯甲酰存在下溴代烯丙位氢。例：

$$CH_2=CHCH_3 \xrightarrow[Bz_2O_2, CCl_4, \triangle]{NBS} CH_2=CHCH_2Br$$

烯丙基溴 allyl bromide

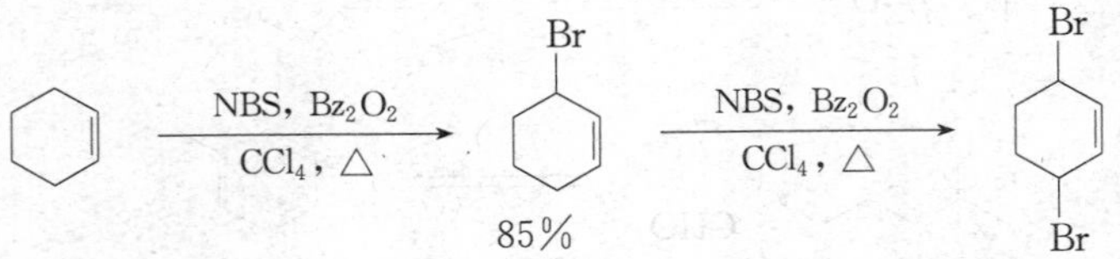

[cyclohexene] $\xrightarrow[CCl_4, \triangle]{NBS, Bz_2O_2}$ [3-bromocyclohexene] 85% $\xrightarrow[CCl_4, \triangle]{NBS, Bz_2O_2}$ [3,6-dibromocyclohexene]

NBS 溴代反应机理：

[succinimide-N–Br] + H_2O ⟶ [succinimide-N–OH] + HBr

[succinimide-N–Br] + HBr ⟶ [succinimide-N–H] + Br_2

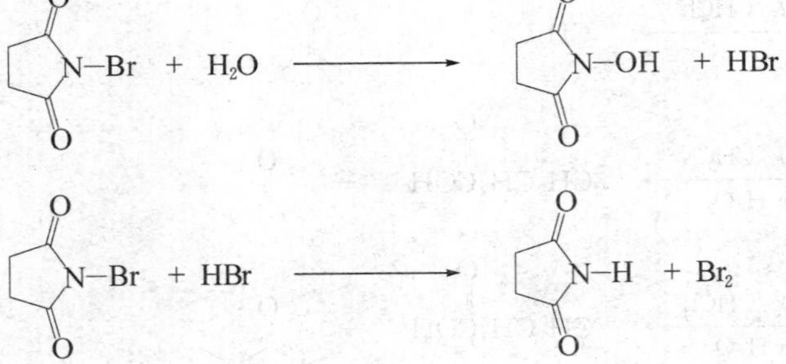

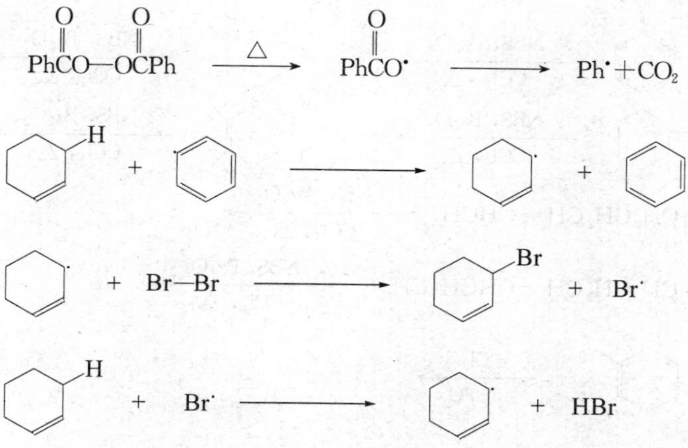

$$PhCO-OCPh \xrightarrow{\triangle} PhCO\cdot \longrightarrow Ph\cdot + CO_2$$

(环己烯-H) + Ph· ⟶ (环己烯基·) + PhH

(环己烯基·) + Br—Br ⟶ (3-溴环己烯) + Br·

(环己烯-H) + Br· ⟶ (环己烯基·) + HBr

烯丙式自由基：

烯丙式自由基因共振而稳定：

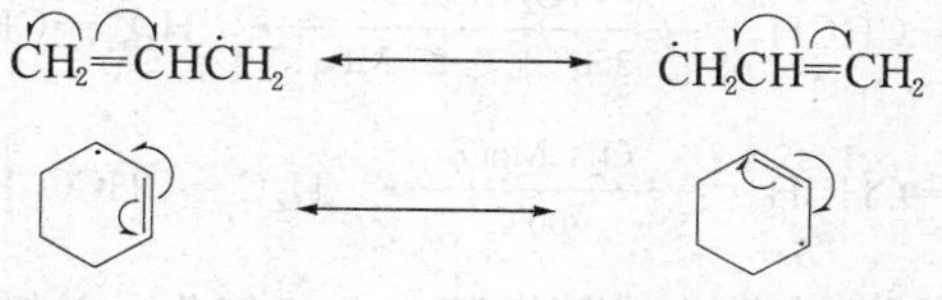

$$\overset{\cdot}{C}H_2=CH\overset{\cdot}{C}H_2 \longleftrightarrow \overset{\cdot}{C}H_2CH=CH_2$$

事实上，烯丙式自由基由于 p-π 共轭（离域）而稳定化。

烯丙自由基的分子轨道如图 3-10 所示，最高电子占据轨道（HOMO）是非键轨道，填充一个电子。

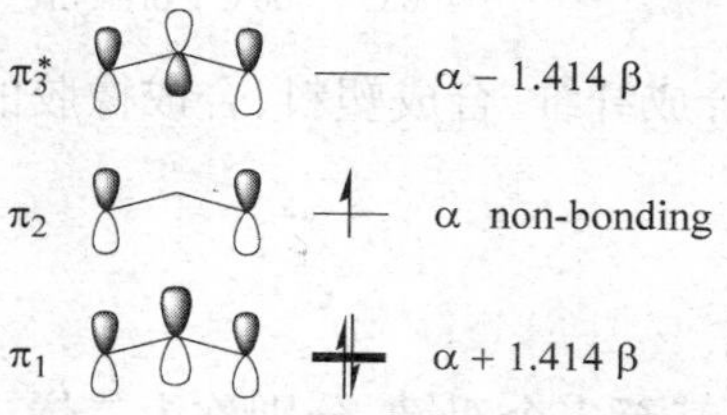

π_3^* —— $\alpha - 1.414 \beta$

π_2 ↑ α non-bonding

π_1 ↑↓ $\alpha + 1.414 \beta$

图 3-10　烯丙自由基的分子轨道（MO）

烯丙式自由基共振可能产生两个或多个反应活性中心。据此可解释 1-辛烯 NBS 溴代生成 3-溴-1-辛烯（17%）、反-1-溴-2-辛烯（44%）和顺-1-溴-2-辛烯（39%）混合物。

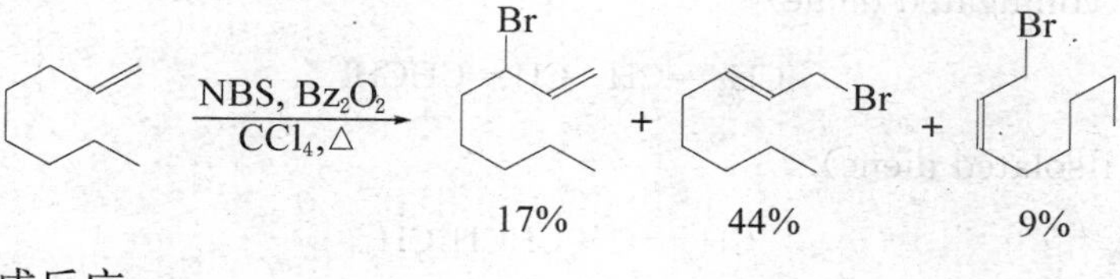

$$\text{1-辛烯} \xrightarrow[CCl_4, \triangle]{NBS, Bz_2O_2} \text{3-溴-1-辛烯} + \text{反-1-溴-2-辛烯} + \text{顺-1-溴-2-辛烯}$$

17%　　44%　　9%

问题 23　完成反应

$$\text{(CH_3)_2C=C(CH_3)_2} \xrightarrow[CCl_4, \triangle]{NBS, Bz_2O_2} \quad Ph-ClC=CHCH_3 \xrightarrow[CCl_4, \triangle]{NBS, Bz_2O_2}$$

$$\text{(螺[4.4]壬烯)} \xrightarrow[CCl_4, \triangle]{NBS, Bz_2O_2} ? \xrightarrow[CCl_4, \triangle]{NBS, Bz_2O_2} ?$$

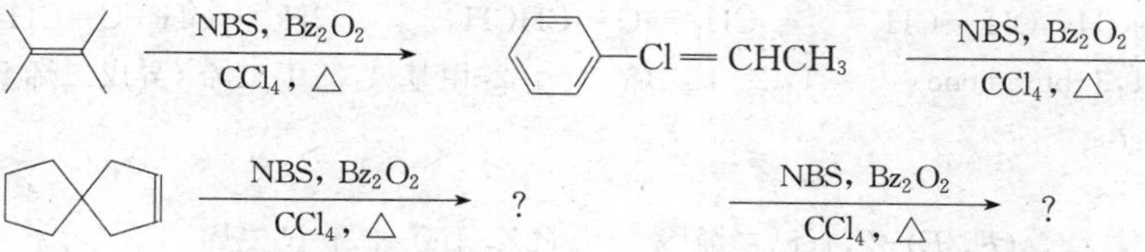

[reaction schemes:]

methylenecyclohexane $\xrightarrow{\text{NBS, Bz}_2\text{O}_2}{\text{CCl}_4, \triangle}$ cyclohexene(methyl) $\xrightarrow{\text{NBS, Bz}_2\text{O}_2}{\text{CCl}_4, \triangle}$

cyclohexene $\xrightarrow{\text{NBS, Bz}_2\text{O}_2}{\text{CCl}_4, \triangle}$ 1-methylcyclohexene $\xrightarrow{\text{NBS, Bz}_2\text{O}_2}{\text{CCl}_4, \triangle}$

$$CH_2CH_2CH=CHCH_3 \xrightarrow{\text{NBS, Bz}_2\text{O}_2}{\text{CCl}_4, \triangle}$$

$$CH_3CH_2CH=CHCH(CH_3)_2 \xrightarrow{\text{NBS, Bz}_2\text{O}_2}{\text{CCl}_4, \triangle}$$

decalin $\xrightarrow{\text{Cl}_2}{500°C}$

2. 氧化反应

工业上催化氧化丙烯生产丙烯醛、丙烯酸、丙烯腈等。

$$H_2C=CHCH_3 \xrightarrow{\text{O}_2, \text{Cu}_2\text{O}}{350°C, 0.25\text{ MPa}} H_2C=CHCHO$$

$$H_2C=CHCH_3 \xrightarrow{\text{O}_2, \text{MoO}_3}{400°C} H_2C=CHCO_2H$$

在氨存在下,丙烯催化氧化直接生成丙烯腈——氨氧化。关键是催化剂,而催化剂是在不断发展的。

$$2CH_2=CHCH_3 + 2NH_3 + 3O_2 \xrightarrow{\text{Bismuth phosphomolybdate}}{400°C\sim500°C, \text{pressure}} 2CH_2=CHCN + 6H_2O$$

丙烯醛、丙烯酸、丙烯腈是合成纤维、合成塑料、合成橡胶的重要化工原料。

3.1.4 二烯烃

3.1.4.1 二烯烃的分类与命名

二烯烃分子中含两个、三个甚至多个双键,分别称为二烯、三烯或多烯烃。

按照二烯烃分子中两个双键的相对位置,可分为:

累积二烯烃（cumulated diene）

$$CH_2=CHCH_2CH=CH_2$$

共轭二烯烃（conjugated diene）

$$CH_2=CH-CH=CHCH_3$$

孤立二烯烃（iIsolated diene）

$$CH_2=C=CHCH_2CH_3$$

$CH_2=CH-CH=CH_2$ $CH_2=C=CHCH_3$ $CH_2=CH-\underset{\underset{CH_3}{|}}{C}=CH_2$

1,3-丁二烯 1,3-butadiene   1,2-丁二烯   2-甲基-1,3-丁二烯（异戊二烯 isoprene）

(E,E)-2,4-己二烯   ($2Z,4E$)-2,4-己二烯

3.1.4.2 共轭二烯烃

1. 丁二烯的结构

1,3-丁二烯(1,3-butadiene)是平面分子。在丁二烯分子中,有两种碳-碳键,即双键键长 0.134 nm,比正常的双键(0.133 nm)的略长,单键键长 0.148 nm,比正常单键(0.154 nm)短得多。单键键长较短是正常的,因为碳原子的杂化状态不同,这里都是 sp² 杂化,形成的 σ 键当然比 sp³ 杂化生成的 σ 键键长要短,可能还与双键略长有关。

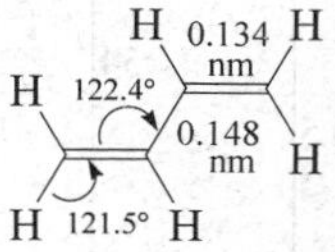

共轭二烯的两种平面构象

共轭二烯主要以平面构象存在(为什么?)。

1,3-丁二烯以两个平面构象,即单键(s-single bond)反式(*trans*)与单键顺式(s-*cis*)存在。

$\qquad$ s-*trans* $\qquad\qquad\qquad\qquad$ s-*cis*

由单键旋转产生的立体异构,称为构象异构。

$\qquad$ s-*trans* $\qquad\qquad\qquad\qquad$ s-*cis*
$\qquad$ 94% $\qquad\qquad\qquad\qquad\quad$ 6%

热力学讨论 —— 从氢化热看共轭烯烃的稳定性(表 3-3)

表 3-3 部分单烯烃与二烯的氢化热

Alkenes	ΔH°_H/(kJ/mol)	ΔH°_H/C=C/(kJ/mol)
CH_2=$CHCH_3$	125.2	125.2
CH_2=$CHCH_2CH_3$	126.8	126.8
CH_2=$CHCH_2CH$=CH_2	254.4	127.2
CH_2=$CHCH$=CH_2	238.9	119.5
CH_2=$CHCH$=$CHCH_3$	226.4	113.2

两个碳碳双键氢化热换算为每个双键的,就可以直接比较了。可以看出,孤立的碳碳双键的氢化热在 125～127 (kJ/mol),但共轭二烯烃的每个双键的氢化热则在 120～113 kJ/mol,因而共轭烯烃更稳定。

氢化热与二烯烃的稳定性,见图 3-11。

结构讨论 —— 共轭(离域)稳定化

经典的价键理论的处理是,丁二烯分子中每个碳原子都采取 sp² 杂化,形成 σ 构架。每个碳原子还剩余一个 p 轨道,两两平行重叠生成两个 π 轨道,如图 3-12 所示。

丁二烯的分子轨道处理:分子轨道理论处理是,将 σ 键与 π 键分开处理,即 1,3-丁二烯

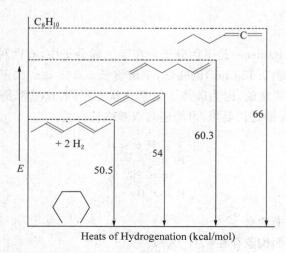

图 3-11 二烯烃的氢化热

图 3-12 丁二烯的分子结构

分子中每个碳原子都采取 sp² 杂化，形成 σ 构架。剩余的四个 p 轨道组合成四个 π 分子轨道，两个成键轨道与两个反键轨道，四个 π 电子依次填充，π_1 和 π_2 全满，反键轨道全空。

丁二烯的分子轨道 π_1 和 π_2 全满（每个分子轨道填充两个电子）的总能量（$4\alpha + 4.47$）与定域的两个全满小 π 轨道能量（$4\alpha + 4\beta$）之差，即 0.47（β 是负值），就是其共轭能或离域能（delocalized energy），也称共振能（resonance energy）。

$$\Delta E = 离域能\ E_{DL} - 定域能\ E_L$$
$$x(\alpha + 1.618\beta) + 2x(\alpha + 0.618\beta) - [2x(\alpha + \beta) + 2x(\alpha - \beta)] = 0.472\beta$$

因此，丁二烯的大 π 键在能量上比孤立的两个 π 键更低，0.472β，更稳定。此即共轭（离域）稳定化（图 3-13）。

丁二烯的共轭（离域）能：0.472β。

实验事实：形成二烯烃时，可能的话总是主要生成共轭二烯。如 4-溴-1-戊烯碱消去和 4-戊烯-2-醇酸消去都总是产生共轭的 1,3-戊二烯而不是孤立的二烯 1,4-戊二烯。

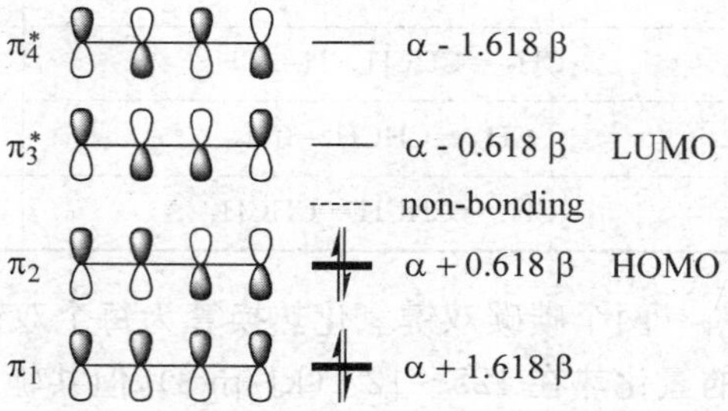

π_4^* —— $\alpha - 1.618\beta$

π_3^* —— $\alpha - 0.618\beta$ LUMO

------ non-bonding

π_2 ⇅ $\alpha + 0.618\beta$ HOMO

π_1 ⇅ $\alpha + 1.618\beta$

图 3-13 丁二烯的分子轨道（MOs）

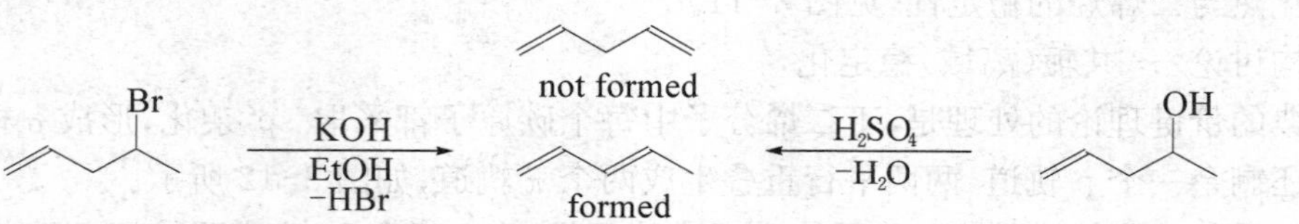

共振论解释共轭二烯的稳定性：等价的共振式愈多，体系愈稳定。丁二烯的共振式：

$CH_2=CH-CH=CH_2 \longleftrightarrow CH_2=CH-\overset{\oplus}{C}H-\overset{\ominus}{C}H_2 \longleftrightarrow \overset{\oplus}{C}H_2-CH=CH-\overset{\ominus}{C}H_2$

$\longleftrightarrow \overset{\ominus}{C}H_2-\overset{\ominus}{C}H-CH=CH_2 \longleftrightarrow \overset{\ominus}{C}H_2-CH=CH-\overset{\oplus}{C}H_2$

2. 共轭体系与共轭效应

共轭体系（conjugated systems）：π-π 轨道或 p-π 轨道的平行重叠即共轭（conjugation）。

π-π 共轭

共轭多烯：单双键交替排列的多烯。

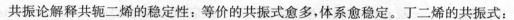

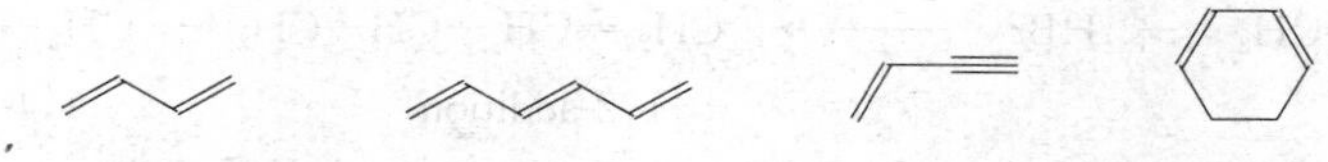

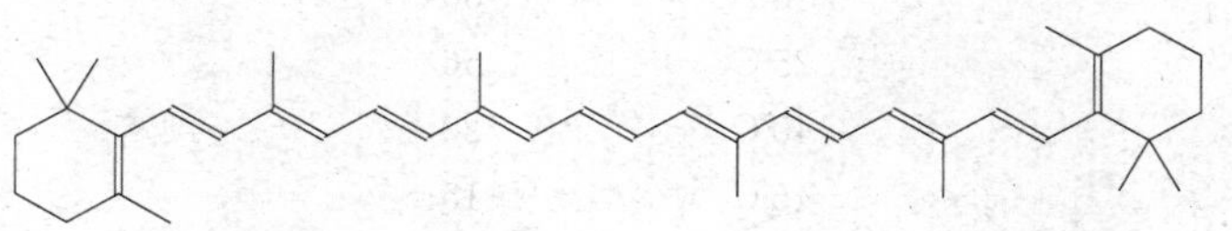

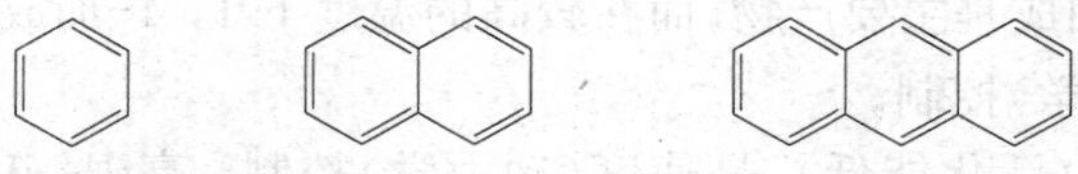

共轭烯醛酮等：

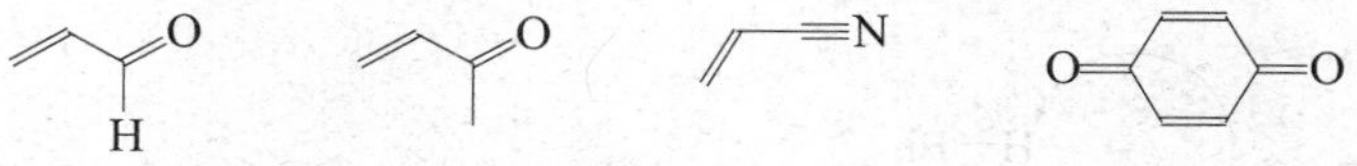

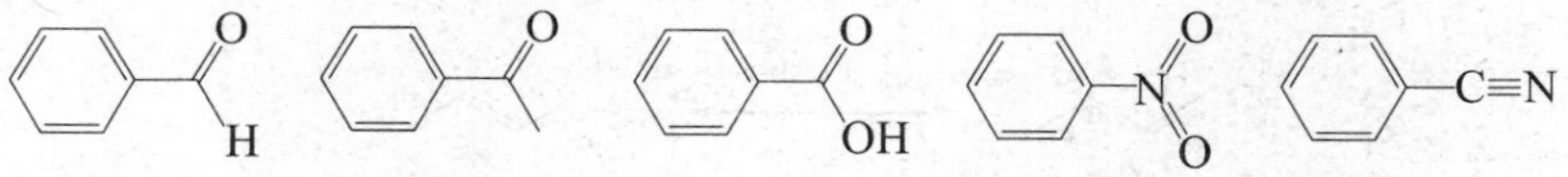

p-π 共轭

p 轨道与 π 轨道平行重叠：

$CH_2=CH-\overset{\cdot}{C}H_2 \quad CH_2=CH-\overset{\oplus}{C}H_2 \quad CH_2=CH-\overset{\ominus}{C}H_2$

$CH_2=CH-\overset{\oplus}{C}H_2 \longleftrightarrow \overset{\oplus}{C}H_2-CH=CH_2$

$\overset{\curvearrowright}{\ddot{C}l}-CH=CH_2 \longleftrightarrow \overset{\oplus}{Cl}=CH-\overset{\ominus}{C}H_2$

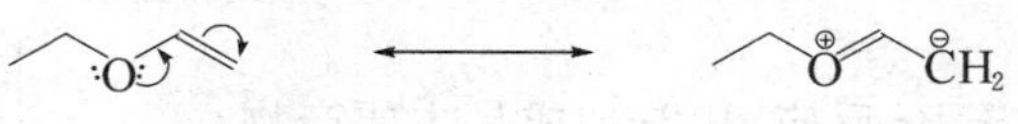

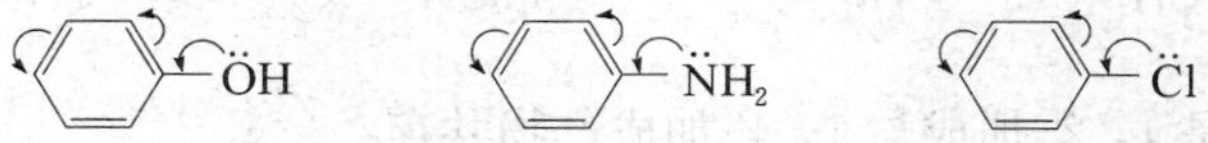

共轭效应：π-π 或 p-π 共轭产生并传递的电子效应即为共轭效应（conjugation effect, C）。共轭稳定分子和碳正离子、负离子和自由基活性中间体。

3. 共轭二烯的化学反应

1) 共轭加成

丁二烯与溴化氢反应，分离到两种产物 3-溴-1-丁烯和 1-溴-2-丁烯。前者是 1,2-加成产物，后者则是 1,4-加成产物。1,4-加成又称共轭加成（conjugate addition）。1,2-加成与 1,4-加成产物分布与温度有关：

$$CH_2=CH-CH=CH_2 + HBr \longrightarrow CH_2=CH-\underset{H}{\overset{Br}{CH}}-CH_2 + \underset{}{CH_2-CH=CH-\overset{H}{CH_2}}$$
（Br 上方）

	1,2-addition	1,4-addition
−80℃	80	20%
25℃	56	44%
40℃	20	80%
45℃	15	85%

显然，较低温度下 1,2-加成是主要产物，而在较高的温度下 1,4-加成是主要产物。反应快（活化能低），是速度（动力学）控制。

低温：1,2-加成反应快（活化能低），是速度（动力学）控制。高温：1,4-加成产物较稳定，是平衡（热力学）控制。

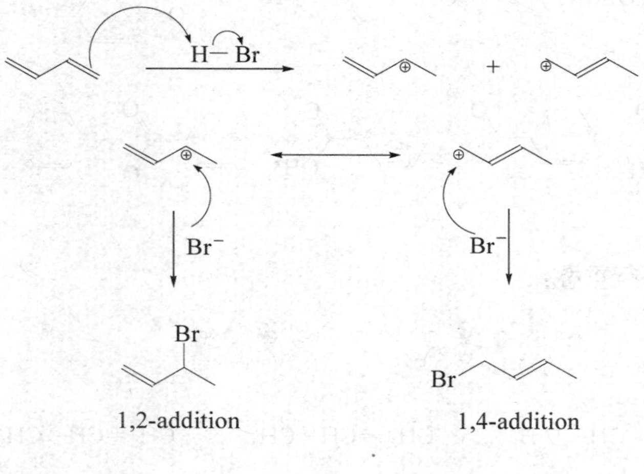

prenyl bromide
异戊烯基溴

但是，1-苯基-1,3-丁二烯与 HBr 反应，1,2-加成是主要产物。

$$PhCH=CH-CH=CH_2 \xrightarrow{HBr} PhCH=CH-\underset{}{\overset{Br}{CH}}-CH_3$$

丁二烯与溴反应，也是 1,2-加成与 1,4-加成产物共存：

$$CH_2=CH-CH=CH_2 + Br_2 \longrightarrow \underset{\text{1,2-addition}}{CH_2=CH-\underset{Br}{CH}-\underset{Br}{CH_2}} + \underset{\text{1,4-addition}}{\underset{Br}{CH_2}-CH=CH-\underset{Br}{CH_2}}$$

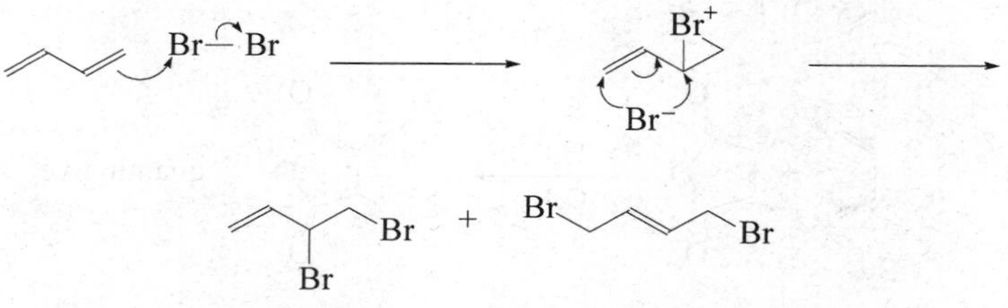

	1,2-addition	1,4-addition
−15℃	60	40%
25℃	12	88%
40℃	40	60%
60℃	10	90%

共轭加成：

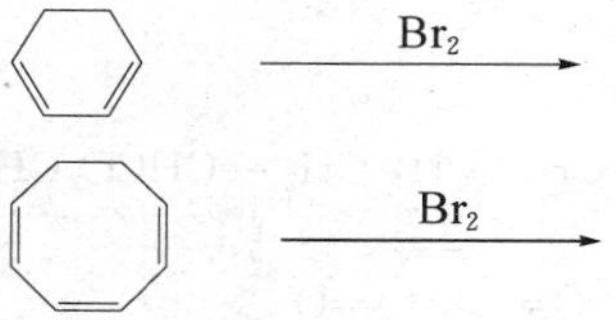

但是，1,4-二苯基-1,3-丁二烯与溴反应，1,2-加成是主要产物。

$$PhCH=CH-CH=CHPh \xrightarrow{Br_2} PhCH=CH-\underset{Br}{CH}-\underset{Br}{CHPh} + \underset{Br}{PhCH}-CH=CH-\underset{Br}{CHPh}$$
$$\qquad\qquad\qquad\qquad\qquad\qquad\qquad\qquad\qquad\qquad\qquad\qquad\qquad <4\%$$

2) Diels-Alder 反应

K. Alder 与 O. P. H. Diels 发现(1928)，共轭二烯(二烯体 diene)与烯键(亲二烯体 dienophile)共热发生[4+2]环加成反应，生成环己烯的衍生物，此即 Diels-Alder 反应，又称为双烯合成(diene synthesis)。

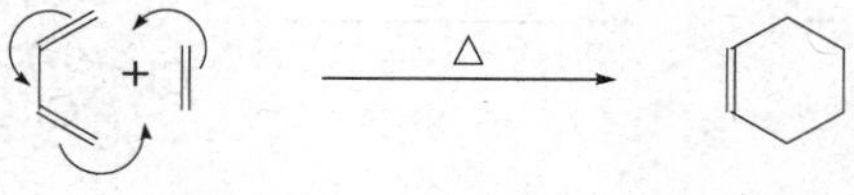

Diene Dienophile

研究显示，Diels-Alder 反应是一步协同发生的，经历一环状过渡态(cyclic transition state)，没有中间体，是一种周环反应(pericyclic reaction)。

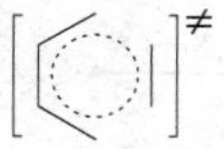

[4+2] Transition State (TS)

(a) 反应性

亲二烯体：重键上连有吸电子基有利于反应；二烯体：烯键上连有给电子基有利于反应。例：

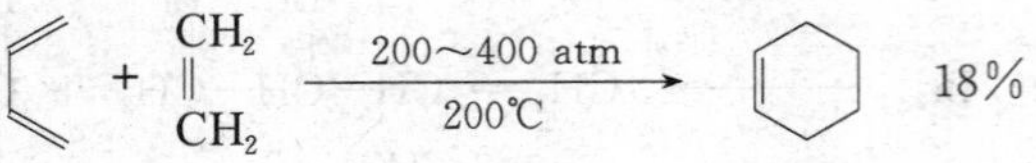

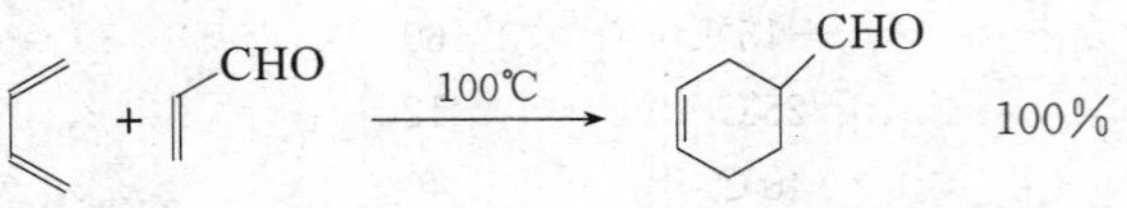

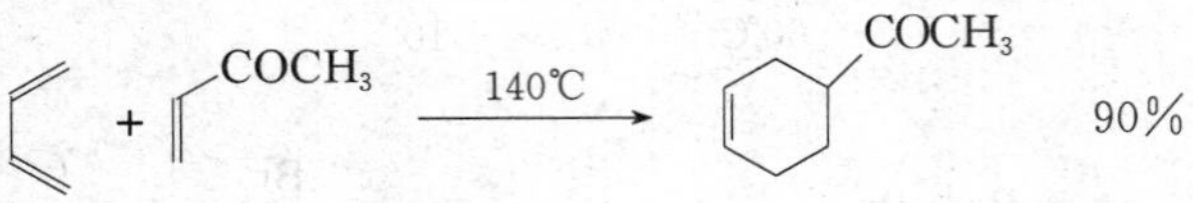

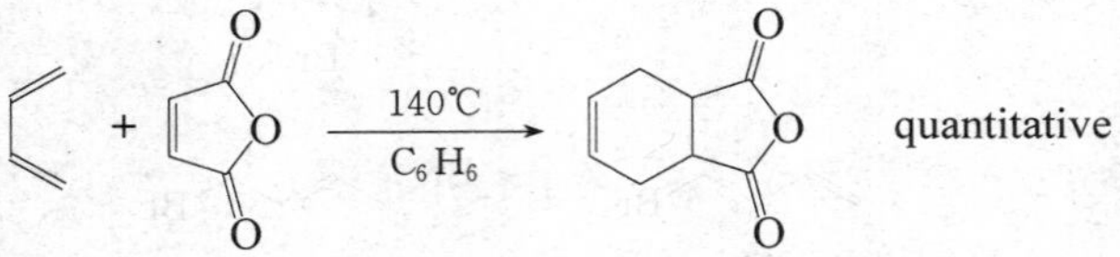

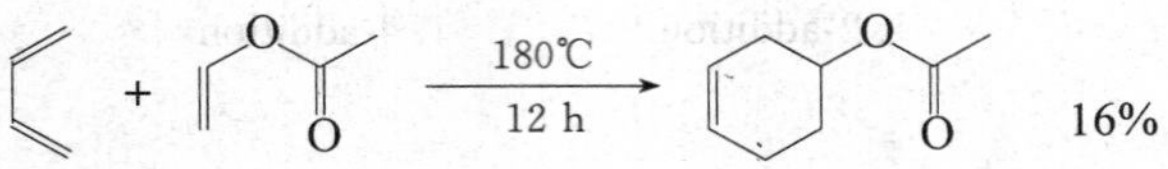

常用的良好亲二烯体：

$CH_2=CHCHO$, $CH_2=CHCOCH_3$, $CH=CHCO_2H$, $CH_2=CHCO_2CH_3$, $CH_2=CHCN$

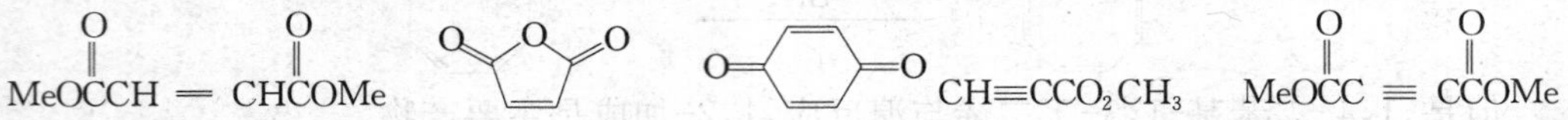

MeOCCH=CHCOMe（二酮），马来酸酐，对苯醌，$CH\equiv CCO_2CH_3$，MeOCC≡CCOMe

环共轭二烯的活性特别高。高活性的环戊二烯可以与连给电子基的亲二烯体反应，得到高产率的环加成产物。例：

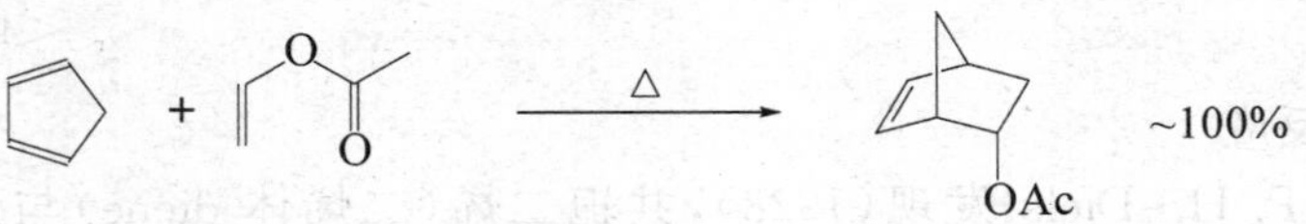

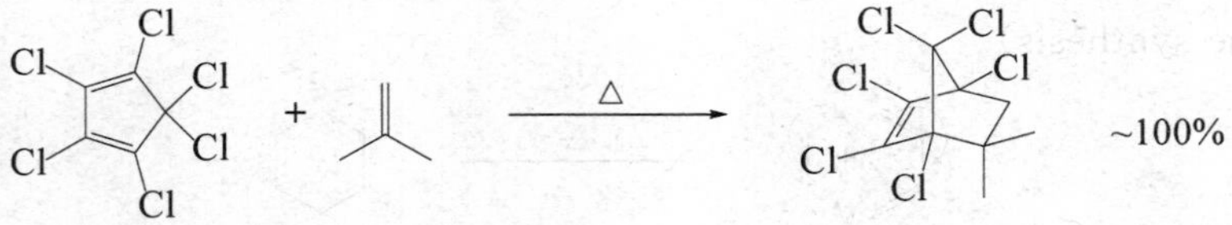

问题 24 完成反应

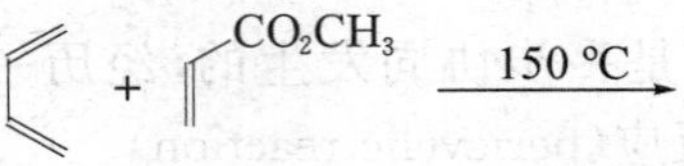

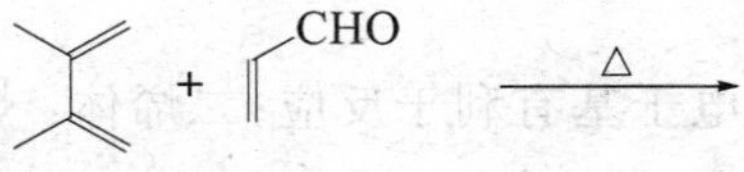

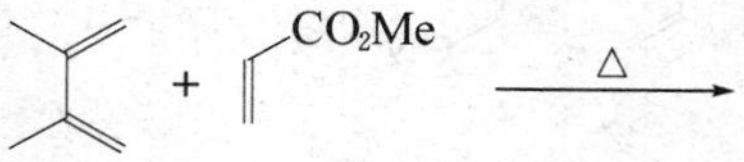

(b) 二烯体的反应构象

反应构象——s-顺式：共轭二烯体以 s-顺式构象参与反应。

刚性的共轭二烯 s-反式构象无双烯合成反应，例如：

不是刚性似刚性，也不发生双烯合成反应：

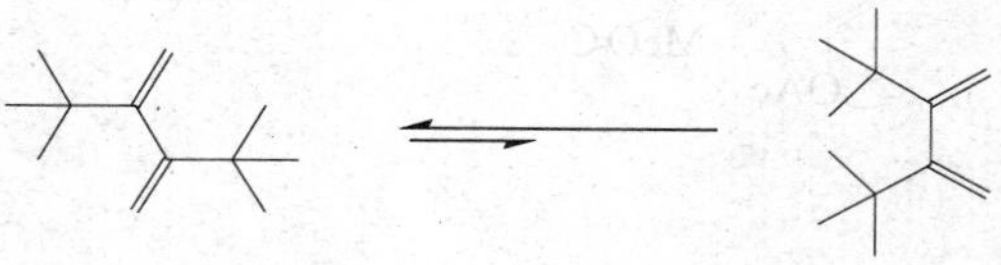

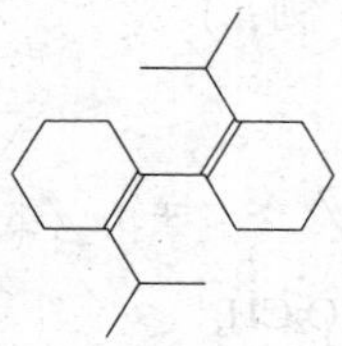

(c) 立体化学

Diels-Alder 反应是立体专一性顺式加成，构型保持。例：

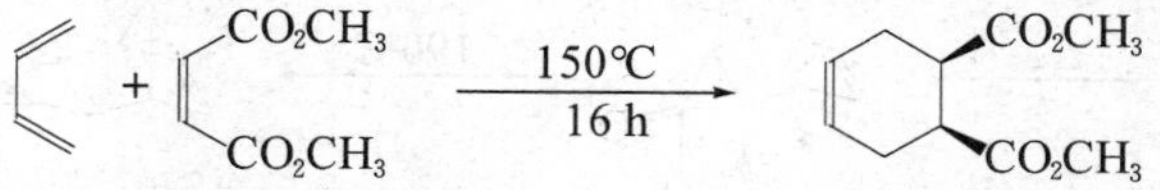

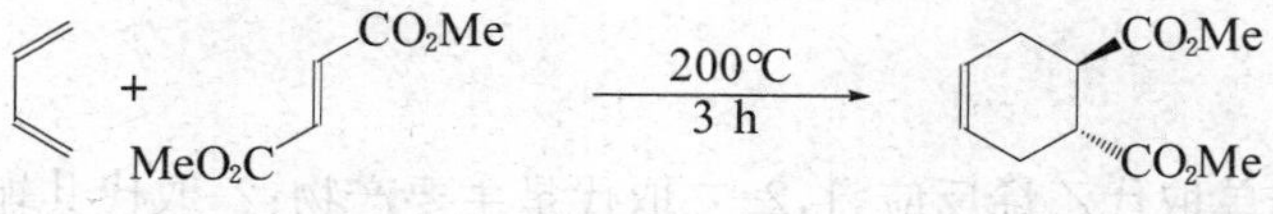

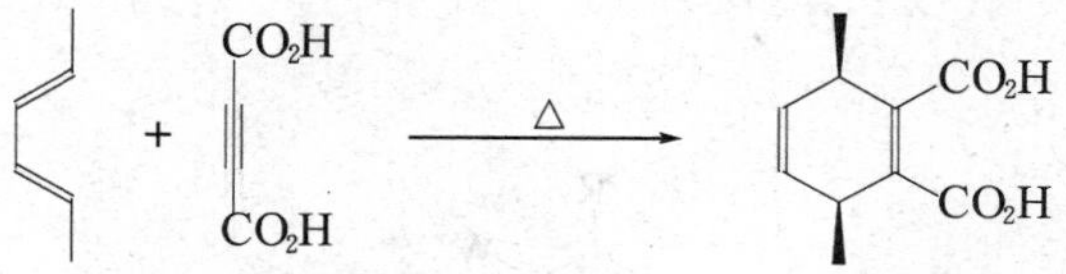

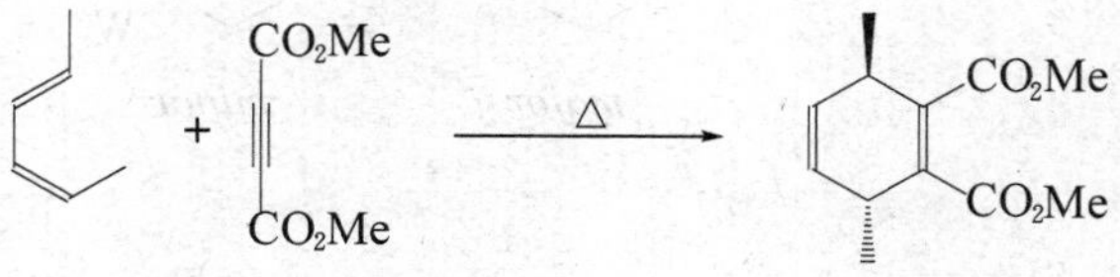

问题 25 完成反应

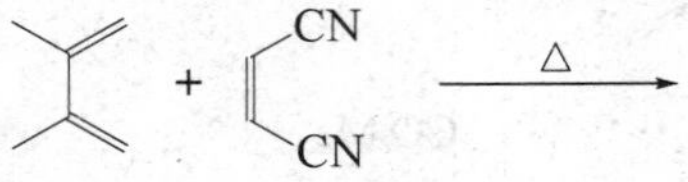

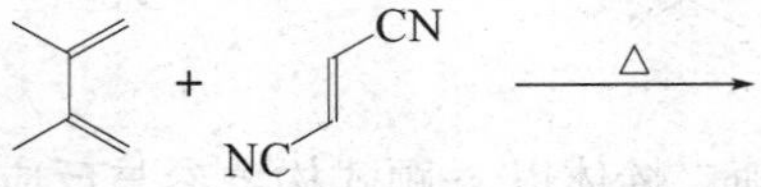

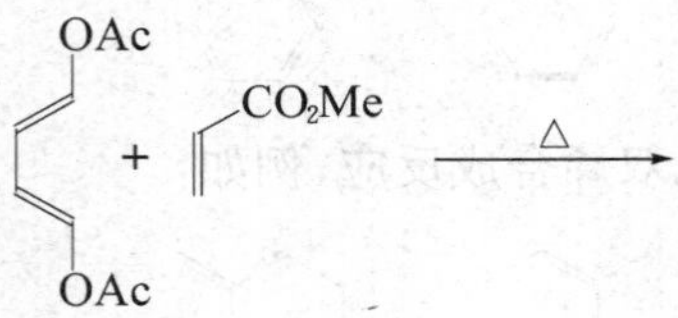

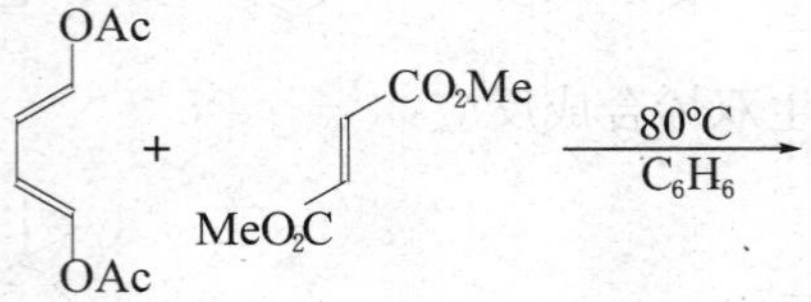

$$\text{(isoprene-like diene)} + \text{(cis-NC-CH=CH-CN)} \xrightarrow{\Delta}$$

$$\text{(isoprene-like diene)} + \text{(trans-NC-CH=CH-CN)} \xrightarrow{\Delta}$$

$$\text{1,4-diOAc-butadiene (trans,trans)} + \text{CH}_2=\text{CH-CO}_2\text{Me} \xrightarrow{\Delta}$$

$$\text{1,4-diOAc-butadiene} + \text{MeO}_2\text{C-CH=CH-CO}_2\text{Me} \xrightarrow[\text{C}_6\text{H}_6]{80^\circ\text{C}}$$

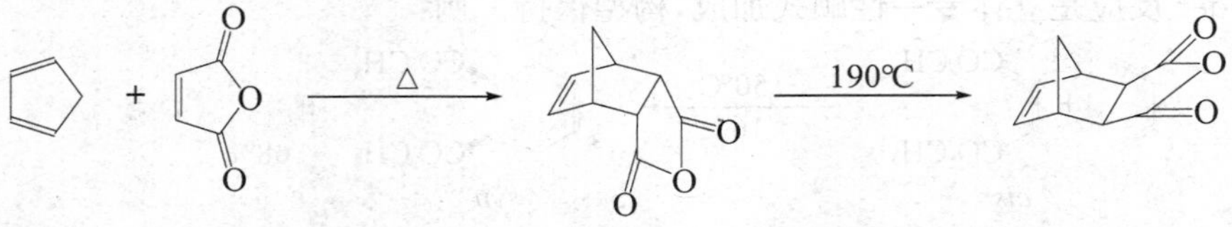

内向型规律：
Diels-Alder 环加成主要产生内向型(*endo*)产物。例：

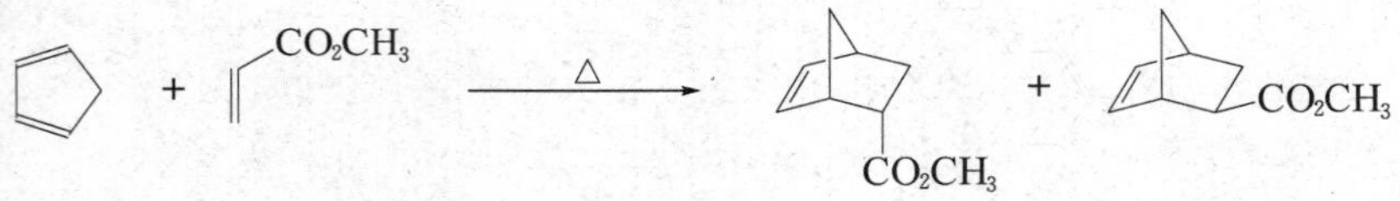

环戊二烯 + CH$_2$=CH-CO$_2$CH$_3$ $\xrightarrow{\Delta}$ *endo* (82%) + *exo* (18%)

环戊二烯 + 马来酸酐 $\xrightarrow{\Delta}$ *endo* $\xrightarrow{190^\circ\text{C}}$ more stable exo-adduct

(d) 区域选择性

1-取代共轭二烯与单取代乙烯反应，1,2-二取代是主要产物；2-取代共轭二烯与单取代乙烯反应，1,4-二取代则是主要产物。此为区域选择性(regioselectivity)，又称为邻-对位规律(*ortho-para* rule)。

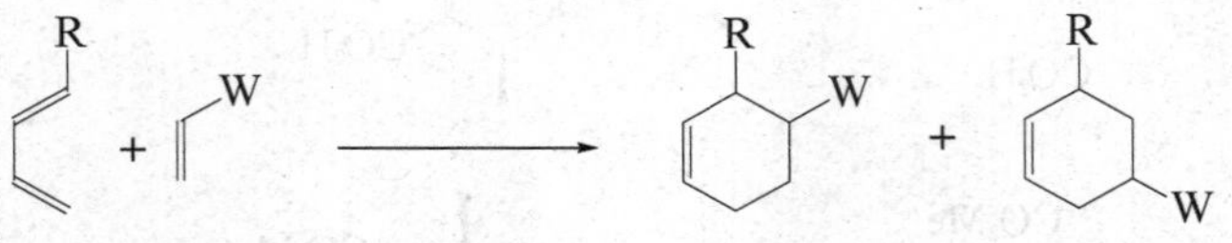

$$\text{R-diene} + \text{CH}_2=\text{CH-W} \longrightarrow \text{1,2-R,W-cyclohexene (major)} + \text{1,4-R,W-cyclohexene (minor)}$$

例：

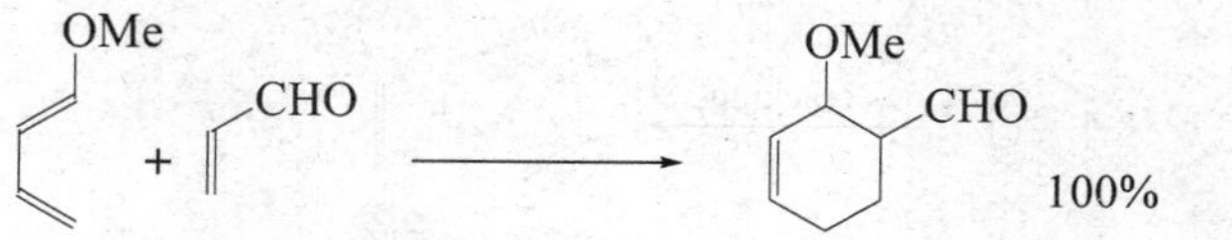

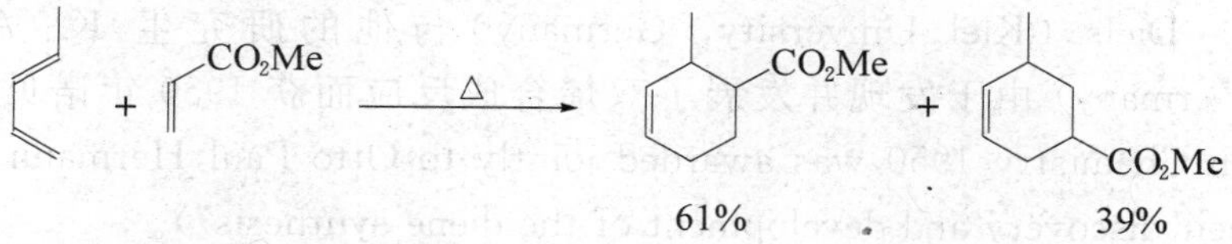

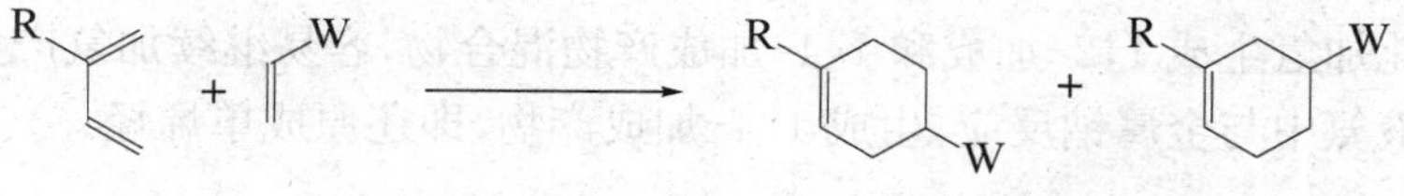

[反应式：(E)-1-甲氧基-1,3-丁二烯 + CH₂=CH-CHO → 6-甲氧基-5-甲酰基环己烯 100%]

[反应式：(E)-1,3-戊二烯 + CH₂=CH-CO₂Me →(Δ) 两种产物 61% + 39%]

[通式：2-取代-1,3-丁二烯(R) + CH₂=CH-W → major (1,4-取代) + minor (1,3-取代)]

例：

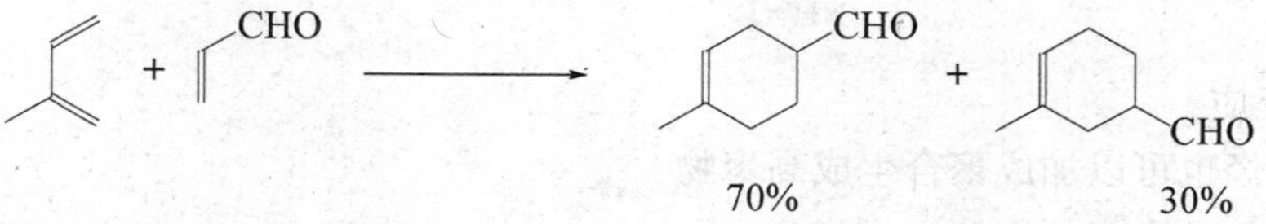

[异戊二烯 + 丙烯醛 → 4-甲基环己烯-1-甲醛 70% + 3-甲基环己烯-1-甲醛 30%]

问题 26 完成反应

1. 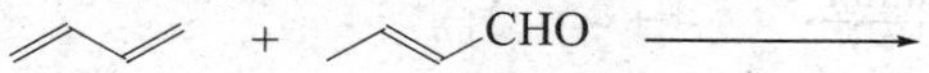 1,3-丁二烯 + (E)-CH₃CH=CHCHO ⟶

2. (E,E)-2,4-己二烯 + CH₂=C(CN)₂ 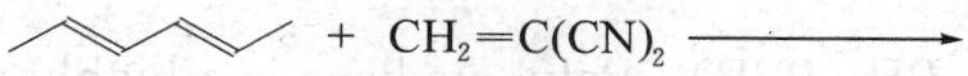 ⟶

3. 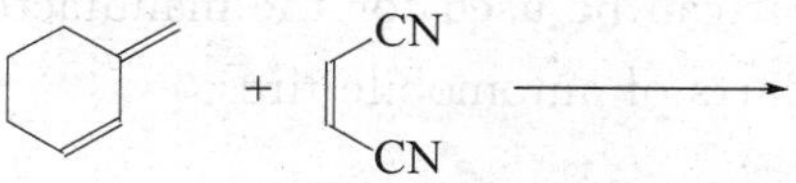 亚甲基环己烯 + (Z)-NC-CH=CH-CN ⟶

4. 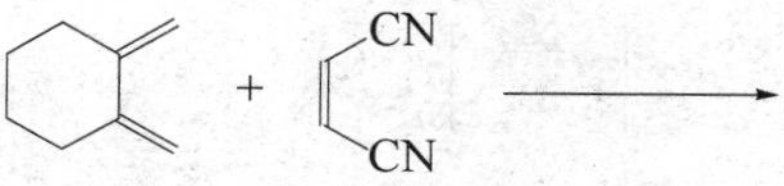 1,2-二亚甲基环己烷 + (Z)-NC-CH=CH-CN ⟶

5. 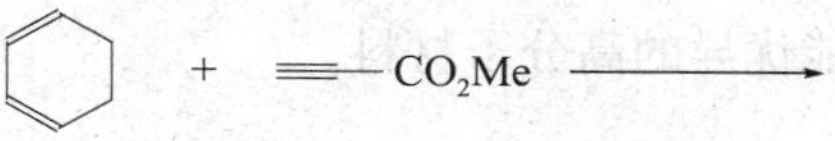 环己烯 + HC≡C-CO₂Me ⟶

6. 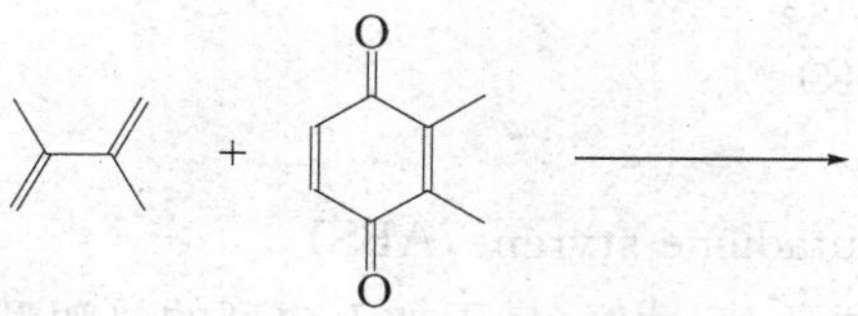 2,3-二甲基-1,3-丁二烯 + 2,3-二甲基-1,4-苯醌 ⟶

(e) Diels-Alder 反应的可逆性

Diels-Alder 环加成反应是可逆的,高温可能分解成原料。如实验室中通过裂化环己烯制备少量丁二烯就是利用了 Diels-Alder 反应的可逆性(*Org. Synth.* 1937,17,25; 1943, *Coll. Vol.* 2,102)。

$$\text{cyclohexene} \xrightarrow[\Delta]{\text{cracking}} \text{butadiene} + \text{ethylene}$$
$$65\% \sim 75\%$$

O. P. H. Diels (Kiel University, Germany) 与他的研究生 K. Alder (Cologne University, Germany) 由于发现并发展了双烯合成反应而获 1950 年诺贝尔化学奖 (The Nobel Prize in Chemistry 1950 was awarded jointly to Otto Paul Hermann Diels and Kurt Alder "for their discovery and development of the diene synthesis").

3) 加氢还原反应

共轭二烯催化加氢生成 1,2-加成和 1,4-加成产物混合物，容易继续加氢产生饱和烷烃。

共轭二烯在液氨中与金属钠反应，生成 1,4-加成产物，即还原成单烯烃。

$$\text{butadiene} \xrightarrow[\text{NH}_3(l)]{\text{Na}} \text{CH}_2\text{—CH=CH—CH}_2 \text{ (with H's)}$$

4) 聚合反应

共轭二烯烃也可以加成聚合生成高聚物。

聚丁二烯(polybutadiene)

$$n \text{ butadiene} \xrightarrow{\text{Polymerization}} *[\text{—CH}_2\text{—CH=CH—CH}_2\text{—}]_n*$$

顺丁橡胶(cis-1,4-polybutadiene rubber, BR, PBR)：Polybutadiene is a highly resilient synthetic rubber. Due to its outstanding resilience, it can be used for the manufacturing of golf balls. Polybutadiene is largely used in various parts of automobile tires.

聚异戊二烯(polyisoprene —— natural rubber)

$$n \text{ Isoprene} \xrightarrow{\text{Polymerization}} *[\text{Polyisoprene}]_n*$$

共轭二烯烃也可以发生共聚，提供了更多的性能优异的高分子材料。

丁苯橡胶(styrene-butadiene rubber, SBR)

丁二烯与苯乙烯共聚，是最大量的通用合成橡胶。

丁腈橡胶(acrylonitrile-butadiene rubber, NBR)

丁二烯与丙烯腈共聚，具有优良的耐油性能。

丙烯腈-丁二烯-苯乙烯共聚物(acrylonitrile-butadiene-styrene, ABS)

丁二烯与丙烯腈、苯乙烯三元共聚，是一种强度高、韧性好、易于加工成型的热塑型高分子材料。

3.1.4.3 累积二烯烃

1. 丙二烯的结构

丙二烯(propadiene; allene)——对称分子：

丙二烯分子的端碳即碳-1 和碳-3 都采取 sp^2 杂化，而中间的碳-2 则是 sp 杂化，剩余的两个 p 轨道(如 p_y 和 p_z)分别与碳-1 和碳-3 的 p 轨道形成两个互相垂直的 π 键。因此，丙二烯分子的碳-1 和碳-3 所在的三角杂化平面是互相垂直的，如图 3-14。

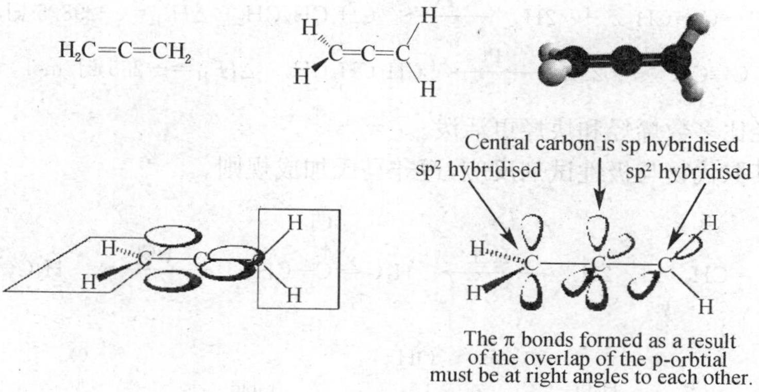
H₂C=C=CH₂
Central carbon is sp hybridised
sp² hybridised
sp² hybridised
The π bonds formed as a result
of the overlap of the p-orbtial
must be at right angles to each other.

图 3-14　丙二烯的结构

凡形成两个双键的碳原子一定是 sp 杂化，即累积二烯或多烯烃里面的碳原子采取 sp 杂化。

丙二烯分子具有两个对称面，还有多个二重对称轴，是对称的分子。

2. 取代丙二烯与轴手性

丙二烯分子两端若分别连有不同取代基，既无对称面亦无对称中心，就构成了手性分子，C(1)-C(2)-C(3)所连接的直线即是分子的手性轴，此类是轴手性分子，如 2,3-戊二烯。

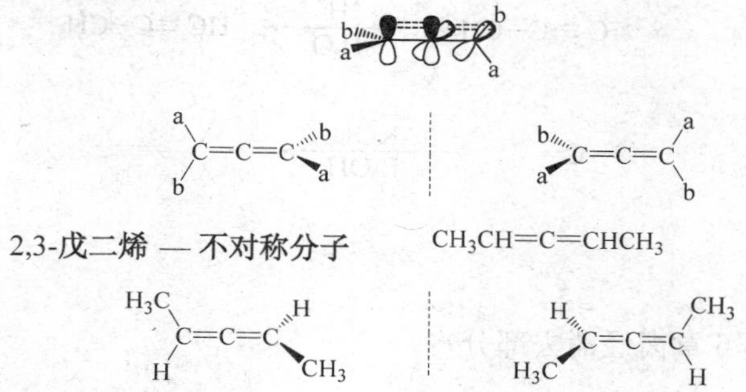
2,3-戊二烯 — 不对称分子
CH₃CH=C=CHCH₃

对映与非对映异构：

累积二烯烃若分别有不同取代，是拉长的四面体，存在对映异构。累积三烯，是平面分子，若分别有不同取代，则是顺反异构，也即非对映异构。

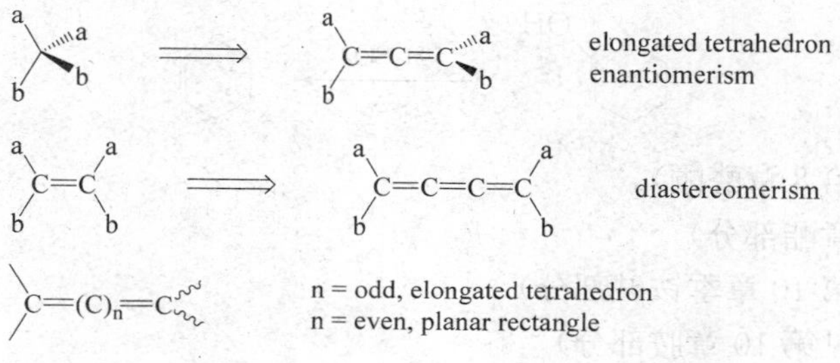
elongated tetrahedron
enantiomerism
diastereomerism
n = odd, elongated tetrahedron
n = even, planar rectangle

3. 累积二烯烃的性质

累积二烯的内能较炔的高,如丙二烯的氢化热比丙炔的高。就是说,与丙炔比较,丙二烯更不稳定。

$$H_2C=C=CH_2 + 2H_2 \xrightarrow{Pt} CH_3CH_2CH_3 \quad \Delta H°_H = -298.5 \text{ kJ/mol}$$

$$CH_3C\equiv CH + 2H_2 \xrightarrow{Pt} CH_3CH_2CH_3 \quad \Delta H°_H = -285 \text{ kJ/mol}$$

累积二烯烃比多数烯烃和炔烃更活泼。

丙二烯及其取代物与极性试剂反应,遵守马氏加成规则。

$$H_2C=C=CH_2 + 2H_2 \xrightarrow{HCl} H_2C=C(Cl)-CH_3 \xrightarrow{HCl} H_3C-CCl_2-CH_3$$

$$\begin{array}{c} H_2C=C=CH_2 \\ HC\equiv C-CH_3 \end{array} \xrightarrow[H^+]{H_2O} H_2C=C(OH)-CH_3 \xrightarrow{rapid} H_3C-CO-CH_3$$

异构化:累积二烯在强碱作用下异构化为炔。

$$H_2C=C=CH_2 \xrightarrow[NH_3]{NaNH_2} HC\equiv C-CH_3$$

异构化机理:

$$H_2C=C=CH_2 \xrightarrow[-NH_3]{-NH_2} HC\overset{\ominus}{=}C\overset{\curvearrowright}{-}CH_2 \longleftrightarrow HC\equiv C-CH_2^{\ominus} \longrightarrow$$

$$^-C\equiv C-CH_3 \xrightarrow[H_2O]{H^+} HC\equiv C-CH_3$$

例:

$$(CH_3)_2C=C=CH_2 \xrightarrow[EtOH]{KOH} (CH_3)_2CH-C\equiv CH$$

3.1.5 烯烃的制备

卤烃碱消去(见第 6 章卤烃消去部分):

$$\text{环己基氯} \xrightarrow[EtOH, \Delta]{KOH} \text{环己烯}$$

醇酸脱水(见第 7 章醇部分):

$$\text{环己醇} \xrightarrow[\Delta]{H_2SO_4} \text{环己烯}$$

Wittig 反应(见第 8 章醛酮)
酯热解(见第 9 章酯部分)
季铵碱热解(见第 10 章季铵碱部分)
氧化叔胺热解(见第 10 章胺部分)

炔烃部分加氢（见第 3 章 3.2 炔烃部分）

烯烃复分解（见第 12 章金属有机化合物部分）

3.1.6 烯烃的存在与用途

小分子烯烃主要来自石油裂解气。环烯烃在植物精油中存在较多，许多可用作香料。

烯类是有机合成中的重要基础原料，用于生产各种化工原料与产品，生产聚烯烃与合成橡胶、塑料等高分子材料。

乙烯　乙烯存在于植物的某些组织、器官中，是由蛋氨酸在供氧充足的条件下转化而成的，可用作水果和蔬菜的催熟剂，是一种已证实的植物激素。

乙烯是合成纤维、合成橡胶、合成塑料（聚乙烯及聚氯乙烯）、合成乙醇（酒精）的基本化工原料，也用于制造氯乙烯、苯乙烯、环氧乙烷、醋酸、乙醛、乙醇和炸药等。乙烯是世界上产量最大的化学产品之一，乙烯工业是石油化工产业的核心，乙烯产品占石化产品的 75% 以上，在国民经济中占有重要的地位。世界上已将乙烯产量作为衡量一个国家石油化工发展水平的重要标志之一。

丙烯　丙烯是三大合成材料的基本原料，主要用于生产聚丙烯、丙烯腈、异丙醇、丙酮、丙烯酸及其酯类、环氧丙烷、环氧氯丙烷和甘油等。

丁烯　丁烯为重要的基础化工原料之一。正丁烯主要用于生产丁二烯，其次用于生产甲乙酮、仲丁醇、环氧丁烷及丁烯聚合物和共聚物等。异丁烯主要用于制造丁基橡胶、聚异丁烯橡胶及各种塑料。

苯乙烯　苯乙烯主要用于生产丁苯橡胶、聚苯乙烯、泡沫聚苯乙烯等；也用于与其他单体共聚制造多种不同用途的工程塑料，如与丙烯腈、丁二烯共聚制得 ABS 树脂，广泛用于各种家用电器及工业上；与丙烯腈共聚制得的 SAN 是耐冲击、色泽光亮的树脂；与丁二烯共聚所制得的 SBS 是一种热塑性橡胶，广泛用作聚氯乙烯、聚丙烯的改性剂等；也用于生产离子交换树脂以及制药、染料、农药等。

丁二烯　丁二烯是是重要的基础化工原料，用于生产合成丁苯橡胶、顺丁橡胶、丁腈橡胶、氯丁橡胶的主要原料，也是生产丁二烯共聚树脂如 ABS 树脂、SBS 树脂、BS 树脂、MBS 树脂和 1,4-丁二醇（工程塑料）、己二腈（尼龙-66 单体）、环丁砜、四氢呋喃等的原料。丁二烯在精细化学品生产中也有重要用途。丁二烯的制法主要有丁烷和丁烯脱氢，或由碳四馏分分离而得。

异戊二烯　异戊二烯主要用于生产顺-聚异戊二烯橡胶。可由高温热裂石油气制得，或由异戊烷和异戊烯脱氢制得，也可由乙炔和丙酮缩合制取。

环戊二烯　环戊二烯是一种化学活性很高的脂环烯烃，易与重键化合物发生加成反应，生成环状化合物。环戊二烯含有活性亚甲基，能与醛、酮缩合，生成有颜色的富烯衍生物。环戊二烯与过渡金属的盐作用，可生成茂金属化合物，例如二茂铁，用作有机合成中间体。

由环戊二烯合成金刚烷：环戊二烯二聚、催化加氢、异构化即成。

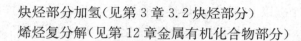

双键在分子链端的单烯烃,一般指 6 个碳以上,称为 α-烯烃。直链 α-烯烃(LAO)生产的洗涤剂有良好的生物降解性,因而更重要。α-烯烃用于生产多种精细化学品和功能化学品,如洗涤剂、乳化剂、增塑剂、润滑油添加剂、防锈剂、皮革处理剂、织物整理剂等。

$C_6 \sim C_{10}$ 的 α-烯烃可用来制造增塑剂,$C_{12} \sim C_{14}$ 及 $C_{16} \sim C_{18}$ 的 α-烯烃用作生产洗涤剂的原料。C_8(二异丁烯)用于生产辛基酚,是生产子午线轮胎所必须的助剂。$C_9 \sim C_{10}$ 用于制造增塑剂邻苯二甲酸二异壬酯(DINP)和邻苯二甲酸二异癸酯(DIDP)。大于 C_{18} 的 α-烯烃直接用于润滑剂和钻井液。$C_{12} \sim C_{16}$ 用于生产洗涤剂,$C_{14} \sim C_{18}$ 用于生产 α-烯烃磺酸钠(AOS, sodium alpha-olefin sulfonate)。

习题

一、完成反应

1. $CH_2=CH_2 + Br_2 \xrightarrow[NaI]{H_2O}$

2. $CH_2=CH_2 + Br_2 \xrightarrow[NaNO_3]{H_2O}$

3. $CH_2=CH_2 + Cl_2 \xrightarrow{AcOH}$

4. [二氢茚结构] $\xrightarrow[H_2SO_4]{CH_3OH}$

5. [环己烯基-CH₂CH=CH₂ 带 OH] $\xrightarrow{H_2SO_4}$

6. $PhCH=CHCH_2Ph \xrightarrow{HBr}$

7. [甲基环戊烯] $\xrightarrow[Na_2CO_3]{PhCO_3H}$

8. [蒎烯结构] $\xrightarrow[ii\ H_2O_2,\ HO^-]{i\ BH_3/THF}$

9. [蒎烯结构] $\xrightarrow[ii\ H_2O_2,\ HO^-]{i\ BH_3/THF}$

10. $CH_3(CH_2)_6CH=CH_2 + CH_2(CN)_2 \xrightarrow{Bz_2O_2}$

11. [异戊二烯类] $\xrightarrow[H_2SO_4]{H_2O}$

12. [3-甲基-1,4-戊二烯] $\xrightarrow[H_2SO_4]{H_2O}$

二、完成转化

1. 丙烯 $\Longrightarrow$ Br—C—C—Br   Cl—C—C—Br

三、建议机理

7. [structure: 4-tert-butylcyclohexene] $\xrightarrow[CH_3OH]{Br_2}$ [trans-dibromide] + [bromo methoxy product]

8. [cyclohexene with *C label] $\xrightarrow{NBS}$ [3-bromo with *C at 1] 50% + [3-bromo with *C at 3] 25% + [3-bromo with *C at 2] 25%

   *C = ^{14}C

9. $CH_2=CH_2$ + $CH(CH_3)_3$ $\xrightarrow{H^+}$ [2,2-dimethylbutane/neohexane skeleton]

四、完成反应并建议机理

1. [1-vinyl-1-methylcyclobutane] $\xrightarrow[H_2SO_4]{CH_3OH}$

2. [CH$_2$=CH–C(OH)(CH$_3$)–] $\xrightarrow{Br_2}$

3. [CH$_2$=CH–CH(Ph)–CH$_3$] $\xrightarrow[H_2SO_4]{H_2O}$

五、结构推导

1. 化合物(C_7H_{14})分别经高锰酸钾氧化和臭氧化水解，发现得到的产物相同。该化合物的结构如何？

2. 化合物 A(C_7H_{12})与高锰酸钾作用后，得到环己酮。A 用酸处理转化成 B，B 与溴作用，生成化合物 C，C 与氢氧化钾乙醇溶液共产生 D，后者经臭氧化-还原水解，给出丁二醛和丙酮醛。试推导 A～D 的结构。

3. 光活性化合物 A(C_6H_{12})催化加氢，旋光消失，经臭氧化分解得 B 和甲醛，B 也有光活性。给出 A 和 B 的结构。

4. 化合物 A(C_6H_{12})与溴的四氯化碳溶液作用，只得到非光学活性也不能拆分的的 B。A 在光照下与溴反应再经催化加氢生成 2-溴己烷。推导 A 和 B 的结构。

5. 化合物 A(C_5H_{10})经臭氧化-还原水解生成乙醛和丙醛，与溴反应只得到苏式产物，用稀高锰酸钾处理只得赤式产物。写出 A 和 B 的结构及反应并讨论其光学活性。

3.2 炔烃 Alkynes —— 不饱和烃(2)

含炔键的化合物常见于普通的药物，也存在于自然界。

[Structure: PhCH$_2$–NCH$_2$C≡CH with CH$_3$ on N]

Eudatin®; Supirdyl®

Pargyline 巴吉林，优降宁

（an antihypertensive 降压药）

[Structure: Mestranol steroid with OH, C≡CH, MeO groups]

Norquen®; Ovastol®

Mestranol 美雌醇

（an oral contraceptive）

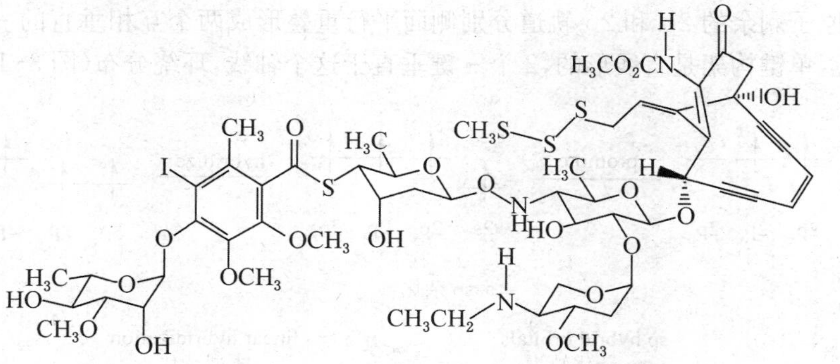

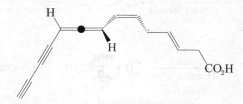

Calicheamicin(CLMs)(Nicolaou,1992)

(烯二炔类高效抗肿瘤抗生素,具有很强的抗菌活性与抗肿瘤作用及低毒性)

Mycomycin 菌霉素

(a natural antibiotics, isolated from the bacterium *Nocardia acidophilus*)

3.2.1 炔烃的结构与命名

含碳碳叁键的不饱和烃称为炔烃(alkynes)。碳-碳叁键(C≡C)是炔烃的官能团。开链单炔烃的通式为 C_nH_{2n-2},与开链二烯、单环单烯互为构造异构体。

C_4H_6 $CH_3CH_2C≡CH$ $CH_3C≡CCH_3$

稳定存在的最小环炔是环壬炔。

环壬炔 cyclononyne

乙炔(acetylene；ethyne)是线型分子,相连的四个原子呈直线型。

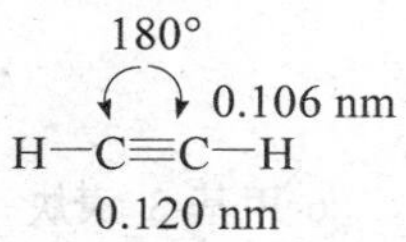

180°

H—C≡C—H   0.106 nm   C≡C 837 kJ/mol
0.120 nm   C—H 548 kJ/mol

杂化轨道理论处理

炔键碳原子 2s 轨道上的一个电子激发到 $2p_z$ 轨道,1 个 2s 轨道和 1 个 $2p_x$ 轨道重新混合——杂化(hybridization),形成 2 个新的等价的 sp 杂化轨道(sp hybrid orbitals),此即 sp 杂化,如图 3-15 所示。2 个 sp 杂化轨道能量最低分布就直线形,因此,sp 杂化又称为线形杂化(linear hybridization),如图 3-15a 所示。sp 杂化轨道如图 3-15b 所示。

两个碳原子分别提供 1 个 sp 杂化轨道,这 2 个 sp 杂化轨道顶头重叠构成碳-碳单键即 σ 键。两个碳原子剩余的 $2p_y$ 和 $2p_z$ 轨道分别侧面平行重叠形成两个互相垂直的 π 键。碳-碳三键由此形成。单键构架是直线形的,2 个 π 键垂直于这个轴线,环绕分布(图 3-15c)。

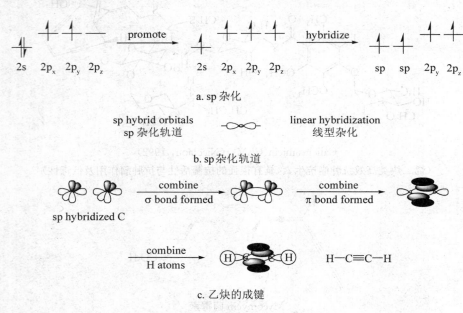

图 3-15 乙炔的分子结构

炔是线型分子。

$$R-C\equiv C-R'$$
$$R-C\equiv C-H \quad 端炔$$

炔的键线式表达:

系统命名法:选主链定母体:含叁键的较(最)长的碳链;定位编号:使叁键的位次较(最)低。例:

6-甲基-3-庚炔

烯炔:选同时含双键与三键的较(最)长的碳链为主链。例:

$$\underset{\underset{CH_3CH_2CH=CC\equiv CCH_3}{|}}{CH=CH_2} \quad 4-乙烯基-4-庚烯-2-炔$$

若有选择,给双键以较低的位次。例:

$$CH \equiv C-CH=CH_2 \qquad\qquad 乙烯基乙炔；1-丁烯-3-炔$$
$$CH \equiv CCH_2CH=CH_2 \qquad\qquad 1-戊烯-4-炔$$
$$CH \equiv CCH_2CH_2CH_2CH=CH_2 \qquad\qquad 1-庚烯-6-炔$$
$$CH \equiv CCH=CHCH_2CH=CH_2 \qquad\qquad 1,4-庚二烯-6-炔$$

$$\begin{array}{c} CH=CH_2 \\ | \\ CH_3C \equiv CCHCH=CHCH_3 \end{array} \qquad\qquad 4-乙烯基-2-庚烯-5-炔$$

多烯炔：若有可能，选含双键较（最）多的碳链为主链。例：

$$\begin{array}{c} CH_2=CHCHCH=CHCH=CH_2 \\ | \\ C \equiv CH \end{array} \qquad\qquad 5-乙炔基-1,3,6-庚三烯$$

3.2.2 炔烃的反应

3.2.2.1 亲电加成反应

1. 加成卤化氢

炔键加成卤化氢生成卤代烯或卤代烷。

乙炔加成氯化氢生成氯乙烯，后者是聚氯乙烯（PVC）的单体。

$$CH \equiv CH + HCl \xrightarrow{CuCl} Cl-CH=CH_2 \quad 氯乙烯$$

<chemical reaction showing 3-hexyne + HCl → (E)-3-chloro-3-hexene, 97%>

端炔加成 HX，遵照马氏加成规则。

$$R-\!\!\equiv\!\!\xrightarrow{HX} \begin{array}{c} X \\ | \\ R-C=CH_2 \end{array} \xrightarrow{HX} \begin{array}{c} X\ X \\ |\ | \\ R-C-CH_3 \end{array}$$

<reactions of 1-hexyne with HI then HBr>

<vinylacetylene + HCl/CuCl → 2-chloro-1,3-butadiene>

乙烯基乙炔 → 2-氯-1,3-丁二烯

反应可能经历了共轭加成、重排：

<mechanism showing H-Cl addition and rearrangement to 2-chloro-1,3-butadiene>

2-氯-1,3-丁二烯是合成氯丁橡胶的单体。

2. 加成卤素

炔键加成一分子卤素生成反式二卤代烯，可继续加成生成四卤代烷，但较慢。

$$R-\!\!\equiv\!\!-R \xrightarrow{X_2} \begin{array}{c} X\quad R \\ \diagup\!\!\!=\!\!\!\diagdown \\ R\quad X \end{array} \xrightarrow[slow]{X_2} \begin{array}{c} X\ X \\ |\ | \\ R-C-C-R \\ |\ | \\ X\ X \end{array}$$

例：

$$CH_3C{\equiv}CCH_2CH_3 \xrightarrow[90\%]{Br_2} CH_3\underset{Br}{C}{=}\underset{Br}{C}CH_2CH_3 \xrightarrow{Br_2} CH_3\underset{Br}{\overset{Br}{C}}\underset{Br}{\overset{Br}{C}}CH_2CH_3$$

烯炔共存：烯键亲电加成反应活性高于炔键。

$$HC{\equiv}CCH_2CH{=}CH_2 \xrightarrow{Br_2} HC{\equiv}CCH_2\underset{Br}{\overset{Br}{C}H}CH_2 \quad 90\%$$

$$HC{\equiv}C{-}CH{=}CH_2 \xrightarrow{Br_2} HC{\equiv}C{-}\underset{Br}{\overset{Br}{C}H}{-}CH_2$$

3. 加水——炔烃的水化反应

炔键在汞盐的稀酸水溶液中反应生成醛或酮，称为库切洛夫水化反应（Kucherov hydration）（1881）。反应过程可认为是加成水生成烯醇，然后异构化为醛或酮。端炔汞水化遵守 Markovnikov 规则。

$$R{-}{\equiv}{-}R \xrightarrow[HgSO_4]{HOH, H_2SO_4} \underset{H}{\overset{R}{C}}{=}\underset{R}{\overset{OH}{C}} \rightleftharpoons R{-}\underset{H}{\overset{H}{C}}{-}\underset{R}{\overset{O}{C}}$$

enol form   keto form

$$R{-}{\equiv} \xrightarrow[HgSO_4]{HOH, H_2SO_4} R{-}\overset{OH}{C}{=}CH_2 \rightleftharpoons R{-}\overset{O}{C}{-}CH_3$$

端炔   甲基酮

烯醇式互变异构成羰基式（酮醛）在热力学上是有利的。

$$\underset{H}{\overset{R}{C}}{=}\underset{R}{\overset{O-H}{C}} \longrightarrow R{-}\underset{H}{\overset{H}{C}}{-}\underset{R}{\overset{O}{C}}{-}H$$

enol tautomer   keto tautomer

Change in bond energy

C=C 146	C—C 83
C—O 85.5	C=O 178
O—H 111	C—H 99

$\Delta H = (83+178+99) - (146+85.5+111) = +17.5 \text{ kcal/mol}$

炔烃水合反应可用于制备、生产醛酮：乙炔生成乙醛，端炔得到甲基酮。

$$HC{\equiv}CH \xrightarrow[HgSO_4]{H_2O, H_2SO_4} H{-}\overset{O}{C}{-}CH_3 \quad 乙醛$$

$$R{-}C{\equiv}CH \xrightarrow[HgSO_4]{H_2O, H_2SO_4} R{-}\overset{O}{C}{-}CH_3 \quad 甲基酮$$

$$R{-}C{\equiv}C{-}R \xrightarrow[HgSO_4]{H_2O, H_2SO_4} R{-}\overset{O}{C}{-}CH_2R \quad 酮$$

例：

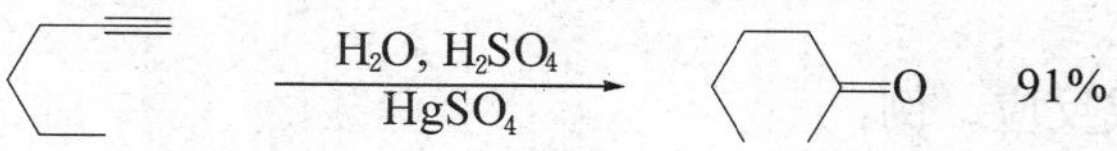

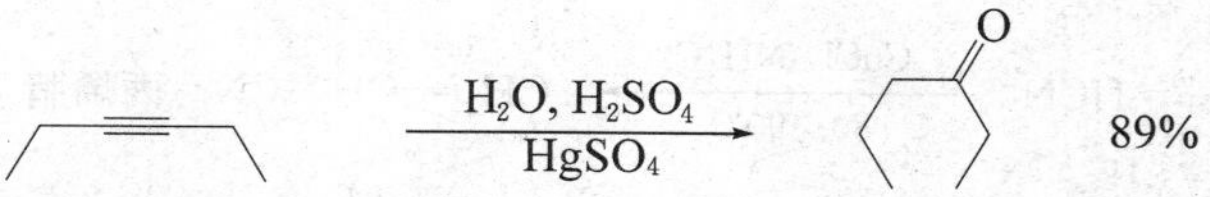

烯炔：叁键比双键易水合，例如乙烯基乙炔汞水化生成甲基乙烯基酮。后者是重要的合成中间体。

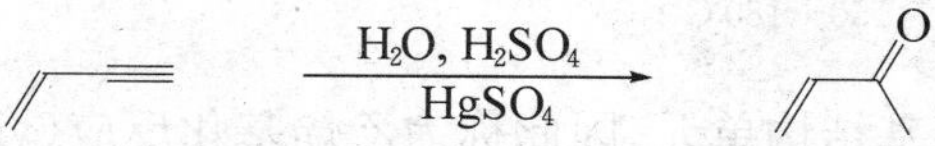

乙烯基乙炔 → 甲基乙烯基酮 (Methyl vinyl ketone, MVK)

4. 硼氢化反应

炔键硼氢化，得烯基硼，端炔加成遵照反-马氏加成规则。

烯基硼的反应：酸解得顺式烯烃，碱性过氧化得醛酮。

烯基硼酸解得烯烃，可用于合成顺式烯烃，尤其是单氘代顺式烯烃。例：

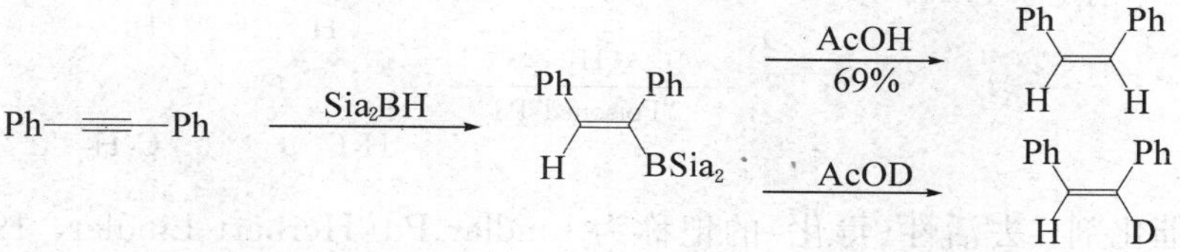

碱性过氧化氢氧化水解得醛酮：

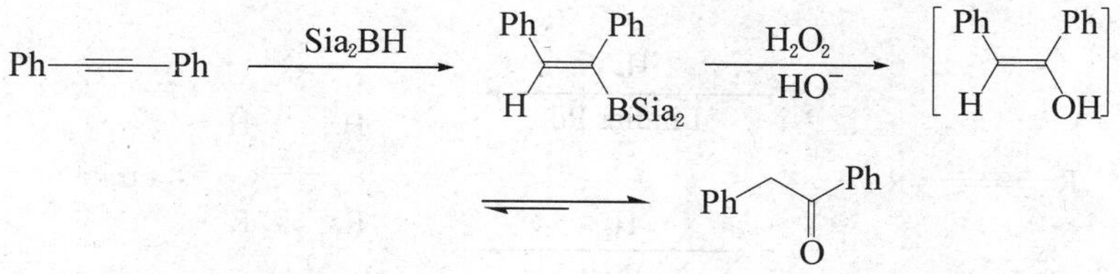

1,2-二苯基乙酮

端炔：碱性过氧化得醛，而汞水化得甲基酮。

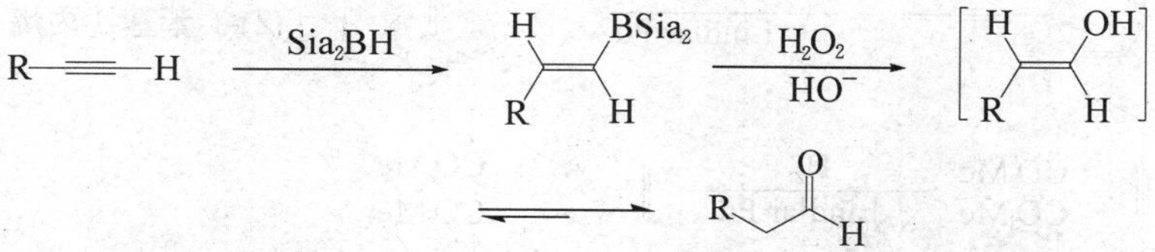

例：

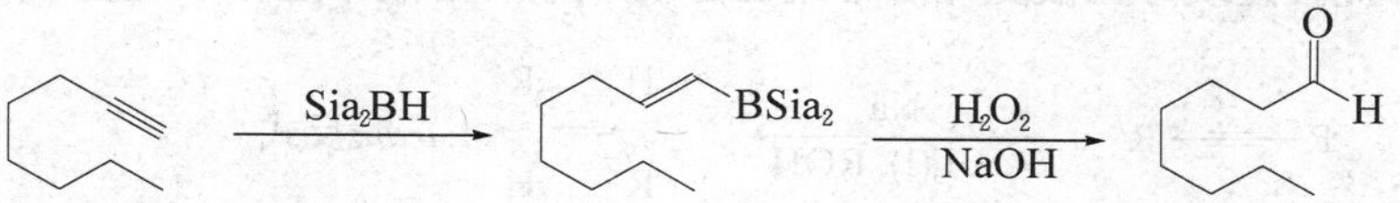

辛醛70%

3.2.2.2 亲核加成反应

炔键易发生亲核加成反应。例：

$$CH\equiv CH + HCN \xrightarrow[80-90℃]{CuCl, NH_4Cl} CH_2=CH-CN \quad 丙烯腈$$

$$CH_3COOH + CH\equiv CH \xrightarrow[150-180℃]{Hg(OAc)_2} CH_3CO-CH=CH_2 \quad 乙酸乙烯酯$$

$$EtOH + CH\equiv CH \xrightarrow[150-180℃]{KOH} EtO-CH=CH_2 \quad 乙烯基乙醚$$

乙炔的加成产物都含有乙烯基结构单元，因此称为乙烯基化反应（vinylation）。

3.2.2.3 炔烃的加氢与还原

催化氢化：镍、铂、钯等催化氢化炔烃产生饱和烃。去活化的催化剂如 Lindlar Pd 催化加氢可停留在烯的阶段，而且是顺式烯烃。

$$H_7C_3-C\equiv C-C_3H_7 \xrightarrow{H_2 \atop Pd/C} H_7C_3-CH_2-CH_2-C_3H_7$$

$$\xrightarrow{H_2 \atop "Poisoned" Pd} \text{cis-}H_7C_3-CH=CH-C_3H_7$$

Lindlar 催化剂：去活性（毒化）的钯称为 Lindlar Pd（Herbert Lindlar, 1952, Roche），$Pd/CaCO_3$, $Pb(OAc)_2$; $Pd/CaCO_3$, PbO; $Pd/BaSO_4$, quinoline。

使用 Lindlar 催化剂加氢炔键得到顺式烯烃（P-2 镍催化剂也有此功能）。

$$R-C\equiv C-R' \xrightarrow{H_2 \atop Lindlar\ Pd} \text{顺式} \quad cis 顺式$$
$$\xrightarrow{H_2 \atop Ni_2B\ (P-2)}$$

合成应用：合成顺式烯烃。

例：

$$Ph-C\equiv C-CH_3 \xrightarrow{H_2 \atop Lindlar\ Pd} (Z)\text{-1-苯基-1-丙烯}$$

$$\text{二炔二酯} \xrightarrow{H_2 \atop Lindlar\ Pd} \text{顺式二烯二酯} \quad 97\%$$

反式还原：金属钠、锂或钾在液氨-醇（常用乙醇、叔丁醇）溶液中还原炔键生成反式烯键。

$$R-C\equiv C-R' \xrightarrow[NH_3(l),\ ROH]{Na} \text{trans反式}$$

此还原反应是单电子(氨溶剂化的电子 ammonia-solvated electrons)转移反应——溶解金属还原(dissolving metal reduction)。

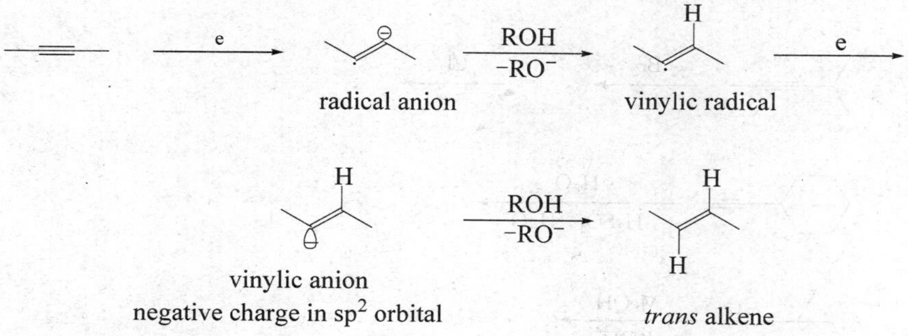

例：

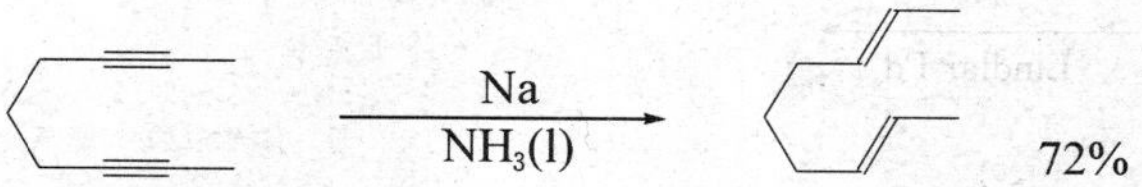

LiAlH$_4$ 亦有同样的效果：

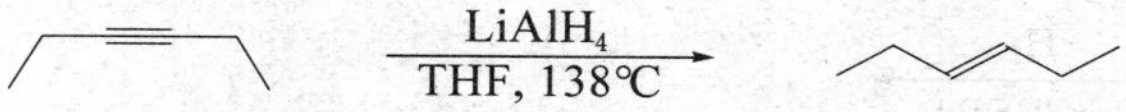

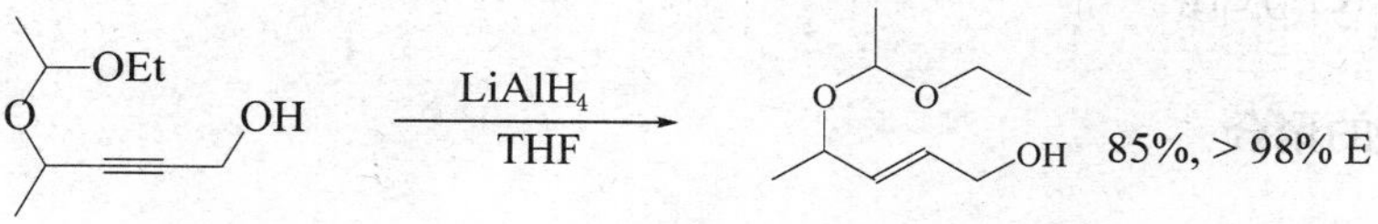

已用于精细有机合成，例如：

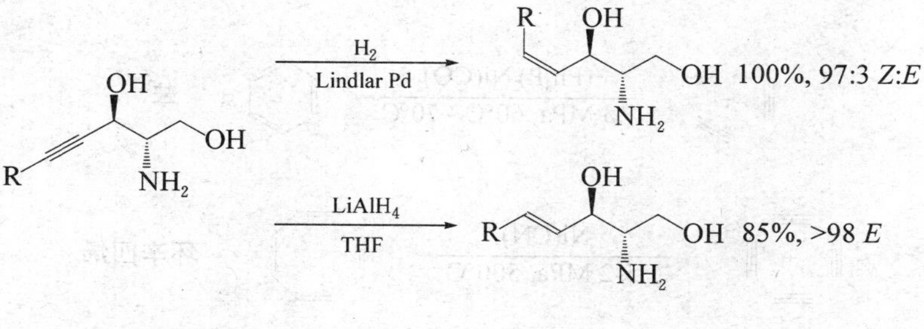

现在可由一炔烃制备顺反不同的烯烃：

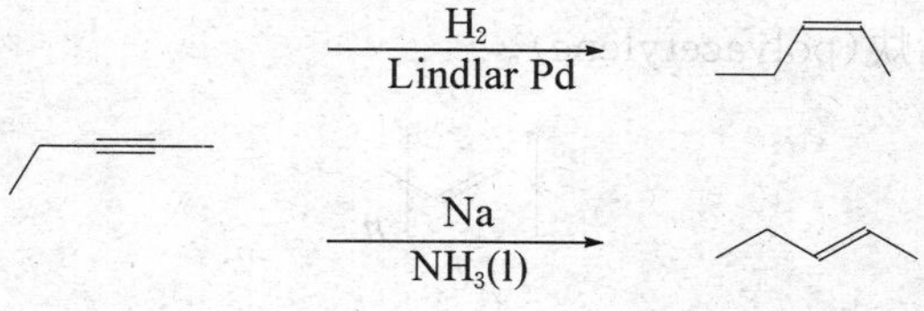

问题 1 完成反应

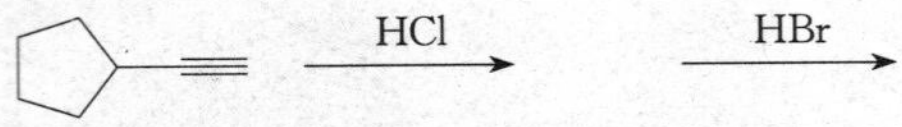

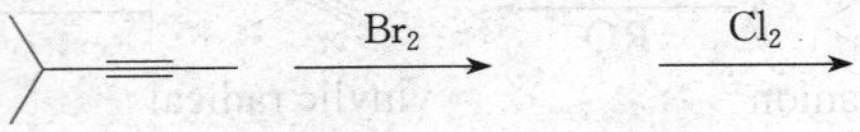

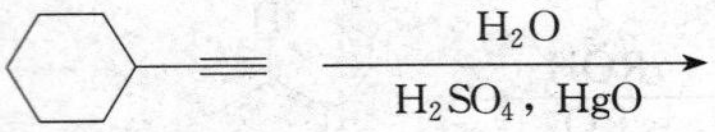

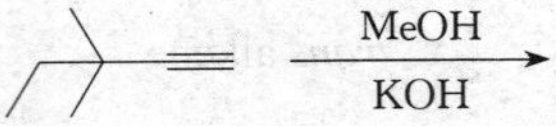

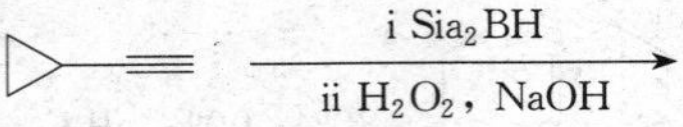

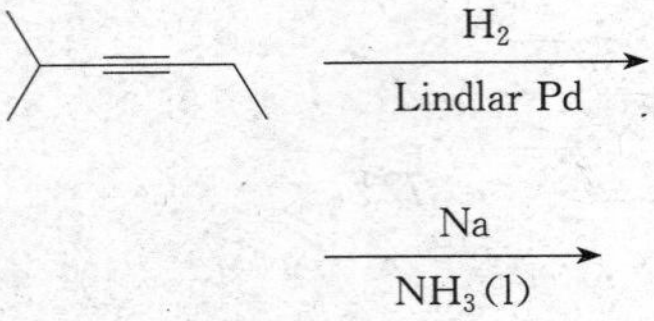

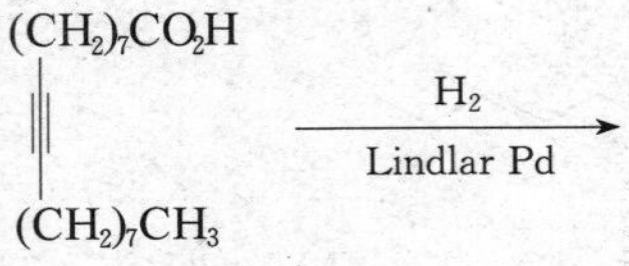

环戊基-C≡CH $\xrightarrow{\text{HCl}}$ $\xrightarrow{\text{HBr}}$

(CH$_3$)$_2$CH-C≡CH $\xrightarrow{\text{Br}_2}$ $\xrightarrow{\text{Cl}_2}$

环己基-C≡CH $\xrightarrow[\text{H}_2\text{SO}_4,\ \text{HgO}]{\text{H}_2\text{O}}$

(C$_2$H$_5$)(CH$_3$)CH-C≡CH $\xrightarrow[\text{KOH}]{\text{MeOH}}$

环丙基-C≡CH $\xrightarrow[\text{ii H}_2\text{O}_2,\ \text{NaOH}]{\text{i Sia}_2\text{BH}}$

(CH$_3$)$_2$CH-C≡C-CH$_3$ $\xrightarrow[\text{Lindlar Pd}]{\text{H}_2}$

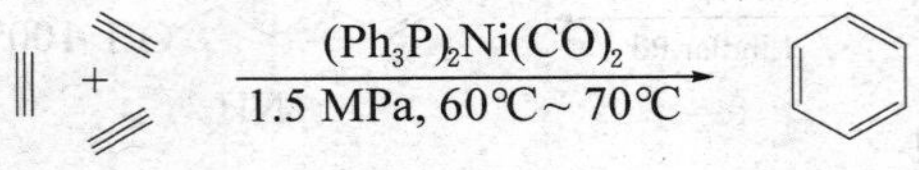

$\xrightarrow[\text{NH}_3\text{(l)}]{\text{Na}}$

(CH$_2$)$_7$CO$_2$H-C≡C-(CH$_2$)$_7$CH$_3$ $\xrightarrow[\text{Lindlar Pd}]{\text{H}_2}$

3.2.2.4 炔烃的聚合

1. 低聚

二聚   2 CH≡CH $\xrightarrow[\text{NH}_4\text{Cl}]{\text{CuCl}}$ CH$_2$=CH-C≡CH   乙烯基乙炔

三聚   ‖ + ‖‖ $\xrightarrow[\text{1.5 MPa, 60℃~70℃}]{\text{(Ph}_3\text{P)}_2\text{Ni(CO)}_2}$ 苯环   苯

四聚   ‖‖ + ‖‖ $\xrightarrow[\text{1.5-2 MPa, 500℃}]{\text{Ni(CN)}_2}$ 环辛四烯   环辛四烯

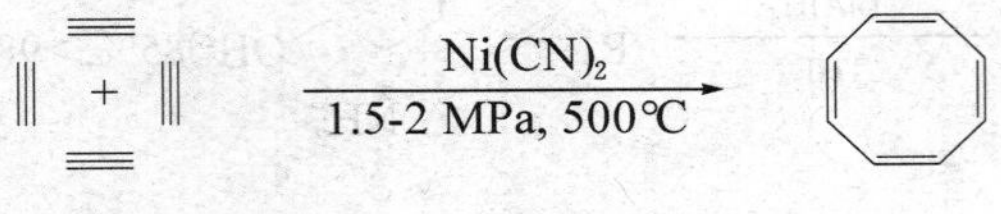

乙炔的三聚与四聚环化具有理论意义。

2. 高聚

乙炔的高聚就是聚乙炔(polyacetylene)。

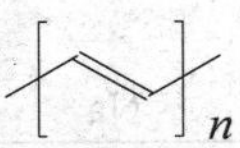

−[CH=CH]$_n$−

参杂聚乙炔（doped polyacetylene）可以导电，成为导电高分子（conductive polymer），这是重大发现。

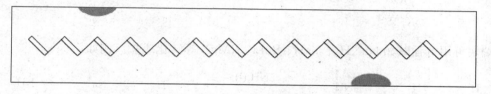

参杂聚乙炔（doped polyacetylene）即导电聚乙炔（conductive polyacetylene）

Heeger，MacDiarmid 与 Shirakawa 由于发现并发展了导电高分子而获 2000 年诺贝尔化学奖（The Nobel Prize in Chemistry 2000 was awarded jointly to Alan J. Heeger, Alan G. MacDiarmid and Hideki Shirakawa "for the discovery and development of conductive polymers"）。

3.2.2.5 氧化反应

炔烃氧化，炔键破裂，生成羧酸。端炔产生羧酸和二氧化碳。

$$R-C\equiv C-R' \xrightarrow[\text{ii } H_2O]{\text{KMnO}_4 \text{ 或 i } O_3} R-COOH + HOOC-R'$$

$$R-C\equiv C-H \xrightarrow{\text{KMnO}_4} R-COOH + CO_2$$

$$R-C\equiv C-H \xrightarrow[\text{ii } H_2O]{\text{i } O_3} R-COOH + HOOC-H$$

应用：较少用于制备，多用于鉴别、结构推导。

$$CH_3(CH_2)_7 C\equiv C(CH_2)_7 CO_2H \xrightarrow[\text{KHCO}_3, H_2O]{\text{KMnO}_4} CH_3(CH_2)_7 \underset{O}{C}-\underset{O}{C}(CH_2)_7 CO_2H \quad >90\%$$

但这不是二酮的通用制备方法。

3.2.2.6 炔氢的酸性与应用

与烯氢、烷氢比较，炔氢显示较强的酸性。

$$H-CH_2CH_3 \qquad H-CH=CH_2 \qquad H-C\equiv CH$$
$$pK_a \sim 50 \qquad\qquad \sim 44 \qquad\qquad \sim 26$$

负离子越稳定越容易电离，酸性越强。炔负离子的负电荷荷在 sp 杂化碳上，比荷在 sp^2 杂化碳或 sp^3 杂化碳上稳定得多，所以炔负离子最容易产生，也即炔氢的酸性最强。

$$^{\ominus}CH_2CH_3 \qquad ^{\ominus}CH=CH_2 \qquad ^{\ominus}C\equiv CH$$

sp^3 sp^2 sp

烷、烯、炔和水、醇、氨的酸性做一比较，相对酸性如下：

	HOH	HOEt	HC≡CH	HNH$_2$	HCH=CH$_2$	HCH$_2$CH$_3$
pK_a	15.5	16	25	35	45	50

端炔可用特强碱如 NaNH$_2$、NaH、BuLi、RMgX 等转化成盐。例如：

$$H-C\equiv C-H + NaNH_2 \xrightarrow{NH_3(l)} H-C\equiv C^{\ominus}Na^+ + NH_3$$

pK_a 25　　　　　　　　　　　　　　　　乙炔化钠 sodium acetylide　　pK_a 35

$$H-C\equiv C-H + BuLi \xrightarrow[-78\ ^\circ C]{THF} H-C\equiv C-Li + BuH$$

乙炔化锂

1-hexyne + BuLi $\xrightarrow[-78\ ^\circ C]{THF}$ 1-hexynyllithium + n-BuH

1-hexyne　　　n-butyllithium　　　　　1-hexynyllithium　　　butane
pK_a ~ 26　　　　　　　　　　　　　　　1-已炔化锂　　　　　pK_a ~50

$$-C\equiv C-H + EtMgBr \xrightarrow[-78\ ^\circ C]{THF} -C\equiv C-MgBr + CH_3CH_3$$

乙基溴化镁　　　　　　　　　　丙炔基溴化镁

炔烃异构化——炔键位移

强碱性试剂可使炔键位移，导致炔烃异构化。氢氧化钾和氨基钠都可使炔烃发生异构化，即炔键位移，但作用却不同。氢氧化钾使炔键里移，而氨基钠则使炔键外移向末端。

$$CH_3CH_2-C\equiv CH \xrightarrow[\Delta]{KOH} CH_3C\equiv C-CH_3$$

$$CH_3C\equiv C-CH_3 \xrightarrow[\Delta]{NaNH_2} CH_3CH_2-C\equiv CH$$

1. 活泼金属炔化物的合成应用

烃基化合成高级炔：炔负离子是良好的亲核试剂，通过亲核取代实现烃基化，从而合成高级炔烃。例：

$$HC\equiv CH \xrightarrow{NaNH_2}_{NH_3(l)} CH\equiv C^-Na^+ \xrightarrow[70\%\sim77\%]{n-BuBr} $$

$$\xrightarrow[ii\ EtBr]{i\ NaNH_2} \quad 64\%\ overall$$

$$HC\equiv CH \xrightarrow[ii\ EtBr]{i\ NaNH_2} \xrightarrow[ii\ MeBr]{i\ NaNH_2} \quad 81\%$$

$$\text{(4-methyl-1-pentyne)} \xrightarrow[\text{NH}_3(l)]{\text{NaNH}_2} \xrightarrow{\text{MeBr}} \text{(4-methyl-2-hexyne)} \quad 80\%$$

$$\text{HC}\equiv\text{CH} \xrightarrow[\text{ii EtBr}]{\text{i NaNH}_2} \xrightarrow[\text{ii EtBr}]{\text{i NaNH}_2} \text{(3-hexyne)}$$

$$2\ \text{CH}\equiv\text{C}^-\text{Na}^+ + \text{BrCH}_2\text{CH}_2\text{Br} \xrightarrow{\text{THF}} \text{1,5-己二炔}\ 81\%$$

加成环氧化物合成醇,见第 7 章醇酚醚。
加成醛酮羰基合成醇,见第 8 章醛酮。
加成二氧化碳合成羧酸,见第 9 章羧酸。

问题 2 合成设计

$$C_2 \Longrightarrow \Longrightarrow \text{(丁醛 CHO)},\ \text{(2-丁酮)},\ \text{(2-戊酮)},\ \text{(2,5-己二酮)}$$

2. 过渡金属炔化物

端炔与银离子、亚铜离子反应,迅速产生沉淀,可用于鉴别。

$$\text{R}-\text{C}\equiv\text{C}-\text{H} \xrightarrow{\text{Ag(NH}_3)_2^+} \text{R}-\text{C}\equiv\text{CAg}\downarrow\ \text{white}$$
$$\xrightarrow[\text{HO}^-]{\text{Cu(NH}_3)_2^+} \text{R}-\text{C}\equiv\text{CCu}\downarrow\ \text{red}$$

$$\text{HC}\equiv\text{CH} + \text{Ag(NH}_3)_2^+ \longrightarrow \text{AgC}\equiv\text{CAg}\downarrow\ \text{white}$$

$$\text{HC}\equiv\text{CH} + \text{Cu(NH}_3)_2^+ \longrightarrow \text{CuC}\equiv\text{CCu}\downarrow\ \text{red}$$

炔化亚铜的合成应用
取代偶联,例如:

$$\text{PhC}\equiv\text{CCu} + \text{I}-\langle\text{C}_6\text{H}_4\rangle-\text{OCH}_3 \xrightarrow{\Delta} \text{Ph}-\equiv-\langle\text{C}_6\text{H}_4\rangle-\text{OCH}_3 \quad 98\%$$

氧化偶联:炔化亚铜在氧化剂作用下偶联生成二炔烃。例:

$$\text{PhC}\equiv\text{CCu} \xrightarrow{\text{O}_2} \text{PhC}\equiv\text{C}-\text{C}\equiv\text{CPh}\ \ 90\%$$

$$\text{HOCC}\equiv\text{CCu} \xrightarrow{\text{K}_3\text{Fe(CN)}_6} \text{HOCC}\equiv\text{C}-\text{C}\equiv\text{CCOOH}\ \ 60\%$$

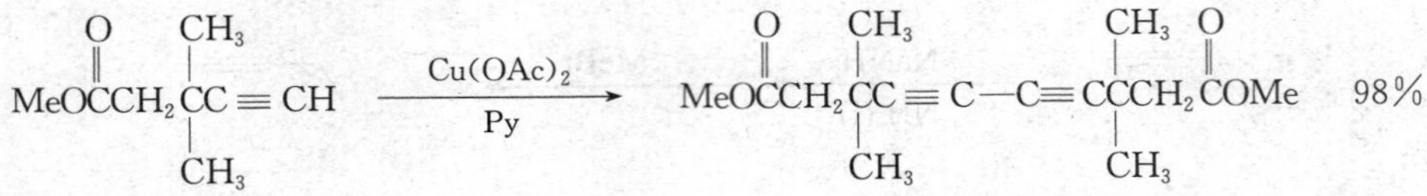

$$\text{MeOCCH}_2\underset{\underset{CH_3}{|}}{\overset{\overset{CH_3}{|}}{C}}\text{C}\equiv\text{CH} \xrightarrow[\text{Py}]{\text{Cu(OAc)}_2} \text{MeOCCH}_2\underset{\underset{CH_3}{|}}{\overset{\overset{CH_3}{|}}{C}}\text{C}\equiv\text{C}-\text{C}\equiv\text{C}\underset{\underset{CH_3}{|}}{\overset{\overset{CH_3}{|}}{C}}\text{CCH}_2\text{COMe} \quad 98\%$$

$HC\equiv C(CH_2)_n C\equiv CH$ 型双端炔氧化偶联可合成大环化合物,如大环多烯 18-轮烯的合成。

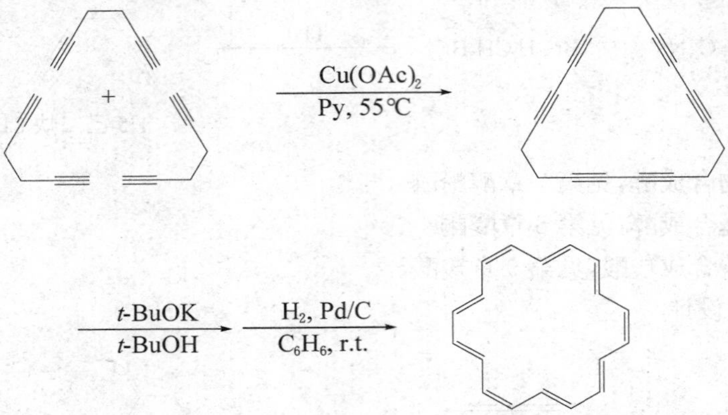

[18]-轮烯

3.2.3 炔烃的制备

3.2.3.1 乙炔

碳化钙水解产生乙炔：

$$CaO + 3C \xrightarrow{1\,800\,°C \sim 2\,100\,°C} CaC_2 + CO$$

$$CaC_2 + 2H_2O \longrightarrow HC\equiv CH + Ca(OH)_2$$

即乙炔可由煤生产,这是煤化工的基础反应。

乙炔是重要的基础化工原料,可生产乙醛、乙酸等众多化工原料与产品,此即煤化工。

Reppe(Walter Reppe)化学(乙炔化学、煤化学)

乙烯基化反应(vinylation)：乙炔加成醇、卤化氢、氰化氢等生成乙烯基化(vinylation)产物。

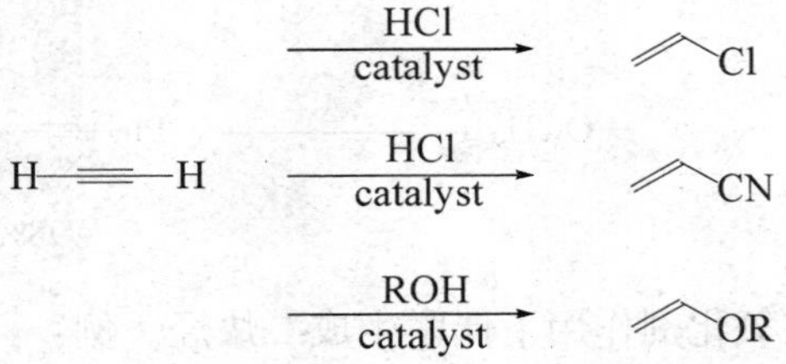

乙炔基化反应(ethynylation)：乙炔、端炔与醛酮反应生成 α-炔醇。

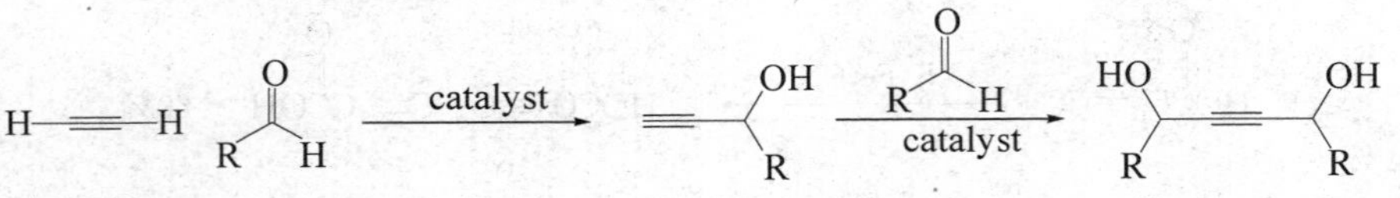

羰基化反应(carbonylation)：乙炔和一氧化碳、水或醇在催化剂存在下反应生成丙烯酸或丙烯酸酯。

$$HC\equiv CH + CO + H_2O \xrightarrow{catalyst} CH_2=CHCOOH$$

$$HC\equiv CH + CO + ROH \xrightarrow{catalyst} CH_2=CHCOOR$$

环化(cyclization)：乙炔在适当催化剂存在下可三聚或四聚环化。

$$3\,HC\equiv CH \xrightarrow{catalyst} C_6H_6 \quad 苯$$

$$4\,HC\equiv CH \xrightarrow{catalyst} C_8H_8 \quad 环辛四烯$$

3.2.3.2 炔烃的一般制备方法——二卤代烃消去

由邻二卤代烃制备：

$$\underset{\underset{R}{|}}{\overset{\overset{X}{|}}{C}}H-\underset{\underset{X}{|}}{\overset{\overset{R'}{|}}{C}}H \xrightarrow[2\,NaNH_2]{\substack{i\,KOH\\ii\,NaNH_2}} R-C\equiv C-R'$$

由同碳二卤代烃制备：

$$\underset{\underset{R}{|}}{\overset{\overset{X}{|}}{C}}-\underset{\underset{R'}{|}}{\overset{\overset{X}{|}}{C}}H_2 \xrightarrow{2\,NaNH_2} R-C\equiv C-R'$$

3.2.3.3 高级炔烃的合成

$$R-C\equiv CH \xrightarrow[ii\,RBr]{i\,NaNH_2} R-C\equiv C-R$$

$$R-C\equiv CH \xrightarrow[ii\,R'Br]{i\,NaNH_2} R-C\equiv C-R'$$

$$HC\equiv CH \xrightarrow[ii\,RBr]{i\,NaNH_2} R-C\equiv CH \xrightarrow[ii\,RBr]{i\,NaNH_2} R-C\equiv C-R$$

$$HC\equiv CH \xrightarrow[ii\,RBr]{i\,NaNH_2} R-C\equiv CH \xrightarrow[ii\,R'Br]{i\,NaNH_2} R-C\equiv C-R'$$

习题

一、以乙炔为基本原料合成

1.

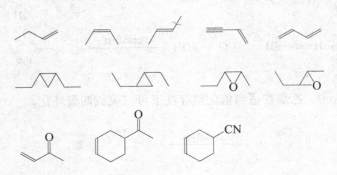

2. 天然产物信息素

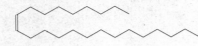

Sex pheromone for the female housefly, the housefly sex attractant Muscalure; *cis*-9-Tricosene;（Z）-9-二十三碳烯 $C_{23}H_{46}$

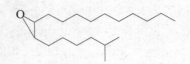

Disparlure $C_{19}H_{38}O$
Pheromone produced by female gypsy moths used to attract male gypsy moths to traps

二、完成转化

1.

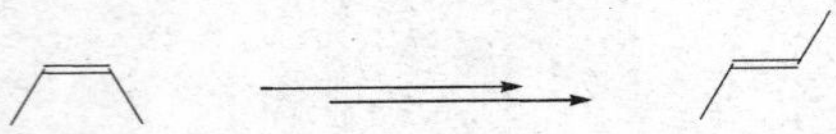

2. 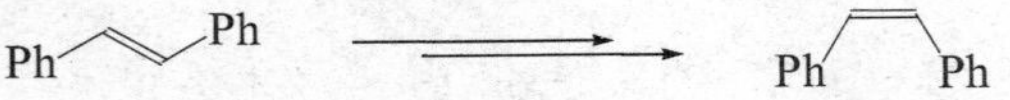 Ph—Ph → Ph—Ph

三、结构推导

1. MS 显示，化合物 A、B 和 C 均有分子式 C_6H_{10}，A 遇亚铜氨溶液有红色沉淀，而 B 和 C 呈阴性。经热高锰酸钾溶液处理，A 分离出戊酸，B 得到丁酸和乙酸，C 只得到丙酸。经铂催化氢化，A、B 和 C 都得到正己烷。试给出 A、B 和 C 的结构。

2. 光活性化合物 A(C_8H_{12}) 经钯催化氢化处理得不旋光的化合物 B (C_8H_{18})，A 经 Lindlar 钯催化氢化处理得旋光化合物 C(C_8H_{14})，但用金属钠在液氨中处理得到不旋光的化合物 D (C_8H_{14})。试给出 A 的结构。

第4章 有机化合物波谱解析
Spectral Elucidation of Organic Compounds

结构决定性能。因此,认识物质的结构是必要的。

有机化合物的结构测定是有机化学的重要组成部分。

结构测定方法:

传统的化学方法:通过化学反应进行转化、降解、衍生等。这种测定工作极其艰辛、困难、且耗时、费力,需要的样品量也大。例如鸦片中吗啡($C_{17}H_{19}NO_3$,鸦片中的主要生物碱,优异的镇痛药物),1805年分离纯品,1925年取得正确的结构式,1952年全合成确定,历时一个半世纪。

现代的物理方法:仪器测定——波谱表征

  核磁共振谱(NMR)

  红外光谱(IR)

  质谱(MS)

  紫外-可见光谱(UV-Vis)

  晶体X-射线衍射

现代物理仪器测定特点:快速、准确、样品用量少。

现代波谱技术不仅可以测定分子的结构,而且还能研究分子间各种聚集态的构型与构象,对有机化学、分析化学、物理化学、无机化学、生物化学、药物化学以及生命科学、材料科学、石油化工等都有重要意义。

4.1 核磁共振谱 NMR

核磁共振(nuclear magnetic resonance,NMR)的发现始于20世纪上半叶。20世纪30年代,I. I. Rabi (Columbia University)在高真空氢分子束实验中发现,受电磁波作用的原子核在外加磁场中发生能级之间共振跃迁现象并用于测量核磁矩,为此获1944年Nobel物理学奖。1945年,F. Block(Stanford University)和E. M. Purcell(Harvard University)观察到固体(石蜡)和液体(水)中氢核的核磁共振现象,为此获得1952年Nobel物理学奖。

1953年,美国Varian公司推出世界上第一台商品化的核磁共振仪(30 MHz)。此后,核磁共振技术经历了磁场超导化和脉冲傅里叶变换两次重大革命,极大地提高了共振仪的分辨率和灵敏度,使核磁共振的测定状态从溶液扩展到固体,测定技术从氢谱发展到碳谱、从最初的一维谱扩展到多维等高级谱、从低分辨谱发展到高分辨谱,研究体系从小分子扩展到生物大分子。核磁共振技术已在多个领域如物理、化学、医学、石油化工、考古等方面获得了广泛应用。

核磁共振主要用于物质的化学结构研究。化学家利用核磁共振研究纯化合物分子与反应活性中间体的结构,也用于混合物的组成及形态研究。在有机化学上,核磁共振谱已经成为测定、表征与研究有机化合物结构的基本常规方法。

Richard R. Ernst (Eidgenössische Technische Hochschule Zürich)发展了高分辨核磁共振谱——傅里叶变换核磁共振谱(Fourier transform NMR, FT NMR),为此获得 1991 年 Nobel 化学奖。Kurt Wüthrich (Eidgenössische Technische Hochschule Zürich)发展了利用 NMR 在溶液中测定生物大分子三维结构的方法,为此荣获 2002 年 Nobel 化学奖。

核磁共振在医学领域的应用更是惠及了普通大众。磁共振成像技术(magnetic resonance imaging, MRI)已成为医学上的常规标准诊断方法。Paul C. Lauterbur (University of Illinois, Urbana, IL, USA)和 Peter Mansfield (University of Nottingham, School of Physics and Astronomy, Nottingham, UK)由于在磁共振成像理论与应用方面的开创性研究而获得 2003 年 Nobel 生理或医学奖。

4.1.1 氢谱 ^{1}H NMR

图 4-1 是乙酸乙酯的核磁共振氢谱图。

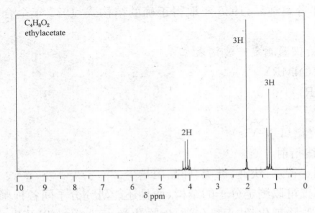

图 4-1 乙酸乙酯氢谱

核磁共振谱提供的信息:

横坐标代表共振(resonane)信号位置——化学位移:不同种类的氢及其多少,信号多重性代表邻近氢的多少;纵坐标表示共振积分:代表产生信号的氢的数量。

4.1.1.1 核磁共振基本原理

1. 核自旋与磁矩

核磁共振(nuclear magnetic resonance, NMR)是指原子核在磁场中自旋能级分裂,共振吸收电磁波的物理过程,来源于原子自旋并绕磁场方向回旋——拉莫尔进动(Larmor precession)。

原子核自旋产生的磁矩 μ 大小与自旋角动量 P、核的旋磁比 γ 及自旋量子数 I 有关。

$$\mu = \gamma P = \frac{h\gamma}{2\pi}\sqrt{I(I+1)}$$

其中,自旋量子数 I 为整数或半整数,h 是 Plank 常数,γ 是磁旋比(magnetogyric ratio)或旋磁比(gyromagnetic ratio),磁核的特征常数,如 $\gamma_{1H}=26.75$ rad/s·T,$\gamma_{13C}=6.72$ rad/s·T。

原子核自旋能否生产磁矩,产生何种磁矩,取决于自旋量子数 I。核磁共振研究的对象是具有磁矩的原子核。

原子核的质量数及其原子序数都是偶数,其自旋量子数 $I=0$,这样的原子核不产生磁矩。如:^{12}C、^{16}O、^{32}S 等。原子核的质量数是偶数,原子序数为奇数,自旋量子数 I 都是整数。

如:^{2}H、^{14}N $I=1$, ^{36}Cl $I=2$。

自旋量子数的数值和原子核的质量数及其原子序数有关(图 4-2)。$I>1/2$ 的原子核,具有电四极矩,其表面电荷呈非均匀的椭圆形分布,共振谱线宽,不易共振检测。

原子核的质量数是奇数,不论原子序数奇偶,原子核 I 为半整数,自旋产生磁矩。如:^{1}H、^{13}C、^{15}N、^{19}F、^{29}Si、^{31}P 等,$I=1/2$。^{35}Cl,$I=3/2$。此类原子核电荷均匀分布在核表面(球形分布),自旋产生偶极磁矩($m=2$),共振谱线窄,容易得到高分辨核磁共振谱,是 NMR 研究的主要对象,如 ^{1}H(氢谱)、^{13}C(碳谱)、^{19}F(氟谱)、^{31}P(磷谱)等。目前广泛应用的是氢谱和碳谱。

图 4-2　核自旋与自旋量子数 I 的关系

2. 核磁能级分裂与核磁共振

在外加磁场中,具有磁矩的原子核的能级将发生分裂(Zeeman 塞曼效应),即核自旋有不同的进动取向,与自旋量子数有关:

$$(2I+1)$$

核自旋取向用磁量子数 m 表示,如 ^{1}H 的自旋量子数 $I=1/2$,有两个取向,即 $m=+1/2$ 和 $m=-1/2$。

原子核自旋取向不同能级之间的能级差与核的特性及外加磁场有关:

$$\Delta E = h\gamma H_0/2\pi$$

即能级差与外加磁场强度成正比。

核自旋量子数 $I=1/2$ 的能级见图 4-3。

若用频率为 ν 的射频辐射,只有 ν 等于磁核的 Larmor 频率 ν_0 时,磁核才能吸收射频能量($\Delta E = h\cdot\gamma\cdot H_0/2\pi$),从低能态跃迁至高能态,此即核磁共振的条件。

外加磁场强度正比于施用频率(图 4-4)。

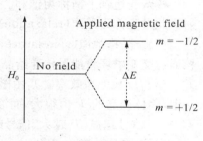

图 4-3　核自旋量子数 $I=1/2$ 的能级

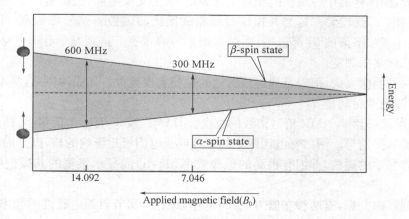

图 4-4　核磁共振频率与外加磁场强度

共振(进动)频率 ν_0 与外加磁场强度 H_0 及旋磁比 γ 成正比。磁场 7.046 T 对应于 ν:

$$\nu = \Delta E/h = \gamma H_0/2\pi$$

$$\nu = \gamma \cdot H_0/2\pi = \frac{2.675 \times 10^8}{2 \times 3.1416} T^{-1} s^{-1} \times 7.046 T = 300 \times 10^6 \text{Hz} = 300 \text{MHz}$$

^1H, $\gamma_{1H} = 26.75$ rad/s·T

$H_0 = 1.41$ Tesla, $\nu_0 = 60$ MHz

$H_0 = 2.35$ Tesla, $\nu_0 = 100$ MHz

$H_0 = 7.05$ Tesla, $\nu_0 = 300$ MHz

$H_0 = 14.09$ Tesla, $\nu_0 = 600$ MHz

^{13}C, $\gamma_{13C} = 6.72$ rad/s·T

$H_0 = 2.35$ Tesla, $\nu_0 = 25$ MHz

$H_0 = 7.05$ Tesla, $\nu_0 = 75$ MHz

核磁共振仪的频率通常是指氢核的共振频率,如 300 MHz,其碳核的共振频率是 75 MHz。

为使原子核自旋发生能级跃迁,可通发射射频电磁波来实现。当射频电磁波的频率与原子核自旋进动的频率相同时,原子核即吸收射频的能量而发生能级跃迁。用射频电磁波照射置于外加磁场(现代多采用低温超导电磁铁)中的样品,绝大多数核自旋处于低能态,吸收射频能量跃迁至高能态,然后回到低能态并释放出能量,这种变化的记录就是 NMR 信号。

核跃迁达到平衡称为饱和。实际上,处于高能态的核还会返回低能态并放出能量(非辐射),此过程称为弛豫(relaxation)。弛豫有两种方式,即自旋-晶格弛豫和自旋-自旋弛豫。

自旋-晶格弛豫(spin-lattice relaxation)又称纵向弛豫(longitudinal relaxation),是高能态核通过交变磁场将能量传递给晶格(环境),实现能量交换,返回低能态。自旋-晶格弛豫时间 T_1,$1/T_1$ 反映弛豫效率。T_1 由磁核特性、化学环境、样品物理状态等决定,并受温度的影响。一般,固体样品的 T_1 值很大,而液体或气体样品的 T_1 值很小。T_1 与共振信号的强度成反比,T_1 越小,信号越强,T_1 越大,信号越弱。

自旋-自旋弛豫(spin-spin relaxation)又称横向弛豫(transverse relaxation),是高能态核将能量传递给周围进动频率相同但自旋取向不同的核,返回低能态。横向弛豫时间 T_2,$1/T_2$ 反映弛豫效率。自旋-自旋弛豫不影响自旋体系总能量,即横向弛豫对恢复 Boltzmann 平衡没有贡献。一般,固体样品中各磁核间相对位置固定,易于交换能量,也就是其 T_2 值很小。而液体或气体样品的 T_2 值较大。T_2 与共振信号峰宽成反比,T_2 越小,信号峰越宽。固体、粘度较高的样品、液体或浓溶液的 T_2 都很小,因而共振信号峰很宽。这就是为什么一般将样品配成溶液再进行核磁共振测定。

虽然有两种弛豫方式,但总是通过最有效的途径实现弛豫。如固体样品,基本上由横向弛豫决定,即实际弛豫时间是 T_2。

T_1 和 T_2 都能够影响 NMR 信号谱线的宽度。只要 T_1 或 T_2 有一个值很小,即弛豫很快,就会得到很宽的共振信号。例如有电四极矩的磁核或受电四极矩影响的核,以及固体、高粘度液体或浓溶液样品中的磁核,都因有很高的弛豫效率(T_2 小)而显示很宽的共振谱线,实际上常检测不到。

为了实现核磁共振,有两种实验方法:固定外加磁场,调节射频电磁波的频率 ν,实现核磁共振,此为扫频法(frequency-sweep)。固定射频电磁波的频率 ν,调节外加磁场场强,实现核磁共振,此为扫场法(field-sweep)。现代核磁共振仪多用扫场法(图 4-5)。

核磁共振仪有连续波核磁共振仪(continuous-wave magnetic resonance spectrometer,

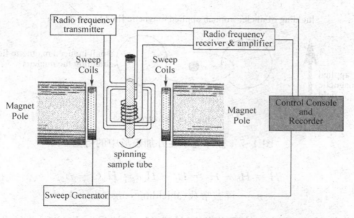

图 4-5 核磁共振仪示意图

CW-NMR)和脉冲傅里叶变换核磁共振仪(pulsed Fourier transform magnetic resonance spectrometer,PFT-NMR)。前者是用连续变化的射频电磁波频率进行扫描得到共振图谱,后者是通过发射强大的脉冲,使所有氢核受激跃迁,然后自由弛豫,记录下时域(time domain),经傅里叶变换处理得到以频率表示的共振图谱。PFT-NMR 的特点是样品用量减少、测定时间缩短、灵敏度提高。现代的核磁共振仪基本上都是脉冲傅里叶变换(图 4-6)。

图 4-6　Bruker 700 MHz 核磁共振仪

4.1.1.2　化学位移与屏蔽

分子中的原子核在外加磁场中实际感受到的磁场强度受核外电子产生的诱导磁场对抗而减弱(图 4-7)。

核外电子产生的诱导磁场对抗外加磁场(H_0),也就是说对核有屏蔽作用(shielding),核感受到的磁场强度不是 H_0 而是 H:

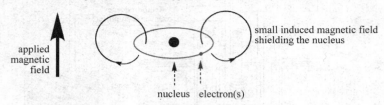

图 4-7 核外电子在外加磁场中的行为

$$H = H_0 - H_i = H_0 - H_0\sigma = H_0(1-\sigma)$$

σ —— 屏蔽常数(shielding constant)

屏蔽常数反映核外电子对核的屏蔽作用的强弱,也就是与氢核所处的化学环境有关。

化学环境与化学位移

核周围的电子云密度越高,屏蔽效应就越强,要相应增加磁场强度才能使之发生共振。核周围的电子云密度高低取决于其周围的化学键和所连接基团的的电子效应等。

原子周围的化学键和电子云的分布状况称为该原子核的化学环境。不同化学环境的核,所受的屏蔽效应不同,其核磁共振信号亦就出现在不同的位置,即有不同的化学位移。

由于化学环境不同而导致不同的共振频率(信号)称为化学位移(chemical shift)。

由于化学位移差别微小,难以精确测定。方法是加入参照化合物(reference compound),测定相对值。化学位移就是相对于参照物信号的距离。

化学位移若以频率(Hz)表示,与磁场强度(仪器频率)成正比。如苯在不同外加磁场中氢的化学位移:

C$_6$H$_5$—H   60 MHz ν = 435 Hz
         300 MHz ν = 2 181 Hz

化学位移 δ(ppm):定义 δ

$$\delta = (\nu_s - \nu_r)/\nu_0 \times 10^6 = \Delta\nu/\nu_0 \times 10^6 \quad \text{ppm} \quad (\text{parts per million})$$

式中,ν_s 与 ν_r 分别是样品与参比物的共振频率,ν_0 是仪器的工作频率,由于差值很小,表达不方便,扩大一百万倍,单位就成了百万分之几(parts per million),即 ppm。

显然,这种化学位移 δ(ppm)和磁场强度(仪器频率)无关。一般指的化学位移即是 δ(ppm)。例:

C$_6$H$_5$—H   60 MHz ν = 435 Hz δ = 7.27ppm
         300 MHz ν = 2 181 Hz δ = 7.27ppm

$$\delta = \Delta\nu/\nu_0 \times 10^6 = [435/60 \times 10^6] \times 10^6 = 7.27\text{ppm}$$
$$\delta = \Delta\nu/\nu_0 \times 10^6 = [2\,181/300 \times 10^6] \times 10^6 = 7.27\text{ppm}$$

常用的参照物是四甲基硅烷(CH$_3$)$_4$Si (tetramethyl silane, TMS),特点是单峰、沸点低、屏蔽效应强(化学位移值小),一般氢的共振信号都出现在它的左边,常把它调为零,即"左正右负"。

$$\delta_\text{TMS} = 0\text{ppm}$$

化学位移与场强的关系：

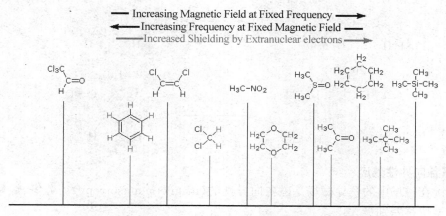

^{1}H NMR Resonance Signals for some Different Compounds

影响化学位移的因素

1. 电子效应

吸电子效应低场位移，增大 δ；给电子效应高场位移，减小 δ。

诱导效应(inductive effect)：诱导效应随着键的延长迅速减弱。

例：　　　　FCH$_3$　　CH$_3$OCH$_3$　　(CH$_3$)$_2$NCH$_3$　　CH$_3$CH$_3$　　(CH$_3$)$_3$SiCH$_3$
δ_H　4.3　　　3.2　　　　　2.38　　　　　0.9　　　　　0.0
δ_H　4.50　　3.50　　　　　3.40　　　　　3.20

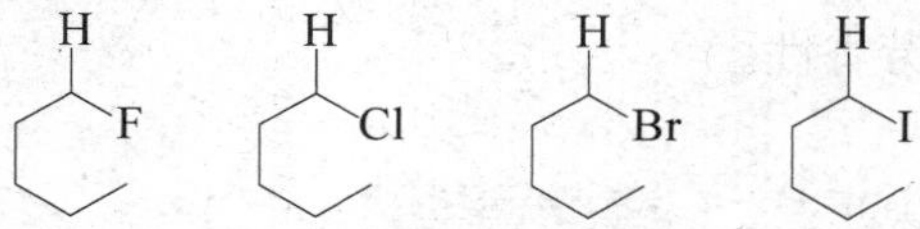

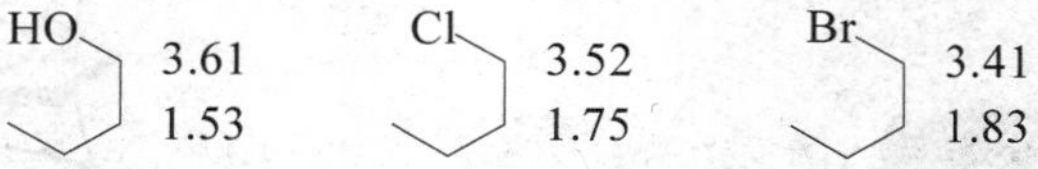

CH$_3$—CH$_2$—CH$_2$—Cl　　　　　CH$_3$—CH$_2$—CH$_2$—OH
δ_H 0.96　1.61　3.38　　　　δ_H 0.92　1.57　3.58

CH$_3$—CH$_2$—CH$_2$—NO$_2$　　　CH$_3$—CH$_2$—CH$_2$—CHO
δ_H 1.03　2.07　4.38　　　　δ_H 0.97　1.67　2.42

共轭效应(conjugate effect)：吸电子共轭效应低场位移，增大 δ；给电子共轭效应高场位移，减小 δ。

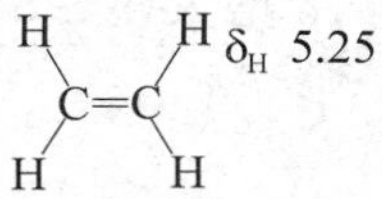

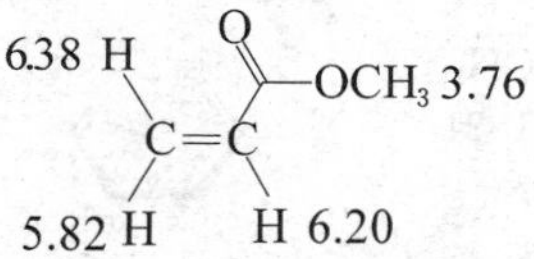

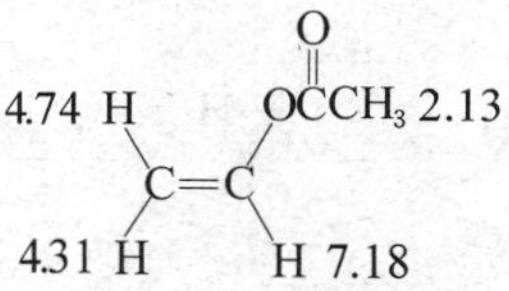

$$\begin{array}{c}\text{3.99 H}\quad\text{O—CH}_2\text{CH}_3\ \text{3.66\ 1.20}\\ \text{C}=\text{C}\\ \text{3.81 H}\quad\text{H 6.30}\end{array}\longleftrightarrow\begin{array}{c}\text{H}\quad\overset{+}{\text{O}}\text{—CH}_2\text{CH}_3\\ \overset{-}{\text{C}}=\text{C}\\ \text{H}\quad\text{H}\end{array}$$

$$\begin{array}{c}\text{2.20 H}_3\text{C}\\ \text{6.28 H}\quad\text{C}=\text{O}\\ \text{C}=\text{C}\\ \text{6.18 H}\quad\text{H 5.82}\end{array}\longleftrightarrow\begin{array}{c}\text{H}_3\text{C}\\ \text{C}—\text{O}^-\\ \overset{+}{\text{C}}=\text{C}\\ \text{H}\quad\text{H}\end{array}$$

2. 磁各向异性效应

化学键在磁场中的诱导磁场是磁各向异性的(magnetic anisotropy)。芳氢、烯氢、炔氢与烷烃的化学位移差别极大：

$$\text{C}_6\text{H}_5\text{—H}\quad\quad\text{H}_2\text{C}=\text{CH}_2\quad\quad\text{H—C}\equiv\text{C—H}\quad\quad\text{CH}_3\text{CH}_3$$
$$\delta_\text{H}\ 7.26\quad\quad\quad 5.25\quad\quad\quad\quad 1.80\quad\quad\quad\quad 0.9\text{ppm}$$

这是由其结构即化学键的磁各向异性决定的。

芳环的环电流效应——芳香性

芳环大Π键电子在外加磁场中形成环电流，产生的诱导磁场在环内与环上下区域是抗磁的，即屏蔽，导致高场位移，δ减小；而在环外周围是顺磁的，即去屏蔽，低场位移，δ增大，见图4-8。此即环电流效应——芳香性。

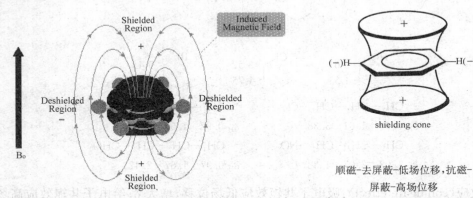

顺磁-去屏蔽-低场位移，抗磁-
屏蔽-高场位移

图4-8 芳环的环电流在外加磁场中的行为　　图4-9 芳环的磁各向异性效应

芳环周围是顺磁-去屏蔽区，低场位移，δ增大(7~8)。芳环内与上下方处于抗磁-屏蔽区，高场位移，δ减小(图4-9)。

$$\begin{array}{cccc}\triangle\text{—H}&\bigcirc\text{—H}&\bigcirc\text{—CH}_2\text{CH}_3\ 2.63/1.21&\text{[cyclophane]}\ 0.3,\ 1.3,\ 1.6,\ 2.6\\\delta_\text{H}\ 0.22&1.44&\sim 7.2&\end{array}$$

苯环上方的亚甲基处于抗磁-屏蔽区,高场位移,δ变得很小。
烯键与醛

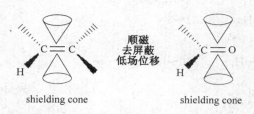

图 4-10　烯键与羰基的磁各向异性效应

烯氢处于顺磁-去屏蔽区,低场位移,δ 增大(4.5～6.5)(图 4-10)。醛氢处于顺磁-去屏蔽区,且 C=O 高度极化,羰基碳荷正电,所以极大地低场位移,δ 特别大(9～10)(图 4-10)。

取代基的电子效应对芳氢化学位移的影响

吸电子效应增大化学位移;给电子效应减小化学位移。

$$H\ 7.27 \quad OCH_3\ 6.82 / 7.18 / 6.86 \quad NO_2\ 8.21 / 7.45 / 7.66$$

$$\delta_H\ 1.6\ (CH_3)_3CH\ \delta\ 0.9 \quad \delta\ 0.9\ (CH_3)_2CHCH_2CH_3\ 1.2\ 0.8 \quad \delta\ 0.8 / \delta\ 1.5\ \text{(methylcyclohexene)} \quad CH_3CHO\ \delta\ 9.7 / \delta\ 1.1$$

特征化学位移

Type of proton	δ_H	Type of proton	δ_H
R—C—H	0.9～1.5	C=C—H	4.5～6.5
C=C—C—H	1.5～2.5	Ar—H	6.5～8.5
C≡C—C—H	2.5	O=C—H	9.0～10
O=C—C—H	2.0～2.5	—O—C—H	3.3～4.5
Ar—C—H	2.3～2.8	N—C—H	2.3～3.0

3. 活性氢的化学位移

羧酸、酰胺、醇与酚氢是活性氢,其化学位移受测定溶剂、浓度、温度等影响显著。

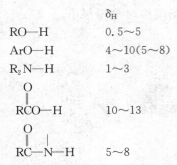

氢键增大化学位移,信号加宽(broad signals)。

活性氢交换:活性氢交换导致信号变宽,偶合消失。

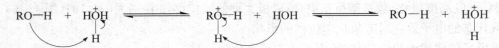

交换反应速度:OH > NH > SH。

活性氢的验证:加重水,信号消失。例如普通乙醇和高纯乙醇的氢谱见图4-11。

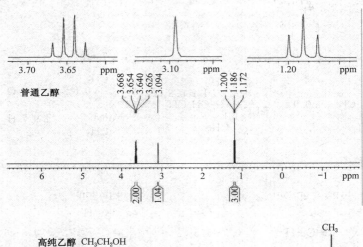

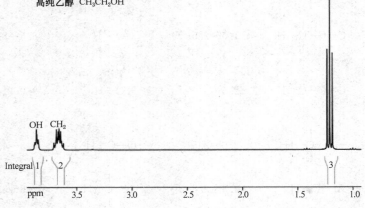

图4-11 上图:普通乙醇氢谱;下图:高纯乙醇氢谱

4.1.1.3 共振信号的多少与分子的对称性

分子产生 NMR 信号的数量取决于分子中氢的种类与多少。

1. 化学等价的氢

化学环境相同的氢,化学位移相同,是化学等价的(chemically equivalent)。具有轴对称性(C_n)的氢是化学等价的,有相同的化学位移。

$$\underset{a}{CH_3}O\underset{a}{CH_3} \qquad Cl-\underset{\underset{\underset{a}{CH_3}}{|}}{\overset{\overset{a}{CH_3}}{\overset{|}{C}}}-\underset{a}{CH_3}$$

$$\underset{a}{CH_3}\underset{b}{CH_2}Cl \qquad \underset{a}{CH_3}\underset{\underset{Cl}{|}}{\overset{b}{CH}}\underset{a}{CH_3} \qquad \underset{a}{CH_3}O-\underset{\underset{\underset{b}{CH_3}}{|}}{\overset{\overset{b}{CH_3}}{\overset{|}{C}}}-\underset{b}{CH_3}$$

$$\underset{a}{CH_3}\underset{b}{CH_2}\underset{c}{CH_2}Cl \qquad \underset{a}{CH_3}O\underset{b}{CH_2}\underset{c}{CH_3}$$

甲苯和对二甲苯的氢谱见图 4-12 和图 4-13。

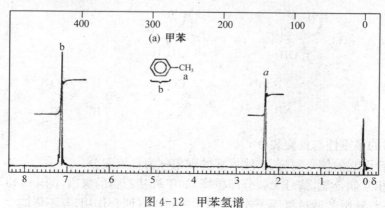

图 4-12 甲苯氢谱

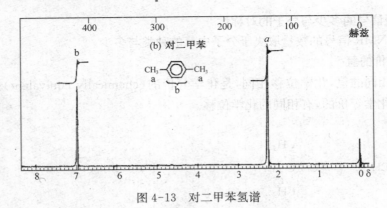

图 4-13 对二甲苯氢谱

2. 对映位氢

对映位氢具有对称面或对称中心。在通常（非手性）条件下具有相同的化学位移；在手性条件下，化学位移不同。下列分子中的一对氢都是对映位氢。

3. 非对映位氢

非对映位氢不具有任何对称因素，即化学不等价。非对映位氢具有不同的化学位移。

δ_H 5.3 ppm
δ_H 5.5 ppm δ_H 2.2 ppm

下列分子都存在非对映位氢：

4.1.1.4 信号的多重性与自旋裂分

由自旋偶合引起的信号裂分、谱线增多的现象称为自旋裂分。

没有邻位相互偶合氢，信号无裂分即单峰，如甲氧基乙腈的氢谱（图 4-14），两个信号都是单峰，因为甲基与亚甲基通过氧原子连接，相互之间没有偶合作用，互不影响。

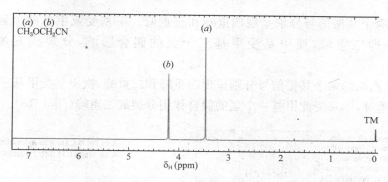

图 4-14 甲氧基乙腈氢谱

乙酸甲酯的氢谱也是两个孤立的单峰，两个甲基之间没有任何偶合作用（图 4-15）。

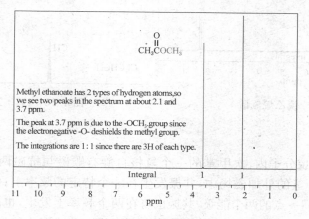

图 4-15 乙酸甲酯氢谱

有邻位偶合氢的存在，信号将裂分，谱线增多。

$(n+1)$ 规律：与 n 个化学等价的氢发生偶合，信号被裂分成 $(n+1)$ 重峰。

若分别与 n 和 m 个化学等价的氢发生偶合，信号则被裂分为 $(n+1)(m+1)$ 重峰。但实际上常表现为 $(n+m+1)$ 重峰。

在 1,1,2-三氯乙烷分子（Cl_2CHCH_2Cl）中有两组不等价的氢，其自旋偶合导致裂分，分别为二重峰（$\delta=3.96ppm$）和三重峰（$\delta=5.78ppm$）（图 4-16）。

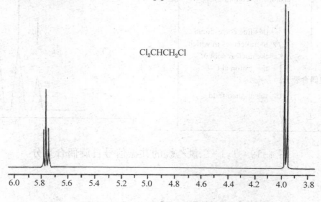

图 4-16 1,1,2-三氯乙烷氢谱

溴乙烷的两个共振信号分别呈现四重峰和三重峰。甲基受亚甲基两个氢的偶合作用，分裂成二加一即三重峰，亚甲基受甲基三个氢的偶合影响，分裂成三加一即四重峰（图4-17）。

1,1-二氯乙烷的两个共振信号分别呈现四重峰和二重峰，次甲基受甲基三个氢的偶合作用而分裂成四重峰，甲基受此甲基一个氢的偶合作用分裂成二重峰（图4-18）。

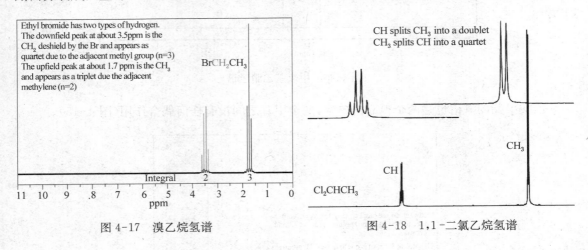

图4-17　溴乙烷氢谱　　　　　　　　　　图4-18　1,1-二氯乙烷氢谱

自旋偶合裂分

在1,1-二氯乙烷分子内，次甲基的一个氢核自旋有顺磁与抗磁两种取向，代表两种能级。甲基在没有这个氢的外加磁场中，共振发生在一个特定的频率上；但在有一个氢的情况下，由于有低一点和高一点的两个能级，共振也将在两个频率上发生，也就是由原来的一条谱线分裂成两条谱线。甲基的三个氢核的自旋取向所有排布分成四个能级，次甲基氢核受此影响共振也就发生在四个不同的频率上，亦即分裂成四条谱线，见图4-19。

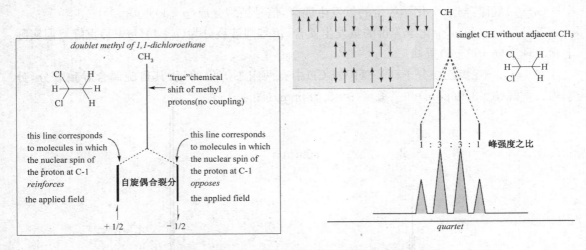

图4-19　1,1-二氯乙烷的共振信号自旋偶合裂分

自旋裂分与多重性

谱线多重性及其强度与偶合氢的关系如下表4-1。

表 4-1　共振信号的多重性(multiplicity, m)

Hs	Multiplicity	m	多重性	Intensities 强度
0	singlet	s	单重峰	1
1	doublet	d	双重峰	1 : 1
2	triplet	t	三重峰	1 : 2 : 1
3	quartet	q	四重峰	1 : 3 : 3 : 1
4	pentet	pent	五重峰	1 : 4 : 6 : 4 : 1
5	sextet	sext	六重峰	1 : 5 : 10 : 10 : 5 : 1
6	septet	sept	七重峰	1 : 6 : 15 : 20 : 15 : 6 : 1

峰形：常见共振信号的峰形(peak shape)如图 4-20 所示。

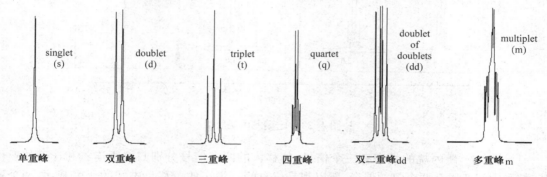

图 4-20　共振信号的峰形

四重峰与双二重峰

四重峰(quartet，q)与双二重峰(doublet of doublets，dd)是不同的，见图 4-21，四重峰的三个裂距相同，强度比是 1 : 3 : 3 : 1。而双二重峰的两侧裂距是同一个，和中间的峰没关系，强度比相同的，即 1 : 1 : 1 : 1。

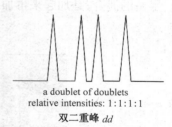

图 4-21　四重峰与双二重峰

乙醚的氢谱如图 4-22，只有两个共振信号，一个四重峰另一个是三重峰。这是典型的乙基的峰形。亚甲基受甲基三个氢的偶合作用，分裂成四重峰，甲基受亚甲基两个氢的偶合作用，分裂成三重峰。

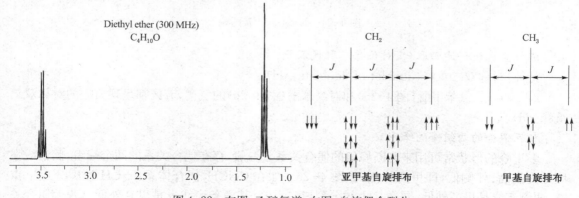

图 4-22　左图：乙醚氢谱；右图：自旋偶合裂分

1-硝基丙烷的氢谱有三个信号,位移最大和最小的都表现出三重峰,是因受中间亚甲基两个氢的自旋偶合影响,中间亚甲基受两边的甲基和亚甲基的偶合,两边的氢加起来再加1,即2+3+1,所以分裂成六重峰(图4-23)。

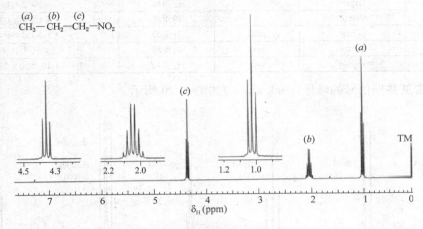

图 4-23 1-硝基丙烷氢谱

1-氯-3-碘丙烷的氢谱有三个信号,位移大的两个信号分别归属于连氯和连碘的亚甲基,都受中间亚甲基两个氢的偶合,所以都是三重峰。最小的位移是中间的亚甲基,受两个亚甲基的偶合,是加起来再加1,即2+2+1,所以显示五重峰(图4-24)。

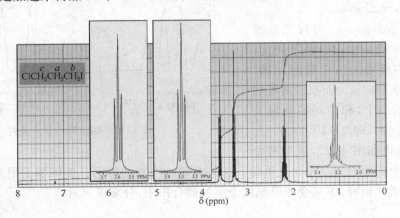

图 4-24 1-氯-3-碘丙烷

邻位氢偶合——连四取代、对位异二取代苯

特征:对称双二重峰(doublet of doublets,dd)。

2,3,4-三氯苯甲醚(图4-25)和对氯苯酚(图4-26)的氢谱,芳区都呈现典型的对称双二重峰(dd)。

相互偶合的两组峰的峰形

多重峰的形状常可用来判断峰组的偶合关系。一般,存在偶合关系的两个峰组,侧谱线强度是内侧高、外侧低,即里高外低,如图4-26。如在 CHCH$_2$ 偶合体系中,CH 被裂分成三重峰,两侧谱线是里高外低,同样 CH$_2$ 被分裂成二重峰,其两条谱线也是里高外低。若无偶合关系,俩组峰都是水平的,如图4-27。

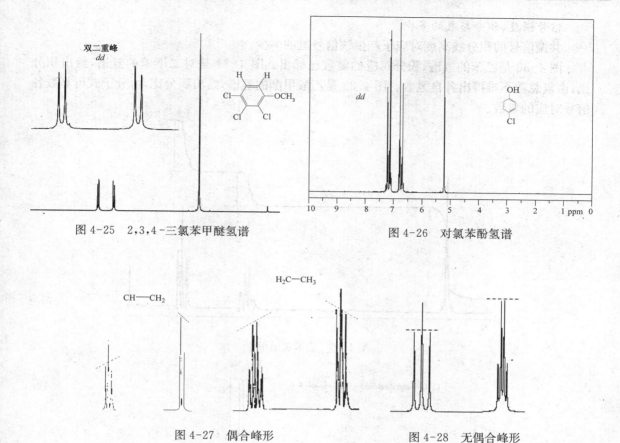

图 4-25　2,3,4-三氯苯甲醚氢谱　　　图 4-26　对氯苯酚氢谱

图 4-27　偶合峰形　　　图 4-28　无偶合峰形

相互偶合的两组峰

无相互偶合的两组峰(图 4-28)。

化学等价氢之间的自旋偶合不导致裂分,显示单峰,如丁二酸二甲酯氢谱(图 4-29)只有 3 个信号。

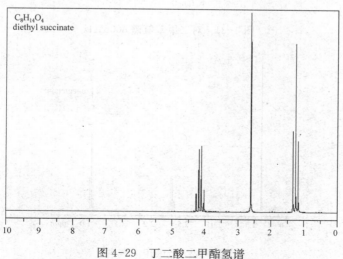

图 4-29　丁二酸二甲酯氢谱

信号强度、积分与氢的多少

共振信号的积分线高度对应于产生该信号氢的多少。

图 4-30 是乙苯的氢谱,积分对应的氢数已标出。图 4-31 是对二甲苯的氢谱,给出积分比,由氢总数不难得出各自氢数。图 4-32 是乙酸甲酯的氢谱,给出积分比,由分子式可算数各信号对应的氢数。

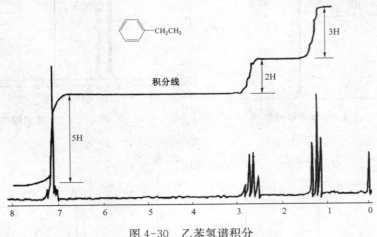

图 4-30　乙苯氢谱积分

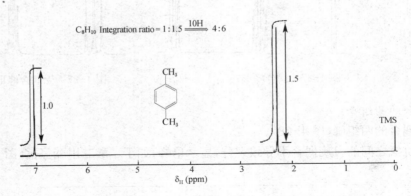

图 4-31　对二甲苯氢谱 300MHz

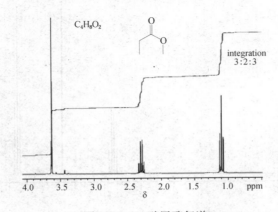

图 4-32　乙酸甲酯氢谱

现代的核磁共振仪已直接将共振信号的积分高度以数据的形式显示在每个信号的下方，如图 4-33。

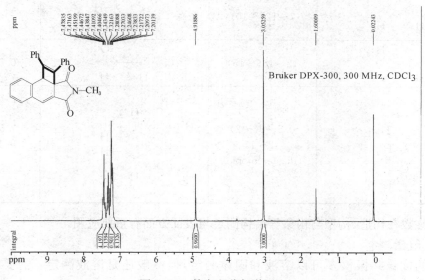

图 4-33 数字积分氢谱图

4.1.1.5 偶合常数

共振信号谱线裂分的距离，即为偶合常数（coupling constant），单位 Hz。偶合常数的大小反映了偶合作用的强弱。一些常见结构单元的偶合常数见表 4-2。

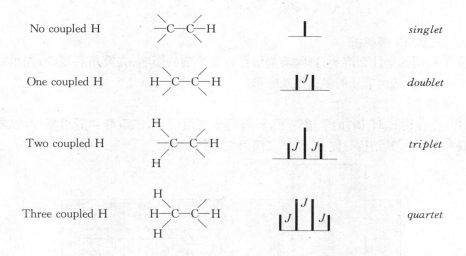

表 4-2 部分结构单元的偶合常数

Coupling System	J(Hz)	Coupling System	J(Hz)
H—C—C—H	6~8(~7)	H—C—C—C—H	~0

Coupling System	J(Hz)	Coupling System	J(Hz)
(cis alkene)	7~12(~10)	(allylic)	~1
(trans alkene)	12~18(~15)	(aldehyde)	0.5~3(~2)
(geminal alkene / CH)	0.5~3(~2) 12~15 (diastereotopic)	(aromatic)	o 6~9(~8) m 1~3(~2) p 0~1

偶合常数在构造、构型与构象等结构测定与表征方面有重要应用。

4.1.1.6 氢谱测定

目前的核磁共振仪多可以溶液和固体测定，但一般还是溶液测定。需要用氘代溶剂(deuterated solvents)配成稀溶液进行测定。

常用氘(D)代溶剂、残留氢(H)位移与水峰：

	$CDCl_3$	$DMSO\text{-}d_6$	CD_3CN	C_6D_6	D_2O
δ_{CH}	7.26	2.50	1.95	7.20	4.75*
δ_{OH}	1.56	3.33	2.13	0.40	

4.1.1.7 ^1H NMR 谱解析

首先了解用的是什么溶剂，排除溶剂信号以及溶剂的影响；先简单后复杂；先单峰后多重峰；熟悉一些常见结构单元的多重性及峰形。

图谱解析举例

例1 化合物 $C_3H_6Br_2$ 的氢谱如下，只有两个共振信号，三重峰和五重峰，可以看出积分比是二比一，因此，其结构只能是1,3-二溴丙烷(图4-34)。

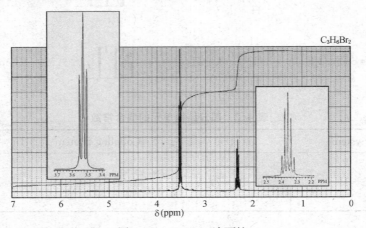

图 4-34　1,3-二溴丙烷

例 2 化合物 $C_{10}H_{12}O_2$ 的氢谱如图 4-35。芳区五个氢意味着是单取代苯,三个氢的单峰应是甲基,位移值约 2.0,最可能的是乙酸酯中的乙酰甲基,剩余的两个共振信号都是两个氢的三重峰,可能是 CH_2CH_2 的结构单元,其中的一个位移值大于 4,意味着连氧,因此,其结构是乙酸苯乙酯。

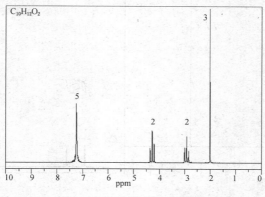

图 4-35　乙酸苯乙酯氢谱

例 3 化合物 A 与 B 均有分子式 C_9H_{12},其氢谱如下(图 4-36):

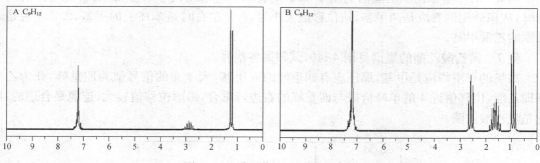

图 4-36　异丙苯 A 和丙苯 B 氢谱

A 的氢谱高场有两个信号,根据其多重性和比例,可知这是异丙基,即异丙基苯。B 的高场则有三个信号,看其多重性可知是正丙基,即丙基苯。

例 4 化合物 $C_{10}H_{12}O_2$ 的氢谱如图 4-37。最大的化学位移出现在 12 以上,这可能是羧酸。芳区的对称双二重峰提示可能是对位二取代,高场区的两个信号的多重性与比例对应于异丙基。因此,该结构应是对异丙基苯甲酸。

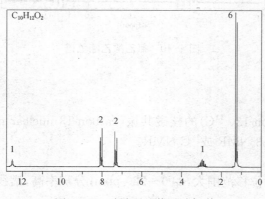

图 4-37　对异丙基苯甲酸氢谱

例5 化合物(C_8H_7ClO)的 ^1H NMR 谱如下(图 4-38),推断其结构。

芳区的对称双二重峰暗示是对位二取代,只剩高场区一个信号且是单峰,考虑到位移值约 2.5,可能是苯乙酮中的乙酰甲基,因此结构是对氯苯乙酮。

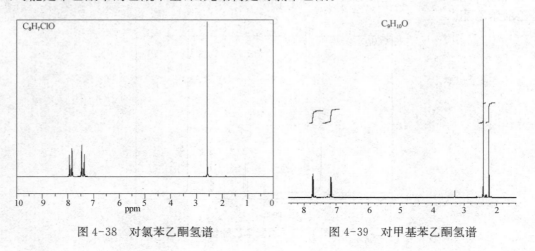

图 4-38 对氯苯乙酮氢谱　　　　图 4-39 对甲基苯乙酮氢谱

例6 对甲基苯乙酮的氢谱见图 4-39。对称双二重峰对应于对位二取代,高场区的两个单峰,从积分比例看应是两甲基,从位移值大小看,2.3 左右时是苯环上的甲基,2.5 左右是苯乙酮的乙酰甲基。

例7 氯乙酸乙酯的氢谱见图 4-40,试归属各信号。

高场的三重峰应是甲基,那还应有四重峰的亚甲基,大于 4 的信号似为四重峰,此为乙氧基即乙酯,位移值近 4 的单峰恰好与四重峰的右边峰重合,考虑位移值较大,连氯是合理的,因此是氯乙酸乙酯。

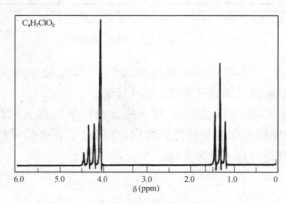

图 4-40 氯乙酸乙酯氢谱

4.1.2 碳谱 ^{13}C NMR

同位素碳-13(carbon-13,^{13}C)的核磁共振(carbon-13 nuclear magnetic resonance)简称为碳谱,缩写作 Carbon-13 NMR 或 ^{13}C NMR。

4.1.2.1 碳谱特点

碳谱的特点是,化学位移范围大,δ_C 0～220 ppm;分辨率高,谱线清晰,容易识别;信号的强度不能定量地反映化学等价碳的多少,也不能反映碳上氢的多少;灵敏度低,仅是 ^{1}H 的 1/6 700;只需考虑同 ^{1}H 的偶合,不必考虑 ^{13}C 之间的偶合。

碳谱化学位移范围:

sp^3	δ_C = 10～50 ppm
sp^2	δ_C = 100～150 ppm
sp	δ_C = 50～80 ppm
Carbon	δ_C (ppm)
C=O	220～160
Ar, C=C	150～100
C—O, C≡C	80～50
C—N	60～40
C—C	50～10

4.1.2.2 影响化学位移的因素

影响 ^{13}C 化学位移的主要因素

碳原子的杂化状态:sp^2 杂化碳的化学位移最大,sp^3 杂化碳的最小,即 sp^2 > sp > sp^3。

连接碳原子取代基的电负性:电负性的基团去屏蔽所连的碳,增大位移。

4.1.2.3 碳谱信号的数量与分子的对称性

化学等价的碳具有相同的化学位移,即给出一个信号。

例 1 苯与 1,5-己二炔的碳谱见图 4-1-40。苯有 C_6 轴对称,六个碳是等价的,应给出一个信号,故应是 A。B 对应于 1,5-己二炔的碳(图 4-41)。

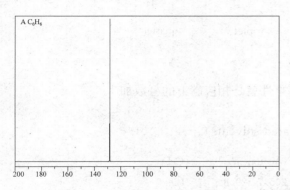
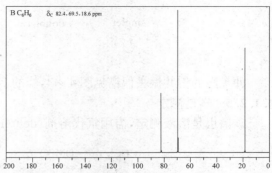

图 4-41 苯与 1,5-己二炔碳谱

例 2　甲醛缩乙二醇的碳谱见图 4-42。

只有两个信号,分子应是对称的。位移值较小的应是连氧的亚甲基,较大的连两个氧是合理的,因此是甲醛缩乙二醇。

4.1.2.4　碳谱中的偶合

1. 全去偶

全去偶又称宽带去耦(wide band decoupled)。同时发射含多个频率的射频,消除全部 ^1H 对 ^{13}C 核的偶合,显示单峰,也称为质子去偶。一种碳原子给出一个信号,单峰(s)。如乙酸乙酯的碳谱(图 4-43)。

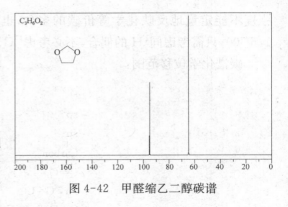

图 4-42　甲醛缩乙二醇碳谱

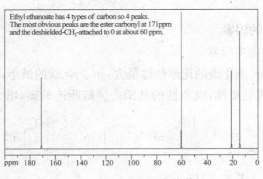

图 4-43　乙酸乙酯碳谱

2. 部分去偶

^1H 去偶,选择去偶频率消去长距离偶合,只保留 $^1J_{C-H}$,称为部分去偶,也称作偏共振去偶(off-resonance decoupling)。偏共振去偶既保留了同碳偶合又避免了谱峰交叉现象,便于识谱。

峰分裂的多重性取决于同碳氢多少,遵守 $n+1$ 规律。

singlet	doublet	triplet	quartet
s	d	t	q

仲丁醇的偏共振去偶谱见图 4-44,峰的多重性就是相应碳上的氢数加 1。

4.1.2.5　碳谱测定

碳谱也是溶液测定,需用氘代溶剂(deuterated solvents)。

	$CDCl_3$	DMSO-d_6	Acetone-d_6	C_6D_6
δ_C	77.0	39.7	205.7, 29.8	128.0

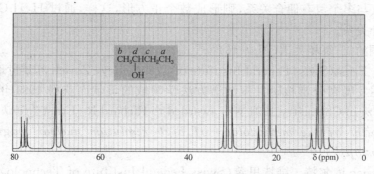

图 4-44 仲丁醇偏共振去偶碳谱

由于^{13}C的灵敏度低,样品溶液浓度较氢谱的高,信号采集时间也更长(多次扫描)(即使是 Fouier 变换 NMR 仪),然后经计算机累加、消除噪音、变换等处理,得到有用的碳谱。

4.1.3 二维核磁共振谱

在有两个时间变量的二维空间里将化学位移、偶合常数等参数一并展开,即为二维核磁共振谱(two-dimensional NMR spectroscopy),缩写为 2DNMR。

2DNMR 谱包括相关谱(correlation spectroscopy,COSY)、全相关谱(total correlation spectroscopy,TOCSY)、近程碳氢相关(heteronuclear single quantum coherence,HSQC)、远程碳氢相关(heteronuclear multiple bond coherence,HMBC)、J 谱(J-spectroscopy)、交换频谱(exchange spectroscopy,EXSY)、核 Overhauser 谱(nuclear Overhauser effect spectroscopy,NOESY)等。

2D NMR 谱首先由比利时布鲁塞尔自由大学(Université Libre de Bruxelles)Jean Jeener 教授于 1971 年提出,之后经过 Walter P. Aue、Enrico Bartholdi、Richard R. Ernst 等人的努力完成了实验工作,并于 1976 年发表。

二维相关谱(2D COSY)包括氢-氢相关谱(H-H COSY)、碳-氢相关谱(C-H COSY),主要反映^3J偶合关系。

在 2D COSY 中,对角峰(diagonal peaks)即对角线峰,是不同核的位移峰(显示偶合)。交叉峰(cross peaks)即相关峰(correlated peaks),具有相同偶合常数的不同核的偶合峰。交叉峰的出现表示这些核之间存在着标量偶合(J偶合)。交叉峰以对角线互相对称(图 4-45)。相关峰或交叉峰反映两个峰组间的偶合关系。

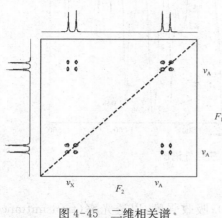

图 4-45 二维相关谱

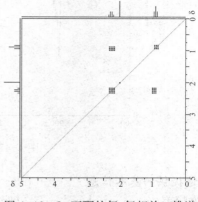

图 4-46 2-丁酮的氢-氢相关二维谱

如果一个氢与多个氢有偶合关系,则形成数个正方形,这样,通过 H,H-COSY 谱就可以方便地确定偶合关系。

例:2-丁酮的氢-氢相关谱(图 4-46)

Richard R. Ernst(Swiss Federal Institute of Technology, Zurich 苏黎世瑞士联邦理工学院 ETH)由于在发展高分辨核磁共振波谱方法学领域的贡献而获得 1991 年 Nobel 化学奖(The Nobel Prize in Chemistry 1991 was awarded to Richard R. Ernst "*for his contributions to the development of the methodology of high resolution nuclear magnetic resonance (NMR) spectroscopy*")。

Kurt Wüthrich 库尔特·维特里希(Swiss Federal Institute of Technology, Zurich 苏黎世瑞士联邦理工学院)由于发展了在溶液中用核磁共振波谱测定生物大分子三维结构的方法获得 2002 年 Nobel 化学奖(The Nobel Prize in Chemistry 2002 was awarded with one half to Kurt Wüthrich "*for his development of nuclear magnetic resonance spectroscopy for determining the three-dimensional structure of biological macromolecules in solution*")。

4.2 红外光谱

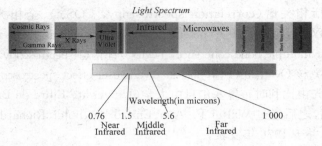

通常所说的红外光谱是指中红外(middle IR),即 2.5~25 μm,4 000~400 (3 650~650) cm^{-1}。

图 4-47 是乙酸乙酯的 IR 谱。横坐标代表吸收频率,多以波数(cm^{-1})为单位,纵坐标是透光率。

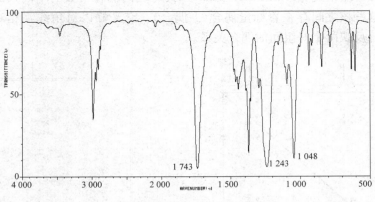

图 4-47 乙酸乙酯红外谱图

IR 谱提供的基本信息

吸收频率(wave numbers, cm^{-1})(吸收峰位);吸收强度:以透光率(transmittance,%)表

示,强(strong, s),很强(vs),中等(medium, m),弱(weak, w),很弱(vw)等。

峰形(peak shape):宽(broad, br),尖(sharp),肩峰(shoulder, sh)。

IR 谱反映分子中官能团等结构信息。在 IR 谱分析中,比较重要的官能团与结构单元包括:

$$C=O, CO_2H$$
$$OH, NH, C=C-H, Ar-H$$
$$C\equiv CH, C\equiv N$$
$$C=C, Ar$$

4.2.1 分子振动与红外吸收光谱

红外光谱是分子振动产生的吸收光谱,故又称为分子振动光谱,也称振转光谱。

分子振动有两种形式:伸缩与弯曲振动。一般,化学键伸缩比弯曲需要更多的能量。所以伸缩振动吸收高于弯曲振动频率。

伸缩振动(stretching vibrations, ν):是键长的伸长与压缩,需要较高的能量,因而吸收频率较高。不对称伸缩振动频率高于对称伸缩(图 4-48)。

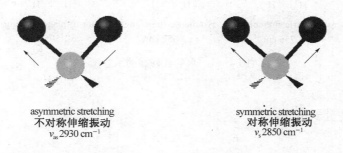

图 4-48 亚甲基伸缩振动示意图

弯曲振动(bending vibration)又称变形振动(deforming vibration)(δ):键的弯曲(变形),是键角的改变,所需的能量较低,因此,吸收频率也较低。弯曲振动包括面内的(in-plane bending)剪式振动(scissoring)、面内摇摆(rocking)和面外的(out-of-plane bending)摇摆(wagging)和扭动(twisting),如图 4-49 所示。

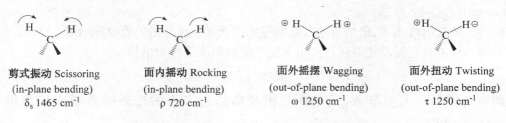

图 4-49 亚甲基弯曲振动示意图

红外吸收数量

分子中的每个原子在三维空间(x, y, z 坐标)都有三个自由度。因此,由 n 个原子组成的分子共有 $3n$ 个自由度,即 $3n$ 种运动状态。这些运动状态中包括三种沿 x、y 和 z 轴方向的平移运动(平动)和三种绕 x、y 和 z 轴的转动运动。所以,分子的振动运动是 $(3n-6)$ 种形式。对于线型分子,只有两种如绕 y 和 z 轴转动运动。因此,线型分子的基本振动形式为 $(3n-5)$ 种。这种基本振动形式称为基本(fundamental)振动或简正(normal)振动(vibration)。

二氧化碳分子的四种振动二氧化碳分子的基本振动数为 $3×3-5=4$,即有四种基本振动形式,如图 4-50。不对称伸缩振动吸收 $2\,349\ cm^{-1}$,而对称伸缩振动没有偶极矩变化,是非红外活性的,无红外吸收。弯曲振动有面内与面外两种形式,其吸收能量恰好相同,即是能量简并的,出现在 $667\ cm^{-1}$。所以二氧化碳只有两个红外基频谱带。

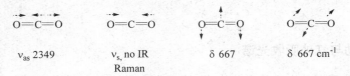

图 4-50 二氧化碳的红外振动示意图

水是由三个原子组成的非线型分子,共有 $3×3-6=3$ 个基本振动形式,分别是不对称与对称伸缩振动和弯曲振动,见图 4-51。

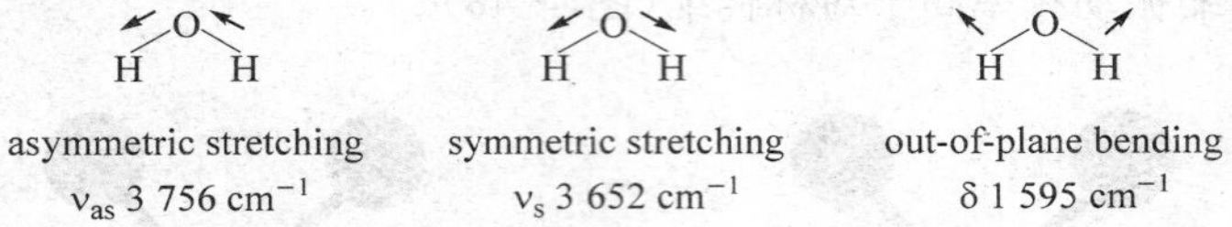

图 4-51 水的红外振动示意图

红外吸收选择规则

分子的振动是量子化的:

$$E = (v+1/2)hc\nu_0$$

v —— 振动量子数,ν —— 振动频率

跃迁选律

① 跃迁只能发生在两个相邻的能级:

$$\Delta v = \pm 1$$

$v_0 \rightarrow 1$ 基频(fundamental frequence)

② 只有导致偶极矩变化的振动才有红外吸收。因此,中心对称的振动是红外非活性的(IR nonactive)。

红外谱的吸收峰增多:倍频、合频、差频等的出现导致红外谱的吸收峰增多。

基频以外的其它振动能级跃迁产生的红外吸收频率统称为倍频。

倍频($v_0 \rightarrow 2$)

两个或两个以上的基频,或基频与倍频的结合产生的红外吸收频率称为组合频(combination tune)。

合频($v_1 + v_2$, $2v_1 + v_2$)

差频(difference frequency)($v_1 - v_2$, $2v_1 - v_2$)

倍频、合频和差频统称为泛频(overtune)。

振动耦合:当两个振动频率相同或相近时,相互作用使基频谱带裂分,一个向高频移动,另一个向低频移动,称为振动偶合。振动耦合常出现在一些二羰基化合物中,如羧酸酐等。1 827,1 766 cm^{-1}。振动偶合使红外吸收带增多。

                    1 827,1 766 cm^{-1} 1 780,1 700 cm^{-1}

    Fermi 共振:当一振动的倍频或组频与另一振动的基频接近时,由于发生相互作用而产生很强的吸收带或发生裂分,称为 Fermi 共振。苯甲酰氯只有一个羰基,却有两个羰基伸缩振动吸收带,即 1 736 和 1 731 cm^{-1},这是由于羰基的基频(1 720 cm^{-1})与苯环的弯曲振动(880~860 cm^{-1})的倍频峰之间发生 Fermi 共振而产生的。Fermi 共振的产生使红外吸收带增多,吸收增强。

    红外谱的吸收峰减少:不是所有的振动都能在红外区观察到,只有导致偶极矩变化的振动才有红外吸收峰。对称性很高的分子不出现红外吸收或只出现很弱的吸收,但可能会有 Raman 吸收。振动简并也导致吸收峰减少。

    红外吸收峰的强度

    红外吸收峰的强度主要由两种因素决定:一是能级跃迁的概率,基频跃迁概率越高,吸收峰越强。倍频跃迁概率很低,故倍频谱带很弱。二是分子振动导致的偶极矩改变的程度。振动致偶极矩变化不仅决定分子是否红外活性,而且还关系到吸收峰的强度。红外谱的吸收峰强度与分子振动时的偶极矩变化的平方成正比。如官能团 C=O 和 C=C,羰基吸收峰往往是红外谱中最强的吸收带。而后常常较弱。同样是双键,吸收强度差别如此大,就是因为 C=O 振动时偶极矩变化很大,而 C=C 在振动时偶极矩变化很小。偶极矩变化与下列因素有关:

    (a) 组成化学键的元素电负性差别越大,伸缩振动吸收峰越强。
    (b) 元分子的对称性分子的对称性越高,吸收峰越弱。
    (c) 振动方式通常,不对称伸缩振动吸收峰强度大于对称伸缩振动,伸缩振动的吸收峰强于弯曲振动的吸收。

4.2.2 化合物的基团特征频率与指纹区

    高频率区(3 650~1 500 cm^{-1})是官能团与碳-氢、氢-杂原子键的伸缩振动吸收频率区域,具有很强的特征性,故称为特征吸收或特征频率区(characteristic absorption frequency)。

$$3\ 650 \sim 1\ 500\ \text{cm}^{-1}(3\ 700 \sim 1\ 350\ \text{cm}^{-1})$$

根据特征吸收带(峰)可以推断官能团的存在。

    低频率区(1 500~650 cm^{-1})谱图严重受整体分子结构的影响,决定了吸收频率、强度、峰形等细微差异,所以称为指纹区(finger-print region)。

$$1\ 500 \sim\ 650\ \text{cm}^{-1}(1\ 350 \sim 600\ \text{cm}^{-1})$$

利用指纹区的谱图特征可以识别、鉴定化合物。

表 4-2 红外谱的五大吸收频率区

吸收频率(cm^{-1})	振动结构单元
3 650~2 720	ν_{O-H} ν_{N-H} ν_{C-H}(C≡C—H, C=C—H, Ar—H) ν_{C-H}(H—Csp^3, H—C=O)
2 400~2 100	$\nu_{C≡C, C≡N}$
1 950~1 650	$\nu_{C=O, C=C=C}$
1 650~1 500	$\nu_{C=C, C=N}$

4.2.3 影响红外振动吸收频率的因素

谐振子的振动频率与振动子的质量及力常数有关,由 Hooke 定律决定:

$$\nu = [K/m]^{1/2}/2\pi c$$
$$\nu = [K(M_1+M_2)/M_1 \cdot M_2]^{1/2} \, cm^{-1}$$
$$K = k \times 10^{-5} \text{ 力常数 force constant}$$
$$M_i \text{ 原子量}$$

力常数与化学键的键级(强)有关,即键级越高(键越强)力常数越大。如碳-碳键的力常数与其键级正相关。

C—C 4.5 N cm^{-1} C=C 9.6 N cm^{-1} C≡C 15.6 N cm^{-1}

原子(质量)大小:原子质量愈小,振动频率愈高(表 4-3)。

$$\nu_{O-H}, \nu_{N-H}, \nu_{C-H} > \nu_{C-C}, \nu_{C-N}, \nu_{C-O}$$
$$\nu_{C≡C} > \nu_{C=C} > \nu_{C-C}$$

表 4-3 化学单键振动吸收频率

C—Z	ν/cm^{-1}	C—Z	ν/cm^{-1}	C—Z	ν/cm^{-1}
C—H	3 000	C—O	1 100	C—Cl	750
C—D	2 100	C—N	1 200	C—Br	650
C—C	1 200	C—S	700	C—I	550

键级(强)(力常数):键愈强、键级愈高,力常数愈大,振动频率愈高(表 4-4)。

$$\nu_{C≡C} > \nu_{C=C} > \nu_{C-C}$$
$$\nu_{C≡N} > \nu_{C=N} > \nu_{C-N}$$
$$\nu_{C=O} > \nu_{C-O}$$
$$\nu_{COOH} > \nu_{COO^-}$$

表 4-4 化学双键振动吸收频率

C—Z	ν/cm^{-1}	C=Z	ν/cm^{-1}	C≡Z	ν/cm^{-1}
C—C	1 200	C=C	1 650	C≡C	2 200
C—N	1 200		1 650	C≡N	2 200
C—O	1 100	C=O	1 700		

单键如 C-H,和碳原子的杂化状态有关。杂化轨道中,s 成分越多、键长越短、键级越高,振动吸收频率越高(醛例外)。

IR absorption frequency of C—H bond

	C—H	$\equiv$C—H	=C—H	$\equiv$C—H	O=C—H
ν/cm^{-1}	2 960～2 850	3 080～3 010		～3 300	2 820～2 720

电子效应:吸电子效应增大 ν_{max},给电子效应减小 ν_{max},共轭效应减小 ν_{max}。

$CH_3-\overset{O}{\underset{\|}{C}}-OCH_3$ $ClCH_2-\overset{O}{\underset{\|}{C}}-OCH_3$ $Cl_2CH-\overset{O}{\underset{\|}{C}}-OCH_3$

$\nu_{C=O}/cm^{-1}$ 1 745   1 748   1 755

$Cl_3C-\overset{O}{\underset{\|}{C}}-OCH_3$ $F_3C-\overset{O}{\underset{\|}{C}}-OCH_3$

1 768   1 780

环己基CHO 1 727   苯甲醛 1 705 cm^{-1}

对-NO$_2$-C$_6$H$_4$-CHO 1710   对-OCH$_3$-C$_6$H$_4$-CHO 1685   对-N(CH$_3$)$_2$-C$_6$H$_4$-CHO 1655

环己酮 1715   环己烯酮 1 680 ⟷ 烯醇式共振结构

苯基-CH$_2$-CO-CH$_3$ 1 705   苯基-CO-CH$_2$CH$_3$ 1 690

CH$_3$-CO-OCH$_3$ 1 743   CH$_3$-CO-NHCH$_3$ 1 645 cm^{-1} ⟷ 共振结构

$\nu_{C=C}$: CH$_2$=CH-CH$_3$ > CH$_2$=CH-OCH$_3$ ⟷ $\overset{\ominus}{C}H_2$-CH=$\overset{\oplus}{O}$CH$_3$

$\nu_{C\equiv C}$: HC≡C-R > HC≡C-OCH$_3$

氢键效应:氢键缔合,减小 ν_{max}。

		Free	Associated
ROH	ν_{O-H}	3 650～3 600	3 300 cm^{-1}
RCO$_2$H	ν_{O-H}	3 600	3 200～2 500 cm^{-1}
	$\nu_{C=O}$	1 760	1 710 cm^{-1}

环张力效应:如环酮的羰基吸收随环变小(张力增大)而增高。

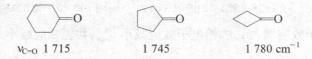

$\nu_{C=O}$ 1 715　　　　　　1 745　　　　　　1 780 cm^{-1}

4.2.4　各类化合物的红外特征吸收

各类化合物的 IR 特征吸收见表 4-5。

表 4-5　各类化合物的 IR 特征吸

酸酐	(RCO)$_2$O	$\nu_{C=O}$1 820, 1 760	
酰卤	RCOX	$\nu_{C=O}$1 800	
羧酸	RCO$_2$H	$\nu_{C=O}$1 710(1 760)	ν_{O-H}3 200－2 500(3 650)
酯	RCO$_2$R′	$\nu_{C=O}$1 740	ν_{C-O}1 250－1 050
醛	RCHO	$\nu_{C=O}$1 730	$\nu_{O=C-H}$2 820, 2 720
	ArCHO	$\nu_{C=O}$1 700	
酮	RCOR	$\nu_{C=O}$1 710	
	ArCOR	$\nu_{C=O}$1 690	
酰胺	RCONH$_2$	$\nu_{C=O}$1 650	ν_{N-H}3 500, 3 400
	RCONHR′	$\nu_{C=O}$1 650	ν_{N-H}3 300(3 400)
腈	RC≡N	$\nu_{C≡N}$2 260－2 200	
醇	RCH$_2$OH	ν_{O-H}3 300(3 600)	ν_{C-O}1 050
	R$_2$CHOH	ν_{O-H}3 300(3 600)	ν_{C-O}1 100
	R$_3$COH	ν_{O-H}3 300(3 600)	ν_{C-O}1 150
酚	ArOH	ν_{O-H}3 300(3 600)	ν_{C-O}1 200－1 250
胺	RNH$_2$	ν_{N-H}3 500, 3 400	ν_{C-N}1 200
	R$_2$NH	ν_{N-H}3 300	ν_{C-N}1 200
硝基化合物	RNO$_2$	$\nu_{N=O}$1 550, 1 350	
	ArNO$_2$	$\nu_{N=O}$1 520, 1 340	
芳烃	ArH	ν_{Ar-H}3 080－3 010	$\nu_{C=C}$1 600, 1 500
			δ_{Ar-H}900－650
	取代苯 Ar—H 面外弯曲振动 out-of-plane bands (δ_{oop})		
	单取代 δ_{Ar-H}～750, 700	邻位二取代 δ_{Ar-H}～750	对位二取代 δ_{Ar-H}～820
烯烃	C=CH	$\nu_{C=C-H}$3 100－3 010	$\nu_{C=C}$1 680－1 640(～1 650)
			$\delta_{C=C-H}$990－700
炔烃	C≡CH	$\nu_{C≡C-H}$3 300	$\nu_{C≡C}$2 260－2 100
烷烃	RCH$_2$—H	ν_{C-H}2 960－2 850	δ_{C-H}1 460, δ_{CH_3}1 380

4.2.5　红外谱测定

传统上，固体用溴化钾压片法（KBr disc，pellets）或石蜡糊法，液体则用液膜法（liquid film）或四氯化碳溶液法。

新进展：不论固体还是液体都是直接测定，如 BRUKER Alpha FT-IR spectrometer。

4.2.6　红外谱解析

先特征区，后指纹区；先强后弱。

先观察特征频率区，推断可能存在何种官能团，以确定化合物的类型。

核对指纹区，对照标准谱图（已知化合物）验证。

解析红外谱，一般首先看 $1\,850\sim1\,650\ cm^{-1}$ 有无羰基（C=O）吸收和 $3\,600\sim3\,200\ cm^{-1}$ 有无 O—H 或 N—H 吸收，再看 $2\,260\sim2\,100\ cm^{-1}$ 有无 C≡C、C≡N 三键吸收，C—H 吸收出现在 $3\,100\sim2\,850\ cm^{-1}$，最后查看指纹区，如 C—O 吸收在 $1\,300\sim1\,050\ cm^{-1}$。

IR 谱解析举例

例 1　图 4-52 是乙酸乙酯的红外谱图。最强吸收峰 $1\,745\ cm^{-1}$ 归属于羰基的伸缩振动吸收，1 243 和 1 048 归属于 C—O 单键的伸缩振动，在酯的 IR 谱中常见。其他吸收就不太重要了。

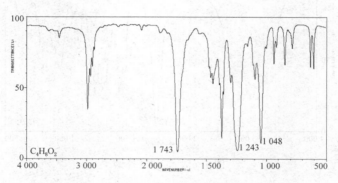

图 4-52　乙酸乙酯红外谱

例 2　图 4-53 是苯乙酮的红外谱图。最强吸收峰 $1\,686\ cm^{-1}$ 归属于羰基的伸缩振动吸收，对于酮来说较低，这是由于和苯环共轭所致。$761\ cm^{-1}$ 和 $691\ cm^{-1}$ 提示可能是单取代苯。

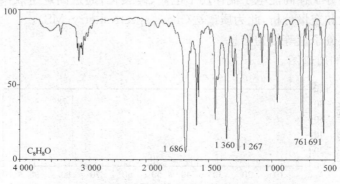

图 4-53　苯乙酮红外谱

例3 图 4-54 是正辛醇的红外谱。强、宽而钝的吸收峰 3 327 cm^{-1} 归属于缔合羟基的伸缩振动吸收,这是羟基的典型峰形。1 053 归属于 C—O 单键的伸缩振动,通常较强。

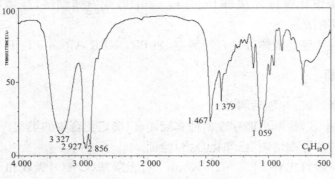

图 4-54　正辛醇红外谱

例4 图 4-55 是丁酸的红外谱。强而超宽的吸收带 3 200～2 500 cm^{-1} 归属于缔合的羧基中的羟基的伸缩振动吸收,这是羧酸的典型峰形。强吸收峰 1 712 归属于缔合羧基中羰基 C═O 的的伸缩振动。

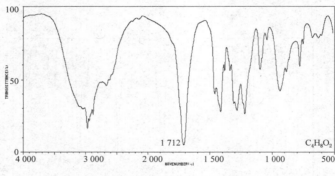

图 4-55　丁酸红外谱

4.3　质谱

磁场中的样品分子在高能电子流作用下电离、碎裂化,通过测定生成离子的质-荷比可对样品组分进行定性和定量分析,此为质谱法(mass spectrometry, MS)。

质谱可以提供分子量等结构信息。

图 4-56 是苯的质谱图。

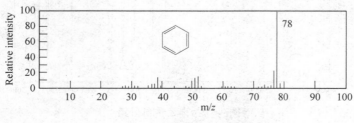

图 4-56　苯的质谱图

图 4-57 是单聚焦质谱仪(mass spectrometer)示意图。

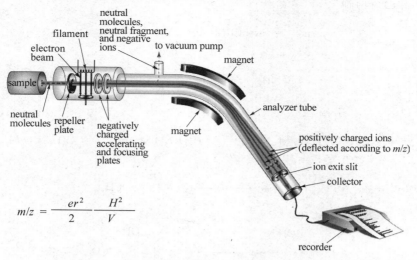

图 4-57　质谱仪示意图

4.3.1　质谱与离子

质谱提供的信息：质-荷比(mass-to-charge ratio，m/z)，反映的是分子离子(molecular ion，M^+)以及大量的碎片离子；离子丰度(ion abundance，intensity%)，反映离子的相对含量，最高的为基峰(base peak)。如图 4-58 是戊烷的质谱图。

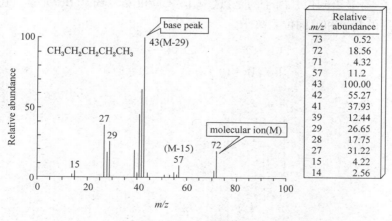

图 4-58　戊烷质谱图

离子的产生

经典的方法是电子轰击电离(electron impact ionization，EI)，即用高能电子流(70 eV)轰击汽化的样品，分子失去一个电子形成分子离子 $M^{+\cdot}$：

$$M + e^- \xrightarrow{70\,eV} M^{+\cdot} + 2e^-$$

由于高能量，分子离子继续断裂化学键，继而产生更多的碎片离子。

分子离子 M^+：分子离子 M^+ 的质荷比即分子量 M，这是 MS 的基本用途。

氮规则与分子离子 M$^+$ 识别：不含氮或含偶数氮，其分子量一定是偶数；含奇数氮，分子量一定是奇数，此即氮规则。

$$n_N = \text{even}(0, 2, 4\cdots), M = \text{even}$$
$$\text{odd}(1, 3, 5\cdots), M = \text{odd}$$

例：

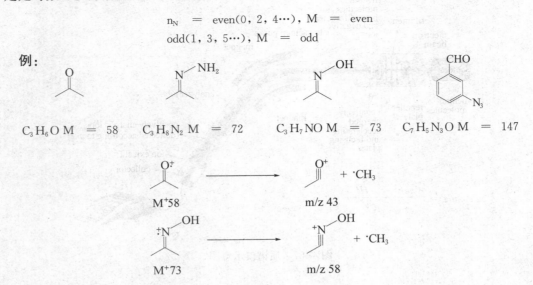

最大的质-荷比未必就是分子离子，亦即不一定是分子量。可根据氮规则简单排除一些不可能的碎片离子。

碎片离子(fragmentions)：分子离子在高能电子束轰击下相继断裂化学键，产生更多的碎片离子。质谱存在大量碎片离子。

同位素离子：有显著同位素离子的是氯(^{35}Cl/^{37}Cl)和溴(^{79}Br/^{81}Br)元素。还有硫、碳等常见元素。最常用的是氯和溴同位素离子。

$$^{35}\text{Cl}/^{37}\text{Cl}=3:1, m:(m+2)=3:1$$
$$^{79}\text{Br}/^{81}\text{Br}=1:1, m:(m+2)=1:1$$

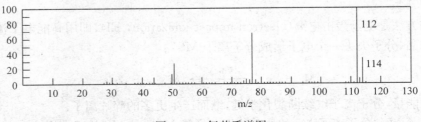

图 4-59 是氯苯的质谱图。

图 4-59　氯苯质谱图

4.3.2 断裂方式及其断裂规律

4.3.2.1 简单断裂

1. α-断裂

α-断裂（α-cleavage）是指 α-键的断裂，如羰基 α-断裂产生酰基正离子。

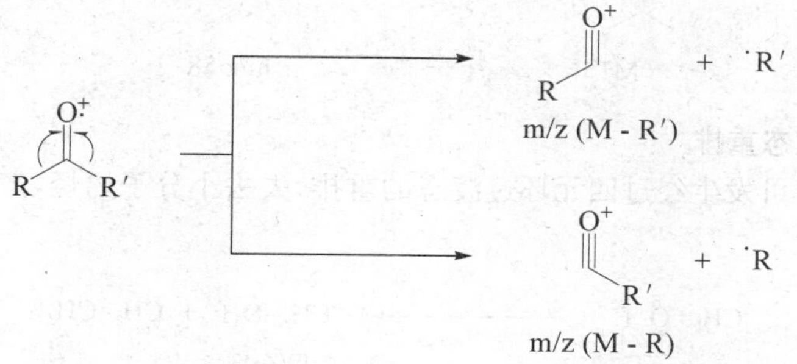

$$R-\overset{O^+}{C}-R' \longrightarrow R-C\equiv O^+ + \cdot R' \quad m/z\,(M-R')$$

$$\longrightarrow \overset{+}{O}\equiv C-R' + \cdot R \quad m/z\,(M-R)$$

2. β-断裂

β-断裂（β-cleavage）即 β-键的断裂。饱和醇、胺与卤代烃易发生 β-断裂产生稳定的杂原子正离子。

$$R-CH_2-OH \longrightarrow R\cdot + CH_2=\overset{+}{O}H$$
$$m/z\ 31$$

$$R-CH_2-NH_2 \longrightarrow R\cdot + CH_2=\overset{+}{N}H_2$$
$$m/z\ 30$$

$$R-CH_2-X \longrightarrow R\cdot + CH_2=\overset{+}{X}$$
$$m/z = M-R$$

3. 烯丙式断裂

烯丙位断裂即烯丙式断裂，产生较稳定的烯丙基碳正离子。

$$R-CH_2-CH=CH_2^+ \longrightarrow R\cdot + CH_2=CH\overset{+}{C}H_2$$
$$m/z\ 41$$

4. 苯甲式断裂

苯甲位断裂，产生苯甲式正离子。苯甲基正离子（m/z 91）特别稳定，其丰度多是甚高，往往是基峰。在质谱学上，认为苯甲基正离子重排成环庚三烯正离子（tropylium ion）。

$$Ph-CH_2-R^+ \xrightarrow{-R\cdot} Ph-\overset{+}{C}H_2 \quad (m/z\ 91) \dashrightarrow \text{tropylium ion}$$

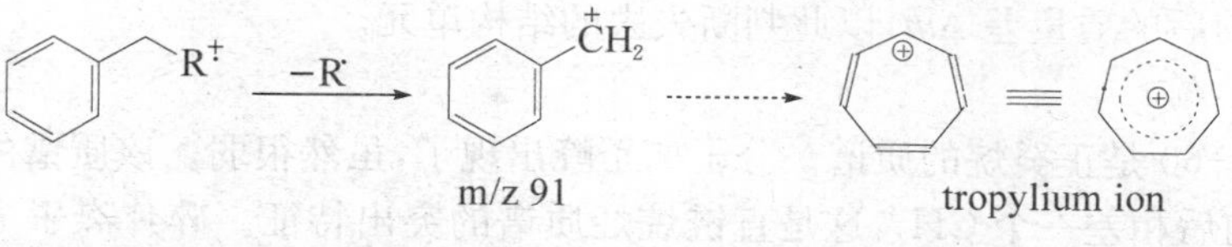

烯丙式与苯甲式断裂也可以认为是一种 β-断裂。

4.3.2.2 复杂断裂——重排断裂

1. McLafferty 重排

含 γ-氢的羰基化合物易发生经过六元环过渡态的重排,失去小分子烯烃,产生偶数正离子离子,此即 McLafferty 重排(Fred McLafferty,1959)。如:

$$\text{（结构式）} \quad M^+ \longrightarrow \text{（烯醇正离子）} + \| \quad m/z\ 58$$

2. 四员环过渡态重排

含 β-氢的重键可发生经过四元环过渡态的重排,失去小分子烯烃,产生较稳定的碎片离子。如:

$$CH_2=\overset{+}{O}\ H \longrightarrow CH_2=\overset{+}{O}H + CH_2=CH_2$$
$$m/z\ 59 \qquad\qquad m/z\ 31$$

因此,离子 m/z 31 的出现不一定就是伯醇。

4.3.2.3 断裂规律

离子愈稳定,愈易产生,丰度愈高。

产生中性小分子(H_2O,CO,CO_2,C_2H_2,C_2H_4,CH_3OH,HCHO,CH_3CO_2H,$CH_2=C=O$,NH_3,HCN 等)的断裂易发生。

断裂易发生在分枝处,较大的烃基优先断裂。

羰基化合物易发生 α-断裂,产生酰基正离子。

$$\text{CH}_3-\overset{O^+}{\equiv} \quad m/z\ 43 \qquad \text{Ph}-\overset{+}{C}=O \quad m/z\ 105$$

含杂原子的饱和化合物(醇、醚、胺等)易发生 β-断裂,产生较稳定的杂原子正离子。

烯丙式、苯甲式断裂易发生。

含 γ-氢的羰基化合物易发生 McLafferty 重排。

Stevenson 规则:若分子有一个以上的 α-键,较大的烃基更易失去,生成较稳定的碎片离子。碎片取得电子的能力取决于自由基的电离能(IP),越高越利于形成自由基;反之,则有利于形成较稳定的正离子。奇电子离子经历单键断裂,电离能低的碎片易于荷正电,产生丰度较高的正离子。

4.3.3 质谱解析

首先了解质谱的离子源,然后看有无分子离子峰,再看基峰,再次看碎片离子、同位素离子等。

注意查看前后的质量差 Δm,以此判断失去的结构单元。

质谱解析举例

例1 图 4-60 是正癸烷的质谱。分子离子峰出现了,虽然很弱。该质谱的突出特点是质量差是 14,即前后相差一个 CH_2,这是直链烷烃质谱的突出特征。碎片离子 m/z 43 是基峰,其次是 57,在烷烃质谱中是常见的。

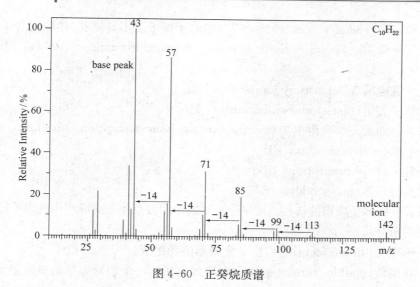

图 4-60 正癸烷质谱

例2 图 4-61 是丙苯与异丙苯的质谱。A 的基峰是 m/z 91，失去 29 即乙基，这是苯甲式断裂，因此可以认定是正丙基苯。B 的基峰是 m/z 105，失去 15 即甲基，也是苯甲式断裂，但多了一个 CH_2，不再是 91 而是 105，所以是异丙苯。

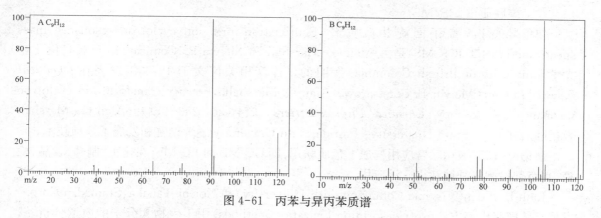

图 4-61 丙苯与异丙苯质谱

4.3.4 质谱离子源与质量分析器

离子源（ion source）是质谱仪的核心部分之一，电离方式的不同，将获得不同结果的质谱图。用于有机质谱仪的离子化方法有电子轰击电离（EI）、化学电离（CI）、场电离（FI）和场解吸（FD）、快原子轰击（FAB）、基质辅助激光解吸电离（MALDL）、电喷雾电离（ESI）以及大气压化学电离（APCI）等。

电子轰击电离（electron impact ionization，EI）是应用最普遍、发展最成熟的电离方式，是常规质谱。EI 源的最大好处是比较稳定、谱图再现性好，便于计算机检索和相互对比，其次碎片离子丰富，这对于推测未知物结构非常重要。

EI 源称为硬电离，其缺点是有些化合物的分子离子弱甚至缺失，如醇、胺、羧酸等。为此发展了一系列软电离方法以获得分子离子。

软电离技术（soft ionization techniques）：ESI，FAB，CI，MALDI

化学电离(chemical ionization，CI)：准分子离子适用易挥发、热稳定的样品。

大气压化学电离(atmospheric pressure chemical ionization，APCI)：LC-APCI 单电荷离子 M<103

电喷雾电离(electrospray ionization，ESI)

快原子轰击(fast atom bombardment，FAB)

基质辅助激光解吸附电离(matrix-assisted laser desorption ionization，MALDI)

场电离(field ionization，FI)

场解吸(field desorption，FD)

质量分析器(mass analyzer)

质量分析器是质谱的核心。质量分析器的作用就是使电离源产生的离子按 m/z 分开。

磁质量分析器

　　单聚焦(single-focusing)：由一个扇形磁场组成。

　　双聚焦(double-focusing)：由一个扇形电场与一个扇形磁场组成质量分析器。

四极杆质量分析器(quadrupole-MS，Q-MS)

离子阱(ion trap，IT)质量分析器

飞行时间质谱(time of flight MS，TOF MS)

傅里叶变换-离子回旋共振(Fourier transform ion cyclotron resonance，FT-ICR)

串联质谱 MS/MS

傅里叶变换-离子回旋共振质谱(Fourier-transform ion cyclotron resonance mass spectrometry，FT-ICR MS)是由 Alan G. Marshall 和 Melvin B. Comisarow(英属哥伦比亚大学 University of British Columbia)发明的。首篇相关论文于 1974 年发表在 *Chemical Physics Letters*(Melvin B. Comisarow, Alan G. Marshall. Fourier transform ion cyclotron resonance spectroscopy. *Chemical Physics Letters*,1974,25,282-283)。Alan G. Marshall 教授随后在 Ohio State University、Florida State University 继续丰富和发展了这项技术。

质谱与气相、液相联合应用构成了色质联用，即 GC-MS 和 LC-MS，在化工、制药、食品、检疫、兴奋剂检测等领域获得广泛应用。

John B. Fenn(Virginia Commonwealth University)和 Koichi Tanaka(Shimadzu Corp.)发展了软解吸电离方法(soft desorption ionization methods)用于生物大分子的质谱分析，获得 2002 年 Nobel 化学奖(The Nobel Prize in Chemistry 2002 was awarded "for the development of methods for identification and structure analyses of biological macromolecules" with one half jointly to John B. Fenn and Koichi Tanaka "for their development of soft desorption ionisation methods for mass spectrometric analyses of biological macromolecules")。

高分辨质谱法(high resolution MS，HRMS)

高分辨质谱的精确质量可用于推导分子式或碎片离子的元素组成(表 4-6)。

高分辨质谱给出精确的分子量和碎片离子质量，可以计算化合物的分子式和碎片离子的元素组成，为结构推导提供重要信息。

质谱在有机化学中的应用

质谱在有机化学中主要用于分子的结构表征。质谱可以测定样品组分的分子量，确定分子式。根据分子离子、碎片离子、基峰离子、同位素离子等信息推导未知物的结构。

表 4-6　常见元素的天然同位素相对丰度

元素	M		M+1		M+2	
	质量	丰度(%)	质量	丰度(%)	质量	丰度(%)
H	1.007 8	100	2.014 0	0.015		
C	12.000 0	100	13.003 4	1.08		
N	14.003 1	100	15.000 1	0.37		
O	15.994 9	100	17	0.04	17.999 2	0.20
Si	27.976 9	100	28.976 5	5.06	29.973 8	3.31
S	31.972 1	100	32.971 5	0.78	33.967 9	4.42
Cl	34.968 8	100			36.965 9	32.63
Br	78.918 3	100			80.916 3	97.75

质谱还用于有机反应机理研究,如用同位素(D,^{18}O,^{14}C 等)标记示踪质谱分析法,可能获得键的形成与断裂信息。例如酯化反应研究:

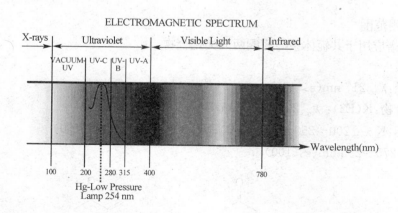

出现 m/z 138 的分子离子峰,表明苯甲酸与甲醇的酯化是酰氧键断裂。

4.4　紫外-可见光谱 Ultraviolet and Visible Spectroscopy (UV/Vis)

紫外-可见光谱用于共轭体系与醛酮的分析研究。

4.4.1　电子跃迁

UV-Vis 是分子的价电子或非键电子跃迁产生的,称为电子光谱。

电子吸收能量由成键轨道到反键轨道、非键轨道到反键轨道跃迁。源于成键 σ 轨道的跃迁需要很高的能量,那是远紫外的问题。近紫外与可见光的能量仅能使电子由 π 轨道或非键轨道跃迁到反 π 轨道,即 π→π* 和 n→π* 跃迁是 UV-Vis 研究的范畴(图 4-62)。

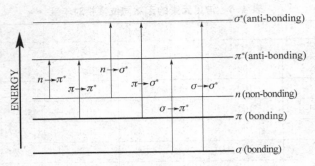

图 4-62 电子能级跃迁

Chromophore	Example	Excitation	λ_{max}, nm	ε	Solvent
C=C	Ethene	$\pi \rightarrow \pi^*$	171	15 000	hexane
C≡C	1-Hexyne	$\pi \rightarrow \pi^*$	180	10 000	hexane
C=O	Ethanal	$n \rightarrow \pi^*$ $\pi \rightarrow \pi^*$	290 180	15 10 000	hexane hexane
N=O	Nitromethane	$n \rightarrow \pi^*$ $\pi \rightarrow \pi^*$	275 200	17 5 000	ethanol ethanol
C—X	MeBr	$n \rightarrow \sigma^*$	205	200	hexane
X=Br, I	MeI	$n \rightarrow \sigma^*$	255	360	hexane

4.4.2 紫外-可见吸收谱与分子结构

4.4.2.1 应用范围

UV-Vis 谱应用于共轭体系与醛酮两大类化合物。

共轭体系

共轭烯烃：λ_{max} 217 nm($\varepsilon > 10^4$)

芳香化合物：K(E2)：λ_{max} 205～250 nm；B：λ_{max} 254～290 nm

共轭醛酮：K λ_{max} 200～250 nm($\varepsilon > 10^4$)；R：λ_{max} > 310 nm($\varepsilon < 100$)

醛酮 λ_{max} 275～295 nm($\varepsilon < 100$)

	丙酮	甲基乙烯基酮
$\pi \rightarrow \pi^*$ λ_{max}(K)	190	219 nm
ε	1 000	7 100
$n \rightarrow \pi^*$ λ_{max}(R)	280	324 nm
ε	22	27

4.4.2.2 结构与紫外-可见吸收

分子中的 UV-Vis 吸收基团称为发色团(chromophore)。含有发色团的分子称为生色原

(chromogen)。助色团(auxochrome)本身不产生吸收,但能够加强吸收。

最大吸收波长向深色移动(bathochromic shift),称为红移(red shift)。最大吸收波长向浅色移动(hypsochromic shift),称为蓝移(blue shift)。

吸收增加称为增色效应(hyperchromism)。吸收减弱称为减色效应(hypochromism)。

1. 影响紫外吸收的结构因素

1) 诱导效应与超共轭效应

诱导效应与超共轭效应产生红移。例如:

λ_{max} 217　　220　　222　　227　　227

λ_{max} 210　　219　　224　　235

λ_{max}(K)203	206	210	217	230	269
λ_{max}(B)254	261	263	269	280	280, 330

λ_{max}(K)210	235	250	250	230
λ_{max}(B)270	287			273

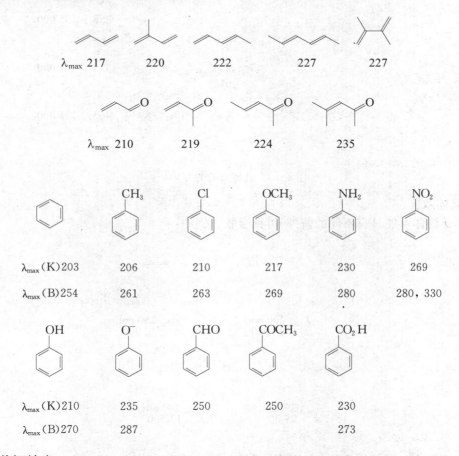

2) 共轭效应

共轭效应产生红移与助色效应。例如:

$$MeOCH{=}CH_2 > ClCH{=}CH_2 > CH_2{=}CH_2$$

α-Ionone　　β-Ionone

λ_{max} 228 nm　　λ_{max} 296 nm

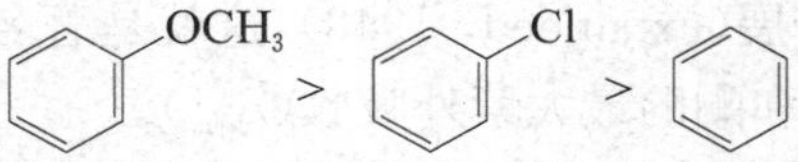

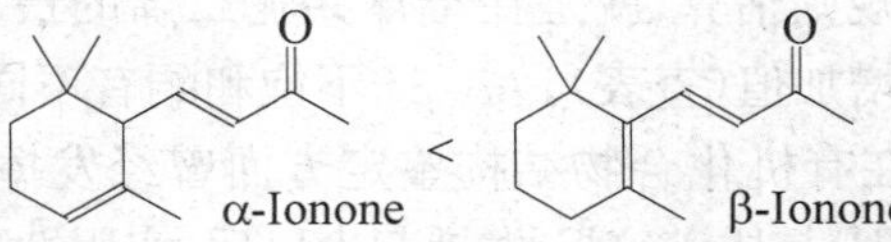

因此，紫罗兰酮的异构体（α-，β-，γ-ionones）可以用 UV-Vis 区分。

共轭双键延长，λ_{max} 逐渐增大（红移）并有深色效应，如图 4-63，β-胡萝卜素（β-carotene）已进入可见区了（dark orange）。

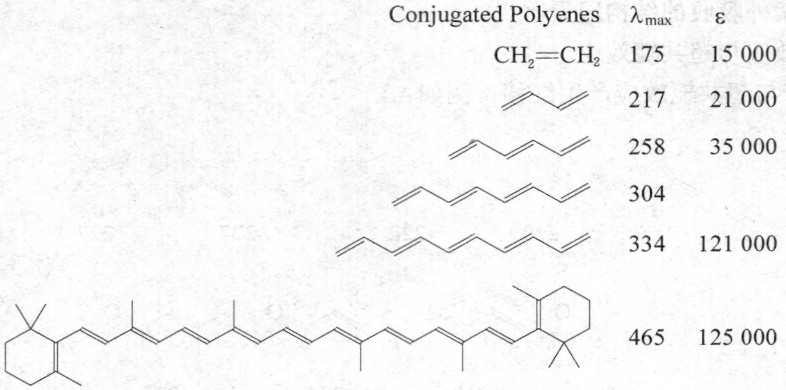

Conjugated Polyenes	λ_{max}	ε
$CH_2=CH_2$	175	15 000
	217	21 000
	258	35 000
	304	
	334	121 000
	465	125 000

图 4-63　共轭多烯的 UV-Vis

3) 立体效应

立体异构体可能具有不同的紫外-可见吸收。例如：

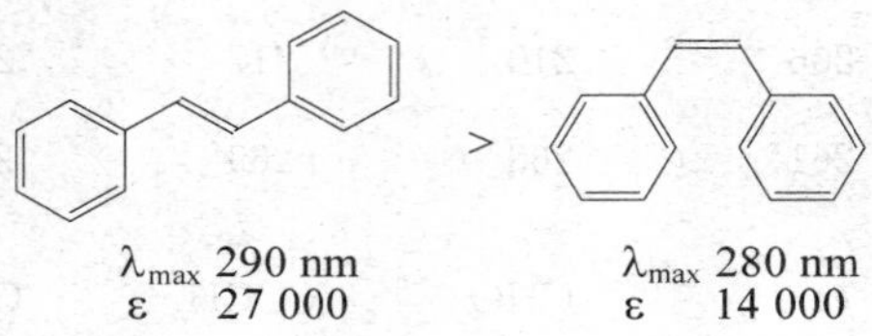

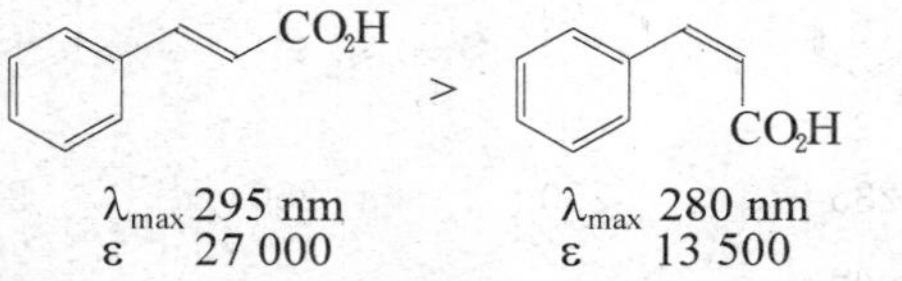

反式二苯乙烯　　　　　　顺式二苯乙烯
λ_{max} 290 nm　　＞　　λ_{max} 280 nm
ε　　27 000　　　　　　　ε　　14 000

反式肉桂酸　　　　　　　顺式肉桂酸
λ_{max} 295 nm　　＞　　λ_{max} 280 nm
ε　　27 000　　　　　　　ε　　13 500

因此，UV-Vis 可能用于区分有紫外-可见吸收的顺反异构体。

2. 共轭二烯与共轭酮的 λ_{max} 预测——Woodward-Fieser 规则

关于共轭二烯与共轭酮的紫外吸收光谱，有机合成化学家 Robert B Woodward（Harvard University）在这方面做了大量工作，总结出了经验规则（empirical rules，1941），后来经 Louis F Fieser（Harvard University）扩展（expanded，1948），这就是著名的 Woodward-Fieser 规则，用于预测共轭二烯和 α，β-不饱和酮的最大紫外吸收（λ_{max}）。

应用 Woodward-Fieser 规则估算，就是在母体共轭二烯的最大紫外吸收（λ_{max}）基础值之上累加延长双键与取代基的增加值（查表）。α，β-不饱和酮有不同的经验值。

Woodward-Fieser 规则在有机化合物结构鉴定方面曾经发挥了重要作用，但在红外光谱（IR），特别是核磁共振谱（NMR）与质谱（MS）发展起来以后，实用性降低了，但仍有特定的用途。

Woodward-Fieser 规则与应用举例

Woodward-Fieser Rules for the Calculation of Absorption
Maximum of Dienes and Polyenes (good to about ±3 nm)*

	λ(nm)
Parent chromophore	214
Each alkyl substituent (at any position) add	5
Each exocyclic double bond add	5
Each additional conjugated double bond (one end only) add	30
Each homoannular (rather than acyclic or heteroannular) add	39

* exocyclic to ring B only

homoannular (same ring)

NOTE: In cases for which both types of diene systems are present, the one with the longer wavelength is designated as the parent system.

Do not count the double bond as a substituent, since this effect is included.

Each polar group	
—O—acyl	0
—OR	6
—SR	30
—Cl, —Br	5
—NR$_2$	60
Solvent correction	0

* From R. B. Woodward J. Am. Chem. Soc., 63, 1123(1941); 64, 72, 76(1942); L. F. Fieser and M. Fieser, Natural Products Related to Phenanthrene, Reinhold, New York, 1949.

Rules for the Calculation of the Position of π→π*
Absorption Maximum of Unsaturated Carbonyl Compounds

$$\overset{\beta}{C}=\overset{\alpha}{C}-\overset{R}{C}=O \quad \text{and} \quad -\overset{\delta}{C}=\overset{\gamma}{C}-\overset{\beta}{C}=\overset{\alpha}{C}-\overset{R}{C}=O$$

	λ(nm)
Parent α, β-unsaturated carbonyl compound	
(acyclic, six-membered, or larger ring ketone) R=alkyl	215
(5-membered ring ketone)	202
(aldehyde) R=H	207
(acid or ester) R=OH or OR	193
Each alkyl substituent:	
α add	10
β add	12
If other double bonds, for each γ, δ, etc., add	18
Each exocyclic carbon-carbon double bond add	5
Each extra conjugation add	30
(do not count double bond as substituent, as this effect is included)	
Each homoannular add	39

(续表)

Each polar group		
—OH	α	35
	β	30
	δ	50
—O—Ac	α, β, or δ	6
—OR	α	35
	β	30
	γ	17
—SR	δ	31
—Cl	β	85
	α	15
	β	12
—Br	α	25
	β	30
—NR$_2$	β	95
Solvent correction		0
Ethanol, methanol		0
Chloroform		1
Dioxane		5
Diethyl ether		7
Hexane, cyclohexane		11
Water		−8

应用 Woodward-Fieser 规则计算示例。

	Base value	
	(acyclic enone)	215 nm
	α-CH$_3$	10
	β-CH$_3$×2	24
	Total	249 nm(Observed: 249 nm)

	Base value	
	(6-membered enone)	215 nm
	Double bond	
	extending conjugation	30 nm
	Homocyclic diene	39 nm
	δ′-Ring residue	18 nm
	Total	302 nm(Observed: 300 nm)

	Base value	
	(6-membered enone)	215 nm
	Double bond	
	extending conjugation×2	60 nm
	Homocyclic diene	39 nm
	Exocyclic double bond	5 nm
	β-substituent	12 nm
	δ′-substituent	18 nm
	Total	349 nm(Observed: 348 nm)

3. 影响紫外-可见吸收的外部因素

溶剂的影响：溶剂的极性增大，$n \to \pi^*$ 发生红移，$\pi \to \pi^*$ 发生蓝移。常用的溶剂（无 UV-Vis 吸收）：水、甲醇、乙醇、己烷、环己烷等。

酸碱性的影响

苯酚的 UV 谱在碱性溶液中因成盐而红移，加酸又恢复。

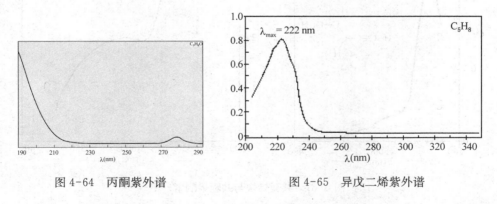

λ_{max}	ε		λ_{max}	ε
210	6 200		235	9 400
270	1 450		287	2 600

苯胺在酸性溶液中成盐而蓝移，与苯类似，加碱则恢复。

λ_{max}	ε		λ_{max}	ε
230	8 600		203	7 500
287	1 430		254	160

4.4.3 紫外-可见吸收谱实例

例1 图 4-64 是丙酮的紫外谱。最大紫外吸收在 280 nm，很弱，这典型的羰基 $n \to \pi^*$ 跃迁。

图 4-64 丙酮紫外谱 　　　　图 4-65 异戊二烯紫外谱

例2 图 4-65 是异戊二烯的紫外谱。最大吸收波长是 222 nm，而且很强，是典型的共轭二烯的 $\pi \to \pi^*$ 跃迁。

例3 图 4-66 左图是共轭二烯紫外吸收，最大吸收波长是 235 nm，而且很强，这是共轭二烯的 $\pi \to \pi^*$ 跃迁。右图是共轭多烯随着共轭体系延长，最大紫外吸收红移且出现增色效应。

例4 图 4-67 左图是共轭烯炔紫外谱，最大吸收波长是 230 nm，而且很强，这是典型的共轭二烯的 $\pi \to \pi^*$ 跃迁。右图是典型的共轭烯酮的紫外谱，230 左右的强吸收是 $\pi \to \pi^*$ 跃迁，较弱的 300 左右归属于羰基的 $n \to \pi^*$ 跃迁。

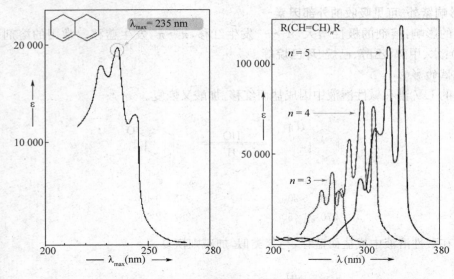

图 4-66 共轭二烯与共轭多烯紫外谱

紫外-可见谱在有机化学、分析化学、生物化学、医学等领域仍有重要应用。

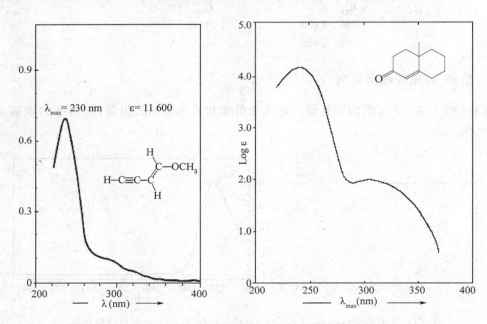

图 4-67 共轭烯炔与共轭烯酮紫外谱

4.5 波谱综合解析

4.5.1 结构推导信息

化学信息：官能团反应等化学性质。
立体化学信息：构型、旋光等。

物理信息：状态、颜色、气味、熔点、沸点、溶解度、极性等。
波谱信息：NMR(^{1}H, ^{13}C)，IR，MS，UV-Vis。

4.5.2 结构推导方式与不饱和度

推导方式

（1）首先计算不饱和度 U（如果有分子式的话）

$$U = \sum n_i(V_i - 2)/2 + 1 = (2n_C - n_H + n_{N(\text{III})} + 3n_{N(\text{V})})/2 + 1$$

不饱和度反映分子的结构特征。
$U=1$，一个双键：C=C、C=O、C=N、N=O、N=N、S=O 或一个环（碳环或杂环）。
$U=2$，一个三键或二个双键，或两个环，或一个双键和一个环。
$U=4$，苯环。
$U\geqslant 4$，首先考虑分子可能含有苯环。

例1 C_7H_7NO

$$U = 1/2(2\times 7-7+1)+1 = 5$$

可能是：

, ⋯

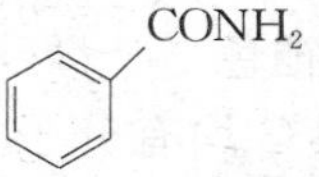

例2 $C_7H_7NO_2$

$$U_{N(\text{III})} = 1/2(2\times 7-7+1)+1 = 5$$

可能是：

, ⋯

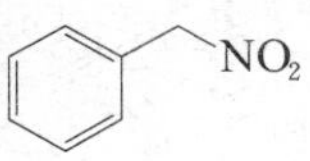

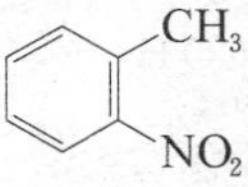

$$U_{N(\text{V})} = 1/2(2\times 7-7+3)+1 = 6$$

可能是：

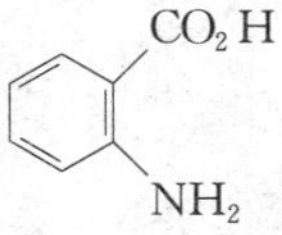

, ⋯

例3 $C_6H_6N_2O_2$

$$U = (2\times 6-6+1+3)/2+1 = 6$$

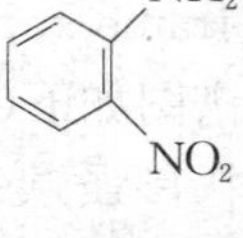

, ⋯

若无分子式，则应根据所给元素分析数据或其它信息计算分子式。

例 4 分析试剂 $C_{24}H_{20}BNa$，试推导其结构。

$$U_{B(V)} = (2 \times 24 - 20 - 1 + 3)/2 + 1 = 16$$

应是 $NaB(C_6H_5)_4$。

(2) 用回推法从最后一步反应产物的信息逐步回推至未知化合物的结构。
(3) 先否定后肯定。
(4) 注意各种可能性，如异构（构造、立体异构）等。
(5) 推出的结构不应与所给任何信息矛盾。

化学-波谱法推导结构根据所提供的化学、波谱信息进行推导。
波谱法推导结构根据所提供的波谱信息进行推导。

4.5.3 化学法推导结构

根据所提供的化学信息进行推导。
(a) 信息与结构
　　信息（反应）→结构
　　　如 $KMnO_4$ 氧化褪色→C=C
(b) 结构与信息
　　结构→反应（信息）
　　　如 C=C→$KMnO_4$ 褪色，Br_2 褪色

例：高分辨质谱显示，化合物 A、B 和 C 均有分子式 C_6H_6。高锰酸钾氧化，A 给出丁二酸，B 得到乙酸，C 未分离到有用的产物，仅有原料回收。分别用亚铜氨溶液处理，A 有红棕色沉淀析出，B 和 C 均呈负性。试推导 A、B 和 C 的结构。

解：$U = (2 \times 6 - 6)/2 + 1 = 4$

A　　HO₂C—CH₂CH₂—CO₂H　⟹　HC≡C—CH₂CH₂—C≡CH

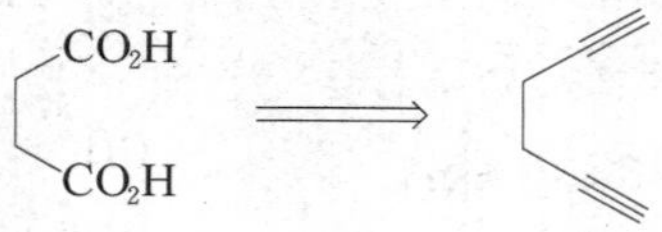

B　　CH_3COOH　⟹　$CH_3-C\equiv C-CH_3$

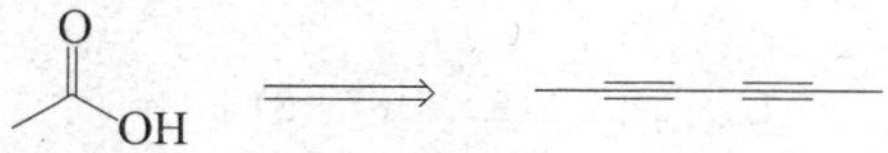

C　　苯

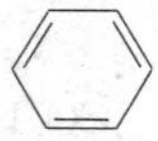

4.5.4 波谱法推导结构

^1H NMR，^{13}C NMR，IR，MS，UV。
波谱信息形式：谱图、数据。
谱图来源：AIST：RIO-DB Spectral Database for Organic Compounds，SDBS http://sdbs.riodb.aist.go.jp/sdbs/cgi-bin/direct_frame_top.cgi

例 1 化合物（$C_6H_{12}O_2$）的红外谱与氢谱图如下（图 4-68），推导其结构。

解：$U=1$，可能是碳氧双键，红外谱中有强羰基吸收确证。高而强的吸收频率（约 1 740 cm^{-1}）以及指纹区的 1 250 cm^{-1} 强吸收带（C—O）提示可能是酯。氢谱中只有两个信号

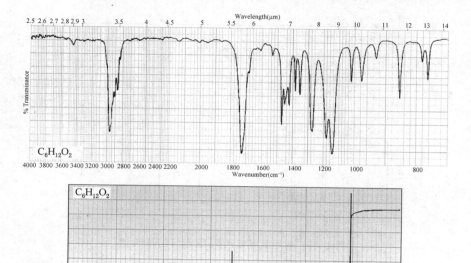

图 4-68 叔丁基甲酸甲酯 IR 与 ^{1}H NMR 谱

且都是单峰,说明只有两种氢,比例 1∶3,低场位移 3.6 可归属于甲氧基,即甲酯,这样高强的信号就是叔丁基。因此,该化合物的结构就是叔丁基甲酸甲酯。

例 2 化合物($C_9H_{10}O_2$)的红外谱与氢谱图如下(图 4-69),推导其结构。

解:$U=5$,除去苯环还有一个不饱和度,可能是碳氧双键。红外谱 1 668 cm^{-1} 应是羰基吸收,较低提示可能与苯环共轭即芳酮。指纹区的强峰 1 261 和 1 022 cm^{-1} 可能芳烷基醚,突出的 837 cm^{-1} 峰提示可能是对位二取代,这由氢谱中芳区的对称双二重峰确证。高场只有两个信号且都是单峰,可能是两种甲基,3.8 的是甲氧基,2.5 的是乙酰基中的甲基。因此,该化合物的结构是对甲氧基苯乙酮。

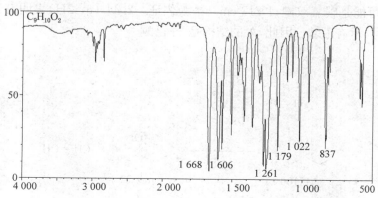

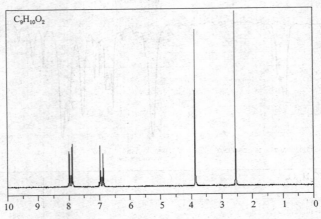

图 4-69 对甲氧基苯乙酮 IR 与 ^{1}H NMR 谱

例 3 质谱显示,化合物 A 与 B 均有分子式 $C_9H_{10}O$。A 不能发生碘仿反应,其红外谱在 1 690 cm^{-1} 处有强吸收,核磁共振氢谱化学位移如下: δ_H 1.2 (3H, t), 3.0 (2H, q), 7.7 (5H, m);化合物 B 有碘仿反应,波谱数据为: ν_{max} 1 705 cm^{-1}(s); δ_H 2.0 (3H, s), 3.5 (2H, s), 7.1 (5H, m)。试写出 A 与 B 的结构式,并归属红外吸收峰与核磁共振各信号。

解:$U=5$,除去一个苯环,还有一个不饱和度,可能是羰基,红外谱有羰基吸收佐证。

比较羰基吸收可知,A 是共轭的,B 是简单的脂肪甲基酮。氢谱信息可推出具体结构,1.2 (3H, t) 与 3.0 (2H, q) 显示乙基的存在,2.0 (3H, s) 与 3.5 (2H, s) 是孤立的,芳区信号都提示是单取代苯。

例 4 化合物 A($C_6H_{12}O$) 有如下波谱数据:ν_{max} 1 717 cm^{-1};δ_H 2.41 (q, 2H), 2.39 (t, 2H), 1.60 (m, 2H), 1.06 (t, 3H), 0.92 (t, 3H) ppm; m/z 100, 72, 71, 57, 43。试给出 A 的结构并归属离子 m/z 100, 72, 71, 57。

解:$U=1$,可能是碳氧双键,1 717 cm^{-1} 是为佐证。2.41 (q, 2H) 表明有乙基且连羰基。还剩余三个信号,示有丙基。因此,A 的结构是 3-己酮。

离子归属:

习题

1. 化合物 A($C_4H_7ClO_2$)的 IR 与 ^{1}H NMR 谱如下,推导其结构并归属。

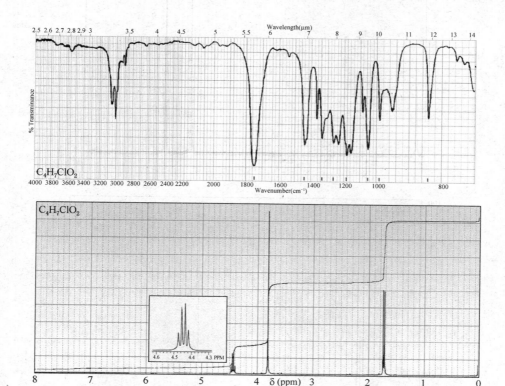

图 4-70 化合物 A($C_4H_7ClO_2$)的 IR 与 ^{1}H NMR 谱

2. 化合物 B($C_3H_5ClO_2$)的 IR、^{1}H NMR 与 MS 谱如下,推导其结构并归属。

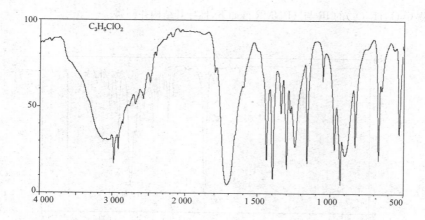

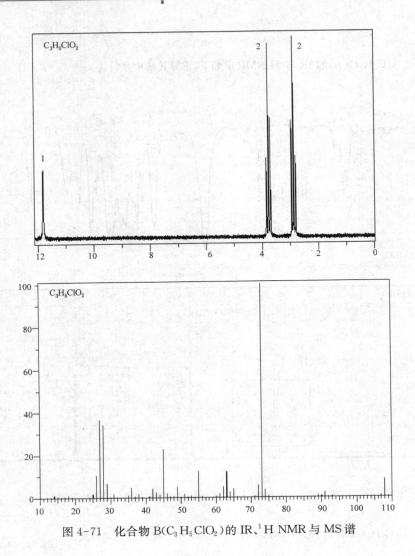

图 4-71　化合物 B($C_3H_5ClO_2$) 的 IR、^{1}H NMR 与 MS 谱

3. 化合物 C($C_{10}H_{12}O_2$) 的 IR 与 ^{1}H NMR 谱如下，推导其结构并归属。

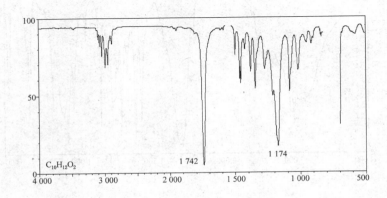

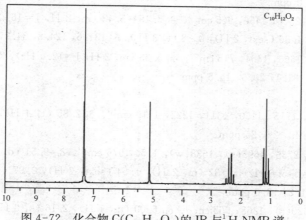

图 4-72 化合物 C($C_{10}H_{12}O_2$)的 IR 与 ^{1}H NMR 谱

4. 化合物 D($C_{11}H_{14}O_2$)的 IR 与 ^{1}H NMR 谱如下,推导其结构并归属。

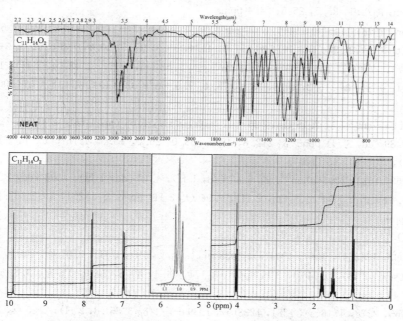

图 4-73 化合物 D($C_{11}H_{14}O_2$)的 IR 与 ^{1}H NMR 谱

5. C_6H_{12}

A ν_{max} 2928, 2853, 1460 cm^{-1}。δ_H 1.43 (s);δ_C 27.1 ppm。

B ν_{max} 2964, 2870, 1462, 1375 cm^{-1}。δ_H 1.80~1.18 (m, 9 H), 0.97 (d, 3 H) ppm。δ_C 34.8, 34.7, 25.4, 20.8 ppm。

C ν_{max} 2994, 2918, 2863, 1449, 1371, 1169 cm^{-1}。δ_H 1.64 (s) ppm;δ_C 123.5, 20.4 ppm。

D ν_{max} 3001, 2964, 2868, 1643, 1463, 1362, 911 cm^{-1}。δ_H 5.83 (dd, 1 H), 4.93 (dd, 1 H), 4.82 (dd, 1 H), 1.01 (s, 9 H);δ_C 149.8, 109.0, 33.7, 29.2。

E ν_{max} 3080, 2962, 2861, 1642, 1467, 1379, 910(s) cm^{-1}。δ_H 5.80 (m, 1 H), 4.96 (m, 1 H), 4.92 (m, 1 H), 2.06 (m, 2 H), 1.57~1.07 (m, 4 H), 0.90 (t, 3 H) ppm;δ_C 139.2, 114.2, 33.7,

31.4, 22.4, 14.0 ppm.

F ν_{max} 3026, 2962, 2876, 1456, 965 cm^{-1}. δ_H 5.45~5.42 (m, 2 H, J=16.0 Hz), 1.95 (m, 2 H), 1.64 (d, 3 H), 1.36 (sext, 2 H), 0.88 (t, 3 H); δ_C 131.6, 124.8, 34.9, 22.9, 17.9, 13.7 ppm.

G ν_{max} 3008, 2936, 1666, 1464, 716 cm^{-1}. δ_H 5.33 (m, 2 H, J=12.0 Hz), 2.03 (m, 4 H), 0.96 (t, 6 H) ppm.; δ_C 131.1, 20.6, 14.5 ppm.

6. $C_6H_{10}O$

A ν_{max} 2941, 2864, 1715, 1460, 1311, 1222, 1119 cm^{-1}. δ_H 2.35 (t, 4 H), 2.07~1.55 (m, 6 H) ppm; δ_C 211.6, 42, 27, 25 ppm.

B ν_{max} 2964, 2814, 2735, 1695(s), 1638(w), 1154, 976 cm^{-1}. δ_H 9.51 (d, 1 H), 6.85 (m, 1 H), 6.13 (m, 1 H, J 15.6 Hz), 2.32 (m, 2 H), 1.54 (sext, 2 H), 0.97 (t, 3 H); δ_C 194, 158.7, 133.2, 34.7, 21.2, 13.6 ppm.

C ν_{max} 1690(s), 1620(s), 1368, 965 cm^{-1}. δ_H 6.09 (m, 1 H), 2.16 (s, 3 H), 2.14 (d, 3 H), 1.88 (d, 3 H); δ_C 198.4, 154.8, 124.3, 31.6, 27.6, 20.6 ppm.

7. $C_6H_{12}O$

A ν_{max} 3331, 2932, 2855, 1452, 1068 cm^{-1}. δ_H 3.58 (m, 1 H), 2.63 (s, 1 H), 2.04~1.04 (m, 10 H) ppm; δ_C 70.1, 35.5, 25.6, 24.4 ppm.

B ν_{max} 2965, 2878, 1715(s), 1460, 1377 cm^{-1}. δ_H 2.41 (q, 2 H), 2.39 (t, 2 H), 1.60 (sext, 2 H), 1.06 (t, 3 H), 0.92 (t, 3 H); δ_C 211.6, 44.4, 35.9, 17.5, 13.8, 7.8 ppm.

C ν_{max} 2973, 1719(s), 1465, 1378, 1101 cm^{-1}. δ_H 2.63 (m, 1 H), 2.48 (q, 2 H), 1.10 (d, 6 H), 1.05 (t, 3 H); δ_C 215.3, 40.6, 33.4, 18.4, 7.9. m/z 100 (19), 71(18), 57(100), 43(66), 29(39).

D ν_{max} 1714 (s) cm^{-1}. δ_H 2.46 (m, 1 H), 2.14 (s, 3 H), 1.68 (m, 1 H), 1.41(m, 1 H), 1.10 (d, 3 H), 0.89 (dd, 3 H) ppm. δ_C 212.8, 48.7, 28.0, 26.0, 15.8, 11.6 ppm. m/z 100 (17.6), 72 (50.7), 57 (68), 43 (100).

E ν_{max} 2962, 1613, 1205(s) cm^{-1}. δ_H 6.46 (dd, 1 H), 4.17 (dd, 1 H), 4.96 (dd, 1 H), 3.68 (t, 2 H), 1.61 (m, 2 H), 1.39 (m, 2 H), 0.94 (t, 3 H) ppm; δ_C 152.1, 86.2, 67.8, 31.3, 19.3, 13.8 ppm.

8. $C_6H_{12}O_2$

A ν_{max} 2963, 1743(s), 1367, 1244(s), 1038 cm^{-1}. δ_H 4.06 (t, 2 H), 2.04 (s, 3 H), 1.60 (p, 2 H), 1.39 (sext, 2 H), 0.94 (t, 3 H) ppm; δ_C 171, 64.4, 30.8, 20.9, 19.3, 13.8. m/z 73(14), 56 (44), 43 (100) ppm.

B ν_{max} 2965, 2878, 1746(s), 1381, 1238(s), 1039 cm^{-1}. δ_H 3.85 (d, 2 H), 2.05 (s, 3 H), 1.93 (m, 1 H), 0.94 (d, 6 H) ppm; δ_C 171, 70.7, 27.8, 20.8, 19.1 ppm. m/z 73(18), 56 (34.6), 43 (100).

C ν_{max} 2969, 1739 (s), 1257, 1180 cm^{-1}. δ_H 4.12 (q, 2 H), 2.27 (t, 2 H), 1.65 (m, 2 H), 1.26 (t, 3 H), 0.96 (t, 3 H); δ_C 173.6, 60.1, 36.3, 18.6, 14.3, 13.7 ppm. m/z 116 (4.7), 88 (51.5), 71 (100), 43 (99.5), 29 (65).

D ν_{max} 2977, 2876, 1737(s), 1285, 1166(s) cm^{-1}. δ_H 3.66 (s, 3 H), 1.20 (s, 9 H) ppm; δ_C 178.9, 51.7, 38.8, 27.3 ppm. m/z 116(5), 88(51), 71(100), 43 (99), 29(65).

E ν_{max} 2973, 1741(s), 1363, 1190(s), 1084 cm^{-1}. δ_H 4.03 (t, 2 H), 2.32 (q, 2 H), 1.65 (m, 2 H), 1.15 (t, 3 H), 0.95 (t, 3 H); δ_C 174.5, 65.9, 27.7, 22.2, 10.4, 9.2 ppm. m/z 75(41.5), 57 (100), 43 (21), 29(33).

F ν_{max} 2984, 1738(s), 1375, 1201(s), 1113 cm^{-1}. δ_H 5.0 (m, 1 H), 2.28 (q, 2 H), 1.23 (d, 6 H),

1.12 (t, 3 H); δ_C 174, 67.4, 28, 22, 9.2 ppm. m/z 75(34), 57 (100), 43 (46), 29(22).

G ν_{max} 3300~2500, 1711(s), 937 cm^{-1}. δ_H 11.2(s, 1 H), 2.35(t, 2 H), 1.64(p, 2 H), 1.33(m, 4 H), 0.92(t, 3H); δ_C 180.8, 34.2, 31.4, 24.5, 22.4, 13.9. m/z 73(44), 60 (100), 41 (26), 29 (14).

9. C_8H_{10}

A ν_{max} 3028, 2967, 2875, 1606, 1496, 1453, 746, 697(s) cm^{-1}. δ_H 7.45~7.0 (br s, 5 H), 2.63 (q, 2 H), 1.22 (t, 3 H); δ_C 144.2, 128.4, 127.9, 125.6, 29, 15.6. m/z 106 (37), 91 (100), 77 (7).

B ν_{max} 3018, 2940, 1496, 1467, 742(s) cm^{-1}. δ_H 7.07 (br s, 4 H), 2.22 (s, 6 H) ppm; δ_C 136.4, 129.6, 125.8, 19.7 ppm. m/z 106 (63), 105(26.4), 91 (100), 77 (11).

C ν_{max} 3016, 2921, 2864, 1614, 1492, 1376, 769(s), 691 cm^{-1}. δ_H 7.11~6.94 (m, 4 H), 2.29 (s, 6 H) ppm; δ_C 137.7, 130.0, 128.2, 126.1, 21.3 ppm. m/z 106 (71), 105(29), 91 (100), 77 (11).

D ν_{max} 3020, 2923, 2868, 1616, 1464, 1378, 795(s) cm^{-1}. δ_H 7.05 (s, 4 H), 2.30 (s, 6 H) ppm; δ_C 134.7, 129.0, 20.9 ppm. m/z 106 (66), 105(28), 91 (100), 77 (12).

E ν_{max} 2980, 2940, 2880, 1466, 1311, 1068 cm^{-1}. δ_H 2.25 (q, 4 H), 1.15 (t, 6 H); δ_C 78.7, 64.9, 14.5, 13.0 ppm.

10. $C_{10}H_{12}O$

A ν_{max} 2964, 2979, 1687(s), 1449, 1002, 736, 691 cm^{-1}. δ_H 7.95(m, 2 H), 7.55~7.42(m, 3 H), 2.93 (t, 2 H), 1.77 (m, 2 H), 1.0 (t, 3 H); δ_C 200.2, 137.2, 132.8, 128.6, 128.0, 40.5, 17.8, 13.9 ppm. m/z 148 (16), 120(10), 105 (100), 77(48), 51(16).

B ν_{max} 2975, 2979, 1683(s), 1226, 981, 731, 705 cm^{-1}. δ_H 7.95 (m, 2 H), 7.67~7.31 (m, 3 H), 3.54 (m, 1 H), 1.22 (d, 6 H); δ_C 204.2, 136.4, 132.8, 128.6, 128.3, 35.4, 19.2 ppm. m/z 148 (8), 105 (100), 77 (37), 51 (13).

C ν_{max} 1703(s), 1608, 829 cm^{-1}. δ_H 9.96(s, 1 H), 7.80(d, 2 H), 7.38(d, 2 H), 2.97(m, 1 H), 1.28(d, 6 H); δ_C 191.8, 156.2, 134.6, 130.0, 127.1, 34.5, 23.6.

D ν_{max} 2968, 1682(s), 1608, 1368, 1269, 833 cm^{-1}. δ_H 7.87 (d, 2 H), 7.27 (d, 2 H), 2.70 (q, 2 H), 2.56 (s, 3 H), 1.25 (t, 3 H); δ_C 197.5, 150.0, 135.1, 128.6, 128.1, 28.9, 26.4, 15.2.

E ν_{max} 2979, 1686(s), 1609, 789 cm^{-1}. δ_H 7.85 (d, 2 H), 7.24 (d, 2 H), 2.95 (q, 2 H), 2.39 (s, 3 H), 1.21 (t, 3 H); δ_C 200.2, 143.5, 134.6, 129.2, 128.2, 31.6, 21.5, 8.3.

F ν_{max} 3028, 1717(s), 1609, 1163, 750, 700 cm^{-1}. δ_H 7.41~6.99(br s, 5 H), 2.87(t, 2 H), 2.75(t, 2 H), 2.11(s, 3 H) ppm; δ_C 207.7, 141.0, 128.5, 128.3, 126.1, 45.1, 39.9, 29.7 ppm.

11. $C_{10}H_{10}$

A ν_{max} 3081, 2978, 2208, 1492, 766, 692 cm^{-1}. δ_H 7.39~7.20 (m, 5 H), 2.39 (q, 2 H), 1.21 (t, 3 H) ppm; δ_C 131.6, 128.2, 127.5, 124.3, 91.6, 80.1, 14.0, 13.1 ppm.

B ν_{max} 3031, 2882, 1667, 1581, 1497, 1466, 745(s), 660 cm^{-1}. δ_H 7.09 (m, 4 H), 5.88 (m, 2 H), 3.35 (m, 4H) ppm; δ_C 134.2, 128.4, 125.9, 124.8, 29.8 ppm.

12. $C_{14}H_{12}$

A ν_{max} 3021, 1598, 1496, 1452, 966(s), 767(s), 699(s) cm^{-1}. δ_H 7.48~7.21 (m, 10 H), 7.15 (s, 2 H) ppm; δ_C 137.4, 128.7, 128.0, 127.6, 126.5 ppm. λ_{max} 295.5 nm (ε29000).

B ν_{max} 3024, 1600, 1495, 1444, 925, 781(s), 698(s) cm^{-1}. δ_H 7.38~6.98 (br s, 10 H), 6.57 (s, 2 H) ppm; δ_C 137.2, 130.2, 128.8, 128.2, 127.0 ppm. λ_{max} 280.0 nm (ε13500).

C ν_{max} 3057, 1610, 1496, 1444, 898 (s), 773, 698 cm^{-1}. δ_H 7.31 (s, 10 H), 5.45 (s, 2 H) ppm; δ_C 150.1, 141.5, 128.2, 128.1, 127.6, 114.2 ppm.

13. $C_8H_9NO_2$

A ν_{max} 3326, 3166(s), 1667(s), 1611, 1509, 1261, 838 cm^{-1}. δ_H 9.66 (br s, 1 H), 9.14 (s, 1 H), 7.35 (d, 2 H), 6.69 (d, 2 H), 1.99 (s, 3 H); δ_C 167.4, 153.2, 131.0, 120.9, 115.0, 23.6 ppm. m/z 151 (44), 109 (100).

B ν_{max} 3468, 3371, 1681(s), 1605(s), 1290, 1175, 771 cm^{-1}. δ_H 7.84 (d, 2 H), 6.62 (d, 2 H), 3.94 (br s, 2 H), 3.84 (s, 3 H) ppm; δ_C 167.4, 151.4, 131.6, 119.3, 113.8, 51.6 ppm. m/z 151 (47), 120 (100), 92 (32).

C ν_{max} 3375, 3320~2500, 1688(s), 1603(s), 1178, 771 cm^{-1}. δ_H 12.03 (s, 1 H), 7.72 (d, 2 H), 6.55 (d, 2 H), 6.45 (s, 1 H), 2.73 (s, 3 H) ppm; δ_C 167.5, 153.4, 131.1, 116.7, 110.4, 29.1 ppm. m/z 151 (47), 120 (100), 92 (32).

D ν_{max} 3392(s), 3172, 1661(s), 1618, 1264, 1025, 863 cm^{-1}. δ_H 7.88 (d, 2 H), 7.19 (br s, 2 H), 6.99 (d, 2 H), 3.81 (s, 3 H) ppm; δ_C 167.6, 161.6, 129.4, 126.5, 113.4, 55.2. m/z 151 (56), 135 (100), 92 (17), 77 (24).

第 5 章 芳 香 烃
Aromatic Hydrocarbons

芳香亲电取代反应

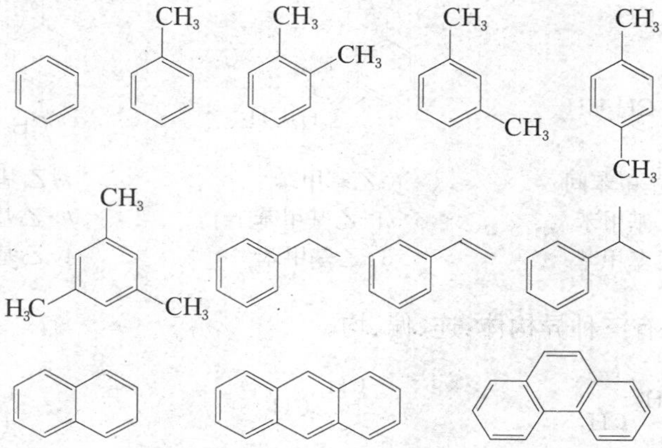

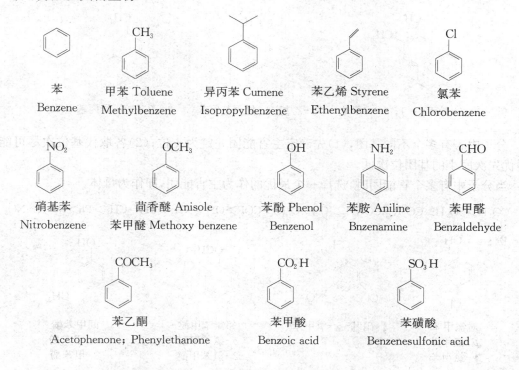

5.1 芳香烃的命名与结构

单环芳烃及其衍生物

苯 Benzene

甲苯 Toluene Methylbenzene

异丙苯 Cumene Isopropylbenzene

苯乙烯 Styrene Ethenylbenzene

氯苯 Chlorobenzene

硝基苯 Nitrobenzene

茴香醚 Anisole
苯甲醚 Methoxy benzene

苯酚 Phenol Benzenol

苯胺 Aniline Bnzenamine

苯甲醛 Benzaldehyde

苯乙酮 Acetophenone; Phenylethanone

苯甲酸 Benzoic acid

苯磺酸 Benzenesulfonic acid

两个取代基,有三种异构体即邻(ortho)、间(meta)、对(para):

邻二甲苯 o-xylene	间二甲苯 m-xylene	对二甲苯 p-xylene (PX)
1,2-二甲苯	1,3-二甲苯	1,4-二甲苯

邻乙基甲苯	乙基甲苯	对乙基甲苯
o-乙基甲苯	m-乙基甲苯	p-乙基甲苯
2-乙基甲苯	3-乙基甲苯	4-乙基甲苯

三个相同取代基有三种异构体:连、偏、均。

连三甲苯	偏三甲苯	间三甲苯;均三甲苯
1,2,3-三甲苯苯	1,2,4-三甲苯	Mesitylene 1,3,5-三甲苯

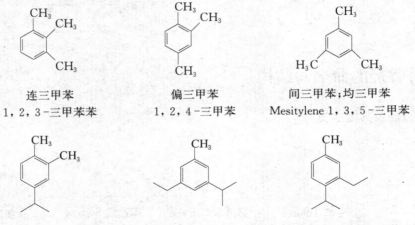

4-异丙基-1,2-二甲苯　　3-乙基-4-异丙基甲苯　　3-乙基-5-异丙基甲苯

分子内若有多个不同基团,(1)先确定主官能团并定为1位;(2)各取代基位次尽可能低;(3)优先次序小的基团位次低。

当分子中有多个官能团时,选择一个最优的作为主官能团,即作为母体。

$CO_2H > SO_3H > CO_2R > CONH_2 > CN > CHO > COR > OH > NH_2 > CH=CH_2 > Ph > R > X > NO_2$

例:

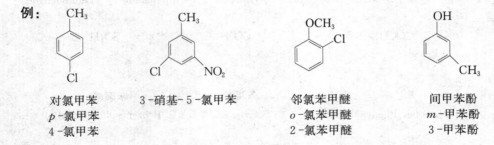

对氯甲苯	3-硝基-5-氯甲苯	邻氯苯甲醚	间甲苯酚
p-氯甲苯		o-氯苯甲醚	m-甲苯酚
4-氯甲苯		2-氯苯甲醚	3-甲苯酚

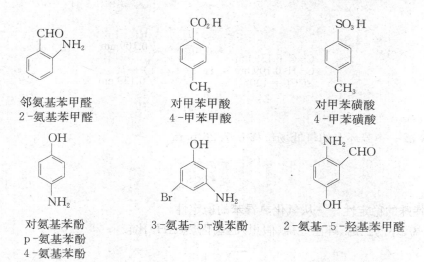

邻氨基苯甲醛
2-氨基苯甲醛

对甲苯甲酸
4-甲苯甲酸

对甲苯磺酸
4-甲苯磺酸

对氨基苯酚
p-氨基苯酚
4-氨基苯酚

3-氨基-5-溴苯酚

2-氨基-5-羟基苯甲醛

苯基（phenyl，Ph），C_6H_5；苯甲基（苄基）（benzyl，Bn），$C_6H_5CH_2$；三苯甲基（triphenylmethyl，Tr），$(C_6H_5)_3C$；芳基（aryl，Ar）。

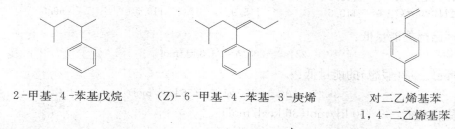

2-甲基-4-苯基戊烷

(Z)-6-甲基-4-苯基-3-庚烯

对二乙烯基苯
1,4-二乙烯基苯

苯与苯的结构：1825 年，Michael Faraday 首先从生产照明气的油性残余物种分离鉴定了苯，并称之为"氢的重碳化物"（bicarburet of hydrogen）。1833 年，Eilhard Mitscherlich 通过蒸馏苯甲酸（benzoic acid from gum benzoin）与碱石灰制取了苯（benzin）。1845 年，August Wilhelm von Hofmann 的工作助理 Charles Mansfield 从煤焦油（coal tar）分离到苯。四年后，Mansfield 开始利用煤焦油首先工业化生产苯。1855 年，August Wilhelm Hofmann 应用芳香（aromatic）一词来定义这一类化合物。1865 年，德国化学家 Friedrich August Kekulé 发表论文提出了含 6 个碳原子的单双键交替的六元环结构。

Kekulé 根据单取代苯只有一种、二取代苯则有三种（现在知道是邻、间和对位）的实验事实支持他提出的结构。Kekulé 的对称六元环能够解释这些事实以及苯的碳-氢之比 1∶1。

历史上，苯的结构有如下形式（从左至右）：Kekulé（1865）、Claus（1867）、Dewar（1867）、Ladenburg（1869）、Armstrong（1887）和 Thiele（1899）。Thiele 和 Kekulé 结构式今天仍在使用。

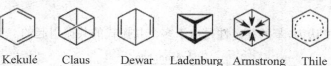

Kekulé　Claus　Dewar　Ladenburg　Armstrong　Thile

1929 年，苯的环状结构最终由晶体学家 Kathleen Lonsdale 确证。

实验事实——苯环的特殊性

（a）苯环结构的现代实验事实

苯是平面分子，正六边形的平面结构，碳-碳键和碳-氢键各一种，碳-碳键长 0.139 nm，键角 120°。

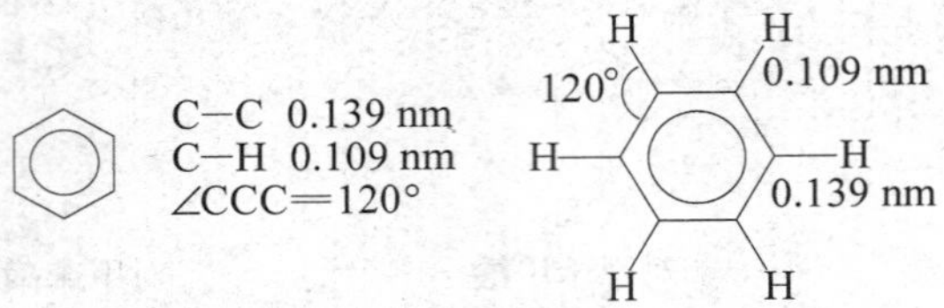

C—C 0.139 nm
C—H 0.109 nm
∠CCC＝120°

(b) NMR 谱——芳环上的氢低场位移 δ_H 7.26 ppm

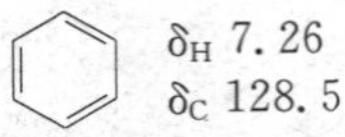

δ_H 7.26
δ_C 128.5

(c) 具有特殊的稳定性 —— 从氢化热看苯的稳定性

苯与环己烯、环己二烯、环己三烯（假想）的氢化热（ΔH）比较：

	环己烯	环己二烯	环己三烯	苯
ΔH_H°(kJ/mol)	119.5	231.8	358.5(119.5×3)	208.5
ΔH_H°/C=C	119.5	115.9	119.5	69.5

苯比环己烯的能量低：

$$231.8 - 208.5 = 23.3 \text{ kJ/mol}$$

苯比环己三烯（假想）的能量低：

$$358.5 - 208.5 = 150 \text{ kJ/mol}(36 \text{ kcal/mol})$$

苯的稳定化能——150 kJ/mol(36 kcal/mol)

(d) 化学反应的特殊性

苯虽然高度不饱和，但和烯烃不同，难发生加成、氧化反应，却易发生取代反应。

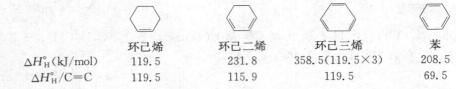

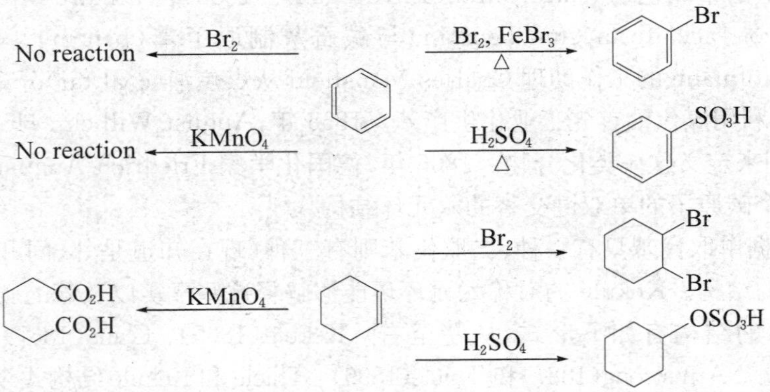

理论解释

共振论：共振论认为，苯的稳定性是由于多个共振式的共振引起的。

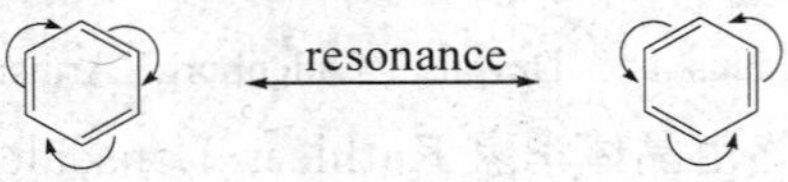

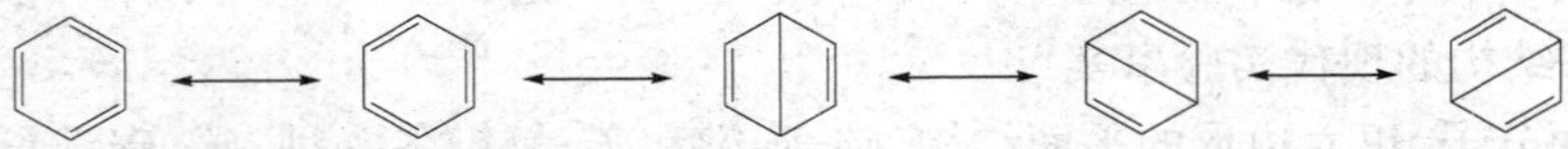

Kekulé 苯　　　　　　　　　　　　Dewar 苯

苯的共振能:150 kJ/mol(36 kcal/mol)

分子轨道理论(MO):假设σ键与π键可以分开处理。每个碳原子都采取 sp² 杂化,形成 C-C σ键和 C-H σ键。每个碳原子的 p 轨道平行重叠,形成六轨道六电子封闭共轭大π键,π电子云分布在σ轨道上下面,π电子充分离域,无单双键之分,键长平均化,能量低稳定化(图 5-1)。

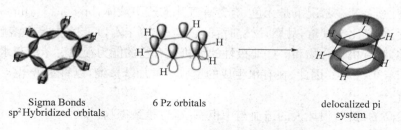

图 5-1　苯的σ轨道、p 轨道与π轨道

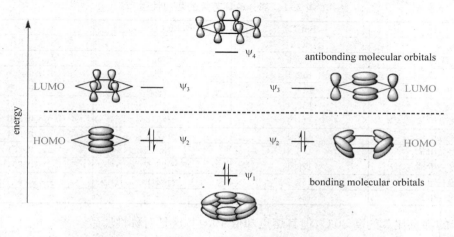

图 5-2　苯的分子轨道

MO 理论认为:苯的特殊稳定性是由于苯存在一个封闭的共轭体系、π电子填满成键轨道、充分离域的结果(图 5-2)。

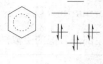

苯的离域(共轭)能:-2β,150 kJ/mol(36 kcal/mol)。

苯的结构表示

凯库勒(Kekule)结构式:

共振式:

现代分子轨道理论:

5.2 芳香烃的物理与生化性能

5.2.1 芳香烃的物理

苯的物理性质：苯在常况下是无色、有芳香气味的透明液体，bp 80.1℃，mp 5.5℃，d 0.88 g/mL，易挥发，蒸气比空气重，易燃，燃烧时冒黑烟。难溶于水，1 L 水中最多溶解 1.7 g；良好的有机溶剂，溶解有机化合物和一些非极性的无机化合物的能力很强。苯能与水形成恒沸物，bp 69.5℃，含苯 91.2%。因此，在有水生成的反应中常加苯蒸馏，以将水带出。

生化性质

苯具有较高的毒性，损坏人的造血与中枢系统，也是致癌物。

部分单环芳烃的物理性质见表 5-1。

表 5-1 部分单环芳烃的物理性质

芳烃	Bp(℃)	Mp(℃)	d_4^{20}
苯	80.1	5.5	0.879
甲苯	110.6	−95	0.867
乙苯	136.1	−95	0.867
正丙苯	159.3	−99.6	0.862
异丙苯	152.4	−96	0.862
邻二甲苯	144.4	−25.2	0.880
间二甲苯	139.1	−47.9	0.864
对二甲苯	138.4	13.2	0.861
连三甲苯	176.1	−25.5	0.894
偏三甲苯	169.2	−43.9	0.876
均三甲苯	164.6	−44.7	0.865

甲苯的沸点比苯的高 30℃，但其熔点却低 100℃，这是对称性所致。

二取代苯中，对位异构体由于高对称性而有最高的熔点。可利用重结晶与邻间位异构体分离。

环丁砜、N-甲基吡咯烷酮、二甲基甲酰胺、二甘醇等溶剂对芳烃有很高的选择性，常用于提取芳烃。

部分单环芳烃的生成热(heat of formation)见表 5-2。

表 5-2 部分芳烃的生成热(ΔH_f°)

芳烃	ΔH_f°(kJ/mol, 25℃)	芳烃	ΔH_f°(kJ/mol, 25℃)
苯	82.85		
甲苯	49.95		
乙苯	29.76		
丙苯	7.82		
邻二甲苯	19.98	连三甲苯	−9.57
间二甲苯	17.72	偏三甲苯	−13.92
对二甲苯	17.93	均三甲苯	−16.05

从生成热可以看出，与烯烃相似，苯环上连有烷烃基，其稳定性增加；烃基愈多，稳定性愈高。丙苯比苯稳定，但不如均三甲苯稳定。邻二甲苯不如对二甲苯稳定，这是立体效应所致，

间二甲苯最稳定。三甲苯中,以均三甲苯最稳定。

5.2.2 芳香烃的生化性能

苯具有较高的毒性,是致癌物(carcinogen),在世界卫生组织(WHO)国际癌症研究机构(International Agency for Research on Cancer,IARC)公布的致癌物清单中属于1类。苯能够损害造血系统,对中枢神经系统有麻痹作用。吸入或皮肤接触大量苯,可能会引起急性或慢性苯中毒。长期过多的接触苯可能会对血液与中枢神经系统造成损害。

苯主要通过呼吸道吸入、胃肠及皮肤吸收的方式进入体内。一部分苯可通过尿液排出,未排出的苯则在肝脏中被氧化为环氧苯(毒性中间体),然后继续代谢转化。高活性的环氧苯还有可能与细胞核中的脱氧核糖核酸(DNA)反应,引发基因变异,导致蛋白质合成异常,引发癌变。

因此,在实验室中使用苯必须注意安全与防护,避免直接吸入。

甲苯、二甲苯、乙苯和异丙苯等都是低毒性的。在致癌物清单中,甲苯和二甲苯是3类,乙苯和异丙苯则是2B类。

5.3 芳烃的化学反应

5.3.1 芳香亲电取代反应

5.3.1.1 五大芳香亲电取代反应

芳香亲电取代反应机理

芳环向亲电试剂提供 π 电子成键,产生中间体芳正离子,此即亲电加成(A_E);然后消去质子恢复芳环(E),完成取代。

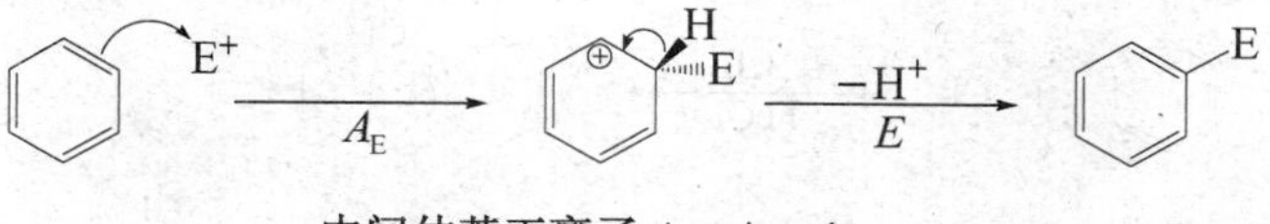

中间体芳正离子 Arenium ion
Wheland intermediate

$$E^+ = R^+, RC\equiv O^+, O_2N^+, X^+, \overset{\delta+}{X}-\overset{\delta+}{X}, O_2\overset{\delta+}{S}=O$$

正离子或缺电子试剂是亲电试剂(electrophilic reagent)。由亲电试剂引发的芳环上的取代反应称为芳香亲电取代反应(aromatic electrophilic eubstitution,$S_E Ar$)。

芳正离子(arenium ion),又称 Wheland 中间体,也叫 σ 络合物,其正电荷是离域的:

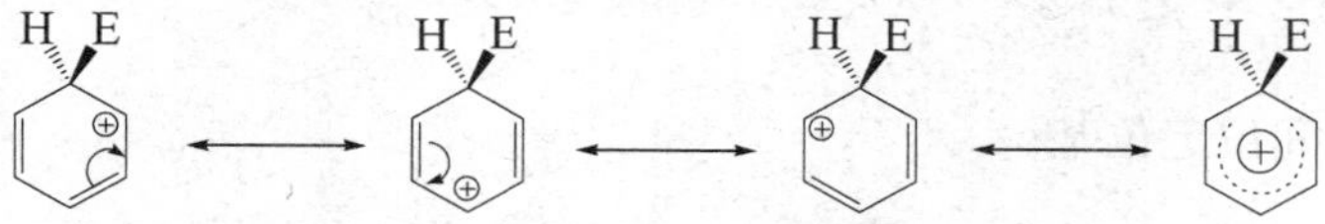

离域的芳正离子
Delocalized Arenium ion

Wheland intermediate or sigma complex or σ-complex

中间体芳正离子由于电荷离域稳定化。

芳烃的亲电取代反应活性:芳环 π-电子密度愈高,反应愈容易,即给电子效应提高反应活性,吸电子效应降低反应活性。芳正离子愈稳定,愈易于生成,反应愈容易,即给电子效应稳定正离子,提高反应活性,吸电子效应去稳定化,降低反应活性。

1. 卤代反应

苯在三卤化铁存在下与氯或溴反应生成氯苯或溴苯,称为卤代反应(halogenation)。

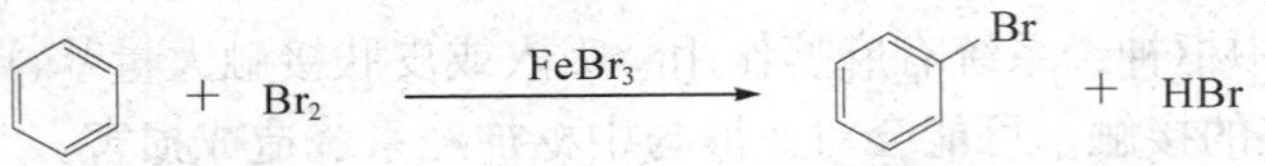

$$C_6H_6 + Br_2 \xrightarrow{FeBr_3} C_6H_5Br + HBr$$

反应机理:

$$Br-Br + FeBr_3 \rightleftharpoons Br\cdots Br^{\delta+}\cdots FeBr_3^{\delta-}$$

$$C_6H_6 + Br^{\delta+}\cdots Br\cdots FeBr_3^{\delta-} \rightleftharpoons [C_6H_6Br]^+ \cdots Br-FeBr_3^-$$

$$\longrightarrow C_6H_5Br + HBr + FeBr_3$$

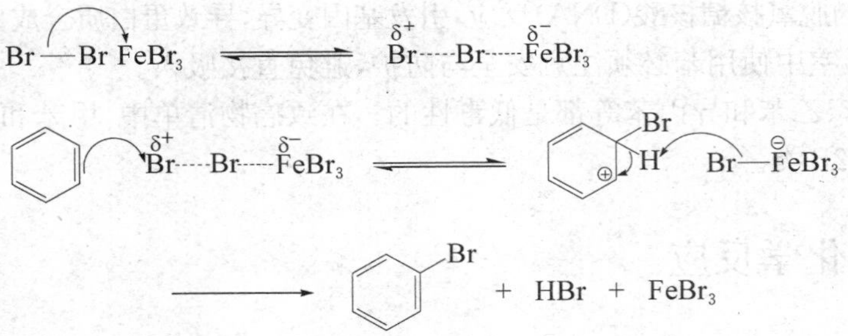

卤素的活性:

$$F_2 > Cl_2 > Br_2 > I_2$$

氟的活性太高,碘的活性太低,一般不能直接使用。通常的卤代一般系指氯与溴代。

甲苯在三氯化铁存在下与氯反应得到对氯甲苯和邻氯甲苯:

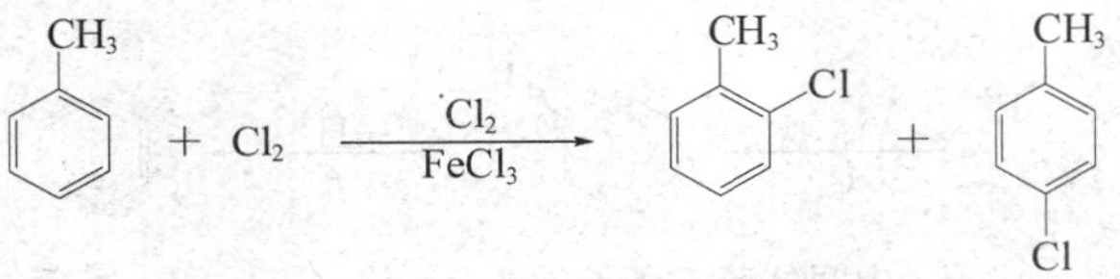

$$C_6H_5CH_3 + Cl_2 \xrightarrow{Cl_2 / FeCl_3} \text{o-ClC}_6H_4CH_3 + \text{p-ClC}_6H_4CH_3$$

58%(bp 159°C)   42%(bp 162°C)

这表明甲基是邻对位定位基。

硝基苯和苯甲酰氯的卤代则主要得到间位卤代产物。

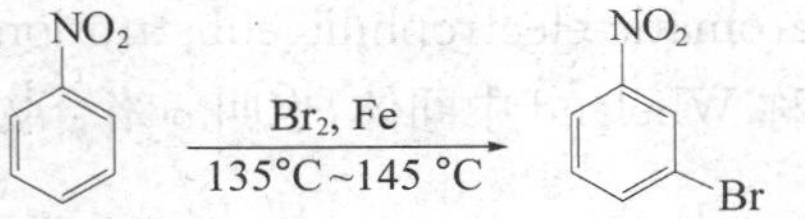

$$C_6H_5NO_2 \xrightarrow[135°C\sim145°C]{Br_2, Fe} \text{m-BrC}_6H_4NO_2 \quad 85\%$$

这表明硝基是间位定位基。

2. 硝化反应

苯与硝酸反应生成硝基苯,称为硝化反应(nitration),常在硫酸存在下进行。

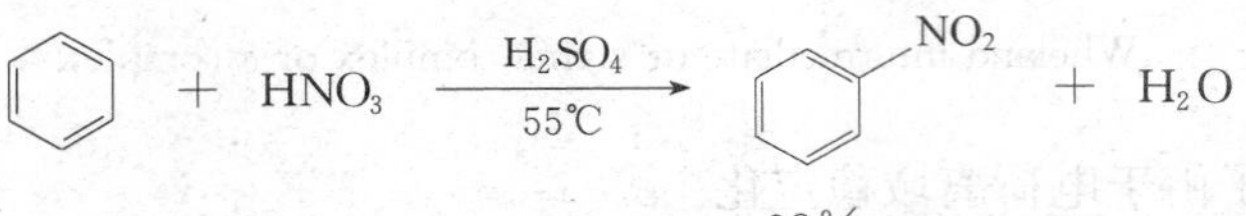

$$C_6H_6 + HNO_3 \xrightarrow[55°C]{H_2SO_4} C_6H_5NO_2 + H_2O$$

98%

硝酸加硫酸称为混酸(mixed acid，MA)，有效的亲电试剂是硝基正离子，硫酸有促进硝酸电离的作用，从而产生高浓度的硝基正离子。

$$HNO_3 + H_2SO_4 \rightleftharpoons H_2O^+NO_2 + HSO_4^-$$

$$H_2\overset{+}{O}—NO_2 \rightleftharpoons {}^+NO_2 + H_2O$$

$$H_2SO_4 + H_2O \rightleftharpoons HSO_4^- + H_3O^+$$

Total equation:

$$HNO_3 + 2H_2SO_4 \rightleftharpoons {}^+NO_2 + 2HSO_4^- + H_3O^+$$

提高温度，硝化进一步发生，得二硝基或多硝基苯。但高温硝化应注意安全，硝基化合物是高能物质。

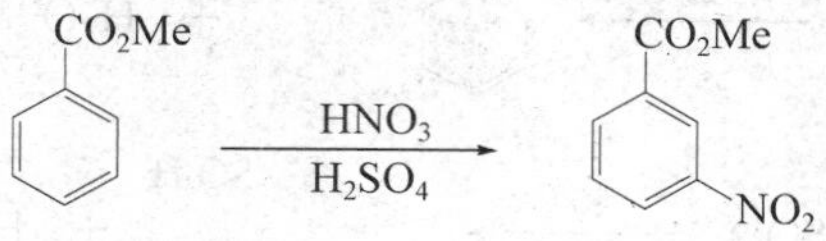

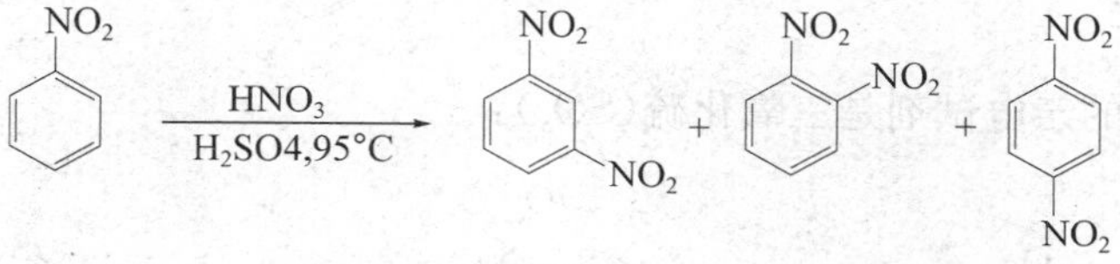

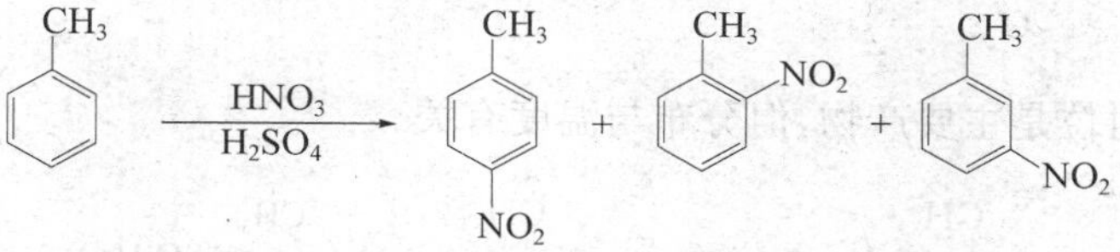

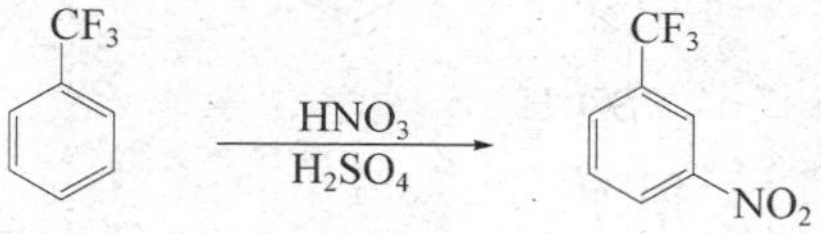

84%

93%　6%　1%

59%　37%　4%

96%

三氟甲基是吸电子基，是间位定位基。

56%~63%

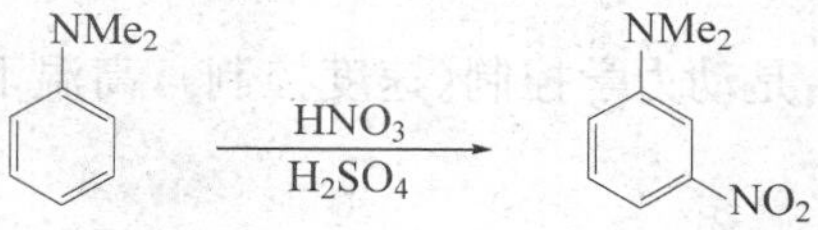

问题1　为什么用混酸硝化 *N*，*N*-二甲基苯胺，主要得到间位产物？

其它硝化剂：$HNO_3/AcOH$，HNO_3/Ac_2O，O_2NBF_4。

71%　28%　<1%

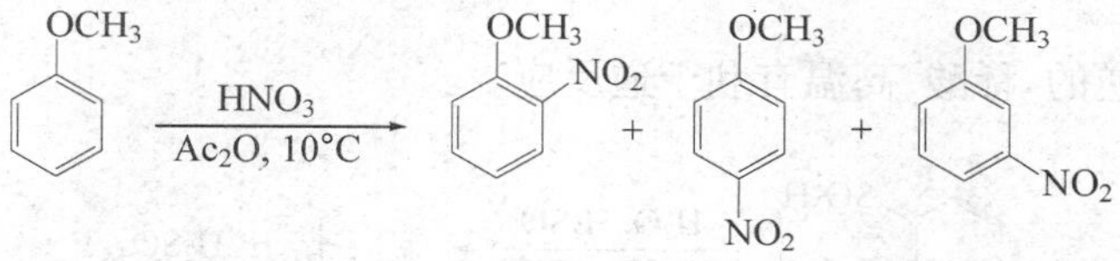

硝酸和乙酸酐形成混合酸酐——乙酰硝酸酯或硝酰乙酸酯。

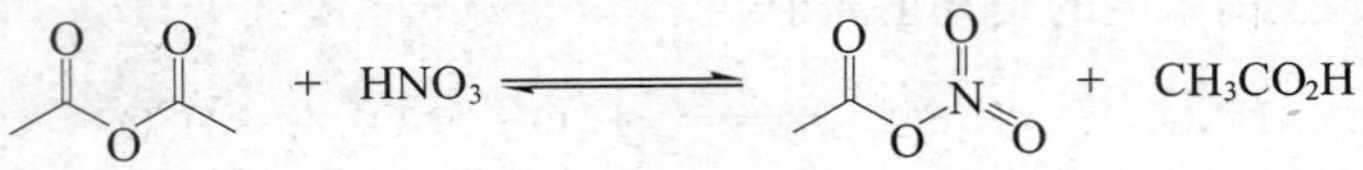

$$(CH_3CO)_2O + HNO_3 \rightleftharpoons CH_3COONO_2 + CH_3CO_2H$$

乙酰硝酸酯硝化苯甲醚之类主要产生邻位产物,可能是因为醚氧原子参与作用,导致邻位固化。

3. 磺化反应

苯与硫酸发生磺化反应(sulfonation)生成苯磺酸,若用发烟硫酸或三氧化硫,反应温度降低。

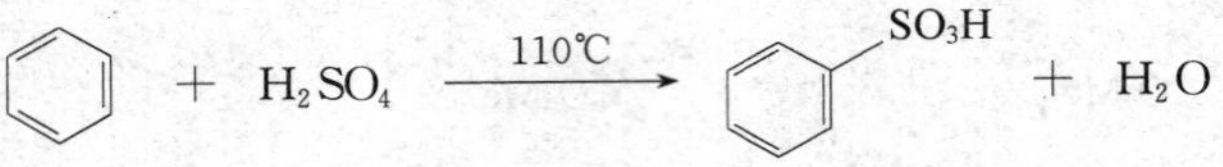

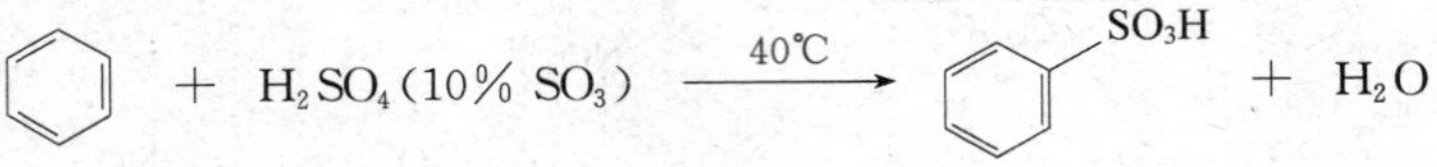

$$C_6H_6 + H_2SO_4 \xrightarrow{110℃} C_6H_5SO_3H + H_2O$$

$$C_6H_6 + H_2SO_4(10\%\ SO_3) \xrightarrow{40℃} C_6H_5SO_3H + H_2O$$

一般认为,有效的亲电试剂是三氧化硫(SO_3):

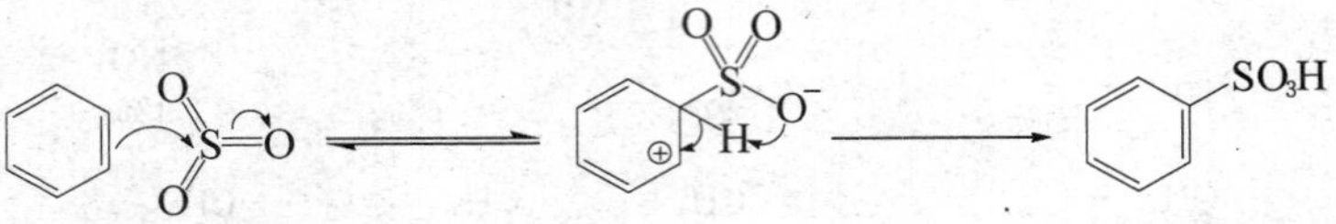

$$C_6H_6 + SO_3 \rightleftharpoons [C_6H_6\cdot SO_3H]^- \longrightarrow C_6H_5SO_3H$$

甲苯磺化,邻对位是主要产物,但分布与温度有关。

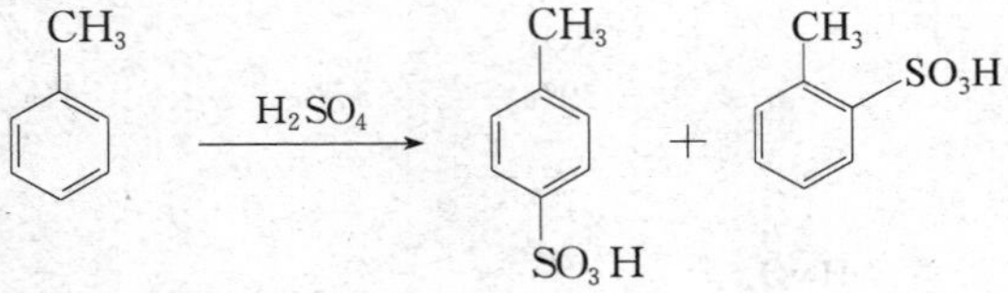

甲苯 $\xrightarrow{H_2SO_4}$ 对甲苯磺酸 + 邻甲苯磺酸

	对位	邻位
0℃	53%	43%
100℃	79%	13%

对甲苯磺酸 TsOH
p-Toluenesulfonic acid

低温生成邻甲苯磺酸的速度快,是动力学控制(速度控制),高温下对甲苯磺酸更稳定,是热力学控制(平衡控制)。

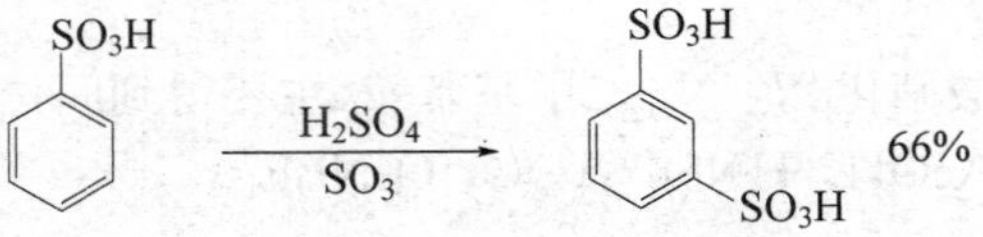

$$C_6H_5SO_3H \xrightarrow[SO_3]{H_2SO_4} \text{间苯二磺酸}\ 66\%$$

磺化反应是可逆的,稀酸、高温有利于逆反应。

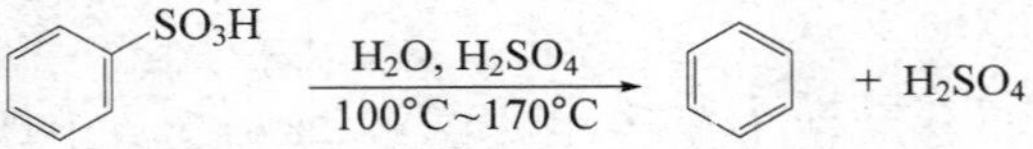

$$C_6H_5SO_3H \xrightarrow[100℃\sim170℃]{H_2O,\ H_2SO_4} C_6H_6 + H_2SO_4$$

第5章 芳香烃 Aromatic Hydrocarbons

磺化反应的可逆性在合成中可用于封闭、导向定位。

磺化反应的应用

制备酚——磺化碱融法（见第7章酚部分）

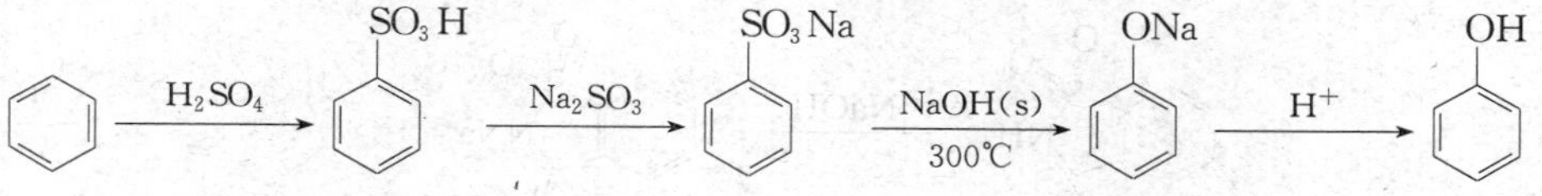

苯 $\xrightarrow{H_2SO_4}$ 苯磺酸 $\xrightarrow{Na_2SO_3}$ 苯磺酸钠 $\xrightarrow[300℃]{NaOH(s)}$ 苯酚钠 $\xrightarrow{H^+}$ 苯酚

定位导向：封闭（占位）导向，如制备纯净的邻氯甲苯。

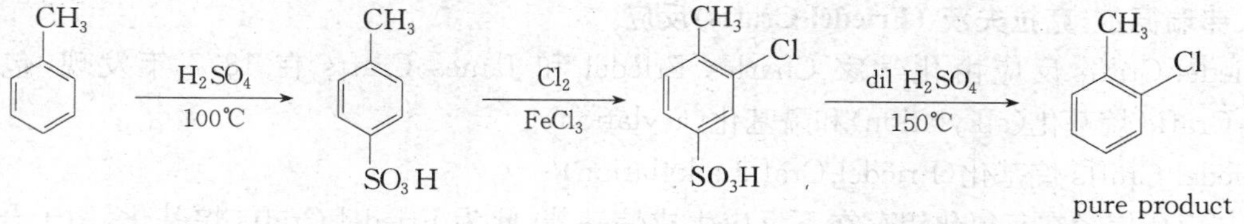

甲苯 $\xrightarrow[100℃]{H_2SO_4}$ 对甲苯磺酸 $\xrightarrow[FeCl_3]{Cl_2}$ 3-氯-4-甲基苯磺酸 $\xrightarrow[150℃]{dil\ H_2SO_4}$ 邻氯甲苯 (pure product)

问题2 完成转化

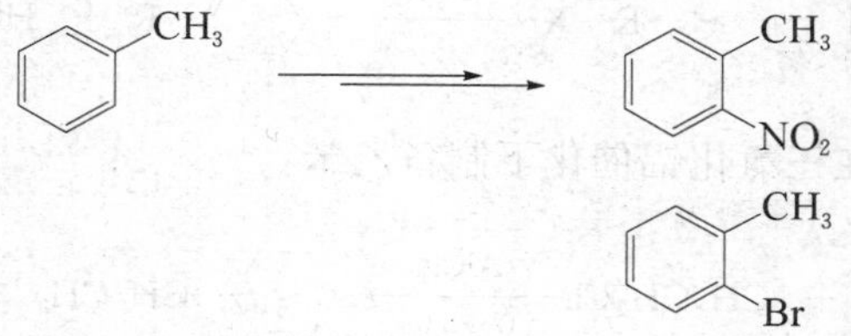

甲苯 $\longrightarrow$ 邻硝基甲苯 + 邻溴甲苯

合成化工产品：合成洗涤剂十二烷基苯磺酸钠等。

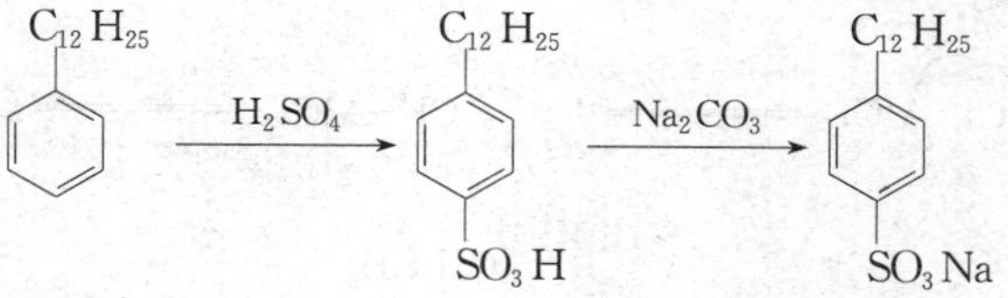

十二烷基苯 $\xrightarrow{H_2SO_4}$ 十二烷基苯磺酸 $\xrightarrow{Na_2CO_3}$ 十二烷基苯磺酸钠（合成洗涤剂）

氯磺化：氯磺酸过量即可实现氯磺化（chlorosulfonation），制备芳磺酰氯。

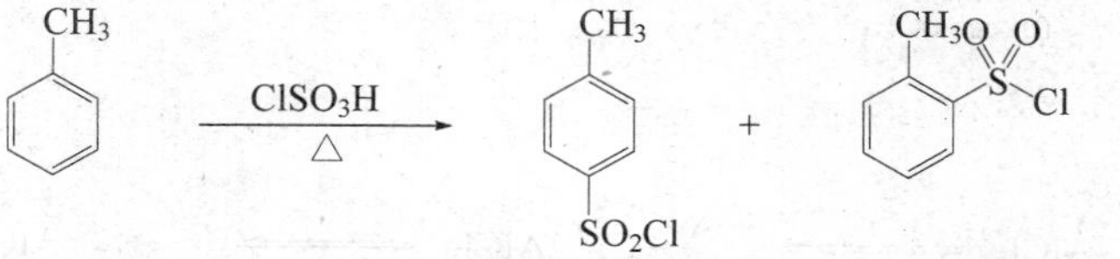

甲苯 $\xrightarrow[\triangle]{ClSO_3H}$ 对甲苯磺酰氯（about 15% para，isolated by crystallization，Tosyl chloride, TsCl） + 邻甲苯磺酰氯（about 40% ortho，isolated by distillation）

对甲苯磺酰氯（TsCl）是重要的合成试剂。

氯磺化应用：由甲苯合成糖精

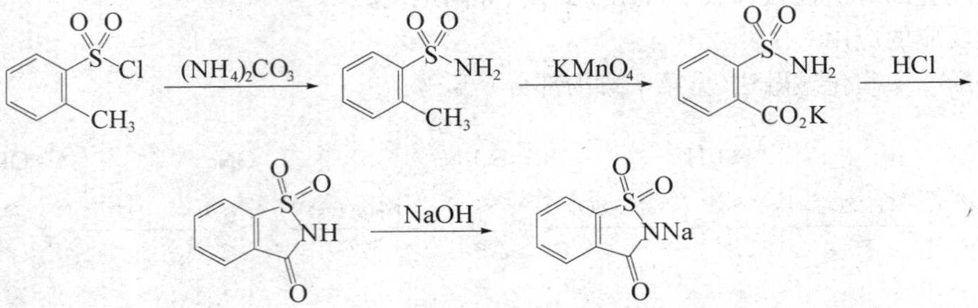

糖精 Saccharin 58%

4. 弗瑞德尔-克拉夫茨 (Friedel-Crafts) 反应

Friedel-Crafts 反应由化学家 Charles Friedel 和 James Crafts 在 1877 年发现,包括 Friedel-Crafts 烷基化(alkylation)和酰基化(acylation)。

Friedel-Crafts 烷基化(Friedel-Crafts alkylation)

苯与卤代烷烃在三氯化铝存在下反应生成烷基苯,此为 Friedel-Crafts 烷基化,用于合成烷基苯(芳烃)。

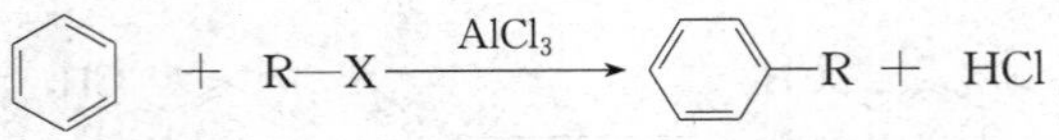

例如,由苯和氯乙烷在三氯化铝催化下制备乙苯:

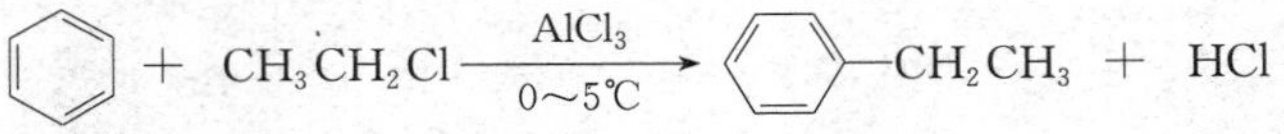

三氯化铝的作用是促使卤代烷电离产生有效的亲电试剂乙基碳正离子:

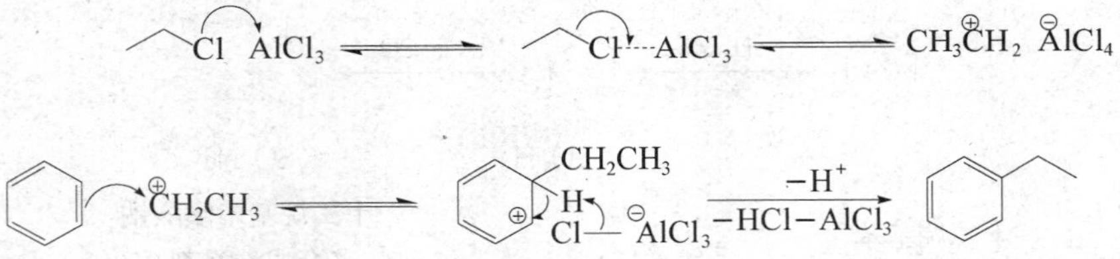

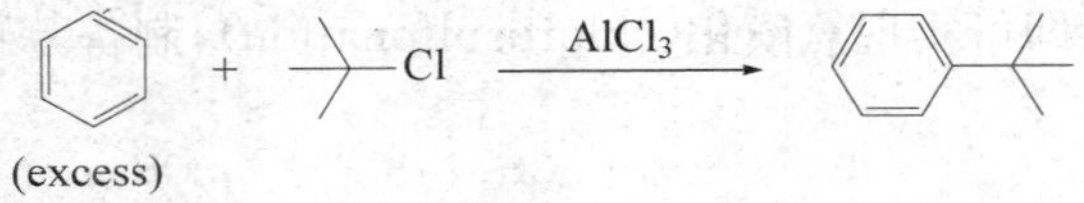

反应机理:

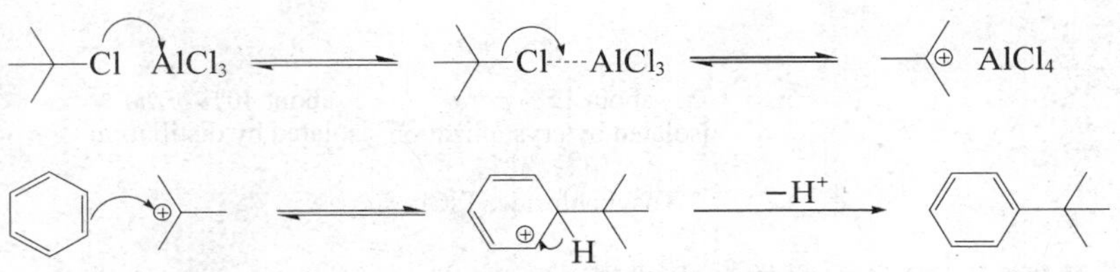

Friedel-Crafts 烷基化,亲电试剂碳正离子易重排。

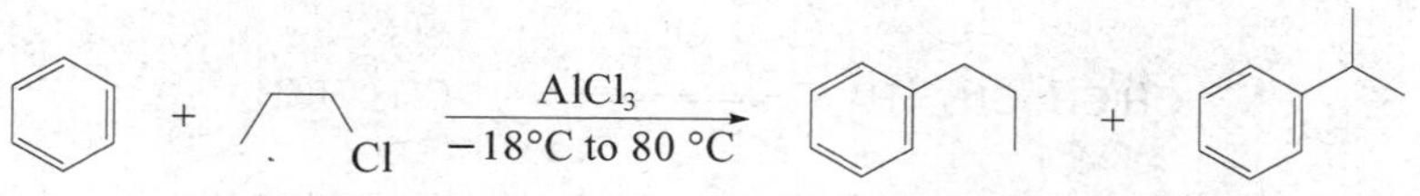

$$\text{C}_6\text{H}_6 + \text{CH}_3\text{CH}_2\text{CH}_2\text{Cl} \xrightarrow[-18\,^\circ\text{C to }80\,^\circ\text{C}]{\text{AlCl}_3} \text{C}_6\text{H}_5\text{CH}_2\text{CH}_2\text{CH}_3 + \text{C}_6\text{H}_5\text{CH}(\text{CH}_3)_2$$

35%~31%　　　　65%~69%

正丙基苯的生成机理：

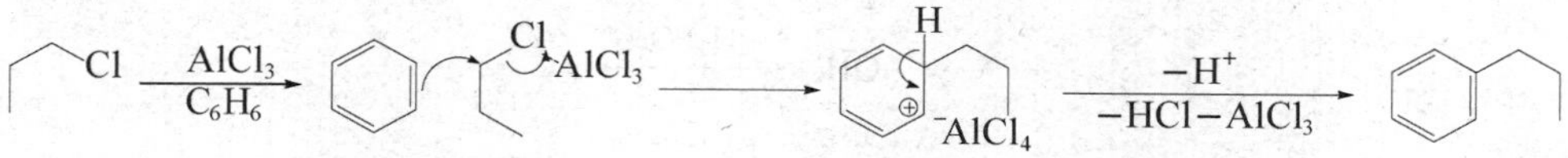

异丙基苯的生成机理——重排：

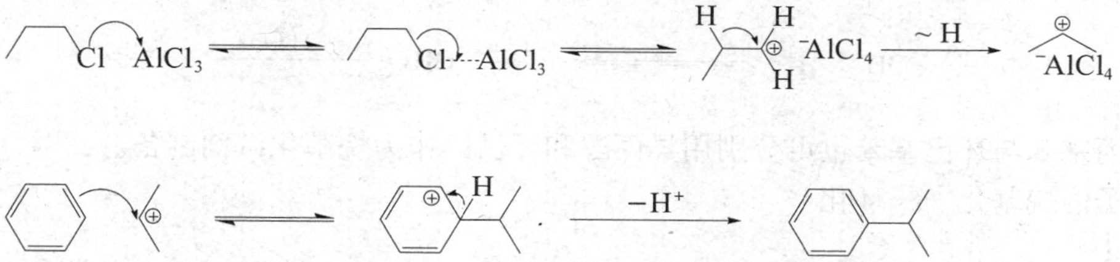

碳正离子的稳定性：

$$\overset{\oplus}{\text{CH}_3\text{CHCH}_3} > \overset{\oplus}{\text{CH}_2\text{CH}_2\text{CH}_3}$$

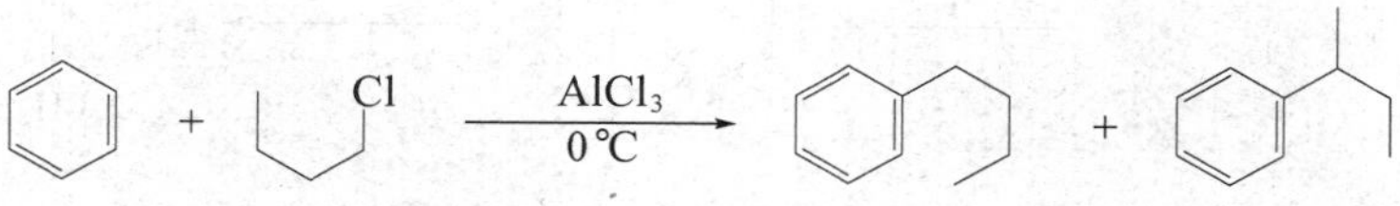

$$\text{C}_6\text{H}_6 + \text{CH}_3\text{CH}_2\text{CH}_2\text{CH}_2\text{Cl} \xrightarrow[0\,^\circ\text{C}]{\text{AlCl}_3} \text{C}_6\text{H}_5\text{CH}_2\text{CH}_2\text{CH}_2\text{CH}_3 + \text{C}_6\text{H}_5\text{CH}(\text{CH}_3)\text{CH}_2\text{CH}_3$$

34%　　　　66%

仲丁基苯的生成机理——重排：

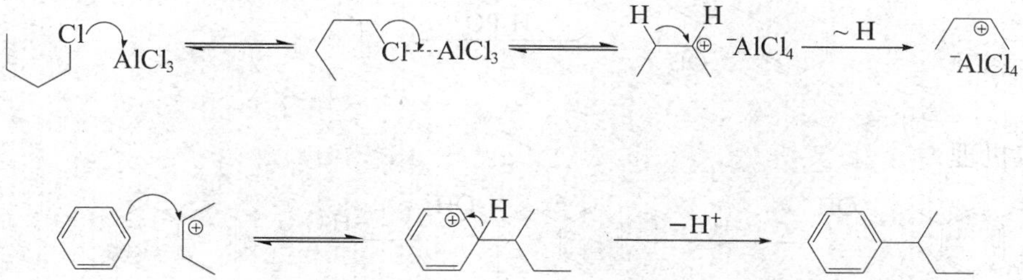

仲丁碳正离子比伯丁碳正离子稳定，所以发生了重排，而且是主要产物。

烷基化试剂除卤代烷外，烯、醇、醛酮等也常用。

常用的催化剂：卤烃用 Lewis 酸如 AlCl_3、SnCl_4、FeCl_3、ZnCl_2、BF_3 等，烯、醇多用质子酸，也可用 Lewis 酸。

烯作为烃化剂：丙烯烷基化苯得到异丙苯。

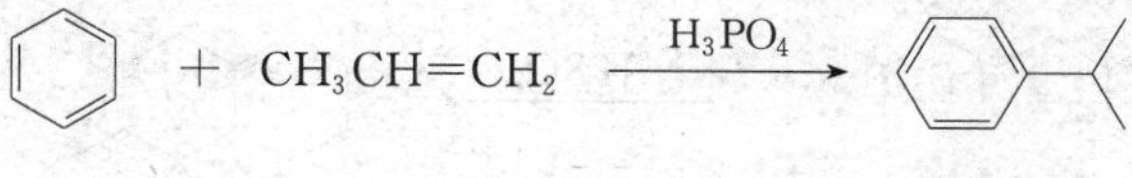

$$\text{C}_6\text{H}_6 + \text{CH}_3\text{CH}=\text{CH}_2 \xrightarrow{\text{H}_3\text{PO}_4} \text{C}_6\text{H}_5\text{CH}(\text{CH}_3)_2$$

烯键质子化产生有效的亲电试剂碳正离子：

$$CH_3CH=CH_2 \quad H^+ \rightleftharpoons CH_3\overset{\oplus}{C}HCH_3$$

叔丁基苯与环己基苯可分别用异丁烯和环己烯为烷基化试剂制备。

醇作为烃化剂：叔丁基苯可用叔丁醇烷基化苯得到制备。

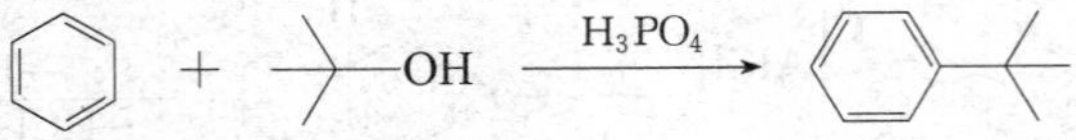

羟基氧质子化失水产生有效的亲电试剂碳正离子：

异丙基苯与环己基苯也可分别用异丙醇和环己醇作为烷基化试剂制备。

分子内烷基化——环化

例 1

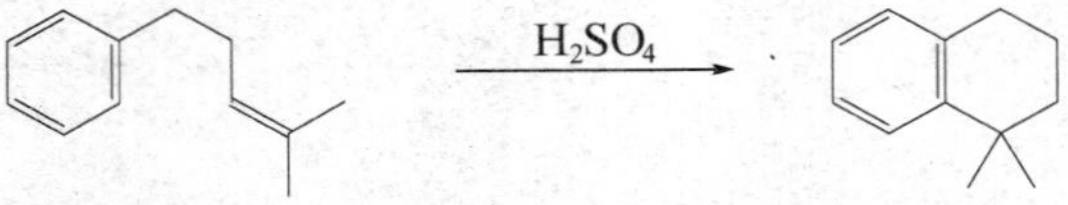

反应机理：

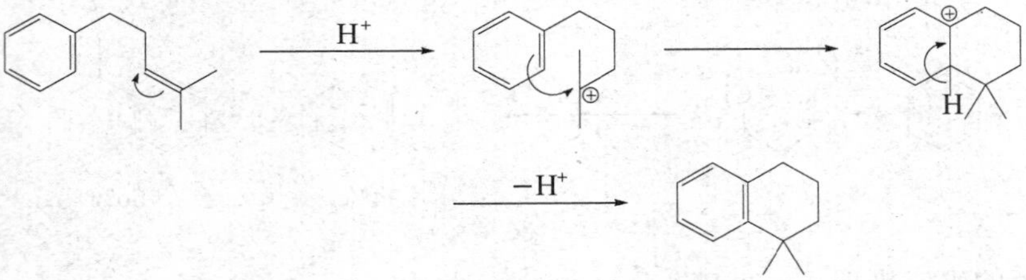

例 2

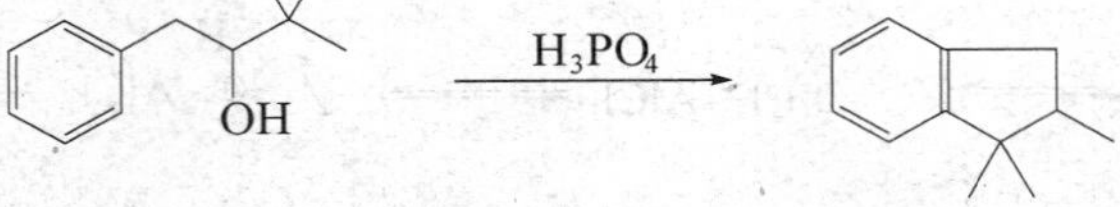

反应机理：

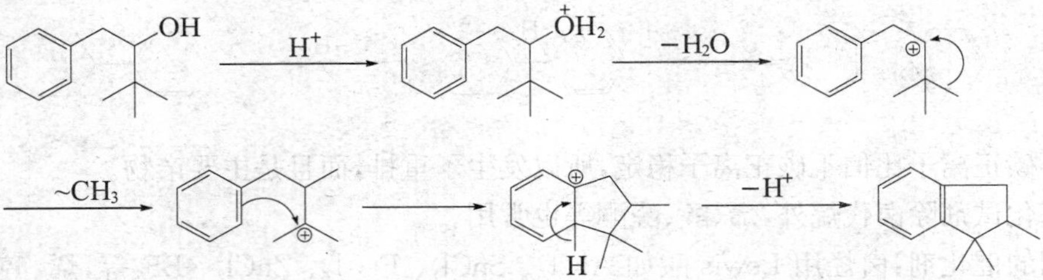

问题 3 建议机理：

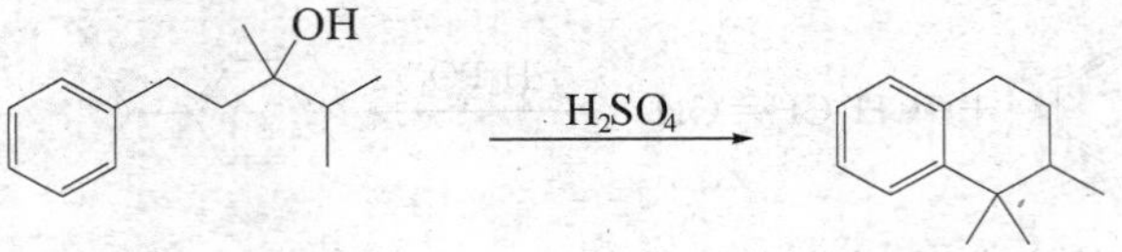

58%

问题 4 完成反应并建议机理：

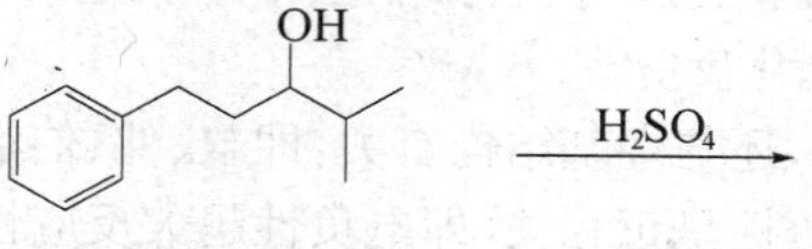

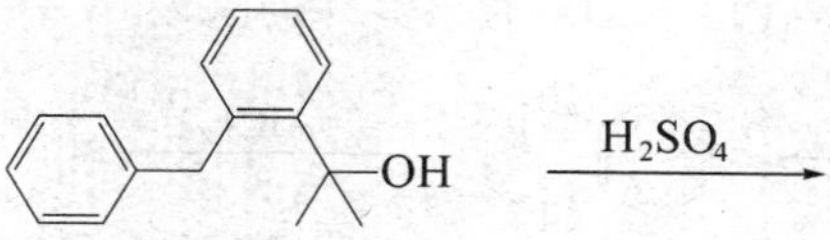

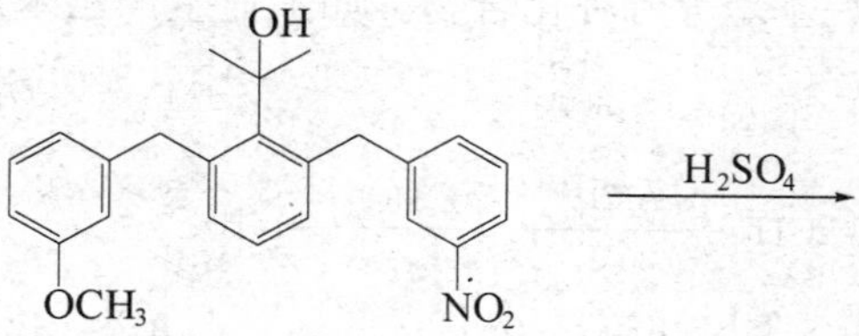

PhCH₂CH₂CH(OH)CH(CH₃)₂ $\xrightarrow{H_2SO_4}$

(邻-苄基苯基)-C(CH₃)₂OH $\xrightarrow{H_2SO_4}$

2,6-双(间取代苄基)苯基-C(CH₃)₂OH （取代基分别为 OCH₃ 和 NO₂）$\xrightarrow{H_2SO_4}$

烷基化反应特点：烷基化反应易发生重排，不适合制备长的直链烷基苯。

例：

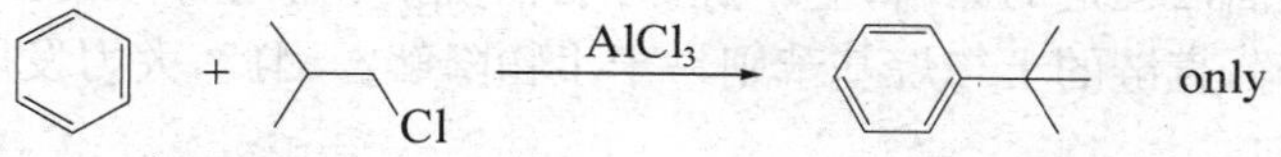

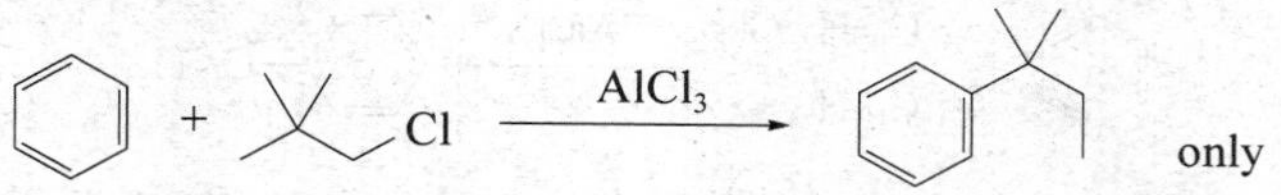

苯 + (CH₃)₂CHCH₂Cl $\xrightarrow{AlCl_3}$ PhC(CH₃)₃ only

苯 + (CH₃)₃CCH₂Cl $\xrightarrow{AlCl_3}$ PhC(CH₃)₂CH₂CH₃ only

反应不易停留在一取代阶段，常得到一取代、二取代、多元取代产物的混合物。因此，制备单烷基苯，苯要大过量并严格控制反应温度和催化剂的用量。

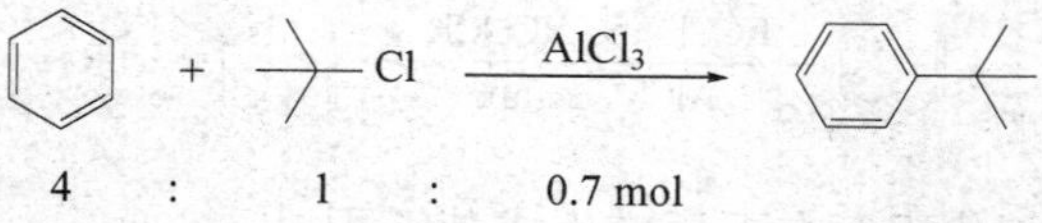

苯 + (CH₃)₃CCl $\xrightarrow{AlCl_3}$ PhC(CH₃)₃

4 : 1 : 0.7 mol

反应温度高、催化剂过量易得到热力学控制产物。

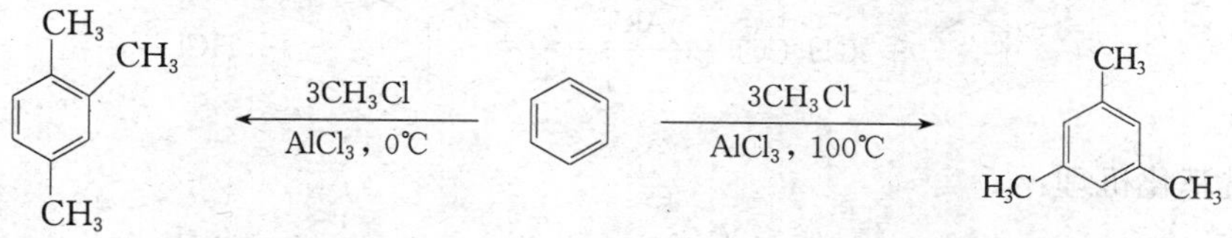

1,2,4-三甲苯 $\xleftarrow[AlCl_3, 0℃]{3CH_3Cl}$ 苯 $\xrightarrow[AlCl_3, 100℃]{3CH_3Cl}$ 1,3,5-三甲苯

反应是可逆的，易发生烷基转移：

2 甲苯 $\xrightarrow{AlCl_3}$ 间二甲苯 + 苯

叔丁基易上也易下，常用于合成中占位导向。

含强吸电子基的芳烃不发生 F—C 烷基化反应，譬如硝基苯不发生烷基化反应。但同时含强给电子基的芳烃仍可发生 F—C 烷基化反应。

卤代烃的反应难易，除芳烃活性以外，还与烃基结构有关，即叔、仲、伯活性依次下降。

不同卤代烃的反应活性与卤素的电负性呈正相关，即电负性越大反应性越高：

$$R-F > R-Cl > R-Br > R-I$$

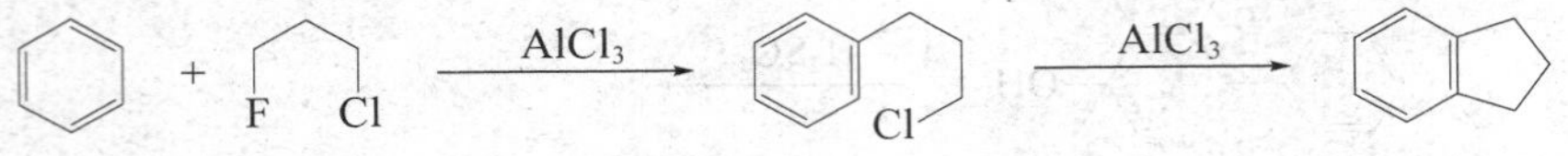

烷基化反应的应用：制备合成烷基苯等芳香化合物。如工业生产乙苯用乙烯作为烷基化试剂。

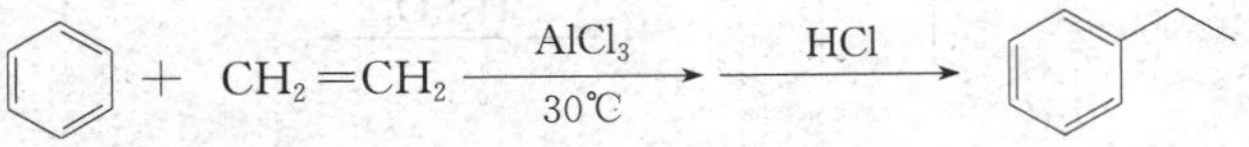

工业上，用苯与氯代烷或烯烃（α-烯烃、正构或异构体）在氯化铝催化下烷基化制备。四聚丙烯与苯在氯化铝或氟化氢催化下烷基化生成支链化的十二烷基苯。商品十二烷基苯多为混合物，主要用作表面活性剂的原料，生产洗涤剂、清洗剂、乳化剂、分散剂等。支链化的十二烷基苯难以生物降解，直链的十二烷基苯则易于生物降解。因此，大力发展直链的十二烷基苯是可持续发展的方向。

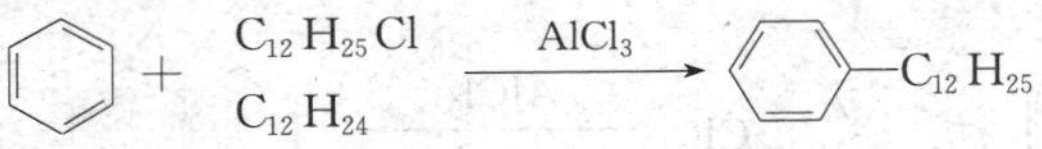

Friedel-Crafts 酰基化（Friedel-Crafts acylation）（F-C 酰基化）

Friedel-Crafts 酰基化是酰卤、酸酐在 Lewis 酸催化下与苯（芳烃）反应生成苯基酮（芳酮）。

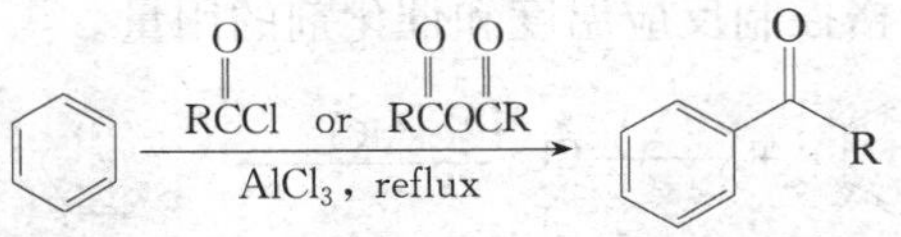

例如，苯与乙酰氯在氯化铝存在下反应生成苯乙酮：

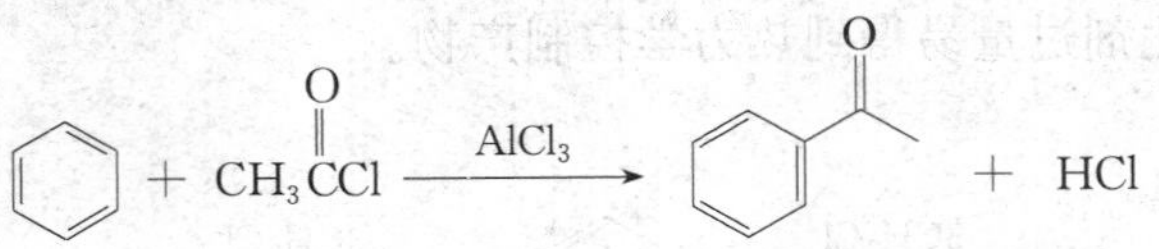

酰卤酰基化机理：

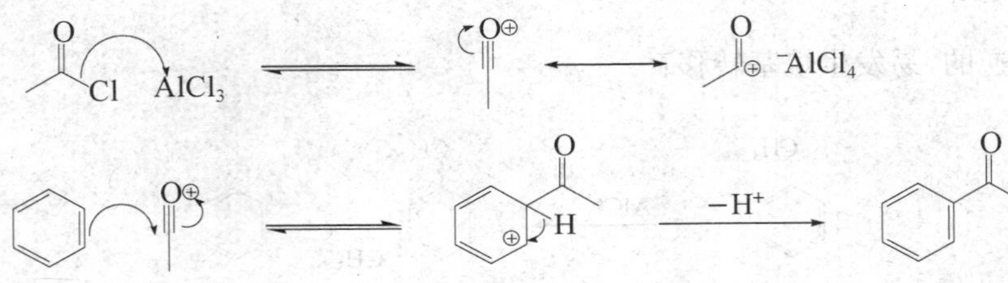

酰卤在氯化铝作用下产生有效的亲电试剂乙酰基正离子。
苯乙酮也可由苯与乙酸酐反应得到：

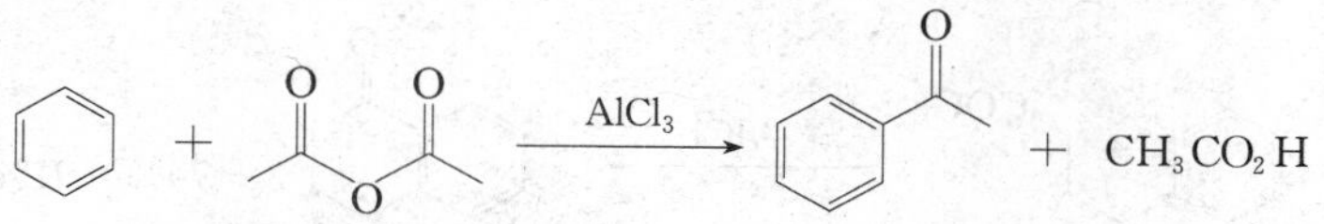

$$\text{C}_6\text{H}_6 + (\text{CH}_3\text{CO})_2\text{O} \xrightarrow{\text{AlCl}_3} \text{C}_6\text{H}_5\text{COCH}_3 + \text{CH}_3\text{CO}_2\text{H}$$

酸酐酰基化机理：酸酐在氯化铝作用下产生有效的亲电试剂乙酰基正离子。

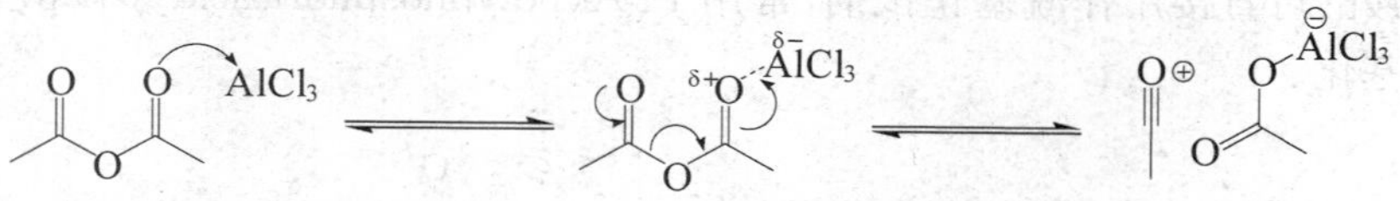

催化剂：Lewis 酸，常用 $AlCl_3$，还有较温和的 $SnCl_4$、$FeCl_3$、$ZnCl_2$、BF_3 等。
芳环：活性低于卤代苯的芳烃不能发生酰基化反应。
酰基化试剂：酰卤、酸酐、羧酸、羧酸酯、腈等。
催化剂用量：酰卤要大 1 mol，酸酐要大于 2 mol，因为羰基氧配位铝原子。

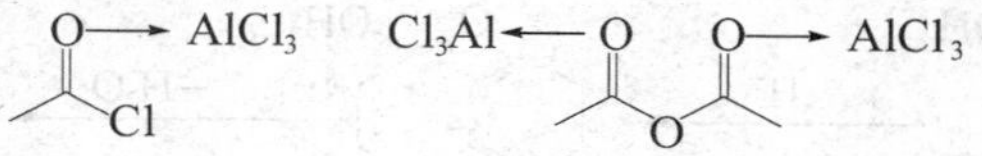

酰化反应特点：酰基是吸电子基，不易继发，产率好；反应不可逆，不发生酰基转移反应；可用于制备芳香酮、直链烷基苯。
反应的局限性：芳环上有吸电子基如硝基、羰基等不发生 F-C 酰化反应，但同含有强给电子基的例外。
Friedel-Crafts 酰基化比烷基化可靠得多。
例：

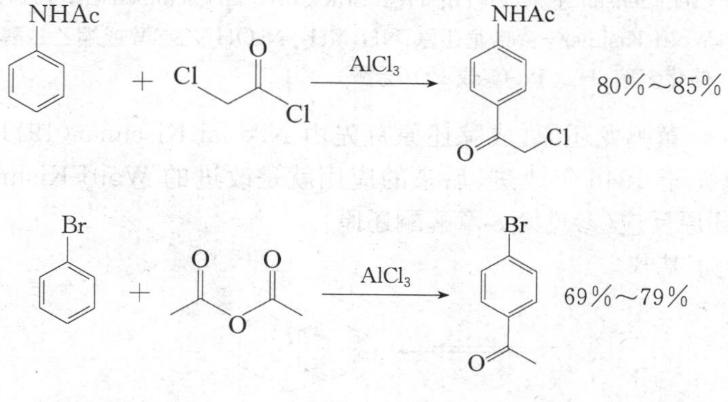

$$\text{PhNHAc} + \text{ClCH}_2\text{COCl} \xrightarrow{\text{AlCl}_3} p\text{-AcNH-C}_6\text{H}_4\text{-COCH}_2\text{Cl} \quad 80\% \sim 85\%$$

$$\text{PhBr} + (\text{CH}_3\text{CO})_2\text{O} \xrightarrow{\text{AlCl}_3} p\text{-Br-C}_6\text{H}_4\text{-COCH}_3 \quad 69\% \sim 79\%$$

用环状酸酐酰基化得芳酮酸。
例：

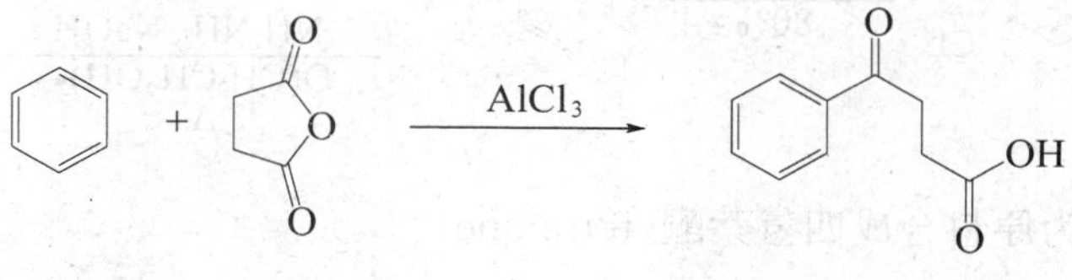

$$\text{C}_6\text{H}_6 + \text{丁二酸酐} \xrightarrow{\text{AlCl}_3} \text{C}_6\text{H}_5\text{COCH}_2\text{CH}_2\text{COOH}$$

丁二酸酐 　　　 4-苯基丁酮酸

分子内酰基化——环化

分子有酰氯、羧基等官能团，可能实现分子内酰基化。可能的话，形成五、六元环。

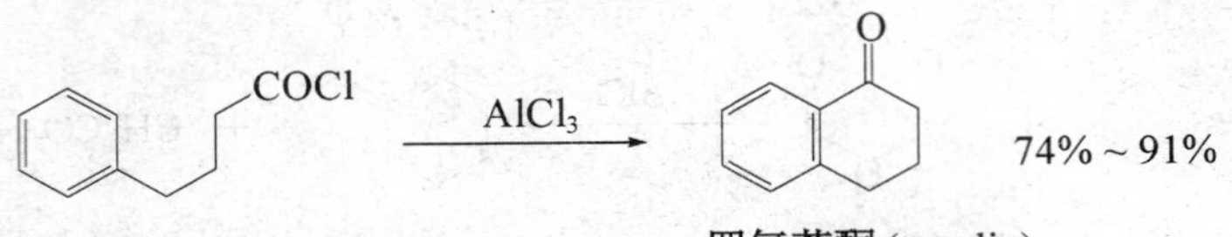

PhCH₂CH₂CH₂COCl $\xrightarrow{AlCl_3}$ 四氢萘酮(tetralin) 74%~91%

分子内羧酸可直接用作酰基化试剂，常用 PPA（polyphosphoric acid 多磷酸）等强质子酸催化进行酰基化。

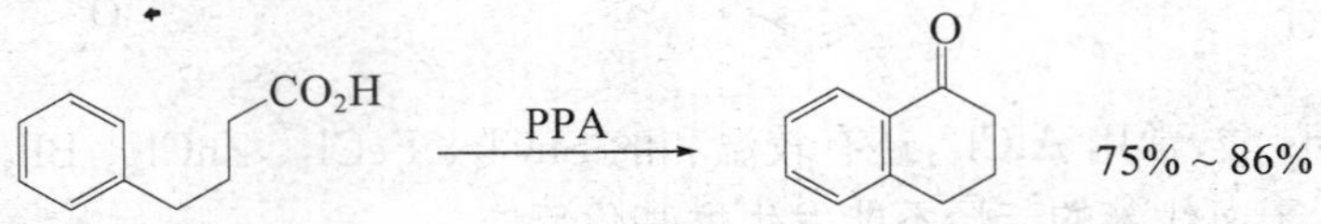

PhCH₂CH₂CH₂CO₂H $\xrightarrow{PPA}$ 四氢萘酮 75%~86%

羧酸酰基化机理：

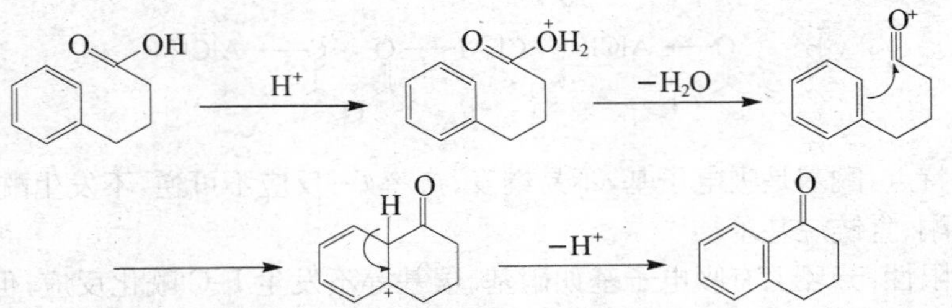

$$ArCH_2CH_2CH_2COOH \xrightarrow{H^+} ArCH_2CH_2CH_2C(OH_2^+)=O \xrightarrow{-H_2O} [acylium] \longrightarrow [\sigma\text{-complex}] \xrightarrow{-H^+} \text{四氢萘酮}$$

酰基化得到的芳酮可以还原成烷烃基苯，即将酮羰基转化成亚甲基。方法有：

  Clemmensen 还原：Zn-Hg/HCl（Erik Christian Clemmensen, 1914）
  Wolff-Kishner-黄鸣龙还原：NH₂NH₂/NaOH/乙二醇或缩乙二醇
  催化氢解：H₂/Pd-C（或 Pt）（芳酮）

Wolff-Kishner-黄鸣龙还原：成腙还原首先由 Nikolai Kischner（1911）和 Ludwig Wolff（1912）报道，黄鸣龙于 1946 年改进，后来的应用就是改进的 Wolff-Kishner 反应，即 Wolff-Kishner-黄鸣龙还原反应（参见第 8 章醛酮还原）。

例 1 合成正丁基苯。

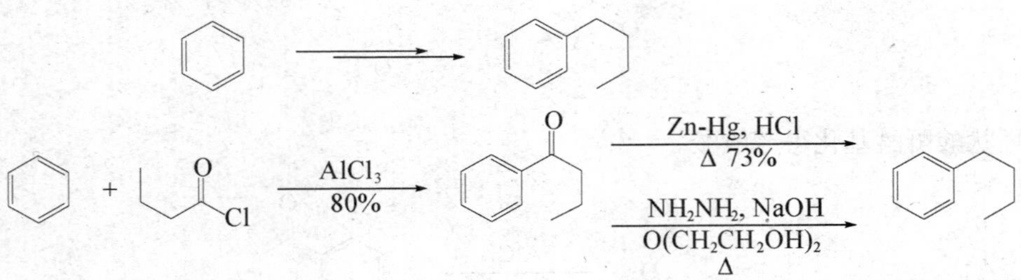

PhH ⟹ PhCH₂CH₂CH₂CH₃

PhH + CH₃CH₂CH₂COCl $\xrightarrow[80\%]{AlCl_3}$ PhCOCH₂CH₂CH₃ $\xrightarrow[\Delta\ 73\%]{Zn-Hg,\ HCl}$ 或 $\xrightarrow[\Delta]{NH_2NH_2,\ NaOH \atop O(CH_2CH_2OH)_2}$ PhCH₂CH₂CH₂CH₃

例 2 以苯、C₄ 为原料合成四氢萘酮(tetralone)。

$$\text{benzene} + \text{succinic anhydride} \xrightarrow{\text{AlCl}_3} \text{3-benzoylpropanoic acid} \xrightarrow[\Delta]{\text{Zn-Hg, HCl}}$$

$$\text{4-phenylbutanoic acid} \xrightarrow[\Delta]{\text{PPA}} \text{Tetralone}$$

类似的反应

Gattermann-Koch 甲酰化：用一氧化碳（CO/HCl）作酰基化剂在氯化铝催化下甲酰化，称为 Gattermann-Koch 甲酰化反应（1897）（Ludwig Gattermann, Julius Arnold Koch）。

例：

$$\text{PhCH}_3 + \text{CO} + \text{HCl} \xrightarrow[\text{CuCl}]{\text{AlCl}_3} \text{4-CH}_3\text{-C}_6\text{H}_4\text{CHO} \quad 50\%$$

反应机理：

$$\text{C}{\equiv}\text{O} + \text{HCl} + \text{AlCl}_3 \xrightarrow{\text{CuCl}} \text{HC}{\equiv}\overset{\oplus}{\text{O}}{}^- \text{AlCl}_4$$

在实验室中加入氯化亚铜来代替工业生产的加压方法。

Gattermann 甲酰化：高活性芳环可用氰化氢（HCN/HCl）作酰基化剂在氯化锌催化下甲酰化，称为 Gattermann 甲酰化反应（Ludwig Gattermann, 1898）。

例：

$$\text{PhOH} + \text{HCN} + \text{HCl} \xrightarrow[\text{CuCl}]{\text{ZnCl}_2} \xrightarrow[\text{HCl}]{\text{H}_2\text{O}} \text{4-HO-C}_6\text{H}_4\text{CHO} \quad 50\%$$

$$\text{1,3,5-trimethylbenzene} \xrightarrow[\text{AlCl}_3]{\text{Zn(CN)}_2, \text{HCl}} \xrightarrow[\text{HCl}]{\text{H}_2\text{O}} \text{2,4,6-trimethylbenzaldehyde} \quad 75\%\sim81\%$$

反应机理：

$$\text{HCN} + \text{HCl} + \text{ZnCl}_2 \longrightarrow \text{HC}{\equiv}\overset{\oplus}{\text{NH}}{}^- \text{ZnCl}_3$$

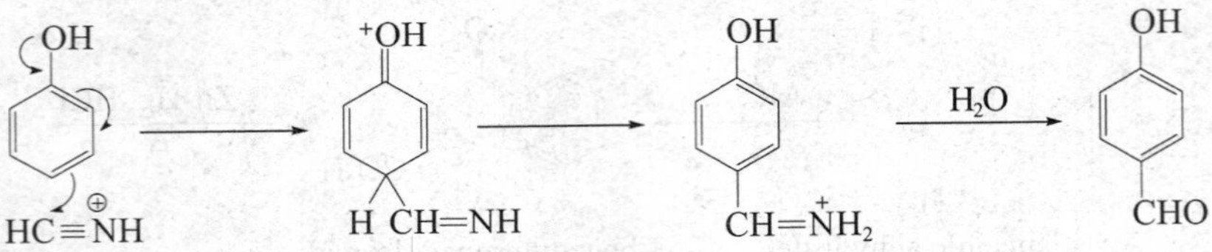

若用乙腈,将得到芳乙酮。

5. 氯甲基化

苯与甲醛、氯化氢在氯化锌存在下反应生成苯氯甲烷,称为 Blanc 氯甲基化反应(Blanc chloromethylation,1923)(Gustave Louis Blanc,1872—1927)。

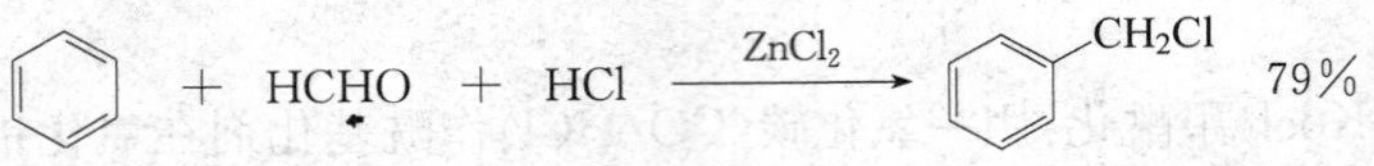

反应机理:质子化或氧配位锌的甲醛羰基碳荷正电或部分正电荷,这构成了有效亲电试剂,接受苯环提供的电子,形成碳-碳键,脱质子恢复芳环。然后羟基质子化脱水接受氯负离子的亲核进攻,完成取代。

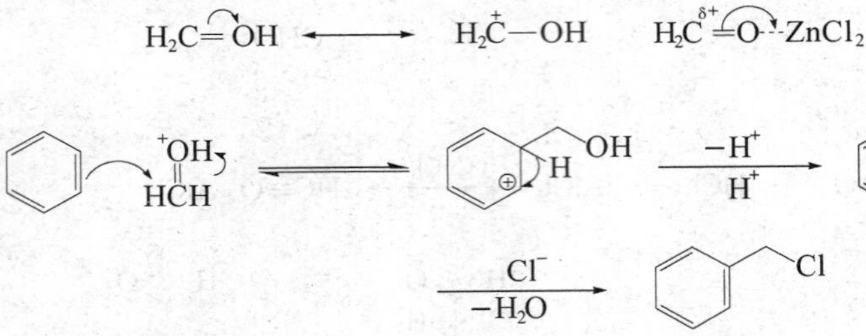

芳环上有强吸电子基,氯甲基化反应不发生。

氯甲基化反应的合成应用:苯甲基氯比较活泼,易于发生一系列取代反应,实现官能团转化、形成新的碳-碳键等。

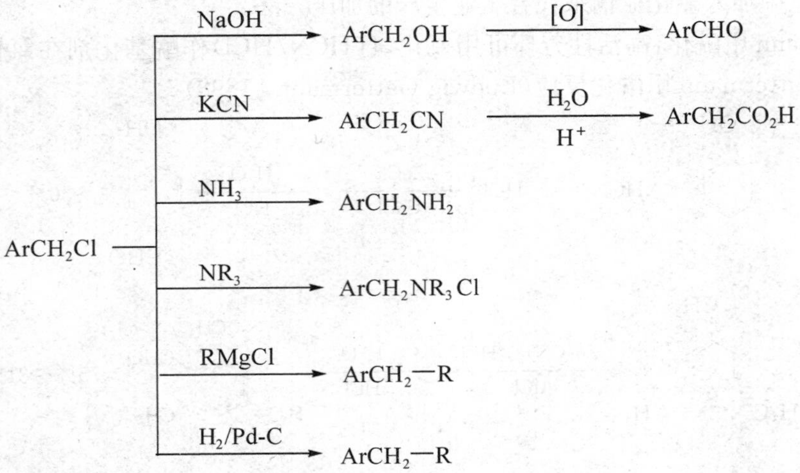

例：

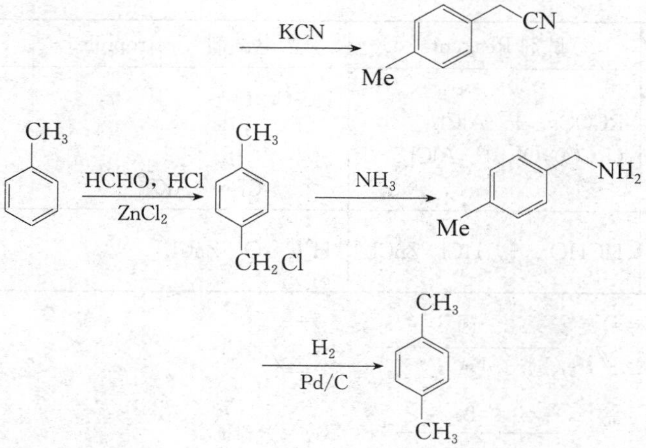

[反应式：甲苯经 HCHO, HCl / ZnCl₂ 生成对甲基氯苄，再经 KCN 生成对甲基苯乙腈；经 NH₃ 生成对甲基苄胺；经 H₂/Pd·C 生成对二甲苯]

苯氯甲烷作为烷基化剂烷基化——合成二苯甲烷：

[PhCH₂Cl + 苯 —AlCl₃→ 二苯甲烷]

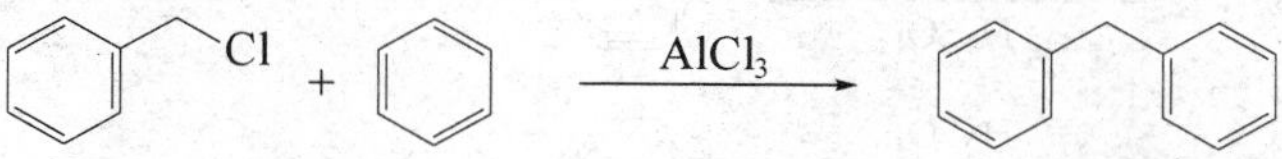

类似的反应——Quelet 反应（R. Quelet，1932）

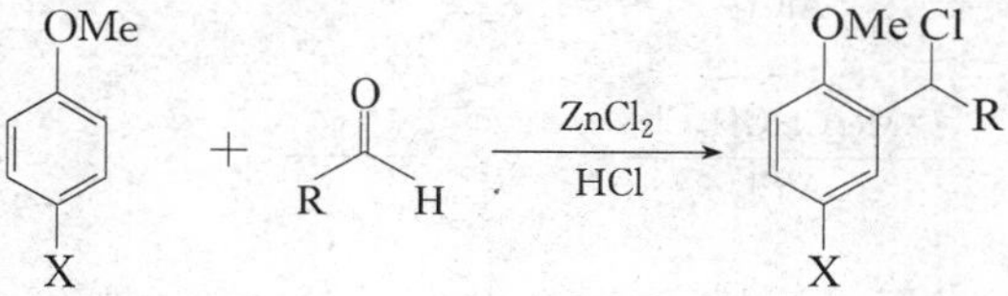

[对位取代的苯甲醚 + RCHO —ZnCl₂/HCl→ 邻位加成产物]

五大芳香亲电取代反应：

芳香亲电取代反应总结
Summary of Aromatic Electrophilic Substitutions

反应 Reaction	试剂 Reagents	亲电试剂 Electrophile	产物 Product
Halogenation 卤化	Halogens and Lewis acid FeX_3, Fe powder, $AlCl_3$	$X-X\cdots MX_3$	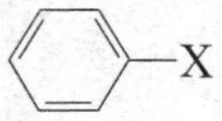 Ph–X
Nitration 硝化	HCO_3 $HNO_3 + H_2SO_4$ $HNO_3 + AcOH$	$^+NO_2$	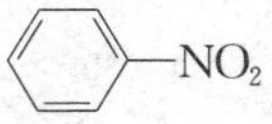 Ph–NO_2
Sulfonation 磺化	H_2SO_4 $H_2SO_4 + SO_3$	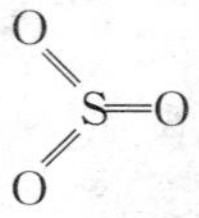 SO_3	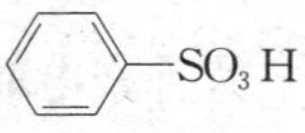 Ph–SO_3H
Friedel-Crafts alkylation 酰基化	$RX + AlCl_3$ $ROH + H^+$ or BF_3 Alkene $+ H^+$ or $AlCl_3$	R^+ $R-X\cdots AlCl_3$	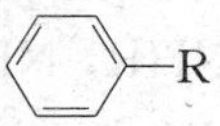 Ph–R

（续表）

反应 Reaction	试剂 Reagents	亲电试剂 Electrophile	产物 Product
Friedel-Crafts acylation 酰基化	RCOCl + AlCl$_3$ (RCO)$_2$O + AlCl$_3$	R—C≡O$^+$ R—C(=O)—Cl······AlCl$_3$	Ph—C(=O)R
Chloromethylation 氯甲基化	HCHO + HCl, ZnCl$_2$	H$_2$C=O···ZnCl$_2$	Ph—CH$_2$Cl

$$\text{PhH} \xrightarrow[\text{FeCl}_3]{\text{Cl}_2} \text{PhCl}$$

$$\xrightarrow[\text{FeBr}_3]{\text{Br}_2} \text{PhBr}$$

$$\xrightarrow[\text{H}_2\text{SO}_4]{\text{HNO}_3} \text{PhNO}_2$$

$$\xrightarrow[\text{SO}_3]{\text{H}_2\text{SO}_4} \text{PhSO}_3\text{H}$$

$$\xrightarrow[\text{AlCl}_3]{\text{CH}_3\text{CH}_2\text{Cl}} \text{PhCH}_2\text{CH}_3$$

$$\xrightarrow[\text{AlCl}_3]{\text{Me}_2\text{CHCH}_2\text{Cl}} \text{Ph-C(CH}_3)_3$$

$$\xrightarrow[\text{HF}]{\text{EtCH=CH}_2} \text{Ph-CH(CH}_3)\text{CH}_2\text{CH}_3$$

$$\xrightarrow[\text{BF}_3]{\text{Me}_2\text{CHOH}} \text{Ph-CH(CH}_3)_2$$

$$\xrightarrow[\text{H}_3\text{PO}_4]{\text{MeCH=CH}_2} \text{Ph-CH(CH}_3)_2$$

$$\xrightarrow[\text{AlCl}_3]{\text{CH}_3\text{COCl}} \text{PhC(=O)CH}_3$$

$$\xrightarrow[\text{AlCl}_3]{(\text{CH}_3\text{CO})_2\text{O}} \text{PhC(=O)CH}_3$$

$$\xrightarrow[\text{ZnCl}_2]{\text{HCHO, HCl}} \text{PhCH}_2\text{Cl}$$

5.3.1.2 芳香亲电取代反应的定位规律

1. 两类定位基

第一类定位基：邻、对位定位基。

NH$_2$，NHR，NR$_2$，OH，NHAc，OR（活化）；Ph，C=C，R（活化）；F，Cl，Br，I（去活化）；F，Cl，Br，I（去活化）。

第二类定位基：间位定位基，去活化。

NO_2, CO_2H, CO_2R, CHO, COR, CN, SO_3H ($-C$), $^+NR_3$, CX_3 ($-I$)

硝基、羰基等高度极化的重键具有强吸电子共轭效应，是间位定位基。具有孤对电子的氧、氮等杂原子显示强给电子共轭效应，大于其吸电子诱导效应，净结果是给电子的，是邻、对位定位基。

2. 取代基定位规律分析

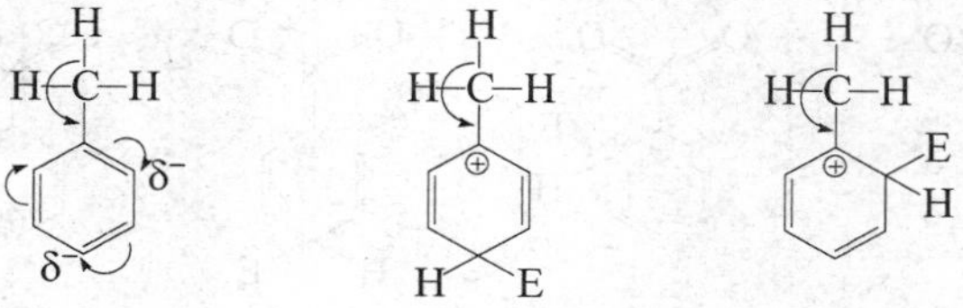

甲基的诱导效应与超共轭效应是一致的，都是给电子，使苯环上电子密度增加，邻对位增加得较多，即荷负电，是亲电试剂进攻的主要部位，所以是邻对位定位基。

亲电试剂进攻邻对位产生的芳正离子可被甲基的给电子诱导与超共轭效应直接稳定化，进攻间位产生的芳正离子不稳定，所以主要产物是邻对位取代。

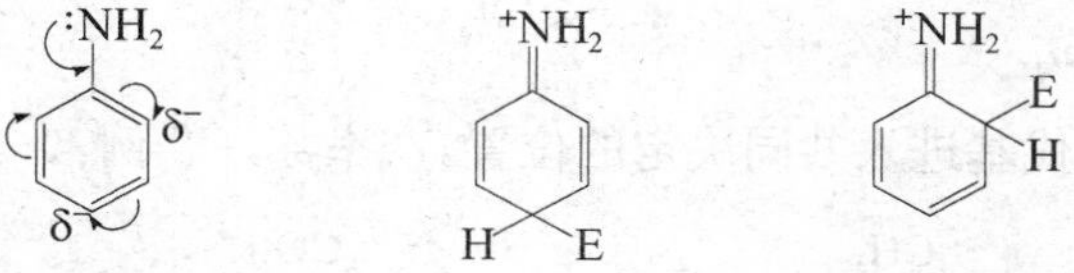

氨基的给电子共轭效应使环上电子密度增加，邻对位增加得较多，即荷负电，是亲电试剂进攻的主要部位，所以是邻对位定位基。

直接连苯环的杂原子（有孤对电子）、苯环与烯键都是邻对位定位基，由其给电子共轭效应决定。亲电试剂进攻邻对位产生的芳正离子被氨基的给电子共轭效应稳定，进攻间位产生的芳正离子得不到稳定，所以主要产物是邻对位取代。

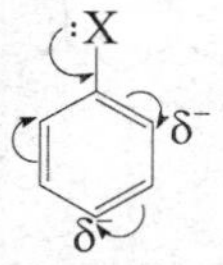

卤原子的给电子共轭效应使邻对位电子密度增加得较多，即荷负电，是亲电试剂进攻的主要部位，所以是邻对位定位基。但其吸电子诱导效应又使苯环上电子密度降低，净结果是减少，所以其活性低于苯，即去活化。

吸电子诱导效应是静态效应。给电子共轭效应是动态效应，决定反应方向（定位）。卤代苯的硝化反应产物分布及动力学见表5-3。

表5-3 卤代苯硝化反应产物分布与相对速率

Halobenzenes	Products formed(%)			Nitration rate (relative PhH)
	ortho	meta	para	
PhF	13	0.6	86	0.18
PhCl	35	0.9	64	0.064
PhBr	43	0.9	56	0.06
PhI	45	1.3	54	0.12

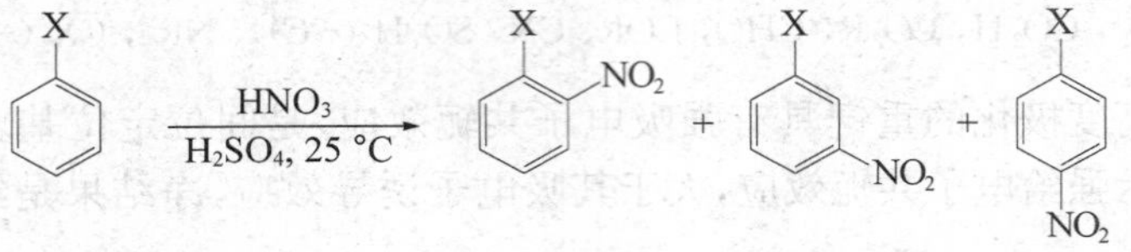

实验表明,卤素 X 是邻对位定位基,但去活化。

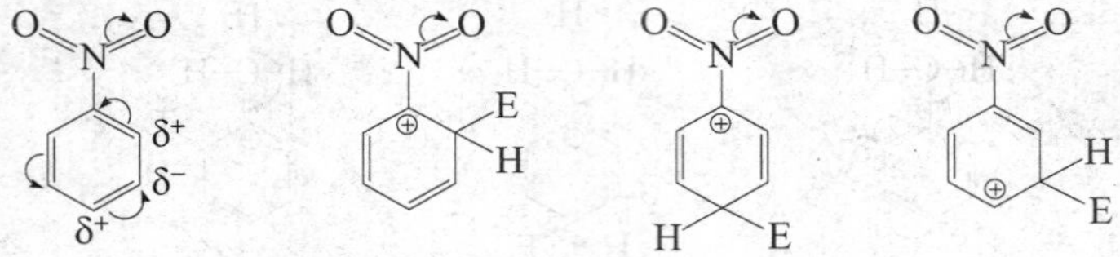

硝基的吸电子共轭效应使邻对位电子密度降低得较多,即荷正电,间位的电子密度相对较高,是亲电试剂进攻的主要部位,所以是间位定位基。

亲电试剂进攻邻对位产生特别不稳定的芳正离子(直接连吸电子的硝基),而进攻间位产生的芳正离子相对较稳定,所以主要取代产物是间位。

3. 定位规律的应用

1) 预测反应主要产物

两基定位一致,新取代基进入共同决定的位置,产率甚好。例:

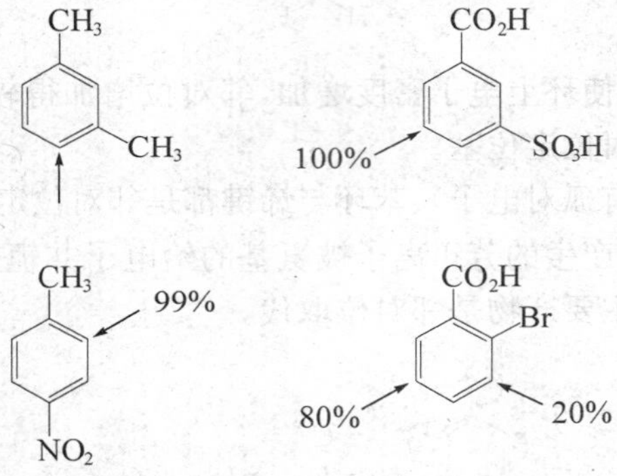

例:合成 2,4,6-三硝基甲苯(2,4,6-trinitrotoluene,TNT)

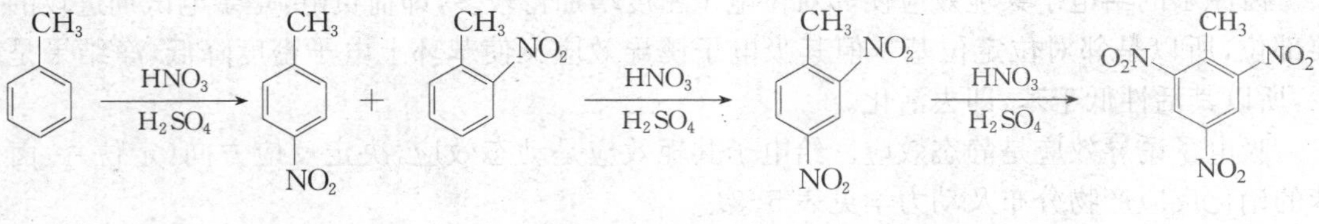

硝基苯不发生 Friedel-Crafts 反应,但存在强活化基如甲氧基,则可以进行,例:

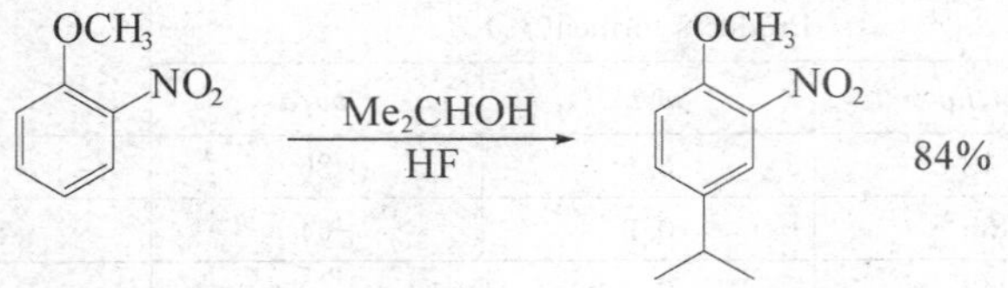

取代一般不发生在间位之间,例如:

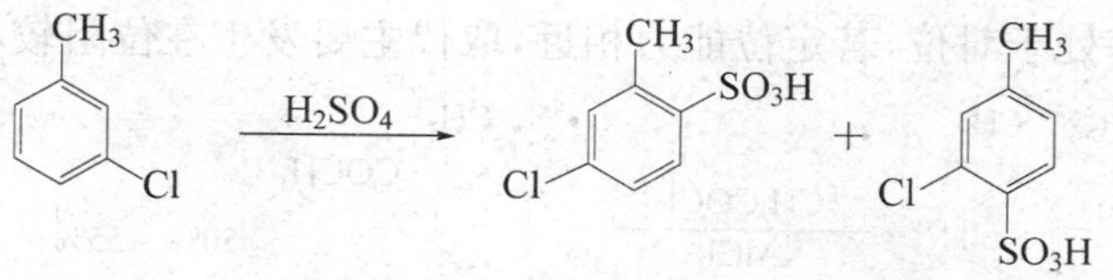

第5章 芳香烃 Aromatic Hydrocarbons

（图示：间氯甲苯经 H_2SO_4 磺化，得到两种产物）

两基定位不一致，又有两种情况。一种是两基属于同一类定位基，这时由强者决定。

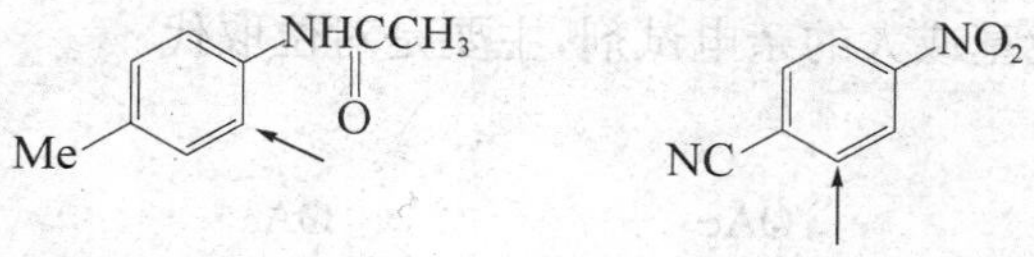

（图示：对甲基乙酰苯胺，箭头指示取代位置；对硝基苯甲腈，箭头指示取代位置）

另一种情况是两基不同类，这时由第一类活化基决定。

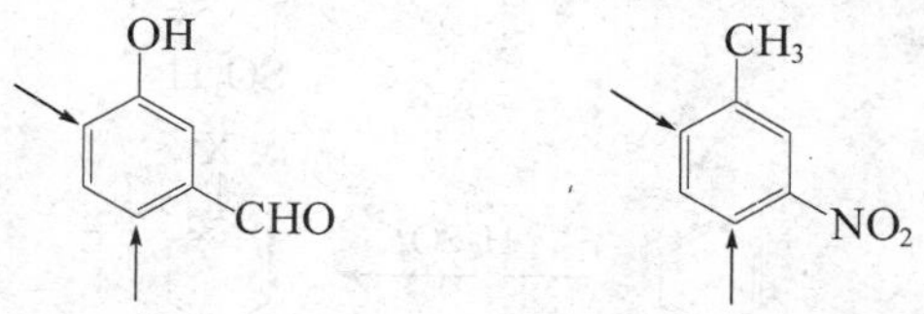

（图示：3-羟基苯甲醛；邻硝基甲苯，箭头指示取代位置）

例：

（图示：N,N-二甲基对甲苯胺 $\xrightarrow{\text{HNO}_3, \text{AcOH}}$ 邻硝基产物）

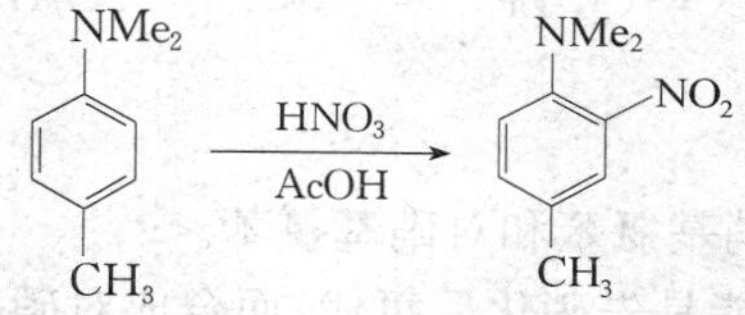

但在混酸中硝化却不同（为什么？）：

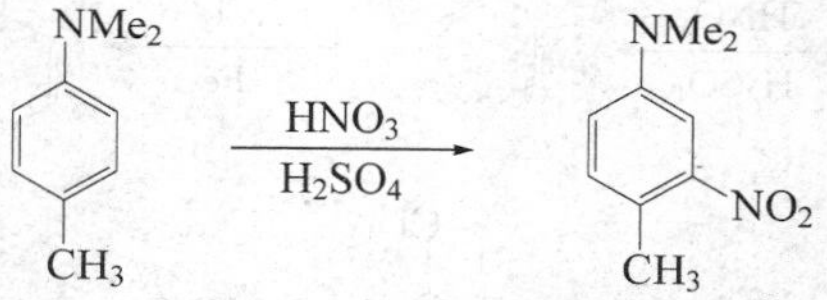

（图示：N,N-二甲基对甲苯胺 $\xrightarrow{\text{HNO}_3, \text{H}_2\text{SO}_4}$ 另一硝基产物）

两相同取代基处于邻位，取代主要发生在4-位，

例：

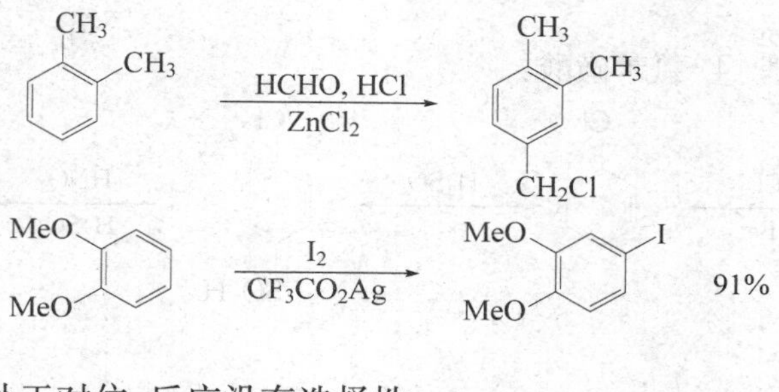

（图示：邻二甲苯 $\xrightarrow[\text{ZnCl}_2]{\text{HCHO, HCl}}$ 4-氯甲基-邻二甲苯）

（图示：邻二甲氧基苯 $\xrightarrow[\text{CF}_3\text{CO}_2\text{Ag}]{\text{I}_2}$ 4-碘-邻二甲氧基苯 91%）

两相同的取代基处于对位，反应没有选择性。

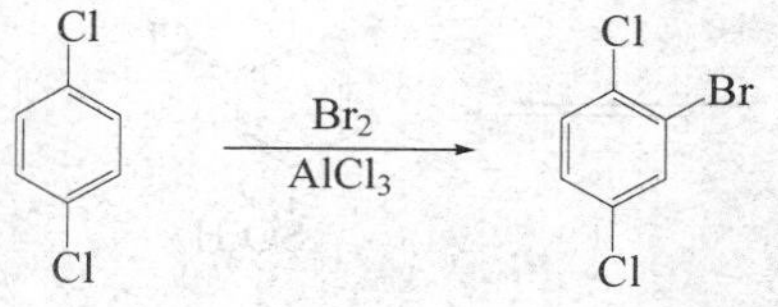

（图示：对二氯苯 $\xrightarrow[\text{AlCl}_3]{\text{Br}_2}$ 2-溴-1,4-二氯苯）

不同的两取代基处于对位，若定位能力相近，取代主要发生在位阻较小的取代基的邻位。

例：

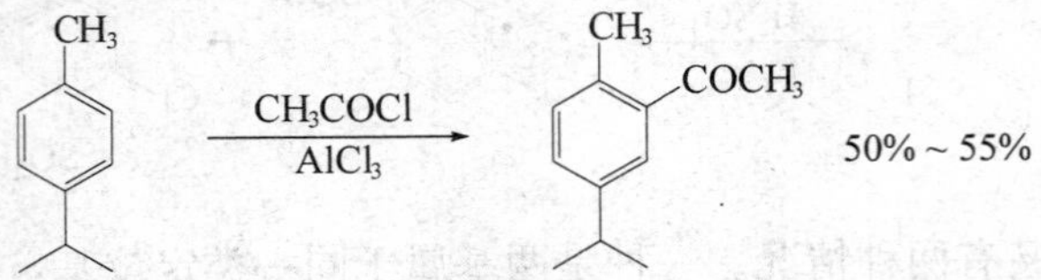

对甲基异丙基苯 + CH$_3$COCl / AlCl$_3$ → 2-甲基-5-异丙基苯乙酮 50%～55%

当有大的邻对位取代基或大的亲电试剂，主要是对位取代。

例：

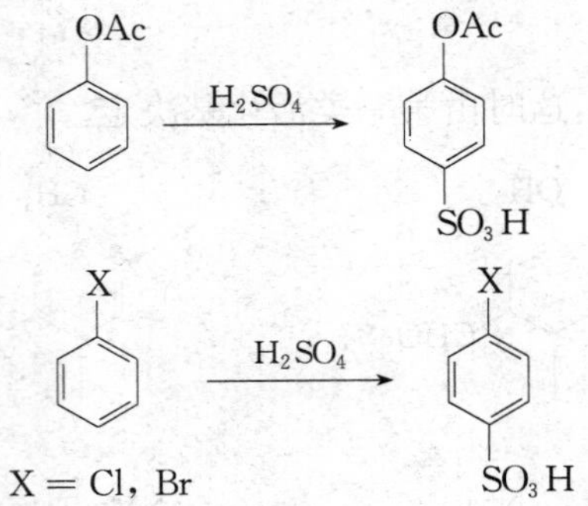

PhOAc + H$_2$SO$_4$ → 对-OAc-苯磺酸

PhX + H$_2$SO$_4$ → 对-X-苯磺酸（X = Cl, Br）

2）设计合成路线

例1 以苯为原料合成间硝基氯苯和对硝基氯苯。

合成：合成间硝基氯苯，只能是先硝化后氯代，而合成对硝基氯苯，只能是先氯代后硝化。

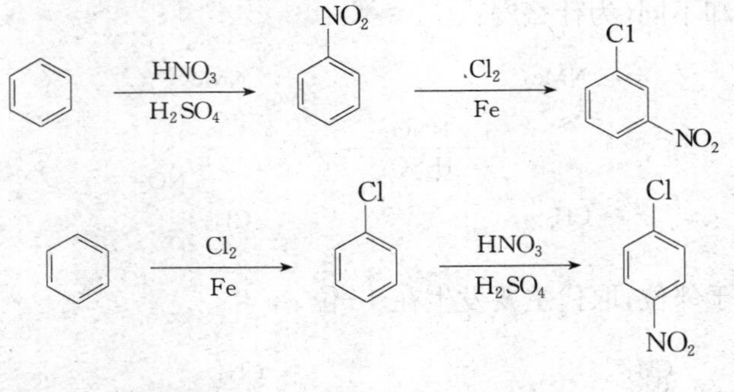

苯 $\xrightarrow{HNO_3 / H_2SO_4}$ 硝基苯 $\xrightarrow{Cl_2 / Fe}$ 间硝基氯苯

苯 $\xrightarrow{Cl_2 / Fe}$ 氯苯 $\xrightarrow{HNO_3 / H_2SO_4}$ 对硝基氯苯

例2 合成 3-硝基-4-氯苯磺酸。

合成：苯 $\xrightarrow{Cl_2 / Fe}$ 氯苯 $\xrightarrow{H_2SO_4}$ 对氯苯磺酸 $\xrightarrow{HNO_3 / H_2SO_4}$ 3-硝基-4-氯苯磺酸

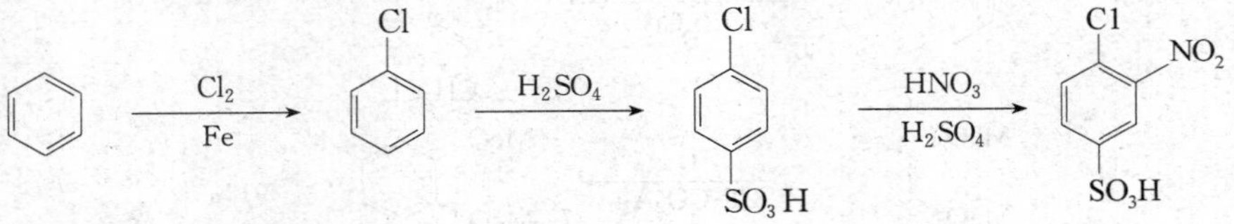

问题5 完成转化

苯 ⟹ 4-溴-3-氯苯磺酸；2-溴-4-硝基-1-丙基苯

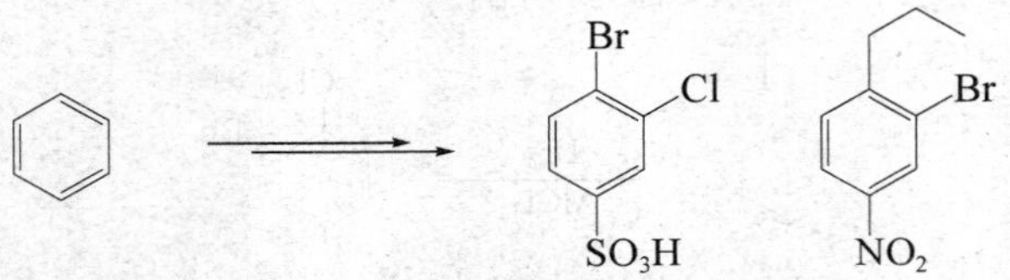

问题 6 完成反应

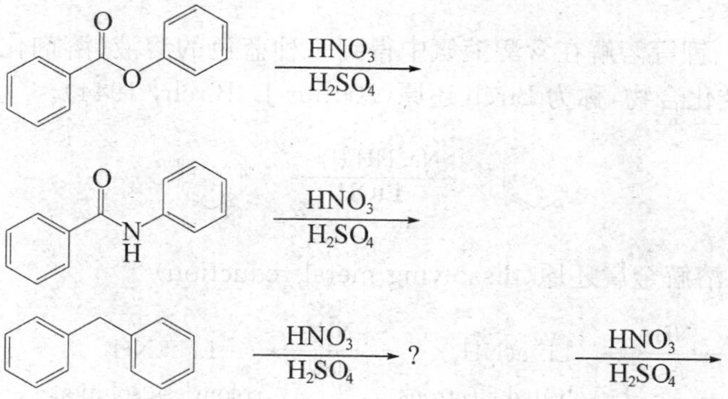

$$\text{PhC(O)OPh} \xrightarrow[H_2SO_4]{HNO_3}$$

$$\text{PhC(O)NHPh} \xrightarrow[H_2SO_4]{HNO_3}$$

$$\text{Ph-CH}_2\text{-Ph} \xrightarrow[H_2SO_4]{HNO_3} ? \xrightarrow[H_2SO_4]{HNO_3}$$

5.3.2 芳环的氧化还原反应

5.3.2.1 氧化

苯环难以氧化,但在高温下可以催化氧化成顺丁烯二酸酐(马来酸酐 maleic anhydride),重要的化工原料。

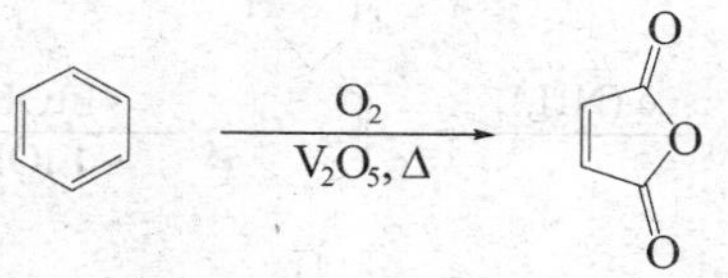

$$\text{苯} \xrightarrow[V_2O_5, \Delta]{O_2} \text{Maleic anhydride 马来酸酐}$$

5.3.2.2 还原——催化加氢

苯环较难以还原,但在较高的温度与压力下可以催化加氢,得到全氢化产物环己烷。此法用于生产制备纯净的环己烷或其衍生物。

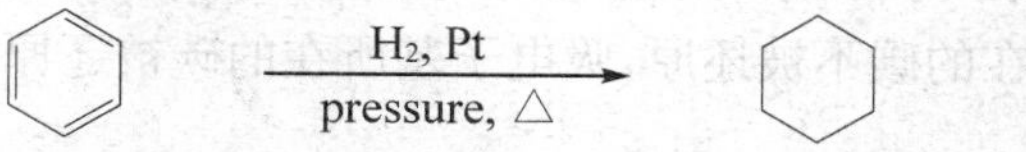

$$\text{苯} \xrightarrow[\text{pressure}, \Delta]{H_2, Pt} \text{Cyclohexane 环己烷}$$

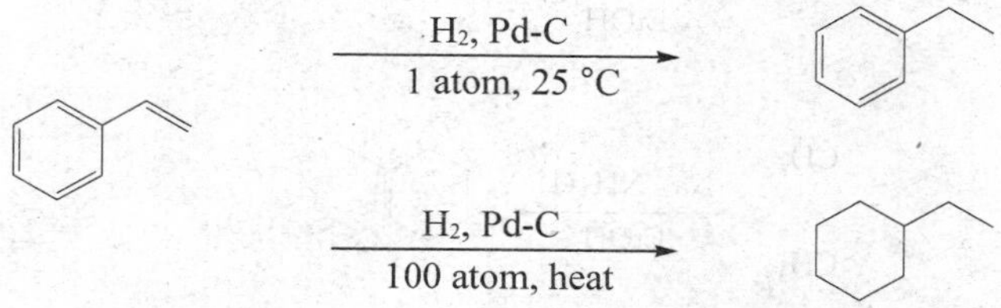

$$\text{苯乙烯} \xrightarrow[\text{1 atom, 25 °C}]{H_2, Pd\text{-}C} \text{乙苯}$$

$$\xrightarrow[\text{100 atom, heat}]{H_2, Pd\text{-}C} \text{乙基环己烷}$$

光照加成 苯在光照下和足量的氯反应,生成全加成产物六氯环己烷。

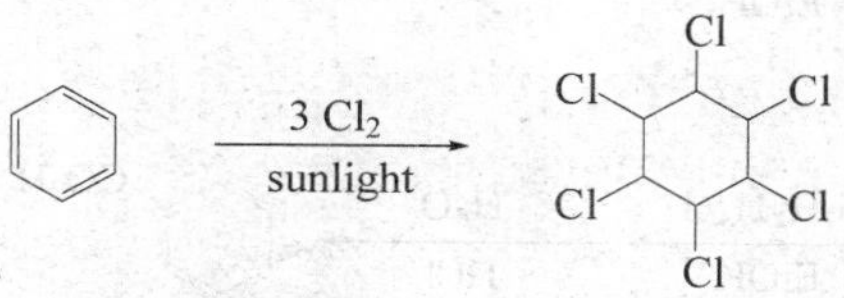

$$\text{苯} \xrightarrow[\text{sunlight}]{3\,Cl_2} \text{Hexachlorocyclohexane}$$

六氯环己烷有九个立体异构体,其中七个内消旋体,一对对映异构体。六氯环己烷曾作为杀虫剂(俗称"六六六",Lindane)广泛应用,后来发现甚难环境降解,造成生物累积,称为硬杀虫剂(hard insecticide,一种 persistent organic pollutant,POP),已禁用。

Birch 伯奇还原

活泼金属钠、锂、钾等溶解在含醇液氨中得到一种蓝色的溶液(溶剂化电子),可还原芳环成 1,4-环己二烯类化合物,称为 Birch 还原(Arthur J. Birch,1944)。

$$\text{C}_6\text{H}_6 \xrightarrow[\text{EtOH}]{\text{Na, NH}_3(l)} \text{1,4-环己二烯}$$

Birch 还原——溶解金属还原(dissolving metal reduction)

$$\text{Li} \xrightarrow[\text{fast}]{\text{NH}_3} \underset{\substack{\text{solvated electrons}\\\text{blue solution}}}{\text{Li}^+ e(\text{NH}_3)_n} \xrightarrow[\text{slow}]{\text{NH}_3} \underset{\text{colourless solution}}{\text{Li}^{+-}\text{NH}_2} + \frac{1}{2}\text{H}_2$$

$$\text{C}_6\text{H}_6 \xrightarrow{\text{Li}^+e(\text{NH}_3)_n} [\text{C}_6\text{H}_6]^{\cdot-}\text{Li}^+$$

$$[\text{C}_6\text{H}_6]^{\cdot-}\text{Li}^+ \xrightarrow[-\text{LiOEt}]{\text{EtOH}} \text{自由基} \xrightarrow{e(\text{NH}_3)_n} \text{负离子} \xrightarrow[-\text{LiOEt}]{\text{EtOH}} \text{1,4-环己二烯}$$

溶剂化电子对苯环首先发生共轭即 1,4-加成,生成负离子基(radical anion)。负离子基接受醇提供的氢还原成自由基,再接受一个电子成负离子,最后还原成 1,4-环己二烯。

乙胺能代替氨,常用乙醇、叔丁醇;卤素、硝基、醛基、酮羰基等对反应有干扰。

若无扰取代基,给电子基所在的碳不被还原,吸电子基所在的碳被还原。

$$\text{PhCH}_3 \xrightarrow[\text{EtOH}]{\text{Na, NH}_3(l)} \text{1-甲基-2,5-环己二烯}$$

$$o\text{-二甲苯} \xrightarrow[\text{EtOH}]{\text{Na, NH}_3(l)} \text{1,2-二甲基-3,6-环己二烯}$$

$$\text{PhOCH}_3 \xrightarrow[\text{EtOH}]{\text{Li, NH}_3(l)} \text{1-甲氧基-2,5-环己二烯}$$

$$\text{PhCO}_2\text{H} \xrightarrow[\text{EtOH}]{\text{Li, NH}_3(l)} \xrightarrow[\text{HCl}]{\text{H}_2\text{O}} \text{2,5-环己二烯-1-甲酸}$$

与苯环共轭的烯键优先被还原,孤立碳碳双键不被还原。

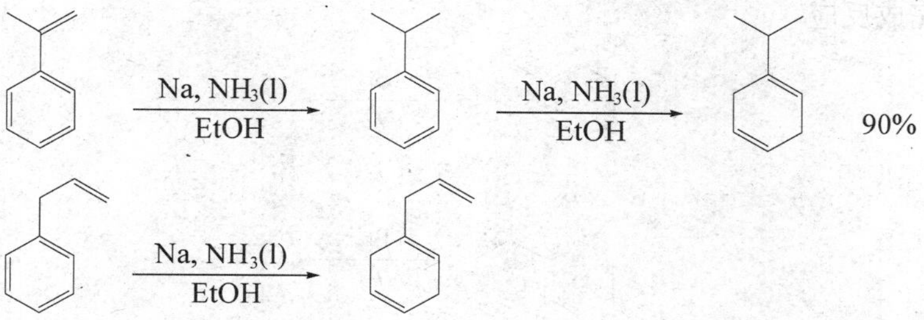

Corey 在他的 *dl*-C18 Cecropia juvenile hormone 合成中巧妙利用了 Birch 还原（E. J. Corey *et.al.*，*JACS* **1968**，90，5618）：

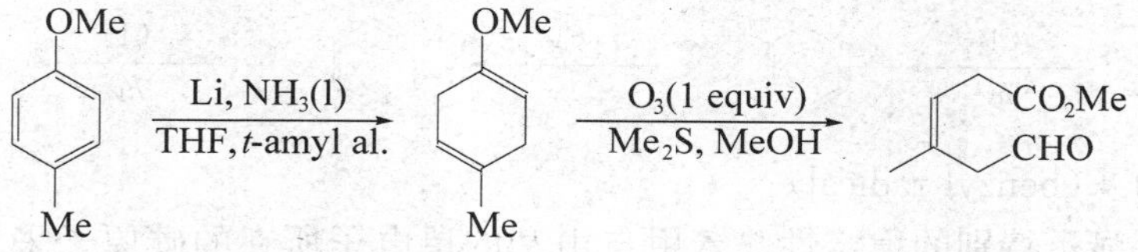

苯的聚合反应

苯在氯化铝催化剂、氯化铜氧化剂存在下脱氢氧化偶联成聚苯 polyphenyl，又称聚对亚苯 poly(*p*-phenylene)：

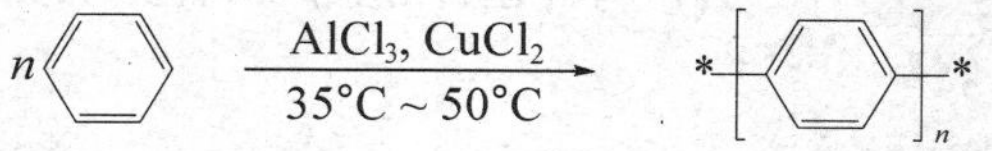

聚苯热稳定性好，分解温度高（530℃），可在 300℃下长期使用，耐辐射，自润滑性好，与石棉组成的复合层压材料可用于高速轴承、火箭发动机部件、核反应堆部件、耐辐射耐氧化构件等特种工程结构材料。聚苯还可用于耐高温耐辐射涂料、特种粘合剂等。

5.3.3 芳环侧链的反应

芳环侧链 α-位由于苯环的影响而变得活泼，易发生卤代、氧化等反应。

5.3.3.1 α-氢卤代

芳环侧链 α-氢（苯甲位）在光照或高温下与卤素（Cl_2，Br_2）作用发生卤代，用 NBS 发生溴代。

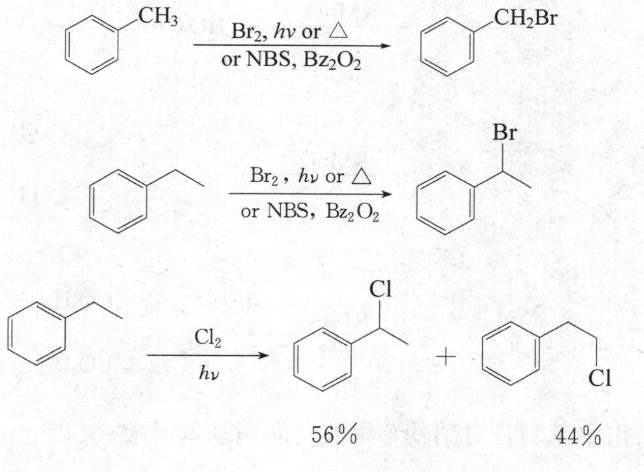

问题 7 完成反应

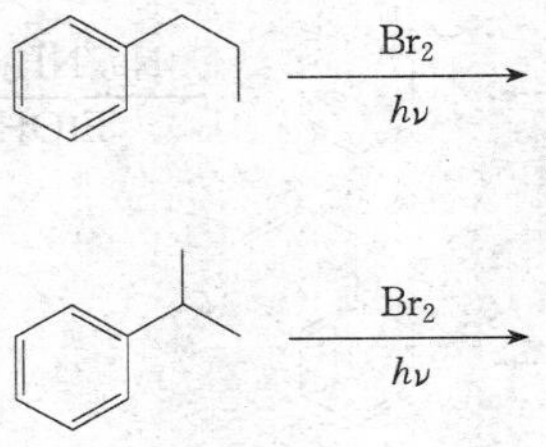

PhCH₂CH₃ $\xrightarrow{Br_2, h\nu}$

PhCH(CH₃)₂ $\xrightarrow{Br_2, h\nu}$

芳环侧链 α-氢可以多卤代，例：

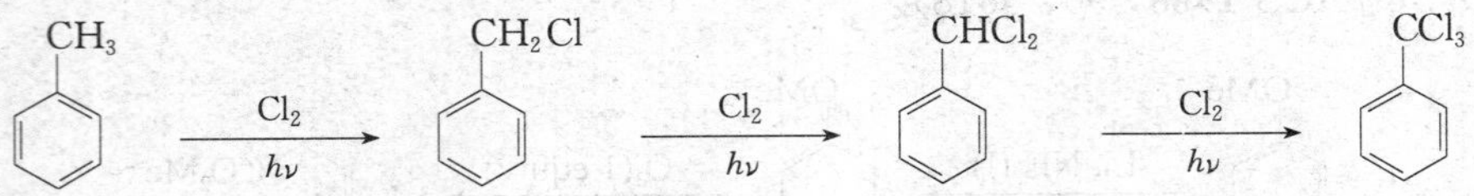

PhCH₃ $\xrightarrow{Cl_2, h\nu}$ PhCH₂Cl $\xrightarrow{Cl_2, h\nu}$ PhCHCl₂ $\xrightarrow{Cl_2, h\nu}$ PhCCl₃

苯甲基自由基（benzyl radical）

苯甲自由基显示特别的稳定性。苯甲自由基的单电子所在的碳原子采取 sp^2 杂化，单电子处于 p 轨道，与苯环的大 π 键平行重叠，即发生 p-π 共轭，所以自由基的单电子不是定域的而是离域的，因而比较稳定。

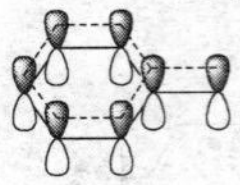

Π_7^7 苯甲基自由基 p-π 共轭与大 π 键

苯甲自由基的共振：

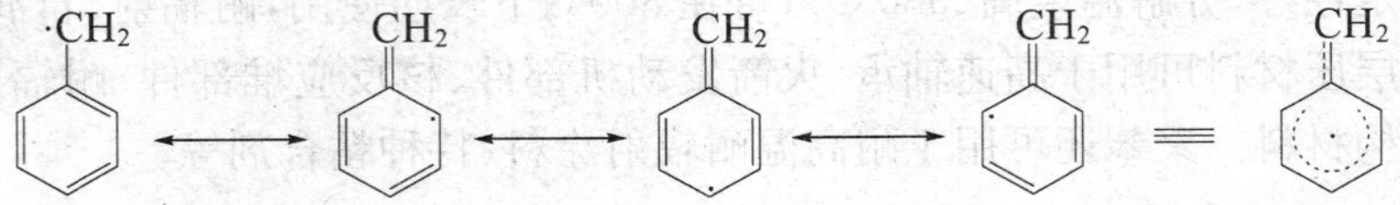

苯甲基自由基由于离域稳定化。

5.3.3.2 氧化

芳侧链 α-氢（苯甲位）易氧化，侧链经强氧化成苯甲酸。

烃基取代苯用 $KMnO_4$ 等强氧化剂氧化，侧链被氧化成羧酸，苯环保留。例：

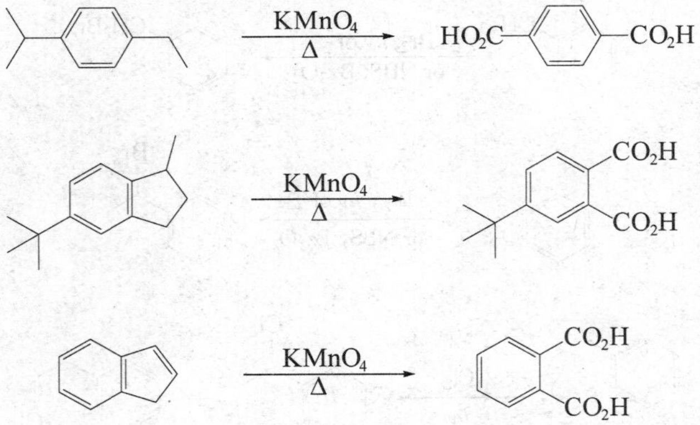

对异丙基乙苯 $\xrightarrow{KMnO_4, \Delta}$ 对苯二甲酸

5-叔丁基-1-甲基茚满 $\xrightarrow{KMnO_4, \Delta}$ 4-叔丁基邻苯二甲酸

茚 $\xrightarrow{KMnO_4, \Delta}$ 邻苯二甲酸

侧链氧化应用：由甲苯制备对硝基苯甲酸与间硝基苯甲酸。

合成:制备对硝基苯甲酸必须先硝化后氧化,而间硝基苯甲酸则需先氧化后硝化。

$$\text{PhCH}_3 \xrightarrow[\text{H}_2\text{SO}_4]{\text{HNO}_3} \text{4-O}_2\text{N-C}_6\text{H}_4\text{-CH}_3 \xrightarrow[\Delta]{\text{KMnO}_4} \text{4-O}_2\text{N-C}_6\text{H}_4\text{-CO}_2\text{H}$$

$$\text{PhCH}_3 \xrightarrow[\Delta]{\text{KMnO}_4} \text{PhCO}_2\text{H} \xrightarrow[\text{H}_2\text{SO}_4]{\text{HNO}_3} \text{3-O}_2\text{N-C}_6\text{H}_4\text{-CO}_2\text{H}$$

* 特别的氧化反应:在剧烈的氧化条件下,苯环也能被氧化,但无制备价值。

$$\text{PhC(CH}_3)_3 \xrightarrow[\Delta]{\text{KMnO}_4} (\text{CH}_3)_3\text{C-CO}_2\text{H}$$

$$\text{PhCF}_3 \xrightarrow[\Delta]{\text{KMnO}_4} \text{F}_3\text{C-CO}_2\text{H}$$

在工业上,氧化对二甲苯生产对苯二甲酸:

$$\text{H}_3\text{C-C}_6\text{H}_4\text{-CH}_3 \xrightarrow[\text{V}_2\text{O}_5, \Delta]{\text{O}_2(\text{air})} \text{HO}_2\text{C-C}_6\text{H}_4\text{-CO}_2\text{H}$$

精对苯二甲酸(PTA)主要用于生产聚对苯二甲酸二乙二醇酯(PET),是聚酯纤维(涤纶)和聚酯饮料瓶的材料。这就是对二甲苯(PX)的主要用途。

氧化均四甲基苯生产均苯四甲酸二酐:

$$\text{1,2,4,5-(CH}_3)_4\text{C}_6\text{H}_2 \xrightarrow[\text{V}_2\text{O}_5, 350°\text{C}\sim500°\text{C}]{\text{O}_2(\text{air})} \text{均苯四甲酸二酐}$$

均苯四甲酸二酐用于生产环氧树脂(固化剂)、聚酰亚胺树脂等。

三氧化铬-乙酸酐($\text{CrO}_3 + \text{Ac}_2\text{O}$)氧化:

$$\text{4-O}_2\text{N-C}_6\text{H}_4\text{-CH}_3 \xrightarrow[\text{Ac}_2\text{O}]{\text{CrO}_3} \text{4-O}_2\text{N-C}_6\text{H}_4\text{-CH(OAc)}_2 \xrightarrow[90\%]{\text{H}_2\text{O}} \text{4-O}_2\text{N-C}_6\text{H}_4\text{-CHO}$$

二氧化锰(MnO_2)氧化:

$$\text{PhCH}_3 \xrightarrow[\text{H}_2\text{SO}_4]{\text{MnO}_2} \text{PhCHO}$$

空气催化(O_2/Mn(OAc)$_2$)氧化：

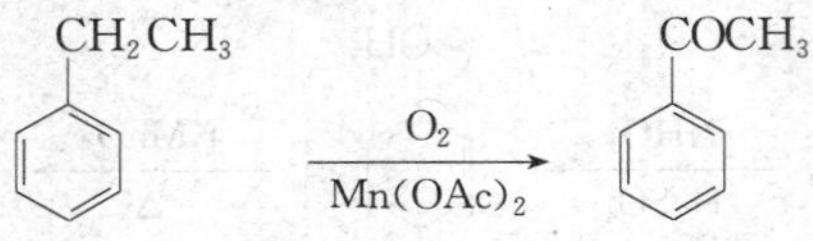

$$PhCH_2CH_3 \xrightarrow[Mn(OAc)_2]{O_2} PhCOCH_3$$

5.3.3.3 还原——氢解

苯甲位的碳-杂原子键易还原——氢解(hydrogenolysis)，如 ArCH$_2$X、ArCH$_2$OH、ArCH$_2$OR、ArCH$_2$NR$_2$ 等都易催化氢解。

$$\begin{array}{l}
ArCH_2-X \\
ArCH_2-OH \\
ArCH_2-OR \\
ArCH_2-OAr \\
ArCH_2-OCR \\
ArCH_2-NR_2
\end{array} \xrightarrow[Pd-C]{H_2} \begin{array}{l}
ArCH_3 + HX \\
ArCH_3 + HOH \\
ArCH_3 + HOR \\
ArCH_3 + HOAr \\
ArCH_3 + HOCR \\
ArCH_3 + HNR_2
\end{array}$$

在有机合成中，苯甲基(Bn)常用于保护羟基、羧基和胺基，二苯甲基也有用。最常用的去保护方法是催化氢解，因为此反应条件温和、中性，易于实现。

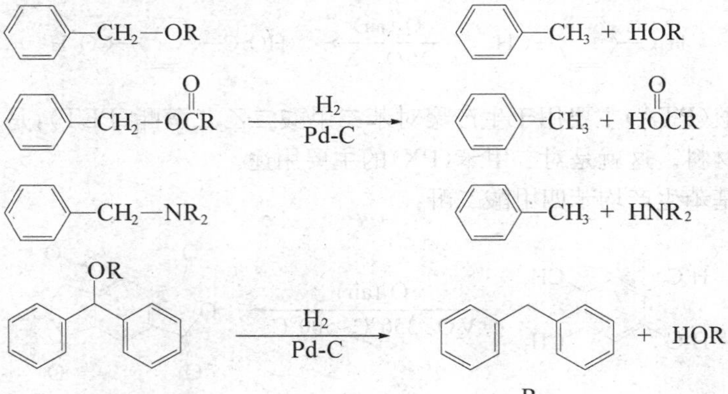

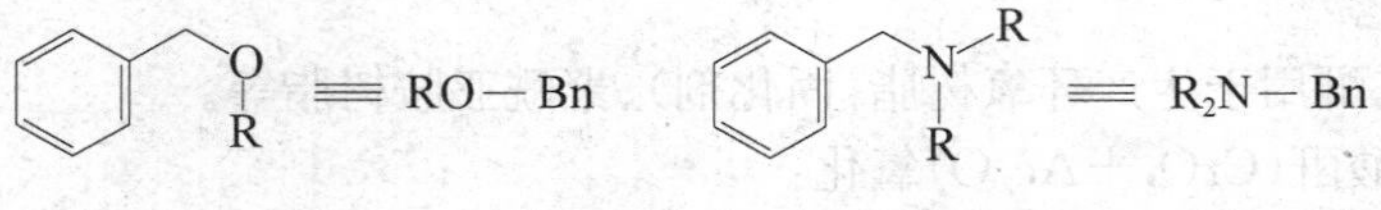

$$PhCH_2OR \xrightarrow[Pd-C]{H_2} PhCH_3 + HOR$$

$$PhCH_2OCR \xrightarrow[Pd-C]{H_2} PhCH_3 + HOCR$$

$$PhCH_2NR_2 \xrightarrow[Pd-C]{H_2} PhCH_3 + HNR_2$$

$$Ph_2CHOR \xrightarrow[Pd-C]{H_2} Ph_2CH_2 + HOR$$

PhCH$_2$OR ≡ RO—Bn   PhCH$_2$NR$_2$ ≡ R$_2$N—Bn

合成应用实例：

10% Pd-C, MeOH
0.1 eq 2,6-lutidine, 45 °C
81%

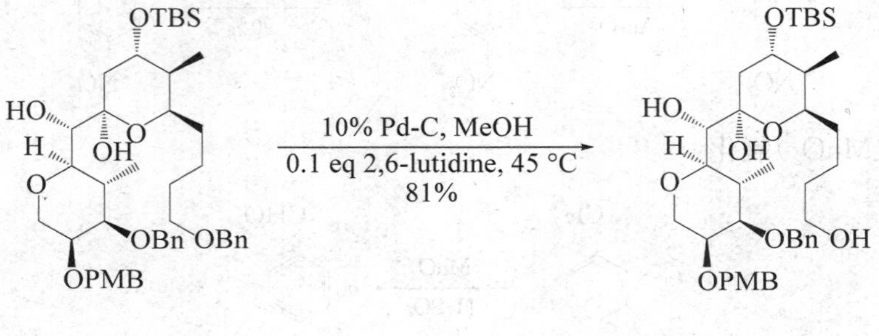

5.4 多环芳烃

5.4.1 多苯代脂烃

多苯代脂烃命名,一般把苯基作为取代基,脂肪烃作为母体。

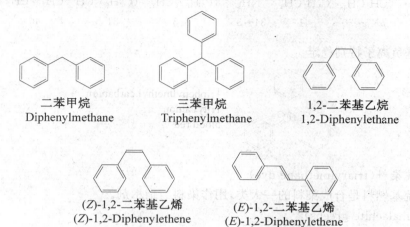

二苯甲烷
Diphenylmethane

三苯甲烷
Triphenylmethane

1,2-二苯基乙烷
1,2-Diphenylethane

(Z)-1,2-二苯基乙烯
(Z)-1,2-Diphenylethene
cis-Stilbene

(E)-1,2-二苯基乙烯
(E)-1,2-Diphenylethene
trans-Stilbene

多苯代脂烃可用弗-克烷基化反应制备,但苯要大过量。

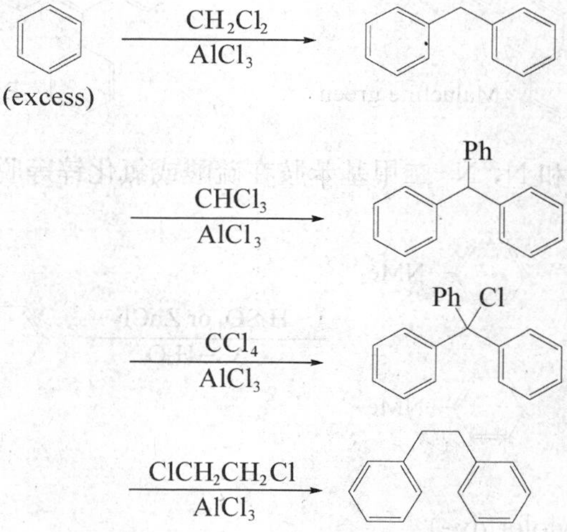

三苯甲烷

三苯基甲烷(triphenylmethane),$(C_6H_5)_3CH$,是许多人工合成染料的母体,称为三苯甲烷染料,其中有多种酸碱指示剂,有的能发出荧光。

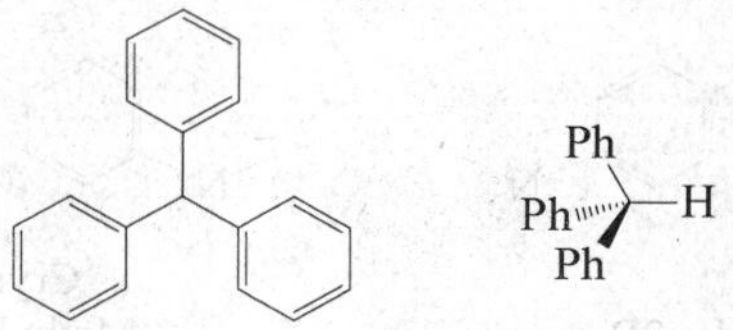

三苯甲烷分子的饱和氢是活性的,易氧化、取代,也显示一定的酸性。

$$Ph_3CH \xrightarrow[AcOH]{CrO_3} Ph_3COH$$

$$Ph_3CH \xrightarrow{Br_2} Ph_3CBr$$

$$Ph_3CH + NaNH_2 \longrightarrow Ph_3CNa + NH_3$$

	CH_3CH_3	$C_6H_5CH_3$	NH_3	$(C_6H_5)_2CH_2$	$(C_6H_5)_3CH$	$CH_2=CH_2$
pK_a	~50	41	34~35	33.5	31.5	40

三苯甲基负离子特别稳定。

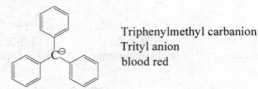

Triphenylmethyl carbanion
Trityl anion
blood red

三苯甲烷染料(triarylmethane dye)

三苯甲基燃料是合成染料的一大类,用作染料与指示剂。

孔雀绿(malachite greens)

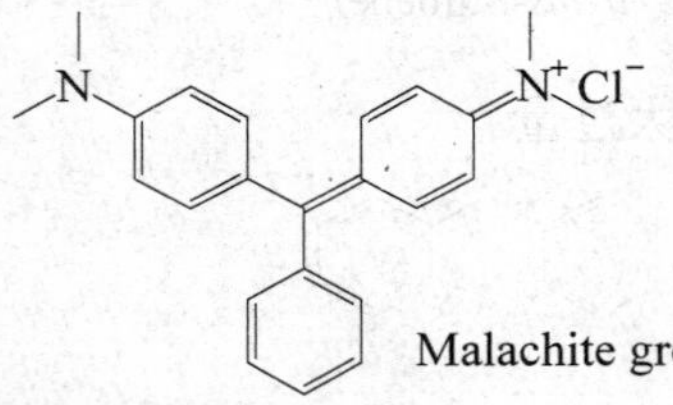

Malachite green 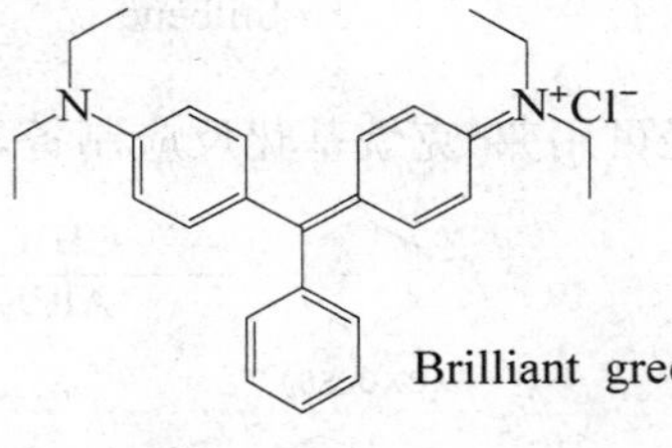   Brilliant green

孔雀绿可通过苯甲醛和 N,N-二甲基苯胺在硫酸或氯化锌等脱水剂存在下合成:

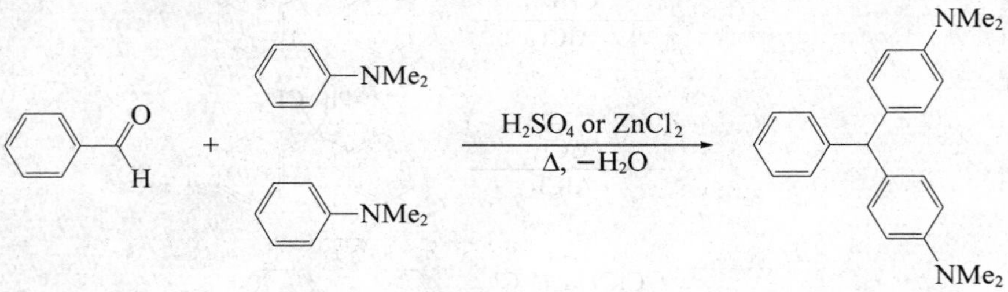

甲基紫染料(methyl violet dye)

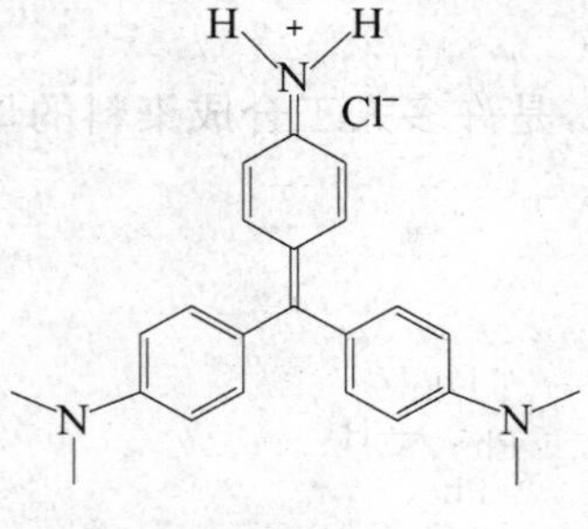

Methyl violet 2B

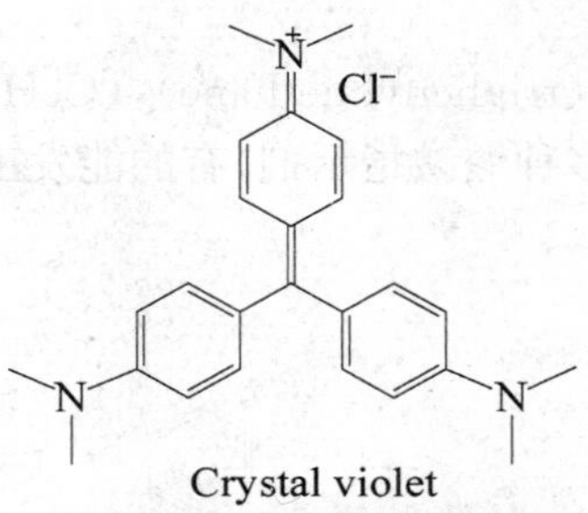

Crystal violet
Methyl violet 10B

品红染料(fuchsine dye)

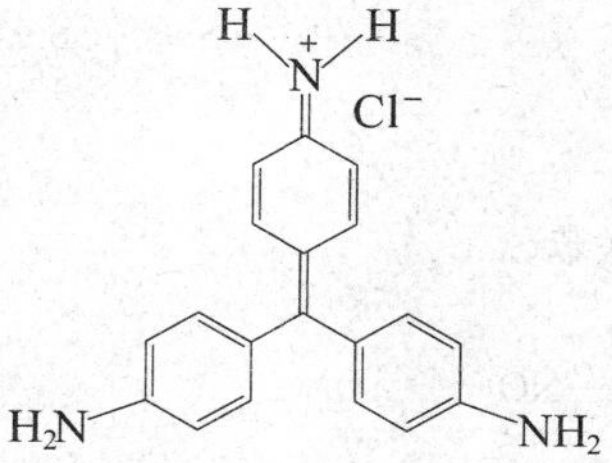

Pararosaniline 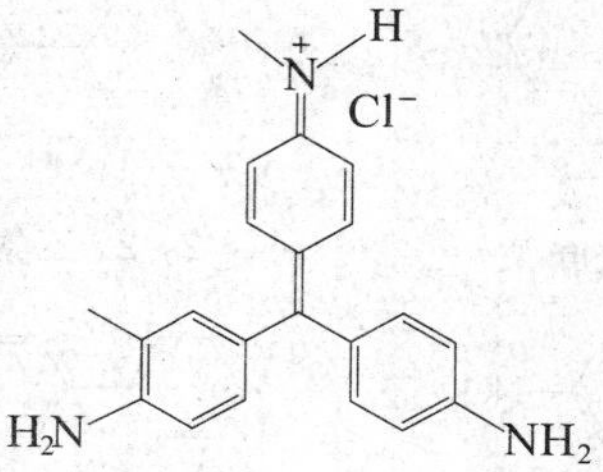   Fuchsine 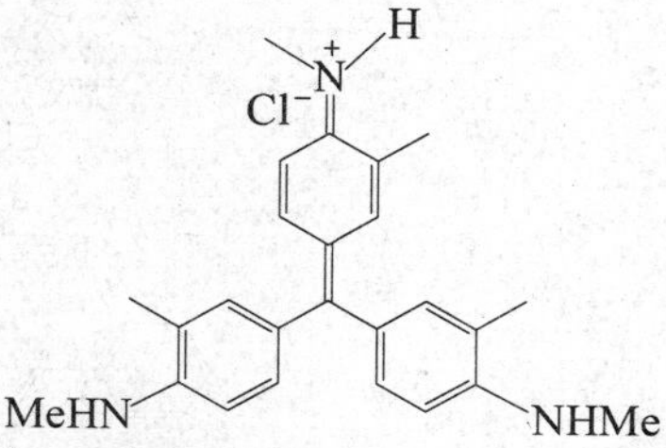   New fuchsine

苯酚染料(phenol dye)

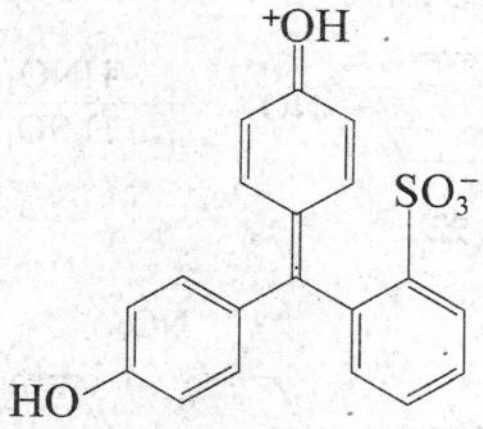

Phenol red 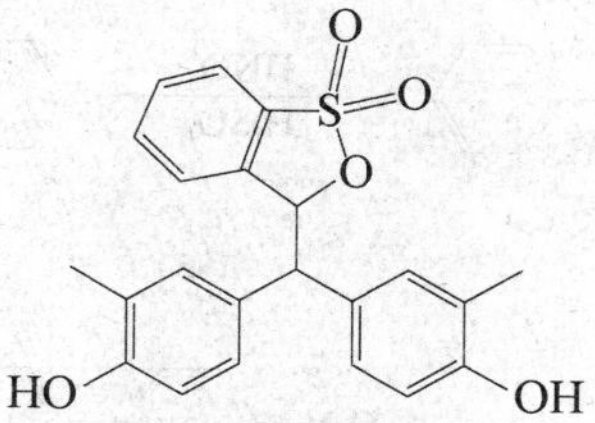   Cresol red

5.4.2 联苯

两个或多个苯环以单键连接的化合物称为联苯类化合物(biphenyl)。

联苯是两个苯环通过单键相连形成的芳香烃。无色至淡黄色片状晶体,有特殊香味,常用作有机合成原料。其衍生物包括联苯胺、联苯醚、八溴联苯醚、多氯联苯等。联苯天然存在于煤焦油、原油中。

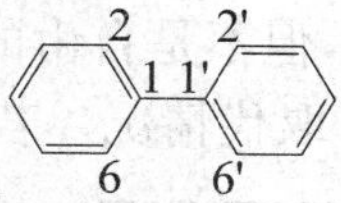

联苯 Biphenyl;
1,1'-Biphenyl

三联苯有三个异构体:

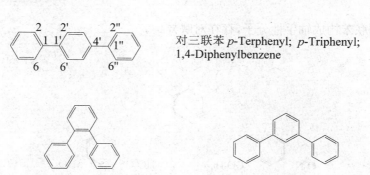

对三联苯 p-Terphenyl; p-Triphenyl;
1,4-Diphenylbenzene

邻三联苯 o-Terphenyl; o-Triphenyl;
1,2-Diphenylbenzene

邻三联苯 m-Terphenyl; m-Triphenyl;
1,3-Diphenylbenzene

联苯衍生物

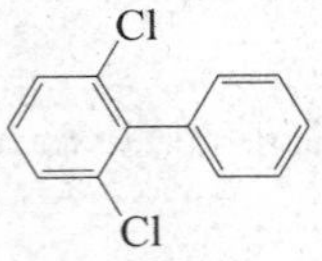

2,6-二氯联苯 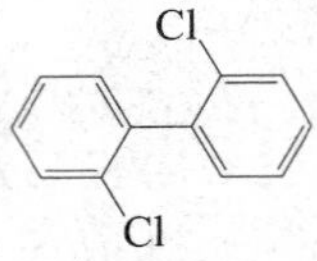　　　2,2'-二氯联苯

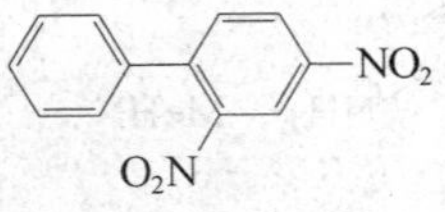

2,4-二硝基联苯 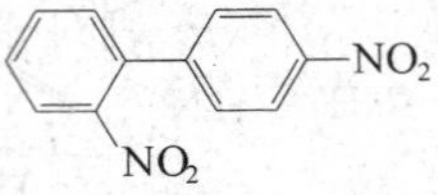　　　2,4'-二硝基联苯

联苯硝化得到一硝基联苯,继续硝化得到二硝基联苯。

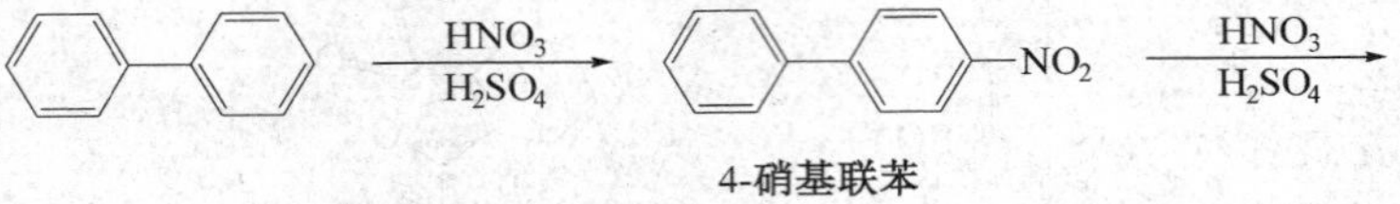

$$\text{联苯} \xrightarrow[H_2SO_4]{HNO_3} \text{4-硝基联苯} \xrightarrow[H_2SO_4]{HNO_3}$$

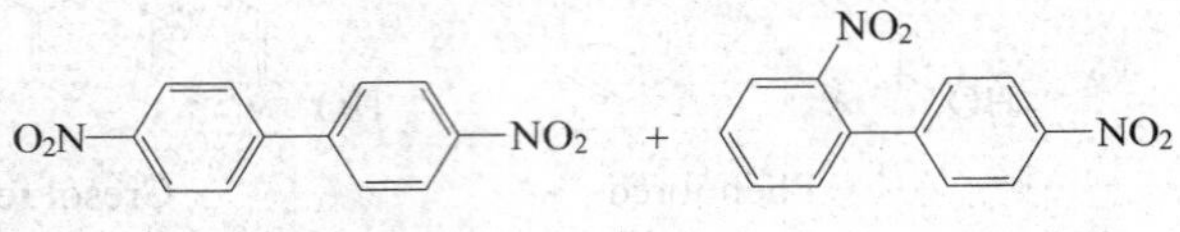

4,4'-二硝基联苯(主)　　　2,4'-二硝基联苯

轴手性与对映异构

联苯不是平面的,其平衡态的扭转角为 44.4°,0°和 90°时的能垒分别为 6.0 kJ/mol 和 6.5 kJ/mol。

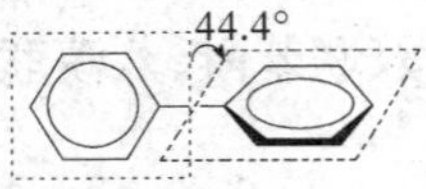

在联苯分子内,连接两苯环的单键可以旋转,但不是自由的,有一定的能垒。取代联苯绕单键旋转的能垒(torsional barriers)高低取决于取代情况。若有大体积的取代基,阻转能力强,旋转可能严重受阻而产生阻转异构体(atropisomerism)。增加两个邻位取代基大大增加旋转能垒,例如 2,2'-二甲基衍生物,能垒是 72.8 kJ/mol(17.4 kcal/mol)。若不对称取代,可能构成手性分子。

适当取代的联苯构成轴手性分子,存在对映异构。

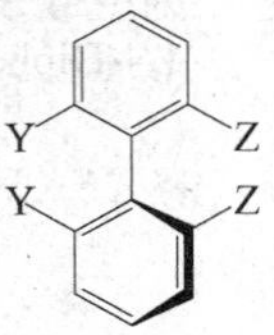

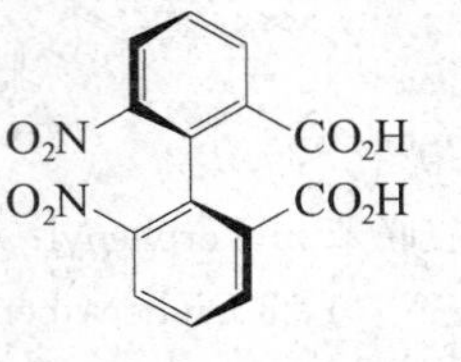

(S)-6,6'-二硝基联苯-2,2'-二甲酸 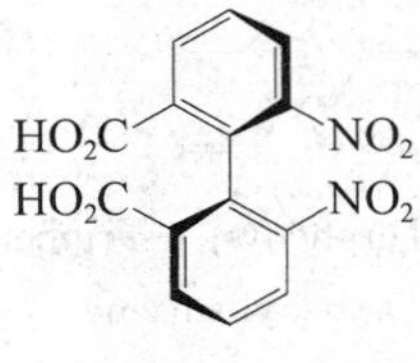　　　(R)-6,6'-二硝基联苯-2,2'-二甲酸

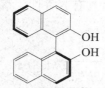

联苯工业生产: 苯高温脱氢可产生联苯。

$$\text{C}_6\text{H}_5-\text{H} + \text{H}-\text{C}_6\text{H}_5 \xrightarrow[-\text{H}_2]{700℃\sim 800℃} \text{C}_6\text{H}_5-\text{C}_6\text{H}_5$$

联苯实验室制备: 实验室中, 取代联苯可通过 Ullmann 反应和 Suzuki 反应等偶联反应制备。
Ullmann 反应(1896): 卤代苯在铜粉存在下高温脱卤生成联苯。

$$\text{C}_6\text{H}_5-\text{I} + \text{I}-\text{C}_6\text{H}_5 \xrightarrow[230℃]{\text{Cu}} \underset{82\%}{\text{C}_6\text{H}_5-\text{C}_6\text{H}_5} + \text{CuI}_2$$

联苯用途: 联苯用作载热体——联苯-联苯醚(导生 dowtherm), bp 258℃。

联苯也用作合成原料。联苯是重要的有机化工原料, 用于合成增塑剂、防腐剂、工程塑料、高能燃料等, 广泛应用于医药、农药、燃料、液晶材料等领域。联苯衍生物包括联苯胺、联苯醚、八溴联苯醚、多氯联苯等。

联苯天然存在于煤焦油、原油和天然气中。目前, 从煤焦油提取和通过化学合成获取联苯。

5.4.3 稠环与多环芳烃

5.4.3.1 稠环芳烃——萘、蒽与菲

两个苯环稠合构成萘, 三个苯环稠合产生蒽与菲。

萘(naphthalene), 是两个苯环稠合, 其中 1, 4, 5, 8 称为 α 位, 2, 3, 6, 7 称为 β 位。萘的一取代物有两种, 二取代物若取代基相同有 10 种, 不同则有 14 种。

Naphthalene

蒽(anthracene), 是三个苯环直线稠合, 其中 1, 4, 5, 8 称为 α 位, 2, 3, 6, 7 称为 β 位, 9, 10 称为 γ 位, 又称中位或迫位。蒽的一取代物有三种。

Anthracene

菲(phenanthrene), 是三个苯环角式稠合, 其定位编号也是特定的, 有五种不同的位置 1 与 8, 2 与 7, 3 与 6, 4 与 5, 9 与 10, 因此, 菲的一取代物有五种。

Phenanthrene

萘有两个苯环 10 个电子,构成封闭的共轭体系,具有芳香性。萘具有等价的共振式——Kekule 式三个:

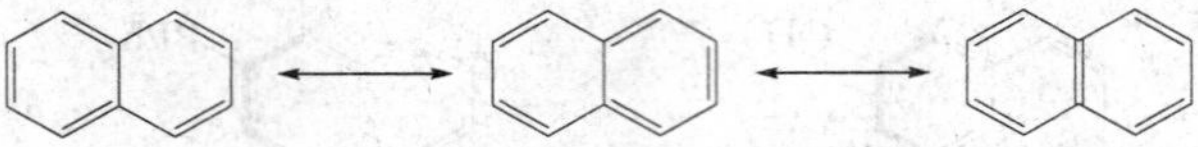

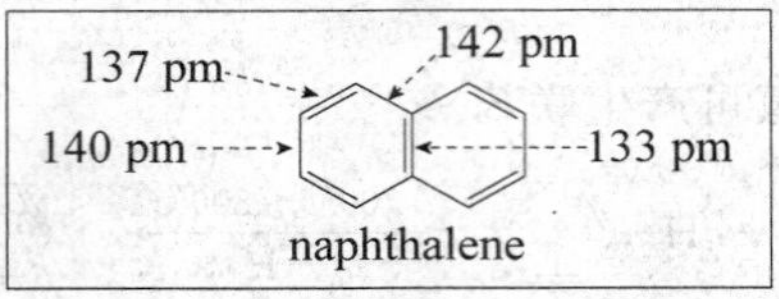

137 pm, 142 pm, 140 pm, 133 pm
naphthalene

苯、萘、菲与蒽的芳香性比较

Name	Structure	Resonanec Energy	
		Total	Ring
Benzene 苯		150 kJ/mol 36 kcal/mol	150 kJ/mol 36 kcal/mol
Naphthalene 萘	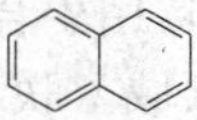	255 kJ/mol 61 kcal/mol	127.5 kJ/mol 30.5 kcal/mol
Anthracene 蒽	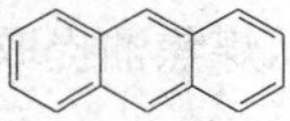	347 kJ/mol 83 kcal/mol	115.6 kJ/mol 27.7 kcal/mol
Phenanthrene 菲	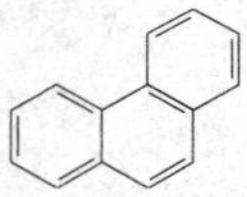	381 kJ/mol 91 kcal/mol	127.0 kJ/mol 30.3 kcal/mol

芳香性相对强弱:苯＞萘＞菲＞蒽

问题 8 蒽和菲各有多少个等价的共振式?

化学反应

萘易氧化还原:

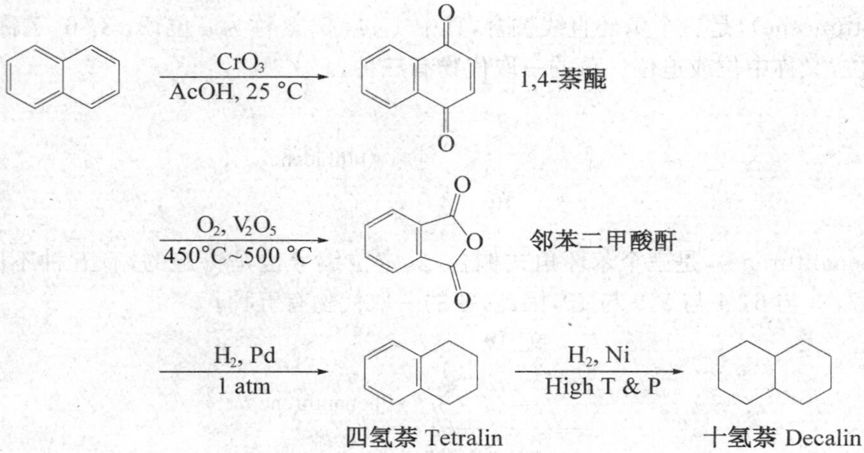

$\xrightarrow{\text{CrO}_3, \text{AcOH}, 25\ ℃}$ 1,4-萘醌

$\xrightarrow{\text{O}_2, \text{V}_2\text{O}_5, 450℃\sim 500℃}$ 邻苯二甲酸酐

$\xrightarrow{\text{H}_2, \text{Pd}, 1\ \text{atm}}$ 四氢萘 Tetralin $\xrightarrow{\text{H}_2, \text{Ni}, \text{High T \& P}}$ 十氢萘 Decalin

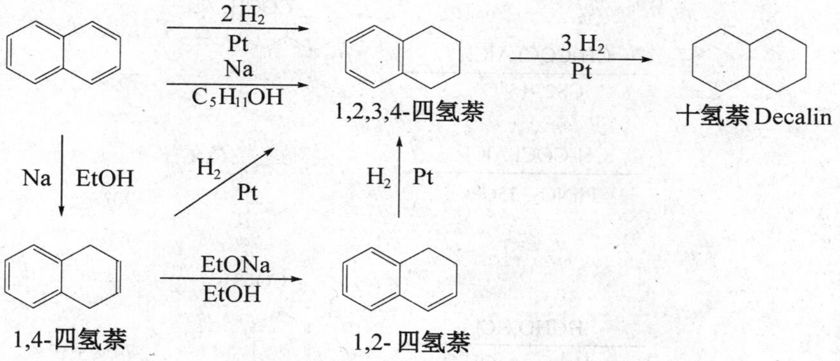

第5章 芳香烃 Aromatic Hydrocarbons

萘 $\xrightarrow[C_5H_{11}OH]{\underset{Pt}{2H_2}, Na}$ 1,2,3,4-四氢萘 $\xrightarrow[Pt]{3H_2}$ 十氢萘 Decalin

萘 $\xrightarrow[EtOH]{Na}$ 1,4-四氢萘 $\xrightarrow[H_2/Pt]{}$ 1,2,3,4-四氢萘

1,4-四氢萘 $\xrightarrow[EtOH]{EtONa}$ 1,2-四氢萘 $\xrightarrow[Pt]{H_2}$ 1,2,3,4-四氢萘

Birch 还原萘给出二环[4.4.0]-1(6),3,8-癸三烯：

萘 $\xrightarrow[EtOH]{Na, NH_3(l)}$ 二环[4.4.0]-1(6),3,8-癸三烯 75%～80%

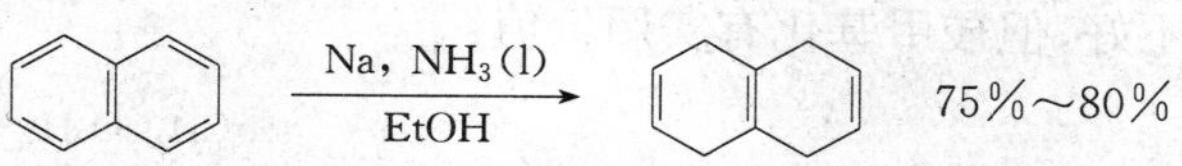

萘的亲电取代反应主要发生在的 α-位：

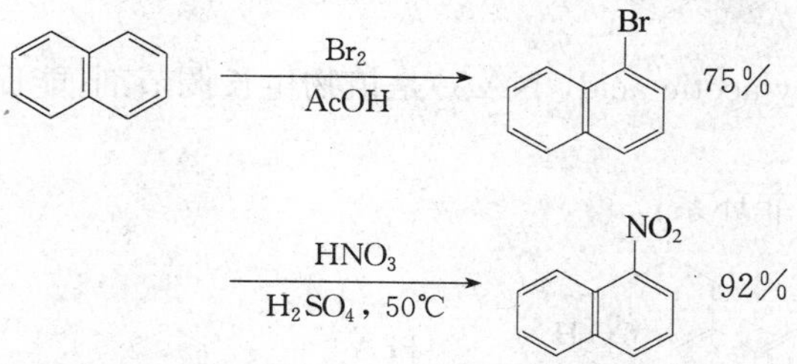

萘 $\xrightarrow[AcOH]{Br_2}$ 1-溴萘 75%

萘 $\xrightarrow[H_2SO_4, 50℃]{HNO_3}$ 1-硝基萘 92%

萘在较低的温度下磺化主要得到 1-萘磺酸(α-萘磺酸)，而在较高的温度下主要得到 2-萘磺酸(β-萘磺酸)。

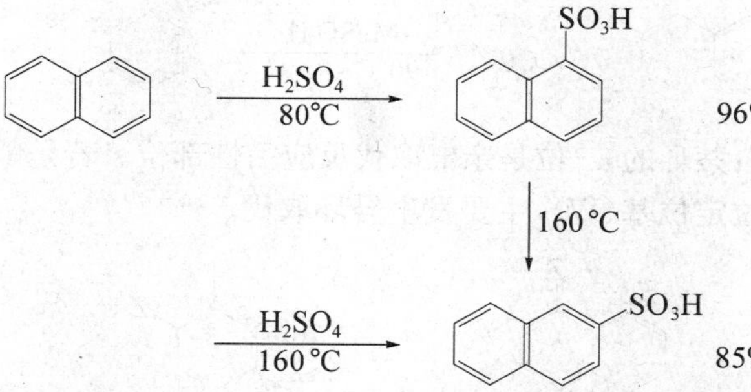

萘 $\xrightarrow[80℃]{H_2SO_4}$ 1-萘磺酸 96%

$\xrightarrow{160℃}$

$\xrightarrow[160℃]{H_2SO_4}$ 2-萘磺酸 85%

α-萘磺酸在较低温度下生成较快，是速度(动力学)控制。在 α-萘磺酸分子中，磺酸基和 8-位氢在较高温度下振动加剧，相互排斥，产生立体张力(van der Waals 张力)，因而不稳定。在 β-萘磺酸分子内，不存在此种立体张力，因为处于 β-位的磺酸基与两侧的氢不存在立体排斥。也就是说，β-萘磺酸在较高温度下更稳定，是热力学(平衡)控制。

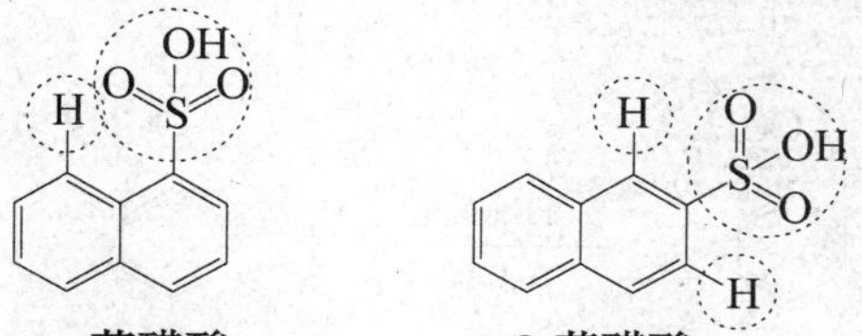

α-萘磺酸   β-萘磺酸

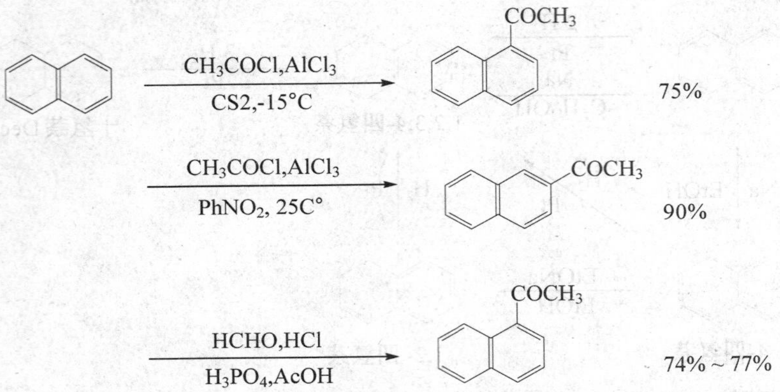

萘的烷基化一般不好，但羧甲基化有实用价值：

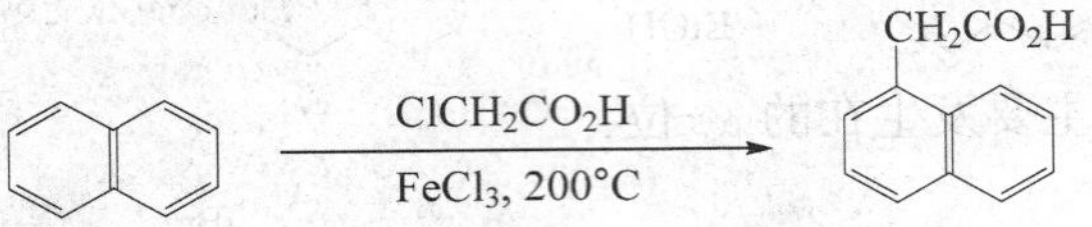

α-萘乙酸(-naphthylacetic acid，NAA)是植物生长调节剂，能促使植物生根、开花、早熟、高产，对人畜无害。

分子内酰基化构建菲环系：

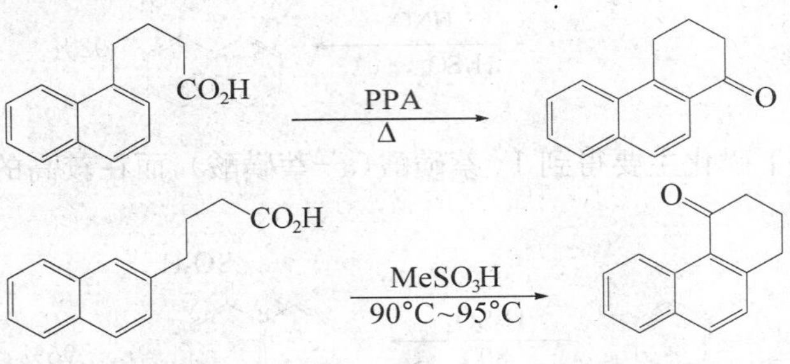

萘环上的定位规律：萘环的α-位是亲电取代反应活性部位。若是邻对位定位基(Z)，主要发生同环取代；若是间位定位基(W)，主要发生异环取代。

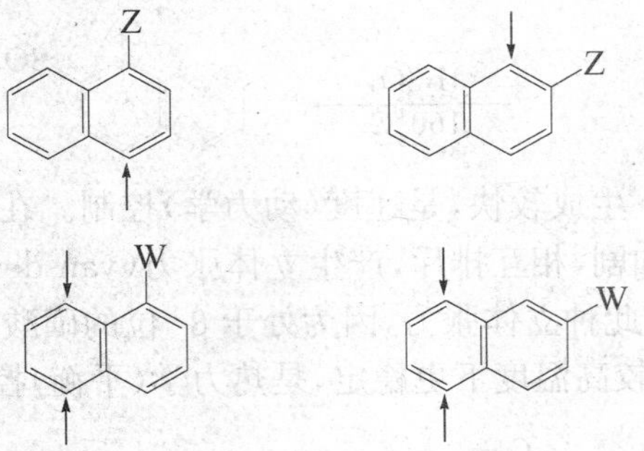

例：

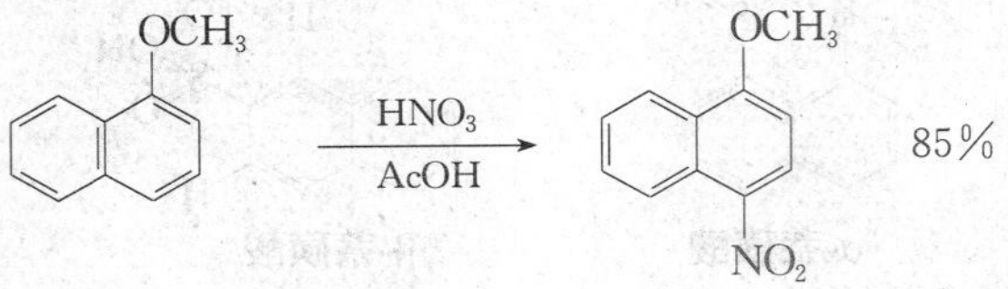

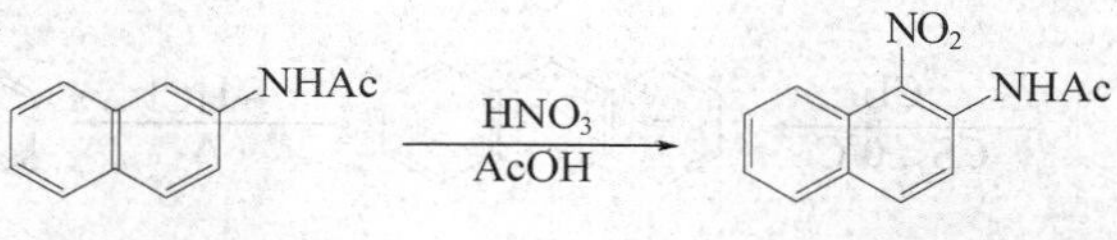

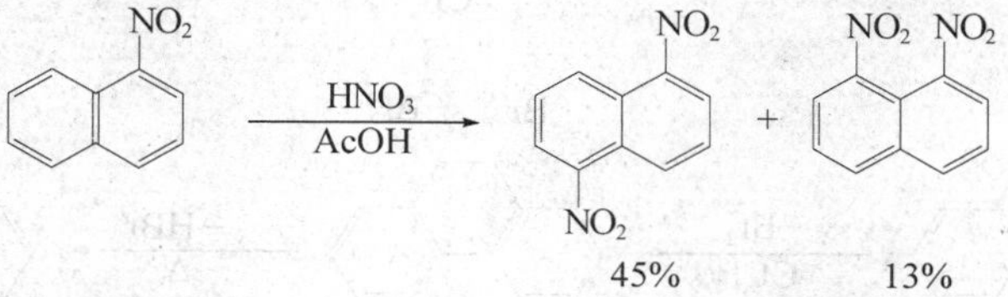

第5章 芳香烃 Aromatic Hydrocarbons

[反应式：2-NHAc取代萘 + HNO₃/AcOH → 1-硝基-2-NHAc取代萘]

[反应式：1-硝基萘 + HNO₃/AcOH → 1,5-二硝基萘 (45%) + 1,8-二硝基萘 (13%)]

* 例外：

[反应式：2-甲基萘 + H₂SO₄, 100°C → 6-甲基-2-萘磺酸 80%]

[反应式：2-甲基萘 + 丁二酸酐, AlCl₃/PhNO₂ → 6-甲基-2-萘基酰丙酸 70%]

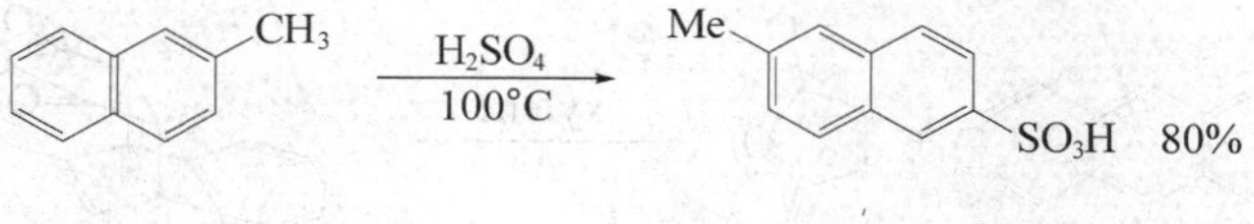

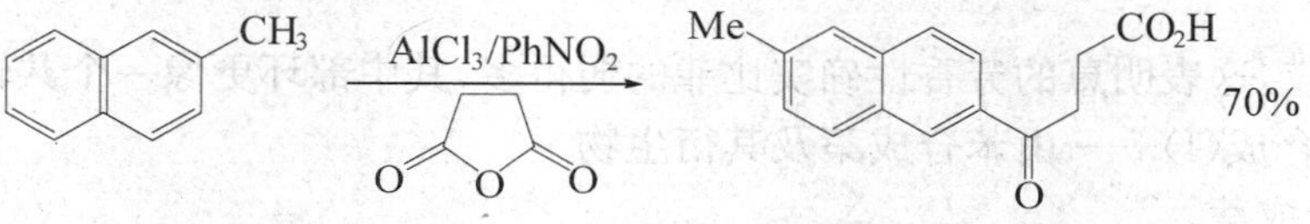

蒽与菲的 9,10-位是反应活性部位，易发生氧化与还原。

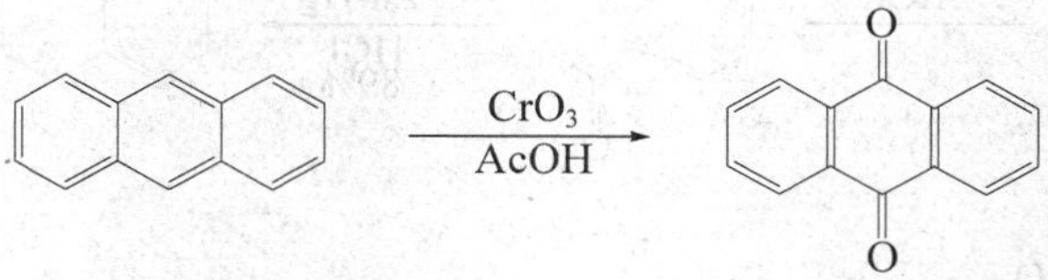

[反应式：蒽 + CrO₃/AcOH → 9,10-蒽醌]

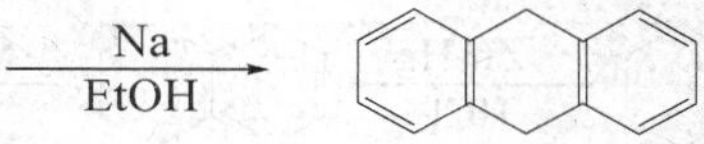

[反应式：蒽 + Na/EtOH → 9,10-二氢蒽]

菲的氧化反应：

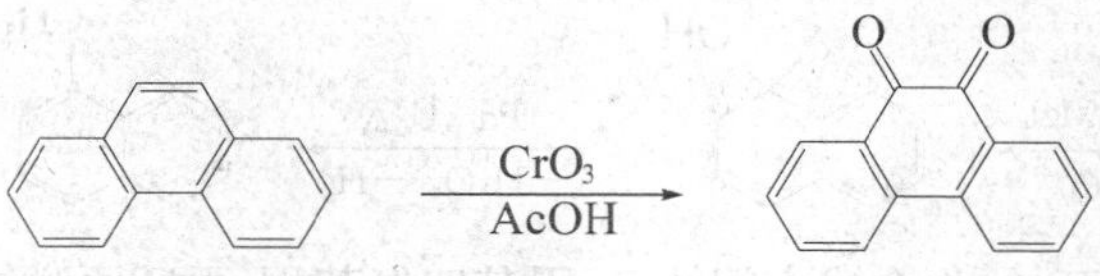

[反应式：菲 + CrO₃/AcOH → 9,10-菲醌]

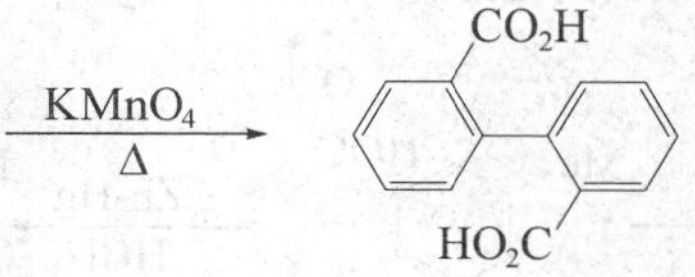

[反应式：菲 + KMnO₄/Δ → 2,2'-联苯二甲酸]

2,2'-联苯二甲酸的生成表明菲环是三个苯环角式稠合结构。

蒽与菲的 9,10-位是活性部位，也易发生加成。如低温加成卤素，加热脱卤化氢，结果相当于取代。

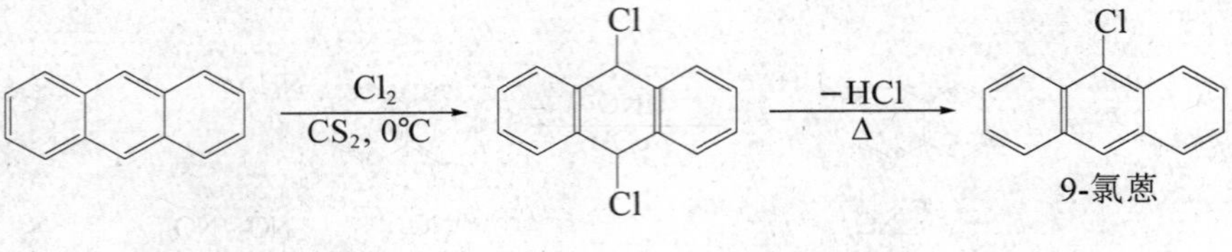

[蒽 + Cl₂ → 9,10-二氯加成物 → 9-氯蒽]

9-氯蒽

[菲 + Br₂ → 9,10-二溴加成物 → 9-溴菲]

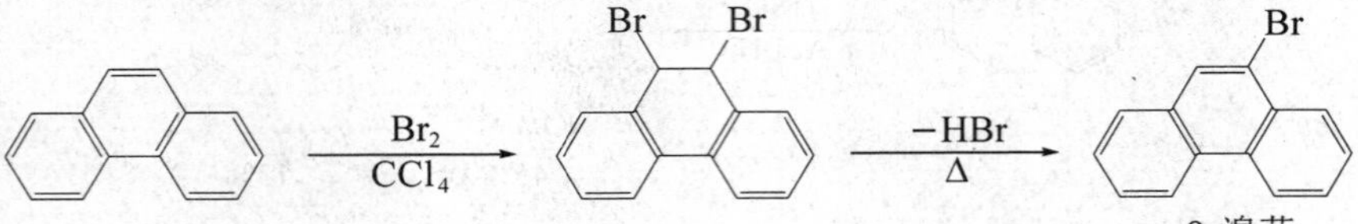

9-溴菲

蒽可发生 Diels-Alder 环加成反应：

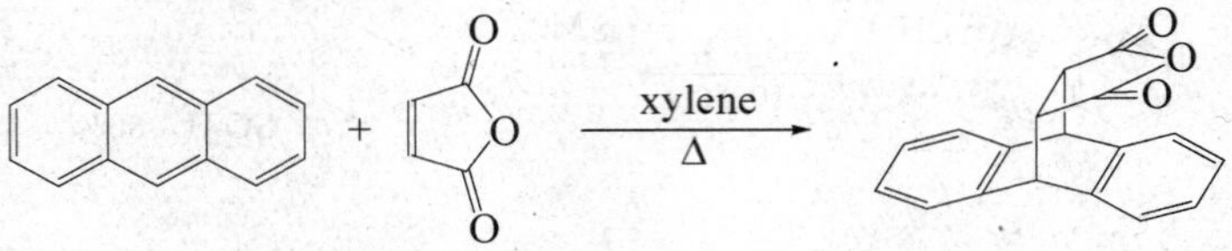

[蒽 + 马来酸酐 → 加成产物]

菲无此反应，这表明蒽的芳香性确实比菲的弱得多，其中部环更像一个共轭二烯。

Haworth 合成(Ⅰ)——由苯合成萘及其衍生物

例：由苯合成萘。

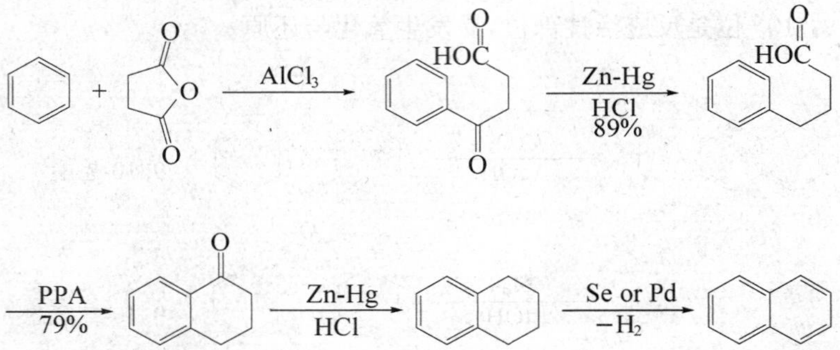

[苯 + 丁二酸酐 —AlCl₃→ β-苯甲酰丙酸 —Zn-Hg/HCl, 89%→ γ-苯基丁酸 —PPA, 79%→ α-四氢萘酮 —Zn-Hg/HCl→ 四氢萘 —Se or Pd, $-H_2$→ 萘]

例：合成 1-烃基萘，通过四氢萘酮和金属试剂引入烃基，如用 MeMgBr 可以合成 1-甲基萘。

[α-四氢萘酮 —i CH₃MgI; ii H₃O⁺→ 1-甲基-1-羟基四氢萘 —Pd-C/Δ, $-H_2O, -H_2$→ 1-甲基萘]

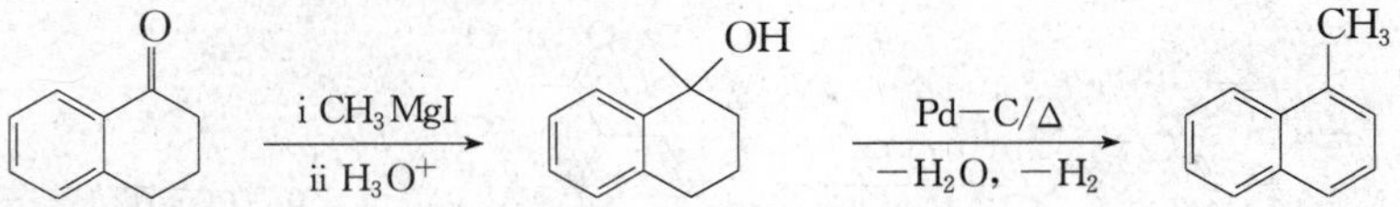

例：合成 2-甲基萘，可从甲苯开始，先合成中间体 7-甲基四氢萘酮，再还原脱氢得 2-甲基萘。

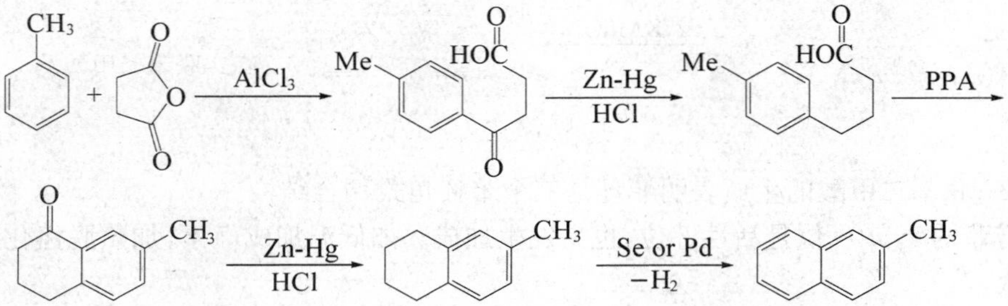

[甲苯 + 丁二酸酐 —AlCl₃→ —Zn-Hg/HCl→ —PPA→ 7-甲基四氢萘酮 —Zn-Hg/HCl→ 6-甲基四氢萘 —Se or Pd, $-H_2$→ 2-甲基萘]

从取代苯开始,可以合成1,7-二取代萘。

问题9 合成

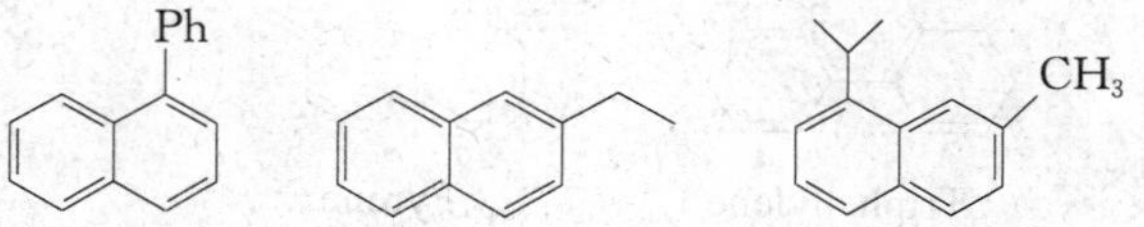

Haworth合成(II)——由萘合成菲及其衍生物

合成:

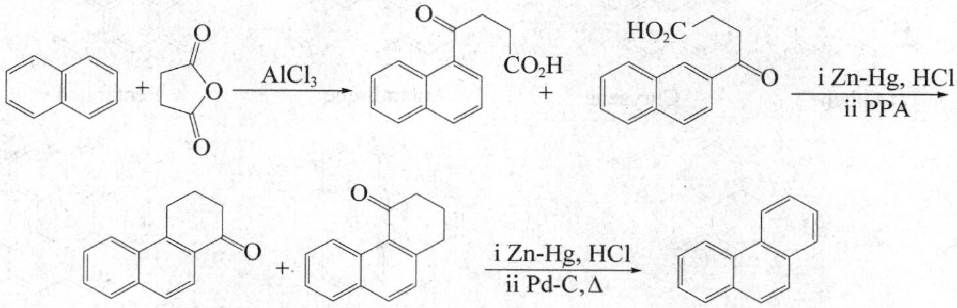

显然,由四氢菲酮I可以合成1-烃基取代菲,由四氢菲酮II可以合成4-烃基取代菲。

例:合成1-甲基菲。

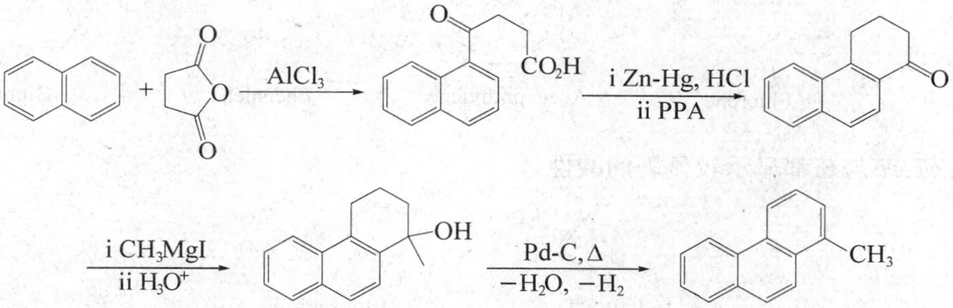

问题10 合成设计

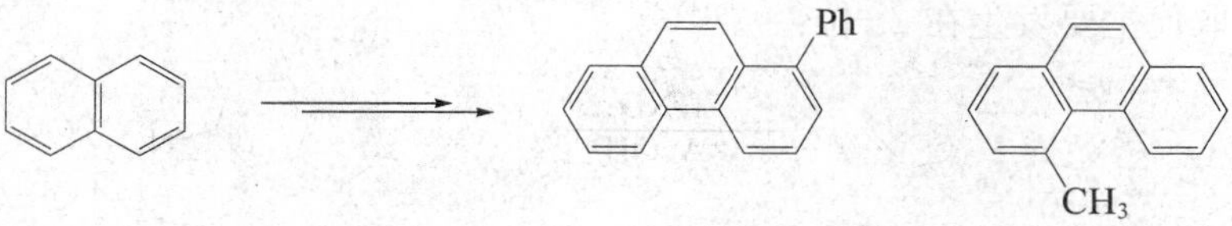

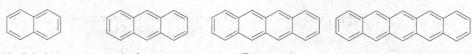

5.4.3.2 其他稠环芳烃——多环芳烃

多环芳烃(polycyclic aromatic hydrocarbons, PAHs)已成为社会学词汇,是大气、环境污染物,受到人们的关注。

Polycyclic aromatic Hydrocarbons(PAHs)

Naphthalene   Anthracene   Tetracene   Pentacene

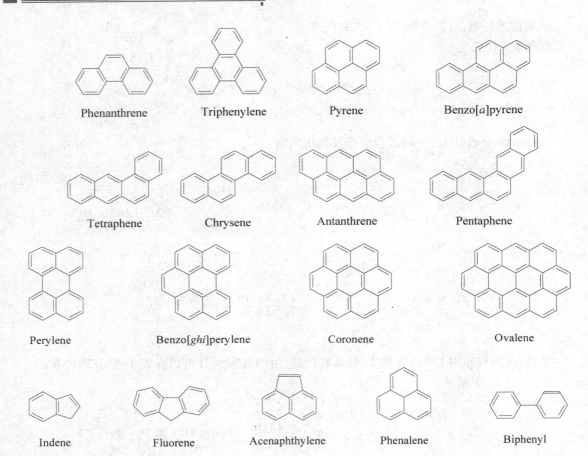

茚与芴：茚与芴都显示较显著的酸性。

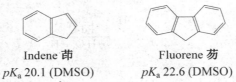

芴的亲电取代主要发生在 2-位：

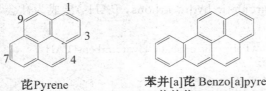

芘的定位编号如下，著名的化合物苯并[a]芘是芘在 1~2 位（a 键）稠合一个苯环。

苯并[d]芘或 3,4-苯并芘是旧编号，已弃用，应改称作苯并[a]芘或 1,2-苯并芘。

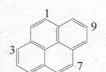

芘 Pyrene 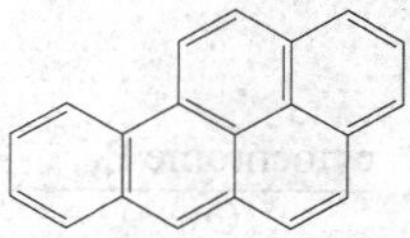　　　苯并[d]芘 Benzo[d]pyrene
　　　　　　　3,4-苯并芘 3,4-Benzopyrene

致癌性多环芳烃：苯并[a]芘等是公认的致癌性多环芳烃。

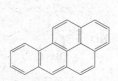

苯并[a]芘 Benzo[a]pyrene
1,2-苯并芘 1,2-Benzopyrene
煤焦油中的主要致癌物

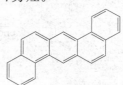

1,2,5,6-二苯并蒽
合成致癌物

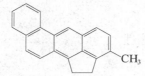

甲基萘并苊
多环芳烃中已知致癌性
最强的化合物

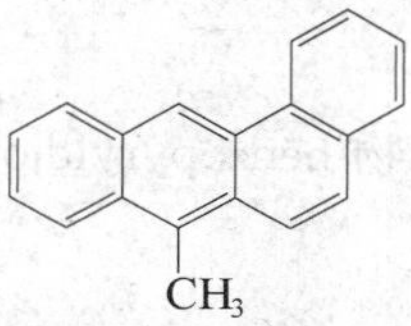

10-甲基-1,2-苯并蒽
强癌性

芳烃生物氧化 Biological oxidation

苯及其衍生物的化学致癌性(chemical carcinogenesis)主要是其生物氧化所致。

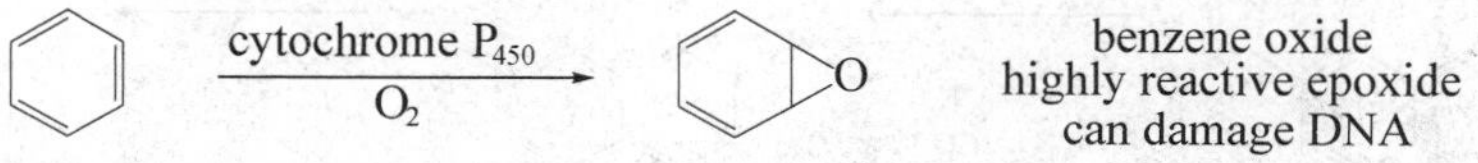

苯 $\xrightarrow[O_2]{\text{cytochrome } P_{450}}$ benzene oxide　highly reactive epoxide　can damage DNA

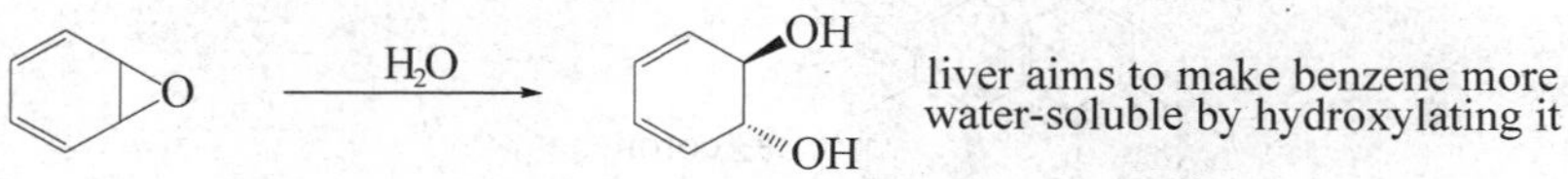

苯环氧 $\xrightarrow{H_2O}$ 反式二醇　liver aims to make benzene more water-soluble by hydroxylating it

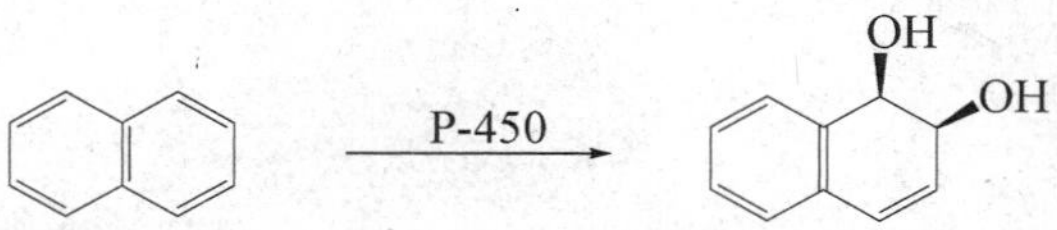

萘 $\xrightarrow{P\text{-}450}$ 二羟基二氢萘

苯氧化物能使遗传物质 DNA、RNA 中的氨基烷基化，结果将是灾难性的。

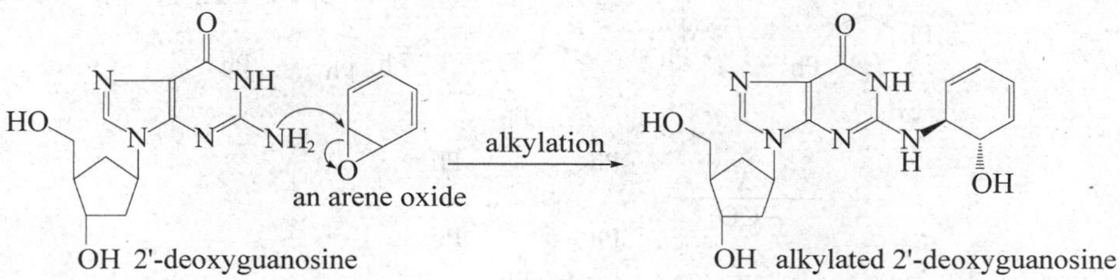

2'-deoxyguanosine + an arene oxide $\xrightarrow{\text{alkylation}}$ alkylated 2'-deoxyguanosine

Benzopyryldiol epoxide

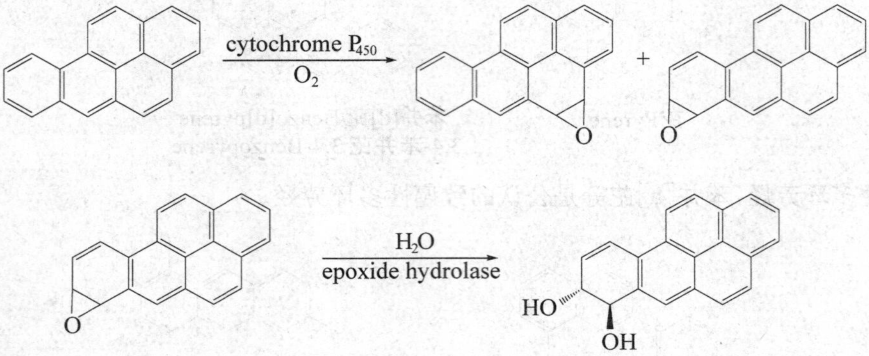

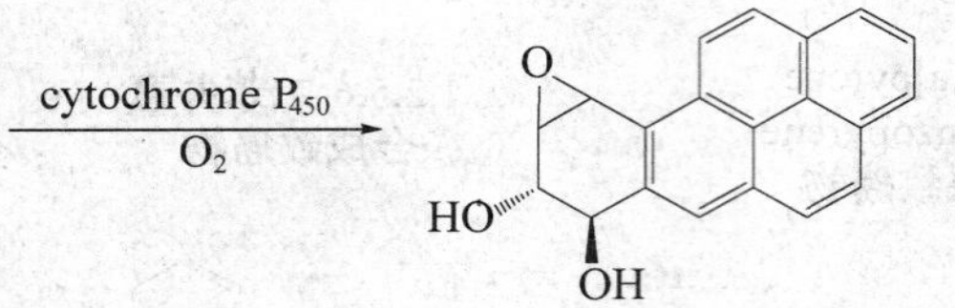

苯并[a]芘氧化产物 benzopyryldiol 具强致癌性。

多环芳烃的合成

蔻的合成：

蔻coronene

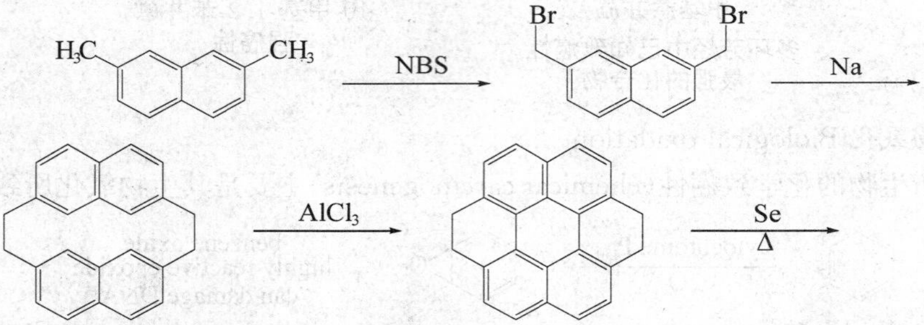

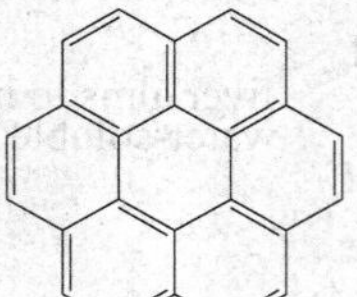

六苯并蔻的合成：

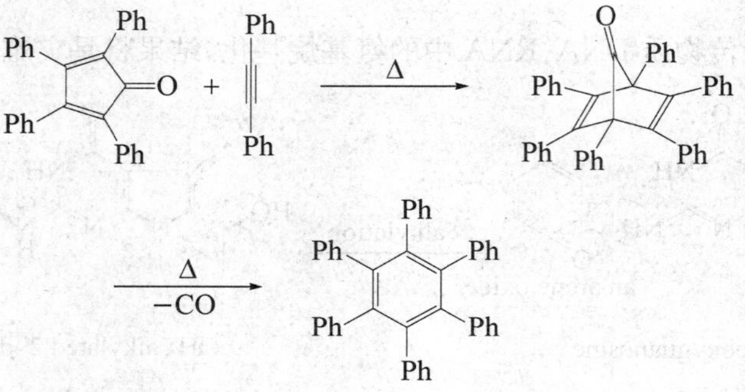

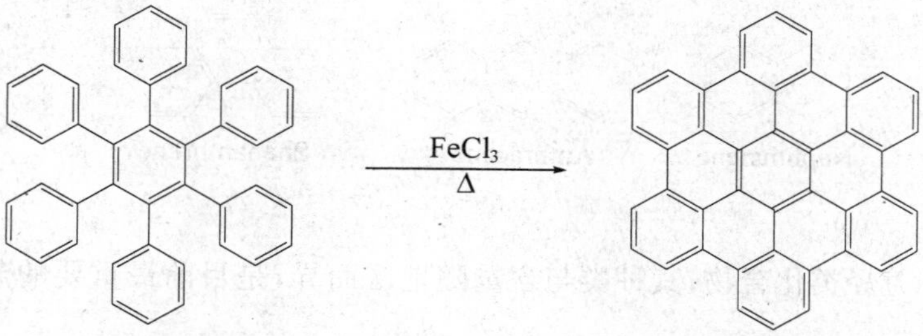

六苯基苯 →[FeCl₃, Δ] 六苯并蔻 Hexabenzocoronene

多联苯脱氢产生多环芳烃：

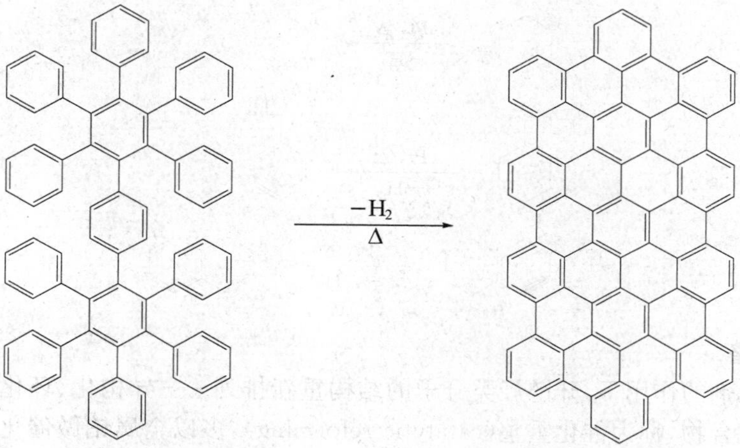

→[−H₂, Δ]

5.5 芳烃的来源与个别化合物

5.5.1 芳烃的来源

5.5.1.1 煤焦油

煤焦油含有多种芳烃类化合物，是芳烃的重要来源。

Aromatic Hydrocarbons in Coal Tar

Benzene 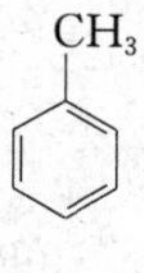　Toluene 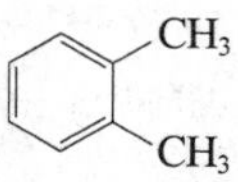　*o*-Xylene 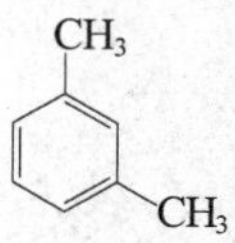　*m*-Xylene 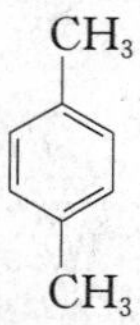　*p*-Xylene(PX)

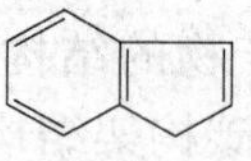

Indene 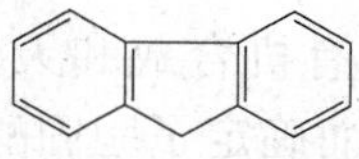　Fluorene 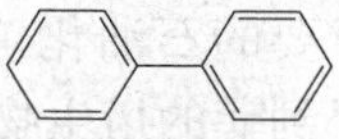　Biphenyl

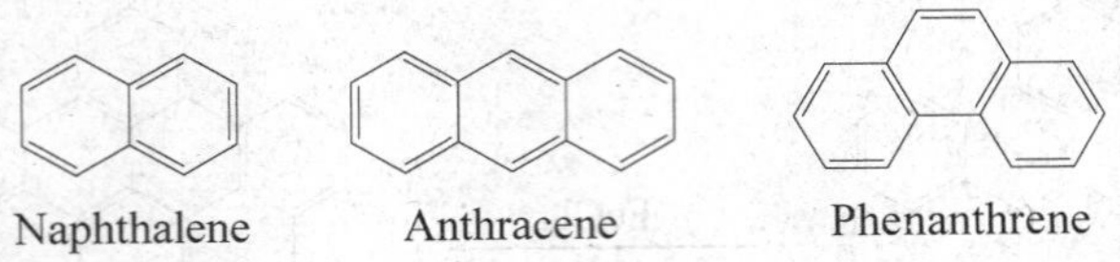

Naphthalene　　Anthracene　　Phenanthrene

5.5.1.2　石油

石油含有多种芳烃类化合物，其种类与含量随地区而异，是目前最重要的芳烃来源，但远不能满足需求。

1. 芳香化

芳香化（aromatization）是指非芳香烃经脱氢而转化成为芳香烃类化合物的过程，通常称芳构化。早期使用硫磺粉、硒粉高温脱氢，现代是应用金属催化脱氢而实现芳构化。

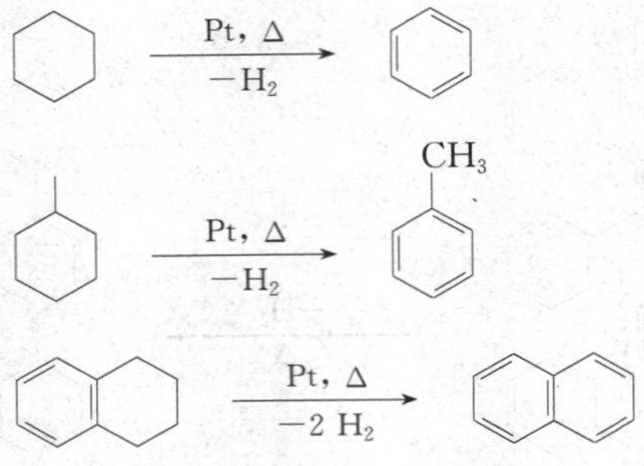

2. 催化重整

在金属催化剂的作用下，开链烃类分子的结构重新排列——异构化、环化，再经脱氢而转化成芳香烃类化合物，称为催化重整（catalytic reforming），多以金属铂做催化剂，又称铂重整（platinum reforming）。轻汽油馏分（或石脑油）转变成富含芳烃的高辛烷值汽油（重整汽油），并副产液化石油气和氢气。重整汽油可直接用作汽油的调合组分，也可用于生产芳烃如苯、甲苯和二甲苯等。1983 年，英国石油公司和美国 UOP 公司共同开发了 Cyclar 芳构化工艺，并首先投入了生产。

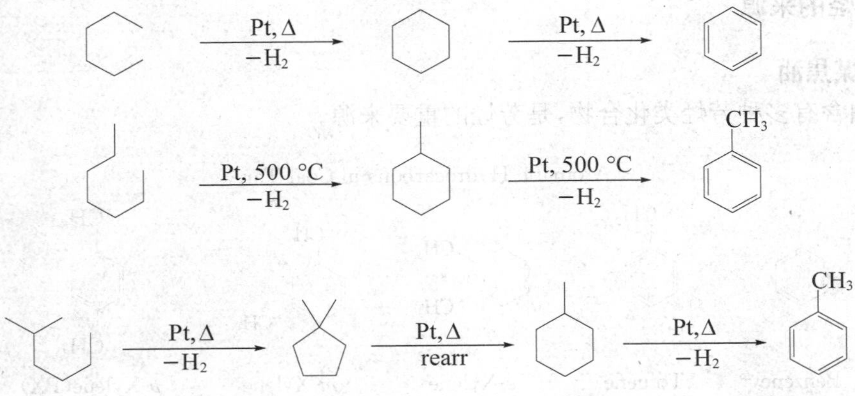

芳构化不仅用于重要的石油化工，在有机合成和天然产物的结构分析中也有重要意义。如将胆固醇经芳构化得到菲的衍生物，从而确定了胆固醇的碳构架结构。

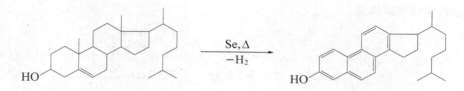

在实验室中,常用2,3-二氯-5,6-二氰基-1,4-苯醌(DDQ)做脱氢氧化剂,实现芳构化。

5.5.2 重要的个别化合物

苯(benzene),重要的基本化工原料,也是大量使用的溶剂。

甲苯(methylbenzene;toluene),重要的化工原料,常用的溶剂。

乙苯(ethylbenzene),重要的化工原料,氧化成苯乙酮、脱氢生产苯乙烯。

异丙苯(isopropylbenzene;cumene),重要的化工原料,用于生产苯酚与丙酮等。

苯乙烯(phenylethene;vinylbenzene;styrene),重要的化工原料,聚合生产聚苯乙烯等。

二甲苯(dimethylbenzene;xylenes),重要的化工原料,常用的溶剂(混合二甲苯)。

邻二甲苯(o-xylene;1,2-xylene)主要用于生产邻苯二甲酸酐,用于合成涂料、染料、药物、杀虫剂等,也用作汽油添加剂。

间二甲苯(m-xylene1;3-xylene)主要用作医药、香料和染料合成基本原料,生产间甲基苯甲酸、间苯二甲酸、间苯二甲腈等。

对二甲苯(p-xylene,PX;1,4-ylene)主要用于生产对苯二甲酸。对苯二甲酸是生产聚对苯二甲酸乙二醇酯(PET)、聚对苯二甲酸丁二醇酯等聚酯的单体原料。聚酯树脂是生产涤纶纤维、聚酯薄片等的原材料,也用作涂料、染料和农药等的原料。PX项目就是对二甲苯(p-xylene)石油化工项目,简称二甲苯化工项目,是大型综合石油化工生产工程。

5.6 芳香性与非苯芳烃

苯系以外的芳香体系统称为非苯芳香体系。

5.6.1 芳香性

芳香性的特征表现在物理与化学两方面。

物理:共平面性、电子密度——键长平均、稳定性——离域(共轭、共振)能、环电流效应。

环电流效应——环外氢处于顺磁去屏蔽区,低场位移,化学位移增大,δ_H 7~8 ppm甚至更大;环内及上下方的氢处于抗磁屏蔽区,高场位移,化学位移减小,零甚至负值,此即环电流效应,也是芳香性的物理体现。

化学:芳香亲电取代反应。

5.6.2 Hückel 规则

含有 $4n+2(n=0, 1, 2, \cdots)$ 个 π 电子的平面单环、封闭共轭多烯具有芳香性。相比于开链的共轭多烯体系,能量较低,更稳定。

含有 $4n(n=1, 2, 3, \cdots)$ 个 π 电子封闭共轭体系具有反芳香性,相比于开链的共轭多烯,能量较高,更不稳定。

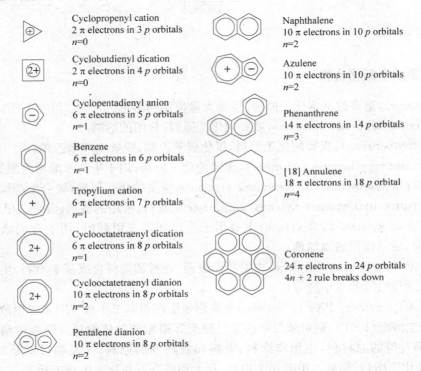

5.6.3 非苯芳香体系

5.6.3.1 环丙烯正离子

环丙烯正离子构成封闭的共轭体系,有 $2(n=0)$ 个 π 电子,具有芳香性。

△ = ⊕ $4n+2\ (n=0)\ \pi$ 电子,芳香性

具有芳香性的环丙烯正离子特别稳定,表现在容易生成,如四氯环丙烯易与五氯化锑成盐。

另一个实验事实是，环丙烯酮具有比一般酮大得多的偶极矩（μ 4.39 D），这可用电荷分离产生比较稳定的环丙烯正离子解释。

$$\text{μ 4.39 D} \qquad \longleftrightarrow \qquad \qquad \rightleftharpoons \qquad \delta_H\ 9.08\ (s)\ ppm$$

5.6.3.2 环丁烯双正离子

环丁烯双正离子构成封闭的共轭体系，有 $2(n=0)$ 个 π 电子，具有芳香性。

$$\qquad \equiv \qquad \qquad 4n+2\ (n=0)\ \pi\ \text{电子，芳香性}$$

$$\xrightarrow[\text{SO}_2,\ -75\ ^\circ\text{C}]{\text{SbF}_5} \qquad \delta_H\ 3.7\ (s)\ ppm$$

环丁二烯：具有 4 个（$n=1$）π 电子，是反芳香性的。环丁二烯特别不稳定，常况下还不能获其纯品。

$$\qquad 4n\ (n=1)\ \pi\ \text{电子，反芳香性}$$

5.6.3.3 环戊二烯负离子

环戊二烯负离子（cyclopentadienide anion，cp）构成封闭的共轭体系，有 $6(n=1)$ 个 π 电子，因而具有芳香性。

$$\qquad \equiv \qquad \qquad 4n+2\ (n=1)\ \pi\ \text{电子，芳香性}$$

环戊二烯具有显著的酸性（$pK_a=16.0$），醇钠即可使其成盐。这是环戊二烯解离出氢离子后产生特别稳定的环戊二烯负离子所致。事实上，具有芳香性的环戊二烯负离子是非苯芳烃的代表物。

$$\xrightarrow[(\text{CH}_3)_3\text{CONa}]{(\text{CH}_3)_3\text{COH}} \qquad \text{Na}^+$$

$pK_a=16.0 \qquad\qquad \delta_H\ 5.5\ (s)\ ppm$

环戊二烯正离子：具有 4 个（$n=1$）π 电子，是反芳香性的。环戊二烯正离子特别不稳定，难于生成。

$$\qquad 4n(n=1)\ \pi\ \text{电子，反芳香性}$$

5.6.3.4 环庚三烯正离子

环庚三烯正离子（cycloheptatrienylion）又称䓬离子（tropylium ion）构成封闭的共轭体系，有 $6(n=1)$ 个 π 电子，因而具有芳香性。

$4n+2$ $(n=1)$ π 电子, 芳香性

溴代环庚三烯与环庚三烯异硫氰酸酯易解离,环庚三烯与三苯甲基氟硼酸盐在乙腈或液态二氧化硫中产生环庚三烯正离子的盐,这些事实都说明环庚三烯正离子特别稳定,易于生成。

δ_H 9.18 (s) ppm

在烷基苯的质谱中,常出现离子 m/z 91,就是䓬离子($^+C_7H_7$)。

5.6.3.5 薁

薁(azulene)具有分子式 $C_{10}H_8$,是萘的同分异构体,有极性(μ 1.08 D),其离域能(稳定化能)为 0.27 β。Whereas naphthalene is colourless, azulene is dark blue. Its name is derived from the Spanish word azul, meaning "blue".

μ 1.08 D
稳定化能 0.27 β

薁可发生芳香亲电取代反应,如硝化、磺化、卤代、F—C 烷基化与酰基化等,而且发生在小环上,而亲核取代反应发生在大环上。

这些实验事实表明,薁具有芳香性。薁有 10($n=2$)个 π 电子,电荷由大环向小环转移,结果是小环荷负电,大环荷正电,即环戊二烯负离子与环庚三烯正离子稠合,各自都满足 6($n=1$)个 π 电子,因而具有芳香性。这就解释了薁的极性、稳定化能和化学反应性。

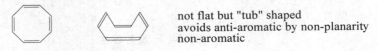

5.6.3.6 环辛四烯

环辛四烯(cyclooctatetraene)有 8 个 π 电子,若是平面的,那将是反芳香性的。事实上,环辛四烯是非芳香性的,因为它不是平面的而是盆状的(tub-like),通过非平面性避免反芳香性。

not flat but "tub" shaped
avoids anti-aromatic by non-planarity
non-aromatic

环辛四烯若接受两个电子,共有 10 个 π 电子($n=2$),满足 Hückel 规则要求,若是改取平面构象,将具有芳香性。事实上,环辛四烯双负离子(cyclooctatetraene dianion)是平面正八面型,化学位移 5.72 且是单峰。

→(Li, Na or K)→ a planar regular octagon
δ_H 5.72 (s) ppm

5.6.3.7 轮烯

大环共轭多烯，$(CH)_n$，称为轮烯(annulene)。

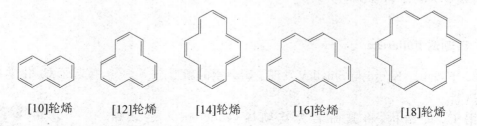

[10]轮烯　　[12]轮烯　　[14]轮烯　　[16]轮烯　　[18]轮烯

轮烯具有芳香性必须符合：
(1) 整个环应是平面或近似平面的。
(2) π电子数符合 $4n+2$ 规则。
(3) 轮烯是非扩张环，有环内氢与环外氢。环内氢处于抗磁屏蔽区、共振高场位移，零甚至负值；环外氢处于顺磁去屏蔽区、共振低场位移，典型的芳区。

[14]轮烯与[18]轮烯具有芳香性，内氢的化学位移(δ_H ppm)高场位移至零甚至负值，外氢的位移处于典型的芳区。

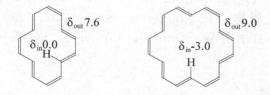

[10]轮烯由于内氢的排斥，致使分子非平面，是非芳香性的。但桥化[10]轮烯具有芳香性，因为内张力解除，具平面性。

 $\delta_{H,in}$ −0.5
$\delta_{H,out}$ +7.2

[12]轮烯(12π 电子)和[16]轮烯(16π 电子)都是反芳香性的($4n$ 体系)，内氢有很大的化学位移值。

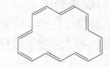

$\delta_{H,out}$ +6, $\delta_{H,in}$ +8 (−170 °C)　　$\delta_{H,out}$ +5.2, $\delta_{H,in}$ +10.3 (−130 °C)
mobile at −100 °C　　　　　　　mobile at −50 °C

稠合环共轭多烯(i)有芳香性，而(ii)则无。

5.7 富勒烯与石墨烯

5.7.1 富勒烯 Fullerene

1985 年，Curl，Kroto 与 Smalley 发现了碳元素的新形态——C_{60}，掀起了 C_{60} 化学及其应用研究热潮。

根据 C_{60} 的结构，将其命名为富勒烯（fullerene），足球烯（footballene），Buckminsterfullerene，"Buckyball"。

富勒烯（fullerene）由 60 个碳原子组成，通过 12 个五边形、20 个六边形构成笼状三十二面体。结构参数：键长 0.146、0.140 nm，键角 116℃。富勒烯分子内存在球面型离域大 π 键，可发生多种化学反应，如加成、氧化、金属化等。

富勒烯的发现开启了化学、物理、材料等研究新领域。

Robert F. Curl（Rice University，USA），Sir Harold Kroto（University of Sussex，UK）与 Richard E. Smalley（Rice University，USA）由于发现富勒烯而荣获 1996 年 Nobel 化学奖（The Nobel Prize in Chemistry 1996 was awarded jointly to Robert F. Curl Jr., Sir Harold W. Kroto and Richard E. Smalley "for their discovery of fullerenes"）。

5.7.2 石墨烯 Graphene

石墨烯（graphene）是仅由碳原子以正六边型蜂巢晶格（honeycomb crystal lattice）排列构成单层二维片状晶体结构，碳原子采取 sp^2 杂化，碳-碳键（C-C bond）仅为 0.142 nm。石墨烯被认为是平面多环芳香烃原子晶体。

石墨烯名字来自英文的 graphite（石墨）+-ene（烯类词尾）。

石墨烯是石墨、金刚石和富勒烯的碳同素异形体。完美的石墨烯是二维的，只包括正六边形；如果有五边形和七边形存在，则会构成石墨烯的缺陷；12 个五边形石墨烯会形成富勒烯。

石墨烯的发现开启了物理、化学、材料等研究新领域。石墨烯在新材料等领域的应用仍是研究热点。

石墨烯是由物理学家 A. Geim 和 K. Novoselov（University of Manchester，UK）于 2004 年成功地从石墨中分离出来，为此获得 2010 年 Nobel 物理学奖（The Nobel Prize in Physics 2010 was awarded jointly to Andre Geim and Konstantin Novoselov "for groundbreaking experiments regarding the two-dimensional material graphene")。

习题

一、完成反应

1. $\text{C}_6\text{H}_6 \xrightarrow{\text{HNO}_3}{\text{H}_2\text{SO}_4,\ 100°C}$

2. 3-nitrotoluene $\xrightarrow{\text{Cl}_2}{\text{FeCl}_3}$

3. 1,3-dimethoxybenzene $\xrightarrow{\text{HNO}_3}{\text{H}_2\text{SO}_4}$

4. 2-methoxynaphthalene $\xrightarrow{\text{HNO}_3}{\text{CF}_3\text{CO}_2\text{H}}$

5. biphenyl $\xrightarrow{\text{Ac}_2\text{O}}{\text{H}_2\text{SO}_4}$ $\xrightarrow{\text{HNO}_3}{\text{H}_2\text{SO}_4}$

6. biphenyl $\xrightarrow{\text{Br}_2}{\text{Fe}, \Delta}$ $\xrightarrow{\text{Br}_2}{\text{Fe}, \Delta}$

7. 1,3-cyclohexadiene + methylenecyclohexane $\xrightarrow{\text{HF}}$

8. Ph(CH$_2$)$_3$COCl $\xrightarrow{\text{AlCl}_3}$

9. PhBr + Cl-C(CH$_3$)$_2$CH$_2$C(CH$_3$)$_2$-Cl $\xrightarrow{\text{AlCl}_3}$

10. isopropylbenzene $\xrightarrow{\text{CH}_3\text{COCl}}{\text{AlCl}_3}$ $\xrightarrow{\text{Br}_2}{\text{AlCl}_3}$

11. benzaldehyde $\xrightarrow{\text{HNO}_3}{\text{H}_2\text{SO}_4}$

12. methyl benzoate $\xrightarrow{\text{Br}_2}{\text{HgO},\ \text{H}^+}$

13. indane $\xrightarrow{\text{HCHO, HCl}}{\text{ZnCl}_2}$

14. 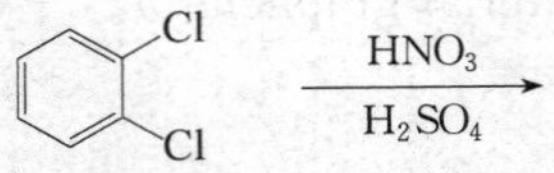 o-C₆H₄Cl₂ $\xrightarrow{\mathrm{HNO_3}}{\mathrm{H_2SO_4}}$

15. 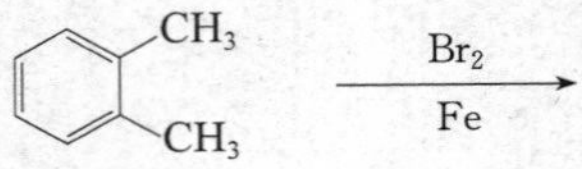 o-xylene $\xrightarrow{\mathrm{Br_2}}{\mathrm{Fe}}$

16. 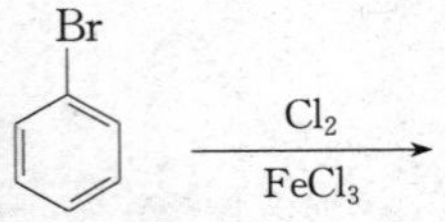 PhBr $\xrightarrow{\mathrm{Cl_2}}{\mathrm{FeCl_3}}$

17. 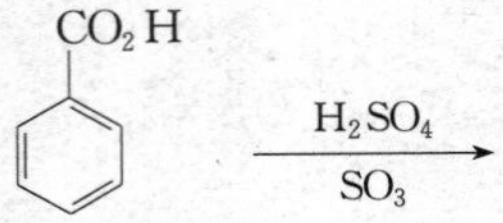 PhCO₂H $\xrightarrow{\mathrm{H_2SO_4}}{\mathrm{SO_3}}$

18. 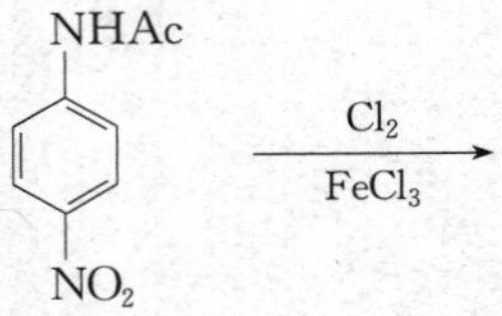 4-O₂N-C₆H₄-NHAc $\xrightarrow{\mathrm{Cl_2}}{\mathrm{FeCl_3}}$

19. 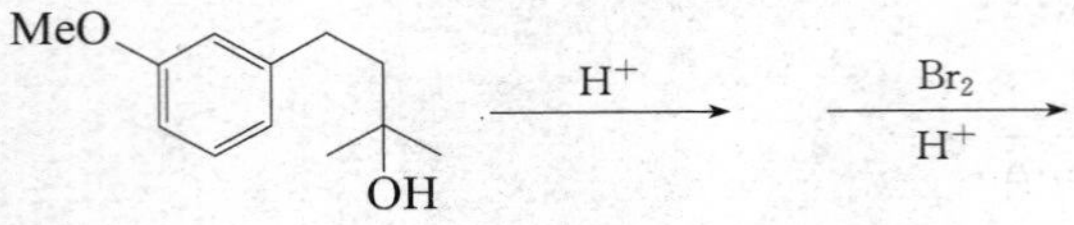 3-MeO-C₆H₄-CH₂CH₂C(CH₃)₂OH $\xrightarrow{\mathrm{H^+}}$ $\xrightarrow{\mathrm{Br_2}}{\mathrm{H^+}}$

20. 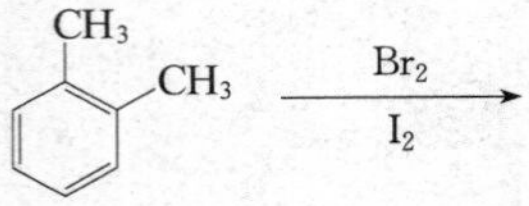 o-xylene $\xrightarrow{\mathrm{Br_2}}{\mathrm{I_2}}$

21. 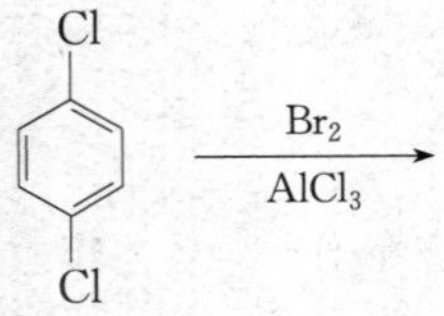 p-C₆H₄Cl₂ $\xrightarrow{\mathrm{Br_2}}{\mathrm{AlCl_3}}$

22. 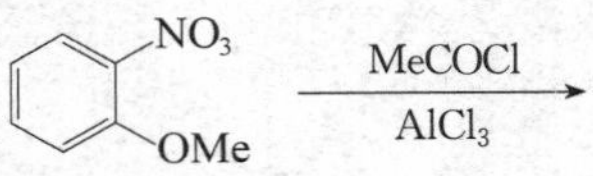 2-MeO-C₆H₄-NO₂ $\xrightarrow{\mathrm{MeCOCl}}{\mathrm{AlCl_3}}$

23. 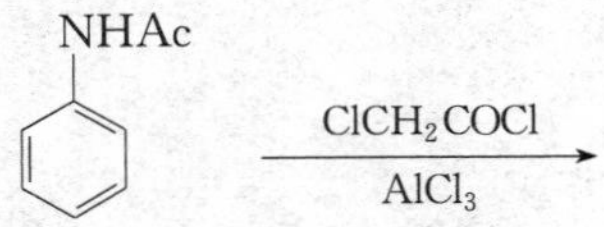 PhNHAc $\xrightarrow{\mathrm{ClCH_2COCl}}{\mathrm{AlCl_3}}$

24. 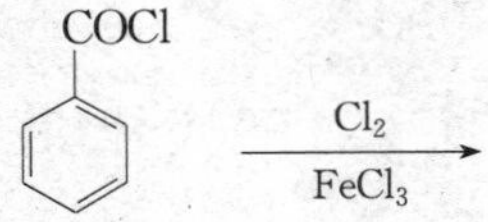 PhCOCl $\xrightarrow{\mathrm{Cl_2}}{\mathrm{FeCl_3}}$

25. 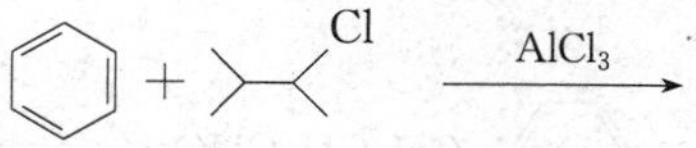 ⌬ + (CH₃)₂CHCHClCH₃ →(AlCl₃)

26. 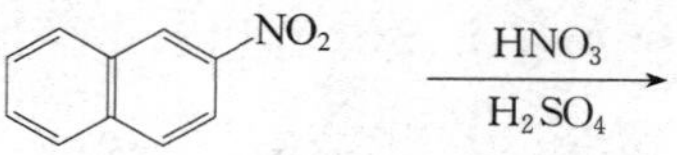 2-nitronaphthalene →(HNO₃/H₂SO₄)

二、由指定原料合成

（一）以苯为基本原料合成：

1. 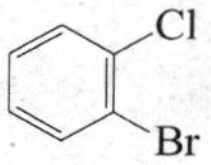 1-bromo-2-chlorobenzene
2. phthalic acid (1,2-benzenedicarboxylic acid)
3. 1-chloro-4-(2-bromoisopropyl)benzene
4. 4-phenylbutanoic acid (PhCH₂CH₂CH₂CO₂H)
5. α-tetralone (3,4-dihydronaphthalen-1(2H)-one)
6. 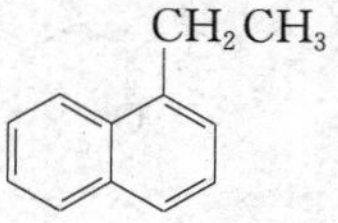 1-ethylnaphthalene
7. 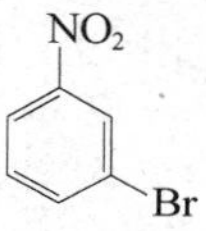 1-bromo-3-nitrobenzene
8. 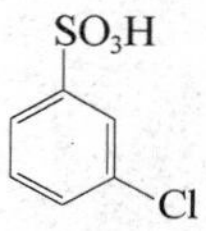 3-chlorobenzenesulfonic acid
9. 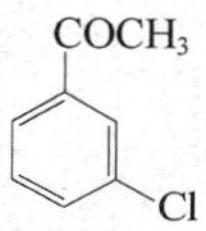 3'-chloroacetophenone
10. 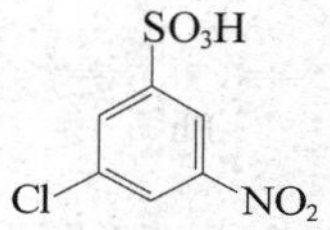 3-chloro-5-nitrobenzenesulfonic acid
11. 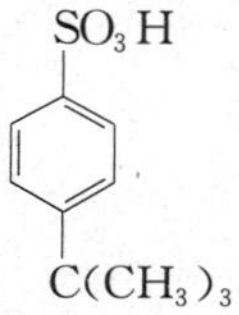 4-tert-butylbenzenesulfonic acid
12. 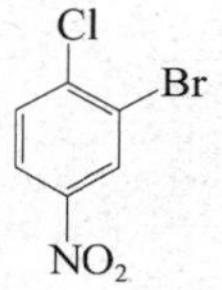 2-bromo-1-chloro-4-nitrobenzene
13. 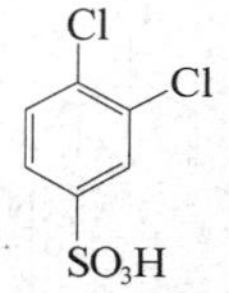 3,4-dichlorobenzenesulfonic acid
14. 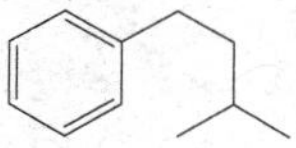 isopentylbenzene (PhCH₂CH₂CH(CH₃)₂)
15. 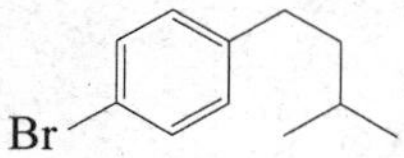 1-bromo-4-isopentylbenzene
16. 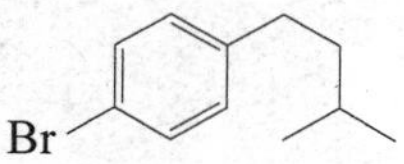 1-bromo-4-isopentylbenzene

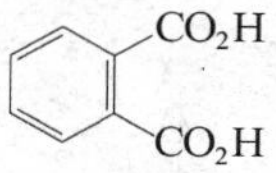

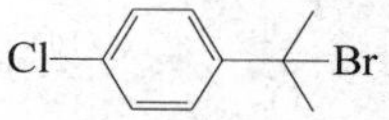

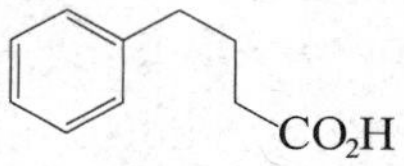

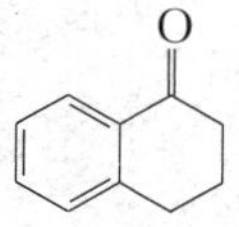

（二）以甲苯为基本原料合成：

1. 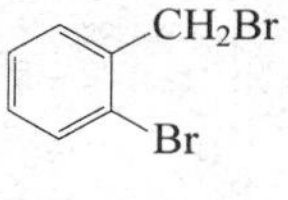 2-bromobenzyl bromide (1-bromo-2-(bromomethyl)benzene)
2. 2-chlorobenzoic acid
3. 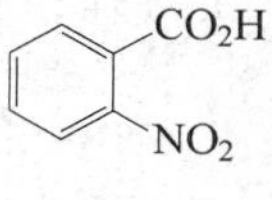 2-nitrobenzoic acid
4. 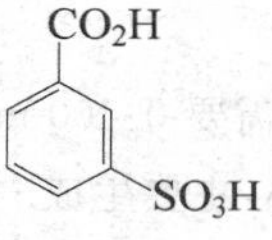 3-sulfobenzoic acid
5. 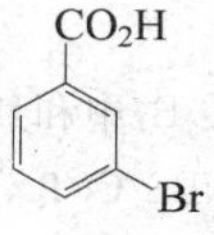 3-bromobenzoic acid
6. 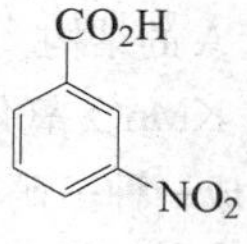 3-nitrobenzoic acid
7. 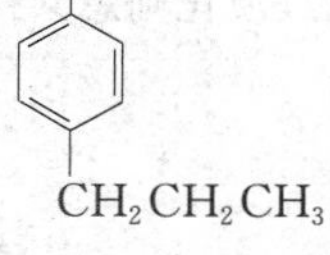 1-methyl-4-propylbenzene (CH₃-C₆H₄-CH₂CH₂CH₃)
8. 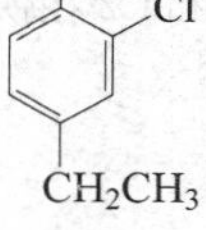 1-methyl-2-chloro-4-ethylbenzene
9. 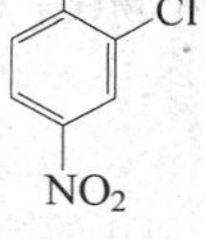 2-chloro-4-nitrobenzoic acid
10. 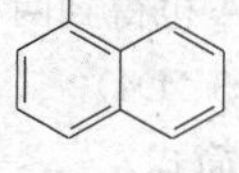 1-ethylnaphthalene

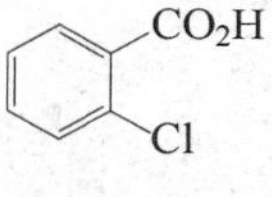

（三）分别以苯、甲苯为基本原料合成：

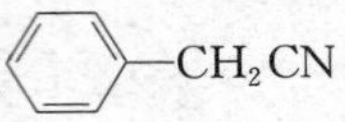

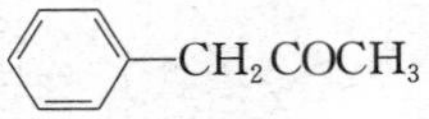

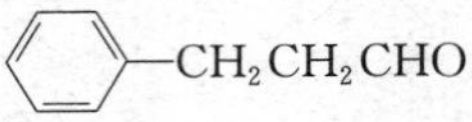

C₆H₅-CH₂CN   C₆H₅-CH₂COCH₃   C₆H₅-CH₂CH₂CHO

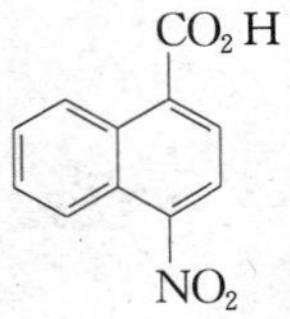

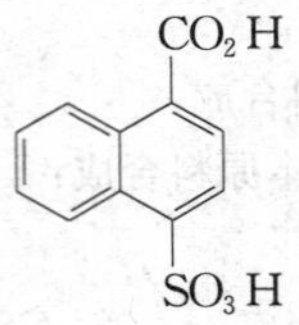

（四）以萘为基本原料合成：

1. 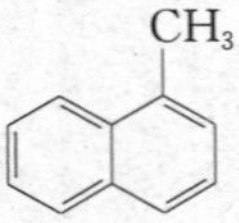 1-甲基萘
2. 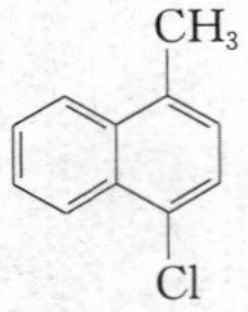 1-甲基-4-氯萘
3. 4-硝基-1-萘甲酸
4. 4-磺酸基-1-萘甲酸
5. 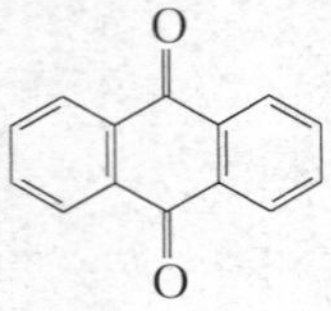 蒽醌
6. 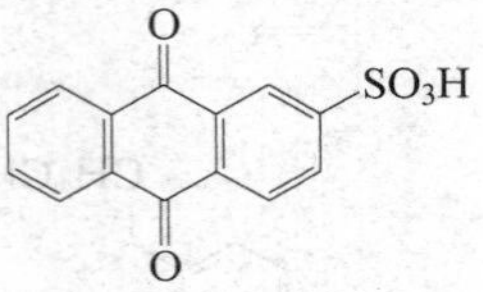 蒽醌-2-磺酸
7. 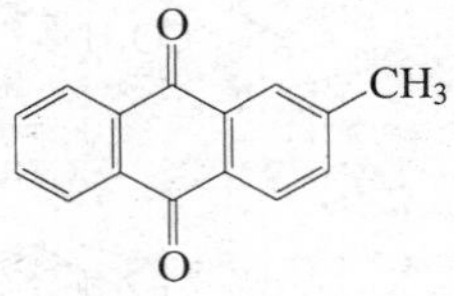 2-甲基蒽醌
8. 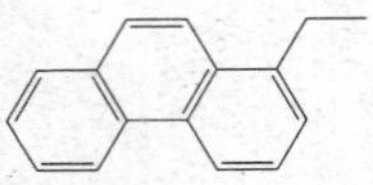 1-乙基菲
9. 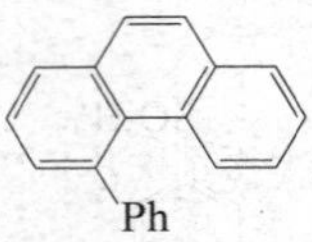 1-苯基菲

三、选用适当合理的原料一步合成 TM 并评论

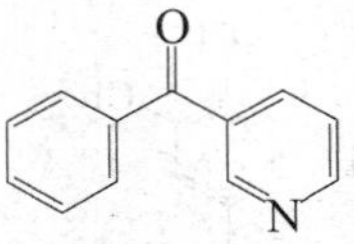

（3-苯甲酰基吡啶结构）

提示：吡啶（pyridine）氮类似于硝基，有吸电子效应

四、由适当开链原料合成 3,6-二甲基-1,2-苯二甲酸二甲酯

（3,6-二甲基-1,2-苯二甲酸二甲酯结构）

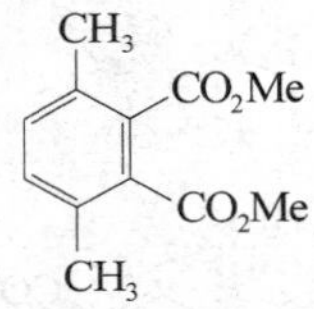

五、结构推导

1. 化合物 A($C_{10}H_{10}$) 能使 Br_2/CCl_4、$KMnO_4/H_2O$ 溶液退色，经热 $KMnO_4$ 氧化得到邻苯二甲酸 B，经臭氧化-还原水解产生邻苯二乙醛 C。试给出 A 的结构。

2. 某芳烃 A 分子式为 $C_{10}H_{14}$，以酸性 $KMnO_4$ 氧化得到一种酸 B，中和 0.830 g B 需要 0.100 mol/L 的 NaOH 溶液 100.0 mL，A 以混酸硝化只生成一种一硝化产物，以 NBS/CCl_4 溶液处理 A，主要生成一种一溴代产物。推测 A 和 B 的结构，并写出有关的反应式。

3. 某芳香烃 A，分子式 C_9H_{12}。在光照下用 Br_2 溴化 A 得到两种一溴衍生物（B1 和 B2），产率约为 1∶1。在铁催化下用 Br_2 溴化 A 也得到两种一溴衍生物（C1 和 C2）；C1 和 C2 在铁催化下继续溴化则总共得到 4 种二溴衍生物（D1、D2、D3、D4）。
（1）写出 A 的结构简式。
（2）写出 B1、B2、C1、C2、D1、D2、D3、D4 的结构简式。

4. 化合物(C_9H_{12})一硝化产物有两种,但经热高锰酸钾处理后再硝化只得到一种一硝化产物。试给出该化合物的结构。

5. 化合物 A(C_9H_{10})有波谱数据:δH 7.20～7.12(m, 4 H), 2.89(t, 4 H), 2.07 (p, 2 H) ppm; νmax 3021, 2941(s), 2845, 1460, 751(s)cm^{-1},经热 $KMnO_4$ 氧化得到邻苯二甲酸试给出 A 的结构。

6. 根据所给信息给出产物的结构：

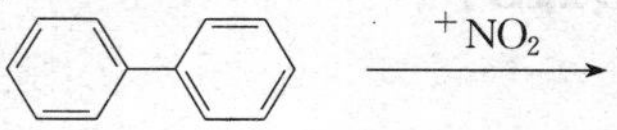

联苯 $\xrightarrow{+NO_2}$ δ_H 7.77(d, J 10, 4 H), 8.26(d, J 10, 4 H)

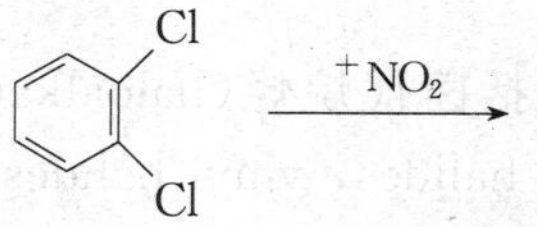

邻二氯苯 $\xrightarrow{+NO_2}$ δ_H 7.6 (d, J 10, 1H), 8.1 (dd, J 10, 2, 1H), 8.3 (d, J 2, 1H)

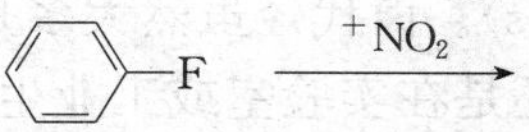

氟苯 $\xrightarrow{+NO_2}$ δ_H 7.15 (dd, J 7, 8, 2 H), 8.19 (dd, J 6, 8, 2 H)

六、建议机理

1. 苯乙烯 $\xrightarrow{H_2SO_4}$ 1-甲基-3-苯基二氢茚

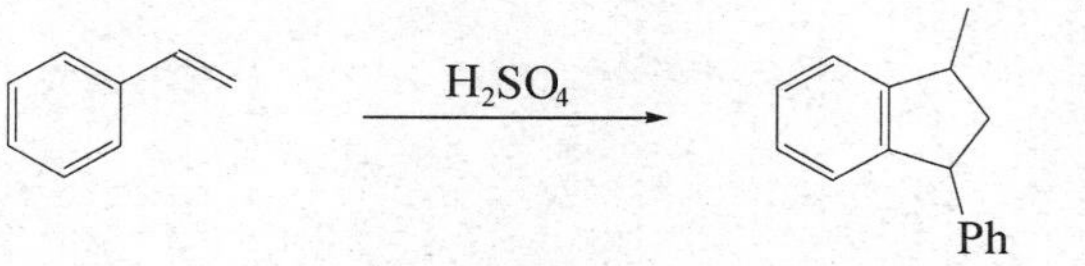

2. 苯 + 异丁基氯 $\xrightarrow{AlCl_3}$ 叔丁基苯

   苯 + 2-氯-3,3-二甲基丁烷 $\xrightarrow{AlCl_3}$ 2,3-二甲基-2-苯基丁烷

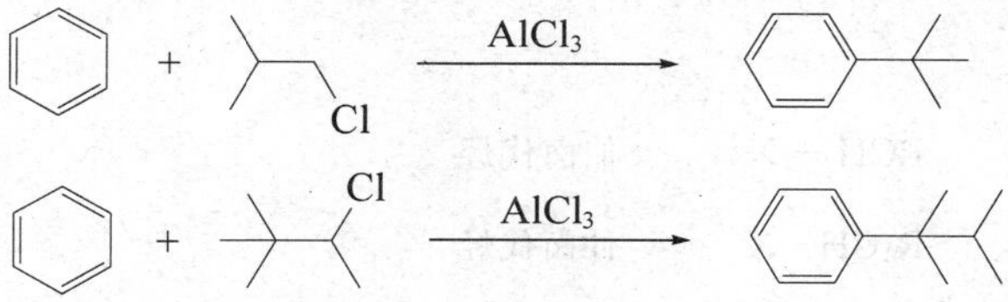

3. 完成反应并建议机理

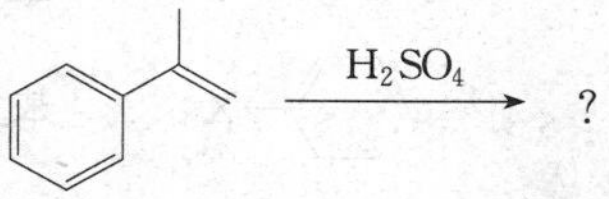

   α-甲基苯乙烯 $\xrightarrow{H_2SO_4}$?

4. 建议机理并评论反应 i 和 ii 的产物为什么不同。

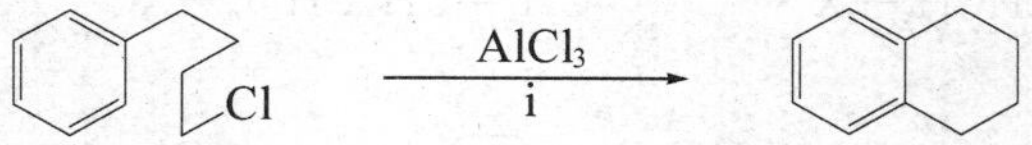

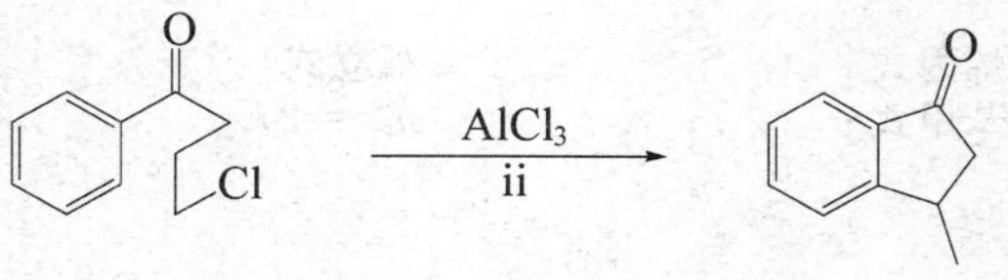

   PhCH$_2$CH$_2$CH$_2$Cl $\xrightarrow[i]{AlCl_3}$ 四氢萘

   PhCOCH$_2$CH$_2$Cl $\xrightarrow[ii]{AlCl_3}$ 3-甲基-1-茚酮

七、试设计分离纯化二甲苯混合物的可行方案

八、简述 PX 项目及其社会意义

第6章 卤代烃
Halohydrocarbons

卤代烃(halohydrocarbons，halogenated hydrocarbons)包括卤代烷烃(haloalkanes，halogenoalkanes，alkyl halides)、卤代烯烃(haloalkenes，alkenyl halides，vinyl halides)和卤代芳烃(haloaromatics，haloarenes，halogenoarenes，aryl halidses)。卤代烃虽然大多是人类合成的,只有少量的存在于自然界,但不论是在有机化学理论上还是在实验室或工业生产中,都是一类很重要的化合物。

6.1 卤代烃的类型与命名

卤代烃　R—X　X=F, Cl, Br, I

6.1.1 卤代烃的类型

RCH_2—X　　伯卤代烃

R_2CH—X　　仲卤代烃

R_3C—X　　叔卤代烃

CH_2=CH—X　　乙烯式卤代烃

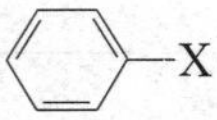

〔苯环〕—X　　苯式卤代烃

R—X

CH_2=CHCH$_2$—X　　　CH_2=CH(CH$_2$)$_n$—X　　　CH_2=CH—X

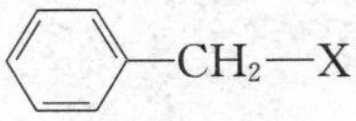

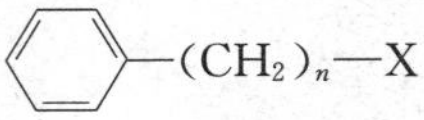

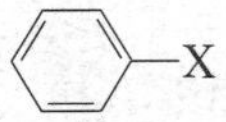

〔苯环〕—CH$_2$—X　　　〔苯环〕—(CH$_2$)$_n$—X　　　〔苯环〕—X

烯丙式　　　　　　　　孤立式　　　　　　　　乙烯式
苯甲式　　　　　　　　($n \geq 2$)　　　　　　苯式

6.1.2 卤代烃的命名

6.1.2.1 普通命名与俗称

$CH_3CH_2CH_2CH_2Br$　　　$CH_3CH_2\overset{Br}{\underset{|}{C}}HCH_3$

正溴丁烷　　　　　　　　仲溴丁烷

1-溴丁烷　　　　　　　　2-溴丁烷

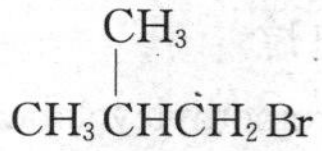

第6章 卤代烃 Halohydrocarbons

结构	名称
CH₃CH(CH₃)CH₂Br	异丁基溴 2-甲基-1-溴丙烷 2-bromo-2-methylbutane
(CH₃)₃CBr	叔丁基溴 2-甲基-2-溴丙烷 1-bromo-2,2-dimethylpropane
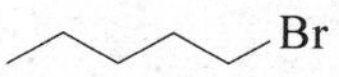	正戊基溴 *n*-pentyl bromide；*n*-amyl bromide 1-溴戊烷 1-bromopentane
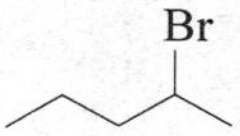	2-溴戊烷 2-bromopentane
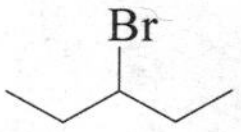	3-溴戊烷 3-bromopentane
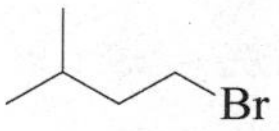	异戊基溴 *iso*-pentyl bromide；*iso*-amyl bromide 3-甲基-1-溴丁烷 1-bromo-3-methylbutane
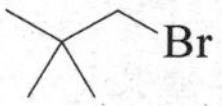	新戊基溴 neopentyl bromide；neoamyl bromide 2,2-二甲基-1-溴丙烷 1-bromo-2,2-dimethylpropane
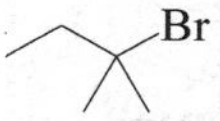	叔戊基溴 *tert*-pentyl bromide；*tert*-amyl bromide 2-甲基-2-溴丁烷 2-bromo-2-methylbutane

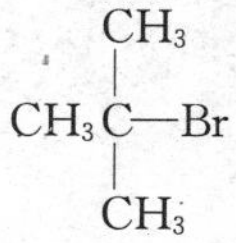

6.1.2.2 系统命名

卤代烃的系统命名(IUPAC命名)是选取较长碳链为主链,烃作母体,将卤原子作为取代基。根据最低序列原则将主链定位编号。取代基根据次序规则排列。

例：

结构	名称
BrCH₂CH=CH₂	烯丙基溴 allyl bromide；3-溴-1-丙烯 3-bromo-1-propene
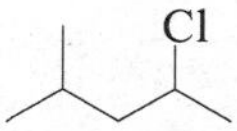	2-甲基-4-氯戊烷 2-chloro-4-methylpentane
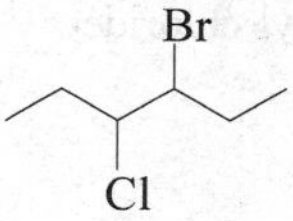	3-氯-4-溴己烷 3-bromo-4-chlorohexane
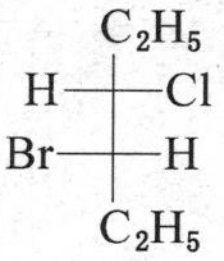	(*S*,*S*)-3-氯-4-溴己烷 (*S*,*S*)-3-Bromo-4-chlorohexane
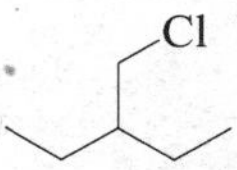	3-氯甲基戊烷 3-chloromethylpentane
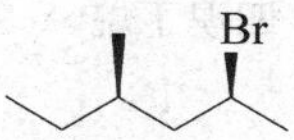	(1*S*,4*R*)-4-甲基-2-溴己烷 (1*S*,4*R*)-2-bromo-4-methylhexane

· 275 ·

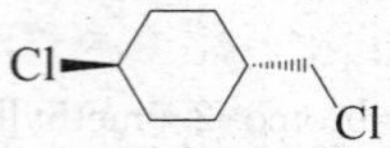

反-1-氯甲基-4-氯环己烷
trans-1-chloro-4-chloromethylcyclohexane

CH₃CHCH=CHCH₃ (Br) 4-溴-2-戊烯

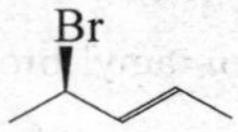

(S, E)-4-溴-2-戊烯

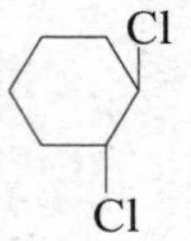

反-1,2-二氯环己烷
(R, R)-1,2-二氯环己烷

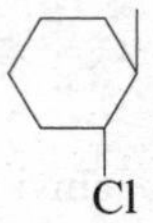

反-1-甲基-2-氯环己烷
(R, R)-1-甲基-2-氯环己烷

卤代芳烃，以芳烃作母体。

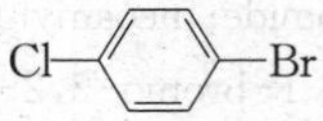

对溴氯苯；4-溴氯苯；1-氯-4-溴苯
1-bromo-4-chlorobenzene

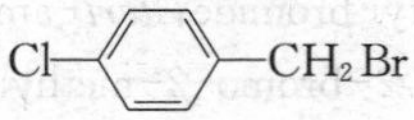

1-溴甲基-4-氯苯；对氯苯溴甲烷

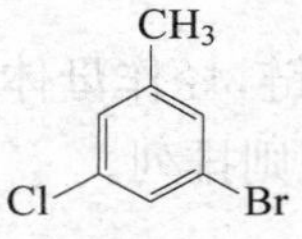

3-氯-5-溴甲苯 3-bromo-5-chlorotoluene

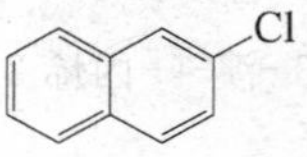

β-氯萘；2-氯萘 2-chloronanphthalene

卤代侧链时，以链烃作母体，卤素和芳烃都作基。

Ph—CH₂Cl 苯氯甲烷；苯甲基氯 benzyl chloride

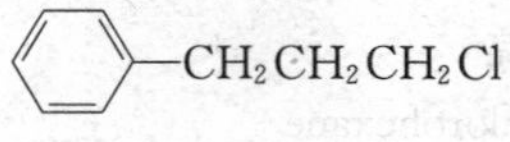

Ph—CH₂CH₂CH₂Cl 1-苯基-3-氯丙烷

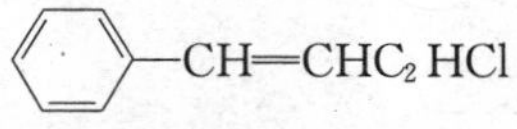

Ph—CH=CHCH₂Cl 肉桂基氯 cinnamyl chloride；1-苯基-3-氯-1-丙烯

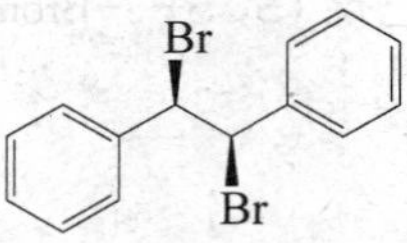

苏式-二溴代二苯基乙烯
(R, R)-1,2-二苯基-1,2-二溴乙烷

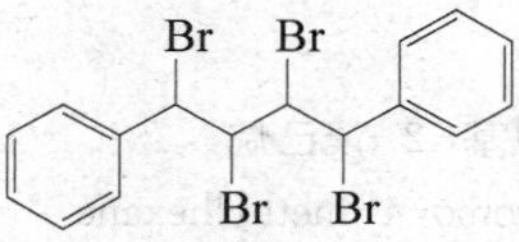

1,4-二苯基-1,2,3,4-四溴丁烷

6.2 卤代烃的结构、物理与生化性能

6.2.1 卤代烃的结构

卤代烷与乙烯式、苯式卤代烃的键长(Cl-C)、偶极矩(μ)与电离能(E_I)比较如下：

	Cl—CH_2CH_3	Cl—CH=CH_2	Cl—C_6H_5	Cl—CH_2CH=CH_2	Cl—$CH_2C_6H_5$
Cl-C	0.178	0.172	0.169 nm		
μ	2.05	1.45	1.75 D		
E_I	191	207	219	173	166 kcal/mol

乙烯式、苯式卤代烃的偶极矩小，键长短、键能高，这归因于氯的给电子共轭效应。

	Cl—CH_3	Cl—CH_2CH_3	Cl—CH=CH_2	Cl—C_6H_5
μ	1.86	2.05	1.45	1.75 D

由于 C-X 键是极性共价键，因此一卤代烃分子具有极性。

在乙烯式卤代烃和苯式卤代烃中，卤原子直接键合 sp^2 杂化的双键碳原子，卤原子上孤对电子所在的 p 轨道可与烯键的 π 轨道平行重叠，即形成 p-π 共轭。

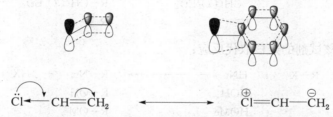

因此，乙烯式卤代烃和苯式卤代烃中的碳卤键具有双键性质，键能高，碳卤键不易异裂，即难以发生亲核取代或消去反应。

6.2.2 卤代烷的物理性质

物态：一般为液体，高级为固体，少量为气体。一卤代烷的沸点变化规律与烷烃的相似。密度(d)：一氯代烃通常小于1，其它的一卤代烃一般大于1，多卤代烃的都大于1。溶解度：难溶于水，易溶于有机溶剂。多卤代烃一般不易燃烧，有阻燃作用。

6.2.3 卤代烷的生化性能

卤代烷烃多有一定的毒性，可能损坏肝脏等器官，是环境污染物。

6.3 卤代烃的化学反应

6.3.1 亲核取代反应

6.3.1.1 卤代烷烃的亲核取代反应

$$R—X + Nu^- \longrightarrow R—Nu + X^-$$

X=leaving group(Cl, Br, I, TsO)
Nu^-=nucleophile(HO^-, RO^-, HS^-, RS^-, ^-CN, I^-, RNH_2)

底物(substrate):含有卤原子或其它离去基团的烃类反应物。

$$R\text{—}X(L)$$

离去基(leaving group):被取代而脱离底物的基团 X^-(L^-)。

亲核试剂(nucleophilic reagents):负离子或含有未共用电子对的多电子试剂。

$$Nu^-\quad or\quad H\ddot{N}u$$

由亲核试剂引发的取代反应称为亲核取代(nucleophilic substitution, S_N)。

与负离子亲核试剂的亲核取代反应:

R—X	+	Nu$^-$	⟶	R—Nu	+	X$^-$
		HO$^-$		R—OH		
		RO$^-$		R—OR$'$		
		HS$^-$		R—SH		
		RS$^-$		R—SR$'$		
		AcO$^-$		R—OAc		
		$^-$CN		R—CN		
		$^-$C≡CH		R—C≡CH		
		$^-$CH(CO$_2$Et)$_2$		R—CH(CO$_2$Et)$_2$		
		I$^-$		R—I		

与中性分子亲核试剂的亲核取代反应:

R—X	+	HNu	⟶	R—Nu	+	HX
		HOH		R—OH		
		HOMe		R—OMe		
		HSMe		R—SMe		
		HNH$_2$		R—NH$_2$		
		HNHMe		R—NHMe		
		HNMe$_2$		R—NMe$_2$		
		NMe$_3$		R—$\overset{+}{N}$Me$_3$ X$^-$		

例:溴乙烷的亲核取代反应

$$CH_3CH_2Br \xrightarrow{NaI} CH_3CH_2I$$

$$\xrightarrow{NaOH} CH_3CH_2OH$$

$$\xrightarrow{AcONa} CH_3CH_2OAc$$

$$\xrightarrow{NaSH} CH_3CH_2SH$$

$$\xrightarrow{NaSMe} CH_3CH_2SMe$$

$$\xrightarrow{NaSPh} CH_3CH_2SPh$$

$$\xrightarrow{NaSCN} CH_3CH_2SCN$$

$$\xrightarrow{NaN_3} CH_3CH_2N_3$$

$$\xrightarrow{NaCN} CH_3CH_2CN$$

第6章 卤代烃 Halohydrocarbons

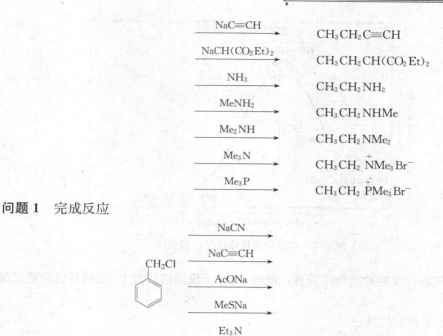

问题1 完成反应

1. 亲核取代反应机理

卤代烷与亲核试剂的亲核取代反应：

$$R-X + Nu^- \xrightarrow{S_N} R-Nu + X^-$$

1935年，Edward D. Hughes 和 Christopher Ingold 研究了此类反应，提出了双分子与单分子亲核取代反应的概念。

1) 双分子与单分子亲核取代反应

（1）双分子亲核取代反应

溴乙烷在碱性溶液中的水解反应，氢氧负离子从离去基溴的背后进攻，经历一过渡态（transition state，TS），溴进一步断裂离去，碳氧键进一步形成，完成取代：

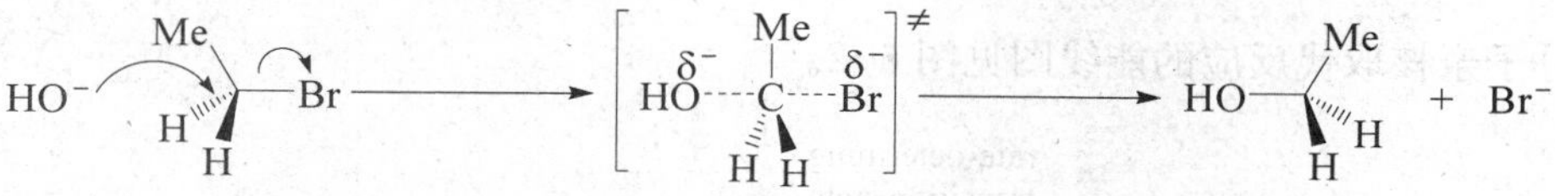

此水解反应在动力学上表现为二级反应，双分子反应（bi-molecular reaction），经历一过渡态，一步协同（concerted reaction）完成。这就是双分子亲核取代反应（bi-molecular nucleophilic substitution，S_N2）。

双分子亲核取代反应的一般动力学表达：

$$\text{rate} = k[RX][Nu]$$

双分子亲核取代反应的能线图见图6-1。

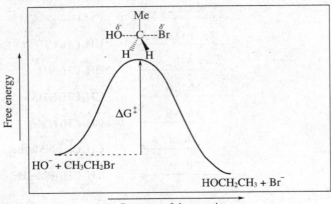

图 6-1 双分子亲核取代反应能线图

双分子亲核取代反应的能线图只有一能峰,对应于反应的过渡态,也就是反应要克服的活化能。

(2) 单分子亲核取代反应

叔丁基溴碱性水解生成叔丁醇:

$$(CH_3)_3CBr + HO^- \xrightarrow{H_2O} (CH_3)_3COH + Br^-$$

水解反应是分步进行的,经历中间体叔丁基碳正离子,是速度决定步骤(rate-determining step, RDS),只涉及到底物叔丁基溴一种分子,所以是单分子反应,动力学一级。这就是单分子亲核取代反应(unimolecular nucleophilic substitution reaction, S_N1)。

单分子亲核取代反应的一般动力学表达:

$$\text{rate} = k_1[\text{RX}]$$

单分子亲核取代反应的能线图见图 6-2。

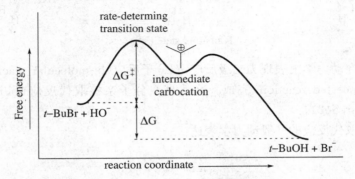

图 6-2 单分子亲核取代反应能线图

在单分子亲核取代反应的能线图上，有两个能峰和一个能谷。能谷对应于中间体碳正离子，其生成必须克服第一个能峰，也就是反应的活化能，这是反应的速度决定步骤。第二个能峰是中间体生成取代产物经历的过渡态。

研究进展：Gregory C. Fu(California Institute of Technology)报道，双分子与单分子亲核取代也可以是自由基历程。Fu教授成功地实现了过渡金属催化的自由基亲核取代(Gregory C. Fu. Transition-Metal Catalysis of Nucleophilic Substitution Reactions：A Radical Alternative to S_N1 and S_N2 Processes. *ACS Central Science*, **2017**, 3（7），692）。

2）亲核取代的立体化学

（1）双分子亲核取代 S_N2——构型转化

Hughes 和 Ingold 认为，在双分子亲核取代 S_N2 中，亲核试剂从离去基的背后进攻中心碳原子，必然会引起手性碳原子的构型转化。

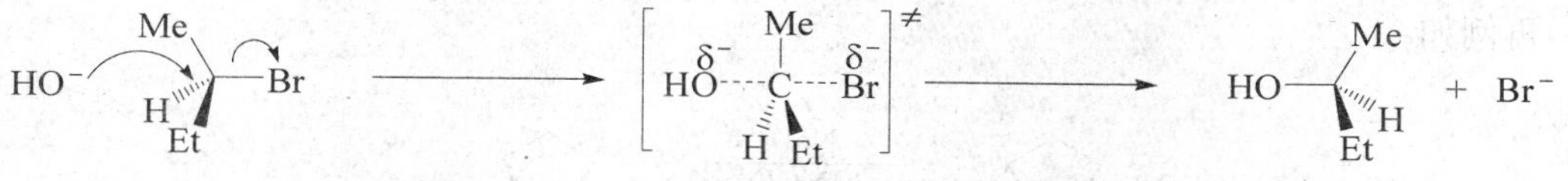

亲核试剂从离去基的反方向进攻，可以与中心碳原子成键轨道背后的另一瓣重叠。随着反应进行，中心碳原子的 sp^3 杂化转化为 sp^2 杂化，在过渡态，中心碳原子的 p 轨道的两瓣分别与亲核试剂及离去基的轨道重叠，然后碳原子再由 sp^2 杂化转变成 sp^3 杂化，同时构型发生了翻转。

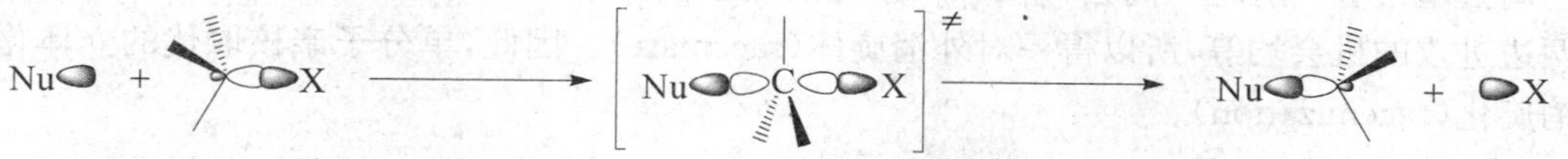

S_N2 反应的这种构型反转又称 Walden 转化（Walden inversion，Paul Walden），犹如风中吹翻了的雨伞。

Hughes 和 Ingold 为验证双分子亲核取代反应的构型转化，巧妙设计了实验：用旋光的 2-碘辛烷与有放射性的碘化钠反应：

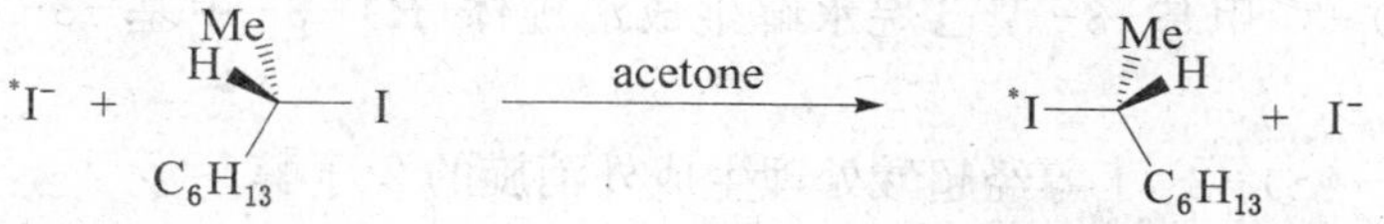

同时测定同位素交换速度和外消旋化的速度（由回收原料的放射性与比旋光度测出）。实验结果表明，反应是双分子的，在实验误差范围内外消旋化的速度常数（$k_{ra}= 26.2 \times 10^{-4}$ L/mol·s）确为同位素交换速度常数（$k_{ex}= 13.6 \times 10^{-4}$ L/mol·s）的两倍。这表明，$I^*{}^-$从 I^- 的背后进攻，导致中心碳原子的构型转化，即由 S 转变为 R，每交换一个，反应物不仅减少一个 S，而且生成的 R 还与反应物 S 组成一个外消旋体，亦即交换一个反应物减少两个，所以消旋化速度是交换速度的两倍。

现有的实验事实证明，在所有的双分子亲核取代（S_N2）反应中，中心手性碳原子的构型都发生转化。

(S)-2-溴辛烷碱性水解生成(R)-2-辛醇,是典型的双分子亲核取代。

$$HO^- + \underset{S}{\underset{C_6H_{13}}{H}}\!C\!\!-\!\!Br \xrightarrow[H_2O]{NaOH} \underset{R}{\underset{C_6H_{13}}{H}}\!C\!\!-\!\!OH + Br^-$$

$$HO^- + \underset{D}{\underset{C_6H_{13}}{\overset{CH_3}{H-C-Br}}} \xrightarrow[H_2O]{NaOH} \underset{L}{\underset{C_6H_{13}}{\overset{CH_3}{HO-C-H}}} + Br^-$$

再例如:

（环戊基-Br） $\xrightarrow[Me_2CO]{NaI}$ （环戊基-I）

（环己基 Cl/Br） $\xrightarrow{NaCN}$ （环己基 Cl/CN）

(2) 单分子亲核取代 S_N1——外消旋化

离去基带着一对电子离去,生成 sp^2 杂化的非手性的平面三角形碳正离子,亲核试剂从平面两边进攻的机会均等,所以得一对外消旋体(racemate)。因此,单分子亲核取代的立体化学是消旋化(racemization)。

$$\text{(R)-3-甲基-3-溴己烷} \xrightarrow{-Br^-} \underset{\substack{\text{carbocation}\\\text{planar, achiral}}}{\overset{Me}{\underset{Pr\quad Et}{C^+}}} \xrightarrow[-H^+]{H_2O} \text{—OH} + \text{HO—}$$

光活性的(R)-3-甲基-3-溴己烷水解生成消旋体(R)-3-甲基-3-己醇和(S)-3-甲基-3-己醇。

旋光的(+)-(S)-2-丁醇经超酸处理生成外消旋的2-丁醇。

$$\underset{(+)\text{-}(S)\text{-2-butanol}}{\overset{H\;\;OH}{\diagup\!\!\!\diagdown}} \xrightarrow[SbF_5]{SOFCl} \xrightarrow{HOH} \underset{(\pm)\text{-2-butanol}}{\overset{OH}{\diagup\!\!\!\diagdown}}$$

(S)-2-丁醇在超酸条件下生成非手性的仲丁基碳正离子,然后水分子从碳正离子两面进攻且机率相同,所有产生外消旋的2-丁醇。

$$(+)\text{-}(S)\text{-}2\text{-butanol} \xrightarrow[\text{SbF}_5]{\text{SOFCl}} \text{[carbocation]}$$

$$\text{[H}_2\text{O attack]} \xrightarrow{-\text{H}^+} \begin{array}{l}(+)\text{-}(S)\text{-}2\text{-butanol} \quad 50\% \\ (-)\text{-}(R)\text{-}2\text{-butanol} \quad 50\%\end{array}$$

同一反应,条件可能决定反应结果。如顺-1-甲基-4-溴环己烷水解,在双分子亲核取代条件下,产物构型翻转,得反式醇。但在单分子亲核取代条件下,首先生成碳正离子,然后水分子可以从平面碳正离子的两面进攻,得顺反两种醇,但可能不是外消旋体,因为进攻的概率不会一样多了。

$$\text{[cis-4-methyl-bromocyclohexane]} + \text{HO}^- \xrightarrow{S_\text{N}2 \text{ conditions}} \text{[trans-alcohol]} + \text{Br}^-$$

$$\text{[cis-4-methyl-bromocyclohexane]} + \text{H}_2\text{O} \xrightarrow{S_\text{N}1 \text{ conditions}} \text{[cis-alcohol]} + \text{[trans-alcohol]} + \text{Br}^-$$

动力学与立体化学特征是确定亲核取代反应机理为 $S_\text{N}1$ 或 $S_\text{N}2$ 的重要标志。

研究进展:Eric N. Jacobsen 等报道,单分子亲核取代($S_\text{N}1$)也可以是非消旋化的。Jacobsen 研究组在手性催化作用下,成功得到了对映体过量的旋光取代产物。这在不对称与有机催化、合成化学方法学等领域都具有重要意义(Eric N. Jacobsen *et al*. Quaternary stereocentres *via* an enantioconvergent catalytic $S_\text{N}1$ reaction. *Nature*, **2018**, 556, 447)。

3) 亲核取代的离子对理论

有些化合物的亲核取代反应动力学与立体化学特征不完全是 $S_\text{N}1$ 或 $S_\text{N}2$,如 α-苯基氯乙烷在甲醇中发生溶剂解反应,加入甲醇钠反应加速。

$$\text{PhCH(Cl)CH}_3 \xrightarrow[\text{MeOH, 70\textdegree C}]{\text{MeONa}} \text{PhCH(OMe)CH}_3$$

反应速度与甲醇钠的浓度有关，但动力学级数不是整数。反应既不是一级，也不是二级，而是符合下式：

$$\text{rate} = k[\text{RCl}] + k'[\text{RCl}][\text{MeONa}]$$

单分子亲核取代反应经历碳正离子活性中间体，中心碳原子若是手性的，由于碳正离子为平面构型，手性消失，亲核试剂或溶剂(溶剂解)从两面进攻都是可能的且概率相同，理应得到外消旋体产物。

若产物是外消旋体，即对映异构体各50%，称为100%的消旋化，也就是完全的消旋化。但事实上这类反应是不多见的，更常见到的是构型转化对映体过量的混合物。

譬如旋光的(R)-2,6-二甲基-6-氯辛烷在醇水溶液中水解，发现有80%消旋化，20%转化，也就是说构型保持的占40%，构型转化的是60%。

为了解释这一现象，Saul Winstein 提出了亲核取代反应的离子对理论(ion pair theory, 1956)。

离子对理论认为，有机中性共价分子在溶液中可能离解并且是分步进行的。首先是电离(ionization)，即共价键破裂，离子化的两部分仍紧密靠在一起，形成紧密离子对(tight or intimate or contact ion pairs)；然后是进一步离解(dissociation)，少数溶剂分子插入两个离子之间，将其分隔开来，但仍是离子对——溶剂分隔离子对(solvent-separated ion pairs)；最后离解成自由的离子(free ions)，但是被溶剂完全包围，形成溶剂化的正离子与负离子(fully solvated cations and anions)。

$$R-L \xrightleftharpoons[\text{Internal return}]{\text{Ionization}} R^+L^- \xrightleftharpoons[\text{Exnternal return}]{\text{Dissociation}} R^+\|L^- \xrightleftharpoons[\text{Exnternal return}]{\text{Dissociation}} R^+ + L^-$$

covalent molecule　　intimate ion-pair　　solvent-separated ion-pair　　free cations and anions

这几步都是可逆的，内返(internal return)或外返(external return)重新结合成共价化合物，各步速度常数的大小取决于分子的结构与溶剂的性质。

如果离去基团L所连接的是手性碳原子，在紧密离子对与溶剂分隔离子对中，R^+仍保持手性，而在溶剂化的自由离子中，R^+已失去手性(平面型的碳正离子)。

离子对理论解释亲核取代反应中的立体化学：

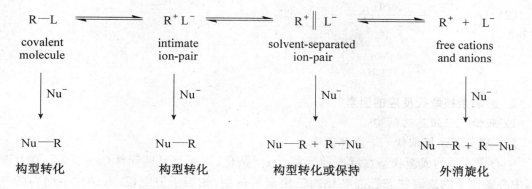

若反应发生在第一阶段，溶剂或亲核试剂只能从底物分子或紧密离子对的背后进攻，必导致构型转化。若反应发生在溶剂分隔离子对，离子之间的溶剂分子进攻正碳离子，这使构型保持；若溶剂从背后进攻，则引起构型转化。若反应发生在最后阶段，自由的碳正离子具有平面构型，必然生成外消旋化产物。

旋光的 α-苯基氯乙烷在含水 40% 的丙酮溶液中水解生成 α-苯基乙醇，95% 的消旋化，5% 的构型转化。而在含水 80% 的丙酮溶液中反应，则有 98% 的消旋化，2% 的净转化，也就是说，49% 构型保持，51% 构型转化。

$$\underset{\underset{C_6H_5}{|}}{\overset{\overset{CH_3}{|}}{H-C-Cl}} \xrightarrow{40\% H_2O-Me_2CO}{95\%(\pm)} \underset{\underset{C_6H_5}{|}}{\overset{\overset{CH_3}{|}}{H-C-OH}} + \underset{\underset{C_6H_5}{|}}{\overset{\overset{CH_3}{|}}{HO-C-H}}$$
$$\qquad\qquad\qquad\qquad\qquad\qquad 47.5\% \qquad\quad 52.5\%$$

$$\underset{\underset{C_6H_5}{|}}{\overset{\overset{CH_3}{|}}{H-C-Cl}} \xrightarrow{80\% H_2O-Me_2CO}{98\%(\pm)} \underset{\underset{C_6H_5}{|}}{\overset{\overset{CH_3}{|}}{H-C-OH}} + \underset{\underset{C_6H_5}{|}}{\overset{\overset{CH_3}{|}}{HO-C-H}}$$
$$\qquad\qquad\qquad\qquad\qquad\qquad 49\% \qquad\quad 51\%$$

消旋化的程度取决于碳正离子的稳定性和溶剂介电能力。碳正离子越稳定寿命越长，亲核试剂两面进攻的机会越高，消旋化的程度越高。溶剂的离解与溶剂化离子能力强，碳正离子生成得快，稳定存在的寿命长，消旋化程度也就高。水的介电能力强，含量越高，碳正离子越易于生成越稳定，所以消旋化程度高，构型转化率就低。

构型转化可能发生在紧密离子对，溶剂从分隔溶剂的背后进攻离子给出构型反转产物，导致净转化。

问题 2 完成反应

(1) PhCH=CH-CH$_2$Br
- $\xrightarrow{\text{NaCN}}$
- $\xrightarrow{\text{NH}_3}$
- $\xrightarrow{\text{MeSNa}}$
- $\xrightarrow{\text{NaC}\equiv\text{CH}}$
- $\xrightarrow{\text{NaCH(CO}_2\text{Et)}_2}$

(2) [环己基-Br] $\xrightarrow{\text{NaSH}}$

(3) [环己基-Br] $\xrightarrow[\text{CH}_3\text{OH}]{\text{AgNO}_3}$

2. 影响亲核取代反应的因素

1) 底物——烃基的结构

(1) 双分子亲核取代——立体效应

中心碳原子的成键状态在反应前后都是 sp³ 杂化，周围都是四面体角～109°。在过渡态中，中心碳原子的成键状态已经转化为三角双堆构型，相当于五配位，有杂化平面内的三个120°夹角，垂直于该平面的六个90°夹角。

$$Nu^- + \overset{R}{\underset{R}{\text{C}}}\text{—L} \longrightarrow \left[\overset{\delta^-}{Nu}\cdots\overset{R}{\underset{R}{\text{C}}}\cdots\overset{\delta^-}{L}\right]^{\neq} \longrightarrow Nu\overset{R}{\underset{R}{\text{—C}}}\text{—R} + L^-$$

tetrahedral　　　　　Transition State　　　　　tetrahedral
angles 109°　　　　trigonal bipyramid　　　　angles 109°
　　　　　　　　three angles 120°
　　　　　　　　six angles 90°

显然，在过渡态中心碳原子的空间拥挤程度显著了增加，对周围任何基团的体积是敏感的。因此，烃基增多与体积大都对亲核试剂进攻构成立体阻碍，过渡态由于过度拥挤而能量升高，亦即反应的活化能升高了，反应将变得困难。所以，伯、仲、叔卤代烃双分子亲核取代，反应活性依次减弱。此即双分子亲核取代(S_N2)的立体效应(steric effect)(S_N2 occurs where the central carbon atom is easily accessible to the nucleophile)。

S_N2 反应活性：伯、仲、叔卤代烃，反应活性依次减弱。

α-与 β-碳原子上的取代基都构成立体位阻。

α-碳原子上的立体效应

不同的溴代烷与碘负离子的交换反应速度如下：

$$I^- + R\text{—Br} \xrightarrow{S_N2} I\text{—}R + Br^-$$

R	CH_3	CH_2CH_3	$CH(CH_3)_2$	$C(CH_3)_3$
r.r.	150	1.0	0.01	0.001

显然，α-碳上甲基增多，反应急剧减速。增加一个甲基即乙基溴的速度只有甲基溴的 $\frac{1}{150}$，增加两个甲基即异丙基溴的速度只有乙基溴的 $\frac{1}{100}$，叔丁基溴的反应就非常慢了。

α-碳原子上烃基增多,位阻增大,反应变慢。

$$X—CH_3 \quad > \quad X—CH_2R \quad > \quad X—CHR_2 \quad > \quad X—CR_3$$

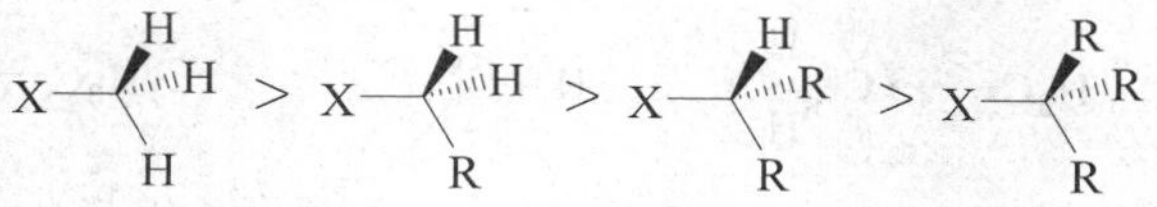

亲核试剂从离去基的背后进攻,中心碳上的取代基构成立体位阻(steric hindrance),此即立体效应(steric effect),也称空间位阻。

α-碳原子上烃基愈多,位阻愈大,亲核试剂从背后进攻愈难,S_N2 反应愈慢。一般,叔卤代烃较难发生 S_N2 反应。

$$R \quad CH_3 \quad > \quad 1° \quad > \quad 2° \quad > \quad 3°$$

β-碳原子上的取代基立体效应:

$$EtO^- + R—Br \xrightarrow{S_N2} EtO—R + Br^-$$

R	CH_2CH_3	$CH_2CH_2CH_3$	$CH_2CH(CH_3)_2$	$CH_2C(CH_3)_3$
r.r.	1.0	0.28	0.03	$4.2×10^{-6}$

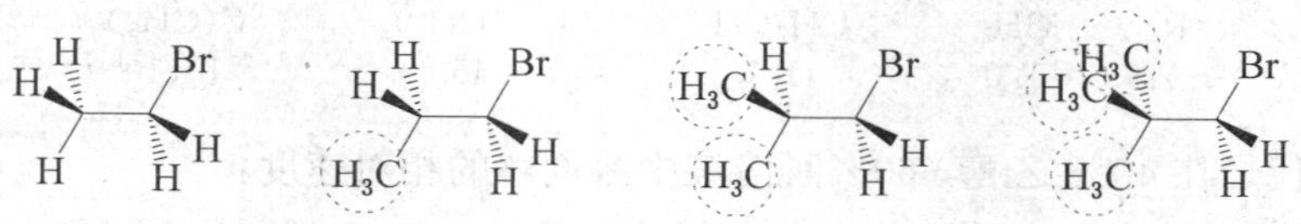

显然,β-碳上甲基增多,反应速度减小。增加三个甲基即新戊基溴的速度只有乙基溴的百万分之几,非常慢了。

β-碳原子上的烃基也同样构成位阻,而且烃基愈多、位阻愈大,亲核试剂从背后进攻愈难,S_N2 反应愈慢。一般,新戊基卤代烃较难发生 S_N2 反应。双分子亲核取代的相对反应活性次序:

$$R \quad CH_3 \quad > \quad 1° \quad > \quad 2° \quad > \quad 3°$$

(2) 单分子亲核取代——电子效应

单分子亲核取代反应,速度决定步骤是碳-卤键的断裂,产生中间体碳正离子。碳-卤键愈弱、碳正离子越稳定,越容易产生,反应活性越高。因此,伯、仲、叔卤代烷发生 S_N1,反应活性依次增加。

$$R—X \xrightarrow{ionization} R^+ + X^-$$

凡是能稳定中间体碳正离子的因素,都有利于反应。稳定碳正离子的电子效应:给电子诱导效应、给电子共轭效应、超共轭效应等。

(a) 给电子诱导效应与超共轭效应稳定碳正离子

碳正离子的稳定性:

$$3° \quad > \quad 2° \quad > \quad 1° \quad > \quad CH_3$$

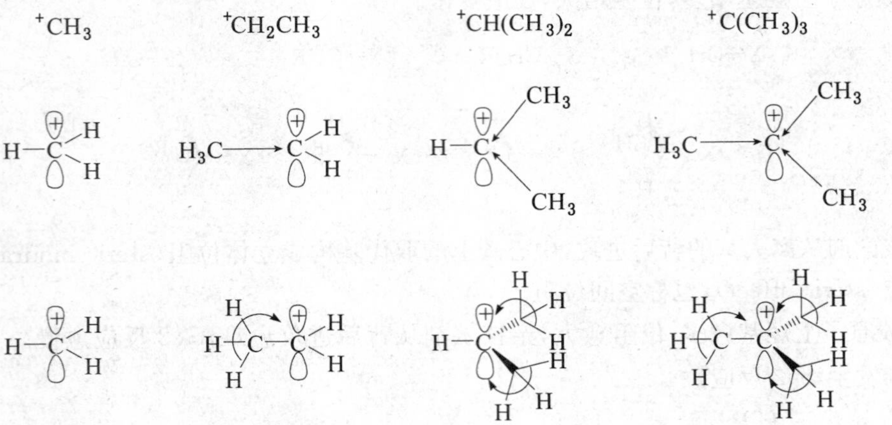

$^+CH_3$ $^+CH_2CH_3$ $^+CH(CH_3)_2$ $^+C(CH_3)_3$

给电子效应分散正电荷，碳正离子得到稳定化。因此，单分子亲核取代 S_N1，叔、仲、伯卤代烃，反应活性依次下降。

$$R \quad 3° > 2° > 1° > CH_3$$

$$R\text{—}Br + HOH \xrightarrow{S_N1} R\text{—}OH + HBr$$

R	CH_3	CH_2CH_3	$CH(CH_3)_2$	$C(CH_3)_3$
r.r.	1.0	1.7	45	1×10^8

下列是氯代烃在 40% 乙醇-60% 醚溶液中溶剂解的相对速度：

RCl	$ClCH_3$	$ClCH_2Ph$	$ClCHPh_2$	$ClCPh_3$
r.r.	≪1	1.0	2,000	3×10^7

(b) 杂原子共轭稳定碳正离子

α-碳原子上的杂原子能稳定碳正离子。

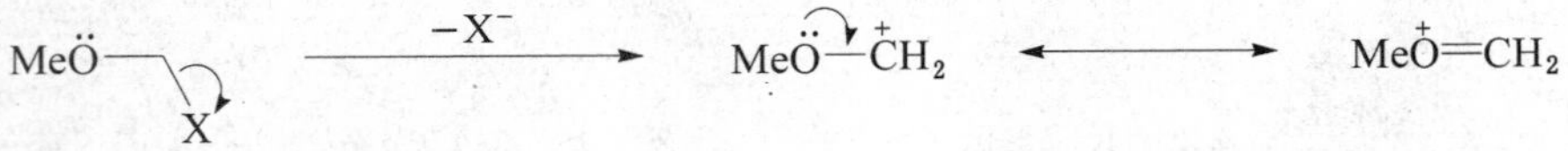

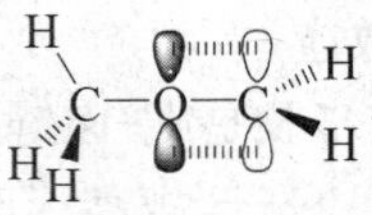

$$Me\ddot{O}\text{—}X \xrightarrow{-X^-} Me\ddot{O}\text{—}\overset{+}{C}H_2 \longleftrightarrow Me\overset{+}{O}=CH_2$$

氧原子或其它杂原子的 p-轨道（有孤对电子）和碳正离子的空 p 轨道平行重叠形成 π 键，氧荷正电荷，此即氧原子的给电子共轭效应（+C），分散了碳正离子的正电荷，从而稳定碳正离子。因此，α-卤代醚等类似物的亲核取代，S_N2 和 S_N1 都易于进行。

(c) 烯丙式 π 共轭稳定碳正离子

烯丙式卤代烃 $CH_2=CHCH_2X$ 易解离生成烯丙基碳正离子。在这个烯丙烯式碳正离子中，π 键与中心碳原子的空 p 轨道平行重叠，即发生 p-π 共轭，也就是说，烯丙式碳正离子的正电荷不是定域的而是离域的，此即共轭或离域（共振）稳定化。因此，烯丙式卤代烃易于进行 S_N1。

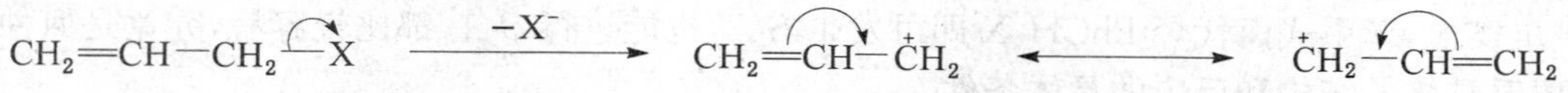

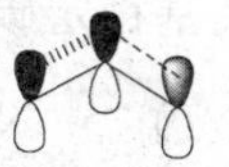

$CH_2=CH-CH_2-X \xrightarrow{-X^-} CH_2=CH-\overset{+}{C}H_2 \longleftrightarrow \overset{+}{C}H_2-CH=CH_2$

烯丙基正离子的 p-π 共轭

烯丙式卤烃 $CH_2=CHCH_2X$ 也易于发生 S_N2。因为在 S_N2 反应过渡态中,烯丙基的 π 键与中心碳原子的 p 轨道平行重叠,即发生 p-π 共轭,从而稳定过渡态,所以,烯丙式卤烃的 S_N2 反应也很快。

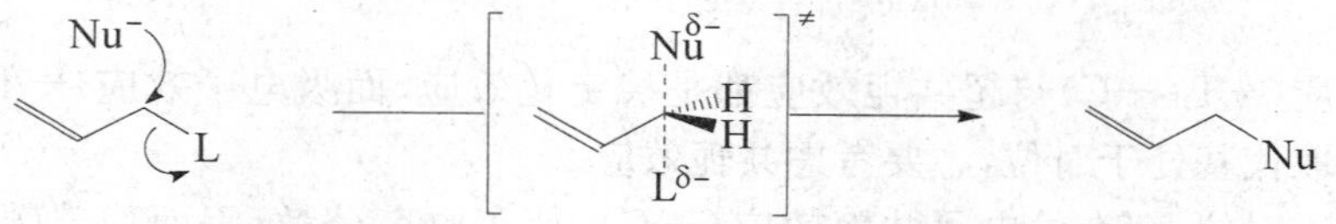

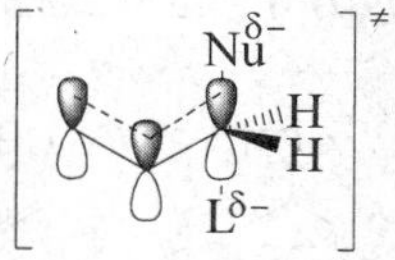

事实上,烯丙式卤代烃即可进行 S_N2,也能发生 S_N1,究竟是何种机理,要看具体结构和反应的具体条件。

(d) 苯环 π 共轭稳定碳正离子

苯甲基碳正离子由于存在 p-π 共轭而稳定化。苯甲正离子侧链碳原子的空 p 轨道与苯环的大 π 键平行重叠,即发生 p-π 共轭,正电荷离域到苯环,主要分布在苯环的邻对位。所以苯甲正离子的正电荷不是定域而是离域的,因而比较稳定。所以苯甲式卤代烃 $PhCH_2X$ 易于进行 S_N1。

苯甲基正离子的 p-π 共轭

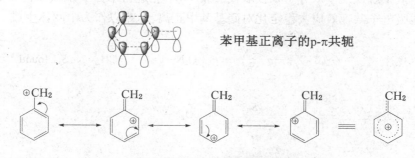

苯甲基正离子的离域化(共振)

实际上,苯甲式卤代烃 $PhCH_2X$ 也易发生 S_N2 反应。因为在 S_N2 过渡态中,苯环大 Π 键与中心碳原子的 p 轨道平行重叠,即发生 p-π 共轭,从而极大地稳定过渡态。所以,苯甲基卤代烃进行 S_N2 的活性很高。

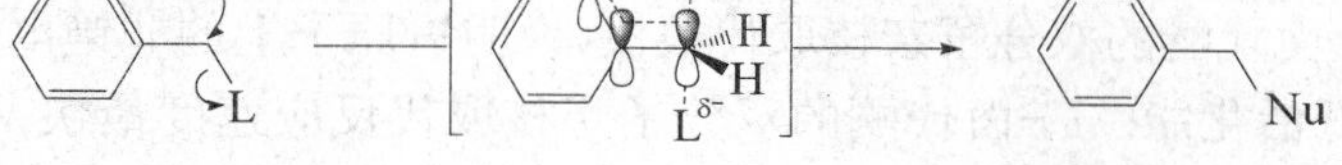

事实上，苯甲式卤代烃 $PhCH_2X$ 即可发生 S_N2，也能进行 S_N1，都比较容易，究竟是何种机理，要看具体的结构和反应的具体条件。

苯环上的取代基影响苯甲式碳正离子的稳定性。取代基稳定碳正离子的能力：

$$Me_2\ddot{N} > Me\ddot{O} > Me > H > \ddot{C}l > NO_2$$

给电子效应（+I，+C）与超共轭效应都是稳定化效应，而吸电子效应（-I，-C）都是去稳定化效应。取代基处于对位，主要考虑共轭效应。

甲氧基处于对位，存在给电子共轭效应（+C），使正电荷分散，因而稳定碳正离子。由于间位不传递共轭效应，因此仅显示吸电子诱导效应，去稳定化。

取代苯甲式卤代烃的亲核取代，也是叔、仲、伯活性依次降低。

$$Ph_3CX > Ph_2CHX > PhCH_2X$$

$$\begin{array}{ccc} X & X & X \\ PhCMe_2 & PhCHMe & PhCH_2 \end{array}$$

对硝基苯氯甲烷仅发生双分子亲核取代（S_N2），不能进行单分子亲核取代（S_N1）反应，因为对硝基的强吸电子共轭效应去稳定化对硝基苯甲正离子，难以作为中间体生成。

$$O_2N\text{-}C_6H_4\text{-}CH_2X \xrightarrow[S_N1]{-X^-} O_2N\text{-}C_6H_4\text{-}\overset{+}{C}H_2 \quad \text{No } S_N1 \text{ found}$$

$$O_2N\text{-}C_6H_4\text{-}CH(Nu^-)X \xrightarrow[-X^-]{S_N2} O_2N\text{-}C_6H_4\text{-}CH_2Nu$$

α-卤代酮的亲核取代是双分子的，而且反应活性极高。因为在过渡态中，羰基碳氧π键与中心碳原子的 p 轨道平行重叠，即发生 p-π 共轭，从而相当稳定过渡态。因此，易于进行 S_N2，但不能发生单分子亲核取代 S_N1 反应，因为羰基的吸电子共轭效应去稳定化碳正离子。

不同氯代烷与碘负离子的交换反应速度见表 6-1。烯丙式卤代烃的双分子亲核取代比伯卤代烃的快，苯甲式更快。这是因为在过渡态中，苯环 π 共轭比烯丙基 π 共轭更有效更能降低过渡态的能量。α-卤代醚的双分子亲核取代很快，说明氧原子上的非键电子对共轭可以有效地稳定过渡态，降低活化能。α-卤代酮的双分子亲核取代反应速度最快，可见羰基在过渡态中的共轭非常好，极大地稳定过渡态。

第 6 章 卤代烃 Halohydrocarbons

表 6-1 氯代烷与碘离子的双分子亲核取代相对速度

n-C_4H_9Cl	1.0	
$CH_2=CHCH_2Cl$	79	过渡态 π 共轭
$PhCH_2Cl$	200	过渡态苯环 π 共轭
CH_3OCH_2Cl	920	过渡态氧孤对电子共轭
$PhCOCH_2Cl$	100 000	过渡态羰基 π 共轭

溶剂解：溶剂作为亲核试剂发生的亲核取代反应称为溶剂解（solvolysis）。叔卤代烃易发生溶剂解，S_N1。例：

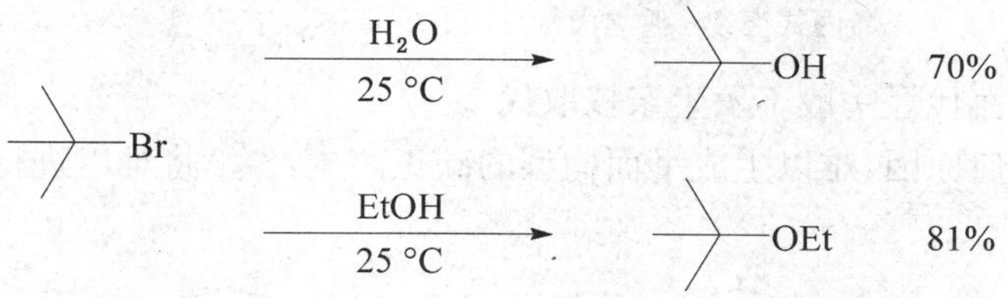

机理：

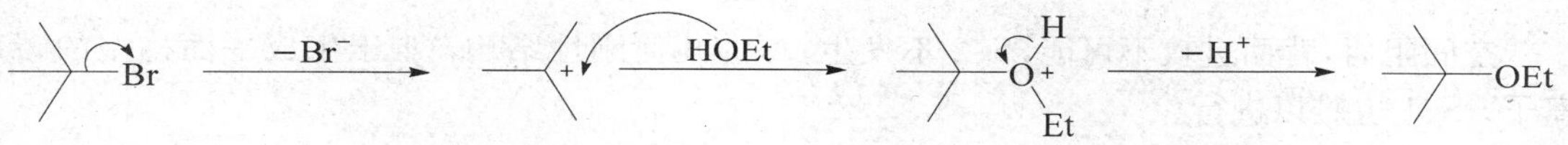

重排是 S_N1 的标志。例：

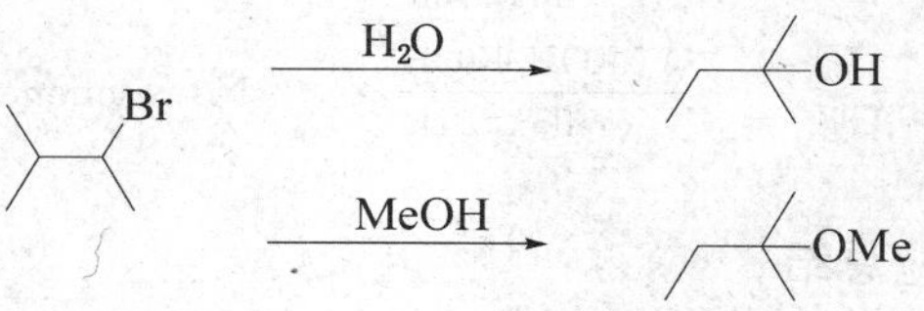

重排机理：

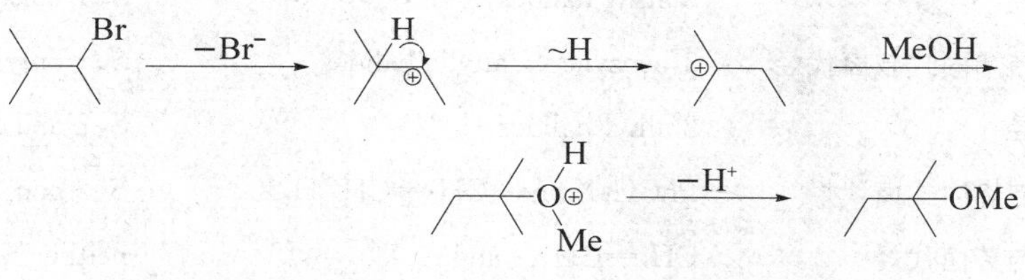

但是，S_N2 反应没有发现重排产物。

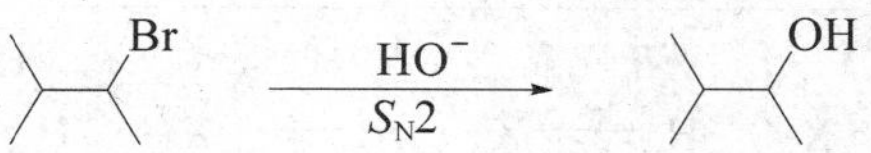

单分子亲核取代 S_N1 应用——卤代烃的鉴别：卤烃与硝酸银的醇溶液共热，生成硝酸酯和卤化银沉淀。

$$R-X + AgNO_3 \xrightarrow[\triangle]{EtOH} R-ONO_2 + AgX\downarrow$$

据此反应现象可推测卤代烃的结构类型。结构不同的卤代烃产生沉淀（AgX）的速度不同。

XCR$_3$	XCHR$_2$	
XCH$_2$CH=CH$_2$	XCH$_2$R	XCH=CH$_2$
ClCH$_2$C$_6$H$_5$	ClCH$_2$CH$_2$Ph	ClC$_6$H$_5$
室温迅速生成沉淀	加热方有沉淀	加热也没有沉淀

反应相对速度（S_N1）：

叔卤代烃 ＞ 仲卤代烃 ＞ 伯卤代烃 ＞＞ 乙烯式卤烃

烯丙式卤 ＞ 孤立卤烃

乙烯式与苯式卤代烃一般不发生亲核取代。

由于结构的几何原因，难以生成平面构型的碳正离子，S_N1 将难以进行。

空间阻碍，背面进攻不可能，S_N2 不发生；环的几何刚性结构，难于生成平面构型的碳正离子，S_N1 也难以进行。

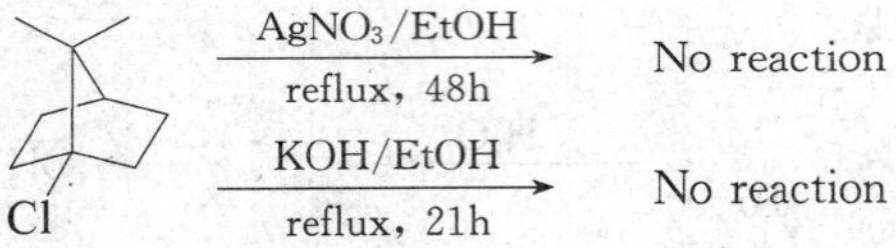

卤代烷的亲核取代反应总结

甲基与伯卤代烃	CH$_3$ and 1°alkyl halides	S_N2 only
叔卤代烃	3°alkyl halides	S_N1 only
苯甲式与烯丙式叔卤代烃	3°benzylic & allylic halides	S_N1 only
仲卤代烃	2°alkyl halides	S_N2 and S_N1
苯甲式与烯丙式卤代烃	PhCH$_2$X and CH$_2$=CHCH$_2$X	S_N2 and S_N1
乙烯式与芳卤代烃	CH$_2$=CHX and ArX	neither S_N2 nor S_N1

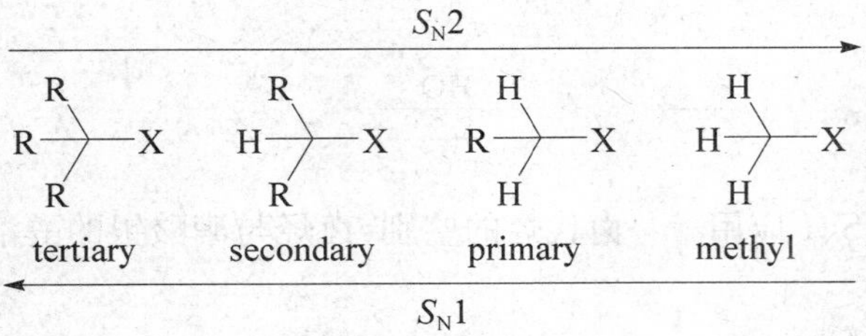

$$\xrightarrow{S_N2}$$

tertiary　secondary　primary　methyl

$$\xleftarrow{S_N1}$$

S_N2' 与 S_N1'

S_N2': 伴有烯丙位迁移的 S_N2 反应。

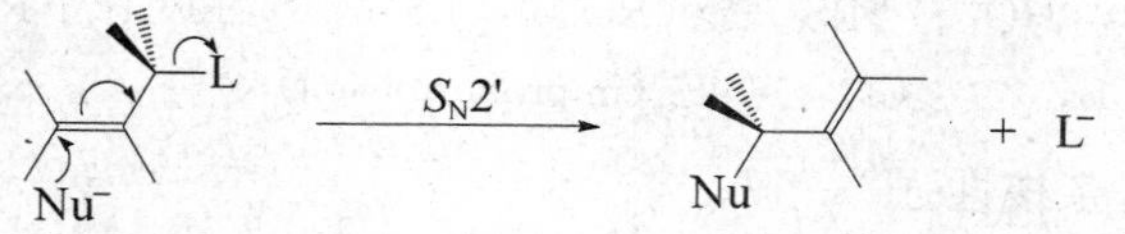

例：

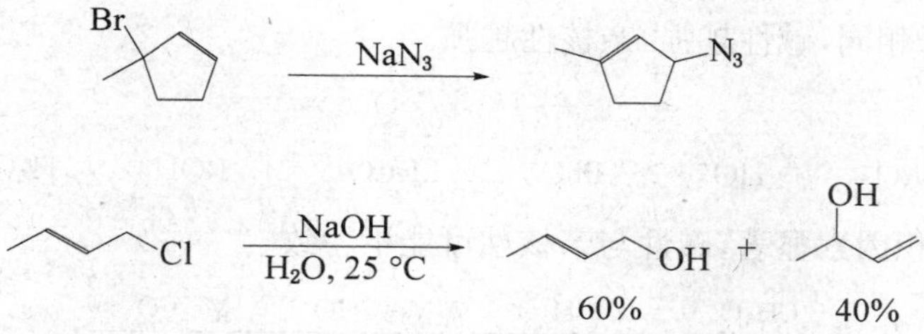

S_N1': 发生烯丙位重排的 S_N1 反应。例：

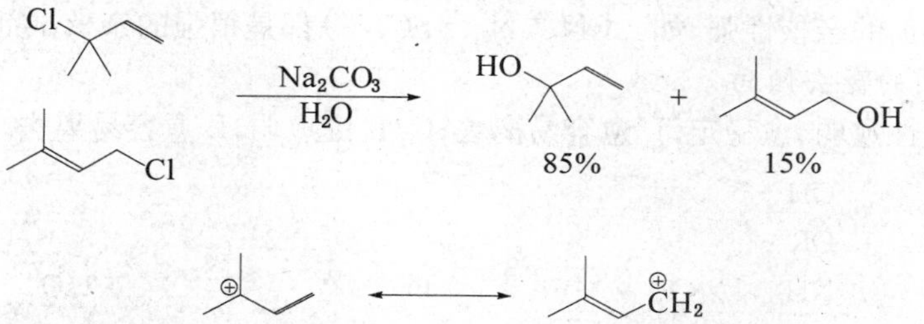

问题 3 回答问题

(1) 试比较下列化合物进行 S_N2 反应的活性？

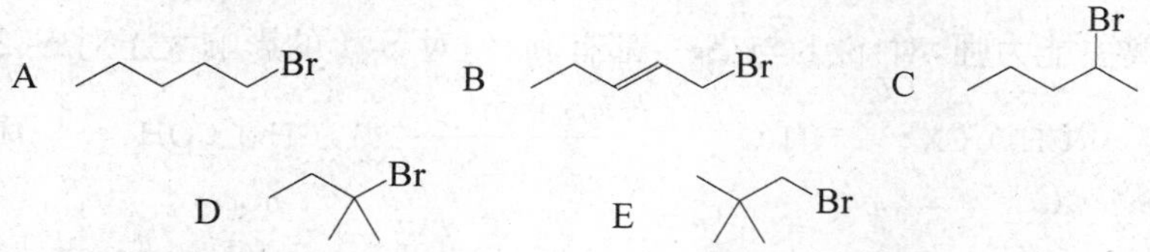

(2) 试比较下列化合物发生 S_N1 反应的活性？

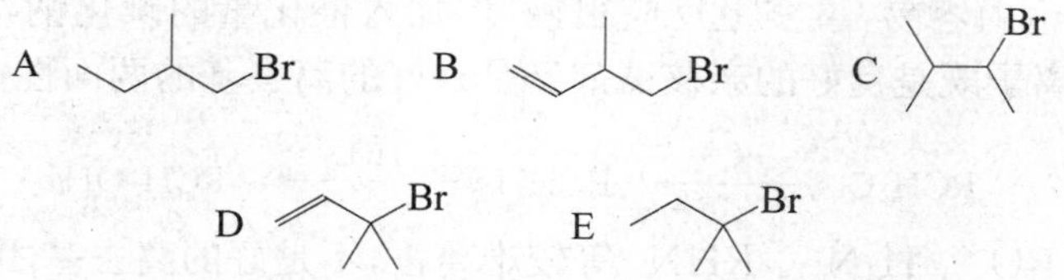

2) 亲核试剂的亲核性

亲核试剂的亲核性（nucleophilicity）显著地影响双分子亲核取代。试剂的亲核性愈强，S_N2 愈容易进行，对 S_N1 影响不大。

试剂的亲核性由其碱性、可极化性、体积等因素决定。亲核原子相同，负离子亲核性强于中性试剂。

$$RO^- > ROH;\quad RS^- > RSH;\quad PhO^- > PhOH;\quad AcO^- > AcOH$$

亲核原子可极化性越强，亲核性越强。

$$HS^- > HO^-；\quad RS^- > RO^-；\quad RSH > ROH；\quad R_3P > R_3N$$
$$I^- > Br^- > Cl^- > F^- \text{（in protic solvent）}$$

同一周期，碱性强，亲核性强。

$$^-CH_3 > {}^-NH_2 > {}^-OH > {}^-F$$

一般，亲核原子相同，碱性越强，亲核性越强。

$$RO^- > HO^- > PhO^- > Me\overset{O}{\underset{\|}{C}}O^- > ROH > H_2O$$

亲核试剂的体积因素显著，碱性与亲核性可能不一致。

$$\xrightarrow{\text{CH}_3\text{O}^- \quad \text{MeCH}_2\text{O}^- \quad \text{Me}_2\text{CHO}^- \quad \text{Me}_3\text{CO}^-}_{\text{碱性增强，亲核性减弱}}$$

碱性：结合质子的能力，无立体效应。亲核性：结合电正性碳的能力，存在立体效应。
线性亲核试剂的亲核性强，如 ^-CN、$^-N_3$、^-SCN 等都是很强的亲核试剂。

3）离去基团的离去倾向
离去基的碱性愈弱、愈稳定，L 愈容易离去；C-L 键愈弱，L 愈容易离去。

	^-OH ^-OR $^-NH_2$	F^-	Cl^-	Br^-	I^-	TsO^-
r.r.	≪1	1.0	200	10,000	30,000	60,000

HX（除 X = F 外）都是强酸，X^- 是弱碱，较稳定，易离去。

$$\text{离去难易}：I^- > Br^- > Cl^- > F^-$$

离去基的离去能力强，对 S_N1 与 S_N2 都有利，但对 S_N1 的影响大于对 S_N2 的影响。

$$(CH_3)_3CX + H_2O \xrightarrow{80\%EtOH} (CH_3)_3COH + HX$$

X	F	Cl	Br	I	TsO
r.r.	10^{-5}	1	39	99	10^5

碘负离子既是良好的亲核试剂，又是良好的离去基，这种双面性在反应中可用作催化剂。如伯氯代烃水解理论上容易，事实上反应很慢，但加入催化量的碘化钠，反应就很快完成了。这里就利用了碘负离子既是良好的亲核试剂又是良好的离去基的两面性。

$$RCH_2Cl \xrightarrow{I^-} RCH_2I \xrightarrow{HO^-} RCH_2OH$$

强碱如 HO^-、RO^-、H_2N^-、RHN^- 等较难离去，不是好的离去基团。但其共轭酸稳定，易于离去。所以，这些基团需在酸性条件下方可发生取代。

			Leaving group
R—OH		R—$\overset{+}{O}H_2$	H_2O
R—OR	$\xrightarrow{H^+}$	R—$\overset{+}{O}HR$	ROH
R—NH_2		R—$\overset{+}{N}H_3$	NH_3
R—NHR		R—$\overset{+}{N}H_2R$	RNH_2

中性分子水、碱性很弱的磺酸负离子都非常稳定,是良好的离去基团。

$$R\text{—}OH \xrightarrow[Py]{TsCl} R\text{—}OTs \xrightarrow{Nu^-} Nu\text{—}R + {}^-OTs$$

对甲苯磺酸酯　　　　　　　　　对甲苯磺酸负离子
　　　　　　　　　　　　　　　　good leaving group

不同离去基团在亲核取代反应中的相对反应速度：

L	F^-	O_2NO^-	Cl^-	Me_2S	Br^-	H_2O	I^-	TsO^-	BsO^-	$PNBsO^-$
$r.r.$	10^{-2}	0.5	1	25	50	50	150	190	300	2 800

加入 Ag^+、Hg^+、Cu^+ 等助催化剂可促进反应按 S_N1 进行,离去的不是 X^- 而是 AgX。

$$R\text{—}X + Ag^+ \xrightarrow{EtOH} R^+ + AgX \xrightarrow[S_N1]{Nu^-} R\text{—}Nu$$

4) 溶剂的影响

溶剂对反应一般是有影响的,有的影响很大。

溶剂分类：极性溶剂,如水、醇、丙酮等；非极性溶剂,如四氯化碳、石油醚、环己烷等；质子性溶剂,如水、醇、羧酸等；非质子偶极溶剂,如丙酮、乙腈、DMF、DMSO、HMPA。

(1) 溶剂的一般影响

溶剂对反应的影响,除溶解因素外,主要考虑反应从起始到过渡态前后的电荷变化情况,是否能稳定过渡态,即是否有利于反应。极性溶剂对 S_N1 有利,对 S_N2 不利；非极性溶剂对 S_N1、S_N2 都不利；质子溶剂对 S_N1 有利,对 S_N2 一般不利；非质子偶极溶剂对 S_N2 最有利。

溶剂对 S_N1 与 S_N2 的影响——Hughes-Ingold 规律

S_N1：一般,极性溶剂有利于 S_N1。

$$R\text{—}X \longrightarrow \overset{\delta^+}{R}\cdots\overset{\delta^-}{X} \longrightarrow R^+ + X^-$$

　　　　　　　电荷分离　　　　电离

极性溶剂有利于 RX 的离子化。过渡态电荷分离以及电离产生碳正离子,都因极性溶剂的溶剂化而稳定,因此极性溶剂、溶剂极性增大对 S_N1 是有利的(表 6-2)。

$$Me_3C\text{—}Br + Sol\text{—}OH \xrightarrow{S_N1} Me_3C\text{—}O\text{—}Sol + HBr$$

SolOH	EtOH	80%EtOH—H_2O	50%EtOH—H_2O	H_2O
$r.r.$	1	10	29	1 450

表 6-2　叔丁基氯与乙酸、甲醇和水的溶剂解相对速度

Solvent	Dielectric constant, ε	Relative rate
$MeCO_2H$	6	1
MeOH	33	4
HOH	78	150 000

S_N2：取决于反应底物与亲核试剂是否带电荷。

$$HO^- + R-X \longrightarrow \overset{\delta^-}{HO}\cdots R\cdots \overset{\delta^-}{X} \longrightarrow HO-R + X^-$$

电荷分散

过渡态电荷分散,极性溶剂对过渡态溶剂化稳定作用比反应物小,因而溶剂极性增大不利,反应减速。

$$HNu + R-X \longrightarrow \overset{\delta^+}{HNu}\cdots R\cdots \overset{\delta^-}{X} \longrightarrow Nu-R + HX$$

电荷分离

过渡态电荷分离,极性溶剂对过渡态溶剂化稳定作用比反应物大,因而溶剂极性增大有利,反应加速。

(2) 质子与非质子极性溶剂的溶剂化效应

质子溶剂(protic solvent):水、醇、酸等。

质子溶剂的溶剂化(solvation of protic solvent):质子溶剂通过氢键溶剂化负离子,通过电子供体原子溶剂化正离子。如溴化钠在溶剂水、醇等质子溶剂中的溶剂化:

溶剂化负离子　　　　　溶剂化正离子　　　　　溶剂化碳正离子

在质子溶剂中,正、负离子都被溶剂化。溶剂化的负离子在反应中必须先冲破溶剂化层,才能接近反应中心以达到过渡态,因而需要更高的能量才能克服反应的活化能,所以反应变慢,即显示较低的亲核反应活性。如卤素负离子在质子溶剂如乙醇中,离子愈小电负性愈大愈易溶剂化,其反应性是随着离子半径增大而提高。

溶剂化: $F^- > Cl^- > Br^- > I^-$ (in protic solvent)

反应性: $F^- < Cl^- < Br^- < I^-$ (in protic solvent)

非质子偶极溶剂(aprotic dipolar solvent):非质子偶极溶剂即不含有活性氢的强极性溶剂,如丙酮(acetone)、乙腈(MeCN)、N,N-二甲基甲酰胺(DMF)、二甲基亚砜(DMSO)和六甲基磷酰胺(HMPA, HMPTA)。

丙酮	N,N-二甲基甲酰胺	二甲基亚砜	六甲基磷酰胺	乙腈
acetone	N,N-Dimethylformaide DMF	Dimethylsulfoxide DMSO	Hexmethylphosphorous Triamide, HMPA	acetonitrile

非质子偶极溶剂都有较大的偶极矩（dipole moment，μ），如丙酮 2.85 D、乙腈 3.92 D、DMF 3.82 D 等。

非质子偶极溶剂的共同结构特点是，分子中的重键高度极化，即正负电荷分离，负端暴露，正端被烃基掩盖而隐藏。因此，此类溶剂可通过负端有效溶剂化正离子，而难以溶剂化负离子。也就是说，在非质子偶极溶剂中，负离子几乎是裸露的（naked），因而反应活性就显得特别高。

非质子极性的溶剂化（solvation of aprotic dipolar solvent），如溴化钠在 DMF 中的溶剂化：

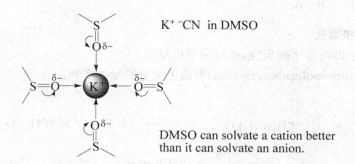

显然，在 DMF 中，钠离子被溶剂化，而溴负离子不被溶剂化。

再譬如氰化钾在 DMSO 中的溶剂化，钾离子被溶剂化，而氰负离是裸露的。

显然，非质子偶极溶剂通过其负端溶剂化正离子，负离子不被溶剂化，因而反应性即亲核性显得特别强。

（3）非质子偶极溶剂对双分子亲核取代的影响

非质子偶极溶剂有利于双分子亲核取代，是双分子亲核取代反应的良好溶剂。

质子与非质子溶剂对叠氮化钠与正溴丁烷的 S_N2 反应速度的影响：

$$\text{CH}_3\text{CH}_2\text{CH}_2\text{CH}_2\text{Br} + \text{NaN}_3 \xrightarrow{\text{solvent}} \text{CH}_3\text{CH}_2\text{CH}_2\text{CH}_2\text{N}_3 + \text{NaBr}$$

Solvent	MeOH	HOH	DMSO	DMF	MeCN	HMPA
Rel. rate	1	7	1 300	2 800	5 000	200 000

可以看出，在非质子极性溶剂中的速度比在质子溶剂中的快得多，其中又以在 HMPA 中最快。再例如：

$$\text{Cl(CH}_2\text{)}_n\text{Cl} + 2\,\text{NaCN} \xrightarrow{\text{solvent}} \text{NC(CH}_2\text{)}_n\text{CN} + 2\,\text{NaCl}$$

$$\text{relative rate} = \text{DMSO}/\text{EtOH} - \text{H}_2\text{O} = 10^3$$

$$\text{CH}_3\text{I} + \text{KF} \xrightarrow{\text{solvent}} \text{CH}_3\text{F} + \text{KI}$$

$$\text{relative rate} = \text{DMSO}/\text{MeOH} = 10^7$$

大量的实验事实都表明，非质子偶极溶剂是 S_N2 的良好溶剂。

在非质子极性溶剂中，卤素负离子的亲核性与其碱性是一致的。

反应性： $F^- > Cl^- > Br^- > I^-$ (in aprotic solvent)

$$\text{LiX} + \text{Me}-\text{OTs} \xrightarrow{\text{DMF}} \text{X}-\text{CH}_3 + \text{LiOTs}$$

X	Cl	Br	I
Rel. rate	7.8	3.2	1.0

甲酸与丙酮分别是 S_N1 与 S_N2 反应的代表性溶剂。

$$R-Br \xrightarrow{\text{HCO}_2\text{H}} R^+\,Br^- \xrightarrow[S_N1]{\text{HCO}_2\text{H}} R-OCH\!=\!O + HBr$$

$$I^- + R-Br \xrightarrow[S_N2]{\text{Me}_2\text{CO}} I-R + Br^-$$

3. 分子内亲核取代

双官能团分子即可分子间反应，也可分子内反应。

分子间反应(intermolecular reaction)形成更大分子量的产物。

$$\text{L(CH}_2\text{)}_n\text{O}^- + \text{L}-\text{CH}_2(\text{CH}_2)_n\text{O}^- \longrightarrow \text{L(CH}_2\text{)}_n\text{OCH}_2(\text{CH}_2)_n\text{O}^- + \text{L}^-$$

分子内反应(intramolecular reaction)生成环化产物。

具有亲核原子与离去基的双官能团分子可发生分子内的亲核取代（$S_N i$）而形成环状化合物。

$$\underset{O^- \quad L}{(CH_2)_n} \xrightarrow{S_N i} \underset{O}{(CH_2)_n}$$

成环反应难易主要取决于反应熵变与环张力等因素。

两官能团离得越近、成环越小，反应越快；但环小、张力大，又不利于环的形成。

综合考量，环醚化反应速度与环大小的关系为：

$$k_3 \geqslant k_5 > k_6 > k_4 \geqslant k_7 > k_8$$

β-卤代醇在碱作用下消去卤化氢生成环氧化合物：

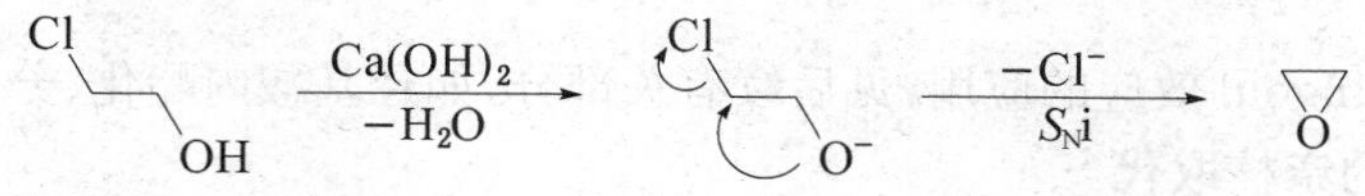

δ-卤代胺消去卤化氢生成五元环胺：

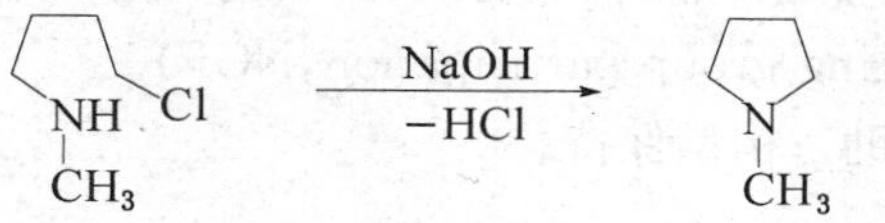

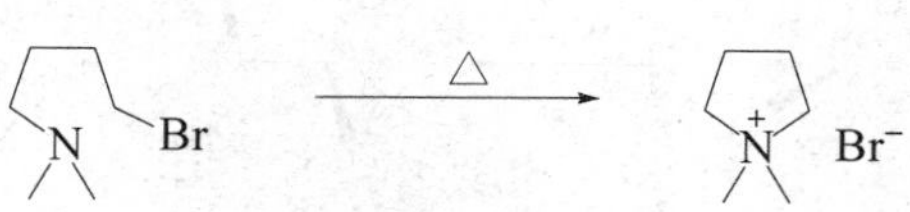

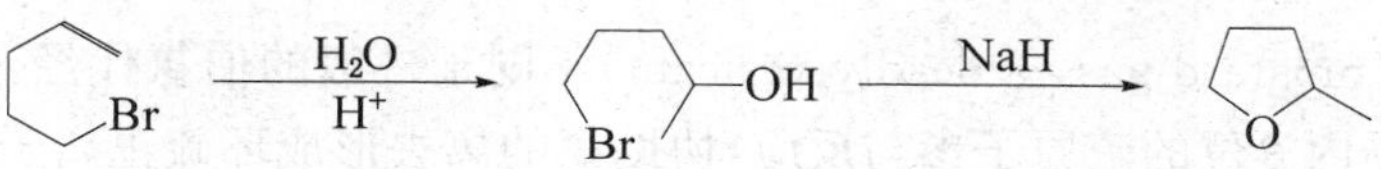

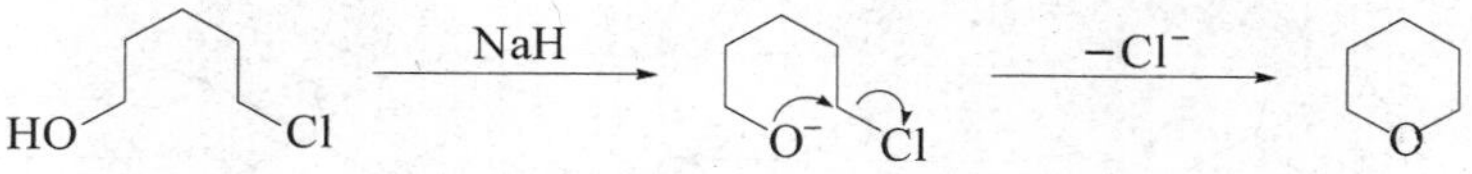

C≥9 的 ω-卤代酸、ω-羟基酸在高稀释溶液（high dilution）条件下分子内反应环化成内酯。

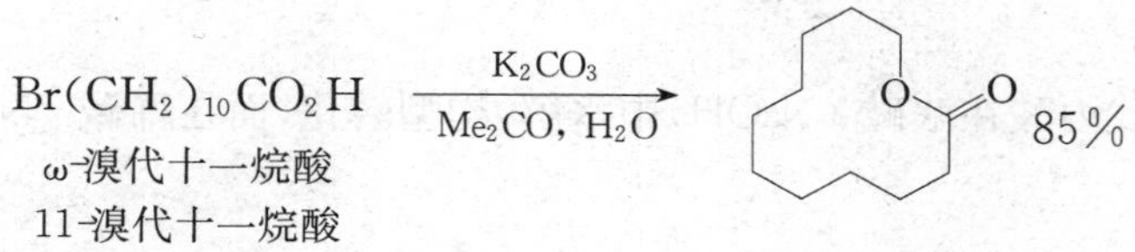

ω-溴代十一烷酸
11-溴代十一烷酸
11-Bromoundecanoic acid

11-十一烷酸内酯

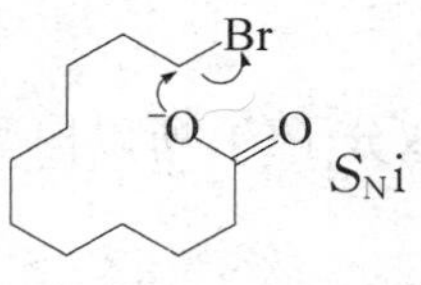

Thorpe-Ingold 效应：影响分子内反应——环化的另一结构因素是 Thorpe-Ingold 效应，也就是偕二甲基效应（gem-dimethyl effect）。分子内的同碳二甲基（偕二甲基 geminal dimethyl）对环化反应有促进作用，此即 Thorpe-Ingold 效应（J. F. Thorpe, C. K. Ingold, 1915），又称为偕二甲基效应，也称为角压缩效应（angle compression）。四面体碳原子上的两个甲基互相排斥，结果是增大了两甲基之间的键角，同时也就压缩了构成碳四面体的另一对键的键

角,于是这一对基团被压得靠近了一点。这一微小键角的变化显著地影响了成环反应的熵变,使得有偕二甲基或取代基的分子链易于环化。这就是四面体碳原子上两个大取代基导致另两基之间的反应加速。

$$\text{H}_2\text{C}(R)(R)\ 115.3° \quad (CH_3)_2C(R)(R)\ 109.5°$$

关于 Thorpe-Ingold 效应的应用,见后续有关部分,如羟基酸内酯化、分子内酯缩合等。

4. 邻基参与的亲核取代

邻基参与

邻基处于适当的反应位置,参与反应是自然、合理的,从而加速反应(邻位协助,一般是)并导致构型保持,此即邻基参与(neighboring group participation, NGP)。

邻基参与效应:加速反应(邻位协助);构型保持。

$$G: \xrightarrow{NGP, -L^-} \text{(环状中间体)} \xrightarrow{Nu^-} G: + G:$$

G = O, S, N, X, Ph, C=C, CO_2^-

例如芥子气(mustard gas, a deadly vesicant)不同于一般的伯氯代烃,易于水解,且与碱的浓度无关。分子内 β 位的硫原子参与反应,协助氯的离去形成环硫正离子——邻基参与,再开环加成完成取代。

$$\text{Cl-CH}_2\text{CH}_2\text{-S-CH}_2\text{CH}_2\text{-Cl} \xrightarrow{-Cl^-} \text{Cl-CH}_2\text{CH}_2\text{-}\overset{+}{S}\text{(环)} \xrightarrow{HO^-}$$

$$\text{Cl-CH}_2\text{CH}_2\text{-S-CH}_2\text{CH}_2\text{-OH} \xrightarrow{HO^-, -Cl^-} \text{HO-CH}_2\text{CH}_2\text{-S-CH}_2\text{CH}_2\text{-OH}$$

光活性的 α-溴代丙酸在浓碱(NaOH)中水解,构型转化,而在稀碱(NaOH—H_2O/Ag_2O)则构型保持。

$$(S)\text{-CH}_3\text{CHCO}_2\text{H} \xrightarrow{HO^-} \text{CH}_3\text{CHCO}_2\text{H}$$
$$\quad\quad\quad\quad |\text{Br} \quad\quad\quad\quad\quad\quad\quad |\text{OH}$$

在浓碱(NaOH)中水解,反应是双分子的,所以构型转化:

$$HO^- + \overset{O_2C\ \ H}{\underset{}{C}}-Br \xrightarrow{S_N2} HO-\overset{H\ \ CO_2^-}{\underset{}{C}} + Br^-$$

在稀碱(NaOH—H_2O/Ag_2O)中,羧酸负离子作为邻基参与反应,协助溴的离去形成 α-内酯,构型转化一次,然后氢氧负离子从背后开环加成,完成取代,构型再转化一次,净结果是构型保持。

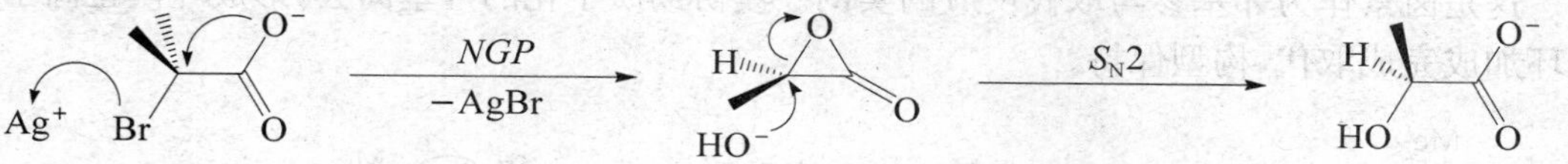

邻基参与再举例：

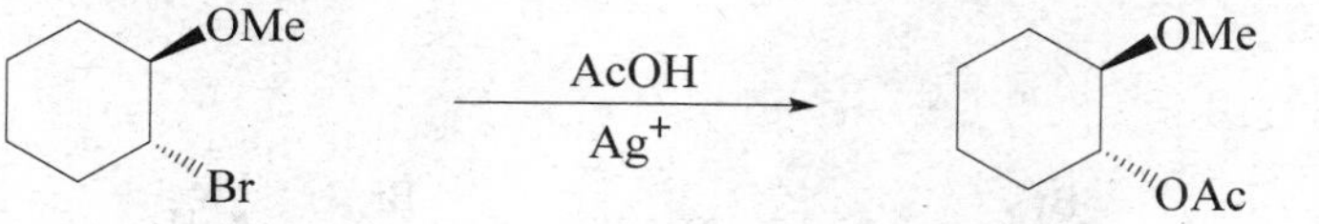

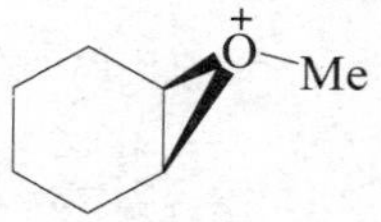

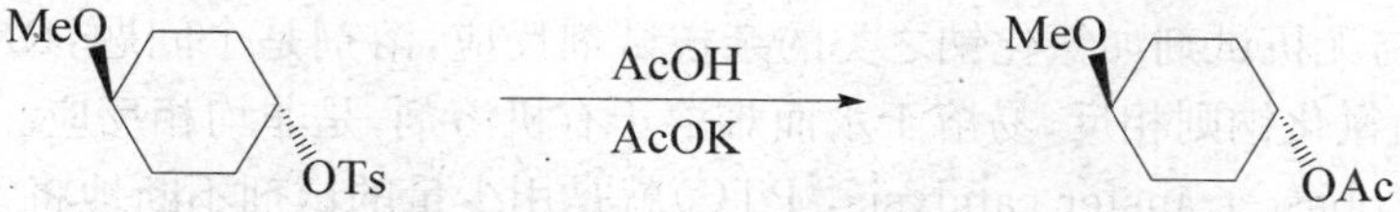

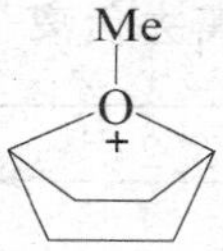

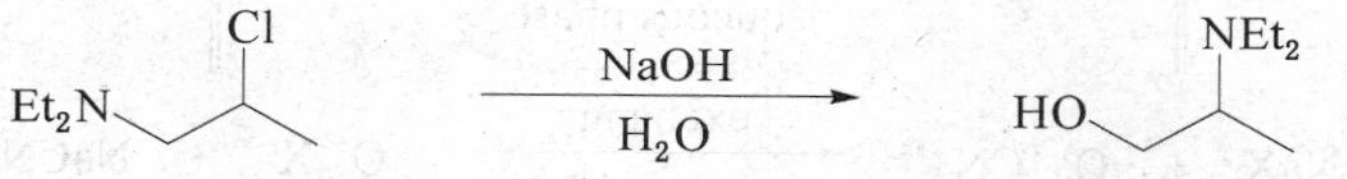

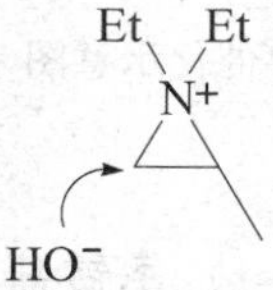

赤式或苏式 3-溴-2-丁醇与氢溴酸反应，都能够保持构型。

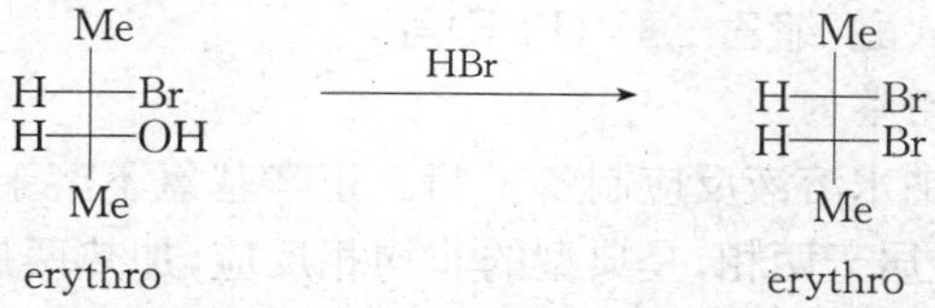

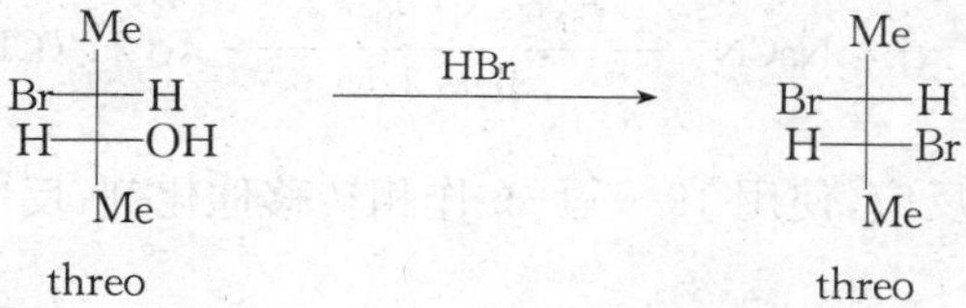

这是卤素作为邻基参与取代反应的实例。溴协助质子化的羟基离去,形成环溴正离子,再开环加成完成取代,构型保持。

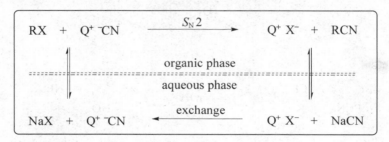

5. 相转移催化亲核取代

卤代烷 RX 与无机试剂如氰化钠之类的亲核试剂反应,溶剂是个问题:RX 易溶于有机溶剂而难溶于水,而氰化钠则相反,易溶于水而难溶于有机溶剂,是非均相反应。

相转移催化(phase-transfer catalysis,PTC)就是用少量的试剂不断地将亲核试剂如氰离子从水相转移到有机相发生反应,然后又将离去负离子从有机相带回水相,如图 6-3 所示。

$$RX + Q^+\ ^-CN \xrightarrow{S_N 2} Q^+ X^- + RCN$$

organic phase
------
aqueous phase

$$NaX + Q^+\ ^-CN \xleftarrow{exchange} Q^+ X^- + NaCN$$

图 6-3 相转移催化示意图

特点:反应温度降低、时间缩短、产率提高等。

常用的相转移催化剂(phase-transfer catalyst):季铵盐如三乙基苯甲基氯化铵(TEBA,TEBAC)$PhCH_2N^+(C_2H_5)_3Cl^-$、四正丁基溴化铵(TBAB)$(C_4H_9)_4N^+Br^-$、甲基三辛基氯化铵$(C_8H_{17})_3N^+CH_3Cl^-$(Aliquat 336)等,季鏻盐如三丁基十四烷基溴化鏻$(C_4H_9)_3P^+C_{14}H_{29}Br^-$等,多醚络合剂如冠醚、穴醚、缩乙二醇(PPE)等。

相转移催化反应应用举例

用正辛基氯与氰化钠水溶液反应制备壬腈。正辛基氯不溶于水自成一相——有机相,氰化钠处于水相,反应物分居于两相,是典型的非均相反应,加热两周也不发生反应。若加入相转移催化剂三丁基十六烷基溴化铵,回流反应一个半小时,壬腈的产率达到 99%。

$$CH_3(CH_2)_7Cl + NaCN \xrightarrow[\text{reflux, 1.5h}]{C_{16}H_{33}N^+Bu_3Br^-} CH_3(CH_2)_7CN + NaCl$$
$$99\%$$

正辛基溴与氰化钠反应,使用 19-冠-6 作相转移催化剂,反应也很好。

$$CH_3(CH_2)_7Br + KCN \xrightarrow[80^\circ C, 4h]{H_2O, 18\text{-}C\text{-}6} CH_3(CH_2)_7CN + KBr$$
$$97\%$$

$$CH_3(CH_2)_7Cl + Na_2S \xrightarrow[H_2O]{C_{16}H_{33}P^+Bu_3Br^-} CH_3(CH_2)_6CH_2SCH_2(CH_2)_6CH_3$$
$$91\%$$

$$\text{Cl-CH}_2\text{CH}_2\text{CH}_2\text{-Cl} \xrightarrow[18\text{-Crown-}6]{KCN} \text{NC-CH}_2\text{CH}_2\text{CH}_2\text{-CN} \quad 96.8\%$$

相转移催化不仅用于亲核取代反应,在消去、加成、氧化、还原、缩合等反应中也得到广泛应用。如应用在有机氧化反应中,将无机氧化剂如高锰酸钾、重铬酸钾等转移到有机相中,从而加速氧化反应。

$$CH_3(CH_2)_7CH=CH_2 \xrightarrow[Me^+N(C_8H_{17})_3Cl^-]{KMnO_4/PhH\text{-}H_2O} CH_3(CH_2)_7CO_2H$$
$$91\%$$

6. 亲核取代在合成中的应用

通过亲核取代反应形成 C—C、C—O、C—S、C—N、C—P、C—X 等键,在有机合成中广泛应用。

形成 C—C 键:

$$(CH_3)_3CCH_2OTs \xrightarrow[HMPA]{NaCN} (CH_3)_3CCH_2CN \quad 90\%$$

$$\text{(geranyl bromide)} \xrightarrow{NaC\equiv CH} \text{(alkynyl product)}$$

形成 C—X、C—O 键:

$$CH_3\underset{Br}{\overset{}{C}}HCN + NaI \xrightarrow{acetone} CH_3\underset{I}{\overset{}{C}}HCN + NaBr$$
$$96\%$$

$$PhC(CH_3)_2Cl \xrightarrow{EtOH} PhC(CH_3)_2OEt$$

形成 C—S 键:硫醇和硫醚的合成

$$n\text{-}C_{12}H_{25}Br + NaSH \xrightarrow[reflux]{EtOH} n\text{-}C_{12}H_{25}SH + NaBr$$

$$CH_3SNa + ClCH_2CH_2OH \longrightarrow CH_3SCH_2CH_2OH$$

$$\text{Br(CH}_2\text{)}_4\text{Br} + Na_2S \longrightarrow \text{(thiolane)}$$

问题 4 完成反应

(1) 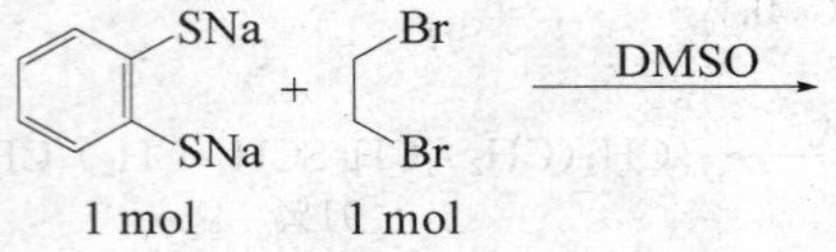 邻-C₆H₄(SNa)₂ (1 mol) + BrCH₂CH₂Br (1 mol) —DMSO→

(2) 2 BrCH₂CH₂Br + 2 Na₂S ⟶

6.3.1.2 卤代芳烃的亲核取代反应

1. 活化芳香亲核取代反应

卤代苯难以发生亲核取代反应。氯苯碱性水解、氨解曾是苯酚、苯胺的工业生产方法,但反应条件要求甚高,如高温高压甚至还要催化。

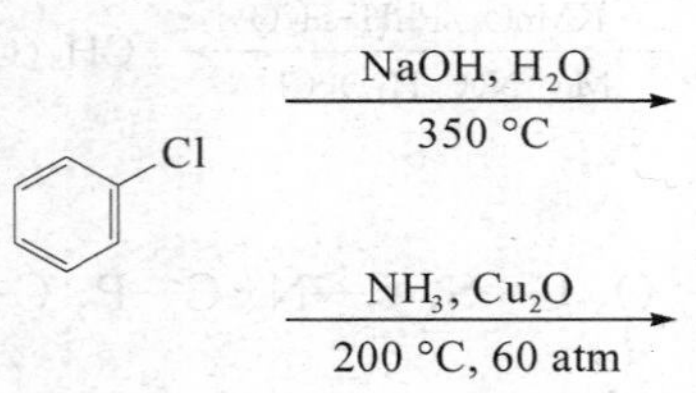

C₆H₅Cl —NaOH, H₂O, 350 ℃→ C₆H₅OH

C₆H₅Cl —NH₃, Cu₂O, 200 ℃, 60 atm→ C₆H₅OH

但在卤原子(离去基)的邻对位(o and/or p)有吸电子基,卤代芳烃的亲核取代反应变得易于发生。

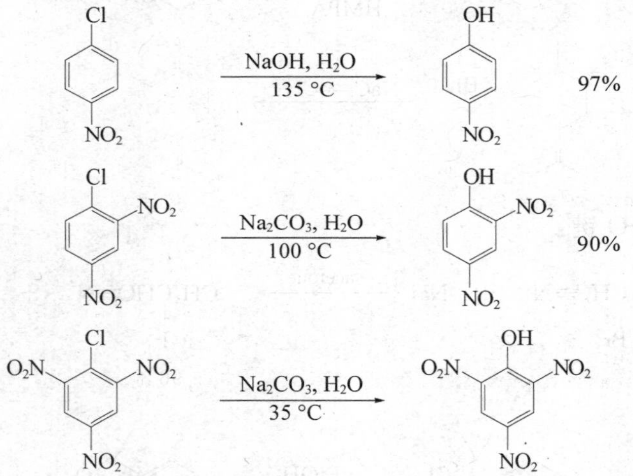

对-ClC₆H₄NO₂ —NaOH, H₂O, 135 ℃→ 对-HOC₆H₄NO₂ 97%

2,4-二硝基氯苯 —Na₂CO₃, H₂O, 100 ℃→ 2,4-二硝基苯酚 90%

2,4,6-三硝基氯苯 —Na₂CO₃, H₂O, 35 ℃→ 2,4,6-三硝基苯酚

活化芳香亲核取代(ArS_N)反应机理:亲核加成(A_N)-消去(E)

反应分步进行,经历亲核加成(A_N)-消去(E),产生中间体芳负离子。芳负离子被对位硝基的吸电子效应稳定。

亲核试剂首先亲核加成芳环,产生芳负离子中间体,被取代基的吸电子效应所稳定,然后消去离去基,恢复芳环,完成取代。

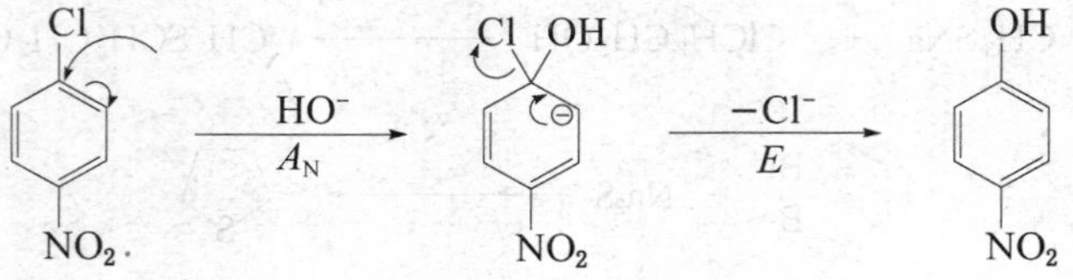

对-ClC₆H₄NO₂ + HO⁻ —A_N→ [中间体] —$-Cl^-$, E→ 对-HOC₆H₄NO₂

中间体芳负离子的负电荷不是定域的而是离域的(共振),主要分布在邻对位和硝基氧上,也就是说,中间体芳负离子因对位硝基的吸电子共轭效应而稳定。

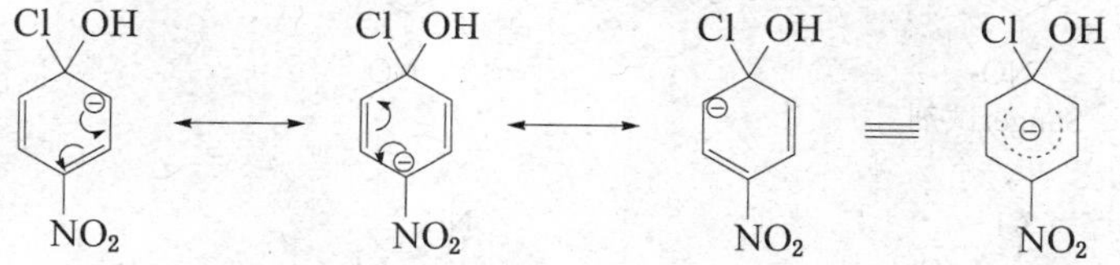

2,4,6-三硝基苯甲醚和乙醇钾作用与2,4,6-三硝基苯乙醚和甲醇钾作用产生同一个中间体芳负离子——Meisenheimer 络合物(Jakob Meisenheimer,1902)。

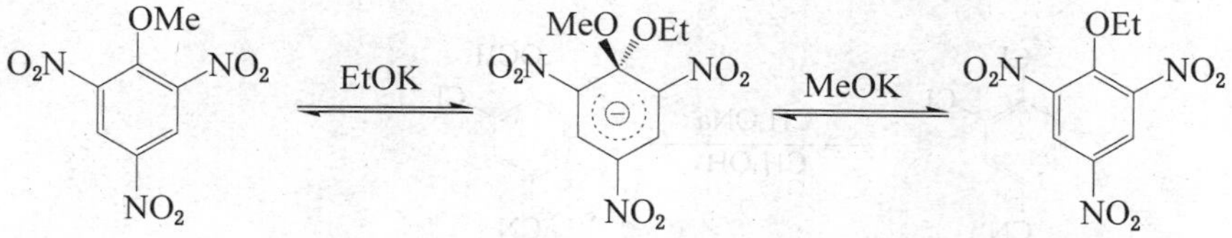

Meisenheimer complex

稳定中间体芳负离子的因素,有利于取代反应。因此,邻对位的吸电子基稳定芳负离子,使反应易于进行,此即活化了亲核取代反应。

吸电子基:硝基(NO_2)、氰基(CN)、羰基($COMe$,CO_2Me)、磺酰基(SO_2)、三卤甲基(CX_3)、季铵盐($^+NMe_3$)等。

离去基的吸电子效应也是稳定因素。

卤素(X)的反应性:F > Cl > Br > I

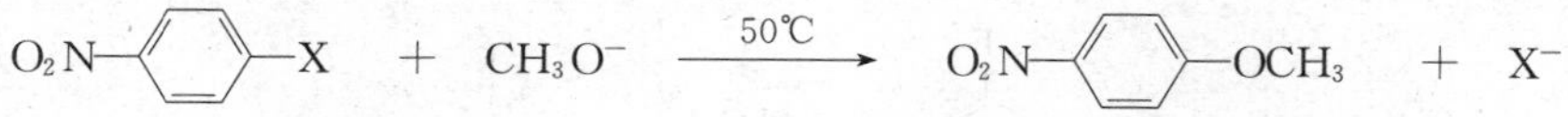

$$O_2N-C_6H_4-X + CH_3O^- \xrightarrow{50℃} O_2N-C_6H_4-OCH_3 + X^-$$

X	F	Cl	Br	I
r.r.	3.2	1	0.74	0.38

可以看出,卤素的反应活性差别不大,这表明卤负离子的离去是快的,也就是说第一步亲核加成是慢步骤,也就是速度决定步骤(rate-determining step)。

例:

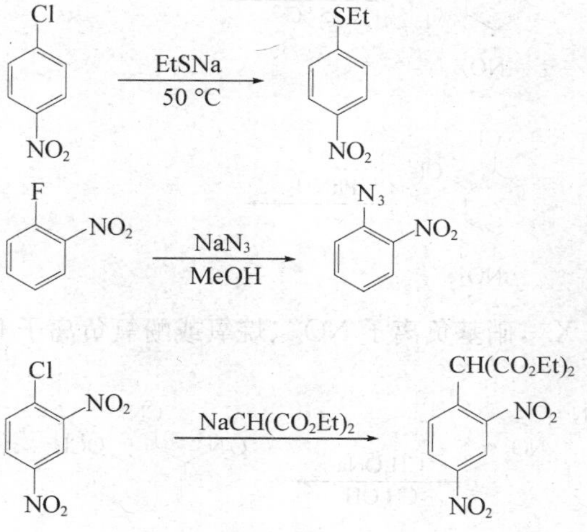

p-Cl-C_6H_4-NO_2 $\xrightarrow[50℃]{EtSNa}$ p-EtS-C_6H_4-NO_2

o-F-C_6H_4-NO_2 $\xrightarrow[MeOH]{NaN_3}$ o-N_3-C_6H_4-NO_2

2-Cl-1,4-(NO_2)_2-C_6H_3 $\xrightarrow{NaCH(CO_2Et)_2}$ 2-CH(CO_2Et)_2-1,4-(NO_2)_2-C_6H_3

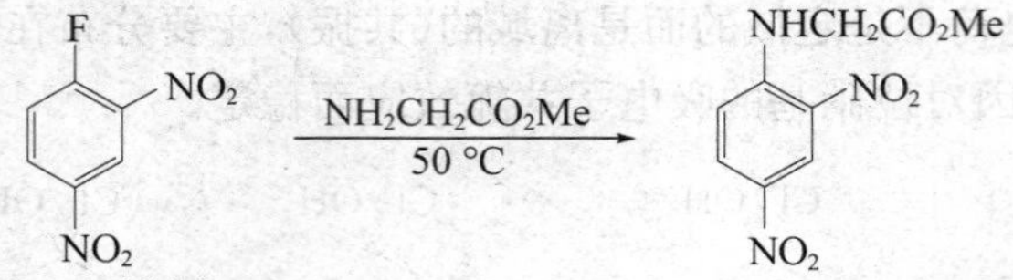

[Sanger试剂] 2,4-二硝基氟苯 + NH₂CH₂CO₂Me, 50 °C → N-(2,4-二硝基苯基)甘氨酸甲酯 (NHCH₂CO₂Me)

1,2-二氯-4-硝基苯 + NH₃, △ → 2-氯-4-硝基苯胺

3,4-二氯苯腈 + CH₃ONa/CH₃OH → 4-甲氧基-3-氯苯腈

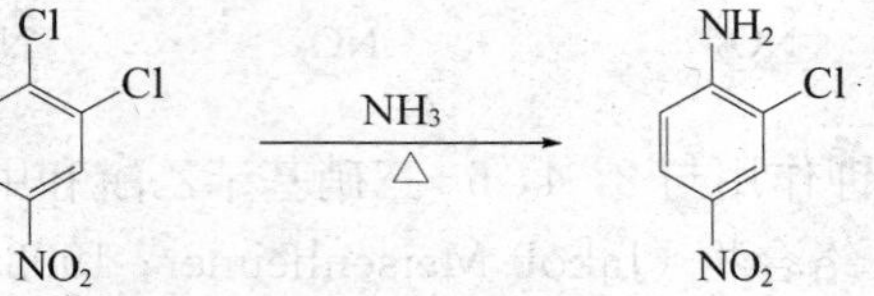

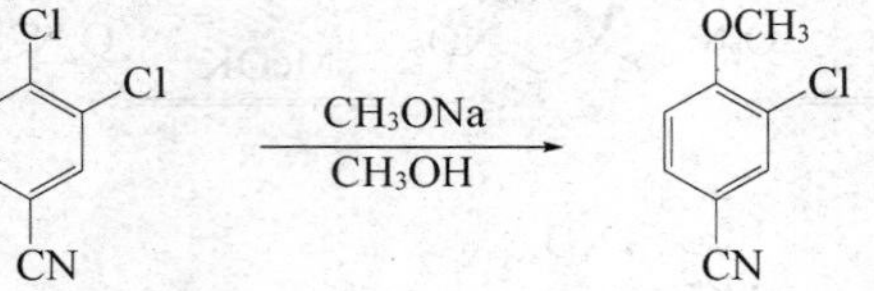

问题 5 完成反应

2-氟硝基苯 + NaOMe/MeOH →

2-氟硝基苯 + 哌啶 (NH) →

4-氟硝基苯 + PhOH/NaOH →

2,4-二硝基氯苯 + CH₃NH₂, 25 °C →

1,2-二氯-4-硝基苯 + PhNH₂, △ →

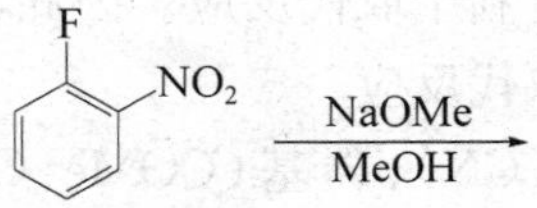

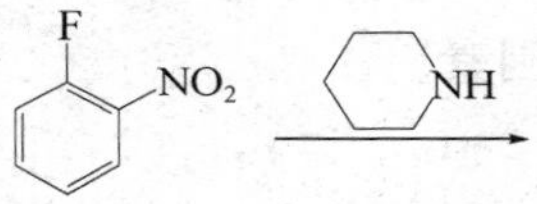

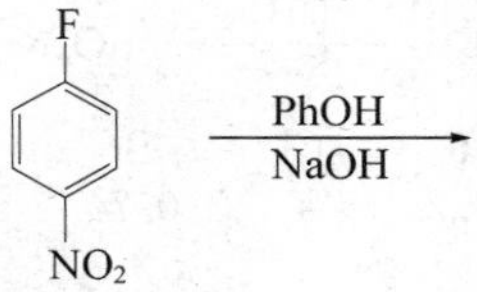

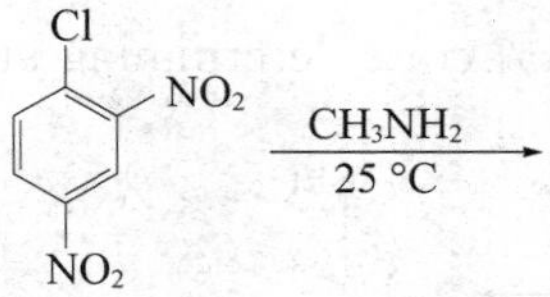

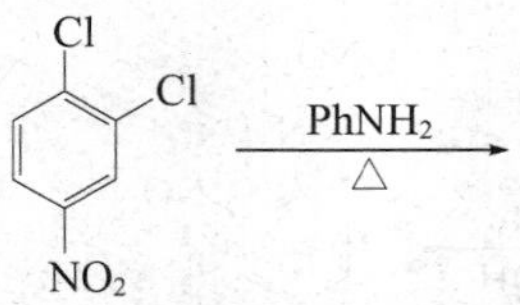

离去基不限于卤素负离子 X^-,硝基负离子 NO_2^-、烷氧或酚氧负离子 RO^- 亦可离去。

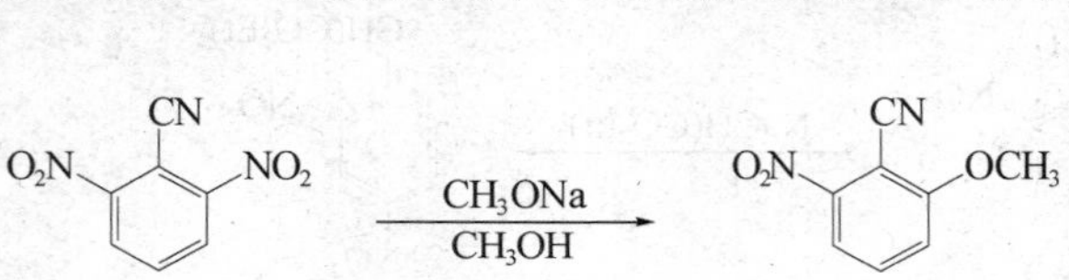

2,6-二硝基苯腈 + CH₃ONa/CH₃OH → 2-硝基-6-甲氧基苯腈

· 306 ·

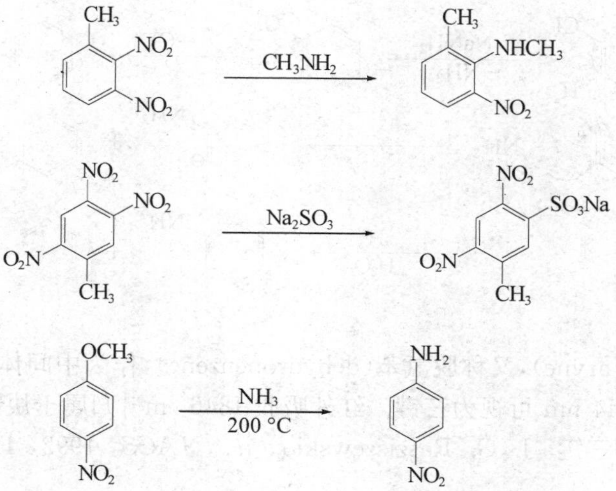

[反应式图略]

2. 强碱苯炔型芳香亲核取代反应

卤代苯与氨基钠（钾）在液氨中反应生成苯胺。

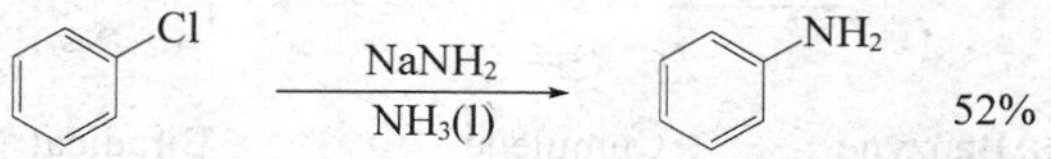

[反应式：氯苯 + NaNH₂/NH₃(l) → 苯胺 52%]

反应机理：消去-亲核加成，中间体苯炔（benzyne）。
在强碱作用下，消去一分子卤化氢，生成苯炔，再亲核加成，完成取代。

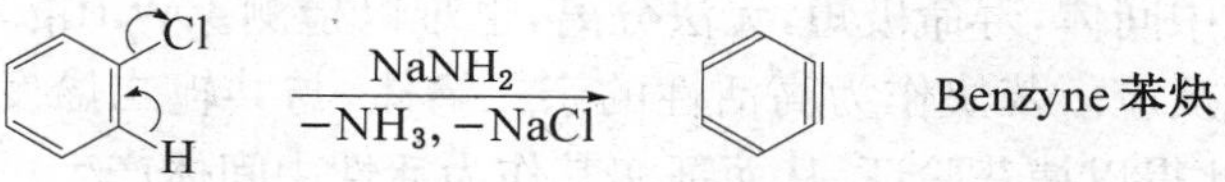

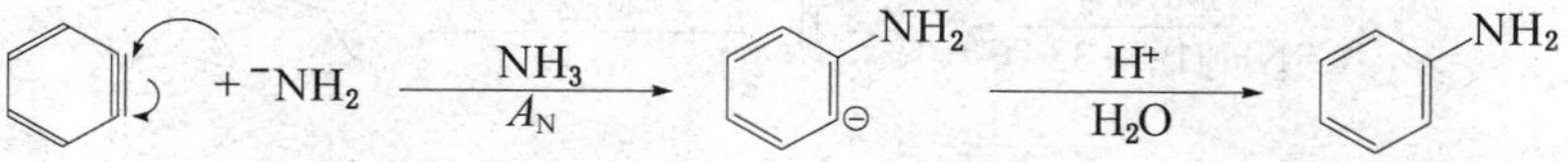

[反应式：氯苯经NaNH₂, −NH₃, −NaCl 生成 Benzyne 苯炔]

[反应式：苯炔 + ⁻NH₂ 经 NH₃, A_N 生成碳负离子中间体，再经 H⁺/H₂O 生成苯胺]

1953年，J. D. Roberts 完成了同位素 ^{14}C 标记实验，有力地支持苯炔机理。同位素碳-14 标记的氯苯进行此反应生成两种苯胺，各近 50%。

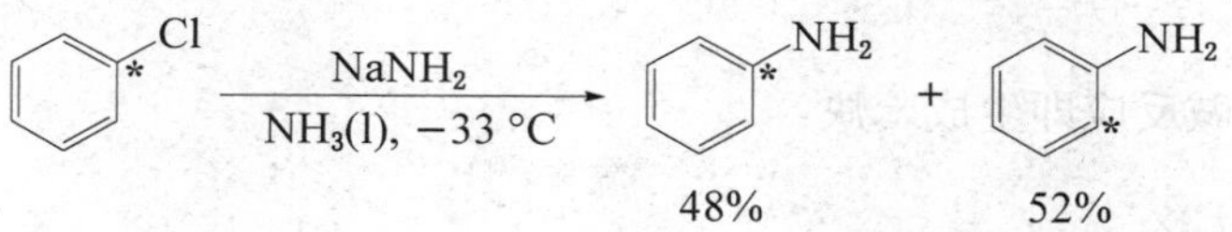

[反应式：*标记氯苯 + NaNH₂/NH₃(l), −33 °C → 两种标记苯胺 48% + 52%]

消去生成苯炔，亲核加成产生两种苯胺：

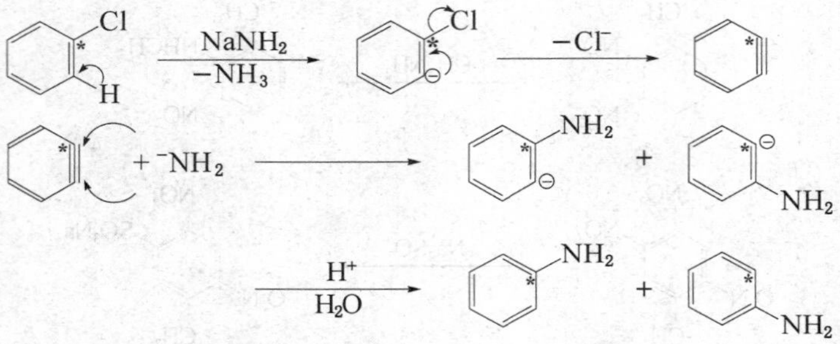

苯炔 (benzyne, aryne)，又称脱氢苯 (dehydrobenzene)，作为中间体已被接受。环内有四种键长，最短的 0.1344 nm 可视为三键。红外吸收 1846 cm^{-1} 归属于炔键的伸缩振动吸收，这高于双键低于正常的三键 (J. G. Rasziszewski et al., JACS, 1992, 114, 52)。苯炔也有双自由基的成分。

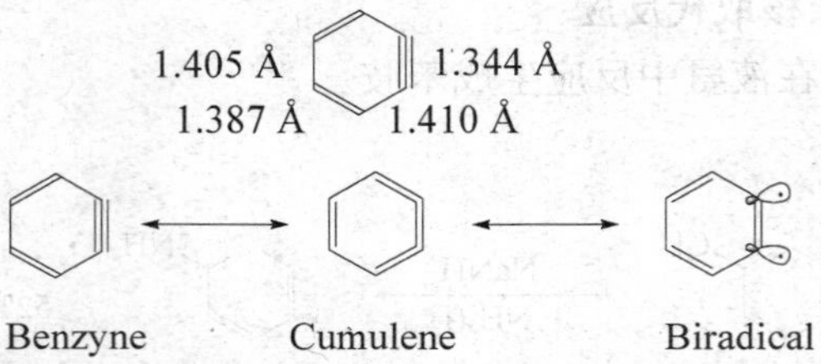

Ahmed H. Zewail 等报道了苯炔中间体的飞秒观察 (Eric W. -G. Diau, Ahmed H. Zewail et al. Femtosecond observation of benzyne intermediates in a molecular beam. *PNAS* 2000, 97(4), 1376)。

苯炔是高活性的中间体，寿命极短，无法分离，也难以检测。Wittig 和 Pohmer 发现，苯炔能参与[4+2]环加成反应。苯炔作为高活性的亲二烯体，与共轭二烯发生 Diels-Alder 反应，其产物易于监测，藉此得以捕获验证，从而证实其作为活性中间体产生。

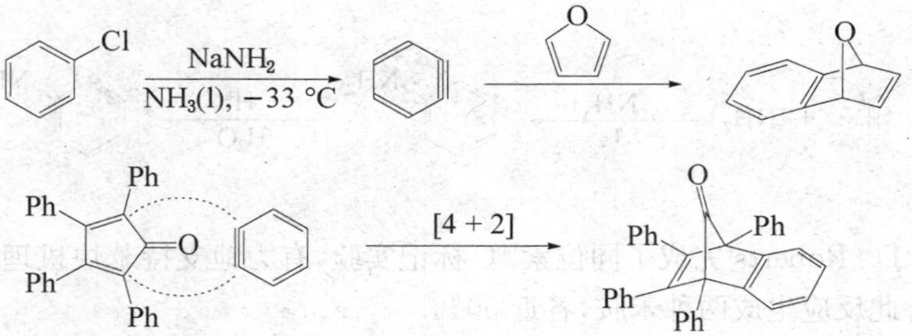

苯炔的产生

卤代苯与特强碱反应即生成苯炔：

Strong bases:
NaNH$_2$, BuLi, PhLi, Et$_2$NLi, LDA

从反应机理上看,邻位氢是必须的,否则,无此反应。例:

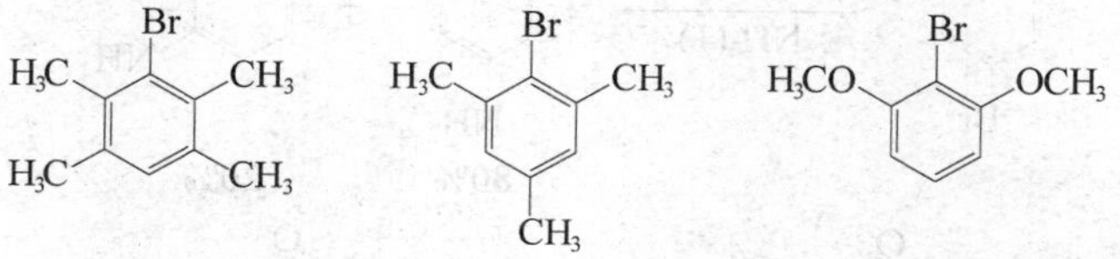

邻二卤代苯与金属锂或镁反应生成苯炔:

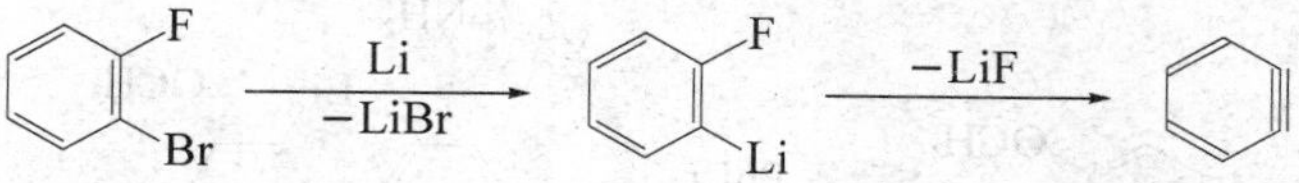

邻氨基苯甲酸亚硝化脱羧放氮产生苯炔:

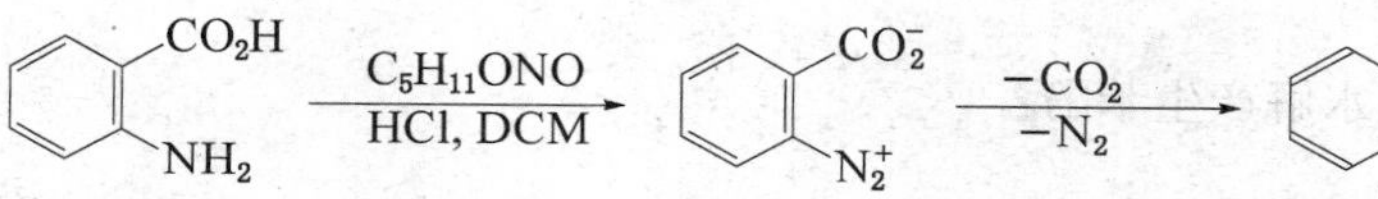

邻苯二甲酸酐或过氧化邻苯二甲酰光照产生苯炔:

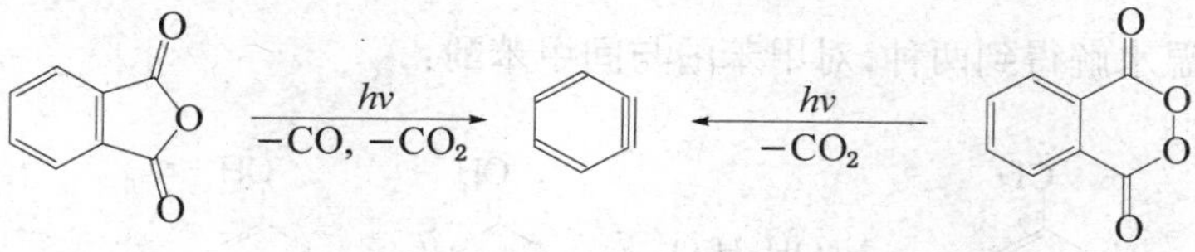

卤素 X 的反应活性:I > Br > Cl > F

区域选择性:夺取氢有选择时,酸性较强的先消去;加成有选择时,生成较稳定的负离子。这些均受控于取代基的诱导效应(I)。例如邻氯苯甲醚和间氯苯甲醚都生成同一间甲氧基苯胺。这是因为生成同一中间体苯炔,加成产生较稳定的负离子,受控于甲氧基的吸电子诱导效应。

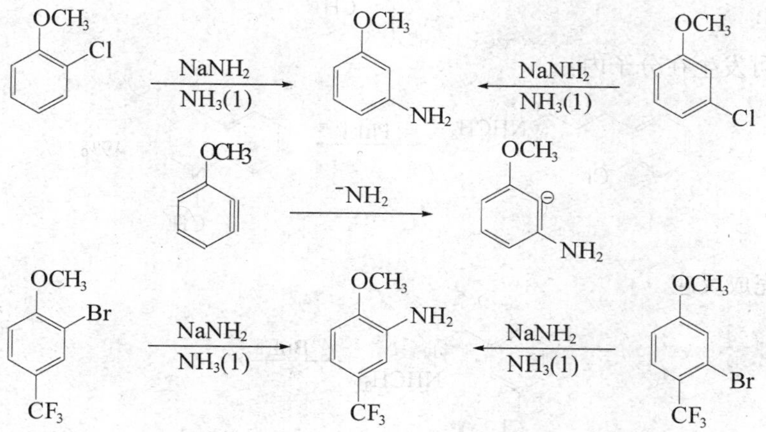

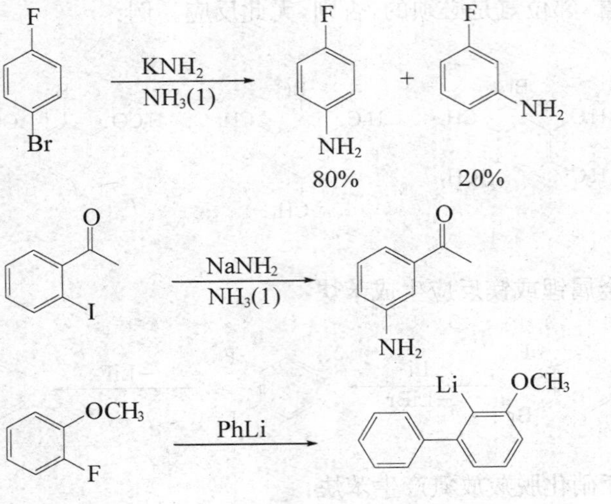

卤代苯的高温水解产生苯酚：

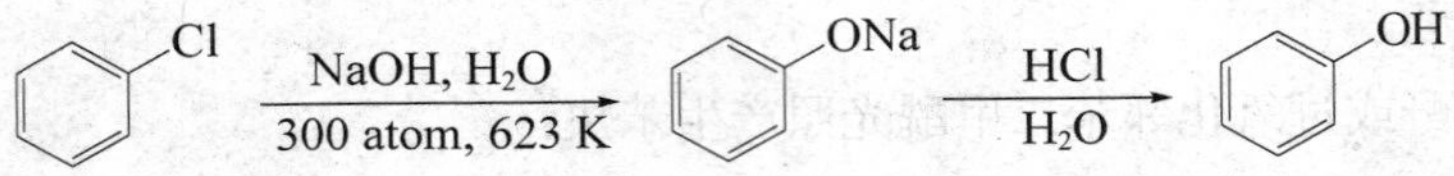

对甲氯苯高温水解得到两种，对甲苯酚与间甲苯酚：

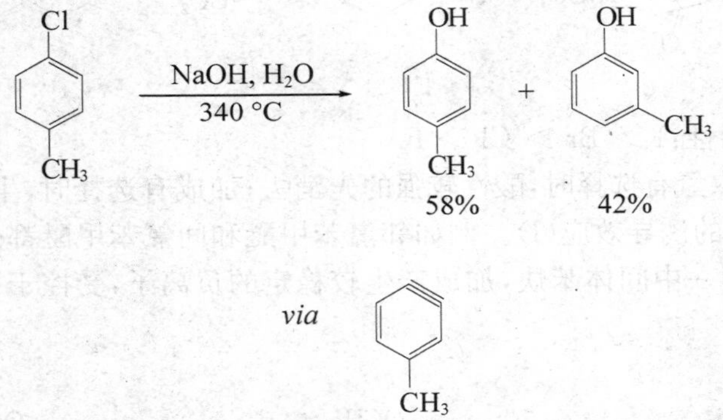

此类反应可发生在分子内：

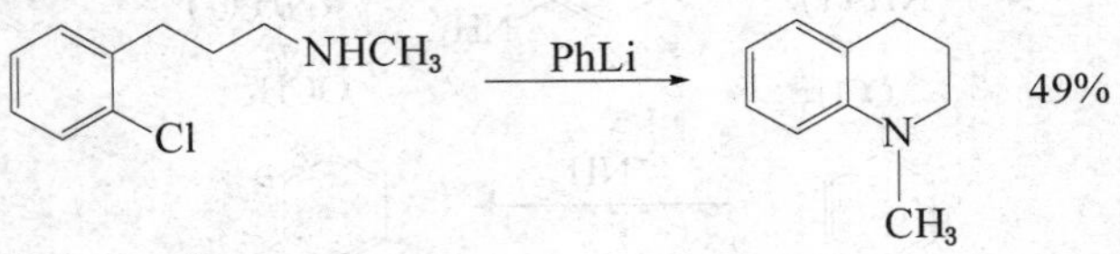

问题 6 完成反应

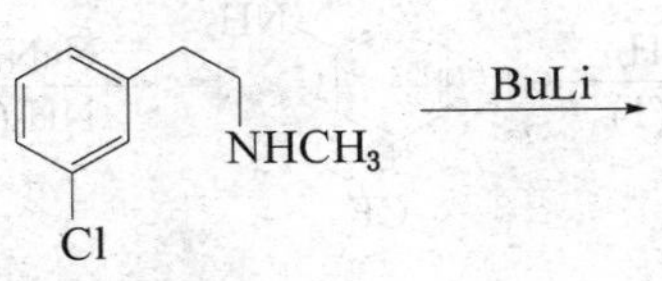

苯炔的其它反应：苯炔易发生亲电与亲核加成、聚合、环加成等反应。

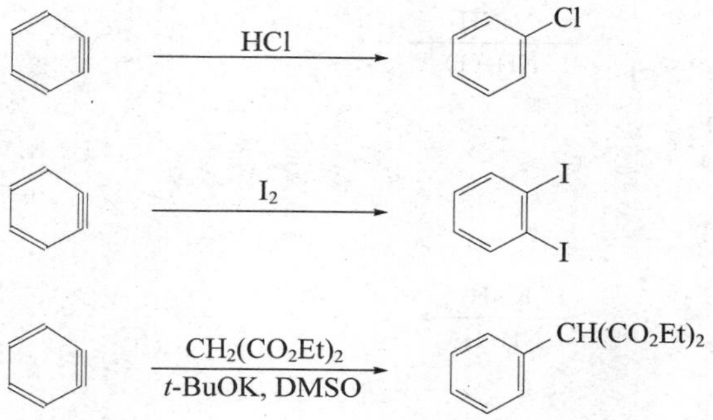

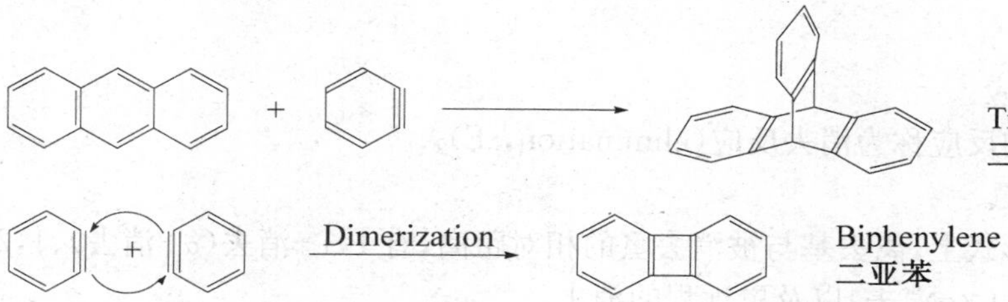

$$\text{苯炔} \xrightarrow{\text{HCl}} \text{PhCl}$$

$$\text{苯炔} \xrightarrow{I_2} \text{邻-二碘苯}$$

$$\text{苯炔} \xrightarrow[t\text{-BuOK, DMSO}]{CH_2(CO_2Et)_2} \text{PhCH}(CO_2Et)_2$$

蒽 + 苯炔 ⟶ Triptycene 三碟烯

苯炔 + 苯炔 —Dimerization→ Biphenylene 二亚苯

问题 7 完成反应

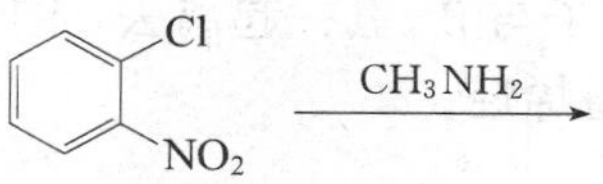

$$\text{邻-氯硝基苯} \xrightarrow{CH_3NH_2}$$

$$\text{对-溴硝基苯} \xrightarrow[\text{EtOH}]{\text{EtOK}}$$

$$\text{2-溴-1-氯-4-硝基苯} \xrightarrow[H_2O]{NaOH}$$

$$\text{1-溴-2,4-二硝基苯} \xrightarrow[\text{NaOH}]{\text{PhOH}}$$

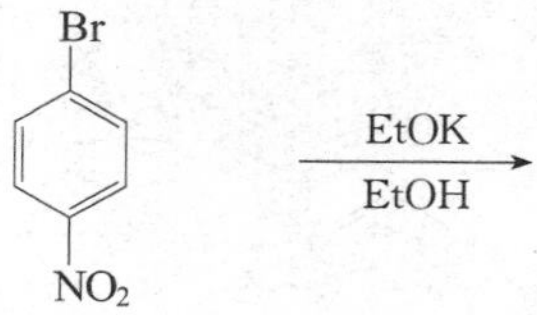

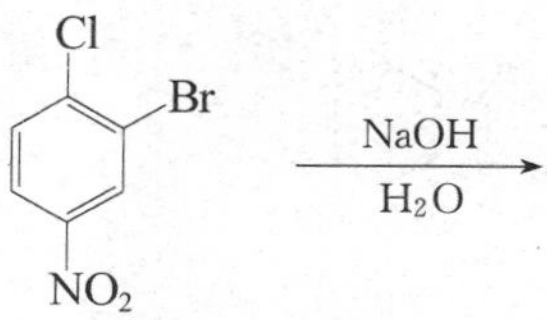

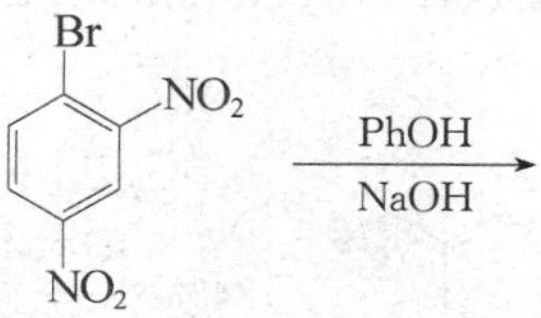

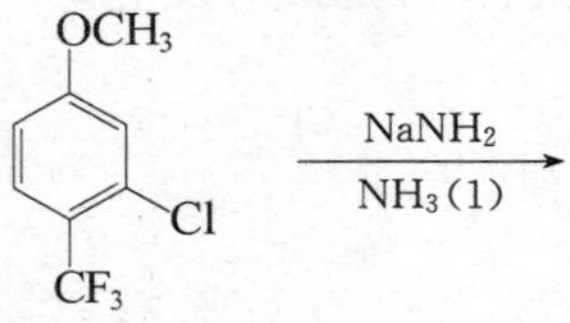

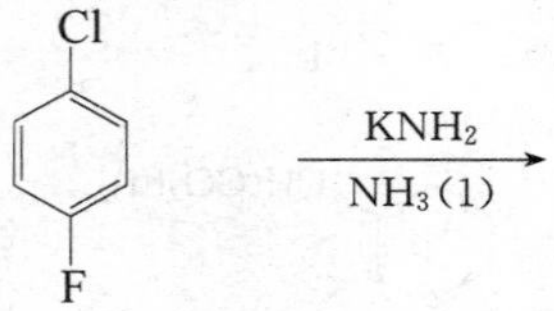

[反应式：3-氯-4-三氟甲基苯甲醚 + NaNH₂/NH₃(l)]

[反应式：对氯氟苯 + KNH₂/NH₃(l)]

6.3.2 消去反应

6.3.2.1 消去反应

消去小分子的反应称为消去反应(elimination, E)。

1. 消去卤化氢

消去反应在形式上,离去基与被消去氢的相对距离,有1,1-消去(α-消去)、1,2-消去(β-消去)和1,3-消去(γ-消去)以及更远程的消去。

1) 1,2-消去(β-消去)

1,2-消去,又称β-消去,是最常见的消去反应。

卤代烷在碱作用下消去一分子卤化氢,即卤原子与β-氢一起离去,生成烯键。常用苛性碱(氢氧化钾或氢氧化钠)的无水乙醇溶液回流制备烯烃。

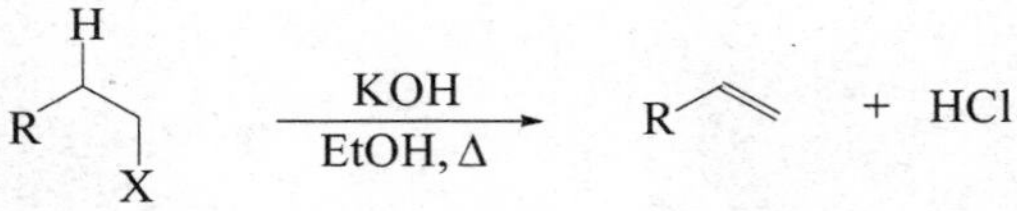

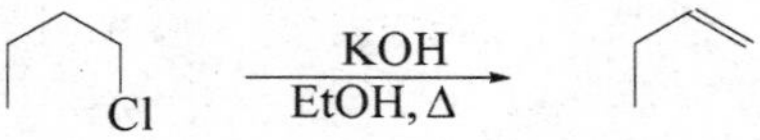

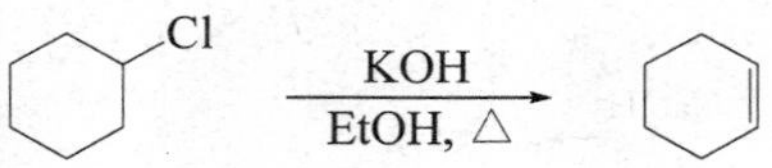

$$\underset{X}{\overset{H}{R-CH-CH}} \xrightarrow{\text{KOH}}_{\text{EtOH}, \Delta} R-CH=CH + HCl$$

[反应式：氯代正丁烷 + KOH/EtOH,Δ → 1-丁烯]

[反应式：氯代环己烷 + KOH/EtOH,Δ → 环己烯]

用于消去反应的碱还常用叔丁醇钾(t-BuOK/t-BuOH, t-BuOK/DMSO)、氨基钠(NaNH₂)等。喹啉(quinoline)、吡啶(pyridine)、三乙胺(triethyl amine, TEA)、DBN、DBU等是常用的有机碱。

例：

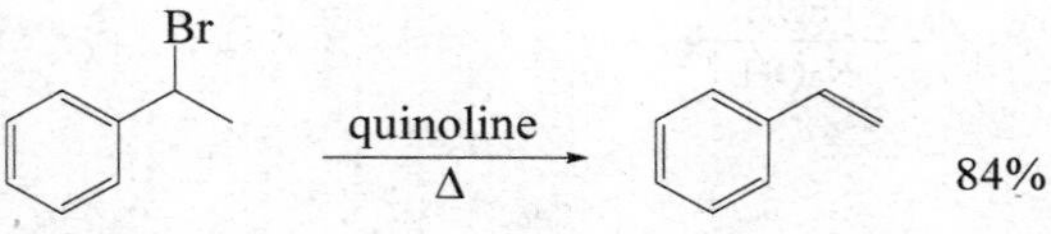

[反应式：1-苯基-1-溴乙烷 + quinoline/Δ → 苯乙烯 84%]

$$\text{C}_6\text{H}_{11}\text{Cl} \xrightarrow[\triangle]{\text{DBN}} \text{C}_6\text{H}_{10} \quad 93\%$$

同碳二卤代、邻二卤代烃消去一分子 HX 生成乙烯式卤代烃：

$$(\text{CH}_3)_2\text{CCl}_2 \xrightarrow[\text{EtOH},\triangle]{\text{NaOH}} \text{CH}_2=\text{CClCH}_3$$

$$\text{C}_6\text{H}_{10}\text{Cl}_2 \xrightarrow[\text{EtOH},\triangle]{\text{KOH}} \text{C}_6\text{H}_9\text{Cl}$$

$$\text{ClCH}_2\text{CHClCH}_2\text{Cl} \xrightarrow[\text{EtOH},\triangle]{\text{NaOH}} \text{ClCH}_2\text{CCl}=\text{CH}_2$$

同碳二卤代、邻二卤代烃消去两分子 HX 生成炔：

$$\begin{matrix} \text{RCHCH}_2 \\ \text{X X} \\[2pt] \text{RCH}-\text{CH} \\ \text{X}\text{X} \\[2pt] \text{R}-\text{CCH}_3 \\ \text{X}\text{X} \end{matrix} \xrightarrow[\text{EtOH, reflux}]{\text{EtOK}} \text{RC}\equiv\text{CH} + 2\text{HX}$$

例：

$$\text{PhCHBrCHBrPh} \xrightarrow[\text{EtOH, reflux}]{\text{KOH}} \text{PhC}\equiv\text{CPh} \quad 68\%$$

$$\text{PhCH}_2\text{CHBr}_2 \xrightarrow[\text{NH}_3(\text{l})]{\text{NaNH}_2} \text{PhC}\equiv\text{CH} \quad 73\%$$

乙烯式卤代烃消去一分子 HX 生成炔。例：

$$\text{CH}_3\text{CH}_2\text{CH}=\text{CClCH}_3 \xrightarrow[\text{EtOH, reflux}]{\text{KOH}} \text{CH}_3\text{CH}_2\text{C}\equiv\text{CCH}_3 \quad 79\%$$

但是，普通环的邻二卤代消去两分子卤化氢并不产生炔而是生成二烯，如：

$$\text{(Cl,Cl-cyclohexane)} \xrightarrow[\text{EtOH, }\triangle]{\text{KOH}} \text{(benzene)}$$

问题 8 完成转化

$$\text{PhCH=CHPh} \Longrightarrow \text{Ph—≡—Ph}$$

$$\text{PhCH}_2\text{C(O)Ph}$$

2) 非 β-消去反应

(1) α-消去（1,1-消去）

同碳消去一分子卤化氢产生 carbene，称为 α-消去或 1,1-消去。卤仿（三卤代甲烷）在碱性条件下易消去一分子卤化氢给出卤代 carbene。例：

$$\text{HO}^- + \text{H—CCl}_3 \longrightarrow \text{H}_2\text{O} + {}^-\text{CCl}_3 \longrightarrow {:}\text{CCl}_2 + \text{Cl}^-$$

生成的 carbene 可以与烯键环加成，用于环丙烷衍生物的合成。例：

$$\text{(cyclohexene)} \xrightarrow[\text{PTC}]{\substack{\text{CHCl}_3 \\ 50\% \text{ NaOH-H}_2\text{O}}} \text{(dichlorobicyclic)}$$

$$\text{(cyclohexene)} \xrightarrow[\text{BuLi}]{\text{MeOCH}_2\text{Cl}} \text{(methoxybicyclic)}$$

$$\text{MeOCH}_2\text{Cl} + \text{BuLi} \longrightarrow \text{MeOCHCl(Li)} + \text{BuH} \longrightarrow \text{MeO}\ddot{\text{C}}\text{H} + \text{LiCl}$$

(2) γ-消去（1,3-消去）

1,3-消去（γ-消去）一分子卤化氢生成三元环化合物。如 β-卤代醇碱消去生成环氧化物。

$$\text{X—CH}_2\text{CH}_2\text{—OH} \xrightarrow{\text{HO}^-} \text{(epoxide)} \quad \text{X}\curvearrowright\text{CH}_2\text{CH}_2\text{—O}^-$$

$$\text{(2-chlorocyclohexanol)} \xrightarrow{\text{HO}^-} \text{(cyclohexene oxide)}$$

2. 去卤化

二卤代烃消去一分子卤素称为去卤化反应（dehalogenation）。

邻二卤代烃在锌、镁或碘负离子存在下脱卤生成烯键。

$$\text{PhCH(CH}_3\text{)CH(Br)CH(Br)Ph} \xrightarrow[\text{Et}_2\text{O, reflux}]{\text{Zn}} \text{PhCH(CH}_3\text{)CH=CHPh} \quad 89\%$$

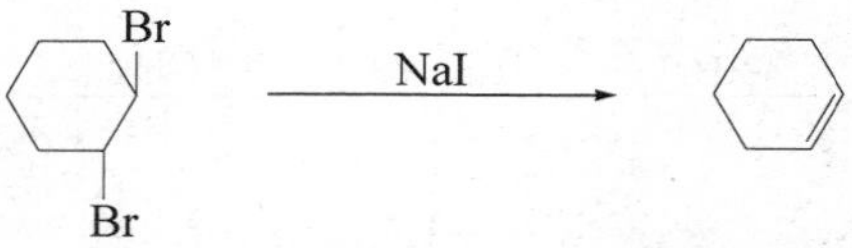

可用于保护烯键（C=C），也可用于某些烯烃的纯化。

1,3-二卤代烃在金属锌存在下去卤环丙烷化。

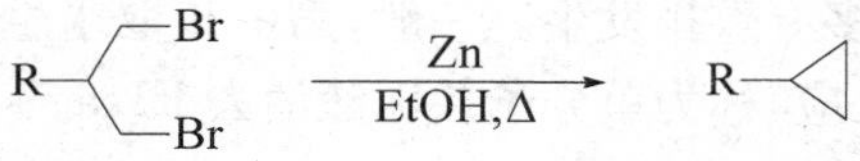

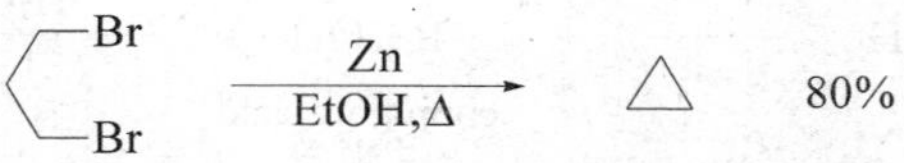

6.3.2.2 消去反应机理

1. 双分子消去(E2)与单分子消去(E1)

双分子消去(bimolecular elimination, E2)

在碱的作用下，C—X 键与 C—H 键的断裂同时发生，是一步协同的双分子反应。

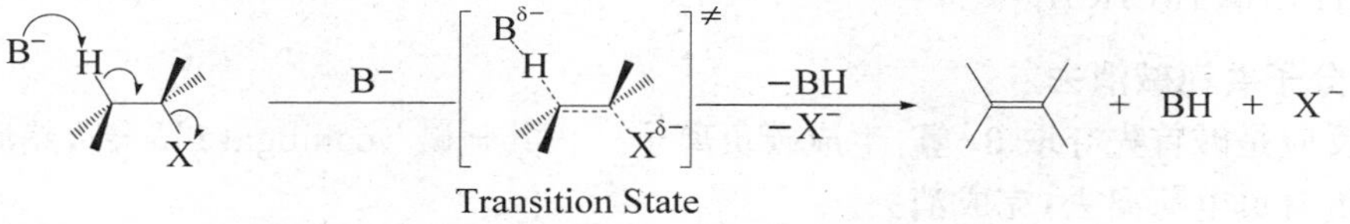

这是一种双分子二级反应，动力学表达：

$$\text{rate} = k[RX][B^-]$$

双分子消去是一步协同反应，在过渡态，涉及底物与试剂两种分子。

单分子消去(unimolecular elimination, E1)

这类反应分步反应，卤原子（离去基）先离去，产生中间体碳正离子，然后再脱去质子，完成消去。一般是生成碳正离子的阶段是慢步骤，也就是速度决定步骤，只涉及底物 RX 一种分子，因此是单分子一级反应。

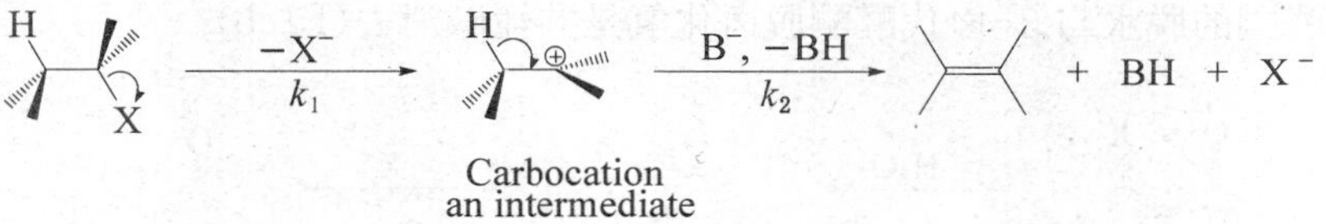

$$\text{rate} = k_1[RX]$$

单分子消去分步进行，速度决定步骤是中间体碳正离子产生，只取决于底物一种分子。

重排是 E1 的标志。

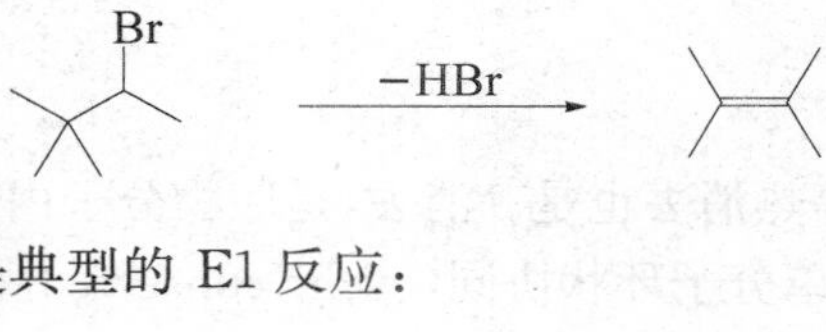

显然分子重排发生了，是典型的 E1 反应：

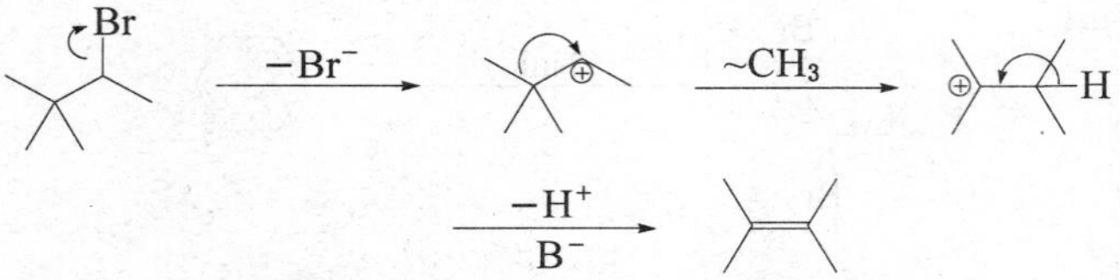

[反应机理示意图：叔丁基溴脱Br⁻生成碳正离子，经~CH₃重排，再脱H⁺生成烯烃]

2. 单分子共轭酸消去

醇的脱水一般在酸性条件下进行，首先是羟基质子化转化为其共轭酸（conjugate acid），再脱去水，产生碳正离子中间体，多有重排发生。一般，第一步取水生成中间体碳正离子一般是速度决定步骤，因此是单分子反应，称为单分子共轭酸消去 E1ca。

$$R-\ddot{O}H + H^+ \longrightarrow R-\overset{+}{O}H_2 \xrightarrow[E1]{-H_2O} R^+ + H_2O$$

$$\underset{\text{共轭酸}}{\text{conjugate acid}}$$

例：

CH₃CH₂CH₂CH₂OH
    |
    OH $\xrightarrow{H_2SO_4}$ CH₃CH=CHCH₃   +   CH₃CH₂CH=CH₂
    | 2-butene(E and Z)   1-butene
CH₃CH₂CHCH₃   70%   30%

3. 单分子共轭碱消去

此类反应是碱首先夺取 β-氢，生成碳负离子——共轭碱（conjugate base），然后是卤原子（离去基）带着负电荷离去，完成消去。

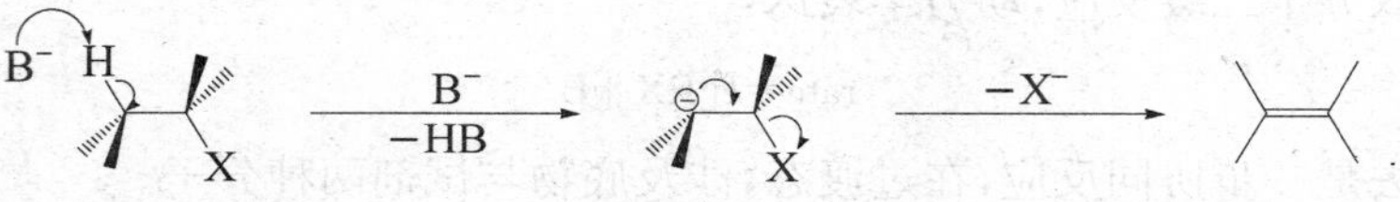

[反应机理示意图：B⁻夺取β-H，经共轭碱中间体，脱X⁻生成烯烃]

中间体碳负离子（底物的共轭碱 conjugate base）被 β-碳上的吸电子基如硝基（NO_2）、氰基（CN）、羰基（CO）、磺酰基（SO_2）等的吸电子效应稳定化。

β-羟基醛酮的脱水与 β-卤代醛酮脱卤化氢是共轭碱消去（E1cb）。

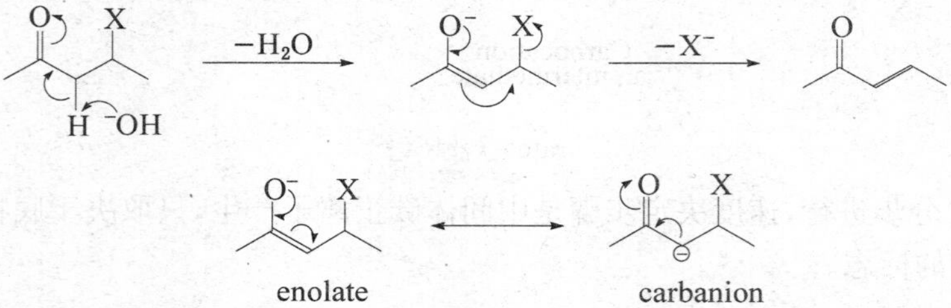

[反应机理示意图：β-羟基卤代酮经烯醇式/碳负离子互变，脱H₂O和X⁻生成α,β-不饱和酮]

4. 单分子环状协同消去

酯、黄原酸酯、氧化叔胺等热消去也是 β 消去，是底物分子内部经历一环状过渡态，一步协同消去一中性分子，所以称为单分子环状协同（cyclic conserted）机理，E1cc。

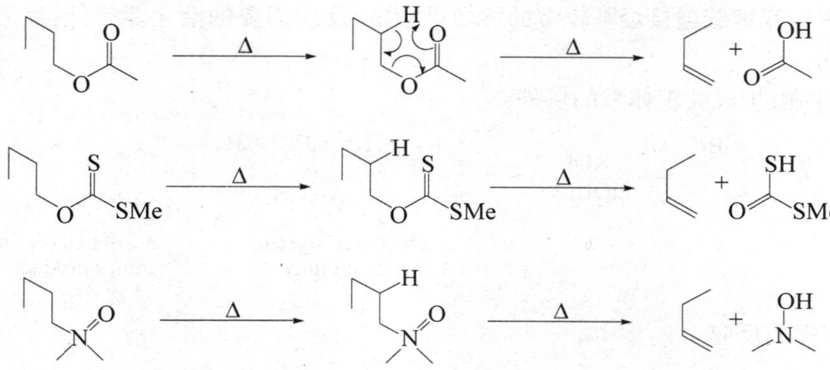

6.3.2.3 消去反应活性

E2 与 E1 的消去反应活性是一致的，都是叔、仲、伯活性依次下降。卤素是碘、溴、氯活性依次减弱。

$$R_3CX > R_2CHX > RCH_2X$$
$$R \quad 3° \quad > \quad 2° \quad > \quad 1°$$
$$X \quad I \quad > \quad Br \quad > \quad Cl$$

溴代烃碱消去反应的活性比较（相对速度 relative rate，r.r.）：

$$\begin{array}{llc}
 & & r.r. \\
CH_3CH_2Br \xrightarrow[-HBr]{B^-} CH_2=CH_2 & & 1.0 \\
CH_3CH_2CH_2Br \xrightarrow[-HBr]{B^-} CH_3CH=CH_2 & & 3.3 \\
(CH_3)_2CHBr \xrightarrow[-HBr]{B^-} CH_3CH=CH_2 & & 9.4 \\
(CH_3)_3CBr \xrightarrow[-HBr]{B^-} (CH_3)_2C=CH_2 & & 120
\end{array}$$

6.3.2.4 消去反应的区域选择性

在 β 消去反应中，若有不同的 β 氢参与消去，将产生构造异构体，这就是区域选择性。

1. Saytzeff 规律

消去主要生成取代较多的烯烃——Saytzeff 烯烃，此即查伊采夫（扎伊采夫 Saytzeff，Zaitsev）规律（1875）(Russian chemist Alexander Mikhaylovich Zaitsev，1841—1910)。卤烃、磺酸酯的碱消去、醇酸脱水等一般遵从此规律。

例：

$$CH_3CH_2CHBrCH_3 \xrightarrow[EtOH,\Delta]{KOH} \underset{\underset{81\%}{\text{2-butene(E and Z)}}}{CH_3CH=CHCH_3} + \underset{\underset{19\%}{\text{1-butene}}}{CH_3CH_2CH=CH_2}$$

仲卤代烷和叔卤代烷消除卤化氢，主要产物为双键碳原子上烃基较多的烯烃——Saytzeff

烯烃。这是因为双键碳连接烃基较多的烯烃更稳定，反应需要的活化能更低，反应速度更快，故是主要产物。

β-氢酸性强、生成共轭体系的例外：

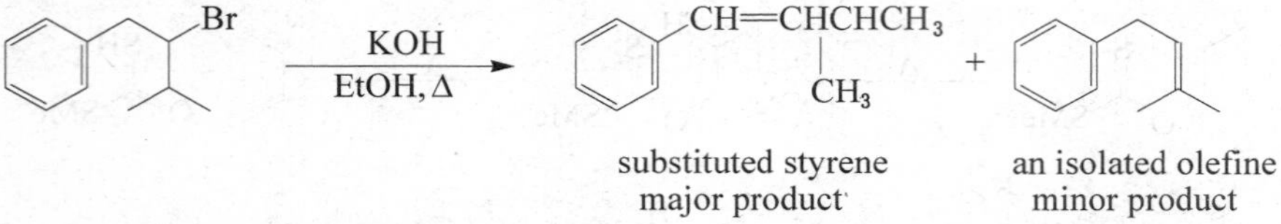

PhCH₂CH(Br)CH(CH₃)₂ $\xrightarrow[\text{EtOH},\Delta]{\text{KOH}}$ PhCH=C(CH₃)CH₂CH₃ (substituted styrene, major product) + PhCH₂C(CH₃)=CHCH₃ (an isolated olefine, minor product)

问题 9 完成反应

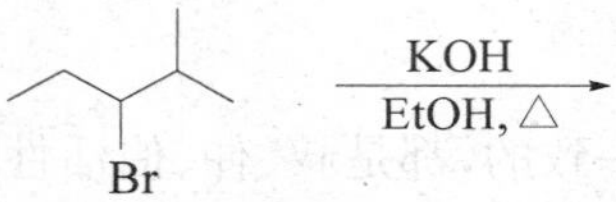

(CH₃CH₂)CH(Br)CH(CH₃)₂ $\xrightarrow[\text{EtOH},\Delta]{\text{KOH}}$

CH₂=CHCH(Cl)CH(CH₃)₂ $\xrightarrow[\text{EtOH},\Delta]{\text{KOH}}$

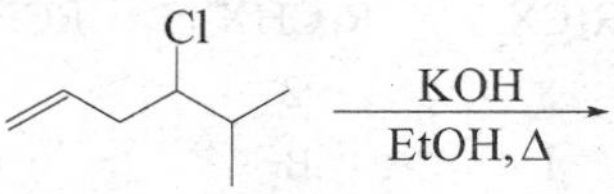

2. Hofmann 规律

消去主要产生取代较少的烯烃——Hofmann 烯烃。季铵碱（Cope 消去）、锍盐、氟代烃等的消去服从此规律。

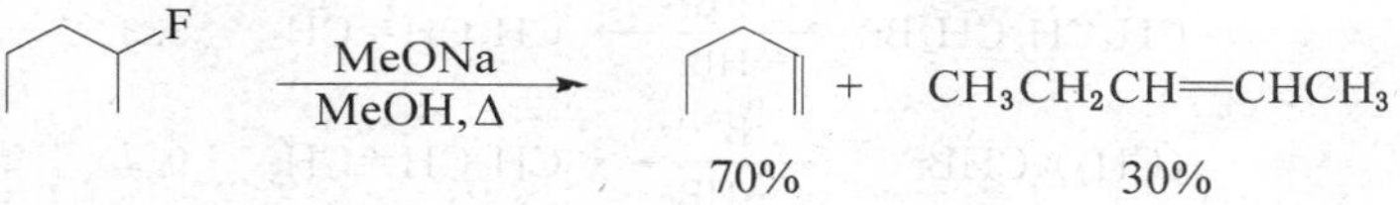

CH₃CH₂CH₂CH(F)CH₃ $\xrightarrow[\text{MeOH},\Delta]{\text{MeONa}}$ CH₃CH₂CH₂CH=CH₂ (70%) + CH₃CH₂CH=CHCH₃ (30%)

除底物的结构因素外，离去基团的性质、碱的强度与体积等都影响消去的区域选择性。随着卤素电负性增大，Hofmann 消去增加，氟代已完全翻转，Hofmann 烯是主要产物，见表 6-3。

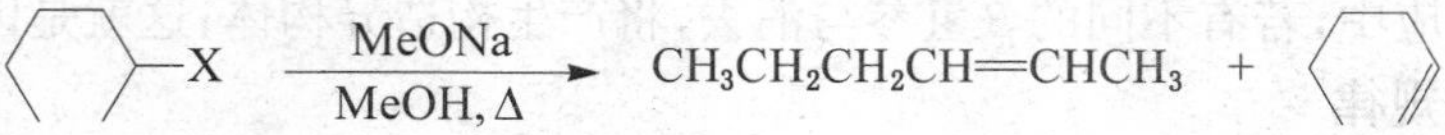

环己基-X $\xrightarrow[\text{MeOH},\Delta]{\text{MeONa}}$ CH₃CH₂CH₂CH=CHCH₃ + 环己烯

表 6-3　卤代烷烃的消去

X	Saytzeff(%)	Hofmann(%)
I	81	19
Br	72	28
Cl	67	33
F	30	70

离去基与碱试剂对 Hofmann 消去的影响见表 6-4。

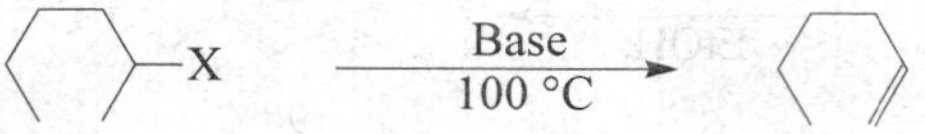

环己基-X $\xrightarrow[\text{100 °C}]{\text{Base}}$ 环己烯

表 6-4　Hofmann 消去

X	Hofmann olefin(%)	
	MeONa/MeOH	t-BuOK/t-BuOH
I	19.3	69.0
Br	27.6	80.0
Cl	33.3	87.6
F	69.9	97.4
$^+NMe_3$	96.2	98.0

表 6-4 表明,随着离去基的吸电子能力增加、试剂的碱性增强体积增大,Hofmann 消去增加。

3. Bredt 规则

普通环的桥环,其桥头碳原子不能容纳双键。

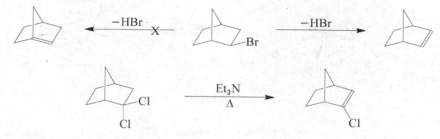

6.3.2.5　消去反应的立体化学

消去反应的构象是共平面(coplanar conformation),即离去基与被消去的 β-氢共处于同一平面内,有反式共平面(anti coplanar)与顺式共平面(syn coplanar):

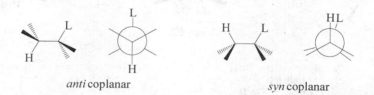

这就有了反式共平面消去(反式消去 anti elimination)和顺式共平面消去(顺式消去 syn elimination):

共平面是成键的立体几何要求,即轨道平行重叠。在双分子消去反应中,C—L 键和 C—H 键逐渐断裂,π 键逐渐形成。两个碳原子的杂化状态逐渐由 sp³ 转化为 sp² 杂化,在过渡态中,π 键已部分生成。两个碳原子的 p 轨道的对称轴必须平行才能最大程度地重叠。因此,在双分子消去反应中,被消去的 H、C、C 和离去基 L 是在同一平面上(coplanar 共平面),H 和 L 可以在 C—C 的两边(anti 反式)或同一边(syn 顺式),此即反式消去(anti E2)和顺式消去(syn E2)。

反式消去，β-H 与离去基 L 处于对位交叉——满足反式共平面的要求，形成 π 键的两 p 轨道平行重叠，在能量上最有利，所以双分子消去可能的话都是反式消去。

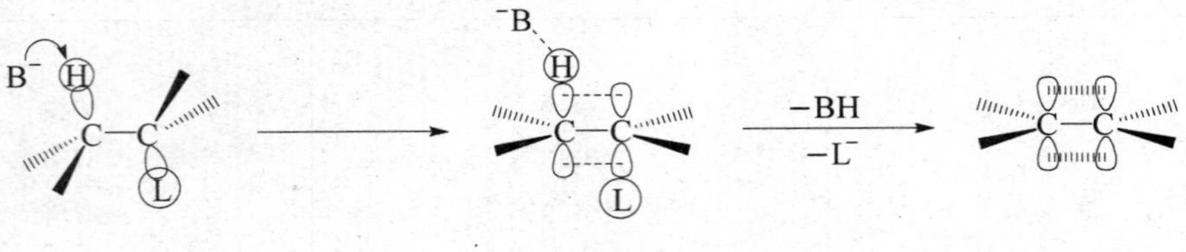

anti E2

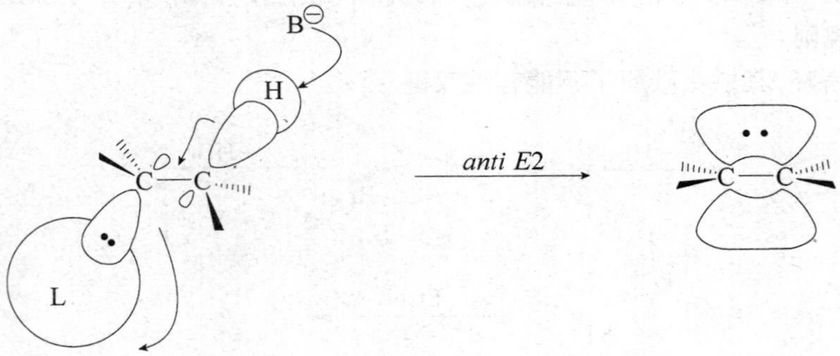

反式共平面（anti-coplanar）E2

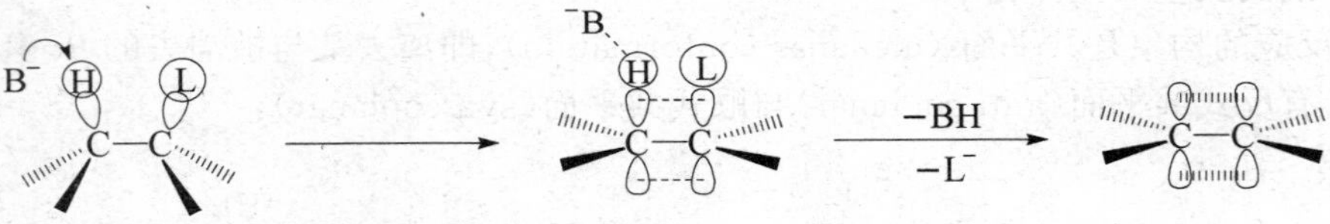

syn E2

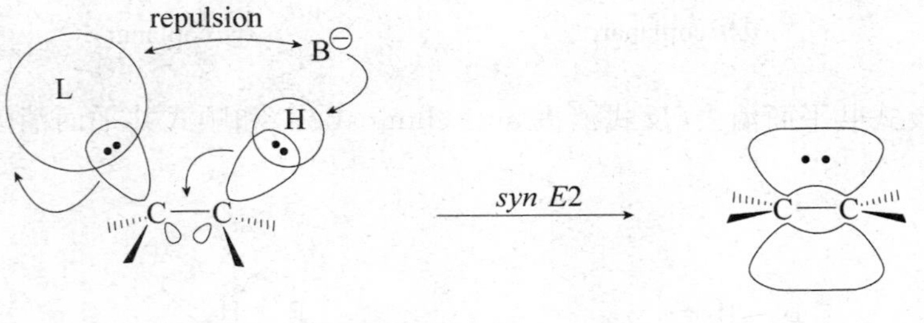

顺式共平面（syn-coplanar）E2

例：2-溴-丁烷的反式消去（E2）

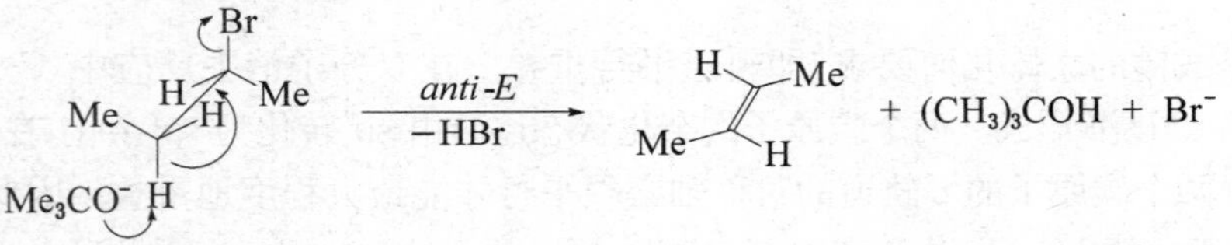

对位交叉构象不仅满足反式共平面的立体要求也是能量上最有利的，因此反式消去更有

利、更容易、更快。

再如 1,2-二氯乙烯碱消去一分子氯化氢，发现顺式体消去速度是反式体的 20 倍。也就是说反式消去是顺消去的 20 倍。因为顺式体只能发生反式消去，反式体只能顺式消去。

$$\text{ClCH{=}CHCl} \xrightarrow[-\text{HCl}]{\text{base}} \text{ClC{\equiv}CH}$$

$$k_{cis}/k_{trans} = 20$$

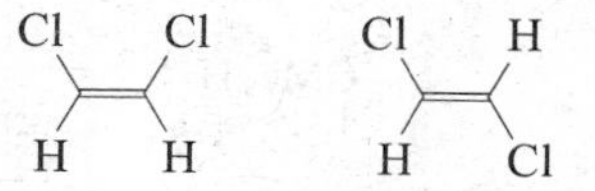
Cl
Cl
H
H
Cl
H
H
Cl
cis- isomer　　*trans*- isomer

环己烷系上的反式消去

在环己环上，双分子消去要求离去基与消去的 β-氢分别处于 a/a-键，唯此才能满足反式共平面的构象要求。

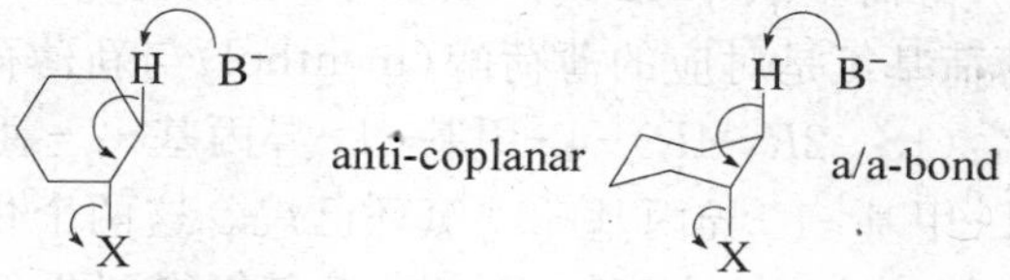
H
B⁻
X
anti-coplanar
H
B⁻
a/a-bond
X

若离去基处于 e-键，需转环至 a-键，满足反式共平面的构象要求方可消去。

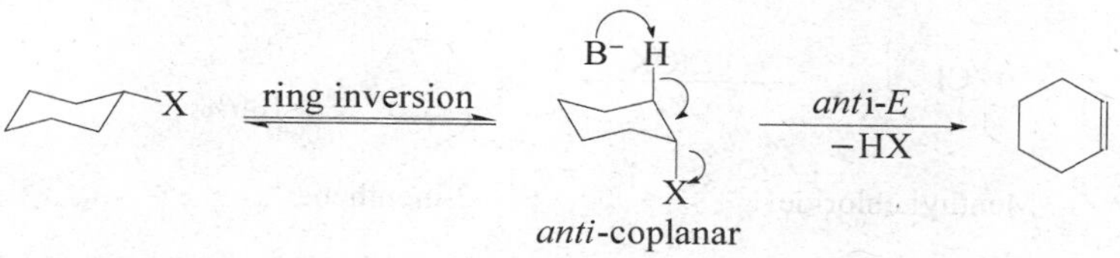
X
ring inversion
B⁻ H
X
anti-E
−HX
anti-coplanar

离去基处于 e 键是稳定构象，但不是消去反应所要求的构象，必须转环至 a 键，才能够实现反式共平面消去。但这是能量升高的过程，消去反应需要克服额外的能量，或许是更高的活化能。

例如，4-溴叔丁基环己烷与叔丁醇钾在叔丁醇中反应，消去溴化氢生成 4-叔丁基环己烯。实验发现，顺式异构体的消去速度要快得多，是反式体的 500 倍。

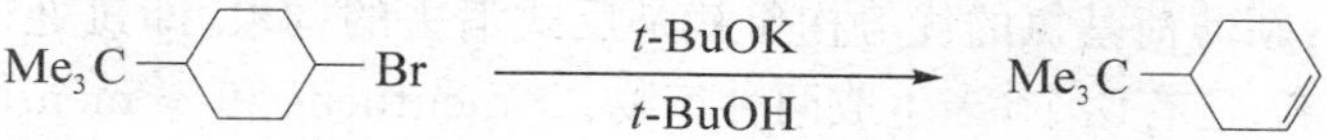
Me₃C
Br
t-BuOK
t-BuOH
Me₃C

$$k_{cis}/k_{trans} = 500$$

反式消去的构象分析：顺-4-溴叔丁基环己烷的构象（叔丁基处于 e 键，优势构象）就是消去反应所要求的构象，因为溴已处于 a 键，反应所要克服的能垒就是反式消去的活化能。

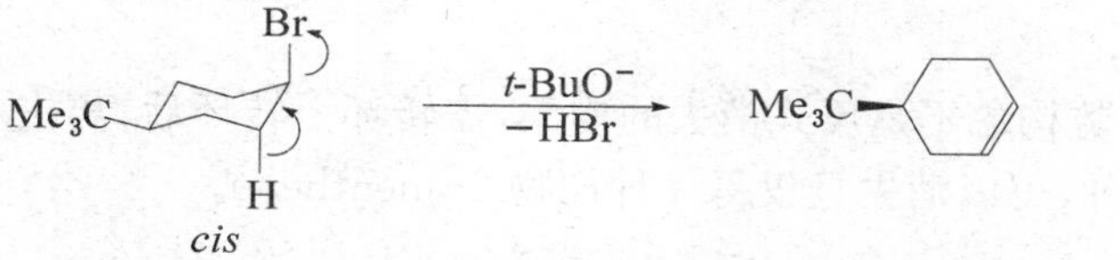
Br
Me₃C
H
t-BuO⁻
−HBr
Me₃C
cis

反-4-溴叔丁基环己烷的优势构象(叔丁基与溴都处于 e 键,特别稳定)不是反应所要求的构象。必须转环至溴处于 a 键,才满足反式共平面的构象要求。消去反应所要克服的能垒和消耗的能量就包括两部分,反式消去的活化能和转环所要克服的能量。而此转环不易,因为不仅溴是 a 键,叔丁基也同时转至 a 键,张力特别高,这需要提供很高的能量方可完成。也就是说,反应式体的消去活化能比顺式体的要高得多。因此,反式异构体的消去很慢。

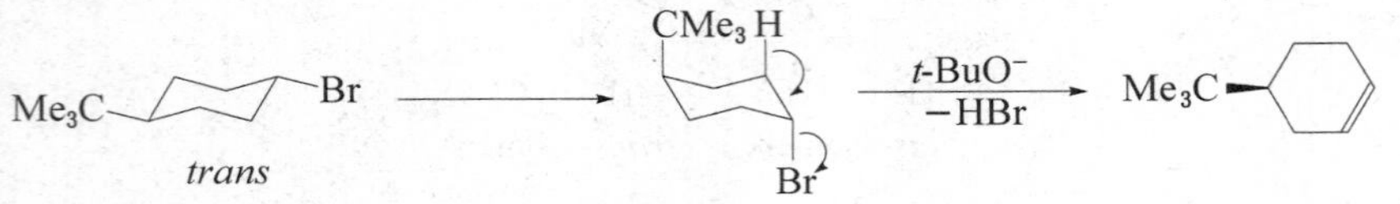

这个例子表明,4-溴叔丁基环己烷与叔丁醇钾的反应是双分子反式消去,离去基与消去的 β-氢都处于 a-键。

再看一个著名的例子,薄荷基氯(menthyl chloride)和新薄荷基氯(neomenthyl chloride)的消去。薄荷基氯与新薄荷基氯是对应的薄荷醇(menthol)与新薄荷醇(neomenthol)的氯代物。薄荷基氯的系统命名:(1S, 2R, 4R)-4-甲基-1-异丙基-2-氯环己烷,新薄荷基氯的系统命名:(1S, 2S, 4R)-4-甲基-1-异丙基-2-氯环己烷。这两个化合物用乙醇钾消去氯化氢,结果截然不同,薄荷基氯仅给出一个产物,而新薄荷基氯得到两个并符合 Saytzeff 规律,而且速度更快。

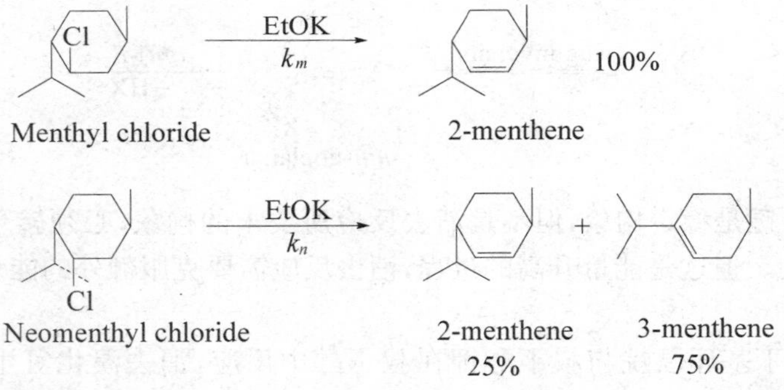

消去构象分析:新薄荷基氯的优势构象就是反式消去的构象,即氯处于 a 键,且存在所需的 β 反式共平面 a 氢,还有两个,当生成两种产物,2-menthene 和 3-menthene,而且符合 Saytzeff 规则,即取代较多的 3-menthene 是主要产物。

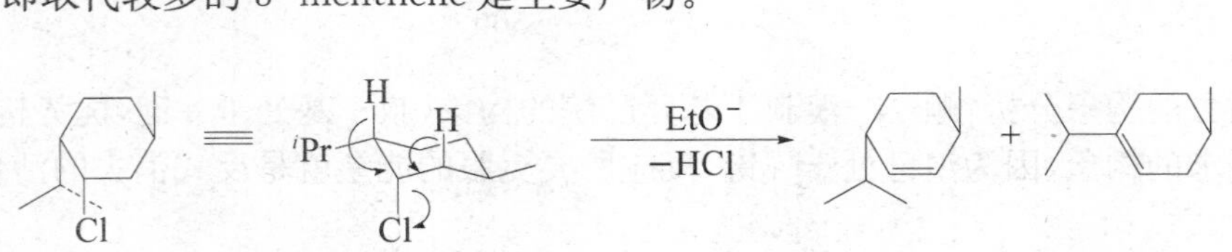

薄荷基氯的优势构象不是反式消去的构象,需转环。转环后,离去基氯处于 a 键,β-反式 a 氢存在且只有一种,可以消去且仅得一种产物 2-menthene。

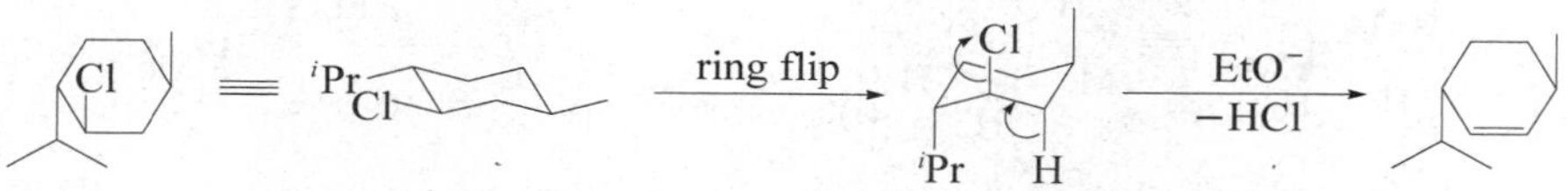

薄荷基氯转环后，不仅氯，而且甲基和异丙基也都处于 a 键，张力甚高。消去反应所要克服的能垒至少包括两部分，转环能垒与 E2 活化能，所以消去反应必然慢。而新薄荷基氯的消去所要克服的能垒就是双分子消去（E2）活化能，所以比薄荷基氯的消去要快。

双分子与单分子消去产物预测：E2 是反式消去，即被消去的 β-氢与离去基必须是反式的且共平面，而 E1 不需要，因为经历中间体碳正离子，β-氢均可消去，产物分布遵照 Saytzeff 规则。

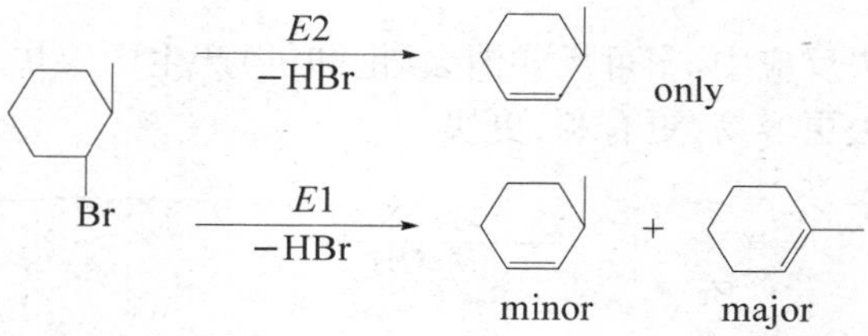

例：溴代薄荷烷的双分子与单分子消去，产物分布是预期的。

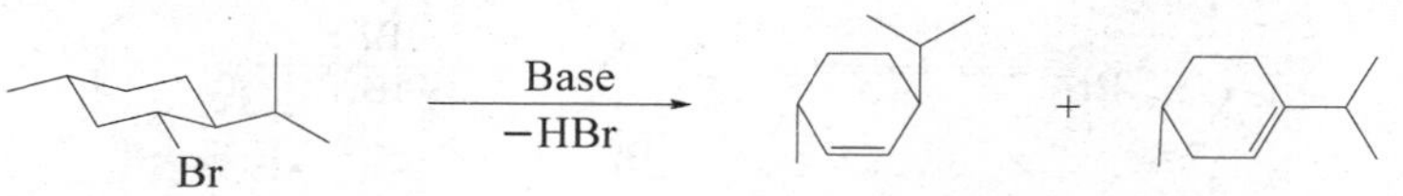

	2-mienthene	3-mienthene
E2 conditions	100%	
E1 conditions 0.01 M NaOEt 80% EtOH 160 °C	32%	68%

双分子反式消去的过渡态分析可以解释产物区域选择性与构型异构体分布。如 2-溴戊烷消去溴化氢主要产生反式的 Saytzeff 烯（E）-2-戊烯。

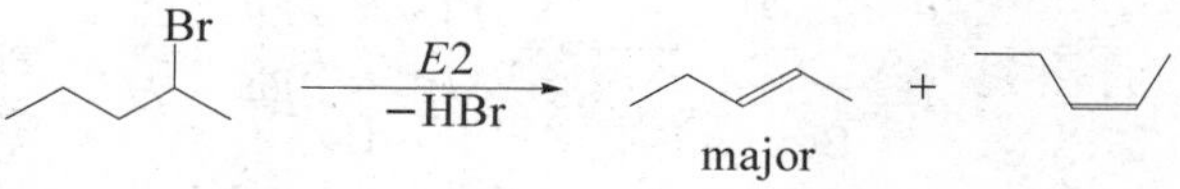

在构象（i）中甲基与乙基处于对位交叉，一个邻位交叉溴与乙基。构象（ii）中，甲基与乙基处于邻位交叉，还有一个邻位交叉溴与乙基。因此，构象（i）比（ii）能量更低，双分子反式消去的活化能也更低，反应更快，对应的产物（E）-2-戊烯就更多。

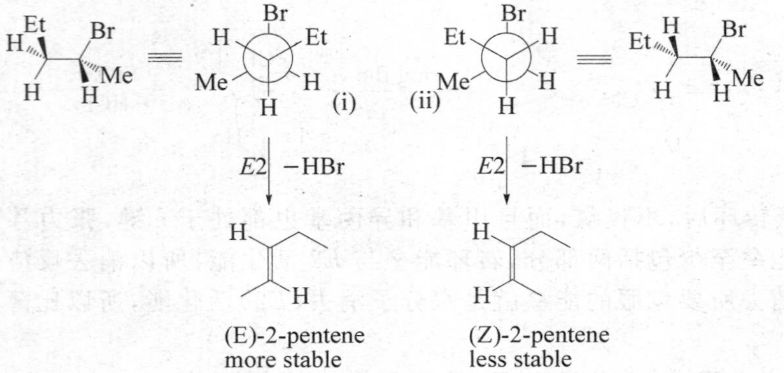

(E)-2-pentene (Z)-2-pentene
more stable   less stable

反式消去也适用于乙烯式卤代烃。在下述反应中,反式消去(烯氢)产生炔键。

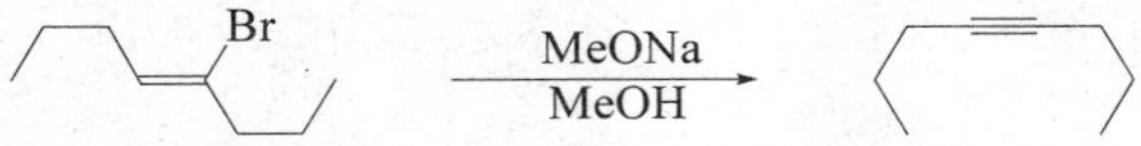

而在其异构体的消去反应中,宁可反式消去(饱和氢)产生丙二烯也不顺式消去(烯氢)生成炔键。这表明反式消去更容易、更有利、更快。

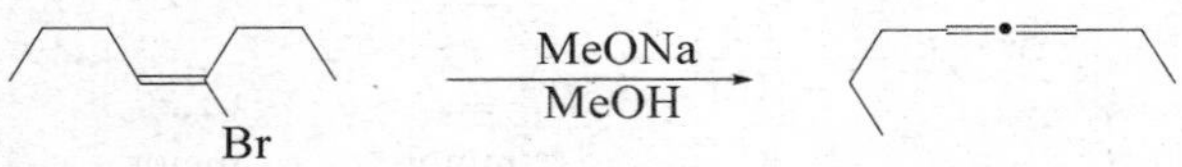

邻二卤代烃去卤化也是反式消去。碘负离子(碘化钠或碘化钾)或金属锌等是常用的脱卤试剂,去卤成烯,是烯键加成卤素的逆反应。

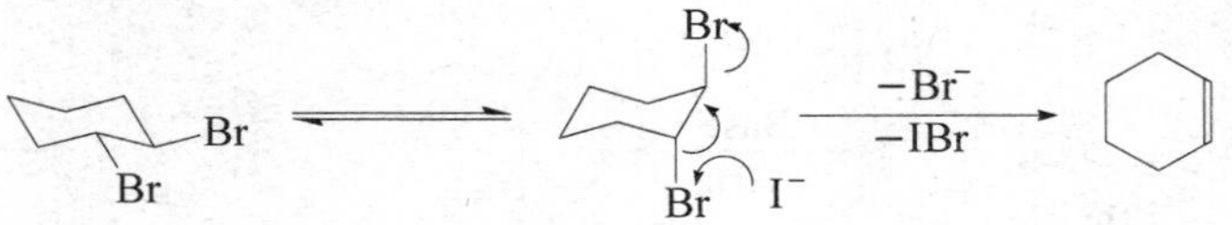

反-1,2-二卤代环己烷去卤给出环己烯,而碱消去卤化氢产生1,3-环己二烯。

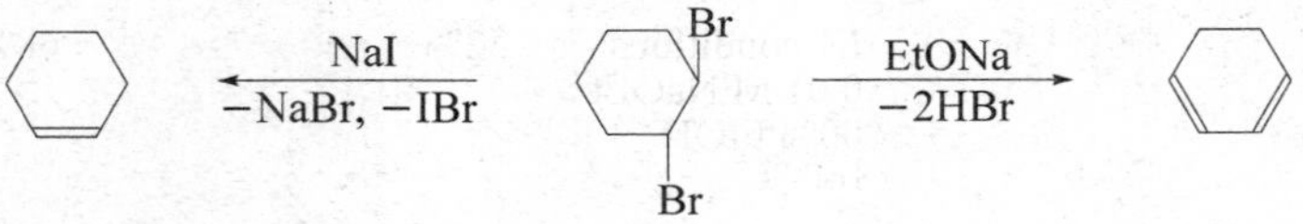

根据底物的构型预测消去反应产物的立体化学

赤式(erythro)溴化二苯基乙烯去溴生成反式二苯基乙烯,脱溴化氢产生溴代顺式二苯基乙烯:

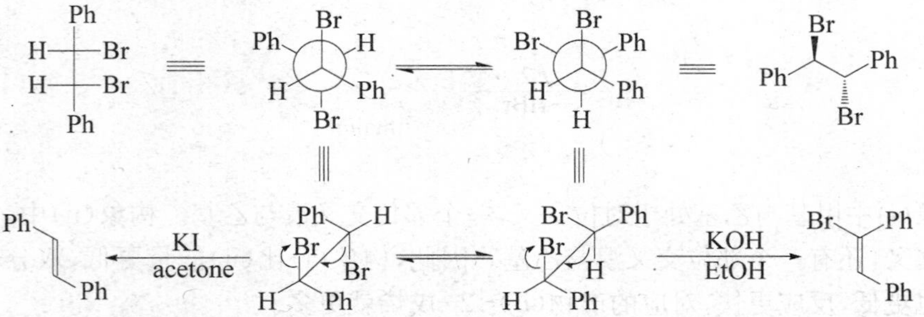

苏式(threo)溴化二苯基烯去溴生成顺式二苯基乙烯,消去溴化氢给出溴代反式二苯基乙烯:

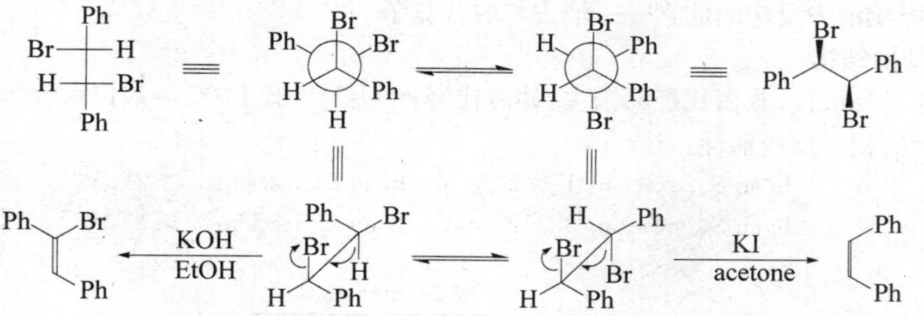

第 6 章 卤代烃 Halohydrocarbons

问题 10 完成反应

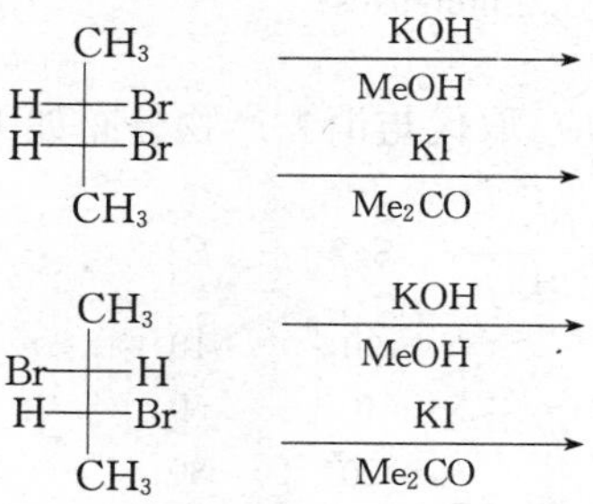

(2R,3S)-2,3-dibromobutane (meso) → KOH/MeOH → ; KI/Me₂CO →

(2R,3R)-2,3-dibromobutane → KOH/MeOH → ; KI/Me₂CO →

顺式消去：结构上不能满足反式消去的共平面反式几何要求，顺式消去将发生。这发生在 [2.2.1] 型桥环体系中。下面的消去产物中不含重氢，表明是顺式消去。

由于环的刚性限制，反式但非共平面，只有顺式共平面。此为宁可发生顺式共平面消去也不进行别扭的反式非共平面消去。

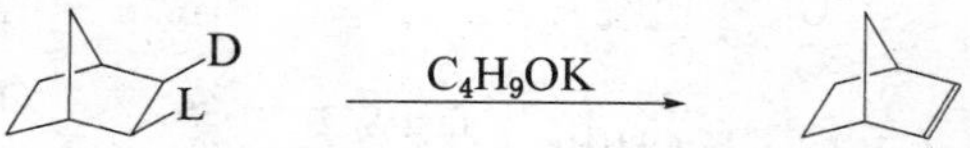

L = TsO 98%; Br 94%

问题 11 完成反应

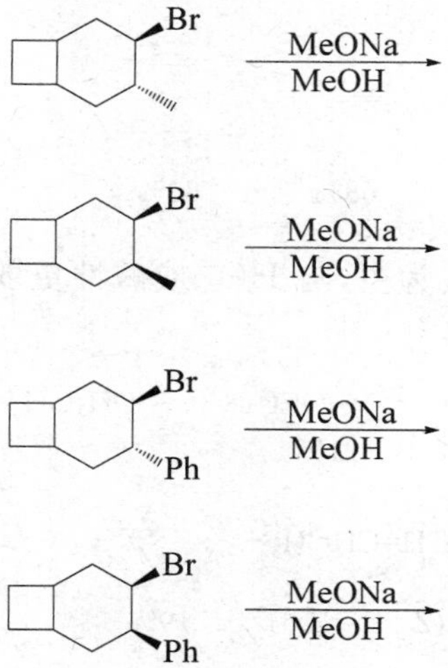

(顺式双环[4.2.0]辛烷, Br 与 CH₃) + MeONa/MeOH →

(反式双环[4.2.0]辛烷, Br 与 CH₃) + MeONa/MeOH →

(顺式双环[4.2.0]辛烷, Br 与 Ph) + MeONa/MeOH →

(反式双环[4.2.0]辛烷, Br 与 Ph) + MeONa/MeOH →

· 325 ·

6.3.2.6 影响消去反应的因素——消去与取代竞争
1. 烃基的结构

伯卤代烃易取代,叔卤代烃易消去;仲卤代烃,消去与取代共存,一般以取代为主。

卤代烷的相对反应活性:

In an S_N2 reacion: $1°>2°>3°$ In an $E2$ reacion: $3°>2°>1°$

In an S_N1 reacion: $3°>2°>1°$ In an $E1$ reacion: $3°>2°>1°$

$$R-X \quad \underset{S_N2 \text{ increases}}{\overset{E2 \text{ increases}}{\longleftrightarrow}} \quad 1° \quad 2° \quad 3°$$

溴代烷与乙醇钠在乙醇中发生双分子反应,取代与消去产物分布如下:

$$R-Br \xrightarrow{\text{EtONa}}_{\text{EtOH}} S_N2 + E2$$

R—Br	S_N2	$E2$
$CH_3CH_2CH_2CH_2Br$	90	10
$(CH_3)_2CHCH_2Br$	40	60
$(CH_3)_2CHBr$	20	80
$(CH_3)_3CBr$	3	97
$PhCH_2CH_2Br$	4	96

显然,在乙醇钠-乙醇环境中,伯溴代烷主要是取代,仲溴代烷主要已是消去,就是 β 碳上有甲基的异丁基溴也主要发生消去反应。叔丁基溴几乎定量消去了。就是 β 碳上有苯基的溴乙烷也绝对消去,这可由一是 β 氢酸性强二是产生共轭体苯乙烯解释。

β-碳没有取代的伯卤代烃与 MeO^-、EtO^- 甚至叔丁氧负离子反应,一般以取代为主。

例: $CH_3CH_2Br + EtONa \xrightarrow{\text{EtOH}}_{55℃} CH_3CH_2OEt + CH_2=CH_2$
                                                      90%   10%

β-碳有取代基的伯卤代烃也易消去。例:

（反应式：异丁基溴 + n-BuC≡CNa → 烯烃 68% + 炔烃产物 32%）

仲卤代烃与 RO^- 或更强的碱反应以消去为主,与 HO^- 或碱性更弱的试剂反应以取代为主。

例: 异丙基-Br + EtONa $\xrightarrow{\text{EtOH}}_{55℃}$ 异丙基-OEt + $CH_3CH=CH_2$
                                                21%   79%

环己基-Br $\xrightarrow{\text{MeONa}}_{\text{MeOH}}$ $C_2H_5CH_2CH=CHCH_3$ + 环己烯 + 环己基-OMe
                                55% (Z : E = 3.6)   19%   26%

$$\text{Me}_2\text{CHBr} + n\text{-BuC}\equiv\text{CNa} \xrightarrow[25℃]{\text{EtOH}} \text{CH}_3\text{CH}=\text{CH}_2 + n\text{-BuC}\equiv\text{CCHMe}_2 + n\text{-BuC}\equiv\text{CH}$$
$$85\% \qquad\qquad 6\%$$

$$\text{CH}_3(\text{CH}_2)_5\text{CHClCH}_3 \xrightarrow{\text{NaCN}} \text{CH}_3(\text{CH}_2)_5\text{CHCNCH}_3$$
$$70\%$$

叔卤代烃与负离子或碱性试剂作用主要是消去。例:

$$\text{CH}_3\text{CH}_2\text{O}^- + \text{Me}_3\text{CBr} \xrightarrow{\text{fast } E} \text{EtOH} + \text{CH}_2=\text{CMe}_2$$

叔卤代烃易发生 E1 与 S_N1。

例:

$$\text{Me}_3\text{CCl} \xrightarrow{80\%\ \text{EtOH}} \text{Me}_3\text{COH} + \text{CH}_2=\text{CMe}_2$$
$$83\% \qquad 17\%$$

$$\text{Me}_3\text{CBr} \xrightarrow{\text{MeOH}} \text{Me}_3\text{COMe} + \text{CH}_2=\text{CMe}_2$$

甲醇氧直接进攻碳正离子,生成碳-氧键,脱质子成醚,是单分子亲核取代。若进攻 β 氢则产生烯键,是单分子消去。

问题 12 完成反应

$$\text{Et}_2\text{CHBr} \xrightarrow[25℃]{\text{EtOH}}$$

α-碳上烃基(给电子基)越多,生成的碳正离子越稳定,E1 越有利。
α-与 β-碳上烃基越多,E2 越快。双键碳上烃基越多,烯键越稳定,消去越快。
溴代烃用 EtONa 消去的相对速度:

	Me_2CHBr	Me_3CBr
r.r.(25℃)	1	17
	$\text{CH}_3\text{CH}_2\text{CH}_2\text{Br}$	$(\text{CH}_3)_2\text{CHCH}_2\text{Br}$
r.r.(55℃)	1	1.6

2. 其他影响因素

试剂亲核性强易取代;碱性强有利于消去。试剂的碱性强、浓度高,有利于 E2。大体积的强碱如 Me_3CO^-,有利于消去;亲核性强的弱碱如 I^-、AcO^- 等易取代。温度高有利于消去(需要较高的活化能)。离去基易于离去,利于消去(E1 和 E2)。溶剂的极性增加,利于 E1。试剂的强碱性有利于消去,弱碱性利于取代。

$$\text{CH}_3\text{CH}_2\text{Br} \xrightarrow[\text{EtOH}]{\text{EtOK}} \text{CH}_3\text{CH}_2\text{OEt} + \text{CH}_2=\text{CH}_2$$
$$99\%\ S_N2 \qquad 1\%\ E2$$

$$\text{CH}_3\text{CH}_2\text{Br} \xrightarrow{\text{NaNH}_2} \text{CH}_2=\text{CH}_2 \quad E2$$

$$\text{(CH}_3)_2\text{CHBr} \xrightarrow[\text{H}_2\text{O}]{\text{KOH}} \text{(CH}_3)_2\text{CHOH}$$

$$\text{(CH}_3)_2\text{CHBr} \xrightarrow[\text{EtOH}]{\text{EtOK}} \text{(CH}_3)_2\text{CHOEt} + \text{CH}_3\text{CH}=\text{CH}_2$$
$$20\% \qquad 80\%$$

$$\xrightarrow{\text{NaNH}_2} \text{CH}_3\text{CH}=\text{CH}_2$$

$$(\text{CH}_3)_3\text{CBr} \xrightarrow[\text{EtOH}]{25^\circ\text{C}} (\text{CH}_3)_3\text{COEt} + (\text{CH}_3)_2\text{C}=\text{CH}_2$$

	SN	E
EtOH	81	19%
EtO⁻/EtOH	7	93%

$$\text{(CH}_3)_2\text{C(Br)CH}_2\text{CH}_3 \xrightarrow[25\ ^\circ\text{C}]{\text{EtO}^-/\text{EtOH}} \text{OEt 取代} + \text{烯烃}_1 + \text{烯烃}_2$$

EtO⁻ /mol	S_N %	E %
0	64	36%
0.02	54	46%
0.08	44	56%
1.00	2	98%

$$(\text{CH}_3)_3\text{CBr} + \text{EtONa} \xrightarrow[25\ ^\circ\text{C}]{\text{EtOH}} (\text{CH}_3)_2\text{C}=\text{CH}_2 + (\text{CH}_3)_3\text{COEt}$$
$$91\%\ E2 \qquad 9\%\ S_N1$$

$$\xrightarrow[55\ ^\circ\text{C}]{\text{EtOH}} (\text{CH}_3)_2\text{C}=\text{CH}_2 \quad 100\%\ (E1+E2)$$

大体积的碱有利于消去，小体积的碱利于取代。

$$n\text{-BuBr} \xrightarrow[55\ ^\circ\text{C}]{\text{EtONa/EtOH}} n\text{-BuOEt} + \text{烯烃}$$
$$90\% \qquad 10\%$$

$$n\text{-BuBr} \xrightarrow[44\ ^\circ\text{C}]{^t\text{BuONa}/^t\text{BuOH}} n\text{-BuOBu}^t + \text{烯烃}$$
$$15\% \qquad 85\%$$

第6章 卤代烃 Halohydrocarbons

问题 13 完成反应

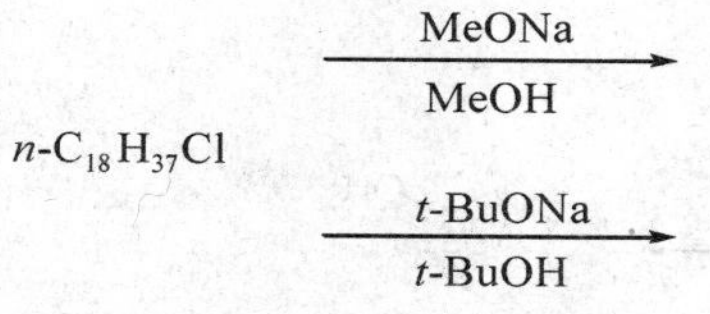

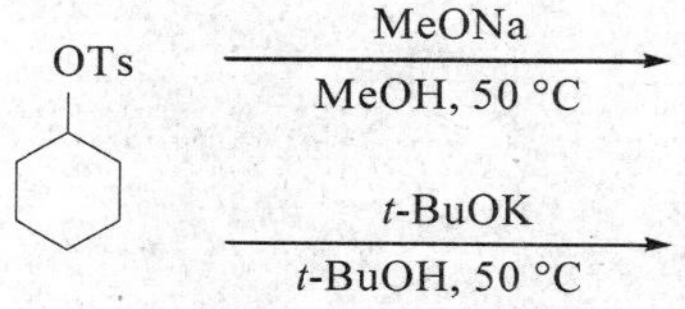

$$n\text{-}C_{18}H_{37}Cl \xrightarrow[\text{MeOH}]{\text{MeONa}}$$

$$n\text{-}C_{18}H_{37}Cl \xrightarrow[t\text{-BuOH}]{t\text{-BuONa}}$$

环己基-OTs $\xrightarrow[\text{MeOH, 50 °C}]{\text{MeONa}}$

环己基-OTs $\xrightarrow[t\text{-BuOH, 50 °C}]{t\text{-BuOK}}$

大体积的碱有利于产生 Hofmann 烯：

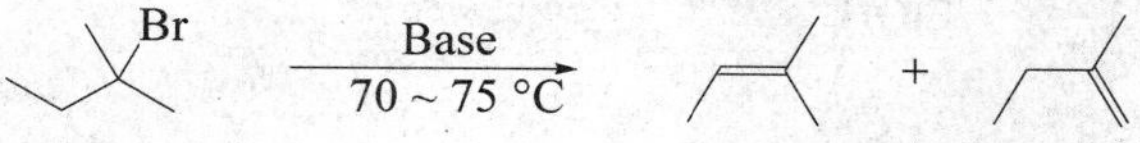

(CH₃)₂CHCH(Br)CH₃ $\xrightarrow[70 \sim 75\,°C]{\text{Base}}$ 2-甲基-2-丁烯 + 3-甲基-1-丁烯

Base		
EtO⁻/EtOH	71	29%
Me₃CO⁻/Me₃COH	28	72%

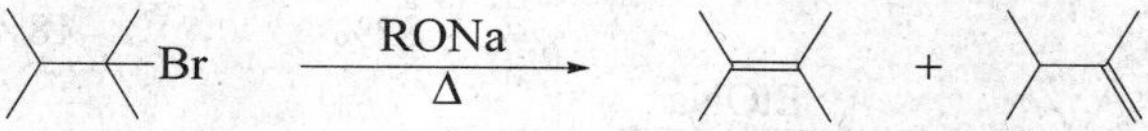

(CH₃)₂C(Br)CH₂CH₃ 类似底物 $\xrightarrow{\text{RONa}, \Delta}$ 烯 + 烯

RONa		
CH₃CH₂ONa	79	21%
Me₃CONa	27	73%
CH₃CH₂C(CH₃)₂ONa	19	81%
Et₃CONa	8	92%

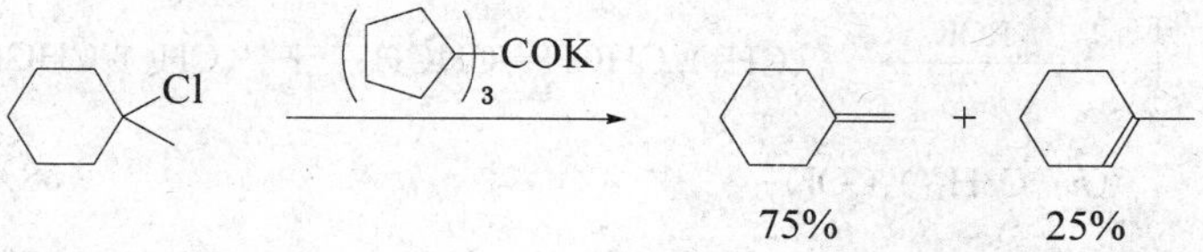

1-甲基-1-氯环己烷 $\xrightarrow{(\text{环戊基})_3\text{COK}}$ 亚甲基环己烷 (75%) + 1-甲基环己烯 (25%)

问题 14 完成转化

甲基环己烷 → 1-甲基环己烯 + 亚甲基环己烷

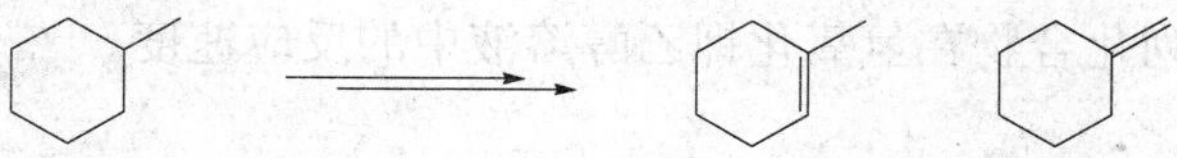

溶剂的影响：

E2 TS: B^δ⁻···H—C—C—L^δ⁻

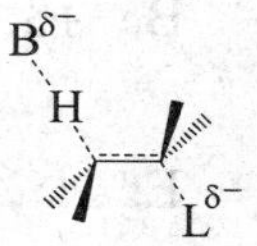

E2 过渡态中，负电荷分散，溶剂极性强是不利的。一般，溶剂极性小更有利于消去。

常用 KOH 或 NaOH/ROH 与 RX 回流反应制备烯烃，而用 NaOH 或 KOH/H$_2$O 转化 RX 成醇。例：

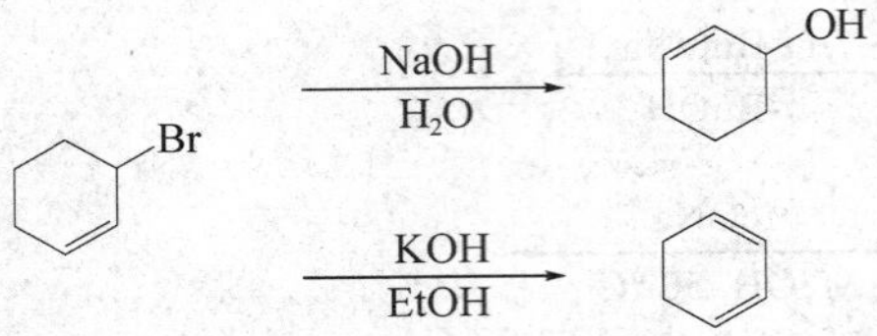

环己基溴 $\xrightarrow{\text{NaOH}/\text{H}_2\text{O}}$ 2-环己烯-1-醇

环己基溴 $\xrightarrow{\text{KOH}/\text{EtOH}}$ 环己烯

问题 15 完成反应

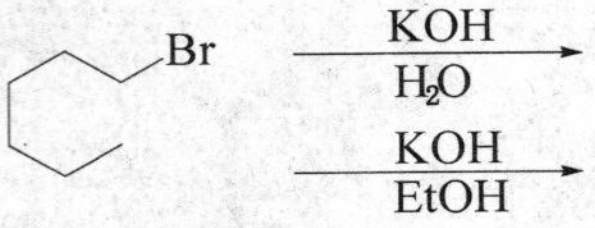

正己基溴 $\xrightarrow{\text{KOH}/\text{H}_2\text{O}}$

正己基溴 $\xrightarrow{\text{KOH}/\text{EtOH}}$

底物的立体效应：

(CH$_3$)$_3$CCH$_2$CH(CH$_3$)Br $\xrightarrow{\text{KOH}/\text{EtOH}}$ (CH$_3$)$_3$CCH$_2$C(=CH$_2$)CH$_3$ (82%) + (CH$_3$)$_3$CCH=C(CH$_3$)$_2$ (18%)

(CH$_3$)$_3$CCH$_2$CH(CH$_3$)Br $\xrightarrow{\text{EtONa}/\text{EtOH}}$ (CH$_3$)$_3$CCH$_2$C(=CH$_2$)CH$_3$ (86%)

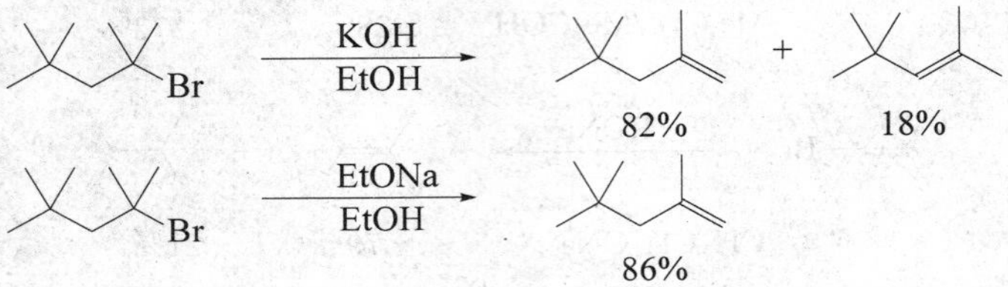

碘代烃易生成 Saytzeff 烯：

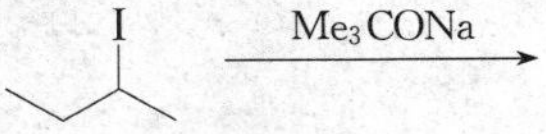

CH$_3$CH$_2$CHICH$_3$ $\xrightarrow{\text{Me}_3\text{CONa}}$ CH$_3$CH=CHCH$_3$ (79%) + CH$_3$CH$_2$CH=CH$_2$ (21%)

(CH$_3$)$_2$CHCH$_2$CHICH$_3$ $\xrightarrow{\text{ROK}}$ (CH$_3$)$_2$CHCH=CHCH$_3$ + (CH$_3$)$_2$CHCH$_2$CH=CH$_2$

ROK	产物1	产物2
(h-C$_6$H$_{11}$)$_3$COK	42	58%
(t-C$_4$H$_9$)$_3$COK	61	39%
CH$_3$CH$_2$CH$_2$OK	75	25%

问题 16 比较下列化合物在氢氧化钾乙醇溶液中的反应速度。

(1) A. 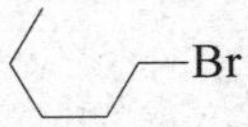 CH$_3$CH$_2$CH$_2$CH$_2$CH$_2$Br   B. 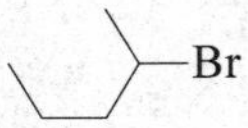 CH$_3$CH$_2$CH$_2$CH(Br)CH$_3$ C. 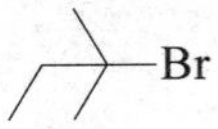 (CH$_3$)$_3$CBr   D. 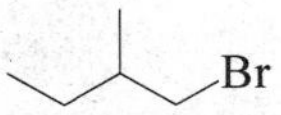 (CH$_3$)$_2$CHCH$_2$Br

(2) A. 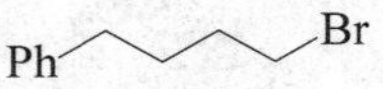 Ph(CH$_2$)$_3$CH$_2$Br   B. 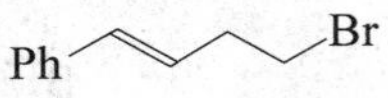 PhCH=CHCH$_2$Br   C. 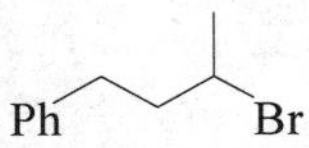 PhCH$_2$CH(Br)CH$_3$

D. 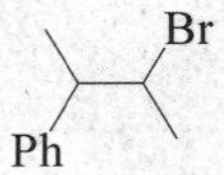 PhCH(Br)CH(CH$_3$)—   E. 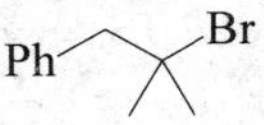 PhCH$_2$C(CH$_3$)$_2$Br

6.3.3 金属化反应

含碳-金属键（C-M）的有机化合物称为有机金属化合物（organometallic compounds），其形成反应称为金属化(metallation)。有机镁（Grignard reagents)与锂化合物是重要的有机试剂。金属钠、锌、铜等在有机化学的发展早期就获得应用，钯等贵金属在现代有机合成中发挥重要作用。有机金属化合物提供亲核性的碳源，可以和亲电性的碳形成新的碳-碳键。这在复杂分子的合成上是重要的。

RLi	烃基锂	RNa	烃基钠	RMeX	烃基镁
R_2Cd	烃基镉	R_2Hg	烃基汞	R_2CuLi	二烃基铜锂
$LiC(CH_3)_3$	叔丁基锂		t-Butyllithium		
$Al(CH_2CH_3)_3$	三乙基铝		Triethylaluminum		
$Hg(CH_3)_2$	二甲基汞		Dimethylmercury		
$Ph(CH_2CH_3)_4$	四乙基铅		Tetramethyllead		

本节讨论有机镁化合物——Grignard 试剂、有机钠化合物——Würtz 反应、有机铜化合物——Ullmann 反应、有机锂化合物——锂试剂和有机铜锂化合物——二烃基铜锂 Gilman 试剂。

6.3.3.1 有机镁化合物

Grignard 格林雅试剂（格氏试剂）RMgX

卤代烃在乙醚溶液中与金属镁反应生成烃基卤化镁—— RMgX，称为 Grignard 试剂。

$$R—X + Me \xrightarrow{Et_2O} R—MgX$$

溶剂：乙醚、四氢呋喃(tetrahydrofuran，THF)等。乙醚能溶解 RMgX 并通过配位使其稳定。

卤代烃的反应活性：

$$R \quad 1° > 2° > 3°$$
$$X \quad I > Br > Cl$$

$$C_4H_9Br + Mg \xrightarrow{Et_2O} C_4H_9MgBr$$

C_4H_9MgBr	Yield	
$CH_3CH_2CH_2CH_2MgBr$	94%	正丁基溴化镁
$(CH_3)_2CHCH_2MgBr$	87%	异丁基溴化镁
$CH_3CH_2CH(CH_3)MgBr$	78%	仲丁基溴化镁
$(CH_3)_3CMgBr$	25%	叔丁基溴化镁

$$CH_3I + Mg \xrightarrow{Et_2O} CH_3MgI \quad 95\%$$
甲基碘化镁

$$\text{C}_6\text{H}_{11}\text{-Cl} + Mg \xrightarrow[35\ °C]{Et_2O} \text{C}_6\text{H}_{11}\text{-MgCl} \quad 96\%$$
环己基氯化镁

$$C_6H_5\text{-Br} + Mg \xrightarrow[35\ °C]{Et_2O} C_6H_5\text{-MgBr} \quad 95\%$$
苯基溴化镁

烯丙式、苯甲式卤烃极为活泼,需控温反应。

$$CH_2=CH\text{-}CH_2\text{-}Cl + Mg \xrightarrow[0\ °C]{Et_2O} CH_2=CH\text{-}CH_2\text{-}MgCl$$

$$C_6H_5\text{-}CH_2Cl + Mg \xrightarrow[0\ °C]{Et_2O} C_6H_5\text{-}CH_2MgCl$$

乙烯式氯代烃 $CH_2=CHCl$ 和苯式氯代烃 C_6H_5Cl 需在四氢呋喃(THF)中进行反应。

$$C_6H_5\text{-}Cl + Mg \xrightarrow{THF} C_6H_5\text{-}MgCl$$

$$CH_2=CH\text{-}Cl + Mg \xrightarrow{THF} CH_2=CH\text{-}MgCl$$

这样,几乎所有的卤代烃都可以制备 Grignrd 试剂,只是叔卤代烃的反应产率较低。

Grignard 试剂的反应与合成应用

在卤代烃分子中,碳-卤键是极化的,碳荷正电。生成有机镁化合物 Grignard reagent 后,碳-镁键也是极化的,但是碳荷负电,极性发生了翻转,此即极性反转(polarity inversion, Umpolung)。

$${}^{\delta+}R\text{-}X^{\delta-} \xrightarrow[\text{ether}]{Mg} {}^{\delta-}R\text{-}MgX^{\delta+}$$

荷负电荷的碳(烃基)是亲核性的,反应应用范围扩大了,如可以和电正性的碳反应形成碳-碳键,广泛用于有机合成。

1. Grignard 试剂与活泼氢的反应

在 Grignard 试剂分子内,荷负电的碳是亲核性强、碱性强的反应活性中心,极易夺取荷正电的氢(活性氢)而释放出烷烃分子。提供活性氢的分子包括水、醇、酚、羧酸、端炔、胺(伯、仲)等。例:

$$CH_3MgI \xrightarrow{H\text{-}OH} CH_4 + HOMgX$$

$$\xrightarrow{H\text{-}OR} CH_4 + HOMgX$$

$$\xrightarrow{H\text{-}OCR\ (=O)} CH_4 + RCO_2MgX$$

$$\xrightarrow{H\text{-}C\equiv CH} CH_4 + HC\equiv CMgI$$

$$\xrightarrow{H-NR_2} CH_4 + R_2NMgX$$

此反应可用用于活性氢的测定。

显然,Grignard 试剂易被活性氢分解。因此,分子内不可有活性氢,欲制备需先保护,否则自毁。

水分解反应可用于合成高纯度的烷烃和氘代烷烃。

例:

$$\text{iPr-CHBr-CH}_3 \xrightarrow{Mg}{\text{Et}_2O} \text{iPr-CH(MgBr)-CH}_3 \begin{array}{c} \xrightarrow{H_2O} \text{iPr-CH}_2\text{-CH}_3 \\ \xrightarrow{D_2O} \text{iPr-CHD-CH}_3 \end{array}$$

问题 17 完成转化

环己基-Br ⟹ 环己基-D

$n\text{-}C_{10}H_{21}Br \Longrightarrow n\text{-}C_{10}H_{22}$

3-氯溴苯 ⟹ 3-氯氘苯

2. 与氧反应

RMgX 与氧气反应生成醇,但无制备意义。

$$RMgX + O_2 \longrightarrow ROOMgX \xrightarrow{RMgX} 2\,ROMgX \xrightarrow[H^+]{H_2O} 2\,ROH$$

因此,制备 Grignard 试剂需无氧,但实际上并不需要特殊装置和操作除氧。

问题 18 在制备 Grignard 试剂常用乙醚做溶剂,事实上不需要特别除氧,为什么?

3. 与活泼卤代烷反应——偶联形成碳-碳键

RMgX 与活泼卤代烷发生亲核取代,形成 C-C 键,可用于有机合成。活泼卤代烷包括烯丙式及苯甲式卤代烃、卤代甲烷与乙烷、碘代烃、烷基磺酸酯与硫酸酯等。RMgX 与烯丙式卤代烃偶联可以合成端烯(α-烯烃)。

例:

$$CH_3CH_2MgBr + CH_2=CHCH_2Br \xrightarrow{\text{ether}} CH_3CH_2CH_2CH=CH_2 \quad 94\%$$

$$PhMgBr + ClCH_2Ph \xrightarrow[60\,°C \sim 70\,°C]{PhH} Ph\text{-}CH_2\text{-}Ph \quad 91\%$$

$$CH_3(CH_2)_{11}MgI + CH_3(CH_2)_{11}I \xrightarrow{\text{ether}} CH_3(CH_2)_{22}CH_3 \quad 63\%$$
$$\text{tetracosane}$$

$$\text{环己基-MgBr} + (EtO)_2SO_2 \xrightarrow{\text{ether}} \text{环己基-Et} + EtOSO_3^- \quad 80\%$$
$$\text{diethyl sulfate}$$

烯丙基、苯甲基卤化镁易发生偶联：

$$\text{CH}_2=\text{CHCH}_2\text{MgCl} + \text{ClCH}_2\text{CH}=\text{CH}_2 \xrightarrow[30\ ^\circ\text{C}]{\text{ether}} \text{CH}_2=\text{CHCH}_2\text{CH}_2\text{CH}=\text{CH}_2 + \text{MgCl}_2$$

$$\text{CH}_2=\text{CHCH}_2\text{Cl} + \text{ClCH}_2\text{CH}=\text{CH}_2 \xrightarrow[\text{Mg, ether}]{30\ ^\circ\text{C}} \text{CH}_2=\text{CHCH}_2\text{CH}_2\text{CH}=\text{CH}_2 + \text{MgCl}_2 \quad 65\%$$

问题 19 在制备 Grignard 试剂过程中如何避免偶联反应？

问题 20 完成反应

环戊基-MgBr + CH$_2$=CHCH$_2$Br ⟶

HC≡C-CH$_2$CH$_2$-MgBr + BrCH$_2$CH=CH$_2$ ⟶

PhMgBr + 邻-ClC$_6$H$_4$CH$_2$Cl ⟶

PhCH$_2$MgCl + ClCH$_2$Ph $\xrightarrow{\text{PhH}}$

PhCH$_2$MgCl + TsO-C$_4$H$_9$ $\xrightarrow{\text{ether}}$

Grignard 试剂在合成醇中的应用：

RMgX 与环氧乙烷反应合成醇，见第 7 章环醚。

RMgX 与醛酮亲核加成合成醇，见第 8 章醛酮。

RMgX 与酯亲核加成合成醇，见第 9 章羧酸酯。

Grignard 试剂在合成羧酸中的应用：

RMgX 与二氧化碳亲核加成合成羧酸，见第 9 章羧酸。

二卤代烃与金属的反应：1,4-二卤代烃可以制成双 Grignard 试剂，再近则不可。1,3-二卤代烃在金属镁或锌存在下脱卤得到环丙烷的衍生物。1,2-二卤代烃在金属镁或锌存在下脱卤成烯。

$$\begin{array}{c}\text{1,4-二溴环己烷}\end{array} \xrightarrow[\text{ether}]{\text{Mg}} \begin{array}{c}\text{1,4-二(溴化镁)环己烷}\end{array}$$

$$\text{BrCH}_2\text{CH}_2\text{CH}_2\text{Br} \xrightarrow[\text{ether}]{\text{Mg or Zn}} \triangle + \text{MgBr}_2 \text{ or } \text{ZnBr}_2$$

$$\text{CH}_3\text{CH(Br)CH}_2\text{Br} \xrightarrow[\text{ether}]{\text{Mg or Zn}} \text{CH}_2=\text{CHCH}_3 + \text{MgBr}_2 \text{ or ZnBr}_2$$

$$\text{CH}_2\text{I}_2 + \text{Zn(Cu)} \xrightarrow{\text{ether}} \text{ICH}_2\text{ZnI} \quad \text{Simmons-Smith reagent (a carbenoid)}$$

Victor Grignard 因发现有机镁试剂（Grignard 试剂）及其在有机合成中应用而获 1912 年 Nobel 化学奖（The Nobel Prize in Chemistry 1912 was divided equally between Victor Grignard "for the discovery of the so-called Grignard reagent, which in recent years has greatly advanced the progress of organic chemistry"）。

6.3.3.2 烃基钠

卤代烷在惰性溶剂中与金属钠反应生成有机钠：

$$\text{R—X} + 2\text{Na} \longrightarrow \text{R}^-\text{Na}^+ + \text{Na}^+\text{X}^-$$

有机钠不经分离而直接用于偶联反应。

Würtz 反应：卤代烷在金属钠作用下发生偶联反应生成碳-碳键，用于合成高级烷烃，称为 Würtz 反应（Charles-Adolphe Würtz，1855）。Würtz 偶联只适用于伯和某些仲卤代烃。

$$2\text{R—X} + 2\text{Na} \longrightarrow \text{R—R} + 2\text{NaX}$$

Würtz 反应机理：

$$\text{R—X} + \text{Na} \longrightarrow \text{R}\cdot + \text{Na}^+\text{X}^-$$

$$\text{R}\cdot + \text{Na} \longrightarrow \text{R}^-\text{Na}^+$$

$$\text{R}^-\text{Na}^+ + \text{R—X} \xrightarrow{S_N 2} \text{R—R} + \text{NaX}$$

例：

$$2\text{CH}_3(\text{CH}_2)_{14}\text{CH}_2\text{I} + 2\text{Na} \longrightarrow \text{CH}_3(\text{CH}_2)_{30}\text{CH}_3 + 2\text{NaI}$$

$$\text{Br—(CH}_2)_n\text{—Cl} + 2\text{Na} \longrightarrow \text{cyclobutane} \; (95\%) + \text{NaBr} + \text{NaCl}$$

[2,2]paracyclophane

Würtz-Fittig 反应：卤代芳烃与卤代烷烃在金属钠存在下偶联生成烃基芳烃，称为 Würtz-Fittig 反应（1864）（Charles Adolphe Würtz, 1817—1884；Wilhelm Rudolph Fittig, 1835—

1910)。

例：

$$\text{PhBr} + \text{BrCH}_2\text{CH}_2\text{CH}_2\text{CH}_3 \xrightarrow[30\ ℃]{\text{Na}} \text{Ph-CH}_2\text{CH}_2\text{CH}_2\text{CH}_3 \quad 62\%\sim72\%$$

6.3.3.3 烃基铜与 Ullmann 反应

卤代芳烃与铜粉共热（多高于 200 ℃）反应生成联苯类化合物，可用于制备联苯及其衍生物，称为 Ullmann 偶联反应（1901）（Fritz Ullmann，1875—1939）。

$$\text{PhI} + \text{IPh} \xrightarrow[230\ ℃]{\text{Cu}} \text{Ph-Ph} + \text{CuI} \quad 82\%$$

Ullmann 偶联反应催化剂常用铜粉，也可以用亚铜盐。活化的铜粉催化活性比亚铜盐的高。制备活化铜粉常用锌粉还原硫酸铜。

反应中可能经过有机铜化合物中间体。

$$\text{PhI} + \text{Cu} \xrightarrow{\text{oxidative addition}} \text{Ph-CuI} \xrightarrow{\text{Cu}, -\text{CuI}} \text{Ph-Cu}$$

$$\text{Ph-Cu} + \text{IPh} \xrightarrow{\text{oxidative addition}} \text{Ph}_2\text{Cu(I)} \xrightarrow{\text{reductive elimination}} \text{Ph-Ph} + \text{CuI}$$

Charles H. Sykes 等报道了 Ullmann 偶联中间体的最新研究（Emily A. Lewis, Charles H. Sykes et al. Atomic-scale insight into the formation, mobility and reaction of Ullmann coupling intermediates. *Chem. Commun.* **2014**, 50, 1006)。

反应以碘代烃最活泼，氯代芳烃最差，但邻对位若有吸电子基，则反应仍可顺利进行。

例：

$$\text{2-NO}_2\text{-C}_6\text{H}_4\text{Br} \xrightarrow[210\ ℃\sim220\ ℃]{\text{Cu}} \text{2,2'-(NO}_2)_2\text{-biphenyl} \quad 76\%$$

$$\text{4-O}_2\text{N-C}_6\text{H}_4\text{-I} \xrightarrow[235\ ℃]{\text{Cu}} \text{4,4'-(O}_2\text{N)}_2\text{-biphenyl} \quad 52\%$$

$$\text{2,5-Br}_2\text{-C}_6\text{H}_3\text{-NO}_2 \xrightarrow[\text{DMF, 220\ ℃}]{\text{Cu}} \text{biphenyl derivative} \quad 76\%$$

没有吸电子基的碘代芳烃也可以发生 Ullmann 反应。例：

$$\text{2-CH}_3\text{-C}_6\text{H}_4\text{-I} \xrightarrow[250\ ℃]{\text{Cu}} \text{2,2'-dimethylbiphenyl} \quad 65\%$$

也可以合成多联苯或联萘：

$$\text{4-iodobiphenyl} \xrightarrow[260\,^\circ\text{C}]{\text{Cu}} \text{p-quaterphenyl} \quad 82\%$$

$$\text{1-iodonaphthalene} \xrightarrow[285\,^\circ\text{C}]{\text{Cu}} \text{1,1'-binaphthyl} \quad 74\%$$

混合卤代苯也可以发生 Ullmann 反应，得到构造不对称的联苯衍生物。例：

$$\text{2,4,6-trinitrochlorobenzene} + \text{PhI} \xrightarrow[235\,^\circ\text{C}]{\text{Cu}} \text{2,4,6-trinitrobiphenyl}$$

Ullmann 偶联综述：F. Monnier and F. Taillefer. *Angew. Chem. Int. Ed.* **2009**, 48, 6954.

问题 21 完成反应

$$\text{o-nitrochlorobenzene} \xrightarrow[220\,^\circ\text{C}]{\text{Cu}}$$

$$\text{o-bromobenzoic acid} \xrightarrow[230\,^\circ\text{C}]{\text{Cu}}$$

$$\text{methyl o-bromobenzoate} \xrightarrow[\triangle]{\text{Cu}}$$

$$\text{m-iodonitrobenzene} \xrightarrow[220\,^\circ\text{C}\sim225\,^\circ\text{C}]{\text{Cu}}$$

$$\text{2,6-dimethyl-4-tert-butyl-iodobenzene} \xrightarrow[250\,^\circ\text{C}]{\text{Cu}}$$

6.3.3.4 烃基锂

烃基锂（alkyl lithium）——有机锂试剂（organolithium reagent）

卤代烃在惰性溶剂（醚、烃）中与金属锂反应生成烃基锂。

$$\text{R—X} + 2\text{Li} \longrightarrow \text{R—Li} + \text{LiX}$$

例：

$$n\text{-}C_4H_9\text{Cl} + \text{Li} \xrightarrow[\text{or THF}]{\text{Et}_2\text{O},\, -10\,^\circ\text{C}} \underset{n\text{-}C_4H_9\text{Li}}{n\text{-}C_4H_9\text{Li}} + \text{LiCl}$$

n-Butyl lithium 正丁基锂

$$\text{(CH}_3\text{CH}_2\text{CH(CH}_3\text{)Li)} \quad s\text{-C}_4\text{H}_9\text{Li} \quad sec\text{-Butyl lithium 仲丁基锂}$$

$$\text{(CH}_3\text{)}_3\text{CLi} \quad t\text{-C}_4\text{H}_9\text{Li} \quad tert\text{-Butyl lithium 叔丁基锂}$$

$$\text{(CH}_3\text{)C=CHCH}_3\text{(Cl)} + \text{Li} \xrightarrow[\Delta]{\text{Et}_2\text{O or THF}} \text{(CH}_3\text{)C=CHCH}_3\text{(Li)} + \text{LiCl}$$

$$\text{PhCl} + \text{Li} \xrightarrow[\triangle]{\text{THF or PhH}} \text{PhLi} + \text{LiCl}$$

苯基锂 Phenyl lithium

芳烃基锂还可由卤代芳烃与烷烃基锂的转移金属化(transmetallation)得到：

$$\text{PhBr} + n\text{-BuLi} \xrightarrow{\text{Et}_2\text{O}} \text{PhLi} + n\text{-C}_4\text{H}_9\text{Br}$$

苯甲醚(茴香醚)与烷烃基锂可直接发生转移金属化(transmetallation)——邻位锂化(ortholithiation)：

$$\text{o-C}_6\text{H}_4(\text{OCH}_3)(\text{H}) + n\text{-BuLi} \xrightarrow[20\ ^\circ\text{C}]{\text{Et}_2\text{O}} \text{o-C}_6\text{H}_4(\text{OCH}_3)(\text{Li}) + n\text{-BuH}$$

问题 22 完成反应

$$\text{1,3-(CH}_3\text{O)}_2\text{C}_6\text{H}_4 + n\text{-BuLi} \xrightarrow[20\ ^\circ\text{C}]{\text{Et}_2\text{O}}$$

RLi 类似于 RMgX，只是更活泼。

卤代烃在锂存在下发生偶联——Würtz 反应：

$$n\text{-C}_4\text{H}_9\text{I} + n\text{-C}_4\text{H}_9\text{I} \xrightarrow{\text{Li}} n\text{-C}_8\text{H}_{18}$$

两分子的烃基锂可以使两种卤代烃发生偶联反应，实现碳-碳键的合成。例：

$$\text{PhCH=CHBr} \xrightarrow[-120\ ^\circ\text{C}]{t\text{-BuLi},\ n\text{-C}_8\text{H}_{17}\text{Br}} \text{PhCH=CH-}n\text{-C}_8\text{H}_{17}$$

偶联反应能保持双键构型。

丁基锂常用于催化烯键聚合。

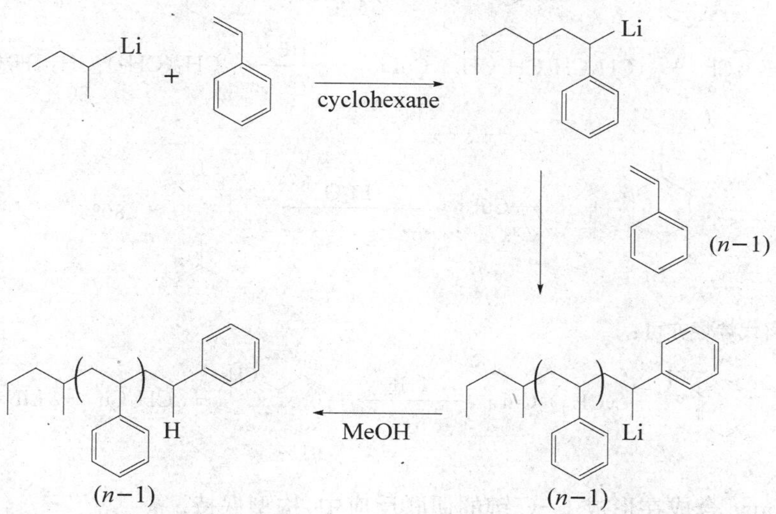

6.3.3.5 烃基铜锂

二烃基铜锂——Gilman 试剂

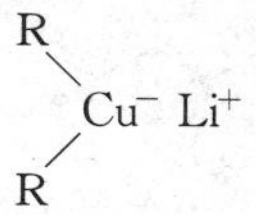

烃基锂与碘化亚铜作用生成二烃基铜锂，即 Gilman 试剂（Henry Gilman，1893—1986）。

$$2\ RLi\ +\ CuI\ \xrightarrow{THF}\ R_2CuLi\ +\ LiI$$
organolithiuu reagent　　　　　　　Gilman reagent

例：
$$2\ CH_3Li\ +\ CuI\ \xrightarrow{THF}\ Me_2CuLi\ +\ LiI$$
methyllithium　　　　　　　Lithium dimethylcuprate
　　　　　　　　　　　　　　二甲基铜锂

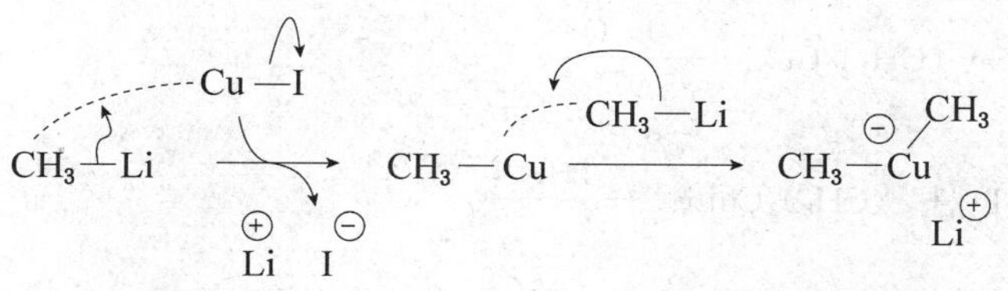

偶联反应—— Corey-House 合成

Gilman 试剂与含有离去基团的底物通过亲核取代反应形成 C—C 键，实现偶联，广泛用于有机合成。

$$CH_3CH_2CH_2X\ +\ R_2CuLi\ \xrightarrow{THF}\ CH_3CH_2CH_2{-}R\ +\ RCu\ +\ LiX$$
X=Cl, Br, I, TsO

例：

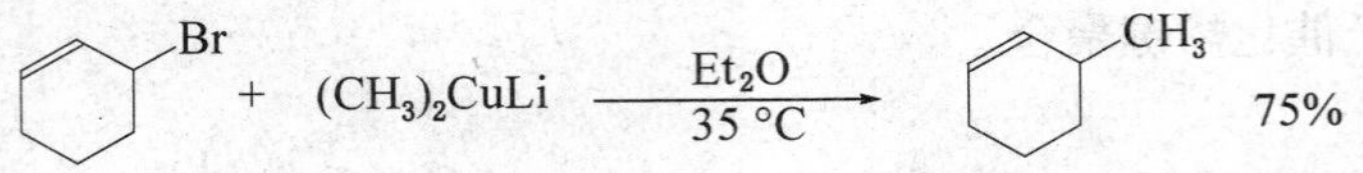

$\text{环己烯基Br} + (CH_3)_2CuLi \xrightarrow{Et_2O}{35\ ^\circ C} \text{甲基环己烯}\quad 75\%$

$CH_3(CH_2)_4Cl + (CH_3CH_2CH_2CH_2)_2CuLi \xrightarrow{THF} CH_3(CH_2)_4CH_2CH_2CH_2CH_3 \quad 80\%$

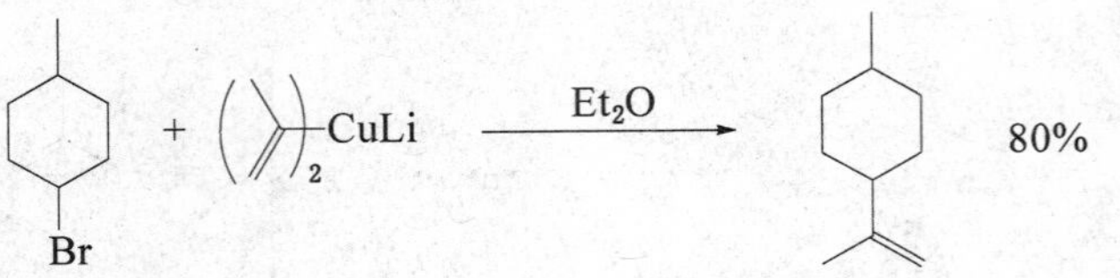

4-甲基环己基溴 + $(\text{异丙烯基})_2CuLi \xrightarrow{Et_2O}$ 产物 $\quad 80\%$

卤代芳烃、卤代烯烃亦可：

$C_6H_5I + (CH_3)_2CuLi \xrightarrow{THF} C_6H_5CH_3 (91\%) + CH_3Cu + LiI$

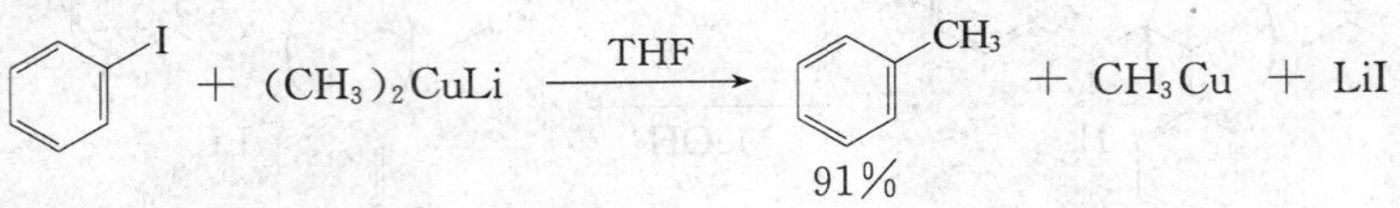

Corey-House 合成在形成 C-C 键的偶联反应中，构型保持。

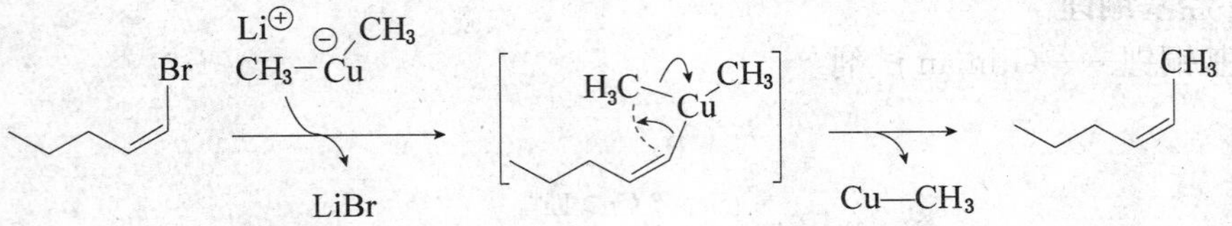

顺式-1-溴-1-戊烯 + $Li^\oplus\ CH_3^\ominus$—Cu—CH_3 $\xrightarrow{-LiBr}$ [过渡态] $\longrightarrow$ 顺式-2-己烯 + Cu—CH_3

顺式-1-碘代烯 + $n\text{-}Bu_2CuLi \xrightarrow{THF}$ 顺式烯烃 $\quad 71\%$

合成：由不多于 4 个碳的原料合成异辛烷。

$Me_2CHCH_2Br \xrightarrow{Li/THF} Me_2CHCH_2Li \xrightarrow{CuI/THF} (Me_2CHCH_2)_2CuLi$

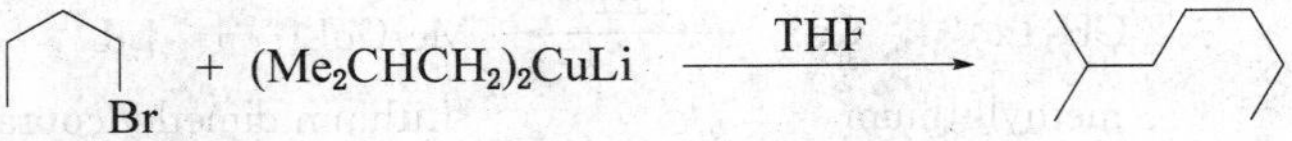

环戊基Br + $(Me_2CHCH_2)_2CuLi \xrightarrow{THF}$ 异辛烷

问题 23 完成反应

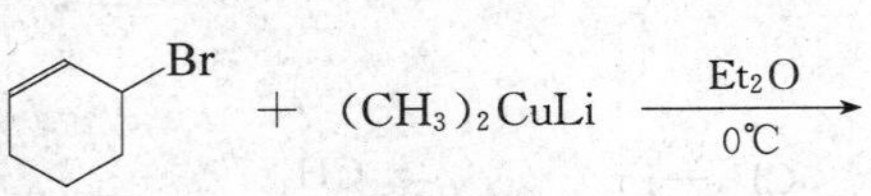

$\text{环己烯基Br} + (CH_3)_2CuLi \xrightarrow{Et_2O}{0\ ^\circ C}$

$CH_3(CH_2)_4I + (CH_3)_2CuLi \xrightarrow{THF}$

对甲基溴苯 + $(\text{异丙烯基})_2CuLi \xrightarrow{THF}$

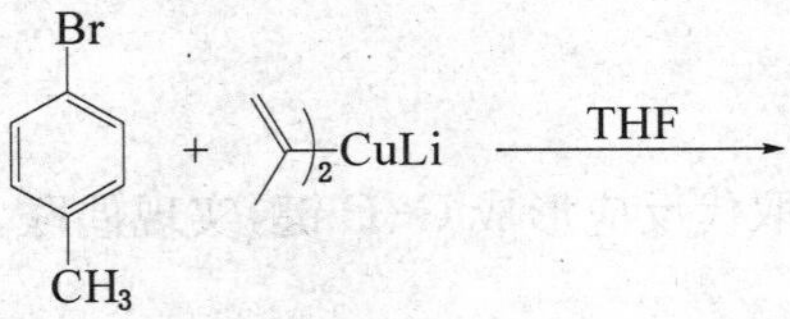

$CH_3CH_2CH_2CH_2Br + (CH_3CH_2CH_2)_2CuLi \xrightarrow{THF}$

$$\underset{\text{Cl}}{\text{[chlorocyclopentene with methyl]}} + (\text{CH}_2=\text{CH})_2\text{CuLi} \xrightarrow{\text{THF}}$$

$$\underset{\text{Br}}{\text{[3-bromo-2-butanone]}} + (\text{CH}_3)_2\text{CuLi} \xrightarrow{\text{THF}}$$

$$\underset{\text{Br}}{\text{[cis-β-bromostyrene]}} + n\text{-Bu}_2\text{CuLi} \xrightarrow{\text{THF}}$$

6.3.4 还原反应

卤代烃可催化氢解或用化学方法还原成烃。

$$\text{R—X} \xrightarrow{[\text{H}]} \text{R—H} + \text{HX}$$

催化加氢：H_2/ Pd，Pt，Ni。
化学还原：Zn / HCl，HI；$LiAlH_4$，$NaBH_4$；Na/EtOH，Na/NH_3。
反应活性：

$$R \quad 1° > 2° > 3°$$

$$X \quad I > Br > Cl$$

例：$CH_3(CH_2)_5\underset{Br}{CH}CH_3 \xrightarrow[\text{EtOH, H}_2\text{O}]{\text{NaBH}_4} CH_3(CH_2)_5CH_2CH_3 \quad 85\%$

$$\underset{\text{Br}}{\text{[1-bromonaphthalene]}} \xrightarrow[\text{THF, reflux}]{\text{LiAlH}_4} \underset{\text{Br}}{\text{[1-bromonaphthalene]}} \quad 79\%$$

$$\underset{\text{Br Br}}{\text{[gem-dibromobicyclic]}} \xrightarrow[\text{CH}_3\text{OH}]{\text{Na}} \text{[bicyclic alkene]} \quad 77\%$$

$$CH_3(CH_2)_{14}CH_2I \xrightarrow[\substack{\text{HCl} \\ \text{H}_2 \\ \text{Pd/CaCO}_3}]{\text{Zn}} \quad 85\% \atop CH_3(CH_2)_{14}CH_3$$

$$\underset{\text{CH}_2\text{Cl}}{\text{[indane-CH}_2\text{Cl]}} \xrightarrow[\text{Pd/C}]{\text{H}_2} \underset{\text{CH}_3}{\text{[5-methylindane]}} \quad 90\%$$

芳环上引入甲基的良好方法。

6.4 卤代烃的制备

6.4.1 由醇制备

醇与 HX、PX_3（X = I, Br, Cl）或 $SOCl_2$ 反应（见第 7 章醇部分）

$$ROH + HX \longrightarrow RX + H_2O$$
$$ROH + PX_3 \longrightarrow RX + P(OH)_3$$
$$ROH + PCl_5 \longrightarrow RCl + OP(OH)_3$$
$$ROH + SOCl_2 \longrightarrow RCl + SO_2 + HCl$$

6.4.2 卤代烃与卤素交换（见相关制备方法）

6.4.3 烯、炔加成卤化氢、卤素（见第 3 章不饱和烃）

6.4.4 饱和碳的自由基卤代（见第 1 章饱和烃）

6.4.5 芳环卤代（见第 5 章芳香烃）

6.4.6 由羰基化合物制备（见第 8 章醛酮）

6.4.7 卤仿反应（见第 8 章醛酮）

6.5 个别化合物与用途

6.5.1 卤代烃的用途

卤代烃在众多领域有广泛的用途。

溶剂：氯仿（chloroform, trichloromethane $CHCl_3$）、二氯甲烷（dichloromethane DCM, CH_2Cl_2）、四氯化碳（tetrachloromethane, CCl_4），1,2-二氯乙烷（$ClCH_2CH_2Cl$）等是常用的溶剂。

合成试剂、原料与中间体：卤代烃在有机合成、精细化工品、药物等中广泛用作试剂、原料或中间体，如用作烷基化试剂、制备金属试剂等。

医药（pharmaceuticals）：麻醉剂（anesthetics）如氟烷（$CF_3CHClBr$）、药物如抗菌素等。

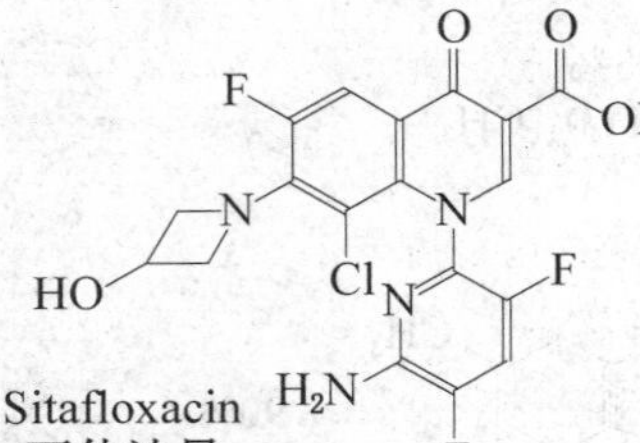

Sitafloxacin
西他沙星

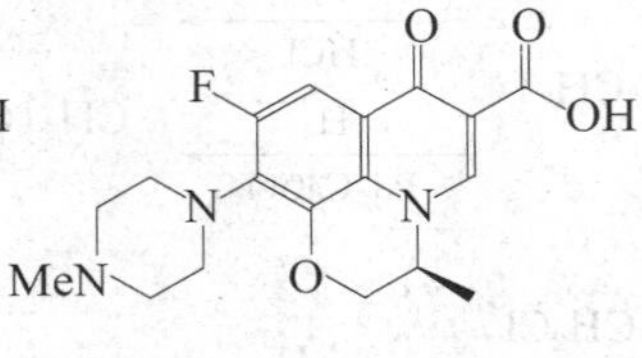

Ofloxacin
氧氟沙星

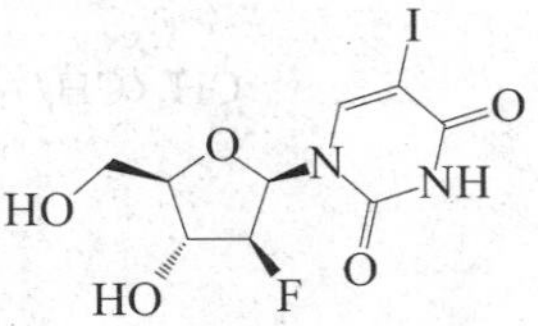

Fialuridine 非阿尿苷
antiviral compound

灭火剂（fire extinguishant）：卤代烷如四氯化碳是一大类化学灭火剂。较新的是氟碳

(fluorocarbons，CFCs)化合物(见氟代烃)。

阻燃剂(flame retardant)：多卤代烃(常用多溴代 brominated flame retardant，BFR)是广泛应用的阻燃剂，如四溴双酚 A(TBBPA)、多溴代二苯醚类(polybrominated diphenyl ether，PBDE)如十溴代二苯醚(decaBDE)、多溴代联苯类(polybrominated biphenyl，PBB)如六溴代联苯(HBB)、多溴代环烃(brominated cyclohydrocarbons)如六溴代环十二烷(1,2,5,6,9,10-hexabromocyclododecane)等。

Tetrabromobisphenol A (TBBPA)　　Decabromodiphenyl ether (decaBDE)　　2,2′,4,4′,5,5′-hexabromobiphenyl (HBB)

制冷剂(Refrigerant)：传统的如氟利昂 Freon 如 CF_2Cl_2(F-12)、$CHClF_2$(F-22)等(见氟代烃部分)。

推进剂(气雾剂 propellant)：压缩喷雾喷射剂如喷雾杀虫剂、空气清新剂、发胶(in aerosol application)等。多为低沸点的氯氟烷烃(chlorofluorocarbons，CFCs)液化气体，如三氯一氟甲烷(F11)、二氟二氯甲烷(F21)、四氟二氯乙烷(F114)等(见氟代烃部分)。

杀虫剂(Insecticide)与除草剂(herbicide)：合成杀虫剂(synthetic insecticide)如早期的有机氯类 DDT、六六六、毒杀芬等。DDT 与六六六曾是产量大、应用广的两个农药品种，但因易在生物体中蓄积，从 20 世纪 70 年代初开始在许多国家禁用或限用。现代的仿生合成低毒杀虫剂拟除虫菊酯类(pyrethroid)如氯氰菊酯(cypermethrin)、氯氟氰菊酯(cyhalothrin)。除虫菊酯是植物性杀虫剂，是除虫菊花的有效成分。

Cypermethrin　　　　　　　　　　Cyhalothrin

合成除草剂(herbicide)中一大类是含氯羧酸，如 2,4-D、Dicamba、Aminopyralid 等。

Herbicide 2,4-D　　　Herbicide Dicamba　　Herbicide Aminopyralid

6.5.2　个别化合物

6.5.2.1　卤代甲烷

一卤代甲烷在有机合成中用作甲基化剂，实验室中选用碘甲烷(bp 41℃~43℃)为宜，因为只有碘甲烷在常温下是液体的,氯甲烷(bp-24℃)与溴甲烷(bp 4℃)都是气体,不易操作。在工业上氯甲烷主要用作生产有机硅化合物的原料。

二氯甲烷是良好的溶剂,bp 40℃,d 1.325,溶解性能好,毒性低,不易燃,对金属稳定。用二氯甲烷萃取,提取液不含水。易燃溶剂如石油醚、汽油、苯、乙酸乙酯等中加入少量二氯甲烷可提高其着火点,加入量10%~30%可使其不易燃烧。

三氯甲烷又称氯仿(chloroform),bp 61℃,d 1.492,溶解性能好,是油脂、树脂、生物碱、橡胶、沥青等有机化合物的溶剂,但毒性较高,已逐渐被二氯甲烷取代。三氯甲烷在常温、光照下逐渐分解产生剧毒的光气。在三氯甲烷中加入少量(约1%)乙醇可提高其稳定性,便于长期保存。三氯甲烷应用棕色或绿色玻璃试剂瓶存放。三氯甲烷与碱金属或一些碱土金属接触容易引起爆炸。

四氯化碳(四氯甲烷),bp 76.5℃,d 1.594,水溶性极低,不易燃,所以用作灭火剂。常温下对空气和光稳定,是良好的溶剂,但毒性较高,在高温下遇水分解产生光气,许多国家已不再用作溶剂或灭火剂。碱金属、碱土金属与四氯化碳接触容易引起爆炸。

6.5.2.2 卤代乙烷及其衍生物

氯乙烷,bp 12.3℃,要在加压容器中保存。当喷在皮肤表面时,迅速气化,同时吸收大量的热,皮肤受冷使神经末梢暂时处于麻醉状态,因此可以用作局部麻醉剂。溴乙烷(bp 37℃~40℃)与碘乙烷(bp 69℃~73℃)在实验室中用作乙基化剂。

1,2-二氯乙烷和1,2-二溴乙烷在有机合成中用作1,2-亚乙基化剂。这两个化合物以前用作汽油添加剂,以减少铅(含铅汽油,抗爆剂)在气缸中沉积,在改用无铅汽油后已不再添加了。

氯乙烯是聚氯乙烯的单体原料。

三氯乙烯与四氯乙烯都是优良的溶剂,主要用作有机溶剂、干洗剂、金属脱脂溶剂、脂肪类萃取剂,也用作驱肠虫药与合成原料。

6.5.2.3 对二氯苯

对二氯苯(1,4-dichlorobenzene),白色晶体,有樟脑气味。用作熏蒸杀虫剂、防蛀防霉剂(卫生球)、防腐剂、空气脱臭剂等,也是有机合成原料,用于合成染料、药物等。对眼和上呼吸道有刺激性,对中枢神经有抑制作用,致肝、肾损害。

6.5.2.4 六氯对二甲苯

"血防846"广谱抗寄生虫药物,对血吸虫、阿米巴原虫、钩虫、蛔虫等有杀灭作用。

6.5.2.5 1,1-二(4-氯苯基)三氯乙烷

Dichlorodiphenyltrichloroethane(DDT)、"滴滴涕",曾经的著名农用合成杀虫剂(Pesticide)。DDT不易降解,在生物体内和环境中造成蓄积,破坏生态平衡。因此,世界大部分地区已经停止使用DDT,只有少数地区继续使用防治疟疾。

1874年,奥地利一位化学系的学生Zeidler合成了DDT,但人们没有发现它的用处。

1939年,瑞士化学家P. H. Müller发现DDT能迅速杀死蚊子、虱子和农作物害虫。

1940年他获得了第一个瑞士专利。1942年,商品DDT面市,用于植物保护和卫生方面。时值第二次世界大战和战后时期,世界很多地方传染病流行,DDT的使用令疟蚊、苍蝇和虱子得到有效控制,并使疟疾、伤寒和霍乱等疾病的发病率急剧下降。

根据世界卫生组织估计,DDT的使用大概拯救了2 500万人的生命。由于DDT对温血动物的急性毒性较低,可以直接喷洒于人体上,故经常过量使用。

1960年代,发现DDT在环境中难降解,并可在动物脂肪内蓄积,甚至在南极企鹅的血液中也检测出DDT。DDT在生物体内的代谢半衰期为8年;鸟类体内含DDT会导致产软壳蛋而不能孵化,DDT对鱼类是高毒性的。因此1970年代后,多数国家明令禁止或限制生产和使用DDT。由于机体对DDT的积累是可逆的,禁用DDT以后,美国密歇根湖鱼类体内的DDT现在已经减少了90%。

20世纪50年代至80年代是DDT的使用高峰期,此期间DDT年使用量均超过4万吨。自1940年代起,DDT的全球总产量据估计达到180万吨。DDT的毒性被发现以后,首先宣布限制使用的国家包括斯堪的纳维亚、加拿大和美国,随后扩大到几乎所有西方国家。

DDT的主要代谢产物是消去产生的DDE,最终则为亲水性的DDA,可以随尿排出动物体外。在昆虫和其它动物组织中,还可以发现进一步代谢产物——1,1-二(对氯苯基)-2,2-二氯乙烷(DDD)。

DDT具有中等的急毒性,从半致死量看,DDT对温血动物的毒性是相当低的。但问题在于,DDT以及其主要代谢产物DDE,由于具有高的亲脂性而易在动物脂肪中积累,造成长期毒性。此外,DDT还具有潜在的基因毒性、内分泌干扰作用和致癌性,也可能造成包括糖尿病在内的多种疾病。DDT的代谢物DDE是一种抗雄激素。

1874年,第一次在实验室合成了DDT,但直到1939年才发现其杀虫特性。第二次世界大战后期在民众和士兵中使用DDT控制疟疾和斑疹伤寒获得巨大成功。瑞士化学家Paul Hermann Müller因发现高效杀虫剂DDT而获得1948年Nobel医学奖(The Nobel Prize in Physiology or Medicine 1948 was awarded to Paul Müller "*for his discovery of the high efficiency of DDT as a contact poison against several arthropods*")。战后DDT作为农用杀虫剂大量生产。

1962年,美国生物学家Rachel Carson发表寂静的春天(Silent Spring)。书中披露了在美国大量使用DDT对环境和生态造成的影响。DDT和其他杀虫剂(pesticides)可能导致癌症并会威胁到野生动物,特别是鸟类。该书的出版是环境保护运动的标志性事件。1972年,美国禁止使用DDT。随后根据Stockholm公约在世界范围内禁止农用DDT。

6.5.2.6　三苯氯甲烷与三苯甲基正离子、三苯甲基自由基

三苯氯甲烷的液体二氧化硫能导电,与氯化铝等作用成盐:

$$Ph_3C-Cl \xrightleftharpoons{SO_2(l)} Ph_3C^+ + Cl^-$$

$$Ph_3C-Cl + AlCl_3 \rightleftharpoons Ph_3C^+ \; AlCl_4^-$$

X-射线晶体分析研究表明,$Ph_3C^+\;AlCl_4^-$具有离子结构,三苯甲基正离子的中心碳原子

上的三个键在同一平面内，但三个苯环由于邻位氢原子之间的排斥作用，排列成螺旋桨型。

三苯甲基正离子(triphenylmethyl cation, trityl cation)：

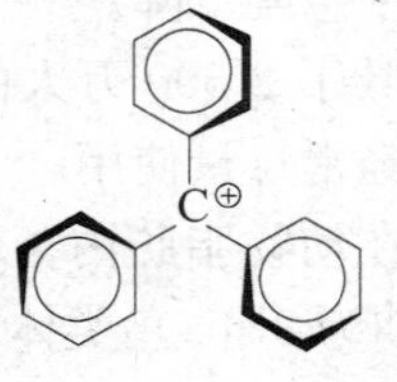

$$Ph_3C^+ \quad \text{Triphenylmethyl cation orange-yellow}$$

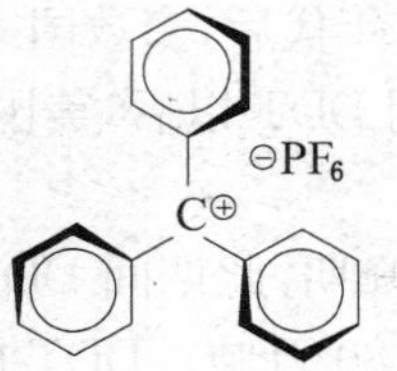

$$Ph_3C^+ \ PF_6^-$$

Gomberg 与三苯甲基自由基

1900 年，Moses Gomberg 试图通过 Würtz 反应用金属银、锌与三苯氯甲烷在溶剂苯中反应制备六苯基乙烷。

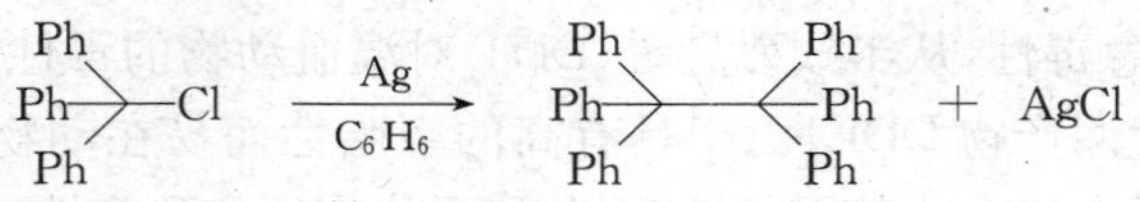

$$Ph_3C-Cl \xrightarrow[C_6H_6]{Ag} Ph_3C-CPh_3 + AgCl$$

Gomberg 在二氧化碳气氛中得到黄色溶液，挥发至干得到一个白色固体(C 93.8%，H 6.2%)，mp 147℃。用空气取代二氧化碳，溶液黄色迅速褪去，挥发至干得到另一个白色固体(C 88%，H 6%，O 6%)，mp 185℃。

Gomberg 认为，溶液的黄色是三苯甲基自由基，在二氧化碳气氛中得到白色固体 mp147℃就是六苯基乙烷。三苯甲基自由基遇空气中的氧气生成三苯甲基过氧化物，白色固体 mp 185℃。

六苯乙烷在溶液中部分离解为有色的自由基，是可逆过程。当溶液中的自由基遇到氧气，则生成无色的过氧化物。溶液放置，六苯乙烷又部分离解为自由基，颜色又出现。

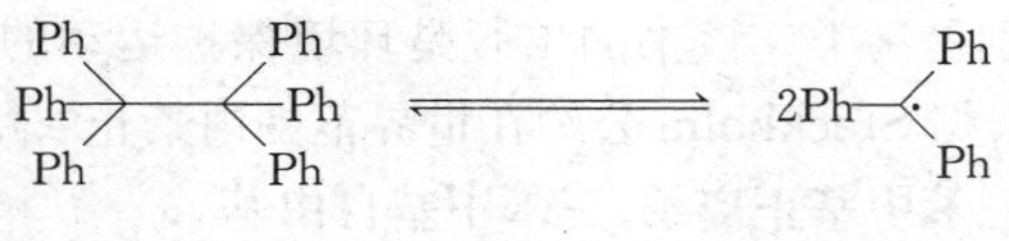

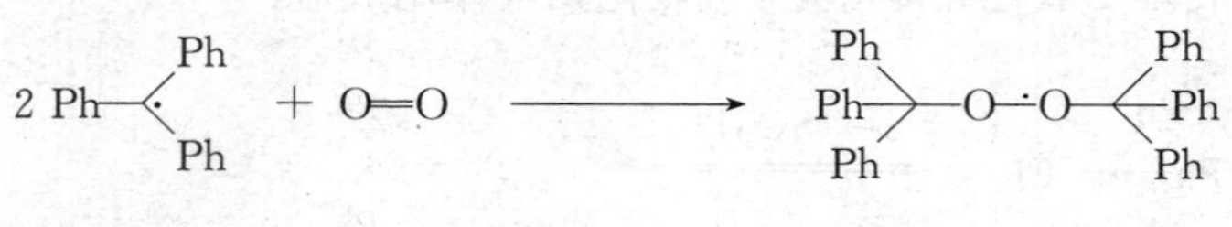

$$Ph_3C-CPh_3 \rightleftharpoons 2 Ph_3C\cdot$$

$$2 Ph_3C\cdot + O=O \longrightarrow Ph_3C-O-O-CPh_3$$

直到 1968 年，^{1}H NMR 谱研究发现，所谓六苯乙烷实为醌式结构。二聚的方式为一个三苯甲基碳加到另一个自由基中苯环的对位上，形成醌式结构——环己二烯衍生物。从三苯甲基自由基的构型可以看出，两个巨大的自由基很难彼此接近而形成六苯乙烷，而是以较小空间要求的方式形成醌式二聚体。

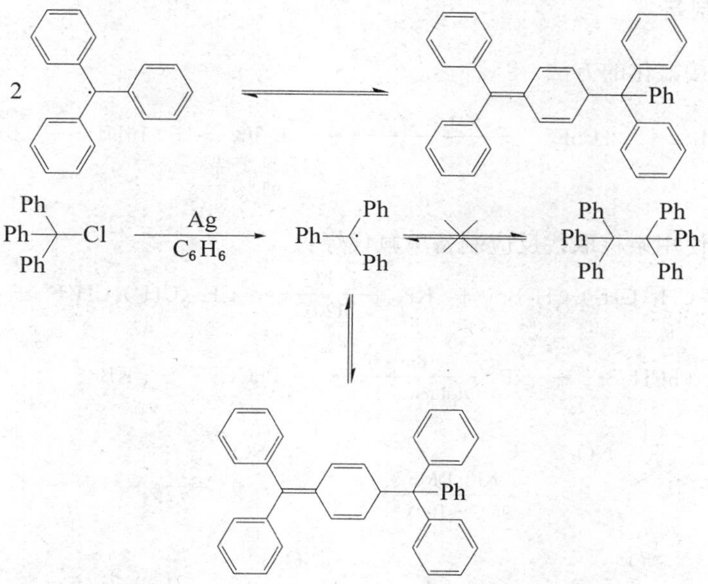

三苯甲基自由基是有机化学家所观测到的第一个自由基。由于苯基体积较大，三苯甲基自由基中的三个苯基不可能与中间的碳原子共平面，而是排成螺旋桨式，但仍然存在离域现象，由于广泛离域以及立体位阻效应而稳定。事实上，三苯甲基自由基(triphenylmethyl radical，trityl radical)是一种持久(长寿)自由基。

Triphenylmethyl radical
yellow

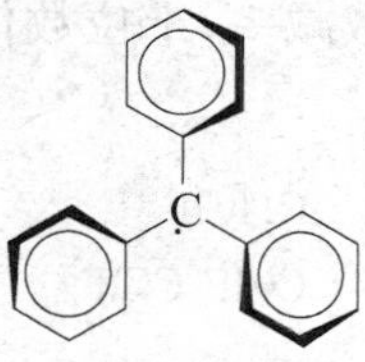

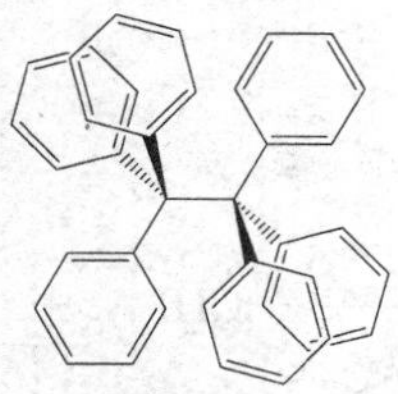

6.6 氟代烃

氟代烃与全氟化物是元素有机化合物(见第 12 章)。

$CF_3CF_2CF_2CF_2CF_3$	全氟戊烷	Perfluoropentane
CF_3CF_2OH	全氟乙醇	Perfluoroethanol

单氟代烃一般不稳定，易脱氟化氢产生烯烃。但多氟代和全氟代烃则特别稳定，显示化学惰性。

6.6.1 氟代烃制备

工业采用直接氟化的方法。

$$C_7H_{16} + 32CoF_3 \xrightarrow{260℃\sim 280℃} \underset{\text{全氟庚烷}}{C_7F_{16}} + 16HF + 32CoF_2$$
$$91\%$$

实验室一般使用亲核取代反应制备单氟代烃：

$$CH_3(CH_2)_4CH_2Br + KF \xrightarrow[120℃]{EG} CH_3(CH_2)_4CH_2F + KBr$$
$$42\%$$

$$PhCH_2Br + KF \xrightarrow[\text{toluene, }H_2O]{\text{18-C-6}} PhCH_2F + KBr$$
$$98\%$$

氟代芳烃还可以通过 Schiemann 反应制备（见第 10 章 胺部分）。

6.6.2 个别化合物与用途

6.6.2.1 氟利昂

氟利昂（Freons）系指含一两个碳的氯氟烃（chlorofluorocarbons，CFCs），有特殊的商品代号。F 或 R 代表 Freon，百位数代表碳原子个数减一，十位数代表氢原子个数加一，个位数表示氟原子个数。

CCl_3F	F-11	$CHClF_2$	F-22
CCl_2F_2	F-12	$CClF_2CClF_2$	F-114
$CClF_3$	F-13		

氟利昂制备

用卤代烷与无机氟化物制备：

$$CHBr_3 + SbF_3 \longrightarrow CHF_3 + SbBr_3$$

$$CCl_4 + SbF_3Cl_3 \xrightarrow{100℃} CF_2Cl_2 + SbFCl_4$$

氟利昂化学性质稳定，具有不燃、低毒、介电常数低、临界温度高、易液化等特性，广泛用作制冷剂（refrigerant）、气雾剂（aerosol propellant）、发泡剂、清洗剂等，涉及制冷、空调等家用电器、泡沫塑料、日用化学品、汽车、消防等行业。

但研究发现，氟利昂进入大气，破坏臭氧层（ozone depletion），使地球失去天然屏障，大量紫外线照射到地球，人类易患免疫系统失调、白内障、皮肤癌等疾病，其它生物也受到影响。

20 世纪 80 年代后期，氟利昂的生产量达到了 144 万吨高峰。在对氟利昂实行控制之前，全世界向大气排放的氟利昂已达到 2 000 万吨。由于氟利昂在大气中的平均寿命达数百年，所以排放的大部分仍将滞留在大气层中，其中大部分停留在对流层，小部分进入平流层。在对流层相当稳定的氟利昂，在升至平流层后，在强烈紫外线辐射下被分解，释放出氯原子，与臭氧分子发生链式反应，致使大量臭氧分子被破坏。

氟利昂破坏臭氧层机理：CFCs 的最重要反应是 C-Cl 键的光诱导裂解。

$$F_2CCl_2 \xrightarrow{UV} F_2\dot{C}Cl + \dot{C}l$$

$$O_3 + \dot{C}l \longrightarrow O_2 + Cl\dot{O}$$

$$O_3 + Cl\dot{O} \longrightarrow 2O_2 + \dot{C}l$$

显然，破坏臭氧层的是氟利昂分子中的氯原子而不是氟原子。

Crutzen(Max-Planck-Institute for Chemistry, Germany)、Molina(Department of Chemistry, University of California, USA) 和 Rowland(Department of Earth, Atmospheric and Planetary, Sciences and Departmen of Chemistry, MIT, USA) 因对平流层臭氧的研究获 1995 年 Nobel 化学奖 (The Nobel Prize in Chemistry 1995 was awarded jointly to Paul J. Crutzen, Mario J. Molina and F. Sherwood Rowland "*for their work in atmospheric chemistry, particularly concerning the formation and decomposition of ozone*")。

蒙特利尔议定书全名为"蒙特利尔破坏臭氧层物质管制议定书(Montreal Protocol on Substances that Deplete the Ozone Layer)"，是联合国为了避免工业产品中的氟氯碳化物对地球臭氧层继续造成恶化及损害，承续 1985 年保护臭氧层维也纳公约的原则，于 1987 年 9 月 16 日邀请所属 26 个会员国在加拿大蒙特利尔所签署的环境保护公约。该公约自 1989 年 1 月 1 日起生效。

蒙特利尔公约中对 CFC-11、CFC-12、CFC-113、CFC-114、CFC-115 等五项氟氯碳化物及哈龙(Halon，即 1211 和 1301)的生产做了严格的管制规定，并规定各国有共同努力保护臭氧层的义务，凡是对臭氧层有不良影响的活动，各国均应采取适当防治措施，影响的层面涉及电子光学清洗剂、冷气机、发泡剂、喷雾剂、灭火器等。议定书中虽然规定将氟氯碳化物的生产冻结在 1986 年的规模，并要求发达国家在 1988 年减少 50% 的制造，同时自 1994 年起禁止哈龙生产。

1997 年 12 月在日本京都由联合国气候变化框架公约参加国三次会议制定了"京都议定书"，其目标是"将大气中的温室气体含量稳定在一个适当的水平，进而防止剧烈的气候改变对人类造成伤害"。

6.6.2.2 新型的氟利昂制冷剂

氟利昂 134a(R134a)，1,1,1,2-tetrafluoroethane, $C_2H_2F_4$：一种较新型的制冷剂，HFC 制冷剂，蒸发温度 -26.5℃。主要热力学性质与 R12 相似，不会破坏大气臭氧层，但会造成温室效应，是比较理想的 R12 替代制冷剂。

氟利昂 R407C：一种新型环保制冷剂，HFC 制冷剂，由二氟甲烷 R32 (CH_2F_2)，五氟乙烷 R125 (C_2HF_5)，四氟乙烷 R134a ($C_2H_2F_4$) 以 23%，25%，52% 的比例混合而成的非共沸制冷剂，温度滑移较高。

氟利昂 R410A：一种新型环保 HFC 制冷剂，由二氟甲烷 R32(CH_2F_2) 与五氟乙烷 R125 (C_2HF_5) 以各 50% 质量比混合而成的非(近)共沸制冷剂，温度滑移较小，发生相变时两组分比例基本保持恒定，物性接近单组分制冷剂。工作压力为普通 R22 空调的 1.6 倍左右，制冷(热)效率更高，不破坏臭氧层。R410A 是目前为止国际公认的用来替代 R22 最合适的制冷剂。

氟利昂 R600a(C_4H_{10})：异丁烷，属于 CH 烃类制冷剂，充灌量很少时可用作冰箱制冷剂，具有节能、低噪、不破坏大气层的优势，但易燃、易爆、安全性差。

6.6.2.3　聚四氟乙烯

二氟氯甲烷高温裂解，α-消去氯化氢，产生 difluorocarbene，二聚生成四氟乙烯：

$$CHCl_3 + 2HF \xrightarrow[30℃]{SbCl_3} CHF_2Cl + 2HCl$$

$$2CHF_2Cl \xrightarrow{700℃} F_2C=CF_2 + 2HCl$$

四氟乙烯在过硫酸铵引发下加成聚合得到聚四氟乙烯：

$$nF_2C=CF_2 \xrightarrow[490\ kPa,\ 50℃]{(NH_4)_2S_2O_8} \left[\begin{array}{c} F\ F \\ |\ | \\ C-C \\ |\ | \\ F\ F \end{array}\right]_n \text{Polytetrafluoroethylene}$$

聚四氟乙烯（polytetrafluoroethylene，PTFE），又称 Teflon 特氟隆、塑料王，耐腐蚀，化学高度惰性，耐磨且具有自润滑性，良好的电绝缘性，承受温度范围广，可达－200℃～250℃。Teflon 可以制成管件、垫圈、阀门、衬里等，用作耐热、电绝缘体与密封材料等，广泛应用于化学化工、电器工业、航空航天等领域，也有普通民用如聚四氟乙烯生料带、不粘锅涂层等。

6.6.2.4　氟塑料与氟橡胶

除聚四氟乙烯以外，聚三氟氯乙烯、聚偏氟乙烯、聚全氟丙烯及其共聚物等，可以是塑料，也可以是橡胶，其共同特点是耐腐蚀、耐热、耐寒、耐磨、不燃。如四氟乙烯与全氟丙烯共聚物称为氟塑料 46，用于生产电缆、绝缘器材和热交换器。偏二氟乙烯、四氟乙烯、和全氟丙烯共聚物称为反应橡胶 246（Viton B 橡胶），能在 250℃ 长期使用。

6.6.2.5　氟碳灭火剂

氟碳化合物（Fluorocarbons，FCs）是新的卤代烷类灭火剂，如 1211 灭火剂（二氟一氯一溴甲烷，F_2CClBr）和 1301 灭火剂（三氟一溴甲烷，$BrCF_3$），特别适用于扑灭油类、有机溶剂、高压电气设备和精密仪器等火灾。

二氟二溴甲烷（F-12B2）和三氟一溴甲烷（F-13B1）用作灭火剂，比四氯化碳安全，用于处理火箭发射中起火事故。CF_2BrCF_2Br 灭火效果最好，但成本太高，难以大量使用。

$CHClBrCF_3$ 用作麻醉剂，可以代替以前使用的氯仿。

6.6.2.6　全氟辛酸

全氟辛酸（perfluorooctanoic acid，PFOA）：

$$CF_3CF_2CF_2CF_2CF_2CF_2CF_2CO_2H$$

全氟辛酸盐和全氟辛烷磺酸盐是最常见的两种阴离子氟表面活性剂。

以全氟辛酸为代表的全氟羧酸是一类新的持久性生物富集有机污染物，广泛地存在于各种环境介质。

作为一种正在出现的持久性有机污染物（persistent organic pollutants，POPs），全氟辛酸（PFOA）及其盐已造成全球性生态系统污染，并成为 POPs 的新研究课题。

习题

一、回答问题

1. 试比较下列化合物在丙酮溶液中与氰化钠反应的速度,哪个最快？最慢的呢？

    A. 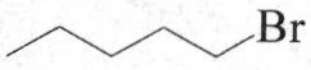 CH₃CH₂CH₂CH₂CH₂Br   B. 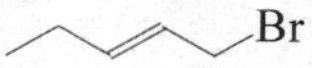 CH₃CH=CHCH₂Br   C. 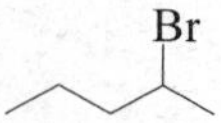 2-溴戊烷

    D. 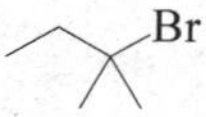 2-甲基-2-溴丁烷   E. 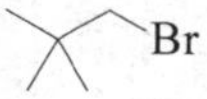 新戊基溴

2. 试比较下列化合物在硝酸银乙醇溶液中反应的速度,哪个最快？最慢的呢？

    A. 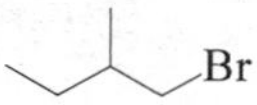 异丁基溴   B. 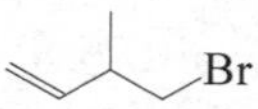 2-甲基-3-溴-1-丙烯   C. 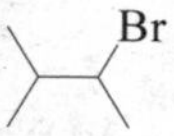 3-溴-2-甲基丁烷

    D. 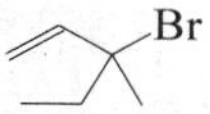 3-溴-3-甲基-1-丁烯   E. 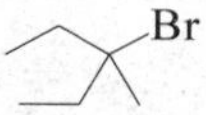 3-溴-3-甲基戊烷

3. 试比较下列化合物在氢氧化钾乙醇溶液中的反应速度,哪个最快？最慢的呢？

    A. 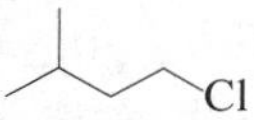 异戊基氯   B. 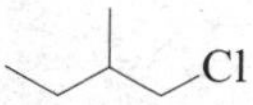 2-甲基-1-氯丁烷   C. 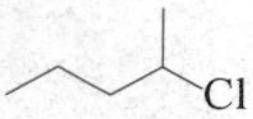 2-氯戊烷

    D. 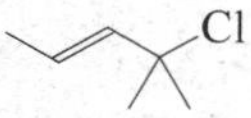 3-氯-3-甲基-1-丁烯   E. 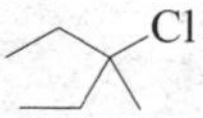 3-氯-3-甲基戊烷

4. 试比较下列化合物在甲酸溶液中的反应速度,哪个最快？最慢的呢？

    A.  PhC(CH₃)₂CH₂Br   B. 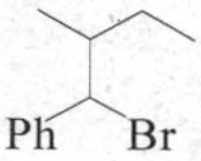 PhCH(Br)CH₂CH₃

    C. 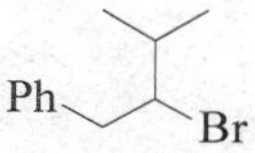 PhCH₂CH(Br)CH(CH₃)₂   D. 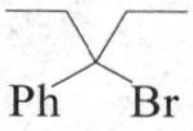 PhC(CH₃)₂Br (with ethyl)

5. 试比较下列化合物在稀氢氧化钠水溶液中的反应速度,哪个最快？最慢的呢？

    A.  PhCH₂CH₂CH₂Br   B. 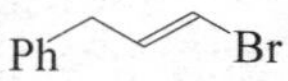 PhCH=CHCH₂Br

    C. 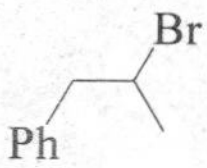 PhCH₂CH(Br)CH₃   D. 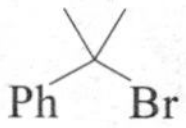 PhC(CH₃)₂Br

6. 比较下列化合物发生 $S_N 2$ 反应的速度：
    A. 1-溴丁烷   B. 2-甲基-1-溴丁烷
    C. 3-甲基-1-溴丁烷   D. 2,2-二甲基-1-溴丁烷

7. 比较下列化合物发生 $S_N 1$ 反应的速度：
    A. 3-甲基-1-溴丁烷   B. 2-甲基-2-溴丁烷
    C. 2-甲基-3-溴丁烷   D. 2-甲基-1-溴丁烷

二、完成反应

1. 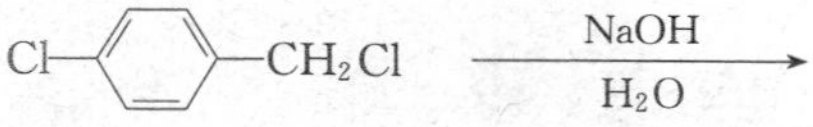 4-Cl-C₆H₄-CH₂Cl $\xrightarrow{\text{NaOH} \atop H_2O}$

2. Br—C₆H₄—CH₂Cl $\xrightarrow[\text{EtOH}]{\text{NaCN}}$

3. (1-Cl, 3-Me cyclohexane, trans) + NaI $\xrightarrow{\text{acetone}}$

4. (1-F, 2-Br cyclopentane, trans) + NaI $\xrightarrow{\text{acetone}}$

5. (norbornyl-CH₂—OTs) + LiBr $\xrightarrow{\text{acetone}}$

6. Ph—CHBr—CHBr—C(O)—CH₃ $\xrightarrow{\text{AcONa}}$

   (PhCHBrCHBrCOCH₃)

7. (bicyclic hydroxy iodo lactone) $\xrightarrow[\triangle]{\text{DBN, THF}}$

8. (CH₃CH₂)(CH₃)₂CBr
   $\xrightarrow[\text{EtOH}]{\text{EtONa (0.02 mol)}}$
   $\xrightarrow[\text{EtOH}]{\text{EtONa (1.0 mol)}}$

9. (CH₃CH₂CH₂)(CH₃)₂CBr
   $\xrightarrow[\text{EtOH}, \triangle]{\text{EtOK}}$
   $\xrightarrow[t\text{-BuOH}, \triangle]{t\text{-BuOK}}$

10. CH₃(CH₂)₅CH(OTs)CH₃ + NaSPh $\xrightarrow[\triangle]{\text{EtOH}}$

11. CH₂=CH—CBr(CH₃)... $\xrightarrow[\triangle]{\text{H}_2\text{O}}$

12. 4-F—C₆H₄—C(O)—CH₃ $\xrightarrow[\triangle]{\text{Me}_2\text{NH}}$

13. 2-Br-1,3-dinitro... (1-Br, 2-NO₂, 4-NO₂ benzene) $\xrightarrow[\triangle]{\text{CH}_3\text{CH}_2\text{NH}_2}$

14. PhCH₂MgBr + EtOH $\longrightarrow$

15. Me₂CHMgCl + O₂ $\longrightarrow$

16. $n\text{-BuLi} + H_2O \longrightarrow$

17. $\text{PhLi} + I_2 \longrightarrow$

18. (2,4-dimethyl-3-bromo-3-isobutylpentane type structure) $\xrightarrow[\text{EtOH}, \triangle]{\text{KOH}}$

19. (2-methyl-1-(cyclohex-1-enyl)-3-bromobutane structure) $\xrightarrow[\text{EtOH}]{\text{KOH}}$

20. (4-bromo-5-methyl-1-heptene structure) $\xrightarrow[\text{EtOH}]{\text{KOH}}$

21. (1,2,4-trichloro-5-hydroxycyclohexane) $\xrightarrow{\text{NaOH}}$

22. (1,3-dimethyl-1-OTs-cyclopentane) $\xrightarrow[\text{EtOH}]{\text{EtONa}}$

23. (o-BrCH$_2$-C$_6$H$_4$-Br) $\xrightarrow[\text{ether}]{\text{Na}}$

24. (4-methylcyclohexyl-MgBr) $+$ (CH$_2$=C(Br)CH$_2$Br, 2,3-dibromopropene) $\xrightarrow{\text{ether}}$

25. $\text{Cl}\text{-}\underset{}{\bigcirc}\text{-Cl} \xrightarrow{\text{MA}} \xrightarrow[\text{MeOH}]{\text{MeONa}} \xrightarrow[\text{Fe}]{\text{Br}_2}$

26. (p-ethyl-isopropylbenzene) $\xrightarrow[h\nu]{\text{Br}_2} \xrightarrow[\text{EtOH}]{\text{NaOH}} \xrightarrow[\text{Bz}_2\text{O}_2]{\text{HBr}} \xrightarrow{\text{NaCN}}$

27. $CH_3(CH_2)_7Cl + \text{NaCN} \xrightarrow{\text{Bu}_4\text{N}^+\text{Cl}^-}$

28. $(CH_3)_2CH(CH_2)_4Br + (CH_3)_2\text{CuLi} \xrightarrow{\text{THF}}$

29. (1-chloro-2,5-dimethylcyclopent-2-ene) $+ (\text{CH}_2=\text{CH})_2\text{CuLi} \xrightarrow{\text{THF}}$

30. (4-bromo-2,5-dimethylhexan-3-one) $+ (CH_3)_2\text{CuLi} \xrightarrow{\text{THF}}$

31. (3-bromo-4-ethyl-3-hexene) $+ (CH_3CH_2)_2\text{CuLi} \xrightarrow{\text{THF}}$

32. (o-xylene) $\xrightarrow[\text{I}_2]{\text{Br}_2}$

33. 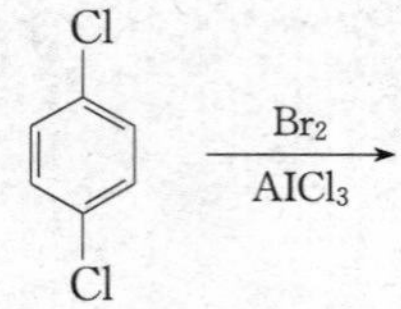 1,4-dichlorobenzene + Br$_2$ / AlCl$_3$ →

34. 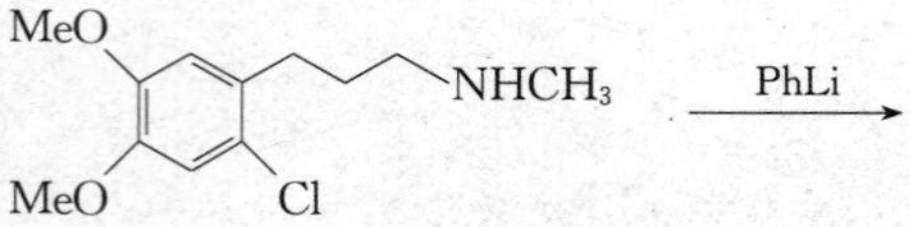 4,5-dimethoxy-2-chloro-C$_6$H$_2$-CH$_2$CH$_2$CH$_2$NHCH$_3$ + PhLi →

35. 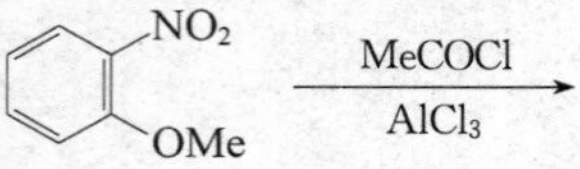 2-nitroanisole + MeCOCl / AlCl$_3$ →

36. 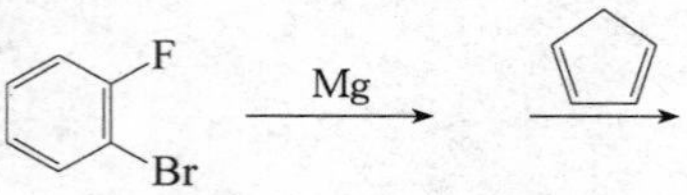 2-bromofluorobenzene + Mg → (then cyclopentadiene)

37. 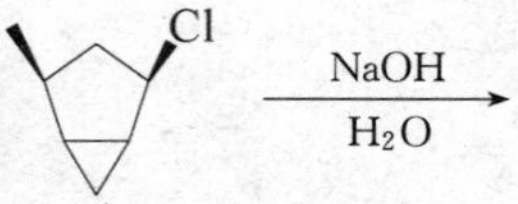 (1-methyl, 2-chloro bicyclic cyclopropane) + NaOH / H$_2$O →

38. 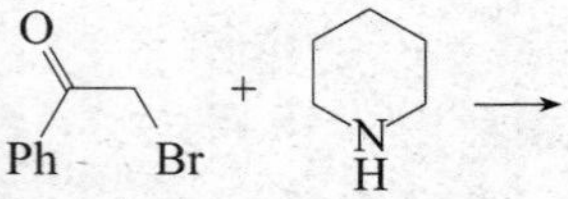 PhCOCH(Br)CH$_3$ (α-bromopropiophenone) + piperidine →

39. 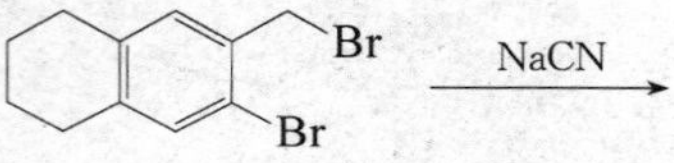 6-(bromomethyl)-7-bromo-1,2,3,4-tetrahydronaphthalene + NaCN →

40. 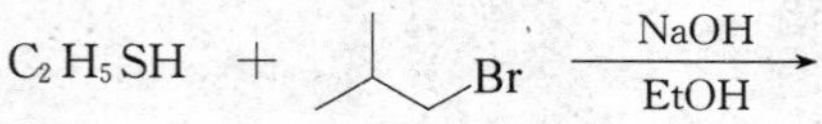 C$_2$H$_5$SH + isobutyl bromide ((CH$_3$)$_2$CHCH$_2$Br) — NaOH / EtOH →

41. 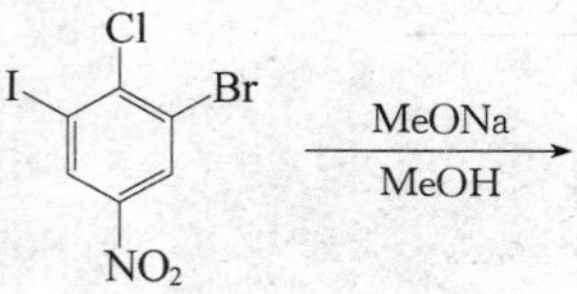 1-iodo-2-chloro-3-bromo-5-nitrobenzene + MeONa / MeOH →

42. 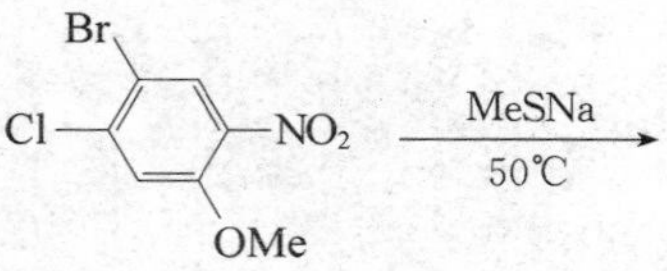 4-bromo-5-chloro-2-nitro-1-methoxy... (Br, Cl, NO$_2$, OMe substituted benzene) + MeSNa, 50 ℃ →

43. 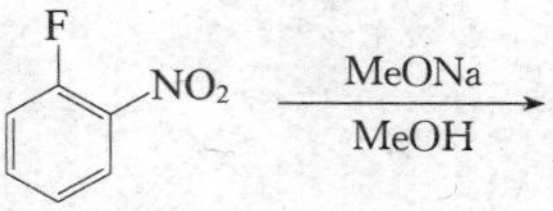 2-fluoronitrobenzene + MeONa / MeOH →

44. 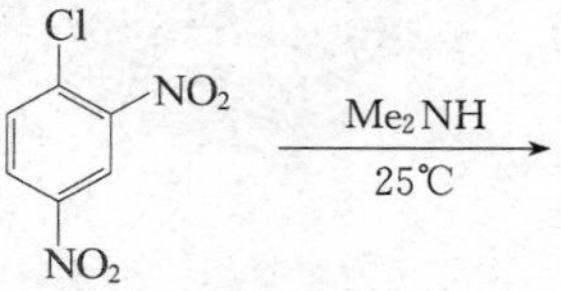 2,4-dinitrochlorobenzene + Me$_2$NH, 25 ℃ →

45. 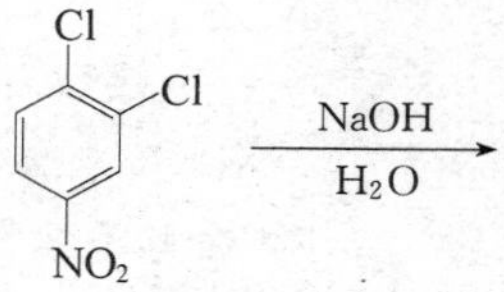 (3,4-dichloronitrobenzene) + NaOH / H₂O →

46. PhCH₂Cl + BuLi ⟶ C₆H₆

47.  (2-chloro-3-methylbutane structure) + KOH / EtOH, Δ →

48. 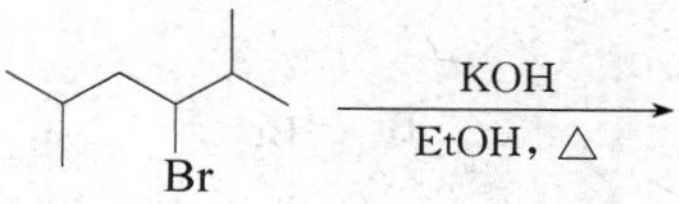 (3-bromo-2,4-dimethylpentane) + KOH / EtOH, Δ →

49. 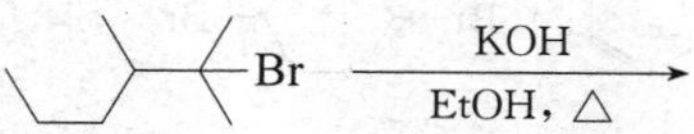 (2-bromo-2-methylpentane) + KOH / EtOH, Δ →

50. 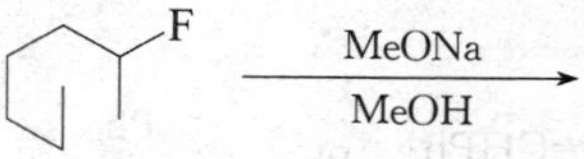 (1-fluoro-2-methylcyclohexane) + MeONa / MeOH →

51. 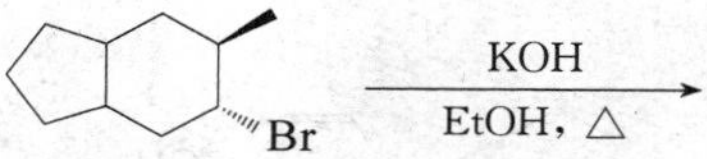 (trans-bicyclic bromide with methyl) + KOH / EtOH, Δ →

52. 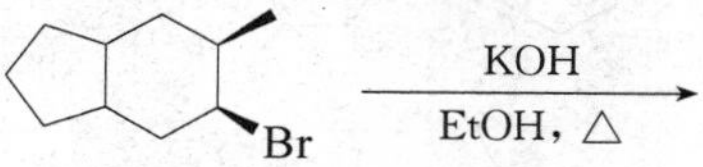 (cis-bicyclic bromide with methyl) + KOH / EtOH, Δ →

53. 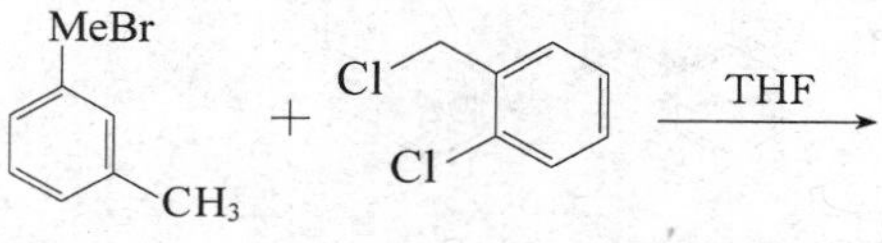 (3-methylphenyl-MgBr) + (2-chlorobenzyl chloride) —THF→

54. 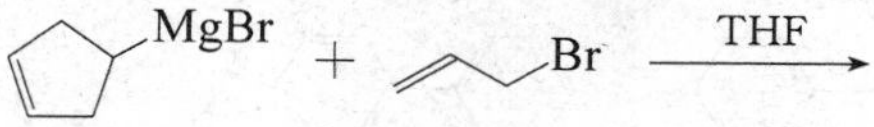 (cyclopentenyl-MgBr) + (allyl bromide) —THF→

55. 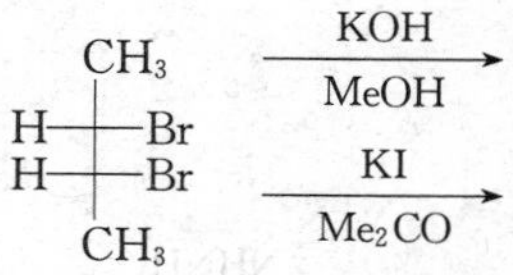 (meso-2,3-dibromobutane) KOH/MeOH ; KI/Me₂CO →

56. 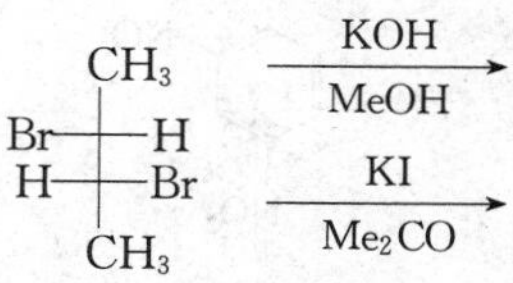 (d,l-2,3-dibromobutane) KOH/MeOH ; KI/Me₂CO →

57. 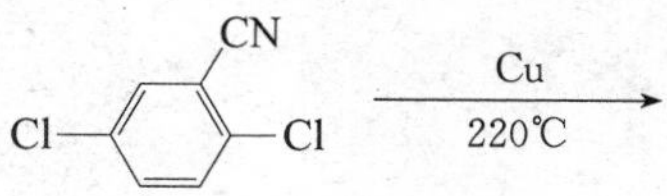 (2,5-dichlorobenzonitrile) —Cu, 220°C→

58. 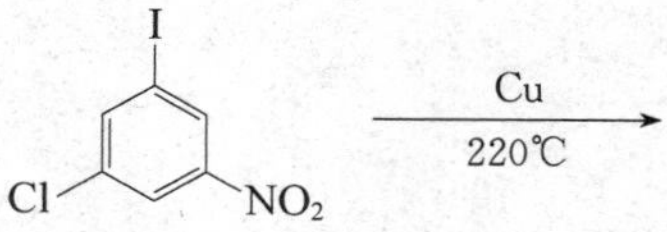 (1-iodo-3-chloro-5-nitrobenzene) —Cu, 220°C→

59. 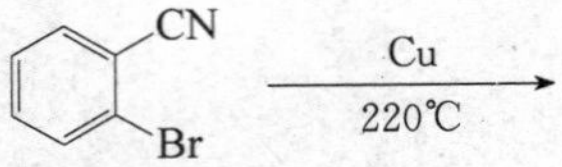 2-BrC₆H₄CN —Cu, 220°C→

三、由指定原料合成

1. 丙烯

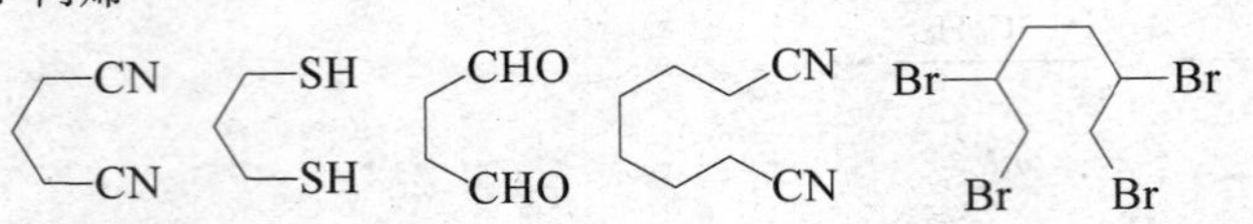

NC-CH₂CH₂CH₂-CN ; HS-CH₂CH₂CH₂-SH ; OHC-CH₂CH₂-CHO ; NC-CH₂CH₂CH₂CH₂CH₂-CN ; BrCH₂-CHBr-CH₂-CHBr-CH₂Br ; CH₂=CHCH=CHCH=CH₂

2. 氯代环己烷

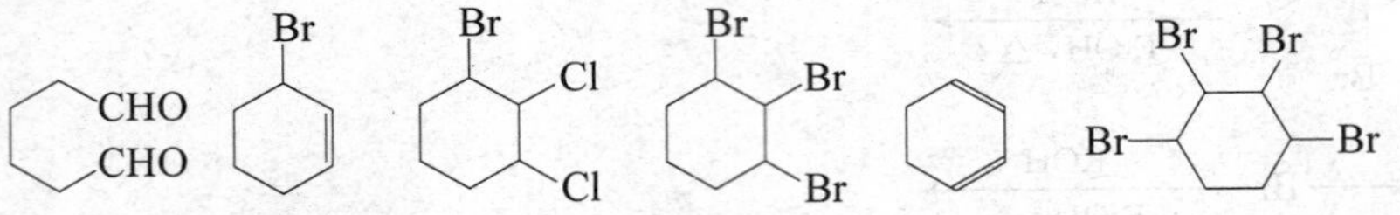

环己烷-1,2-二甲醛 ; 3-溴环己烯 ; 1-溴-2,3-二氯环己烷(Br, Cl, Cl) ; 1,2,3-三溴环己烷 ; 苯 ; 1,2,3,4,5-五溴环己烷（Br四个加一个，即1,2,3,4,5-tetrabromo 样式）

3. 甲苯

PhCH₂N₃ ; 邻-D-苯甲酸 (o-D-C₆H₄CO₂H) ; PhCH₂CH₂Ph ; PhCH=CHPh (反式) ; PhCH=CHPh (反式) ;
顺-PhCH=CHPh ; PhCH₂COPh ; 4-MeC₆H₄CH₂SCN ; 降蒈烷基-对甲苯 (双环[4.1.0]庚烷连对甲苯)

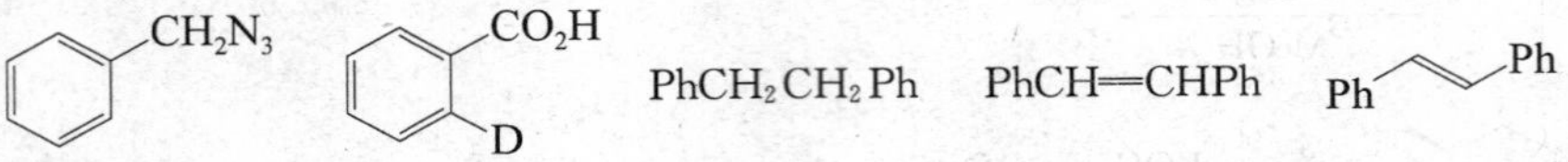

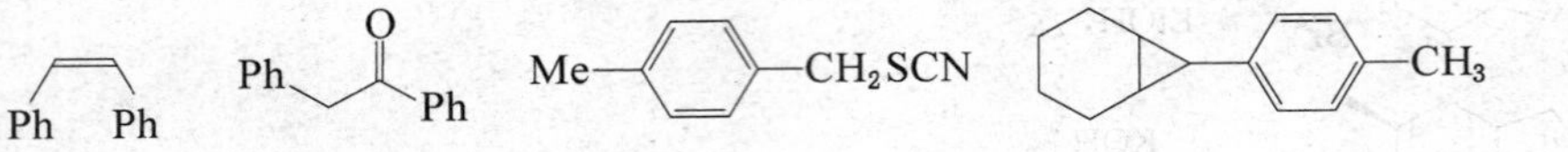

4. 溴苯

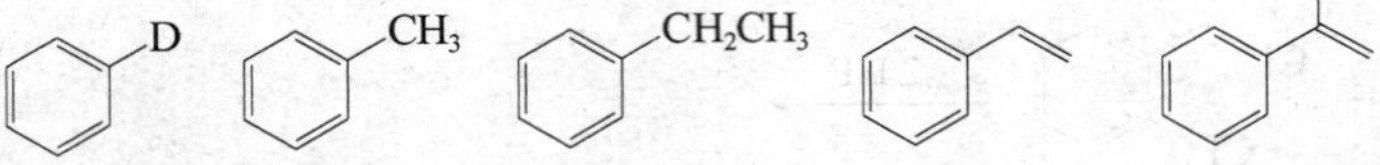

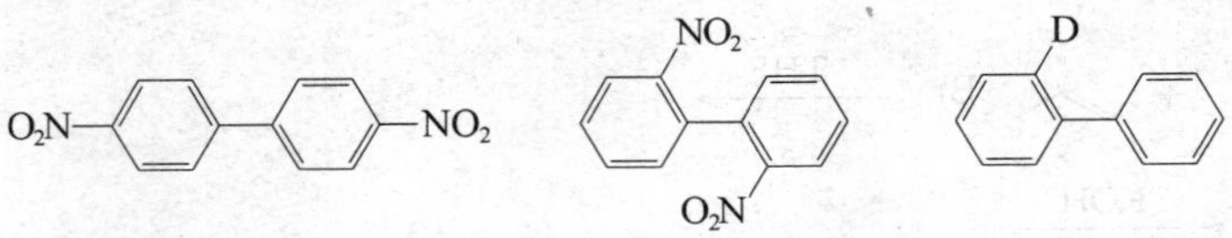

C₆H₅D ; C₆H₅CH₃ ; C₆H₅CH₂CH₃ ; C₆H₅CH=CH₂ ; C₆H₅C(CH₃)=CH₂ ;
4,4'-二硝基联苯 ; 2,2'-二硝基联苯 ; 2-D-联苯

5. 氯苯

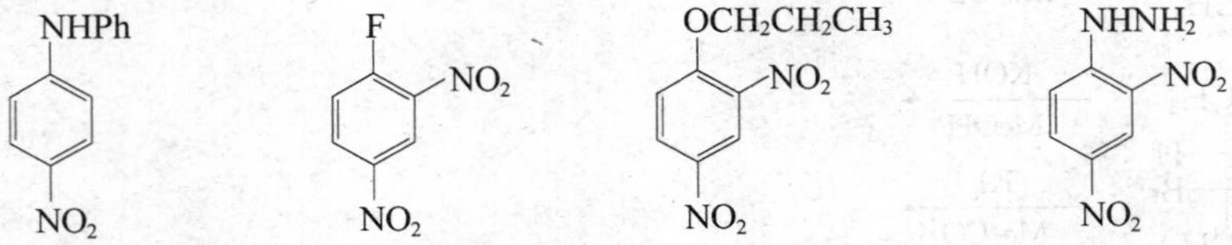

4-NO₂-C₆H₄-NHPh （橡胶防老剂中间体） ; 1-F-2,4-(NO₂)₂-C₆H₃ （Sanger 试剂） ; 1-OCH₂CH₂CH₃-2,4-(NO₂)₂-C₆H₃ （甜味剂P400中间体） ; 1-NHNH₂-2,4-(NO₂)₂-C₆H₃ （羰基试剂）

6. 由对氯三氟甲苯合成除草剂氟乐灵（Trifluralin）

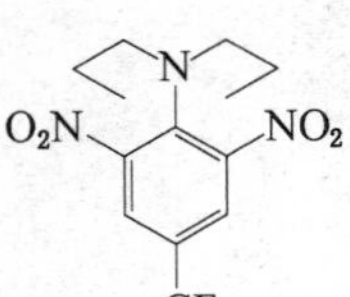

2,6-二硝基-4-三氟甲基-N,N-二乙基苯胺 [(C₂H₅)₂N-C₆H₂(NO₂)₂-CF₃]

四、建议机理

1.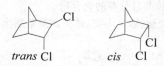

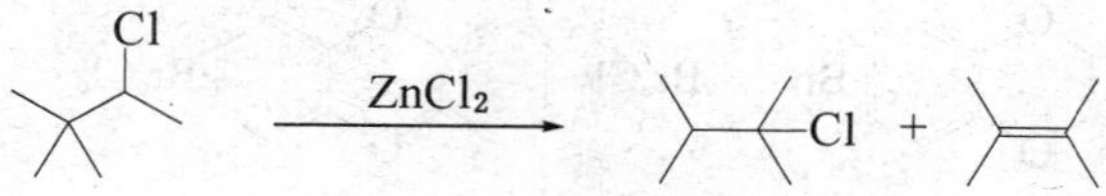

2. 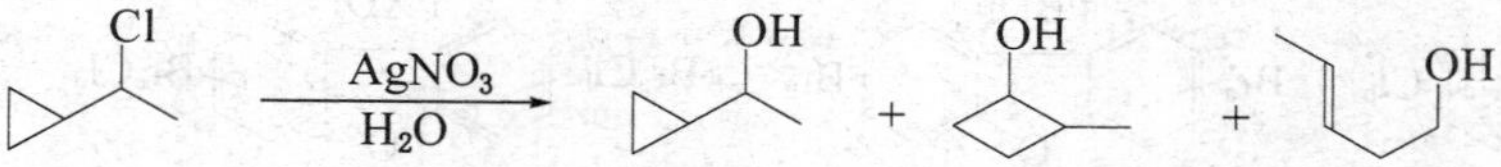 [结构式:环丙基-CHCl-CH₃ + AgNO₃/H₂O → 环丙基-CH(OH)-CH₃ + 环丁基-OH(带甲基) + CH₃CH=CHCH₂OH]

五、结构推导

1. 化合物 A（$C_5H_{11}Cl$）经碱处理产生异构体 B 和 C，经催化加氢均得异戊烷。经硼氢化-氧化水解，B 得到几乎一种醇 D，而 C 得到醇 D 和 E。试推测的 A～E 结构。

2. 化合物 A（$C_7H_{15}Cl$）经碱处理产生异构体 B、C 和 D，经催化加氢均得异庚烷。经硼氢化-氧化水解，B 得到几乎一种醇 E，而 C 和 D 得到醇 E 和 F。试推测的 A～F 结构。

六、解释实验现象

1. 对甲氧基苯氯甲烷在 67% 含水丙酮中水解的速度是苯氯甲烷的一万倍，而间甲氧基苯氯甲烷水解的速度只有苯氯甲烷的三分之二。为什么？

2. $EtOCH_2Cl$ 水解的速度比正丁基氯快 10^8 倍，而 $MeOCH_2CH_2Cl$ 的水解速度则只有正丁基氯的 0.9 倍。为什么？

七、下列两化合物在碱试剂存在下消去一分子氯化氢，比较快慢并解释。

阅读材料　二噁英 Dioxins

二噁英（dioxin）是二苯并对二噁英（dibenzo-p-dioxin）的简称，是二噁英类（dioxins）化合物的母体，包括多氯二苯并二噁英类（polychlorinated dibenzo-p-dioxin, PCDDs）和多氯二苯并呋喃类（polychlorinated dibenzofurans, PCDFs）系列化合物。

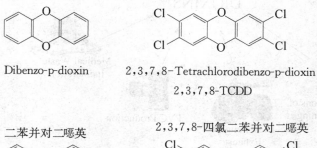

Dibenzo-p-dioxin

2,3,7,8-Tetrachlorodibenzo-p-dioxin
2,3,7,8-TCDD

二苯并对二噁英

2,3,7,8-四氯二苯并对二噁英

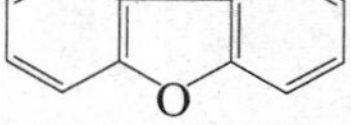

Dibenzofuran
二苯并呋喃

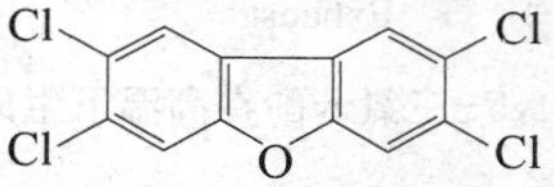

2,3,7,8-Tetrachlorodibenzofuran
2,3,7,8-TCDF
2,3,7,8-四氯二苯并呋喃

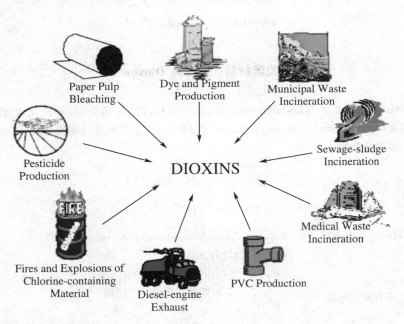

二噁英类异构数量巨大，多氯二苯并二噁英类（PCDDs）有 75 种，多氯二苯并呋喃类（PCDFs）有 135 种，共 210 种化合物。

二噁英（dioxin）是一类无色无味、水溶性极低、稳定、熔点高、脂溶性的高毒化合物。这类化合物在环境中难于自然降解，在生物体内也不易生物降解，导致生物蓄积。因此，二噁英有极高的毒性，是砒霜的 900 倍，有"世纪之毒"之称。国际癌症研究中心已将其列为人类一级致癌物。二噁英常以微小的颗粒存在于大气、土壤和水中，对环境和生物界，包括人类构成了巨大威胁。

因氯原子的取代位置不同而有差异，故在环境健康危险度评价中用其含量乘以毒性等效因子（toxic equivalency factors, TEFs）得到毒性当量（toxic equivalent, TEQ）。其中以 2,3,7,8-四氯二苯并对二噁英（2,3,7,8-tetra-chlorodibenzo-p-dioxin, 2,3,7,8-TCDD）的毒性最强，只要一盎司（28.35 g），就可以杀死 100 万人，相当于氰化钾的 1000 倍。这是迄今为止发现的毒性最高且含有多种毒性的物质之一。其相似物一共 17 种（2,3,7,8-位氯代），为必须检测且分离的化合物。

二噁英的污染源主要是化工、垃圾焚烧、森林火灾、杀虫剂除草剂生产等。

2,3,7,8-TCDD 是由两分子 2,4,5-三氯苯酚在高温下生成：

2,4,5-三氯苯酚来源与苯氧乙酸类除草剂（phenoxy herbicides）生产。

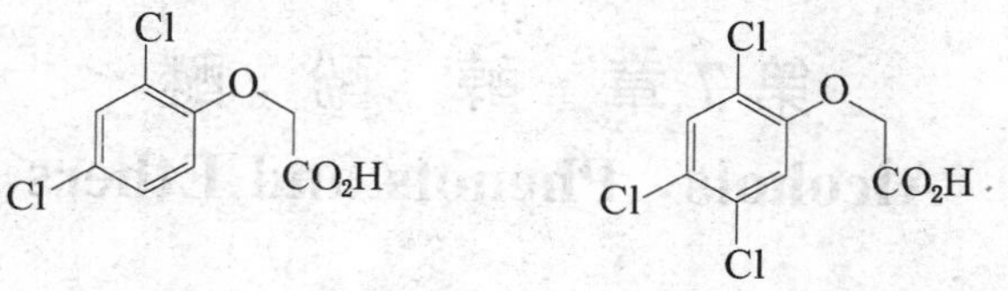

3,4-二氯苯酚与1,2,4-三氯苯在高温下形成二(3,4-二氯苯基)醚，后者在高温下脱氢生成2,3,7,8-四氯二苯并呋喃：

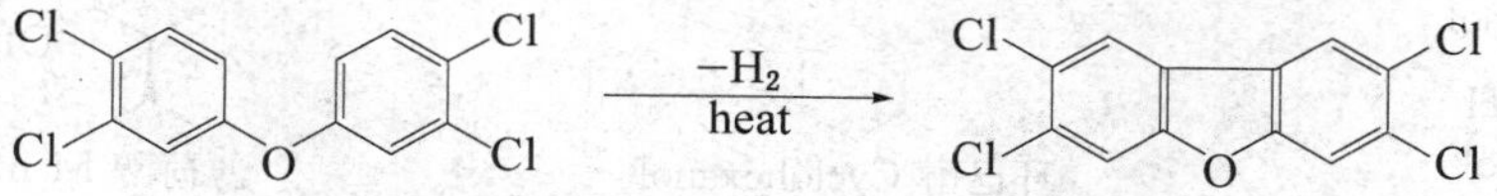

或2,4,5-三氯苯酚与1,2,4-三氯苯在高温下形成3,4-二氯苯基-2,4,5-三氯苯基醚，后者在高温下脱氯化氢生成2,3,7,8-四氯二苯并呋喃：

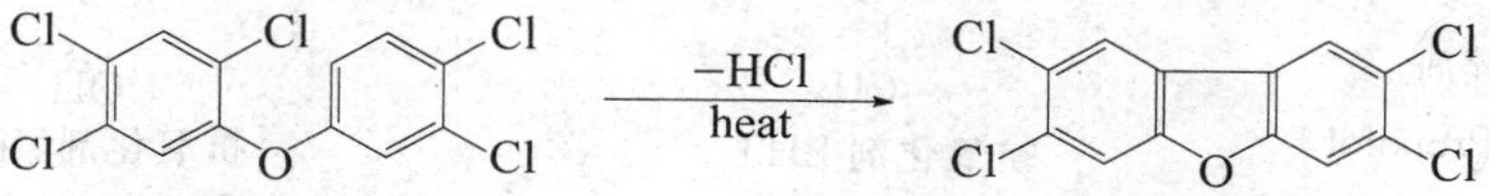

类似物多氯联苯（polychlorobiphenyls, PCBs）共有209种(1-10 Cl)。

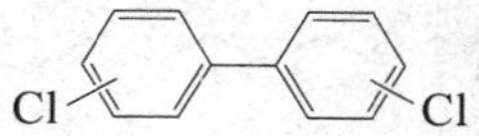

polychlorobiphenyl(PCBs)

最毒的有机氯在形状和大小方面有高度的相似性：

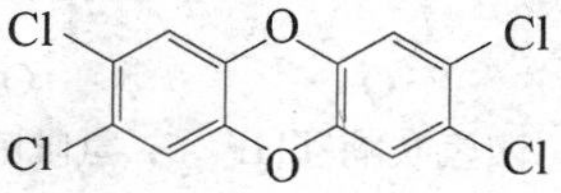

2,3,7,8-TCDD

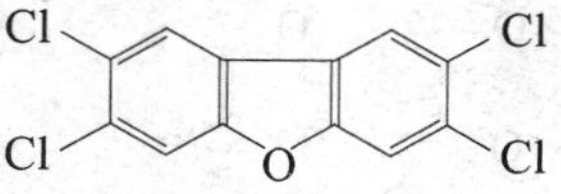

2,3,7,8-TCDF

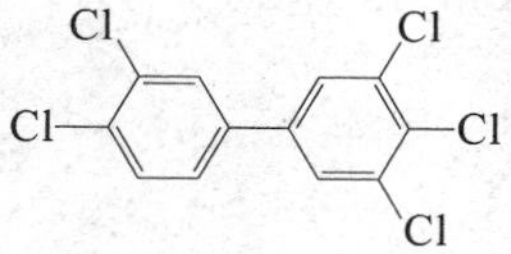

PCBs

第 7 章 醇 酚 醚
Alcohols, Phenols and Ethers

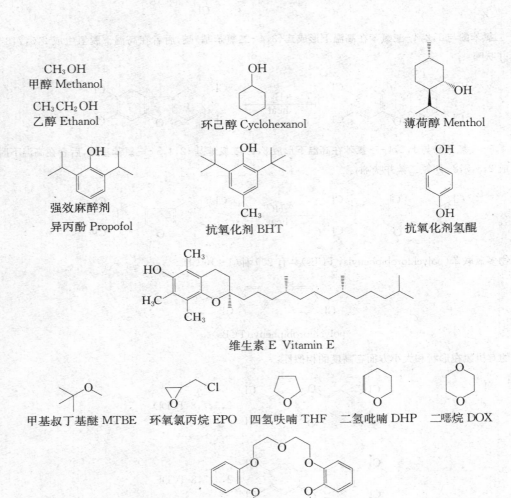

7.1 醇 Alcohols

7.1.1 醇的分类与命名

醇的分类

根据分子中所含官能团羟基的多少分为一元醇与多元醇如二元醇和三元醇等。

$$CH_3CH_2OH \qquad HOCH_2CH_2OH \qquad HOCH_2CHCH_2OH$$
$$\text{一元醇} \qquad\qquad \text{二元醇} \qquad\qquad\quad \overset{|}{OH}$$
$$\qquad\qquad\qquad\qquad\qquad\qquad\qquad\qquad \text{三元醇}$$

第7章 醇 酚 醚 Alcohols, Phenols and Ethers

根据分子中官能团羟基所在碳（α-碳）原子连接烃基多少分为伯（primary）（1°）、仲（secondary）（2°）和叔（tertiary）（3°）醇。

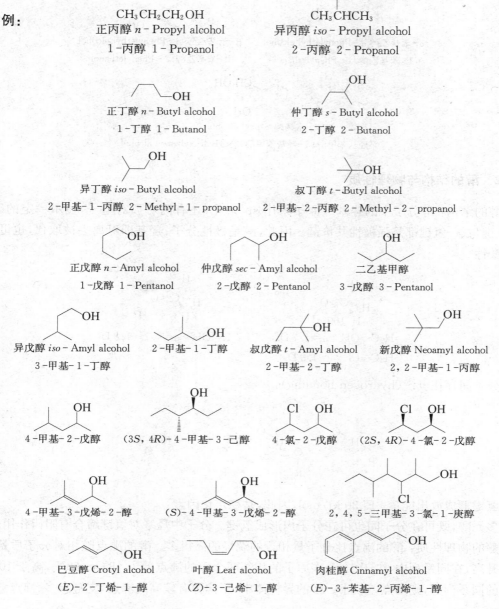

醇的命名：有习惯命名、俗称、衍生物命名与系统命名法。

系统命名法：选择含羟基的较长或最长碳链为主链，定位编号，给羟基以较低或最低的位次。

例：

正丙醇 *n*-Propyl alcohol　　异丙醇 *iso*-Propyl alcohol
1-丙醇 1-Propanol　　　　　2-丙醇 2-Propanol

正丁醇 *n*-Butyl alcohol　　仲丁醇 *s*-Butyl alcohol
1-丁醇 1-Butanol　　　　　2-丁醇 2-Butanol

异丁醇 *iso*-Butyl alcohol　　叔丁醇 *t*-Butyl alcohol
2-甲基-1-丙醇 2-Methyl-1-propanol　　2-甲基-2-丙醇 2-Methyl-2-propanol

正戊醇 *n*-Amyl alcohol　　仲戊醇 *sec*-Amyl alcohol　　二乙基甲醇
1-戊醇 1-Pentanol　　　　2-戊醇 2-Pentanol　　　　　3-戊醇 3-Pentanol

异戊醇 *iso*-Amyl alcohol　　2-甲基-1-丁醇　　叔戊醇 *t*-Amyl alcohol　　新戊醇 Neoamyl alcohol
3-甲基-1-丁醇　　　　　　　　　　　　　　2-甲基-2-丁醇　　　　　　2,2-甲基-1-丙醇

4-甲基-2-戊醇　　(3*S*,4*R*)-4-甲基-3-己醇　　4-氯-2-戊醇　　(2*S*,4*R*)-4-氯-2-戊醇

4-甲基-3-戊烯-2-醇　　(*S*)-4-甲基-3-戊烯-2-醇　　2,4,5-三甲基-3-氯-1-庚醇

巴豆醇 Crotyl alcohol　　叶醇 Leaf alcohol　　肉桂醇 Cinnamyl alcohol
(*E*)-2-丁烯-1-醇　　　　(*Z*)-3-己烯-1-醇　　　(*E*)-3-苯基-2-丙烯-1-醇

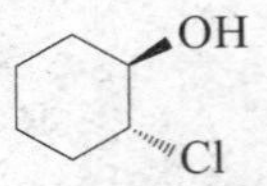

反-2-氯环己醇
(1R, 2R)-2-氯-1-环己醇
(R, R)-2-氯环己醇

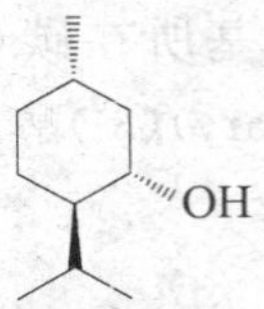

薄荷醇 Menthol
(1S, 2R, 5S)-5-甲基-2-异丙基环己醇

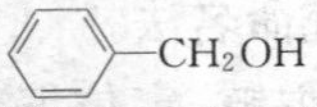

苯甲醇 Benzyl alcohol
Phenylmethanol

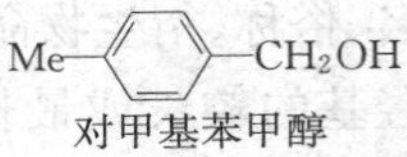

对甲基苯甲醇
4-甲基苯甲醇

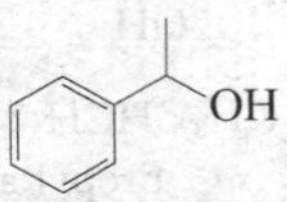

α-苯基乙醇 α-Phenylethyl alcohol
1-苯基乙醇 1-Phenylethanol

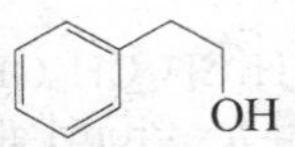

β-苯基乙醇 β-Phenylethyl alcohol
2-苯基乙醇 2-Phenylethanol

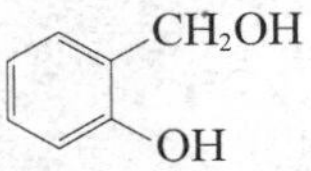

水杨醇 Salicyl alcohol
邻羟基苯甲醇；2-羟基苯甲醇 2-Hydroxybenzyl alcohol

7.1.2 醇的结构与物理性质

醇的结构：醇分子中的羟基氧原子采用 sp^3 杂化，还有两对孤对电子，显示一定的碱性，碳-氧键与氧-氢键都是强极性共价键。因此，醇是极性分子，羟基即可离去被取代，也可电离显示酸性。

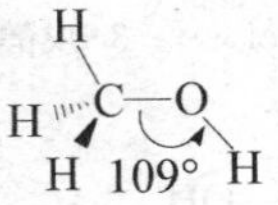

$H_3C—OH$ $\mu = 1.7$ D
$H_3C—Cl$ $\mu = 1.9$ D

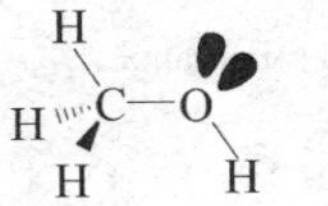

$R—OH$ $\mu = 1.7 - 1.8$ D

分子间存在氢键(hydrogen bonding)：

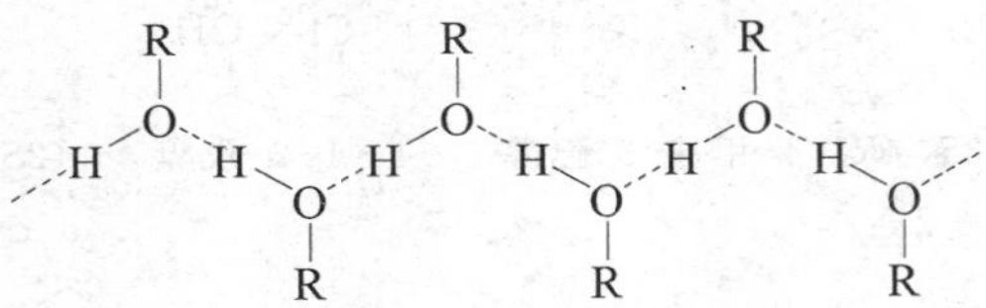

氢键形成放出能量：E_H 30 kJ/mol，因此，是稳定化因素。

多元醇，既可在分子间也可在分子内形成氢键。分子中烃基对氢键缔合有阻碍作用。

醇的物理性质：醇的沸点比分子量相近的烷烃的高得多。醇的沸点随相对分子质量的增大而升高，在同系列中，少于 10 个碳原子的相邻两个醇的沸点差为 18℃~20℃，高于 10 个碳原子的同系列醇，则沸点差较小。醇的异构体中，正构醇有较高的沸点，支链愈多、沸点愈低。

Effect of structure on boiling point and dipole moment

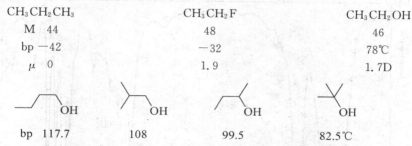

低级醇的熔点和沸点比同碳数的烃的熔点和沸点高得多,这是因为醇分子间有氢键缔合。多元醇分子可以形成更多的氢键,因此其沸点更高,如乙二醇的沸点 198℃。分子间的氢键随着浓度增高而增加,分子内氢键却不受浓度的影响。

CH_3CH_2OH	$HOCH_2CH_2OH$	$HOCH_2CHCH_2OH$ 中间C上有OH
Ethanol	Ethylene glycol	Glycerol
bp 78.5	197	290℃

一元饱和醇的密度虽比相应的烷烃密度大,但仍比水轻。三个碳以下的小分子醇与叔丁醇可与水混溶,随着烃基增大,水溶性减少,癸醇以上的醇几乎不溶于水。乙醇与水混溶,放出热量并使总体积缩小,例如 52 mL 乙醇与 48 mL 水混溶,总体积是 96.3 mL。

低级一元饱和醇为无色液体,具有特殊的辛辣气味。随着分子质量增大,烷烃基对分子的影响越来越大,从而使高级醇的物理性质与烷烃近似。高级醇为无臭、无味的固体,不溶于水。

醇在强酸中的溶解度比在水中大。

醇如甲醇和乙醇与氯化钙分别形成结晶醇:

$$CaCl_2 \cdot 4CH_3OH \qquad CaCl_2 \cdot 3CH_3CH_2OH$$

因此,乙醇、甲醇溶液不能用氯化钙干燥。

醇的波谱

IR:ν_{max} 3 600 (sharp, free O-H),3 400-3 300 (br, 缔合 O-H),1 250-1 050 (s, O-C)cm^{-1}。

正辛醇、正丙醇、异丙醇和叔丁醇的红外谱图如图 7-1—图 7-3 所示。

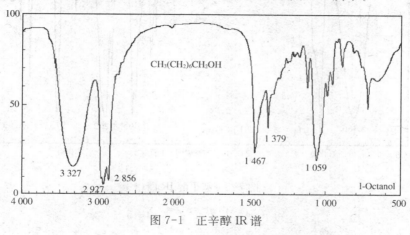

图 7-1　正辛醇 IR 谱

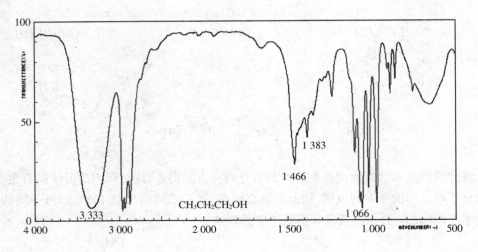

图 7-2a 正丙醇 IR 谱

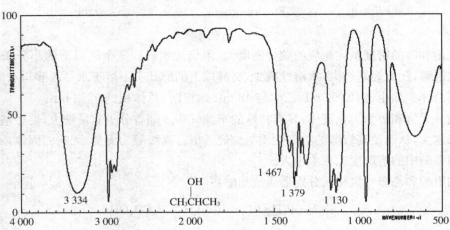

图 7-2b 异丙醇 IR 谱

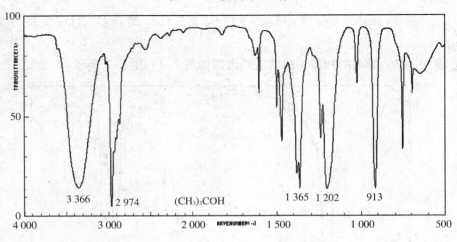

图 7-3 叔丁醇 IR 谱

^{1}H NMR：δ_H 4.5～3.5（OC-H），5～0.5（O-H）ppm；^{13}C NMR：δ_C 80～50（O-C）ppm。

MS：m/z M-18（H_2O），β-cleavage。

UV：饱和脂肪醇无 UV 吸收，如甲醇、乙醇常用作溶剂。

7.1.3 醇的化学反应

7.1.3.1 醇的酸碱性

酸性：醇与活泼金属反应生成醇盐（alkoxide），并放出氢气。

例：

$$CH_3CH_2OH + Na \xrightarrow{EtOH} CH_3CH_2ONa + \frac{1}{2}H_2$$
乙醇钠 Sodium ethoxide

$$(CH_3)_3COH + K \xrightarrow{t\text{-BuOH}} (CH_3)_3COK + \frac{1}{2}H_2$$
叔丁醇钾 Potassium t-butoxide

$$3Me_2CHOH + Al \xrightarrow{i\text{-PrOH}} (Me_2CHO)_3Al + 1.5H_2$$
异丙醇铝 Aluminium isopropoxide

醇（ROH）与活泼金属反应的相对反应活性是，伯、仲、叔依次下降。

相对酸性：各类化合物的酸性比较，醇比羧酸、酚甚至水弱，但比烷烯炔要强得多。

$$RCO_2H > PhOH > HOH > ROH > HC\equiv CH > NH_3 > RH$$

醇的相对酸性：伯、仲、叔醇，酸性依次减弱。

CH_3OH	>	C_2H_5OH	>	$(CH_3)_2CHOH$	>	$(CH_3)_3COH$
pK_a 15.5		15.9		18		19.2

醇电离转化成其共轭碱——烷氧负离子（alkoxide）。烷氧负离子的碱性（basicity of alkoxide ion）：

$$\underset{H}{\overset{H}{H-C-O^-}} < \underset{H}{\overset{H}{Me-C-O^-}} < \underset{Me}{\overset{H}{H-C-O^-}} < \underset{Me}{\overset{Me}{Me-C-O^-}}$$

一般，烃基（R）具有给电子诱导效应（+I）。烃基的给电子效应增加中心碳原子的电子密度，致使氧-氢键难以电离，因而酸性减弱。

$$\underset{H}{\overset{H}{R\rightarrow C-OH}} \quad \underset{R}{\overset{H}{R\rightarrow C\leftarrow OH}} \quad \underset{R}{\overset{R}{R\rightarrow C\leftarrow OH}}$$
Primary (1°)　　Secondary (2°)　　Tertiary (3°)

所以，伯仲叔醇，酸性依次减弱：

$$\underset{H}{\overset{H}{H-C-O-H}} \quad \underset{H}{\overset{H}{R-C-O-H}} \quad \underset{R}{\overset{R}{H-C-O-H}} \quad \underset{R}{\overset{R}{R-C-O-H}}$$

Acidity decreasing for alcohols →

吸电子效应将分散氧原子的负电荷,从而稳定烷氧负离子,结果是酸性增强。

$$(CH_3)_3C-OH \quad pKa\ 19.0 \qquad (CF_3)_3C-OH \quad pKa\ 5.4$$

烃基的给电子效应提高中心碳原子的电子密度,也使氧原子的负电荷更集中,作为负离子更不稳定,因而难以生成。所以,伯仲叔醇的酸性与其烷氧负离子稳定性是一致的,即依次减弱。

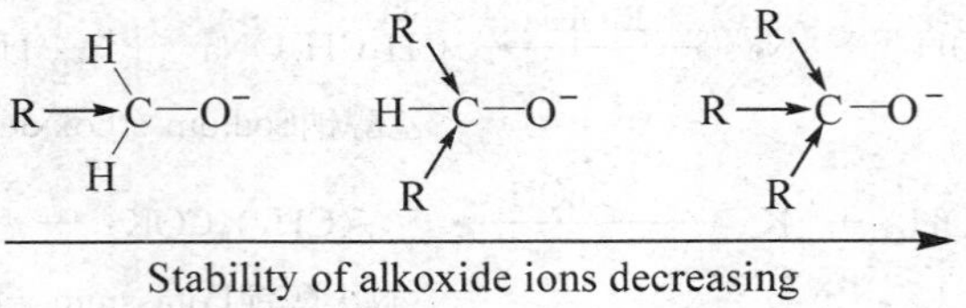

$$RCH_2O^- \quad R_2CHO^- \quad R_3CO^-$$

Stability of alkoxide ions decreasing →

实验室中常用特强碱如氢化钠(NaH)、氨基钠($NaNH_2$)、Grignard 试剂(RMgX)等转化醇为其醇盐:

$$CH_3OH + NaH \longrightarrow CH_3ONa + H_2$$

$$CH_3CH_2OH + NaNH_2 \longrightarrow CH_3CH_2ONa + NH_3$$

$$(CH_3)_2CHOH + CH_3MgI \longrightarrow (CH_3)_2CHOMgI + CH_4$$

问题 1 在实验室中,处理废弃金属钠的规范做法是用异丙醇,为什么不用酒精或无水乙醇?

醇盐的应用:甲醇钠(钾) MeONa(K)与乙醇钠(钾) EtONa(K)常作为碱试剂用于卤代烃、磺酸酯等的消去反应,也作为亲核试剂用于制备混合醚。叔丁醇钠(钾) $Me_3CONa(K)$常作为大体积的强碱用于卤代烃、磺酸酯等的消去。异丙醇铝($Me_2CHO)_3Al$ 与叔丁醇铝 $(Me_3CO)_3Al$ 作为还原剂用于醛酮还原制备醇,作为氧化剂用于醇氧化制备醛酮。

碱性:醇与强质子酸、Lewis 酸成盐:

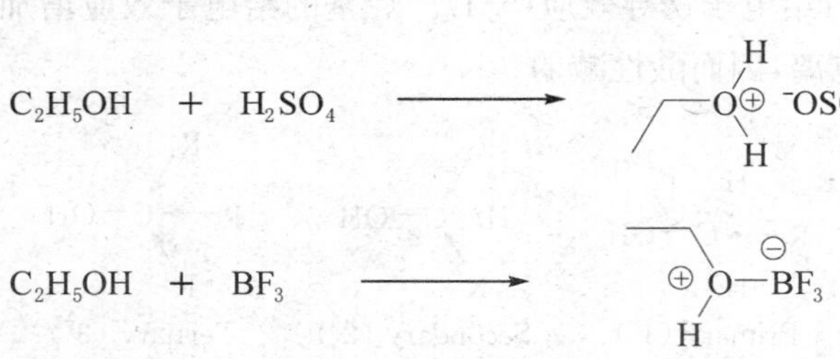

$$C_2H_5OH + H_2SO_4 \longrightarrow C_2H_5\overset{+}{O}H_2\ ^-OSO_3H$$

$$C_2H_5OH + BF_3 \longrightarrow C_2H_5\overset{+}{O}H-\overset{-}{B}F_3$$

质子酸与 Lewis 酸都能改变羟基的离去形式(易于离去),所以醇脱水或取代在酸性条件下进行,即酸催化。

7.1.3.2 羟基的卤代反应

卤代烃多由醇制备,常用试剂如氢卤酸(HX)、卤化磷(PX_3)、亚硫酰氯($SOCl_2$)等。

1. 与氢卤酸(HX)反应

醇与氢卤酸(HX)反应生成卤代烃。

$$R{-}OH + HX \longrightarrow R{-}X + HOH$$

反应活性：

$$ROH: 3° > 2° > 1° > CH_3OH$$

$$HX: HI > HBr > HCl$$

卤代反应机理：叔醇一般是 S_N1，伯醇多是 S_N2，仲醇二者兼有。

叔醇极易和氢卤酸发生取代反应生成叔烃基卤化物，如在室温下叔丁醇与浓盐酸一起振荡，即可得到叔丁基氯。

$$\text{（CH}_3\text{）}_3C{-}OH \xrightarrow[\text{shake 20 min at r.t.}]{\text{conc. HCl}} \text{（CH}_3\text{）}_3C{-}Cl \quad 90\%$$

这是典型的单分子亲核取代反应 S_N1：

$$R_3C{-}OH \xrightleftharpoons{H^+} R_3C{-}\overset{+}{O}H_2 \xrightarrow{-H_2O} R_3C^+ \xrightarrow[S_N1]{Cl^-} R_3C{-}Cl$$

叔醇、烯丙式醇、苯甲式醇等与氢卤酸的反应一般是单分子亲核取代。

$$R_3C{-}OH \xrightarrow[-H_2O]{HBr} R_3C^+ \xrightarrow[S_N1]{Br^-} R_3C{-}Br$$

tertiary alcohol

$$CH_2=CHCH_2OH \xrightarrow[-H_2O]{HBr} CH_2=CH\overset{+}{C}H_2 \xrightarrow[S_N1]{Br^-} CH_2=CHCH_2Br$$

allylic alcohol

$$PhCH_2OH \xrightarrow[-H_2O]{HBr} PhCH_2^+ \xrightarrow[S_N1]{Br^-} PhCH_2Br$$

benzylic alcohol　　　　stable carbocations

重排是 S_N1 的标志。例：

环丁基-C(CH$_3$)$_2$-OH $\xrightarrow{HCl}$ 1-氯-1,2-二甲基环戊烷

重排机理：

环丁基-C(CH$_3$)$_2$-OH $\xrightarrow{H^+}$ 环丁基-C(CH$_3$)$_2$-$\overset{+}{O}$H$_2$ $\xrightarrow{-H_2O}$ 扩环碳正离子

$\xrightarrow{Cl^-}$ 1-氯-1,2-二甲基环戊烷

S_N1'：烯丙位重排的 S_N1 反应。如 2-甲基-3-丁烯-2-醇与氢溴酸反应生成异戊烯

基溴：

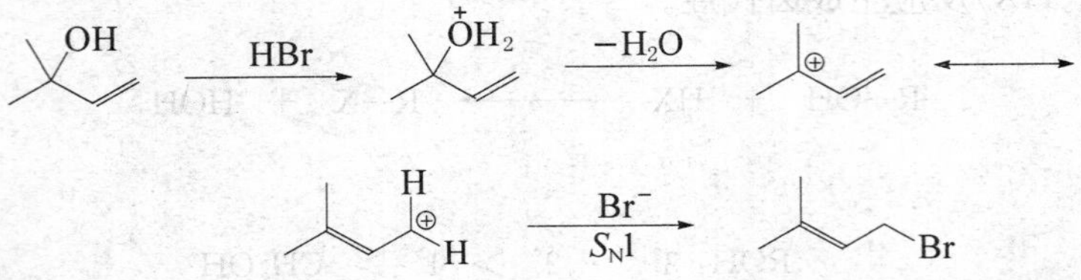

$$\text{(CH}_3)_2\text{C(OH)CH=CH}_2 \xrightarrow{\text{HBr}} \text{(CH}_3)_2\text{C(OH}_2^+)\text{CH=CH}_2 \xrightarrow{-\text{H}_2\text{O}} \text{(CH}_3)_2\overset{+}{\text{C}}\text{CH=CH}_2 \longleftrightarrow$$

$$(\text{CH}_3)_2\text{C=CH-CH}_2^+ \xrightarrow[S_N1]{\text{Br}^-} (\text{CH}_3)_2\text{C=CH-CH}_2\text{Br}$$

Prenyl bromide 异戊烯基溴

问题 2 解释反应：

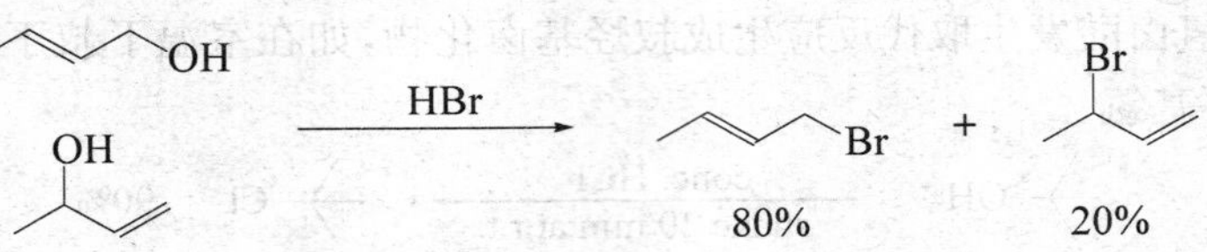

CH₃CH=CHCH₂OH 和 CH₃CH(OH)CH=CH₂ $\xrightarrow{\text{HBr}}$ CH₃CH=CHCH₂Br (80%) + CH₃CHBrCH=CH₂ (20%)

伯、仲醇与氢溴酸(HBr)制备溴代烃一般在硫酸存在下回流反应。

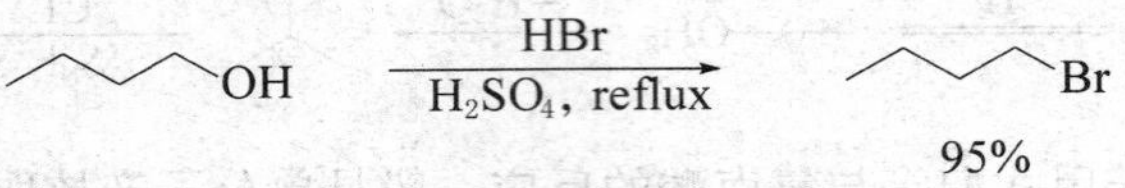

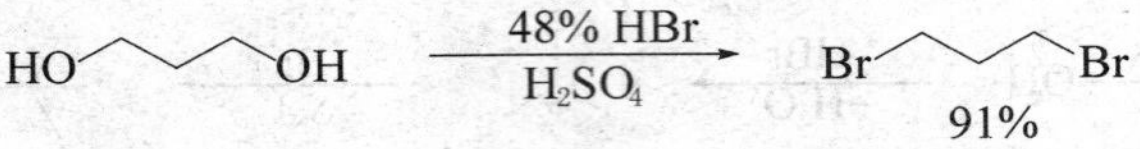

CH₃CH₂CH₂CH₂OH $\xrightarrow[\text{H}_2\text{SO}_4, \text{reflux}]{\text{HBr}}$ CH₃CH₂CH₂CH₂Br (95%)

HOCH₂CH₂CH₂OH $\xrightarrow[\text{H}_2\text{SO}_4]{48\% \text{ HBr}}$ BrCH₂CH₂CH₂Br (91%)

可用溴化钠与硫酸代替氢溴酸反应制备溴代烃：

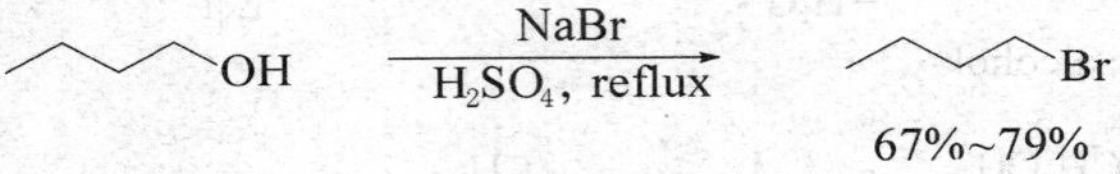

CH₃CH₂CH₂CH₂OH $\xrightarrow[\text{H}_2\text{SO}_4, \text{reflux}]{\text{NaBr}}$ CH₃CH₂CH₂CH₂Br (67%~79%)

伯、仲醇与氢碘酸(HI)或碘化钾在磷酸存在下共热即可制备碘代烃。

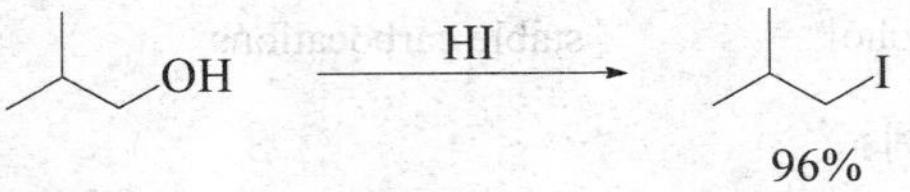

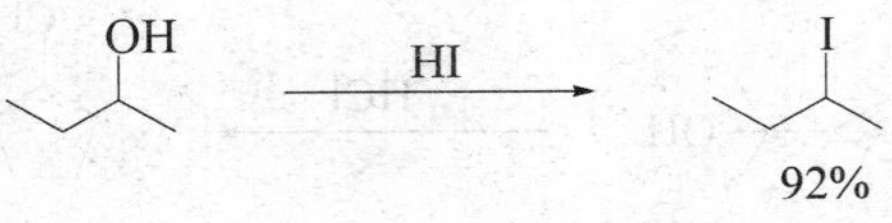

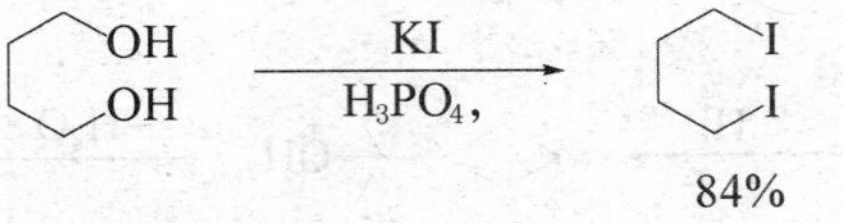

(CH₃)₂CHCH₂OH $\xrightarrow{\text{HI}}$ (CH₃)₂CHCH₂I (96%)

CH₃CH(OH)CH₂CH₃ $\xrightarrow{\text{HI}}$ CH₃CHICH₂CH₃ (92%)

环己烷-1,2-二醇 $\xrightarrow[\text{H}_3\text{PO}_4]{\text{KI}}$ 1,2-二碘环己烷 (84%)

伯醇与氢卤酸的反应机理多是 S_N2，强酸的作用是质子化羟基，变成更易离去的水分子，促进取代反应进行。

$$\text{RCH}_2\text{OH} + \text{H}^+ \longrightarrow \text{RCH}_2\overset{+}{\text{O}}\text{H}_2$$

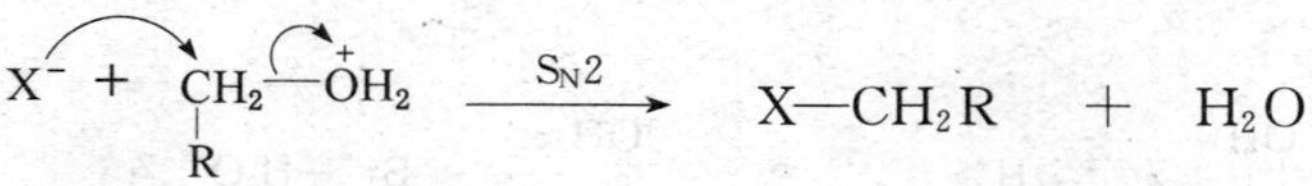

$$X^- + \underset{R}{CH_2}-\overset{+}{O}H_2 \xrightarrow{S_N2} X-CH_2R + H_2O$$

问题 3 由溴化钠与正丁醇制备正溴丁烷,为什么还要使用大量的浓硫酸?

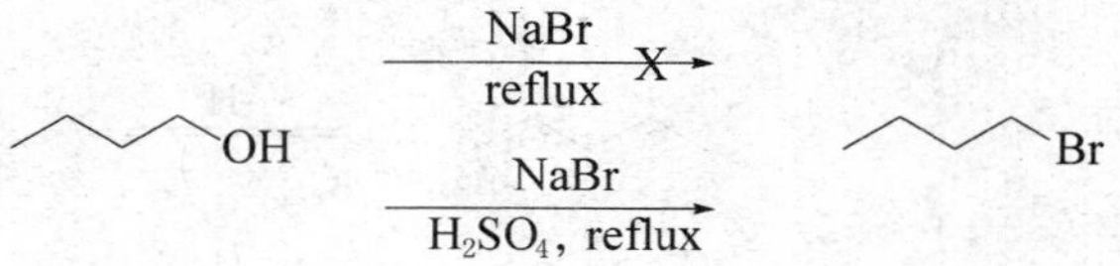

$$\text{n-BuOH} \xrightarrow[\text{reflux}]{\text{NaBr}} X \quad ; \quad \text{n-BuOH} \xrightarrow[H_2SO_4, \text{reflux}]{\text{NaBr}} \text{n-BuBr}$$

仲醇与氢溴酸或氢碘酸反应,用于制备仲卤代烃。

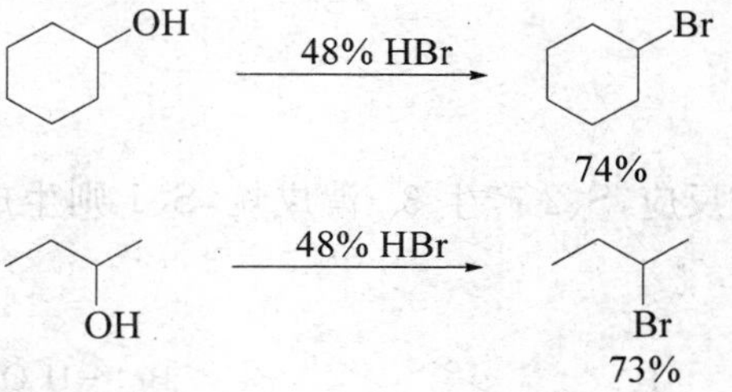

环己醇 $\xrightarrow{48\% \text{HBr}}$ 溴代环己烷 (74%)

2-丁醇 $\xrightarrow{48\% \text{HBr}}$ 2-溴丁烷 (73%)

问题 4 完成反应

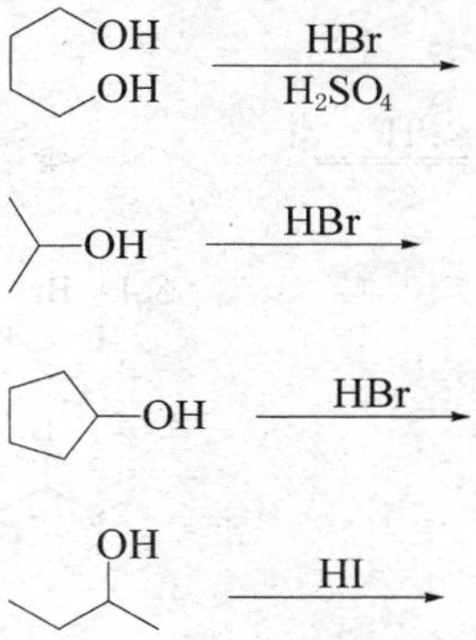

1,2-环己二醇(OH,OH) $\xrightarrow[H_2SO_4]{\text{HBr}}$

异丙醇 $\xrightarrow{\text{HBr}}$

环戊醇 $\xrightarrow{\text{HBr}}$

2-丁醇 $\xrightarrow{\text{HI}}$

仲醇与氢溴酸或氢碘酸的反应机理比较复杂,S_N2 与 S_N1 机理可能共存。以下两个例子说明问题。

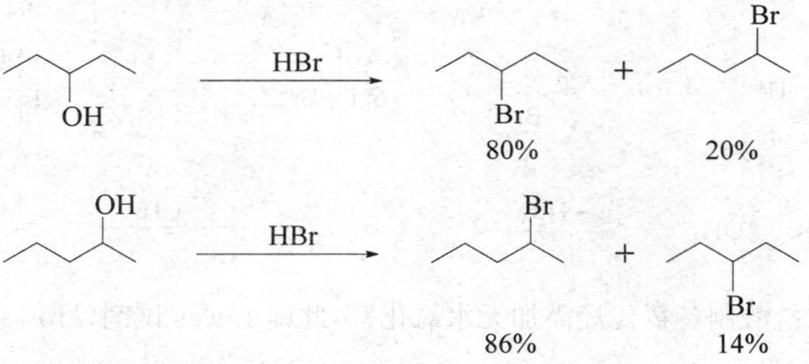

3-戊醇 $\xrightarrow{\text{HBr}}$ 3-溴戊烷 (80%) + 2-溴戊烷 (20%)

2-戊醇 $\xrightarrow{\text{HBr}}$ 2-溴戊烷 (86%) + 3-溴戊烷 (14%)

反应机理:2-戊醇与氢溴酸反应,S_N2 产生 2-溴戊烷,S_N1 则给出 2-溴戊烷和 3-溴戊烷混合物。

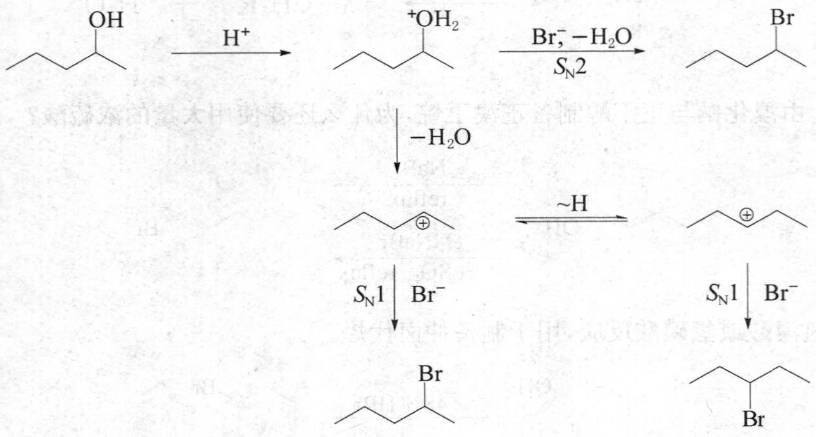

同样，3-戊醇与氢溴酸反应，S_N2 产生 3-溴戊烷，S_N1 则生成 3-溴戊烷和 2-溴戊烷混合物。

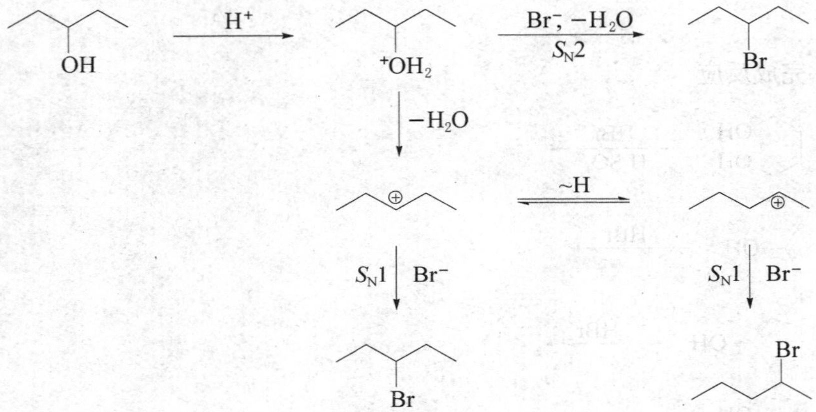

伯醇如新戊醇与氢卤酸反应也可能发生重排——S_N1。

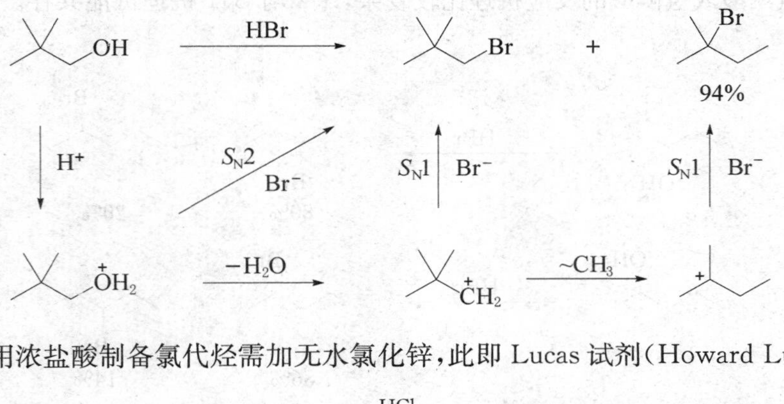

伯、仲醇用浓盐酸制备氯代烃需加无水氯化锌，此即 Lucas 试剂（Howard Lucas，1930）。

$$ROH + HCl \xrightarrow[ZnCl_2]{HCl} RCl + H_2O$$

例：

$$\text{CH}_3\text{CH}_2\text{CH}_2\text{CH}_2\text{OH} \xrightarrow[\text{reflux, 2 h}]{\text{HCl/ZnCl}_2} \text{CH}_3\text{CH}_2\text{CH}_2\text{CH}_2\text{Cl} \quad 67\%$$

Lucas 试剂可用于区分伯、仲和叔醇，此即 Lucas 试验——根据反应难易即出现浑浊的快慢进行鉴别。这是基于三种醇类与 Lucas 试剂经历 S_N1 反应的活性不同。六碳以下的醇溶于 Lucas 试剂，而氯代烷不溶——浑浊。叔醇最快，稍振荡即出现浑浊并分层；仲醇稍慢，振荡后缓慢出现浑浊分层；伯醇最慢，需加热方才出现浑浊。

2. 与无机酰卤反应

1) 三卤化磷

三卤化磷（PX_3，$P+X_2$）用于转化伯仲醇成卤代烃，同时副产亚磷酸。

$$3ROH + PX_3 \longrightarrow 3RX + H_3PO_3$$

最常用的三卤化磷是三溴化磷，用于伯仲醇制备溴代烃。

例：

$$3CH_3CH_2CHCH_3 + PBr_3 \xrightarrow[35℃]{\text{ether}} 3CH_3CH_2CHCH_3 + P(OH)_3$$
$$\quad\quad\quad\quad |\text{OH} \quad\quad\quad\quad\quad\quad\quad\quad |\text{Br} \quad 86\%$$

$$(CH_3)_2CHCH_2OH \xrightarrow[\text{reflux}]{PBr_3} (CH_3)_2CHCH_2Br \quad 91\%$$

三卤化磷与伯仲醇的反应是双分子亲核取代（S_N2），构型转化。

$$R-OH + \underset{X}{\underset{|}{X}}P-X \xrightarrow{-X^-} X^- \quad R-\overset{H}{\underset{PX_2}{\overset{|}{O^{\oplus}}}} \xrightarrow[-HOPX_2]{S_N2} X-R$$

例：

环己醇 $\xrightarrow{PBr_3}$ 环己基溴

$$\underset{C_2H_5}{\underset{|}{H-\overset{CH_3}{\overset{|}{C}}-OH}} \xrightarrow{PBr_3} \underset{C_2H_5}{\underset{|}{Br-\overset{CH_3}{\overset{|}{C}}-H}}$$

$$(D) \quad\quad\quad\quad\quad (L)$$

使用卤化磷可最大程度地避免重排。例：

$$(CH_3)_3C-CH_2OH \xrightarrow{PBr_3} (CH_3)_3C-CH_2Br$$

三溴化磷可用磷与溴代替，反应更易于实现。

例：

$$PhCH_2OH \xrightarrow[P]{Br_2} PhCH_2Br \quad >90\%$$

碘代烷可由醇与碘在磷存在下共热制备：

例： $6CH_3OH + 3I_2 + 2P \xrightarrow{\triangle} 6CH_3I + 2H_3PO_3$

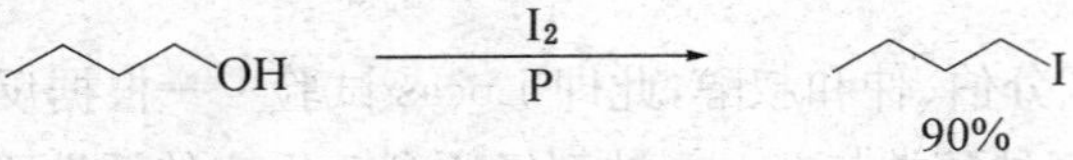

$$CH_3CH_2CH_2CH_2OH \xrightarrow{I_2/P} CH_3CH_2CH_2CH_2I \quad (90\%)$$

问题 5 完成反应

$$Me_2CHOH + PBr_3 \xrightarrow{\triangle}$$

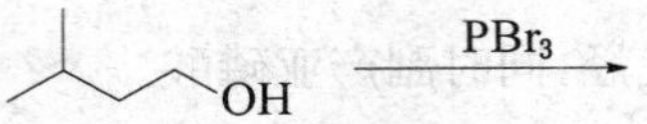

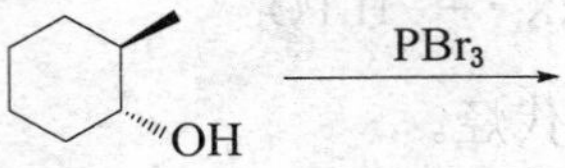

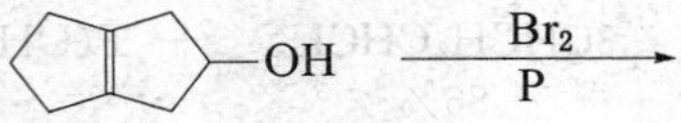

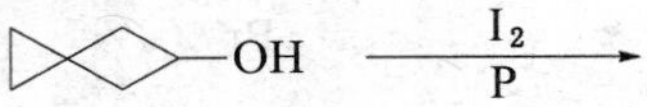

$$(CH_3)_2CHCH_2CH_2OH \xrightarrow{PBr_3}$$

trans-2-甲基环己醇 $\xrightarrow{PBr_3}$

二环戊烯醇 $\xrightarrow{Br_2/P}$

螺[2.3]己醇 $\xrightarrow{I_2/P}$

2) 五氯化磷

伯仲醇与五氯化磷（PCl_5）反应转化成氯代烃，同时副产三氯氧磷。该反应的立体化学也是构型转化。

$$ROH + PCl_5 \longrightarrow RCl + POCl_3 + HCl$$

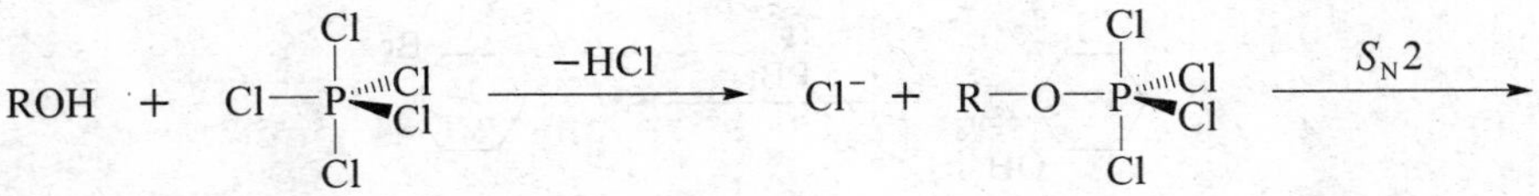

$$ROH + PCl_5 \xrightarrow{-HCl} Cl^- + R-O-PCl_4 \xrightarrow{S_N2} Cl-R + O=PCl_3 + Cl^-$$

3) 亚硫酰氯

亚硫酰氯（thionyl chloride，$SOCl_2$ 氯化亚砜）通常用于将伯仲醇转化成氯代烃，在有机合成中有广泛应用。

$$ROH + ClS(O)Cl \xrightarrow{\triangle} RCl + SO_2 + HCl$$

例： 环己醇 $\xrightarrow{SOCl_2, \text{reflux, 2 h}}$ 环己基氯 （60%）

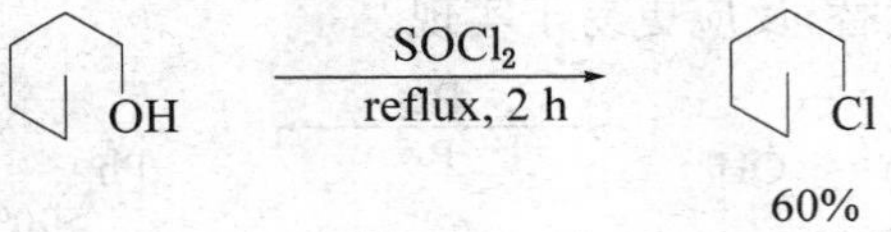

$$\underset{\text{CH}_3}{\underset{|}{\text{C}_6\text{H}_4}}-\text{CH}_2\text{OH} \xrightarrow[\text{C}_6\text{H}_6]{\text{SOCl}_2} \underset{\text{CH}_3}{\underset{|}{\text{C}_6\text{H}_4}}-\text{CH}_2\text{Cl} \quad 89\%$$

$$\text{CH}_3(\text{CH}_2)_{10}\text{CH}_2\text{OH} \xrightarrow[\text{Py}]{\text{SOCl}_2} \text{CH}_3(\text{CH}_2)_{10}\text{CH}_2\text{Cl} \quad 60\% \sim 70\%$$

$$\text{CH}_3(\text{CH}_2)_5\overset{\text{OH}}{\underset{|}{\text{CH}}}\text{CH}_3 \xrightarrow[\text{K}_2\text{CO}_3, \triangle]{\text{SOCl}_2} \text{CH}_3(\text{CH}_2)_5\overset{\text{Cl}}{\underset{|}{\text{CH}}}\text{CH}_3 \quad 81\%$$

$$\text{Ph}\overset{\text{OH}}{\underset{|}{\text{CH}}}\underset{\text{O}}{\overset{\parallel}{\text{C}}}\text{Ph} \xrightarrow[\text{Py}]{\text{SOCl}_2} \text{Ph}\overset{\text{Cl}}{\underset{|}{\text{CH}}}\underset{\text{O}}{\overset{\parallel}{\text{C}}}\text{Ph} + \text{SO}_2 + \text{HCl} \quad 86\%$$

亚硫酰氯与烯丙式醇反应可能发生烯丙位迁移即 S_N2'：

$$\text{CH}_3\text{CH}=\text{CHCH}_2\text{OH} \xrightarrow{\text{SOCl}_2} \text{CH}_3\overset{\text{Cl}}{\underset{|}{\text{CH}}}\text{CH}=\text{CH}_2$$

$$\text{CH}_3\overset{\text{OH}}{\underset{|}{\text{CH}}}\text{CH}=\text{CH}_2 \xrightarrow{\text{SOCl}_2} \text{CH}_3\text{CH}=\text{CHCH}_2\text{Cl}$$

$$\text{CH}_3\overset{\text{OH}}{\underset{|}{\text{CH}}}\text{CH}=\text{CH}_2 \xrightarrow{\text{SOCl}_2} \text{CH}_3\text{CH}=\text{CHCH}_2\text{Cl}$$

醚（Et_2O，THF）作溶剂，构型保持。亚硫酰氯与醇生成氯代亚硫酸酯，四元环分子内亲核取代或经历紧密离子对（tight ion pair），然后内返（internal return），完成前面进攻取代，故构型保持。

$$\text{ROH} + \underset{\text{Cl}}{\overset{\text{O}}{\underset{\parallel}{\text{S}}}}\text{Cl} \xrightarrow{\text{Et}_2\text{O}} \underset{\text{Cl}}{\overset{\text{O}}{\text{R}}-\text{S}=\text{O}} \xrightarrow[S_N i]{\text{Et}_2\text{O}} \text{R}-\text{Cl} + \text{SO}_2$$

frontside attack

$$\underset{\text{Cl}}{\text{R}-\text{O}-\text{S}=\text{O}} \rightleftharpoons \underset{\text{Cl}}{\overset{+}{\text{R}} \cdots \overset{\text{O}}{\text{S}=\text{O}}}$$

tight ion pair

例：

$$\underset{\text{C}_2\text{H}_5}{\overset{\text{OH}}{\underset{|}{\text{CH}}}}\cdots\text{H} \xrightarrow[\text{ether}]{\text{SOCl}_2} \underset{\text{C}_2\text{H}_5}{\overset{\text{Cl}}{\underset{|}{\text{CH}}}}\cdots\text{H}$$

$$\underset{\text{C}_3\text{H}_7}{\overset{\text{CH}_3}{\underset{|}{\text{C}}}}\underset{\text{H}}{\overset{\text{OH}}{\underset{|}{}}} \xrightarrow[\text{ether}]{\text{SOCl}_2} \underset{\text{C}_3\text{H}_7}{\overset{\text{CH}_3}{\underset{|}{\text{C}}}}\underset{\text{H}}{\overset{\text{Cl}}{\underset{|}{}}}$$

吡啶作溶剂，构型转化。氯代亚硫酸酯与吡啶生成亚硫酸酯吡啶盐，现在的氯负离子是游离的,只能从背后进攻,必然导致构型转化。

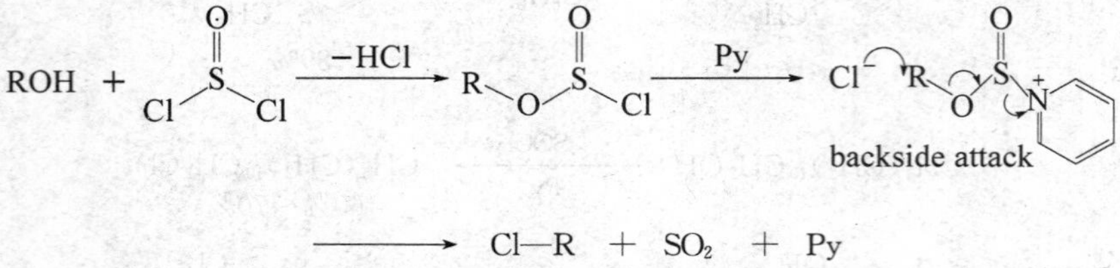

$$ROH + \underset{Cl}{\underset{|}{S}}(=O)Cl \xrightarrow{-HCl} R-O-\underset{Cl}{\underset{|}{S}}(=O) \xrightarrow{Py} Cl^- \cdots R-O-S(=O)-N^+(Py)$$

backside attack

$$\longrightarrow Cl-R + SO_2 + Py$$

例:

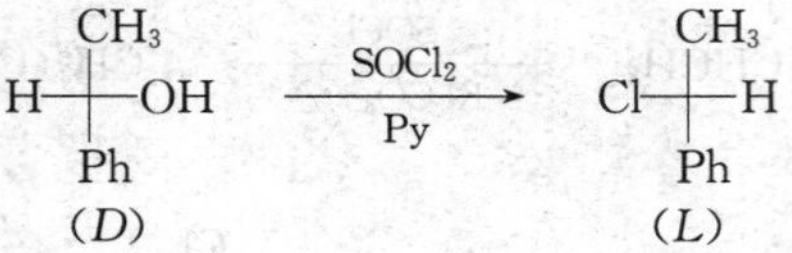

$$\underset{Ph}{\underset{|}{\overset{CH_3}{\underset{|}{C}}}}\text{—}OH \xrightarrow[Py]{SOCl_2} \underset{Ph}{\underset{|}{\overset{CH_3}{\underset{|}{C}}}}\text{—}H$$
(D) → (L)

问题 6 完成反应

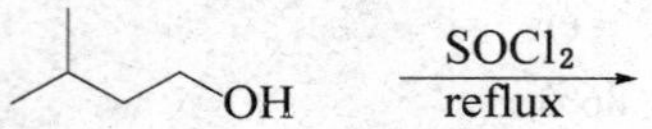

$$(CH_3)_2CHCH_2CH_2OH \xrightarrow{SOCl_2}{reflux}$$

$$CH_3(CH_2)_{16}CH_2OH \xrightarrow{SOCl_2}{Py}$$

2-辛醇 $\xrightarrow{SOCl_2}{Py}$

2,3-二甲基-1,4-丁二醇 $\xrightarrow{SOCl_2}{reflux}$

环己醇 $\xrightarrow{SOCl_2}{Et_2O}$

1-环戊基乙醇 $\xrightarrow{SOCl_2}{Py}$

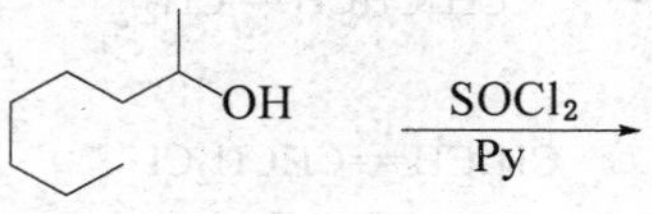

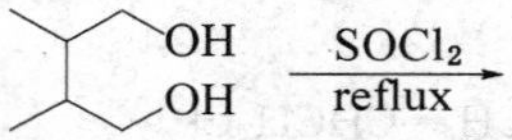

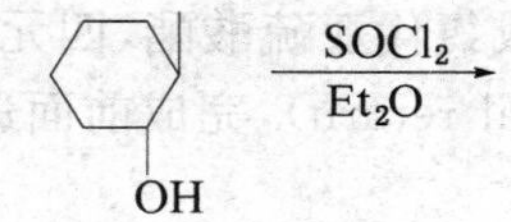

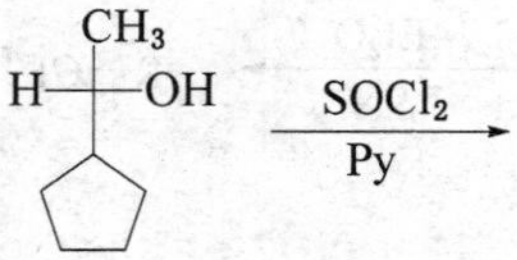

7.1.3.3 酯化反应

无机酸酯:硫酸、磺酸、硝酸、磷酸等都可与醇成酯。

$$ROH + HNO_3 \longrightarrow RONO_2 \text{ 硝酸酯}$$

$$ROH + H_2SO_4 \longrightarrow ROSO_3H \text{ 硫酸氢酯}$$

$$ROH + POCl_3 \longrightarrow OP(OR)_3 \text{ 磷酸酯}$$

$$ROH + TsCl \longrightarrow ROTs + HCl \text{ 对甲苯磺酸酯}$$

甲醇与硫酸作用先生成硫酸氢甲酯,然后减压蒸馏即得到硫酸二甲酯。

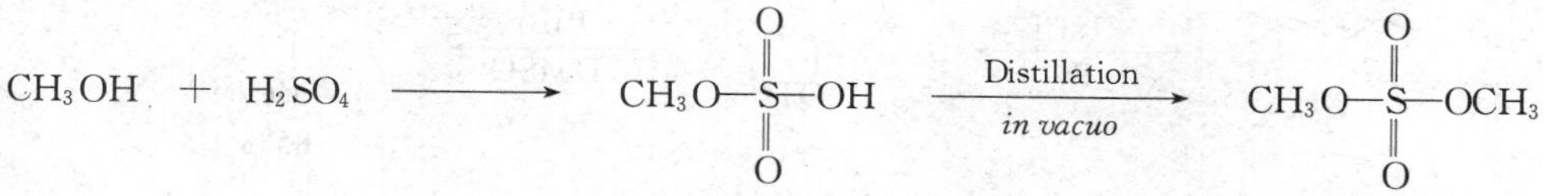

$$CH_3OH + H_2SO_4 \longrightarrow CH_3O\text{-}SO_2\text{-}OH \xrightarrow{\text{Distillation in vacuo}} CH_3O\text{-}SO_2\text{-}OCH_3$$

硫酸氢甲酯   硫酸二甲酯

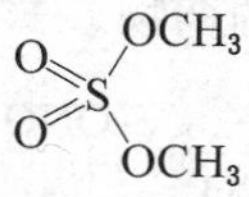

$O_2S(OMe)_2$
硫酸二甲酯
Dimethyl sulfate

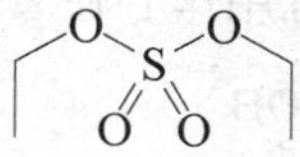

$O_2S(OEt)_2$
硫酸二乙酯
Diethyl sulfate

硫酸二甲酯和硫酸二乙酯都是重要的甲基与乙基化试剂,但毒性较高。

高级脂肪醇的硫酸氢酯的钠盐是性能优良的阴离子表面活性剂,具有乳化、分散、去污、发泡等性能,可用作乳化剂、洗涤剂、发泡剂等,广泛用于牙膏、香波、洗发膏、洗衣粉、液态洗涤剂、化妆品等,也用于纺织、润滑、制药、造纸、塑料化工等行业。

$$n\text{-}C_{12}H_{25}OSO_3Na$$

月桂醇硫酸钠;十二烷硫酸钠(sodium dodecyl sulfate, SDS)

磺酸酯的盐是良好的离去基团,常用于有机合成。

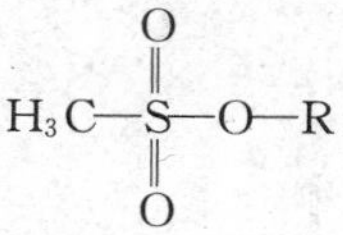

$H_3C\text{-}SO_2\text{-}O\text{-}R$ CH_3SO_3R, MsOR
甲磺酸酯 Methanesulfonate

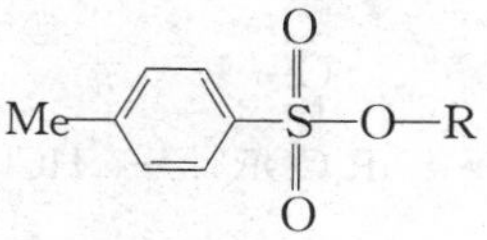

$Me\text{-}C_6H_4\text{-}SO_2\text{-}O\text{-}R$ $p\text{-}MeC_6H_4SO_2OR$, TsOR
对甲苯磺酸酯 p-Toluenesulfonate
p-Methylbenzenesulfonate, Tosylate

通常用磺酰氯将伯仲醇转化成相应的磺酸酯,然后进行亲核取代,构建碳-碳或碳-杂原子键,用于有机合成。

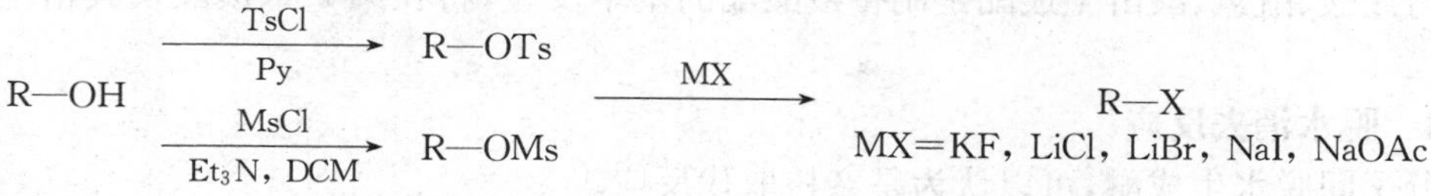

$$R\text{-}OH \xrightarrow[\text{Py}]{\text{TsCl}} R\text{-}OTs$$
$$R\text{-}OH \xrightarrow[\text{Et}_3N, \text{DCM}]{\text{MsCl}} R\text{-}OMs \xrightarrow{MX} R\text{-}X$$

$MX = KF, LiCl, LiBr, NaI, NaOAc$

合成应用举例:

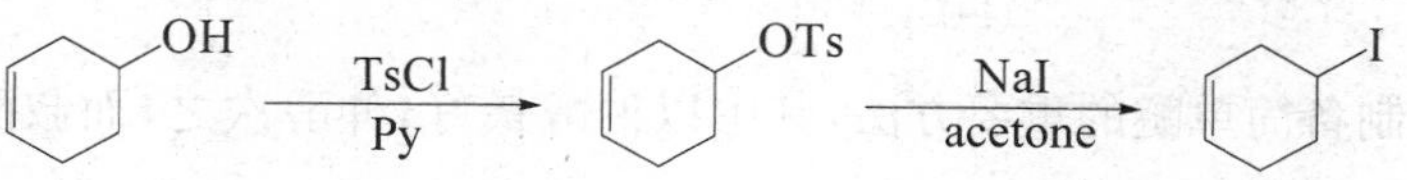

环己烯醇 $\xrightarrow[\text{Py}]{\text{TsCl}}$ 环己烯-OTs $\xrightarrow[\text{acetone}]{\text{NaI}}$ 环己烯-I

香叶醇-OH $\xrightarrow[\text{Py}]{\text{TsCl}}$ 香叶醇-OTs $\xrightarrow{Li^{\ominus}\text{-}C\equiv C\text{-}CH_2OBn}$ 产物-OBn

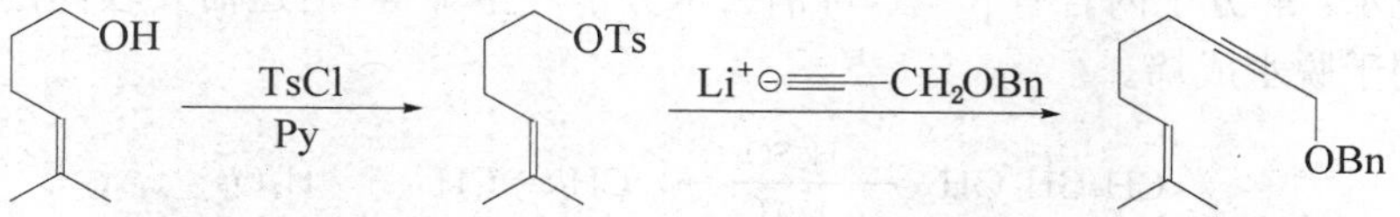

问题 7 解释下列反应

$$\text{CH}_3\text{CH}(\text{OH})\text{CH}_2\text{CH}_3 \xrightarrow{\text{TsCl}, \text{Py}} \text{CH}_3\text{CH}(\text{OTs})\text{CH}_2\text{CH}_3 \xrightarrow{\text{LiBr}, \text{DMSO}} \text{CH}_3\text{CH}(\text{Br})\text{CH}_2\text{CH}_3 \quad 85\%$$

伯醇与硝酸反应生成硝酸酯；多元醇硝酸酯是高能化合物。甘油三硝酸酯（亦称硝化甘油），是一种猛烈的炸药，也用作心血管扩张、缓解心绞痛的药物。

$$\text{HOCH}_2\text{CH}(\text{OH})\text{CH}_2\text{OH} \xrightarrow[\text{H}_2\text{SO}_4, 100\,^\circ\text{C}]{\text{HNO}_3} \text{O}_2\text{NOCH}_2\text{CH}(\text{ONO}_2)\text{CH}_2\text{ONO}_2$$

季戊四醇四硝酸酯是最重要的高能一种炸药（四硝化戊四醇；喷梯尔；pentaerythritol tetranitrate；pentaerythrite tetranitrate；PENT）

$$\text{C}(\text{CH}_2\text{ONO}_2)_4$$

磷酸酯参与生物体的生化反应。磷酸三丁酯是著名的萃取剂与增塑剂。

$$3\text{BuOH} + \text{O}=\text{PCl}_3 \xrightarrow{\text{Py}} \text{O}=\text{P}(\text{OBu})_3 + 3\text{HCl}$$

有机酸酯：

$$\text{R}'\text{COOH} + \text{ROH} \xrightarrow{\text{H}^+} \text{R}'\text{COOR} + \text{H}_2\text{O}$$

$$\text{R}'\text{COCl} + \text{ROH} \xrightarrow{\text{HO}^-} \text{R}'\text{COOR} + \text{HCl}$$

$$\text{R}'\text{COOCOR}' + \text{ROH} \xrightarrow{\text{H}^+ \text{ or } \text{HO}^-} \text{R}'\text{COOR} + \text{R}'\text{CO}_2\text{H}$$

醇与羧酸、酰氯、酸酐生成酯是制备羧酸酯的基本反应，将在第 9 章羧酸及其衍生物部分讨论。

7.1.3.4 脱水消去反应

醇分子间脱水生成醚，可以认为是亲核取代反应。

$$2\text{CH}_3\text{CH}_2\text{OH} \xrightarrow[140\,^\circ\text{C}]{\text{H}_2\text{SO}_4} \text{CH}_3\text{CH}_2\text{OCH}_2\text{CH}_3 + \text{H}_2\text{O}$$

醇分子间脱水是制备简单醚的重要方法，其中以伯醇最好，仲醇次之，而叔醇一般得到的都是烯烃。

分子内脱水：醇分子内若有 β-氢，可消去水分子产生烯键，但这需要较高的活化能，故较高的温度有利于脱水成烯。

$$\text{CH}_3\text{CH}_2\text{OH} \xrightarrow[170\,^\circ\text{C}]{\text{H}_2\text{SO}_4} \text{CH}_2=\text{CH}_2 + \text{H}_2\text{O}$$

第7章 醇 酚 醚 Alcohols, Phenols and Ethers

醇脱水成烯的相对反应活性：3° > 2° > 1°

$$\text{Ph-CH(OH)-CH}_3 \xrightarrow{H_2SO_4} \text{Ph-CH=CH-CH}_3 \ (E\ 95\%) + \text{Ph-CH=CH-CH}_3\ (Z\ 5\%)$$

消去的区域选择性——Saytzeff 规则：醇的酸脱水主要产生取代较多即较稳定的烯键——Saytzeff 烯烃，此为 Saytzeff 规则（Alexander Saytzeff，1875）。

例：

$$\text{(CH}_3)_2\text{CHOH} \xrightarrow[100℃]{66\%\ H_2SO_4} CH_3CH=CHCH_3\ (80\%) + CH_3CH_2CH=CH_2\ (20\%)$$

环己醇 $\xrightarrow{H_2SO_4}$ 环己烯 (84%) + 3-甲基环己烯等 (16%)

醇的酸去水反应：醇的酸去水一般是单分子反应（$E1_{ca}$），经历碳正离子中间体，多有重排发生。如正丁醇和仲丁醇在硫酸存在下脱水都给出 1-丁烯和 2-丁烯混合物，但 2-丁烯是主要产物。

正丁醇 / 仲丁醇 $\xrightarrow[-H_2O]{H_2SO_4} CH_3CH=CHCH_3\ 70\%\ (E\&Z) + CH_3CH_2CH=CH_2\ 30\%$

反应机理：正丁醇羟基氧质子化，在消去水的同时 β-氢发生迁移，即重排生成更稳定的仲丁基碳正离子。这正是仲丁醇质子化脱水产生的碳正离子。同一中间体，给出同一产物。

$$\text{CH}_3CH_2CH_2CH_2OH \xrightarrow{H^+} CH_3CH_2CH_2CH_2\overset{+}{O}H_2 \xrightarrow[\sim H]{-H_2O} CH_3CH_2\overset{+}{C}HCH_3$$

$$\text{CH}_3CH_2CH(OH)CH_3 \xrightarrow{H^+} CH_3CH_2CH(\overset{+}{O}H_2)CH_3 \xrightarrow[\sim H]{-H_2O} CH_3CH_2\overset{+}{C}HCH_3$$

$$CH_3CH_2\overset{+}{C}HCH_3 \xrightarrow{-H^+} CH_3CH=CHCH_3 + CH_3CH_2CH=CH_2$$

醇酸脱水易发生重排。

例 1

$$(CH_3)_3C-CH(OH)CH_3 \xrightarrow{H_3PO_4} \text{(3\%)} + \text{(64\%)} + \text{(33\%)}$$

$$\downarrow H^+ \qquad \uparrow -H^+ \qquad \uparrow -H^+$$

$$(CH_3)_3C-CH(\overset{+}{O}H_2)CH_3 \xrightarrow{-H_2O} (CH_3)_3C-\overset{+}{C}HCH_3 \xrightarrow{\sim CH_3} (CH_3)_2\overset{+}{C}-CH(CH_3)_2$$

例 2

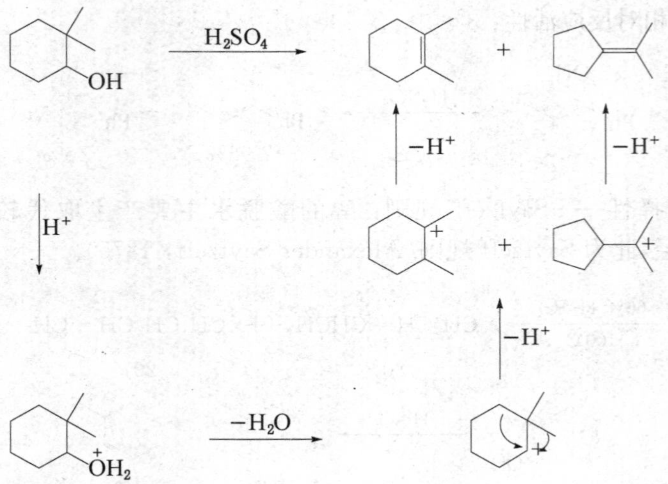

[Reaction scheme: 2,2-dimethylcyclohexanol with H_2SO_4 giving 1,2-dimethylcyclohexene and isopropylidenecyclopentane via protonation, loss of H_2O, carbocation rearrangement, and $-H^+$]

问题 8　建议机理

[Scheme 1: 1-methyl-1-(1-hydroxyethyl)cyclopentane $\xrightarrow{H^+}$ 1,2-dimethylcyclohexene]

[Scheme 2: bicyclic hydroxymethyl compound $\xrightarrow{H^+}$ two indene-type products]

[Scheme 3: spiro[5.4] alcohol $\xrightarrow{H^+}$ two decalin-type alkenes]

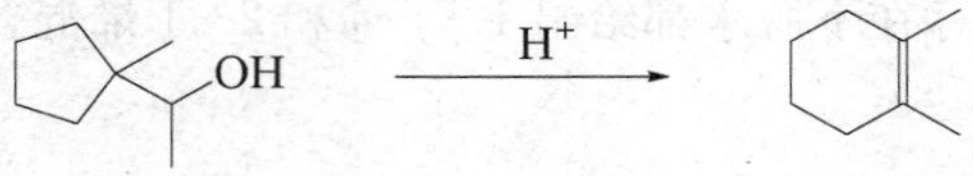

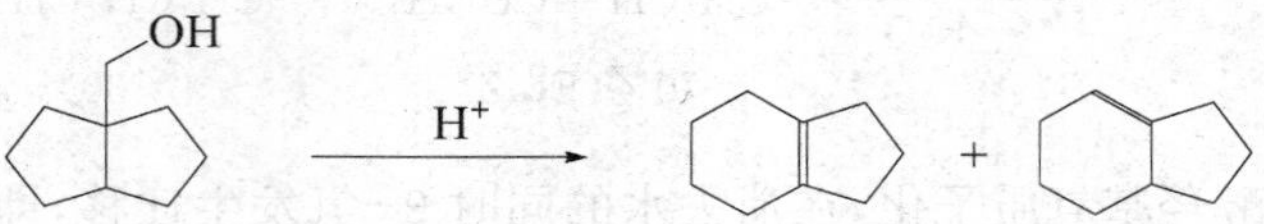

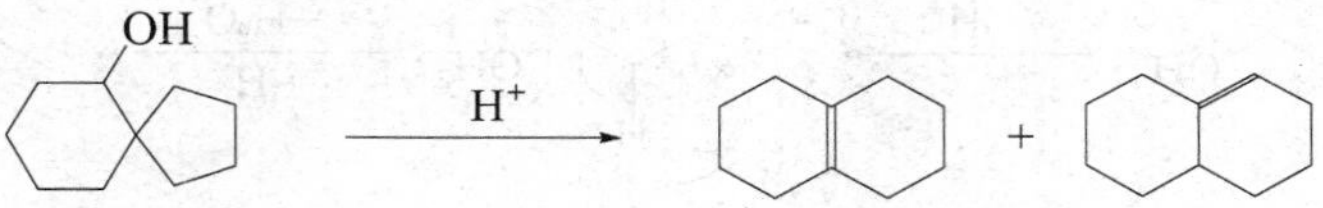

难以生成较稳定碳正离子的叔醇也难以酸脱水。

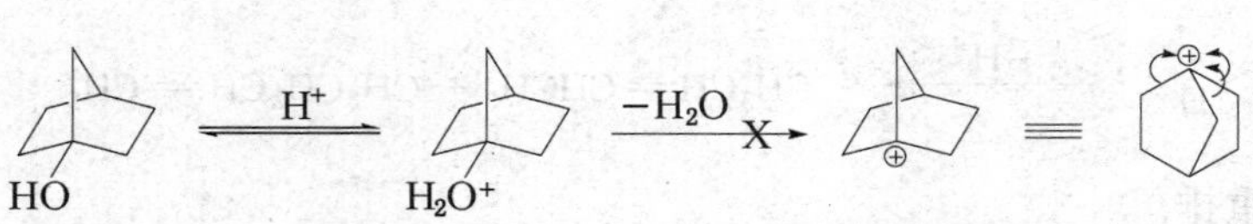

[Scheme: norbornanol $\xrightarrow{H^+}$ protonated form $\xrightarrow{-H_2O}$ X, carbocation will not form — can't get planar because of bridged ring head]

气相脱水：醇在高温、气相条件下，以氧化铝(Al_2O_3)为催化剂脱水，往往不发生重排反应。

$$CH_3CH_2OH \xrightarrow[623\text{ K},\ -H_2O]{Al_2O_3} CH_2=CH_2$$

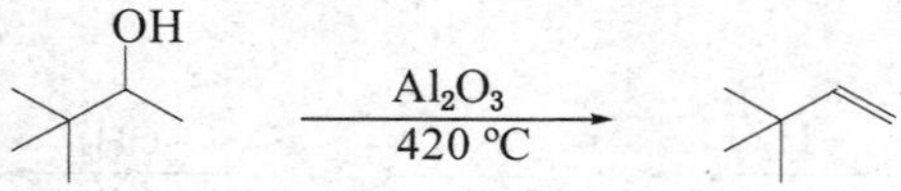

[Reaction: 3,3-dimethyl-2-butanol $\xrightarrow[420\,°C]{Al_2O_3}$ 3,3-dimethyl-1-butene]

$$\text{CH}_3\text{CH}_2\text{CH}_2\text{CH}_2\text{OH} \xrightarrow[140\ ^\circ\text{C}]{70\%\text{H}_2\text{SO}_4} \text{CH}_3\text{CH}=\text{CHCH}_3 \text{ (major)}$$

$$\xrightarrow[350\ ^\circ\text{C} \sim 400\ ^\circ\text{C}]{\text{Al}_2\text{O}_3}$$

醇分子内脱水成烯与分子间脱水成醚是一对竞争反应,结果是取代成醚与消除成烯。一般,叔醇主要得到消去产物烯烃,伯醇主要得到取代产物醚;高温有利于生成烯烃,低温则易于生成醚。

7.1.3.5 氧化反应

在有机化学中,分子中引氧脱氢是氧化反应(oxidation),引氢脱氧是还原反应(reduction)。伯醇首先脱氢氧化成醛,继续氧化成羧酸。仲醇脱氢氧化生成酮。

$$\text{RCH}_2\text{OH} \xrightarrow{[O]} \underset{\text{醛}}{\text{RCHO}} \xrightarrow{[O]} \underset{\text{羧酸}}{\text{RCOOH}}$$
伯醇

$$\underset{\text{仲醇}}{\text{R}_2\text{CHOH}} \xrightarrow{[O]} \underset{\text{酮}}{\text{RCOR}}$$

伯仲醇氧化是制备醛酮的重要反应。

实验室常用化学氧化法,而工业生产则多用催化氧化(脱氢)。

1. 铬系氧化

1) 铬酸

铬酸(chromic acid,H_2CrO_4)氧化伯、仲醇,反应混合液由橙色转化为蓝绿色,可用于区分鉴别。据此原理可设计成便携式仪器,交警用来测试酒驾。

$$\text{CH}_3\text{CH}_2\text{OH} + \underset{\text{red orange}}{\text{Cr}_2\text{O}_7^{2-}} \xrightarrow{\text{H}^+} \text{CH}_3\text{COOH} + \underset{\text{green}}{\text{Cr}^{3+}}$$

铬酸氧化低分子量的伯醇制备醛,产率尚好。例:

$$\text{CH}_3\text{CH}_2\text{CH}_2\text{CH}_2\text{OH} \xrightarrow[\text{H}_2\text{SO}_4]{\text{Na}_2\text{Cr}_2\text{O}_7} \underset{50\%}{\text{CH}_3\text{CH}_2\text{CH}_2\text{CHO}}$$

$$\text{CH}_3\text{CH}_2\text{CH}_2\text{OH} \xrightarrow[\text{H}_2\text{O}]{\text{H}_2\text{CrO}_4} \underset{45\% \sim 49\%}{\text{CH}_3\text{CH}_2\text{CHO}}$$

温度过高,可能过度氧化,最后产物是羧酸:

$$\text{CH}_3\text{CH}_2\text{CH}_2\text{OH} \xrightarrow[\text{H}_2\text{O}, \triangle]{\text{CrO}_3, \text{H}_2\text{SO}_4} \text{CH}_3\text{CH}_2\text{CO}_2\text{H}$$

仲醇用铬酸氧化一般可得到高产率的酮。

环己醇 $\xrightarrow[\text{H}_2\text{SO}_4]{\text{Na}_2\text{Cr}_2\text{O}_7}$ 环己酮 96%

2) Jones 氧化

Jones 试剂：三氧化铬的硫酸水丙酮溶液（$CrO_3 + H_2O + H_2SO_4$/acetone）。

Jones 氧化（Jones oxidation）：用 Jones 试剂氧化仲醇成酮，伯醇生成羧酸，此为 Jones 氧化（Ewart Jones, 1946）。

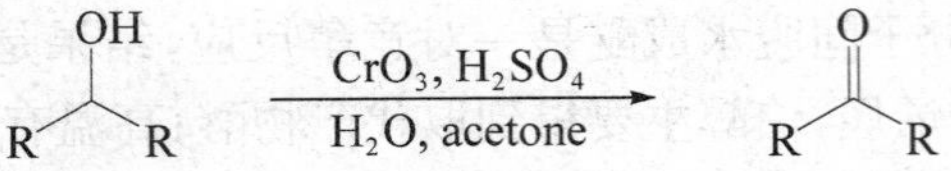

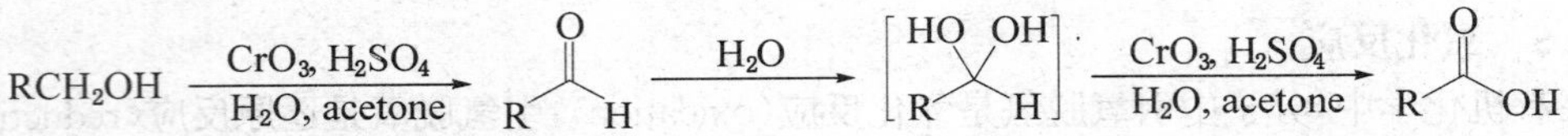

$$\underset{R}{\overset{OH}{\underset{|}{R-CH-R}}} \xrightarrow[H_2O, acetone]{CrO_3, H_2SO_4} \underset{R}{\overset{O}{\underset{\|}{R-C-R}}}$$

$$RCH_2OH \xrightarrow[H_2O, acetone]{CrO_3, H_2SO_4} RCHO \xrightarrow{H_2O} \left[\underset{R}{\overset{HO\ OH}{\underset{|}{\underset{H}{C}}}} \right] \xrightarrow[H_2O, acetone]{CrO_3, H_2SO_4} RCOOH$$

例：

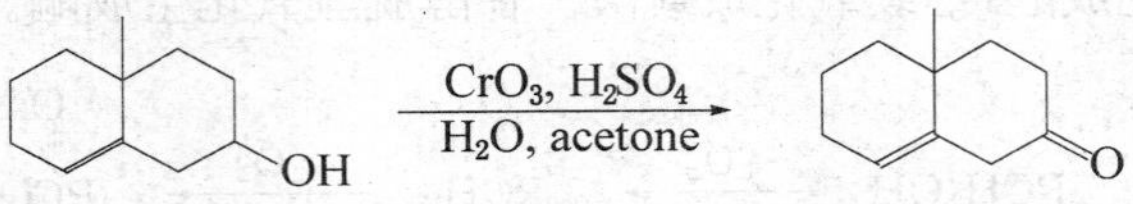

3) 铬酐-吡啶复合物

Sarett 氧化：三氧化铬（铬酸酐）与吡啶形成铬酐-吡啶复合物——Sarett 试剂，氧化伯仲醇成醛酮，此为 Sarett 氧化（Lewis Hastings Sarett, 1953）。

$$CrO_3 + 2Py \longrightarrow CrO_3 \cdot Py_2$$

Collins 氧化：用 Sarett 试剂在非水溶剂二氯甲烷（dichloromethane, DCM）溶液中氧化伯醇成醛而无过度氧化，此为 Collins 氧化（J. C. Collins, 1968）。

例：
$$CH_3(CH_2)_5CH_2OH \xrightarrow[DCM]{CrO_3 \cdot Py_2} CH_3(CH_2)_4CHO \quad 70\% \sim 84\%$$

$$\xrightarrow[DCM]{CrO_3 \cdot Py_2} \quad 95\%$$

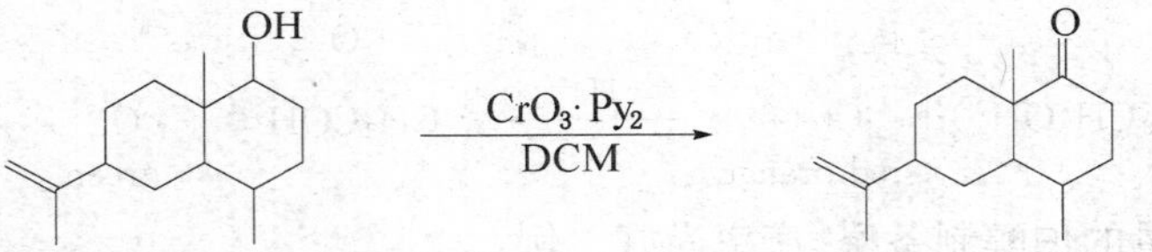

Corey-Suggs 氧化：三氧化铬（铬酐）与吡啶在盐酸溶液中形成氯铬酸吡啶盐（pyridinium chlorochromate, PCC）。

$$CrO_3 + 6MHCl + C_5H_5N \longrightarrow C_5H_5NH^+ CrO_3Cl^-$$

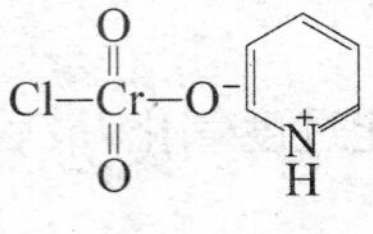

用 PCC 氧化伯仲醇成醛酮，多在二氯甲烷溶液中进行，此为 Corey-Suggs 氧化（E. J. Corey, J. W. Suggs, 1975）。

例：
$$\xrightarrow[DCM]{PCC} \quad CHO \quad 82\%$$

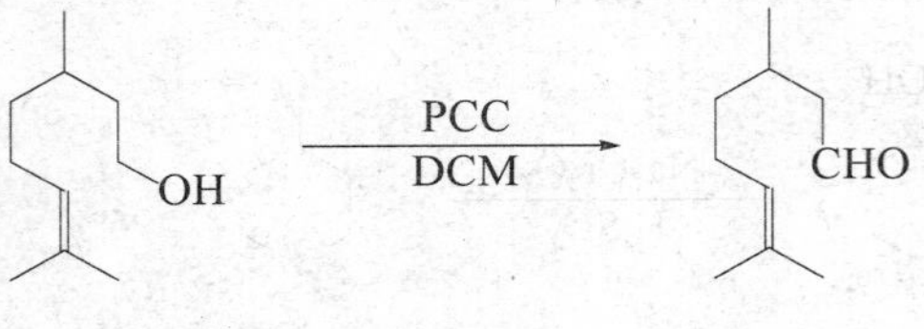

$$\underset{\text{CO}_2\text{CH}_3}{\text{HO}\diagdown} \xrightarrow[\text{DCM}]{\text{PCC}} \underset{\text{CO}_2\text{CH}_3}{\text{OHC}\diagdown} \quad 83\%$$

Corey-Schmidt 氧化

重铬酸钠与吡啶在盐酸溶液中形成重铬酸吡啶盐（pyridinium dichromate，PDC），称为 Cornforth 试剂（1962）（John Warcup Cornforth，1917—2013）。

$$\text{Na}_2\text{Cr}_2\text{O}_7 + \text{HCl} + \text{C}_5\text{H}_5\text{N} \longrightarrow (\text{C}_5\text{H}_5\text{NH}^+)_2\text{Cr}_2\text{O}_7^{-2}$$

PDC 是强氧化剂，氧化伯仲醇成醛酮。E. J. Corey 与 G. Schmidt 发展了 PDC 的应用，反应在二氯甲烷（DCM）或二甲基甲酰胺（DMF）溶剂中进行，称为 Corey-Schmidt 氧化（E. J. Corey，G. Schmidt，1979）。

例：

$$\text{CH}_3(\text{CH}_2)_8\text{CH}_2\text{OH} \xrightarrow[\text{DMF}, 25℃]{\text{PDC}} \text{CH}_3(\text{CH}_2)_8\text{CHO} \quad 98\%$$

$$t\text{-Bu}-\text{C}_6\text{H}_4-\text{CH}_2\text{OH} \xrightarrow[\text{DCM}]{\text{PDC}} t\text{-Bu}-\text{C}_6\text{H}_4-\text{CHO} \quad 94\%$$

问题 9 完成反应

$$\text{cycloheptyl-OH} \xrightarrow[\text{acetone, H}_2\text{O}]{\text{CrO}_3, \text{H}_2\text{SO}_4}$$

$$\text{menthol} \xrightarrow[\text{acetone}]{\text{H}_2\text{CrO}_4}$$

$$\text{(CH}_3)_2\text{CHCH}_2\text{CH}_2\text{CH}_2\text{CH}(\text{CH}_3)\text{CH}_2\text{OH} \xrightarrow[\text{DCM}]{\text{CrO}_3 \cdot 2\text{Py}}$$

$$\text{CH}_2=\text{C}(\text{CH}_3)\text{CH}_2\text{CH}(\text{CH}_3)\text{CH}_2\text{OH} \xrightarrow[\text{DCM}]{\text{PCC}}$$

$$\text{(decalin-CH}_2\text{OH)} \xrightarrow[\text{DCM}]{\text{PCC}}$$

$$\text{HO} \diagdown \bigcirc \diagdown \text{C(CH}_3)_2\text{OH} \xrightarrow[\text{DCM}]{\text{PCC}}$$

2. 锰系氧化

1) 高锰酸钾

氧化伯醇成羧酸，仲醇成酮。

$$\text{(CH}_3)_2\text{CHCH}_2\text{CH}_2\text{CH}_2\text{CH}_2\text{OH} \xrightarrow[\text{H}_2\text{SO}_4]{\text{KMnO}_4} \text{(CH}_3)_2\text{CHCH}_2\text{CH}_2\text{CH}_2\text{CO}_2\text{H} \quad 66\%$$

$$\text{CH}_3\text{CH}_2\text{CH}_2\text{CH}_2\text{CH(C}_2\text{H}_5)\text{CH}_2\text{OH} \xrightarrow[\text{H}_2\text{O}, 25\,°C]{\text{KMnO}_4, \text{NaOH}} \xrightarrow{\text{H}^+} \text{CH}_3\text{CH}_2\text{CH}_2\text{CH}_2\text{CH(C}_2\text{H}_5)\text{CO}_2\text{H} \quad 74\%$$

2) 二氧化锰

新制备的二氧化锰（MnO_2）是活性的，氧化烯丙式醇、苯甲式醇成醛酮。

$$\text{PhCH}=\text{CHCH}_2\text{OH} \xrightarrow{\text{MnO}_2} \text{PhCH}=\text{CHCHO} \quad 70\%$$

$$\triangle\text{—CH}_2\text{OH} \xrightarrow{\text{MnO}_2} \triangle\text{—CHO} \quad 61\%$$

问题 10 给出与二氧化锰作用的产物？

$$\text{CH}_2=\text{CHCH}_2\text{OH} \xrightarrow[\text{pentane}]{\text{MnO}_2}$$

$$\text{HC}\equiv\text{C}-\underset{\text{CH}_3}{\text{C}}=\text{CHCH}=\text{CH}\underset{\text{OH}}{\text{CH}}\text{CH}_3 \xrightarrow{\text{MnO}_2}$$

$$\text{CH}_3\text{CH}_2\text{—CO—CH(OH)—CH}_2\text{CH}_3 \xrightarrow{\text{MnO}_2}$$

(结构：对-(HOCH$_2$)C$_6$H$_4$—CH(OH)CH$_2$CH(OH)CH$_2$CH=CHCH(OH)CH$_3$)

(结构：四氢萘 含 HOCH$_2$-取代 及两个 OH)

3. 硝酸氧化

硝酸氧化伯醇成酸，仲醇成酮，也可以破裂氧化成酸。

$$\text{ClCH}_2\text{CH}_2\text{CH}_2\text{OH} \xrightarrow[50℃]{\text{HNO}_3} \text{ClCH}_2\text{CH}_2\text{CO}_2\text{H}$$

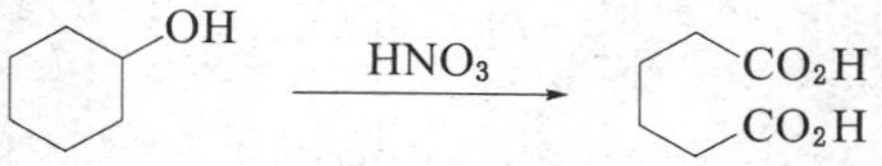

环己醇 $\xrightarrow{\text{HNO}_3}$ 己二酸

工业上曾用硝酸氧化环己醇生产己二酸,这是尼龙-66(Nylon-66)的单体。

4. Oppenauer 氧化

仲醇在叔丁醇铝或异丙醇铝的丙酮溶液中被氧化成酮,称为 Oppenauer 氧化(Rupert Viktor Oppenauer,1937)。分子内其它官能团如碳-碳重键、硝基、卤素等不受影响。

$$\text{RCH(OH)R} + \text{CH}_3\text{COCH}_3 \xrightleftharpoons{\text{Al(OCMe}_3)_3} \text{RCOR} + (\text{CH}_3)_2\text{CHOH}$$

例:

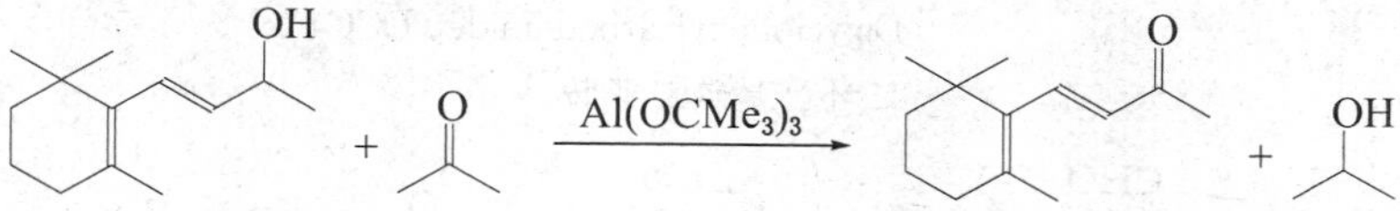

紫罗兰酮 Ionone 80%

反应需要较高的温度,可用丁酮、环己酮等作溶剂。

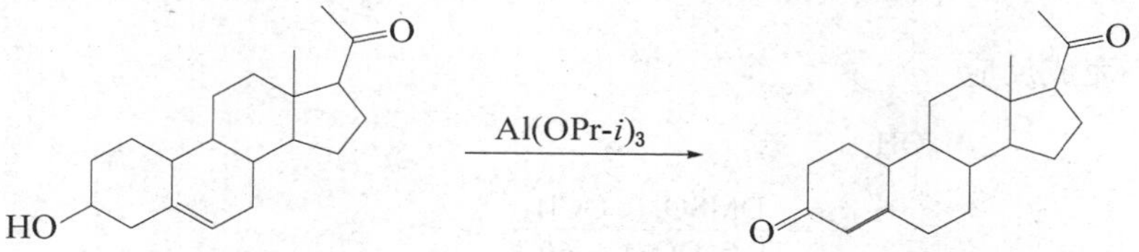

$\xrightarrow{\text{Al(OPr-}i)_3}$

acetone   60%
cyclohexanone   83%

5. 二甲亚砜氧化

二甲亚砜(DMSO)在乙酸酐、三氟乙酸酐、草酰氯或二环己基碳二亚胺(DCC)等助剂存在下可氧化伯仲醇和伯仲卤代烃成醛酮。

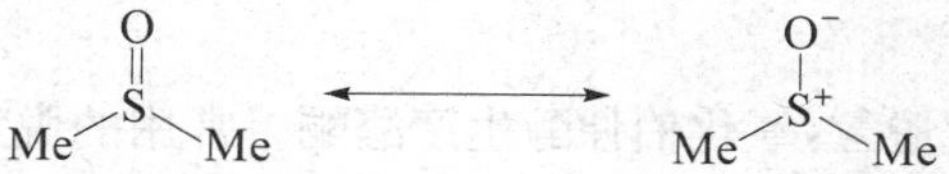

二甲亚砜 Dimethylsulfoxide(DMSO)

1) 二甲亚砜/草酰氯——Swern 氧化

二甲亚砜(DMSO)在草酰氯和有机碱如三乙胺(TEA)存在下可氧化伯仲醇成醛酮,此为 Swern 氧化(Daniel Swern,1978)。

$$\text{RCH}_2\text{OH} + \text{MeSMe(=O)} + \text{ClCOCOCl} \xrightarrow{\text{Et}_3\text{N}} \text{RCHO} + \text{MeSMe} + \text{CO} + \text{CO}_2 + \text{HCl}$$

Swern 氧化条件温和,官能团耐受性好,适用范围广泛,是有机合成中第一个不含金属氧化剂的氧化反应。

例:

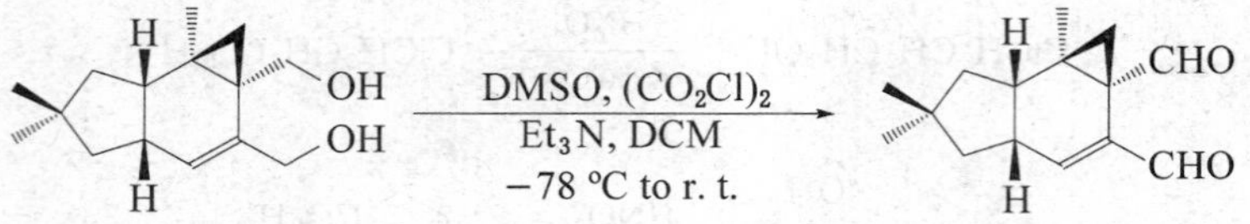

(CH₃)₂CHCH=CHCH=CHCH₂OH $\xrightarrow[\text{(COCl)}_2, \text{TEA}]{\text{DMSO}}$ (CH₃)₂CHCH=CHCH=CHCHO
93%

2) 二甲亚砜/DCC——Pfitzner-Moffatt 氧化

二甲亚砜(DMSO)-二环己基碳二亚胺(DCC)——Pfitzner-Moffatt 试剂氧化伯仲醇成醛酮,此为 Pfitzner-Moffatt 氧化(K. E. Pfitzner, J. G. Moffatt, 1963)。

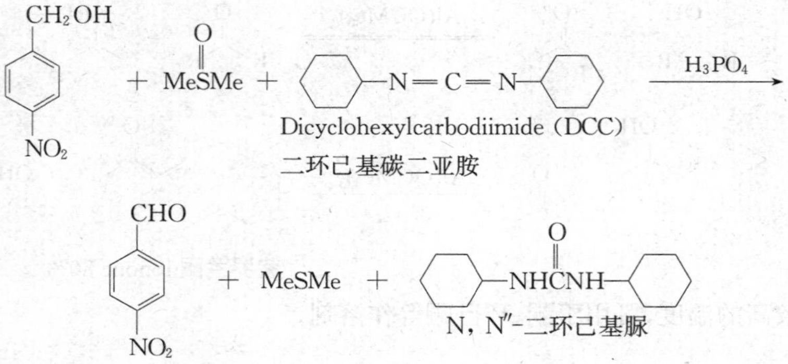

问题 11 完成反应

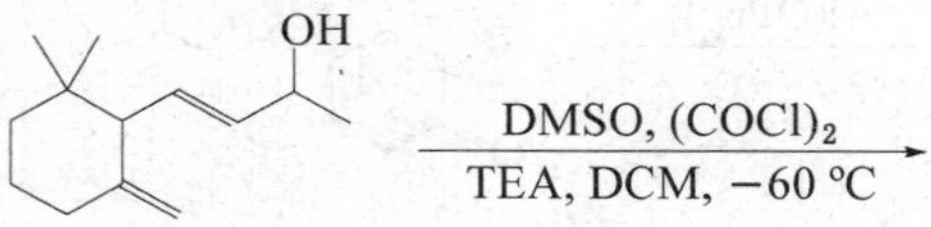

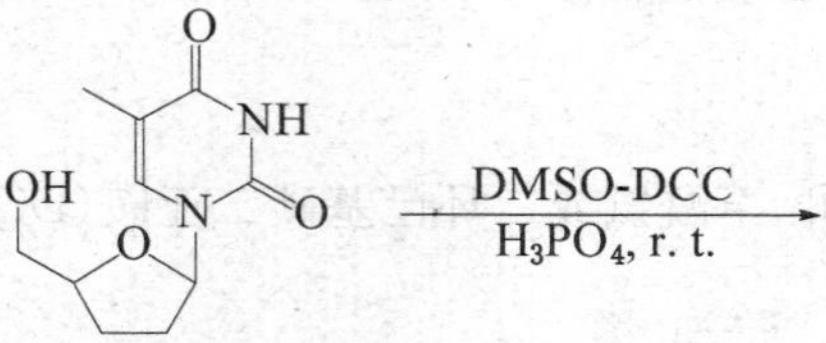

6. 催化脱氢

工业上,一般使用催化脱氢,氧化伯仲醇生产醛酮。常用的脱氢催化剂包括铜(Cu)、铜铬氧化物($CuCrO_4$)、银(Ag)、钯(Pd)等。脱氢反应温度一般较高,300℃~450℃,醇蒸气通过催化剂。

$CH_3CH_2OH \xrightarrow[250℃\sim350℃]{Cu} CH_3CHO$

$CH_3OH \xrightarrow[450℃\sim600℃]{Cu \text{ or } Ag} HCHO + H_2$ 反应可逆,吸热

$CH_3OH + \frac{1}{2}O_2 \xrightarrow[450℃\sim600℃]{Cu \text{ or } Ag} HCHO + H_2O$ 反应不可逆,放热

甲醇体积 30%～50%，转化率 65%，产率 85%～95%。

7. 生物氧化

生物体内醇的氧化是在酶催化下进行的，是重要的生化反应。

体内的绝大部分乙醇在醇脱氢酶（ADH）催化下脱氢氧化为乙醛，后者在醛脱氢酶（ALDH）作用下再脱氢氧化为乙酸。乙酸继续氧化转化为二氧化碳和水。

$$CH_3CH_2OH \xrightarrow{\text{alcohol dehydrogenase}} CH_3CHO \xrightarrow{\text{aldehyde dehydrogenase}} CH_3COOH$$
$$\text{ethanol} \qquad\qquad \text{acetaldehyde} \qquad\qquad \text{acetic acid}$$

乙醇脱氢酶（ADH）以烟酰胺腺嘌呤二核苷酸（NAD^+）为辅酶，催化伯醇和醛之间的可逆反应。氧化态的烟酰胺腺嘌呤二核苷酸（NAD^+）接受乙醇分子的一个氢转化为还原态的烟酰胺腺嘌呤二核苷酸（NADH）。乙醇亚甲基上的两个氢是对映位的关系，脱去哪一个不是任意的而是特定的。

人类摄入的乙醇可被胃（吸收 30%）和小肠上段迅速吸收（70%）。吸收乙醇的 90%～98%在肝脏代谢，其余在肾脏进行代谢。人类血液中乙醇的清除速率为 100～200 mg/h·kg 体重。长期过量饮酒加重肝脏生物转化的负担而影响肝脏功能。

血液中乙醇的正常含量为 0.001%，喝酒后约一个半小时乙醇含量达到最高值。一般，当血液中乙醇含量达到 0.1%，人就会处于强烈兴奋状态，若到 0.2%，就会沉醉了，超过 0.3%，就会引起酒精中毒。

酒精有轻度的麻醉、心率加快、皮肤充血导致皮温升高、恶心呕吐等生理效应。饮酒过量会导致这些效应放大而使人在意识和行动上失去自我控制。这些作用效果其实并不完全是由乙醇直接导致的，很多是由乙醇脱氢氧化产物乙醛刺激机体产生肾上腺素、去甲肾上腺素等产生的生理反应。因此，喝酒不能开车，开车不能喝酒，这是有科学根据的，也是法律规定。

7.1.4 醇的制备与个别化合物

7.1.4.1 Grignard 合成

Grignard 试剂与醛酮酯羰基（C=O）加成生成醇：

$$RMgX + \underset{}{\overset{O}{\underset{}{\|}}}{C} \xrightarrow[\text{ii } H_3O^+]{\text{i } Et_2O} R-C-OH$$

$$RMgX + \underset{OEt}{\overset{O}{\underset{}{\|}}}{C} \xrightarrow[\text{ii } H_3O^+]{\text{i } Et_2O} \underset{R}{\overset{R}{\underset{}{|}}}{C}-OH$$

Grignard 试剂与加成环氧乙烷合成伯醇：

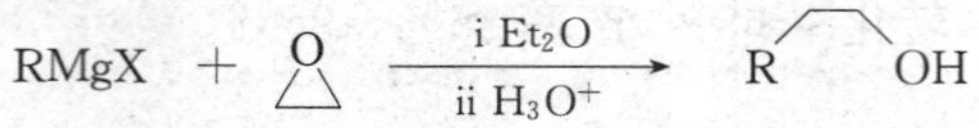

7.1.4.2 醛酮酯的还原

醛、酮、酯可化学或催化加氢还原生成醇。

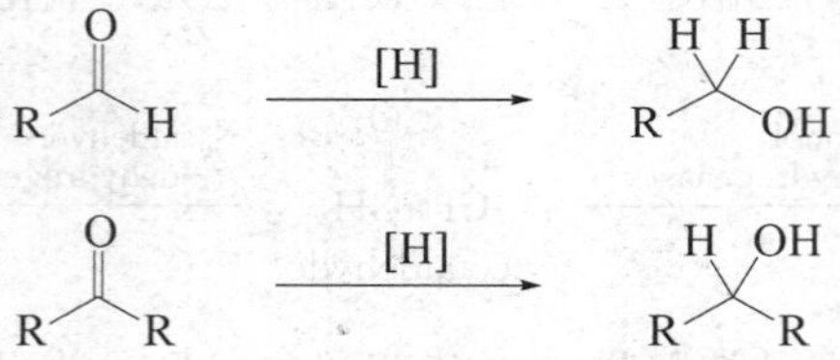

$$RCHO \xrightarrow{[H]} RCH_2OH$$

$$RCOR \xrightarrow{[H]} RCH(OH)R$$

7.1.4.3 烯烃的硼氢化-氧化反应

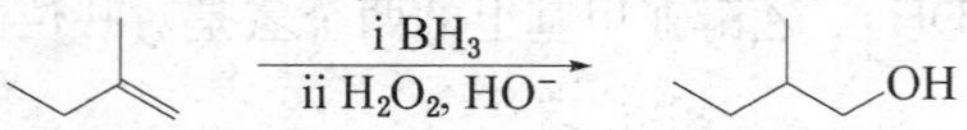

$$\text{异丁烯} \xrightarrow[\text{ii } H_2O_2, HO^-]{\text{i } BH_3} \text{异丁醇}$$

7.1.4.4 烯烃的羟汞化-还原反应

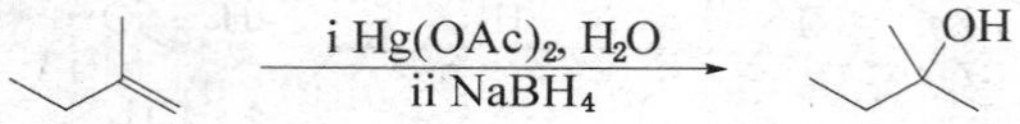

$$\xrightarrow[\text{ii } NaBH_4]{\text{i } Hg(OAc)_2, H_2O}$$

7.1.4.5 卤代烃水解

通常由醇制备卤烃，只有方便易得的卤烃才有制备意义。

$$CH_2=CHCH_2Cl \xrightarrow[H_2O]{Na_2CO_3} CH_2=CHCH_2OH$$

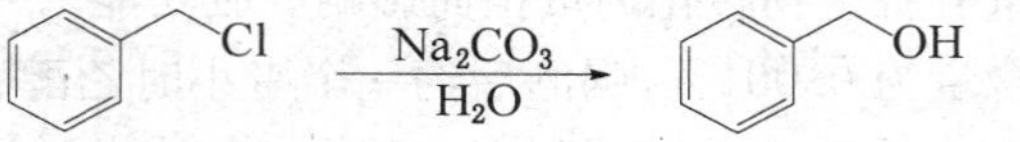

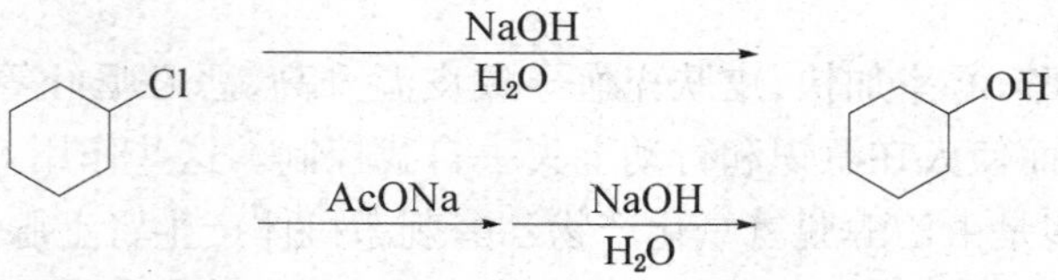

$$PhCH_2Cl \xrightarrow[H_2O]{Na_2CO_3} PhCH_2OH$$

$$\text{环己基Cl} \xrightarrow[H_2O]{NaOH} \text{环己醇}$$

$$\xrightarrow{AcONa} \xrightarrow[H_2O]{NaOH}$$

问题 12 完成转化

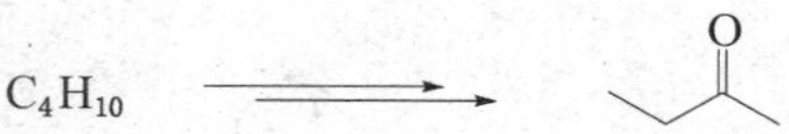

$$C_4H_{10} \longrightarrow CH_3COCH_2CH_3$$

7.1.4.6 高级脂肪醇

在工业上可由油脂生产高级脂肪醇。油脂皂化产生甘油和高级脂肪酸盐(肥皂)，酸化得到高级脂肪酸(饱和与不饱和)，催化加氢得到饱和的高级脂肪醇。

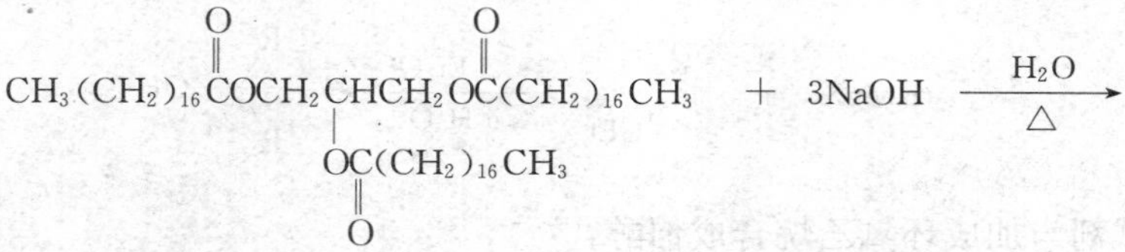

$$CH_3(CH_2)_{16}COOCH_2CH(OC(O)(CH_2)_{16}CH_3)CH_2OC(O)(CH_2)_{16}CH_3 + 3NaOH \xrightarrow[\triangle]{H_2O}$$

$$\text{HOCH}_2\text{CHCH}_2\text{OH} + 3\text{CH}_3(\text{CH}_2)_{16}\text{CONa} \xrightarrow{\text{H}^+} \text{CH}_3(\text{CH}_2)_{16}\text{COH}$$
$$\text{(OH)} \qquad\qquad\qquad\qquad\qquad\qquad\qquad\qquad\qquad\qquad\text{(O)}$$

$$\xrightarrow[\text{T, high pressure}]{\text{H}_2,\ \text{catalyst}} \text{CH}_3(\text{CH}_2)_{16}\text{CH}_2\text{OH}$$

个别化合物

1. 甲醇

甲醇(methanol)因首次在干馏木材中发现,故又称"木醇"或"木精"。甲醇是无色有酒精气味易挥发的液体。人若口服,中毒最低剂量约为 100 mg/kg 体重,经口摄入 0.3~1 g/kg 可致死。

用途:合成原料、甲基化试剂,萃取剂,酒精的变性剂,燃料。

生产:现在由一氧化碳加氢合成。发展方向是天然气(甲烷)氧化。

2. 乙醇

乙醇(ethanol, ethyl alcohol, alcohol)俗称酒精,沸点 78.3℃,密度 0.789 g/cm³(20℃),相对密度 0.789。

乙醇是良好的溶剂,所以常用来溶解植物色素或其中的药物成分;也常用作反应的溶剂,使参加反应的有机物和无机物均能溶解,增大接触面积,提高反应速率。例如,在油脂的皂化反应中,加入乙醇既能溶解氢氧化钠,又能溶解油脂,让它们在均相溶液中充分接触,加快反应速度。

乙醇可被高锰酸钾氧化成乙酸,同时高锰酸钾由紫红色变为无色。乙醇也被重铬酸钾氧化,当乙醇气体进入含有酸性重铬酸钾的变色硅胶中时,硅胶由橙红色变为灰绿色(Cr^{3+}),此反应可用于测试汽车司机是否酒驾。

乙醇的来源:工业上一般用淀粉发酵法或乙烯直接水化法生产乙醇。

发酵法:发酵法制乙醇是在酿酒的基础上发展起来的,在相当长的历史时期内,都是生产乙醇的唯一工业方法。有淀粉原料(如高粱、玉米、甘薯等)和糖质原料(如糖蜜、造纸废液等)发酵。发酵液含乙醇约 6%~10%,并含有其他一些有机杂质,精馏可得 95.6% 的工业酒精,是共沸混合物,bp 78.15℃。

由酒精制取无水乙醇:

实验室:先与氧化钙(CaO)共热,再蒸馏,得 99.5% 无水乙醇。若再用镁或钠处理(回流),蒸馏可得 99.95% 的绝对无水乙醇。

工业生产:加苯蒸馏带水,先蒸出三元共沸物,64.85℃,含苯 74.1%,乙醇 18.5%,水 7.4%;然后蒸出二元共沸物,68.25℃,含苯 67.6%,乙醇 32.4%,最后得到无水乙醇,bp 78.3℃。

乙醇中是否含水检验:无水硫酸铜、高锰酸钾。

乙醇与无水氯化钙($CaCl_2$)、无水氯化镁($MgCl_2$)生成结晶醇。因此,乙醇不能用无水氯化钙或无水氯化镁干燥。

用途:乙醇具有多种应用,广泛用作溶剂、化工合成原料、乙基化剂、燃料——乙醇汽油,大量的以饮料的形式生产和消费。

乙醇用于生产乙醛、乙酸、乙酸乙酯等化学品；饮料、燃料和染料等；用作防冻剂和消毒剂等。

75％的乙醇用于医疗消毒，但乙醇不能杀死细菌芽孢，也不能杀死肝炎病毒（如乙肝病毒等）。所以乙醇只能用于一般消毒。25％～50％的酒精可用于物理退热。

乙醇是酒的主要成分（含量和酒的种类有关）。白酒的度数表示酒中含乙醇的体积百分比（20℃）。啤酒的度数是表示啤酒生产原料麦芽汁的浓度——麦芽汁发酵前浸出物的浓度（重量比）。麦芽汁中的浸出物以麦芽糖为主。啤酒中的酒精浓度一般低于10％，多在3.5％至4％之间。

乙醇可以调入汽油作为车用燃料——乙醇汽油，也称为"E型汽油"。乙醇是良好的辛烷值调和组分和汽油增氧剂。目前我国的乙醇汽油是用普通汽油与燃料乙醇按9∶1（体积比）调和而成的。乙醇汽油可以改善油品的性能和质量，降低一氧化碳、碳氢化合物等尾气污染排放，有效减少汽车尾气中的PM2.5。乙醇作为可再生液体燃料的代表，补充化石燃料资源，减少温室气体和污染物排放。目前，以玉米、甘蔗为原料的第一代燃料乙醇产业已经形成规模。燃料乙醇已经成为世界消费量最大的生物燃料。

3. 丁醇

丁醇（butanol，butyl alcohol）俗称正丁醇，沸点117.6℃，相对密度0.8109，折光率1.3993。

丁醇是重要的化工原料，主要用于生产邻苯二甲酸、脂肪二羧酸及磷酸的正丁酯类增塑剂，广泛用于各种塑料和橡胶制品中，也是生产丁醛、丁酸、丁胺和乳酸丁酯等的原料。丁醇也大量用作溶剂。

正丁醇的工业制法主要有发酵法、丙烯羰基合成法和乙醛缩合法三种。此外，由乙烯制高级脂肪醇时也副产正丁醇。

正丁醇最早由法国人孚兹在1852年从发酵制酒所得的杂醇油中发现。1913年，英国斯特兰奇—格拉哈姆公司首先以玉米为原料经发酵生产丙酮，正丁醇则作为主要副产物。以后，由于正丁醇需求量增加，发酵法工厂改以生产正丁醇为主，丙酮、乙醇作为副产物。以谷物（玉米、玉米芯、黑麦、小麦）淀粉为原料，经蒸煮杀菌，加入丙酮丁醇菌，在36℃～37℃发酵，然后经精馏分离得到正丁醇、丙酮和乙醇。

羰基合成法（oxo synthesis）：第二次世界大战期间，德国鲁尔化学公司用丙烯羰基合成法生产正丁醇。50年代石油化工兴起，正丁醇的合成制法发展迅速，尤以丙烯羰基合成法最快。丙烯、一氧化碳和氢在钴或铑催化剂（见第12章）存在下反应生成正丁醛和异丁醛，经加氢得正丁醇和异丁醇。

$$CH_3CH=CH_2 + CO + H_2 \xrightarrow{(Ph_3P)_3RhHCO} CH_3CH_2CH_2CHO + (CH_3)_2CHCHO$$

羟醛缩合法：乙醛经羟醛缩合，给出2-丁烯醛，经催化加氢得到正丁醇。

4. 杂醇油

杂醇油（fusel oil，sugar beet）是谷物发酵生产酒精、啤酒的副产物，也是酒精法生产丁二烯的副产物，主要含有丙醇、丁醇、异戊醇、活性戊醇、苯乙醇等。杂醇油主要用作溶剂和染料、颜料稀释剂，也用于制药、天然产物提取、粘合剂生产，是规定允许使用的食用香料，主要用以配制果酒、白兰地、朗姆酒和水果型香精，也用作燃料。杂醇油也用于提取异戊醇、丁醇等。

5. 环己醇

环己醇(cyclohexanol)，熔点 25.9℃，沸点 161.8℃，密度 0.962 4 g/mL，折光率 1.464 1。

环己醇是重要的化工原料，主要用于生产环己酮和己二酸，还用以合成增塑剂(如邻苯二甲酸环己酯)、洗涤剂，也用作工业溶剂、乳化剂等。工业上可由苯酚催化加氢制备。

6. 苯甲醇

苯甲醇(benzyl alcohol)俗称苄醇，是最简单的芳香醇，在自然界中大多以酯的形式存在于香精油中，如茉莉花油、风信子油和秘鲁香脂中都含有此成分。

$$\text{C}_6\text{H}_5\text{—CH}_2\text{OH}$$

沸点 205.4℃、189℃(66.67 kPa)、141℃(13.33 kPa)、93℃(1.33 kPa)，相对密度 1.041 9(24/4℃)，折光率 1.539 5，闪点 100.4℃，自燃点 436℃。

香料级苯甲醇(QB792-81)：相对密度 1.041~1.046，折光率 1.538~1.541，沸程 203℃~206℃。

苯甲醇广泛用作溶剂、增塑剂、防腐剂，是重要的化工原料。香料工业中苯甲醇用作定香剂和稀释剂，是茉莉、伊兰等香精调配时不可缺少的原料。

制备：苯氯甲烷用稀碳酸钠水解可用于制备苯甲醇。

$$\text{PhCH}_2\text{Cl} \xrightarrow[105℃]{12\%\ \text{Na}_2\text{CO}_3} \text{PhCH}_2\text{OH}$$

7.1.5 多元醇

乙二醇 Ethylene glycol；Ethane-1,2-diol；1,2-Ethanediol；甘醇 Glycol

$$\text{HOCH}_2\text{CH}_2\text{OH}$$

1,3-丙二醇 1,3-Propanediol；1,3-Propylene glycol

$$\text{HOCH}_2\text{CH}_2\text{CH}_2\text{OH}$$

1,4-丁二醇 1,4-Butanediol

$$\text{HOCH}_2\text{CH}_2\text{CH}_2\text{CH}_2\text{OH}$$

甘油 Glycerol；1,2,3-Propanetriol；1,2,3-丙三醇 Propane-1,2,3-triol

$$\text{HOCH}_2\text{CH(OH)CH}_2\text{OH}$$

1,2-丙二醇 1,2-Propanediol；1,2-Propylene glycol

$$\text{CH}_3\text{CH(OH)CH}_2\text{OH}$$

季戊四醇 Pentaerythritol；2,2-二羟甲基-1,3-丙二醇

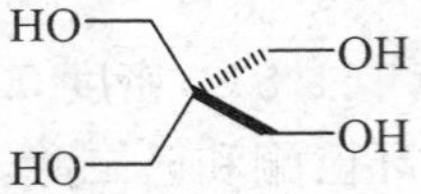

季戊甘油 Pentaglycerol;2-甲基-2-羟甲基-1,3-丙二醇 $C(CH_2OH)_4$

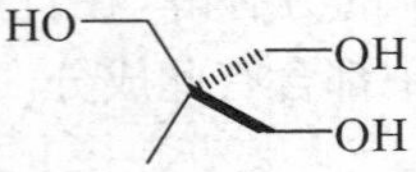

嗫呐醇(片呐醇)Pinacol;2,3-二甲基-2,3-丁二醇 2,3-dimethyl-2,3-butanediol $CH_3C(CH_2OH)_3$

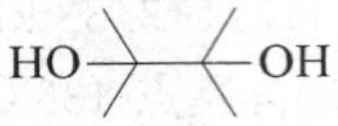

顺-1,2-环己二醇;(R,S)-1,2-环己二醇   反-1,2-环己二醇;(R,R)-1,2-环己二醇

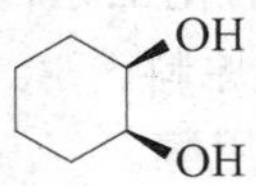

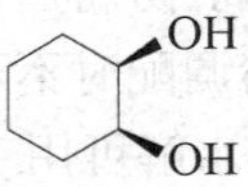

7.1.5.1 多元醇的反应

1. 与氢氧化铜的显色反应

邻二醇与碱性硫酸铜即氢氧化铜反应产生深蓝色的络合物,可用于用于邻二醇鉴别。

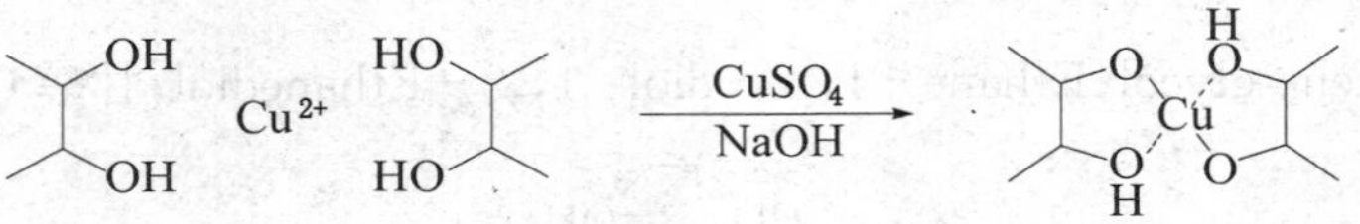

深蓝色

2. 碳-碳键破裂羰基化——高碘酸氧化

邻二醇被高碘酸(HIO_4)、四乙酸铅($Pb(OAc)_4$)氧化,C—C 键破裂,产生羰基化合物。

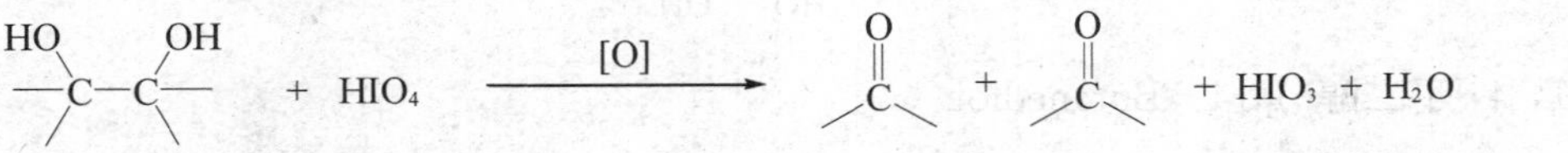

$$\text{HO-C-C-OH} + HIO_4 \xrightarrow{[O]} \text{C=O} + \text{C=O} + HIO_3 + H_2O$$

氧化反应可能是通过环状高碘酸内酯进行的:

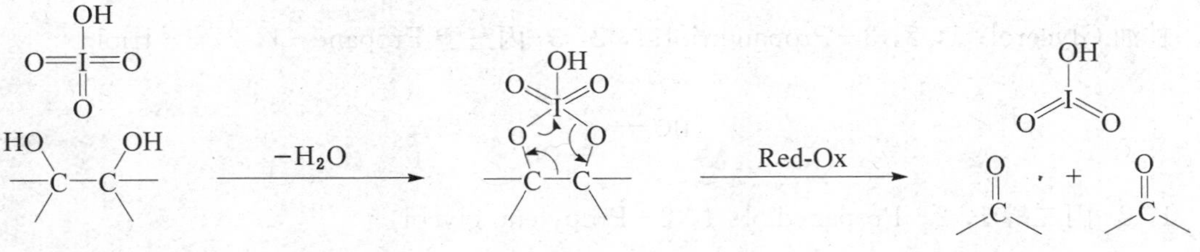

例:

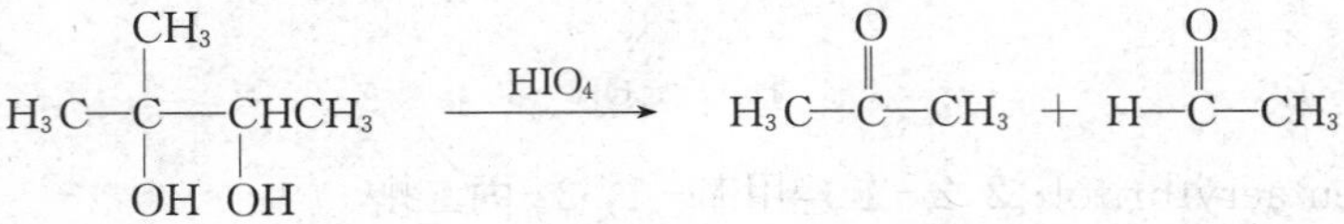

$$H_3C-\underset{\underset{OH}{|}}{\overset{\overset{CH_3}{|}}{C}}-\underset{\underset{OH}{|}}{\overset{}{C}}H-CH_3 \xrightarrow{HIO_4} H_3C-\overset{O}{\underset{}{C}}-CH_3 + H-\overset{O}{\underset{}{C}}-CH_3$$

此氧化反应可用于结构推导。

例：

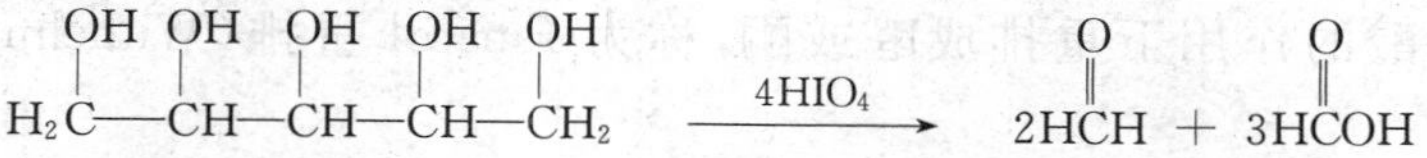

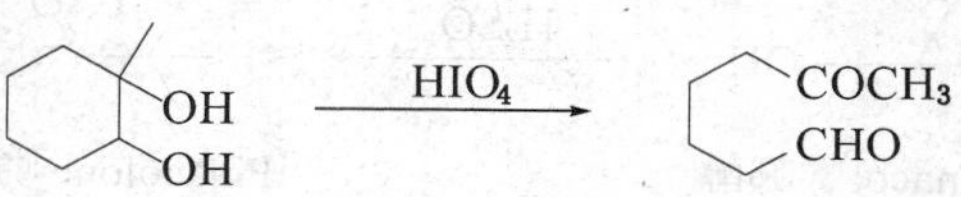

$$\underset{\text{H}_2\text{C}}{\overset{\text{OH}}{|}}-\underset{\text{CH}}{\overset{\text{OH}}{|}}-\underset{\text{CH}}{\overset{\text{OH}}{|}}-\underset{\text{CH}}{\overset{\text{OH}}{|}}-\underset{\text{CH}_2}{\overset{\text{OH}}{|}} \xrightarrow{4\text{HIO}_4} 2\text{HCHO} + 3\text{HCOOH}$$

（1-甲基-1,2-环己二醇）$\xrightarrow{\text{HIO}_4}$ 环己基-COCH₃ 与 CHO

顺式邻二醇氧化得比反式邻二醇快,这是由于反式二醇形成内酯中间体的活化能更高。
1,2-环己二醇被高碘酸氧化成己二醛：

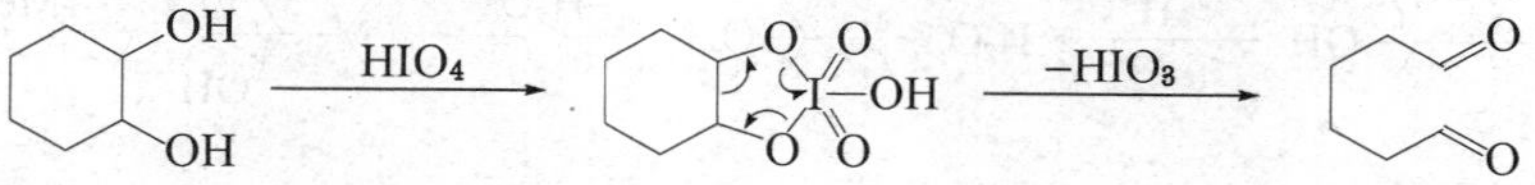

（环己-1,2-二醇）$\xrightarrow{\text{HIO}_4}$ （环状高碘酸酯中间体）$\xrightarrow{-\text{HIO}_3}$ （己二醛）

刚性的反式邻二醇不能被高碘酸氧化,但可被四乙酸铅氧化,只是速度慢些。

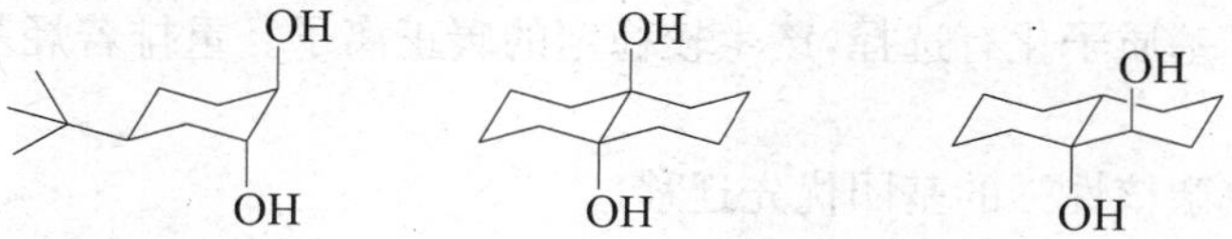

四乙酸铅可在有机溶剂中进行：

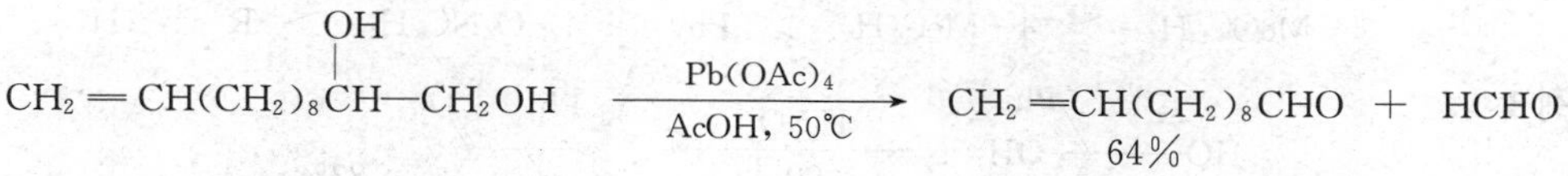

$$\text{CH}_2=\text{CH}(\text{CH}_2)_8\underset{\text{OH}}{\overset{|}{\text{CH}}}-\text{CH}_2\text{OH} \xrightarrow[\text{AcOH, 50°C}]{\text{Pb(OAc)}_4} \text{CH}_2=\text{CH}(\text{CH}_2)_8\text{CHO} + \text{HCHO}$$
$$64\%$$

此氧化反应不限于邻二醇,α-羟基醛酮、α-羟基酸、α-氨基酸、α-氨基醇、α-二酮等都可被高碘酸氧化破裂碳-碳键。

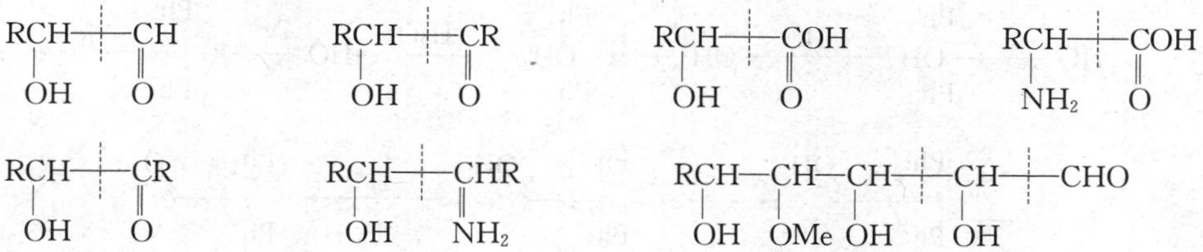

$$\underset{\text{OH}}{\text{RCH}}\;\vdots\;\underset{\text{O}}{\text{CH}} \qquad \underset{\text{OH}}{\text{RCH}}\;\vdots\;\underset{\text{O}}{\text{CR}} \qquad \underset{\text{OH}}{\text{RCH}}\;\vdots\;\underset{\text{O}}{\text{COH}} \qquad \underset{\text{NH}_2}{\text{RCH}}\;\vdots\;\underset{\text{O}}{\text{COH}}$$

$$\underset{\text{OH}}{\text{RCH}}\;\vdots\;\underset{\text{O}}{\text{CR}} \qquad \underset{\text{OH}}{\text{RCH}}\;\vdots\;\underset{\text{NH}_2}{\text{CHR}} \qquad \underset{\text{OH}}{\text{RCH}}-\underset{\text{OMe}}{\text{CH}}-\underset{\text{OH}}{\text{CH}}\;\vdots\;\text{CHO}$$

问题 13 完成反应

$$\text{CH}_3\underset{\text{OH}}{\overset{|}{\text{CH}}}-\underset{\text{OCH}_3}{\overset{\text{OH}}{\text{CH}}}-\underset{\text{OH}}{\overset{|}{\text{CH}}}-\underset{\text{CH}_3}{\overset{\text{OH}}{\text{CCH}_3}} \xrightarrow{\text{HIO}_4}$$

（环己烷并环,1-OH,2-OH,3-OCH₃,4-OH）$\xrightarrow{\text{HIO}_4}$

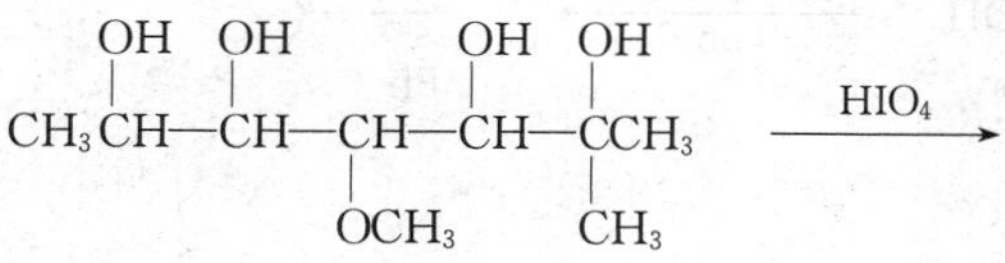

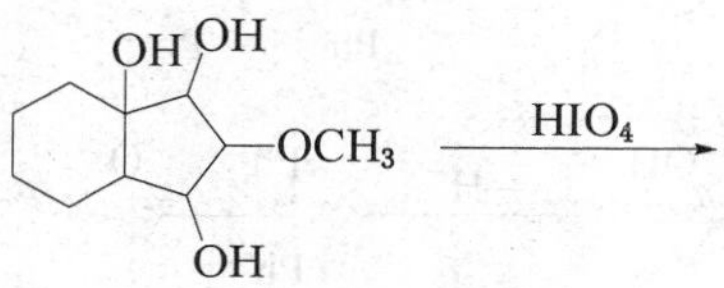

3. Pinacol 重排

邻二元醇在酸的作用下重排成醛或酮,称为 Pinacol 重排(Wilhelm Rudolph Fittig, 1860)。

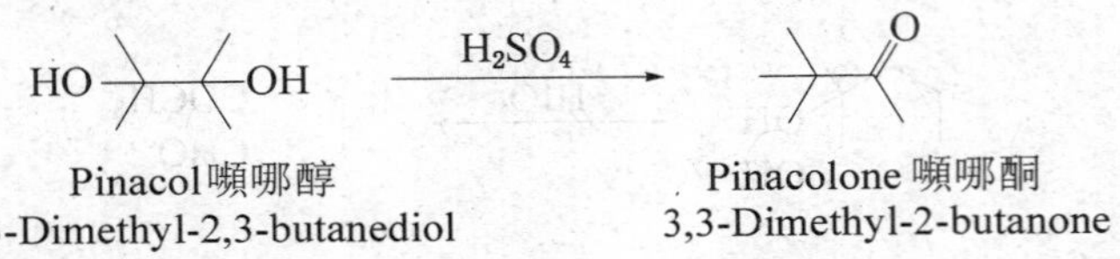

$$\text{HO-C(CH}_3)_2\text{-C(CH}_3)_2\text{-OH} \xrightarrow{\text{H}_2\text{SO}_4} \text{(CH}_3)_3\text{C-CO-CH}_3$$

Pinacol 频哪醇
2,3-Dimethyl-2,3-butanediol

Pinacolone 频哪酮
3,3-Dimethyl-2-butanone

重排机理:

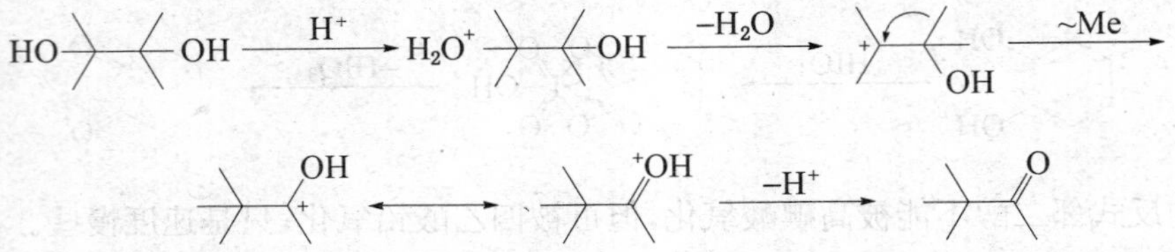

[重排机理图示:HO-C(Me)₂-C(Me)₂-OH →(H⁺) H₂O⁺-C(Me)₂-C(Me)₂-OH →(-H₂O) ⁺C(Me)₂-C(Me)₂-OH →(~Me) (Me)₂C(OH)-C⁺(Me)₂ ↔ (Me)₂C(⁺OH)-C(Me)₃ →(-H⁺) (Me)₂C(O)-C(Me)₃]

区域选择性:羟基质子化有选择,产生较稳定的碳正离子。重排若烃基迁移有选择,取决于其迁移能力。

基团迁移能力:亲核性强的基团优先迁移。

$$\text{Ar} > \text{R} > \text{H}$$
$$\text{R}: 3° > 2° > 1°$$
$$4\text{-MeOC}_6\text{H}_4 > 4\text{-MeC}_6\text{H}_4 > \text{Ph} > 4\text{-O}_2\text{NC}_6\text{H}_4 > \text{R} > \text{H}$$

例 1

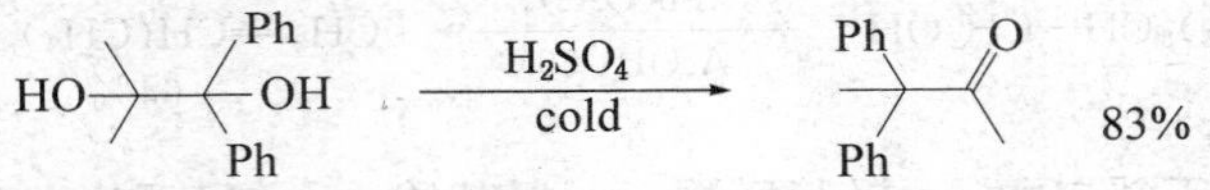

$$\text{HO-C(CH}_3)_2\text{-C(Ph)}_2\text{-OH} \xrightarrow[\text{cold}]{\text{H}_2\text{SO}_4} \text{Ph}_2\text{CH-CO-CH}_3 \quad 83\%$$

重排机理:

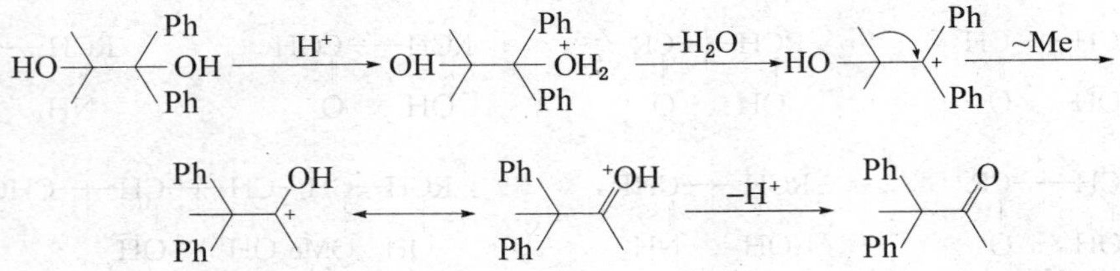

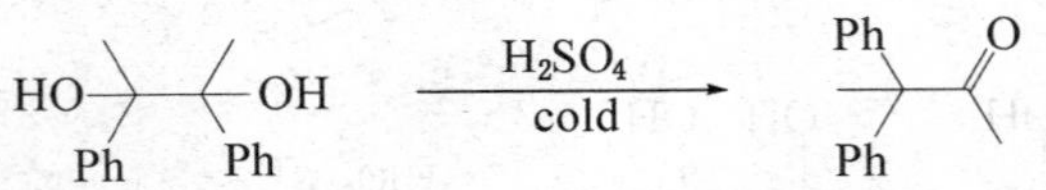

[重排机理图示]

例 2

$$\text{HO-C(CH}_3)_2\text{-C(Ph)}_2\text{-OH} \xrightarrow[\text{cold}]{\text{H}_2\text{SO}_4} \text{Ph-CO-C(CH}_3)_2\text{-Ph}$$

重排机理:

[重排机理图示]

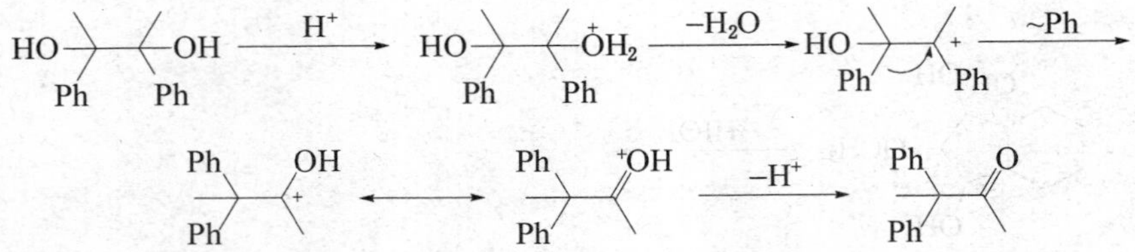

合成应用：利用频哪醇重排可以合成含季碳或螺环化合物。例：

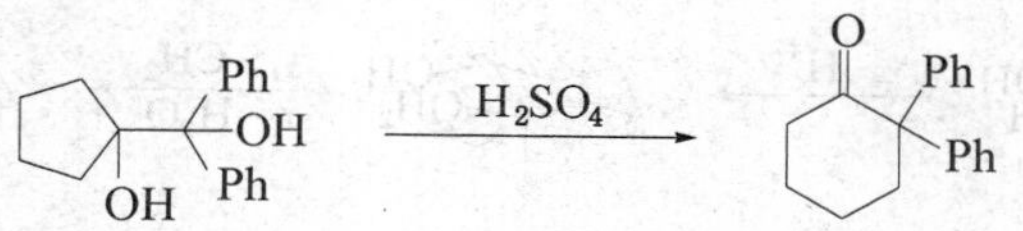

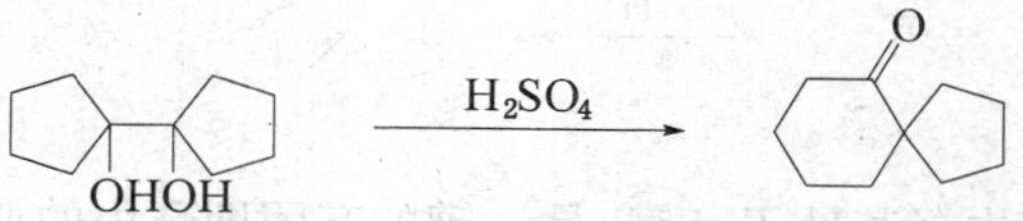

[反应式：1-苯基-1-羟基-2,2-二羟基环戊烷 + H₂SO₄ → 2,2-二苯基环己酮]

[反应式：1,1'-二羟基联环戊烷 + H₂SO₄ → 螺[4.5]癸-6-酮]

问题 14 完成反应并建议机理

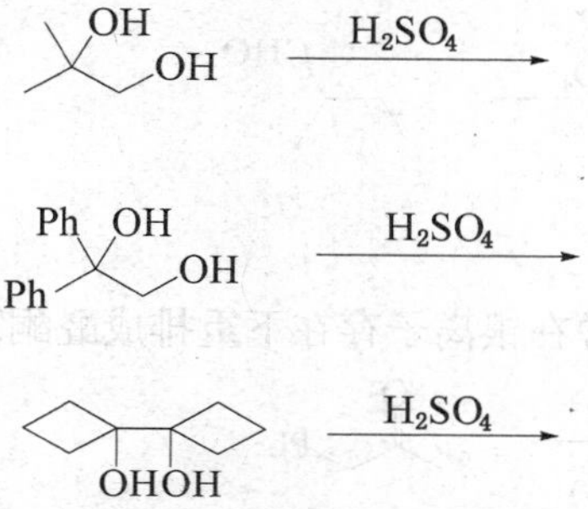

[反应式：2-甲基-1,2-丙二醇 + H₂SO₄ →]

[反应式：1,1-二苯基-1,2-乙二醇 + H₂SO₄ →]

[反应式：1,1'-二羟基联环丁烷 + H₂SO₄ →]

立体化学：反位迁移——质子化的羟基作为离去基与迁移基团必须是反式共平面，这既是轨道的几何要求也是能量要求。

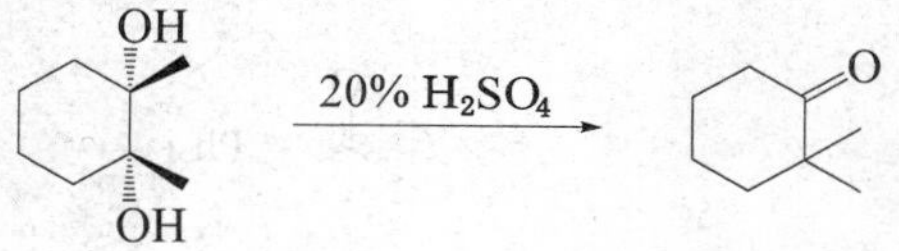

[反应式：反式-1,2-二甲基-1,2-环己二醇 + 20% H₂SO₄ → 2,2-二甲基环己酮]

重排机理：

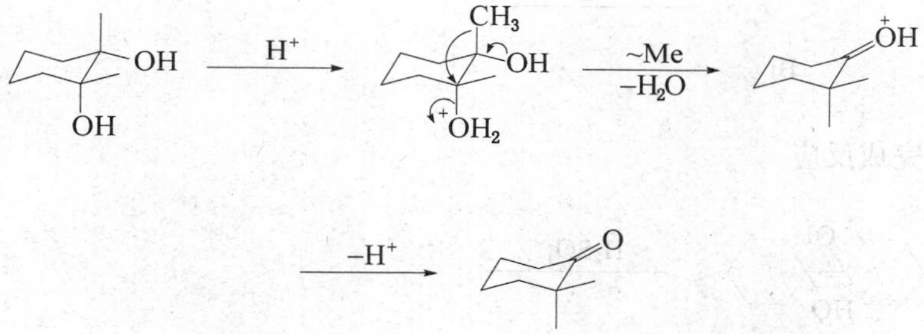

[机理图示：二醇 + H⁺ → 质子化中间体 —Me迁移,—H₂O→ 羟基正离子 —H⁺→ 环己酮]

质子化的羟基作为离去羟基处于 a-键，是 a-键基团的甲基迁移，得环己酮。

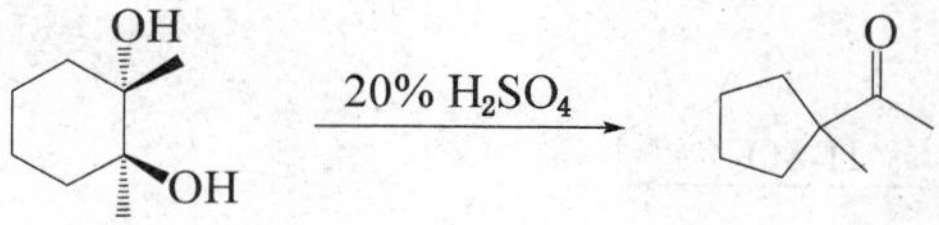

[反应式：顺式-1,2-二甲基-1,2-环己二醇 + 20% H₂SO₄ → 1-乙酰基-1-甲基环戊烷]

重排机理：

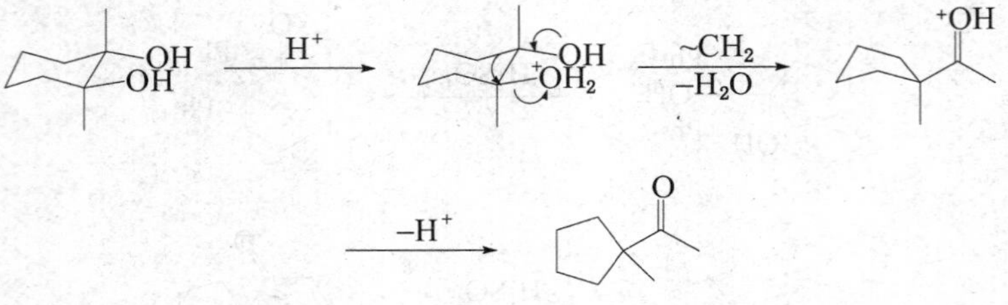

质子化的羟基作为离去羟基处于 e-键，是 e-键的基团即环内的亚甲基迁移，这导致缩环。1,3-二元醇也可以重排成醛酮。

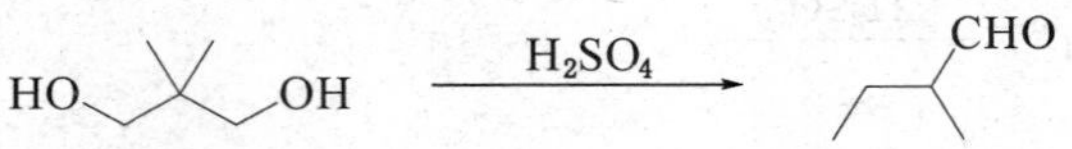

问题 15 建议上述反应机理

β-卤代醇重排——半 Pinacol 重排：β-卤代醇在银离子存在下重排成醛酮。

例：

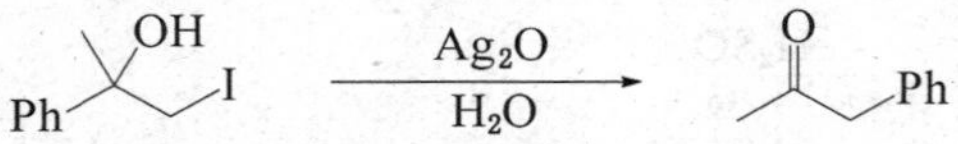

重排机理：

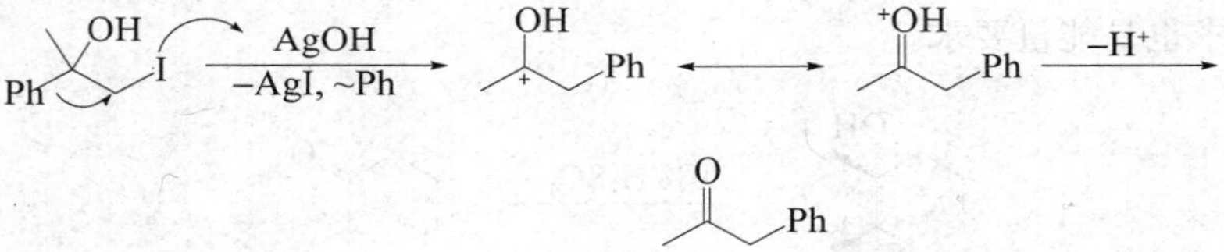

问题 16 完成反应并建议机理

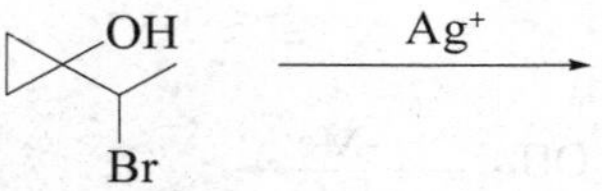

问题 17 完成反应

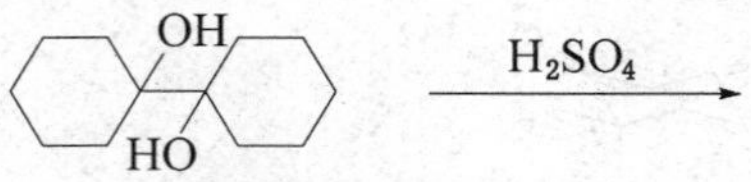

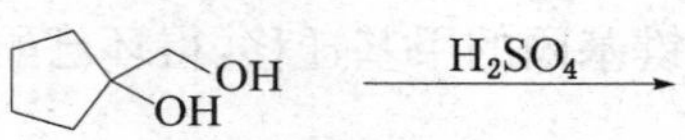

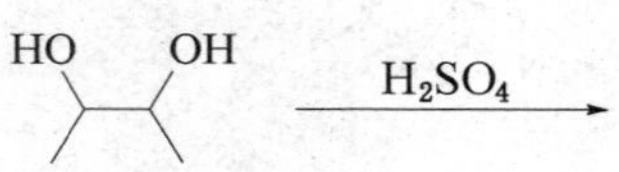

4. 二元醇气相脱水

邻二醇气相高温脱水，抑制了重排，可生成共轭二烯烃。

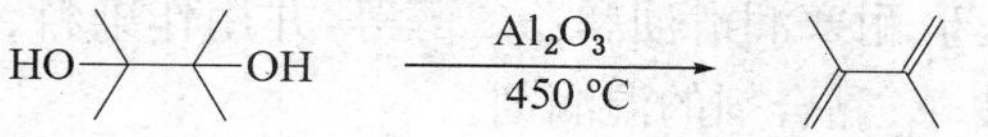

$$\text{2,3-二甲基-2,3-丁二醇} \xrightarrow[450\,°C]{Al_2O_3} \text{2,3-二甲基-1,3-丁二烯}$$

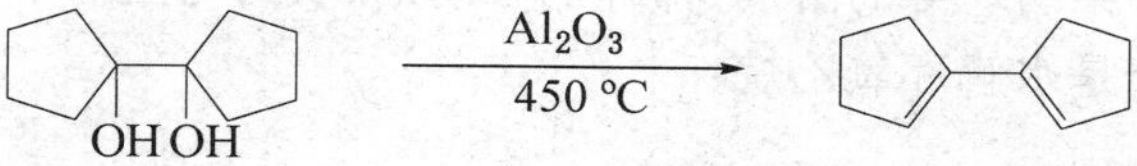

$$\xrightarrow[450\,°C]{Al_2O_3}$$

问题 18 如何合成目标分子 TM？

5. 环化

乙二醇在酸催化下发生两分子间脱水再分子内脱水生成二噁烷。

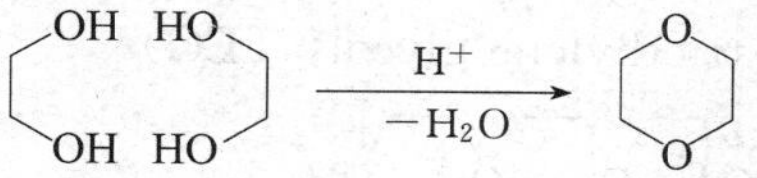

$$\xrightarrow[-H_2O]{H^+} \text{二噁烷}\quad 1,4\text{-二氧六环}$$

1,4-丁二醇酸催化分子内脱水生成四氢呋喃。

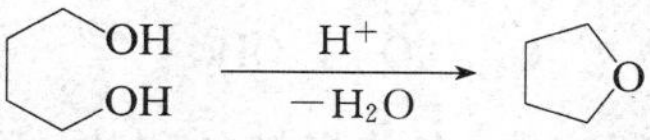

$$\xrightarrow[-H_2O]{H^+} \text{四氢呋喃 THF}$$

四氢呋喃与二噁烷都是著名的水溶性环状醚类溶剂。

7.1.5.2 多元醇的制备

1. 烯烃氧化

顺式邻二醇：碱性稀高锰酸钾（见第 3 章烯烃部分）；四氧化锇（OsO_4）（见第 3 章烯烃部分）。

反式邻二醇：环氧化物水解开环（见后第 7 章环醚部分）。

2. 酮的还原二聚

见第 8 章醛酮部分。

7.1.5.3 重要的多元醇

1. 乙二醇

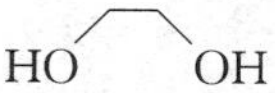

$$HO\text{—}OH$$

乙二醇俗称甘醇(ethylene glycol；glycol)，系统命名应是 1,2-乙二醇 1,2-ethanediol。

乙二醇是无色无臭、有甜味、具吸湿性的粘稠液体，bp 196℃～198℃，可用作高沸点溶剂。

乙二醇能与水、丙酮互溶，微溶于乙醚，不溶于石油醚及油类。

乙二醇对动物有毒性，人类致死剂量约为 1.6 g/kg。

作为防冻剂（甘醇型防冻液）是乙二醇的重要用途。40%乙二醇水溶液冰点为 −25℃，

50%乙二醇水溶液防冻温度为-35℃,60%乙二醇水溶液冰点为-49℃。

乙二醇也是重要的化工原料,主要用于生产聚酯(涤纶)、醇酸树脂、黏合剂、吸湿剂、增塑剂、表面活性剂、化妆品、炸药、耐寒润滑油和乙二醛等,并用作染料、油墨等的溶剂,也用作气体脱水剂和玻璃纸、纤维、皮革、黏合剂的湿润剂。

乙二醇甲、乙基醚是性能优良的高级有机溶剂,作为印刷油墨、工业用清洗剂、涂料(硝基纤维漆、清漆、瓷漆)、印染纺织等的溶剂、稀释剂和助剂、农药与医药中间体等。

乙二醇的工业生产是水解环氧乙烷:

$$\text{环氧乙烷} + H_2O \xrightarrow[\substack{2.2\text{ MPa} \\ 0.5\% \text{ } H_2SO_4 \\ 50℃\sim70℃}]{190℃\sim220℃} HOCH_2CH_2OH \quad \text{Ethylene glycol, Glycol}$$

2. 低聚乙二醇与高聚乙二醇

低聚乙二醇

一缩二乙二醇;二甘醇(diglycol; diethylene glycol, DEG)

$$HOCH_2CH_2OCH_2CH_2OH$$

二缩三乙二醇;三甘醇(triglycol; triethylene glycol, TEG)

$$HOCH_2CH_2OCH_2CH_2OCH_2CH_2OH$$

三缩四乙二醇;四甘醇(tetraglycol; tetraethylene glycol, TEEG)

$$HOCH_2CH_2OCH_2CH_2OCH_2CH_2OCH_2CH_2OH$$

二甘醇无色、无臭、透明、吸湿性的粘稠液体,有着辛辣的甜味,无腐蚀性,低毒。二甘醇是一种高沸点工业溶剂,bp 245℃(101.3 kPa)。本品应禁作药用,避免长期与皮肤接触。

二甘醇主要用于天然气的脱水和芳烃抽提,用作油墨粘合及纺织染料的溶剂,还用于橡胶及树脂增塑剂、聚酯树脂、纤维玻璃、氨基甲酸酯泡沫、润滑油粘度改进剂等产品的生产。

三甘醇是无色无臭有吸湿性粘稠液体,沸点289.4℃(101.3 kPa),134℃(0.267 kPa)。三甘醇主要用作溶剂、萃取剂、干燥剂,也用于印刷油墨作为吸湿剂与柔软剂。三甘醇是二甘醇的良好代用品,比二甘醇更为环保安全。

四甘醇是无色至浅稻草色粘稠液体,易吸湿,bp 327.3(0.101 33 Mpa)。用于有机合成,用作溶剂和气相色谱固定液,也用作脱湿溶剂、保湿剂、柔软剂、硝基喷漆、增塑剂等。由于沸点高,可作为热载体使用。

高聚乙二醇

$$HOCH_2(CH_2OCH_2)_nCH_2OH$$

聚乙二醇(polyethylene glycol, PEG),俗称聚氧化乙烯,无毒、无刺激性,味微苦,具有良好的水溶性,并与许多有机物组份有良好的相溶性,从无色无臭黏稠液体至蜡状固体。分子量

200~600者常温下是液体,分子量在600以上者就逐渐变为半固体状。聚乙二醇具有良好的润滑性、吸湿与保湿性、分散性、粘结性等。聚乙二醇可以用作表面活性剂、粘合剂、抗静电剂及柔软剂等,在制药、化纤、橡胶、塑料、造纸、油漆、电镀、农药、食品加工与化妆品等行业均有广泛应用。聚乙二醇在有机成中用作相转移催化剂(PEG-400、PEG-600)。

聚乙二醇是由环氧乙烷开环逐步加成聚合而成的。

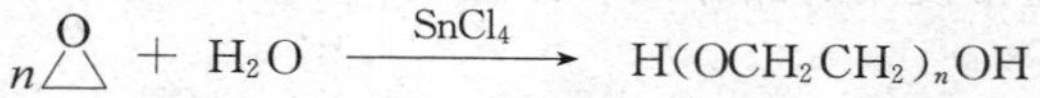

$$n\overset{O}{\triangle} + H_2O \xrightarrow{SnCl_4} H(OCH_2CH_2)_nOH$$

1,2-二元醇和二元酸等双官能团化合物发生聚合反应生成聚酯类高分子。例如,在工业上由乙二醇与对苯二甲酸聚合生产聚对苯二甲酸二乙二醇酯(PET,Dacron 涤纶)。

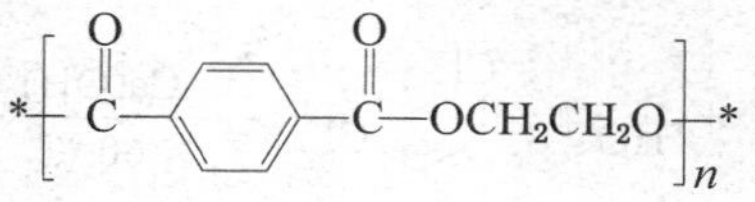

3. 丙三醇

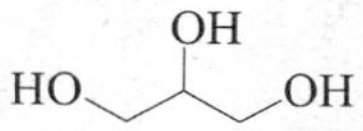

1,2,3-丙三醇(propane-1,2,3-triol)俗称甘油(glycerol; glycerine)。

丙三醇是无色无臭、有暖甜味、具吸湿性的粘稠液体,bp 291℃,182℃/20 mmHg,mp 18℃,可用作高沸点溶剂。

甘油能从空气中吸收潮气,也能吸收硫化氢、氰化氢和二氧化硫等气体。甘油与水、乙醇混溶,难溶于苯、氯仿、四氯化碳、二硫化碳、石油醚和油类。

甘油是甘油酯分子的基本组分。当人体摄入脂肪,其中的甘油三酯经过体内代谢分解,产生甘油并储存在脂肪细胞中。因此,甘油三酯代谢的最终产物就是甘油和高级脂肪酸。甘油主要由心、肝、骨骼肌等组织摄取利用,在细胞内经甘油激酶(glycerokinase)作用生成 α-磷酸甘油(3-磷酸甘油),后者在 α-磷酸甘油脱氢酶催化下生成磷酸二羟丙酮,磷酸二羟丙酮可循糖代谢途径氧化分解释放能量,1 mol 甘油完全氧化生成 17.5~19.5 mol ATP,也可以在肝脏循糖异生途径转变为糖原和葡萄糖。

甘油具有醇类的通性,例如可以与金属钠反应放出氢气,可以酯化、成醚;氧化生成甘油醛、甘油酸等;还原生成丙二醇;与硫酸共热生成丙烯醛;遇新制氢氧化铜显绛蓝色。甘油遇强热脱水生成丙烯醛(具有特殊的气味),药典用此反应鉴别甘油。

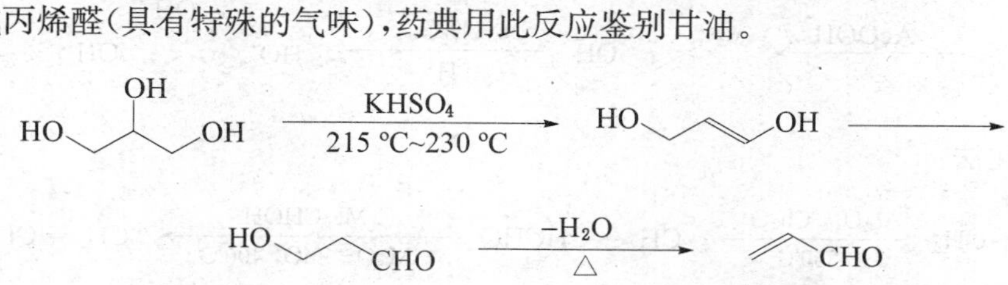

丙烯醛 Acrolein

甘油遇强氧化剂如三氧化铬、氯酸钾、高锰酸钾能引起燃烧和爆炸。

甘油基本是从动植物油脂皂化的副产物中回收。天然油脂仍是生产甘油的主要原料,其中约42%的天然甘油来自制皂副产,58%得自脂肪酸生产。

甘油的用途：甘油是重要的化工原料,用于制造炸药硝化甘油;醇酸树脂、聚酯树脂、缩水甘油醚和环氧树脂等(涂料工业);作润湿剂、保湿剂、润滑剂和甜味剂;用作纺织印染润滑剂、吸湿剂、防皱缩处理剂、扩散剂和渗透剂;医用各种制剂、皮肤润滑保湿吸湿剂、外用软膏或栓剂、生物精化甘油等;食品烟草的甜味剂与吸湿剂;用作汽车、飞机燃料与防冻剂。甘油是现代运动食品和乳代制品等通常使用的甜味剂和保湿剂。

甘油工业生产

丙烯氯化法：这是比较古老的生产方法。

$$CH_3CH=CH_2 \xrightarrow[500℃]{Cl_2} CH_2=CHCH_2Cl \xrightarrow[H_2O]{Cl_2}$$

$$ClCH_2CH(OH)CH_2Cl + HOCH_2CHClCH_2Cl \xrightarrow[60℃]{Ca(OH)_2} \text{(环氧氯丙烷)} CH_2Cl$$

$$\xrightarrow[150℃]{10\% NaOH} HOCH_2CH(OH)CH_2OH$$

乙炔化法：这是乙炔化学的应用之一。

$$H-\equiv-H \xrightarrow[KOH]{HCHO} H-\equiv-CH_2OH \xrightarrow[\text{Lindlard Pd}]{H_2} CH_2=CHCH_2OH$$

$$\xrightarrow[H_2O]{Cl_2} ClCH_2CH(OH)CH_2OH + HOCH_2CHClCH_2OH \xrightarrow{CaO}$$

$$\text{(环氧丙醇)} \xrightarrow[H^+]{H_2O} HOCH_2CH(OH)CH_2OH$$

丙烯环氧化法：丙烯与过氧乙酸反应生成环氧丙烷,后者异构化为烯丙醇。烯丙醇再环氧化产生环氧丙醇(即缩水甘油),最后水解为甘油。

$$CH_3CH=CH_2 \xrightarrow{AcOOH} \text{(环氧丙烷)} \xrightarrow{rearrangement} CH_2=CHCH_2OH$$

$$\xrightarrow{AcOOH} \text{(缩水甘油)} \xrightarrow[H^+]{H_2O} HOCH_2CH(OH)CH_2OH$$

丙烯氧化法：

$$CH_3CH=CH_2 \xrightarrow[350℃]{O_2, Cu_2O} CH_2=CHCHO \xrightarrow[MgO-ZnO, 400℃]{Me_2CHOH} CH_2=CHCH_2OH$$

$$\xrightarrow[60℃\sim70℃]{H_2O_2, H_2WO_4} \text{(环氧丙醇)} \xrightarrow[H^+]{H_2O} HOCH_2CH(OH)CH_2OH$$

4. 丙二醇

1,2-丙二醇   1,3-丙二醇

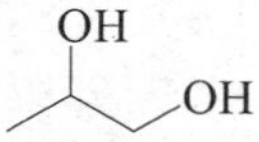

丙二醇溶于与水、乙醇及多种有机溶剂，在食品、医药、化妆品和日用等领域都有应用，是重要的化工原料和医药中间体，用作湿润剂、保湿剂、抗结剂、抗氧化剂、稳定剂、增稠剂、乳化剂、破乳剂、调味剂、赋形剂、柔软剂、防霉助剂与加工助剂等，也用作防冻剂和热载体。

丙二醇广泛应用于食品和医药工业，是食品添加剂、调味品与多种色素的优良溶剂。丙二醇是一种重要的药用辅料，作为溶剂、保湿剂、防腐抗菌剂、渗透剂等使用。丙二醇还用作烟草增湿剂、防霉剂，食品加工设备润滑油和食品标记油墨的溶剂。丙二醇的水溶液是有效的抗冻剂。

二甘醇与丙二醇的化学性质相似，但二甘醇便宜得多。

5. 1,4-丁二醇

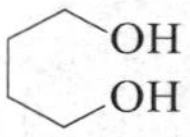

1,4-Butylene glycol; Tetramethylene glycol
1,4-Butanediol; Butane-1,4-diol

1,4-丁二醇是无色粘稠油状液体，mp 20.2℃，bp 228℃，171℃/13.3 kPa，120℃/1.33 kPa，86℃/0.133 kPa，d 1.017 1(20/4℃)，n_D 1.446 1，Fp 121℃。能与水混溶，微溶于乙醚，有吸湿性，味苦。

1,4-丁二醇是重要的精细化工原料，广泛应用于化工、医药、纺织、造纸、汽车和日用化工等领域。可用于生产四氢呋喃(THF)、聚对苯二甲酸二丁二醇酯(PBT)、γ-丁内脂(GBL)和聚氨酯树脂(PU resin)、涂料和增塑剂等，也用作溶剂和电镀行业的增亮剂等。

1,4-丁二醇聚合得到的聚四亚甲基乙二醇醚(PTMEG)是生产高弹性氨纶(LYCRA 莱卡纤维)的基本原料，用于生产高级运动服、游泳衣等高弹性针织品。

6. 季戊四醇

季戊四醇 Pentaerythritol; 四羟甲基甲烷

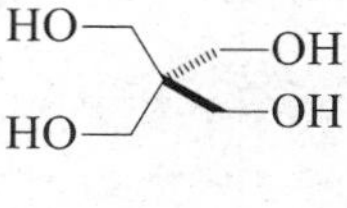

2,2-Bis(hydroxymethyl)-1,3-propanediol
2,2-二羟甲基-1,3-丙二醇

季戊四醇，$C_5H_{12}O_4$，白色结晶或粉末，重要的化工原料，用于生产涂料醇酸树脂、高级润滑剂、增塑剂、表面活性剂以及医药、炸药(季戊四醇四硝酸酯，太安、PETN)等。

季戊甘油(pentaglycerol; trimethylolethane, TME)

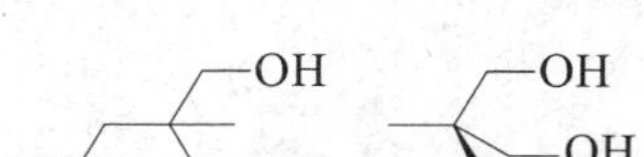

2-甲基-2-羟甲基-1,3-丙二醇
2-(Hydroxymethyl)-2-methylpropane-1,3-diol

季戊甘油用于生产醇酸树脂、高级润滑剂、增塑剂、表面活性剂以及医药、炸药等。

问题 19 以适当原料制备
乙二醇、丙三醇、1,4-丁二醇、2,3-丁二醇。

7.2 酚 Phenols

羟基直接连接于芳环的化合物称作酚(phenol)。

7.2.1 酚的分类、结构与命名

结构与命名

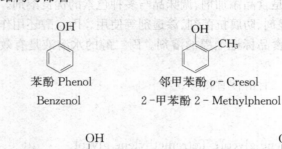

苯酚 Phenol　　　　邻甲苯酚 o‑Cresol　　　　间甲苯酚 m‑Cresol
Benzenol　　　　　2‑甲苯酚 2‑Methylphenol　　3‑甲苯酚 3‑Methylphenol

对甲苯酚 p‑Cresol　　　　对氯苯酚　　　　2,4‑二氯苯酚
4‑甲苯酚 4‑Methylphenol　　4‑氯苯酚 4‑Chlorophenol

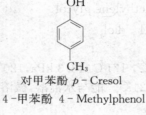

4‑甲基‑2‑氯‑6‑溴苯酚　　苦味酸 Picric acid　　　异丙酚 Propofol
　　　　　　　　　　　2,4,6‑三硝基苯酚　　　 2,6‑二异丙基苯酚
　　　　　　　　　　　　　　　　　　　　　　Diisopropylphenol(麻醉剂)

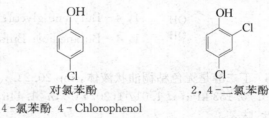

4‑甲基‑2,6‑二叔丁基苯酚　　百里酚;麝香草酚 Thymol　　香芹酚 Carvacrol
BHT;抗氧化剂 264　　　　　5‑甲基‑2‑异丙基苯酚　　　2‑甲基‑5‑异丙基苯酚
Butylated Hydroxytoluene

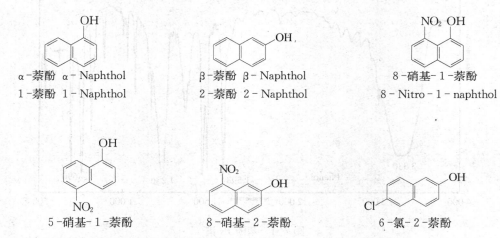

有更优的官能团，酚羟基作为取代基来命名：

3-羟基苯甲醛　　　　邻羟基苯乙酮　　　　3,5-二羟基苯甲酸

7.2.2 酚的物理与生化性质

酚多为高沸点的液体或低熔点的无色固体，有特殊的气味。酚能与水分子形成氢键，在冷水中有一定的溶解度，易溶于热水、醇和醚。

酚易氧化，所以多有很深的颜色。

酚具有抗氧化性能，某些用作抗氧化剂。酚多具有杀菌、抑菌性能，用作杀菌与消毒剂。来苏水(Lysol)是甲酚(邻间对甲基苯酚混合物)肥皂液，环境消毒剂。

2,4,6-三叔丁基苯氧自由基是一种位阻、持久自由基(persistent radical)，由于叔丁基的位阻效应，特别稳定。因而2,4,6-三叔丁基苯酚可用作抗氧化剂。

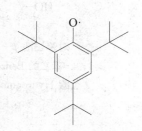
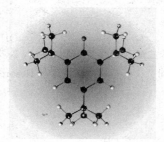

酚的波谱

苯酚的 IR 见图 7-4，邻甲苯酚、间甲苯酚和对甲苯酚的 IR 与 ^{1}H NMR 见图 7-5～图 7-7。

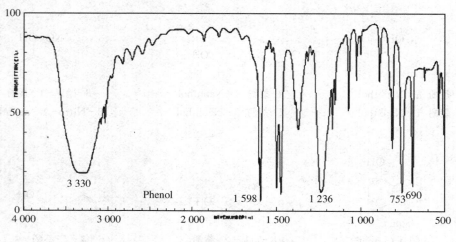

图 7-4 苯酚 IR 谱

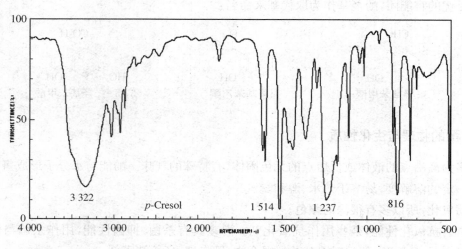

图 7-5a 对甲苯酚 IR 谱

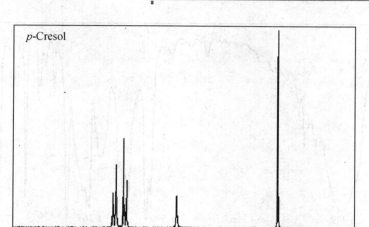

图 7-5b　对甲苯酚 ^{1}H NMR 谱

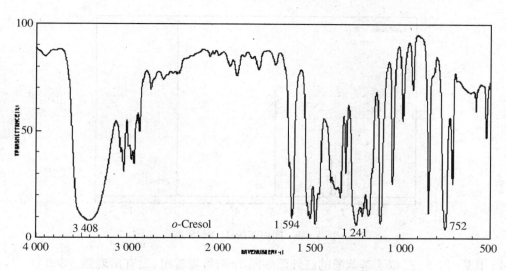

图 7-6a　邻甲苯酚 IR 谱

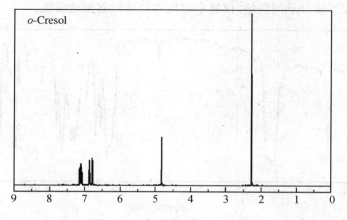

图 7-6b　邻甲苯酚 ^{1}H NMR 谱

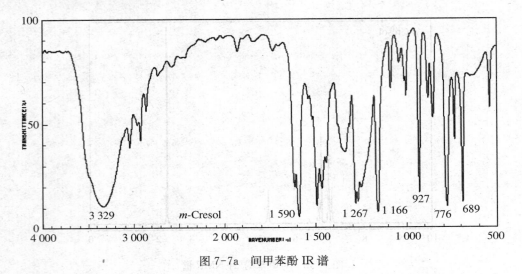

图 7-7a 间甲苯酚 IR 谱

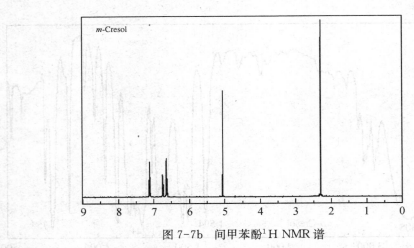

图 7-7b 间甲苯酚 ^{1}H NMR 谱

4-甲基-2,6-二叔丁基苯酚的红外谱如图 7-8,可以看出,没有出现强 3 300 cm^{-1},而以比较尖锐的 3 600 cm^{-1}代之。这是因为 4-甲基-2,6-二叔丁基苯酚分子间由于叔丁基的强大位阻效应而不能形成分子间氢键,仅显示游离的羟基伸缩振动吸收。

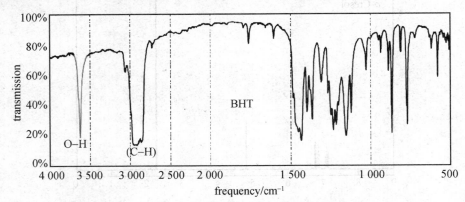

图 7-8 4-甲基-2,6-二叔丁基苯酚 IR 谱

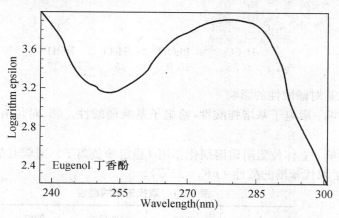

in BHT H-bonding is prevented by large *t*-butyl groups

UV：丁香酚的 UV 谱见图 7-9，λ_{max}（EtOH，ε）206（20893），281（2951）nm。

图 7-9　丁香酚 UV 谱

7.2.3　酚的化学反应

结构与反应性

结构特征：羟基氧原子连接于 sp^2 杂化碳原子（苯环）上，而且氧原子的 p 轨道和苯环大 π 键共轭，即 p—π 共轭，氧原子 p 轨道上的孤对电子向苯环转移，即显示给电子共轭效应。结果是，C—O 键增强，难以发生取代羟基的反应；O—H 键减弱，极性增强，OH 的酸性比醇强得多；由于给电子共轭效应即电子云向苯环转移，使得芳环 π 电子密度增加，但不是平均而是邻对位增加得较多，故芳香亲电取代活性提高，尤其是邻对位，所以羟基是强活化的邻对位定位基。

7.2.3.1　酚的酸性

酚具有显著的酸性。

苯酚易溶于氢氧化钠水溶液，也溶于饱和碳酸钠水溶液，但遇二氧化碳析出，即不溶于碳酸氢钠溶液。

酸性，苯酚比环己醇强得多。在环己醇盐分子中，环己氧负离子的负电荷是定域的，不稳定，难以生成，即酸性弱。

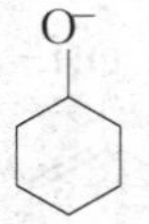

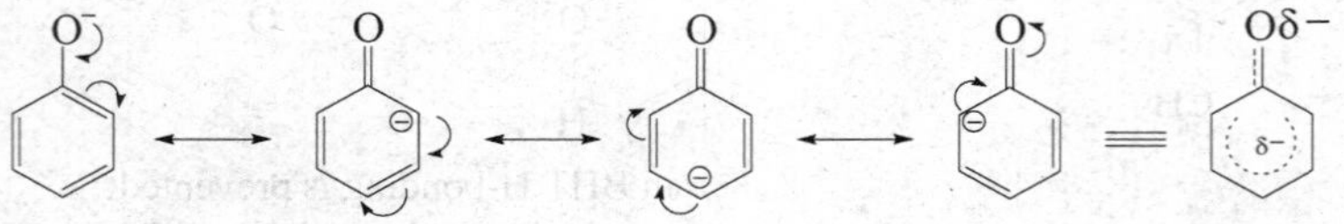

在苯酚盐分子中,苯氧负离子的负电荷是离域的,负电荷分散苯环而稳定化,此即离域稳定化。

相对酸性:

$$H_2CO_3 > PhOH > H_2O > ROH$$
$$pK_a \quad 6.38 \quad\quad 10.0 \quad\quad 15 \quad\quad 16\sim19$$

苯环上的取代基对酚酸性的影响

电子效应的影响:吸电子基增强酸性,给电子基减弱酸性。邻、对位有强吸电子基时,酸性显著增强。

立体效应的影响:立体位阻阻碍溶剂化作用(稳定酚负离子),减弱其酸性。

表 7-1 给出了取代苯酚的酸性(pK_a,25℃)。

表 7-1 取代苯酚的酸性

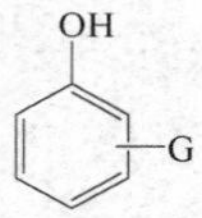

G	otho	meta	para
H	10.00	10.00	10.00
OH	9.40	9.40	10.00
OMe	9.98	9.65	10.21
Me	10.29	10.09	10.26
F	8.81	9.28	9.81
Cl	8.48	9.02	9.38
Br	8.42	8.87	9.26
I	8.46	8.88	9.20
NO$_2$	7.22	8.39	7.15

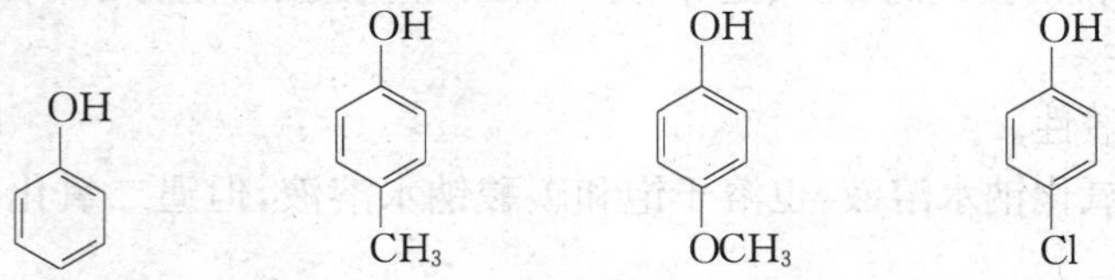

pK_a 10.0   10.19   10.21   9.38

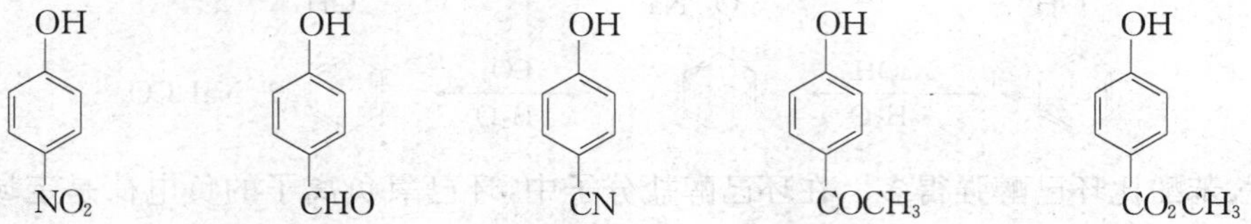

pK_a 7.15   7.6   7.95   8.05   8.47

电子效应对酸性的影响：

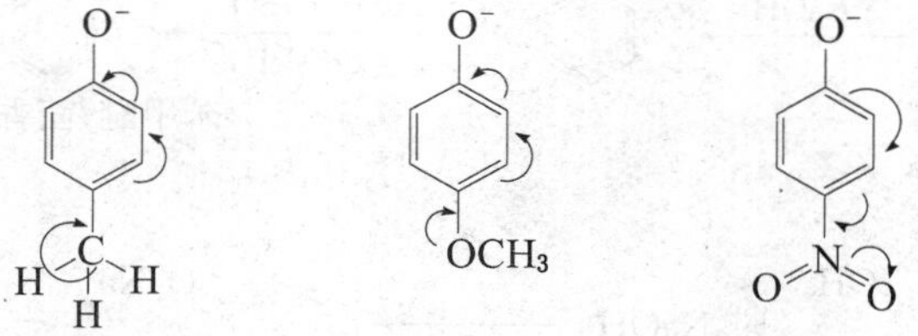

对位甲基具有诱导(+I)和超共轭效应，是一致的，都是给电子的，使苯氧负离子的负电荷更加集中，去稳定化，所以对甲苯酚的酸性比苯酚的弱。

对位甲氧基既有吸电子诱导(-I)又有很强的给电子共轭效应(+C)，净结果是给电子的，去稳定苯氧负离子，所以其酸性减弱。

对位硝基具有很强的吸电子共轭效应(-C)，使苯氧氧负离子的负电荷更加分散，稳定性显著提高，所以极大增强其酸性。

硝基苯酚中，以间位的最弱，因为间硝基仅显示吸电子诱导效应，较弱，而邻对位都有很强的吸电子共轭效应。

pK_a 7.15   7.22   8.39

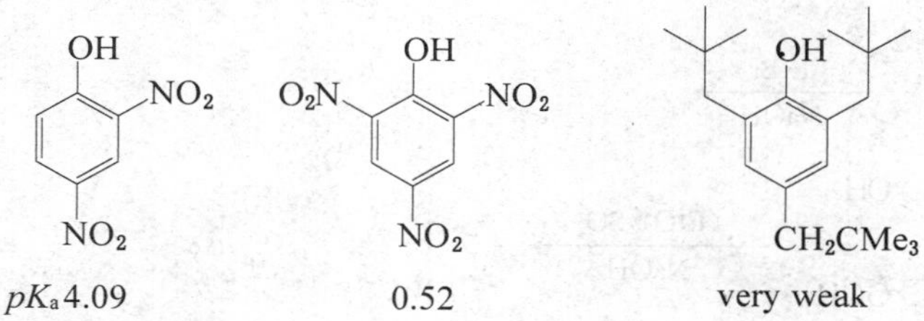

pK_a 4.09   0.52   very weak

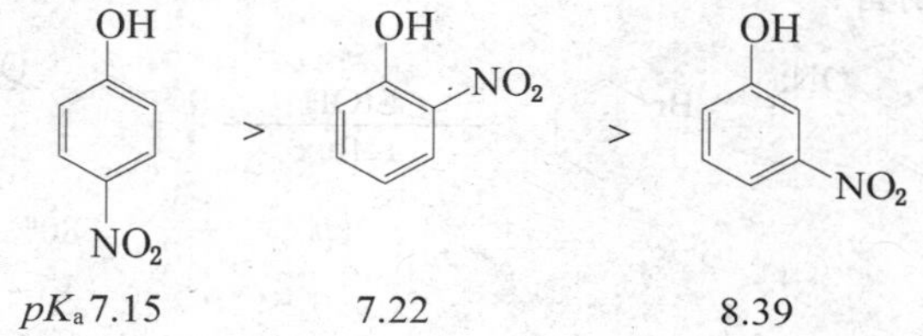

硝基越多，吸电子效应越强，酸性也就越强，2，4，6-三硝基苯酚已是强酸了，所以俗称苦味酸(picric acid)。

酚氧负离子的溶剂化是另一个重要的稳定化因素。2，4，6-三新戊基苯酚的酸性极弱，以至于在液氨中与金属钠不反应，这是由于新戊基的极大的位阻效应，使得酚氧负离子溶剂化受阻，不稳定就难以生成。

7.2.3.2 酚羟基的醚化

Williamson 醚合成：酚在碱性条件下烷基化反应，即酚氧负离子作为亲核试剂，与有离去基的底物发生双分子亲核取代(S_N2)，形成碳-氧醚键，此即 Williamson 醚合成。

$$ArO^-M^+ + R-L \xrightarrow{S_N2} ArO-R + ML$$

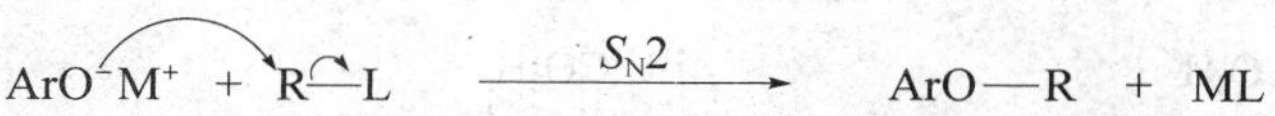

M=Na, K, Li; L=X, MsO, TsO, TfO, $ROSO_2O$

例：

$$\text{PhOH} \xrightarrow{\text{NaOH}} \text{PhONa} \xrightarrow[\text{or MeI}]{(\text{MeO})_2\text{SO}_2} \text{PhOCH}_3$$

苯甲醚；茴香醚 Anisole

反应机理：

$$\text{PhOH} + \text{NaOH} \longrightarrow \text{PhO}^-\text{Na}^+ + \text{H}_2\text{O}$$

$$\text{PhO}^- + \text{CH}_3\text{I} \xrightarrow{S_N2} \text{PhOCH}_3 + \text{I}^-$$

改良——绿色合成化学：用无毒的碳酸二甲酯代替毒性较高的硫酸二甲酯或价格较高的碘甲烷。

$$\text{PhOH} + \text{MeOCOMe (O)} \longrightarrow \text{PhOCH}_3$$

再如正丁基苯基醚制备：

$$\text{PhONa} + \text{BrC}_4\text{H}_9 \xrightarrow[\text{reflux}]{\text{EtOH}} \text{PhOC}_4\text{H}_9 \quad 80\%$$

问题 20 完成反应

$$\text{PhOH} \xrightarrow[\text{NaOH}]{\text{EtBr}}$$

邻-HOC$_6$H$_4$OCH$_3$ $\xrightarrow[\text{NaOH}]{(\text{EtO})_2\text{SO}_2}$

对-HOC$_6$H$_4$CH$_3$ $\xrightarrow[\text{NaOH}]{\text{CH}_2=\text{CHCH}_2\text{Br}}$

7.2.3.3 酚羟基的酯化

酚多用酸酐或酰氯酯化。例：

$$\text{PhOH} + \text{CH}_3\text{COCl} \xrightarrow{\text{Py}} \text{PhOCOCH}_3$$

$$\text{邻-HO-C}_6\text{H}_4\text{-CO}_2\text{H} + (\text{CH}_3\text{CO})_2\text{O} \xrightarrow{\text{H}_3\text{PO}_4} \text{邻-CH}_3\text{COO-C}_6\text{H}_4\text{-CO}_2\text{H}$$

乙酰水杨酸
阿斯匹林 Aspirin

羟基卤代：酚羟基一般不被卤代，若其邻对位有硝基等活化，则可以发生：

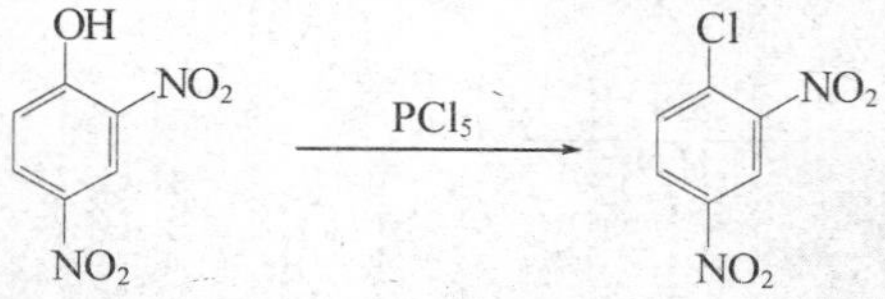

$$\underset{NO_2}{\underset{|}{\text{2,4-二硝基苯酚}}} \xrightarrow{PCl_5} \text{2,4-二硝基氯苯}$$

7.2.3.4 芳环上的反应——芳香亲电取代

由于羟基的强活化作用，酚环上的芳香亲电取代反应活性特别高，常需控制反应条件。

1. 卤代

酚易多卤代，苯酚与氯或溴的水溶液反应生成 2,4,6-三氯或溴苯酚，不需要催化剂。

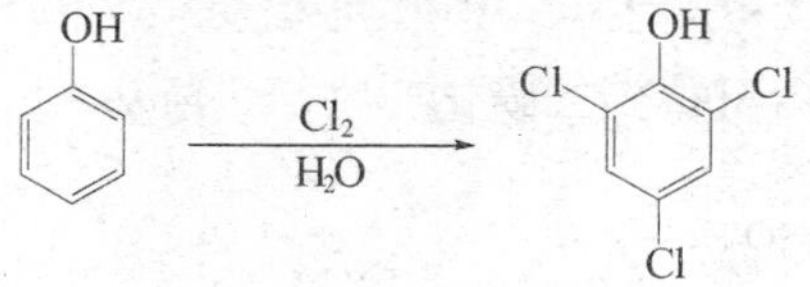

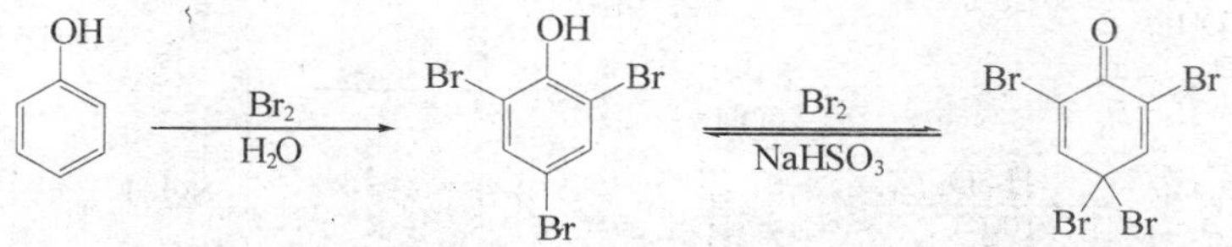

$$\text{PhOH} \xrightarrow[H_2O]{Cl_2} \text{2,4,6-三氯苯酚}$$

$$\text{PhOH} \xrightarrow[H_2O]{Br_2} \text{2,4,6-三溴苯酚} \xrightarrow[NaHSO_3]{Br_2} \text{2,2,4,6-四溴环己二烯酮}$$

白色沉淀 (~100%)　　黄色沉淀 (溴代试剂)

此反应可用于苯酚的定性检验或鉴别，也可用于定量分析。

在苯酚的溴水溶液中加入氢溴酸，抑制苯酚的电离，可得到二溴代产物。

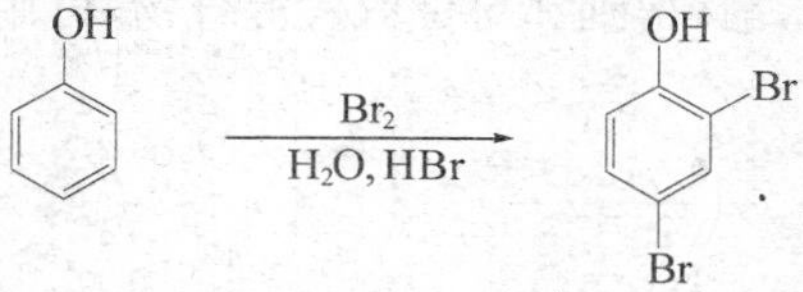

$$\text{PhOH} \xrightarrow[H_2O, HBr]{Br_2} \text{2,4-二溴苯酚}$$

在非极性溶剂中、低温下才能得到一取代产物。

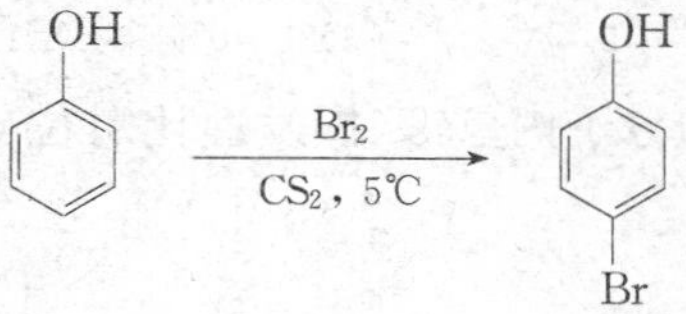

$$\text{PhOH} \xrightarrow[CS_2, 5℃]{Br_2} \text{对溴苯酚}$$

多卤代酚有杀菌、阻燃之功效。

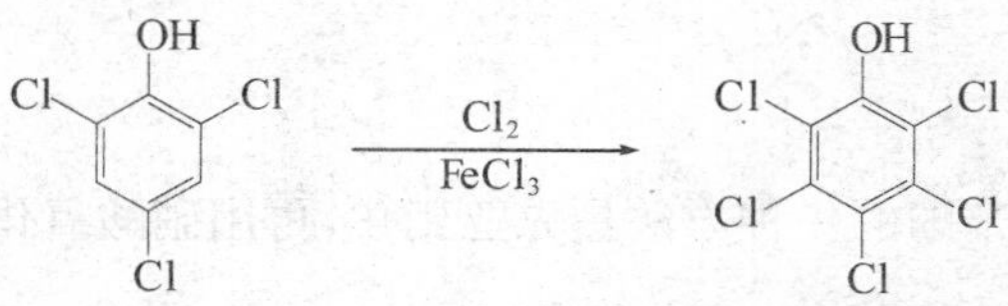

$$\text{2,4,6-三氯苯酚} \xrightarrow[FeCl_3]{Cl_2} \text{五氯苯酚 (杀菌剂，灭钉螺药物)}$$

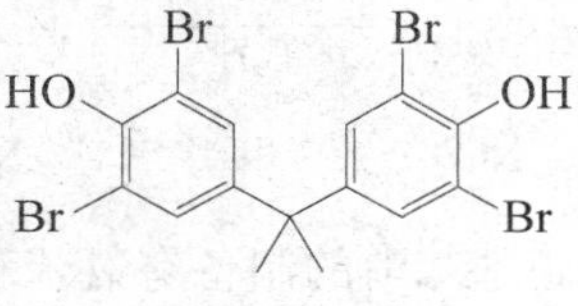

四溴双酚A (阻燃剂)

酚酸、酚磺酸易去羧、去磺化卤代。

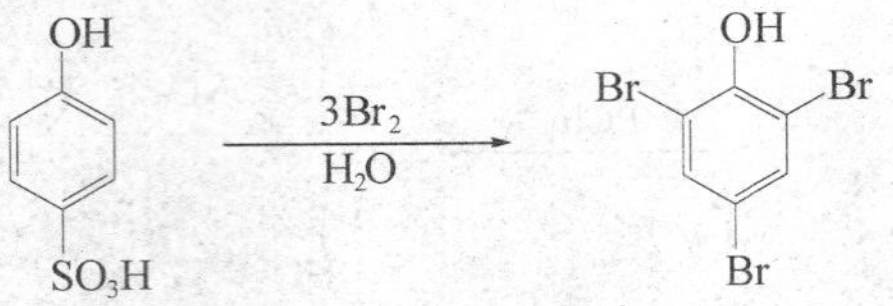

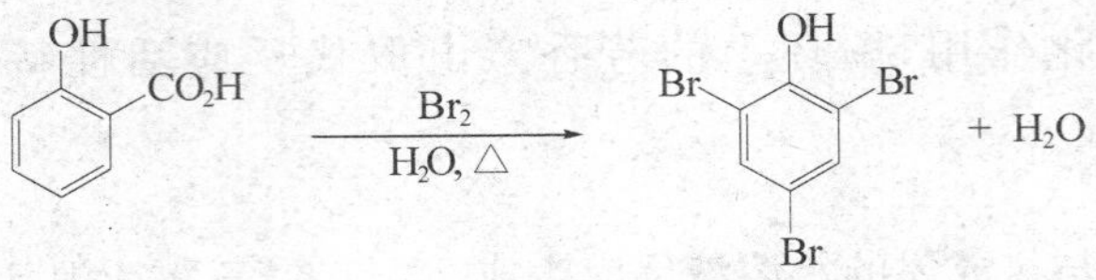

$$\text{对-HO-C}_6\text{H}_4\text{-SO}_3\text{H} \xrightarrow[\text{H}_2\text{O}]{3\text{Br}_2} \text{2,4,6-三溴苯酚}$$

$$\text{水杨酸} \xrightarrow[\text{H}_2\text{O}, \triangle]{\text{Br}_2} \text{2,4,6-三溴苯酚} + \text{H}_2\text{O}$$

2. 磺化

苯酚可用硫酸磺化，产物受温度控制，最后可得到二磺化产物，4-羟基-1,3-苯二磺酸。

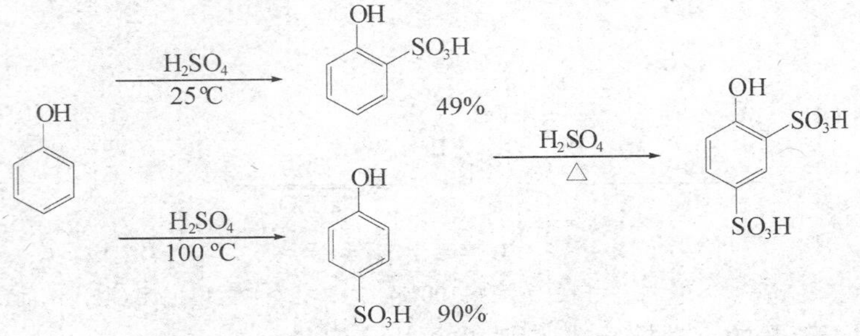

$$\text{苯酚} \xrightarrow[25\text{℃}]{\text{H}_2\text{SO}_4} \text{邻羟基苯磺酸 } 49\%$$

$$\text{苯酚} \xrightarrow[100\text{℃}]{\text{H}_2\text{SO}_4} \text{对羟基苯磺酸 } 90\%$$

$$\xrightarrow[\triangle]{\text{H}_2\text{SO}_4} \text{4-羟基-1,3-苯二磺酸}$$

3. 硝化

避免氧化，用稀硝酸硝化苯酚，得到邻对位取代混合物，可用水蒸气蒸馏分离。

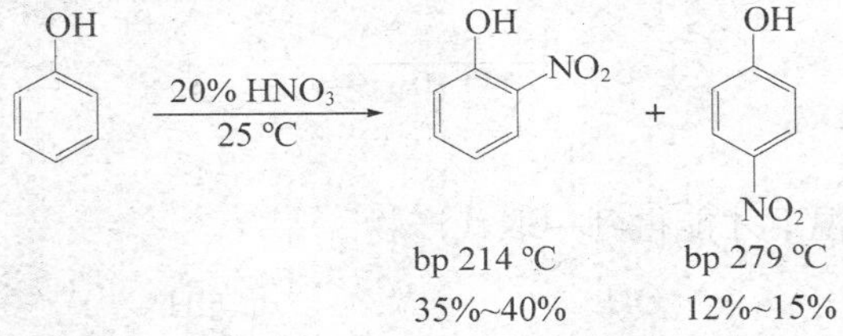

$$\text{苯酚} \xrightarrow[25\ \text{℃}]{20\%\ \text{HNO}_3} \text{邻硝基苯酚} + \text{对硝基苯酚}$$

邻硝基苯酚：bp 214 ℃, 35%~40%
对硝基苯酚：bp 279 ℃, 12%~15%

邻硝基苯酚可形成六元环的分子内氢键，挥发性比对位异构体的要高，可随水蒸出，此即通过水蒸气蒸馏实现分离。

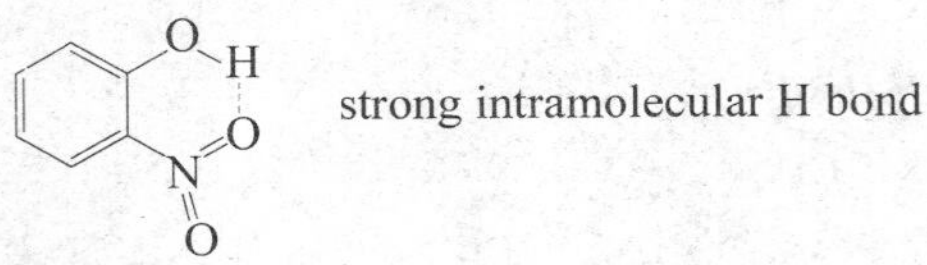

strong intramolecular H bond

亚硝化：制备对硝基苯酚的一种方法是先亚硝化，再用硝酸氧化。

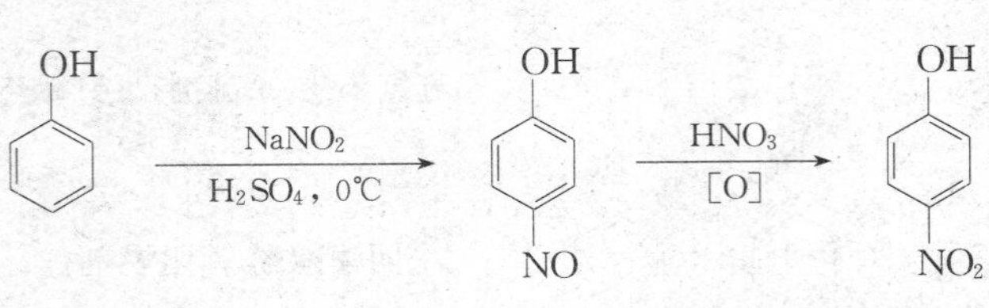

$$\text{苯酚} \xrightarrow[\text{H}_2\text{SO}_4, 0\text{℃}]{\text{NaNO}_2} \text{对亚硝基苯酚} \xrightarrow[[\text{O}]]{\text{HNO}_3} \text{对硝基苯酚}$$

2,4,6-三硝基苯酚的制备：2,4,6-三硝基苯酚的制备有氯苯和苯酚路线，但都不是直接硝化,而是间接进行。

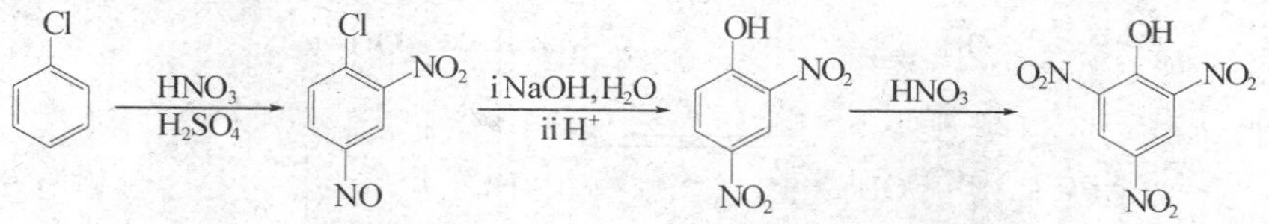

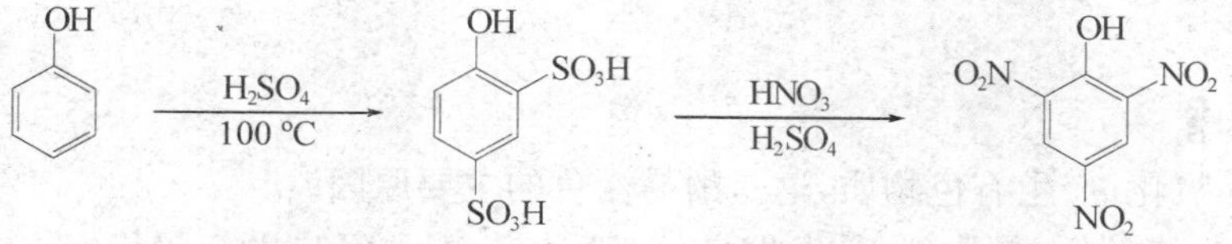

4. Friedel-Crafts 反应

烷基化:常用醇、烯作烷基化试剂,质子酸催化。

例:

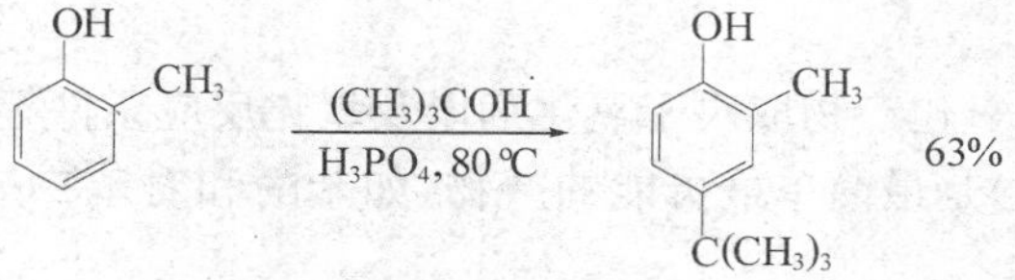

酰基化:酚多用羧酸作为酰基化剂,用三氟化硼、氯化锌等催化。

例:

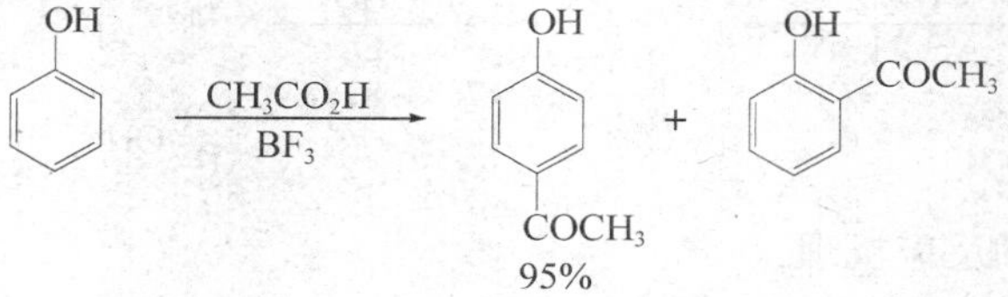

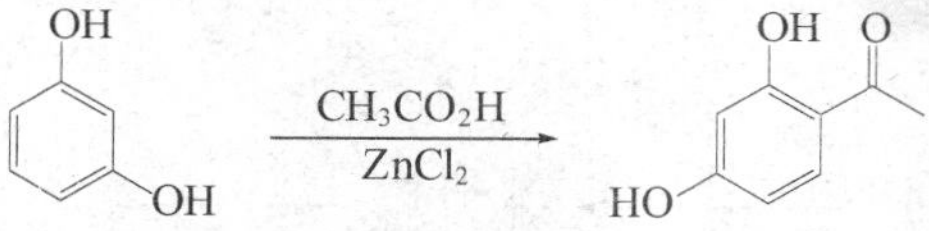

问题 20 完成反应

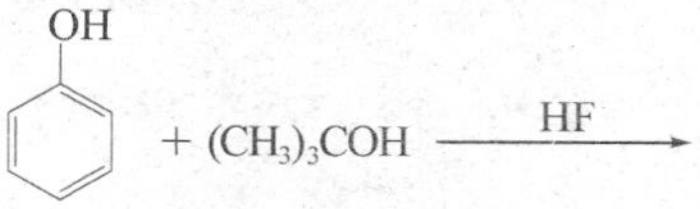

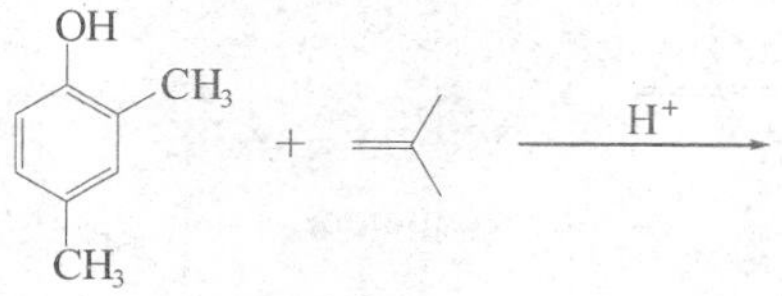

问题 21 合成设计

(1) 合成防腐剂 BHT

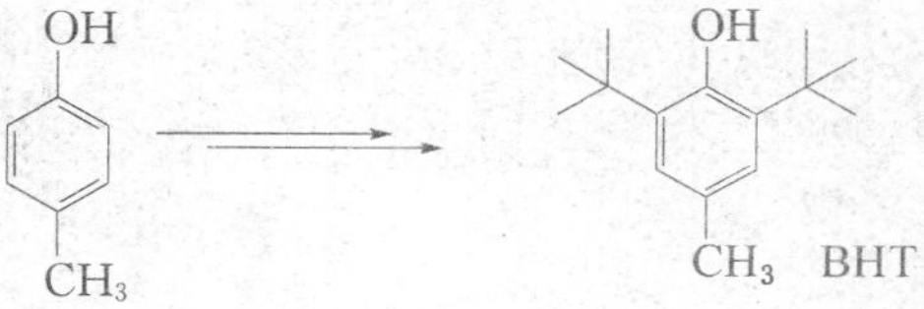

(2) 合成防腐剂 4-己基-1，3-苯二酚。

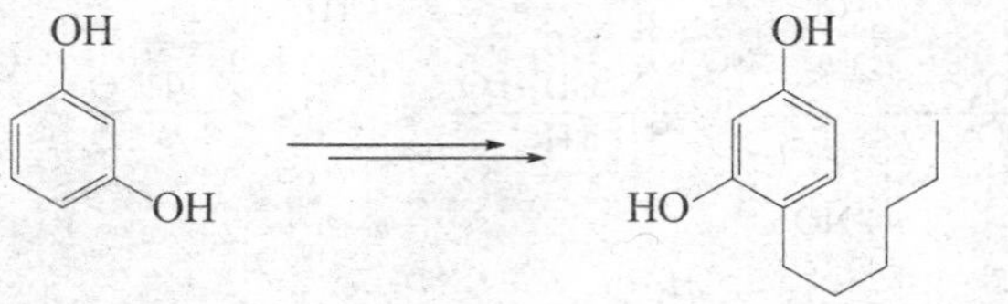

7.2.3.5 氧化还原

氧化：酚类易氧化，产生有色物质，这是酚易变色的主要原因。

酚的氧-氢键键能较低，易均裂，易发生自由基反应。若酚氧自由基较稳定，一旦形成，自由基链传播将终止，这样自由基氧化链反应就逐渐停止下来，所以酚类可作为抗氧化剂，如对苯二酚、BHT、维生素 E 等。维生素 E 在体内是自由基的捕获剂，对减缓衰老、延长生命具有重要意义。

酚的氧化是一类复杂的反应，氧化产物取决于氧化剂以及氧化反应条件等因素，往往是复杂的混合物。氧化成醌(有色物质)是最简单最可能的产物，如苯酚和对苯二酚都可被铬酸等氧化剂氧化成黄色的对苯醌。

对苯二酚氧化成对苯醌的反应机理：

酚的氧化还原反应是可逆的，醌也易还原成酚。

catechol　　o-benzoquinone

hydroquinone　　p-benzoquinone

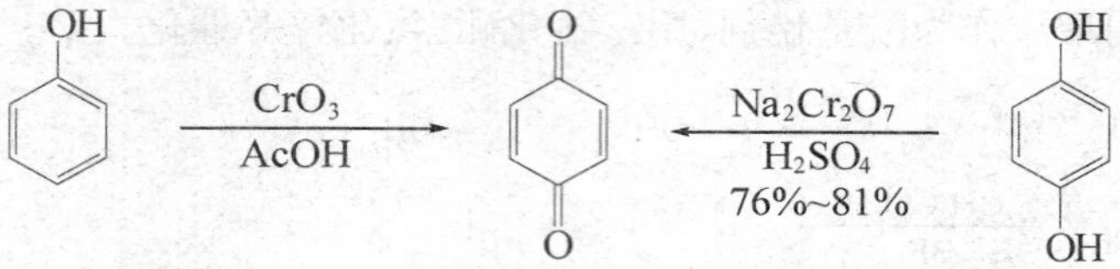

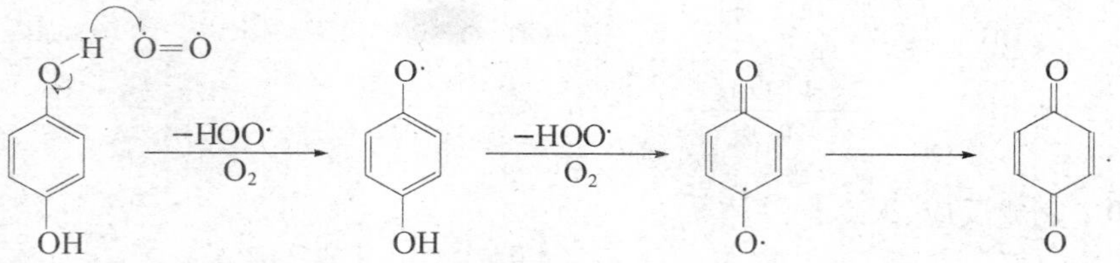

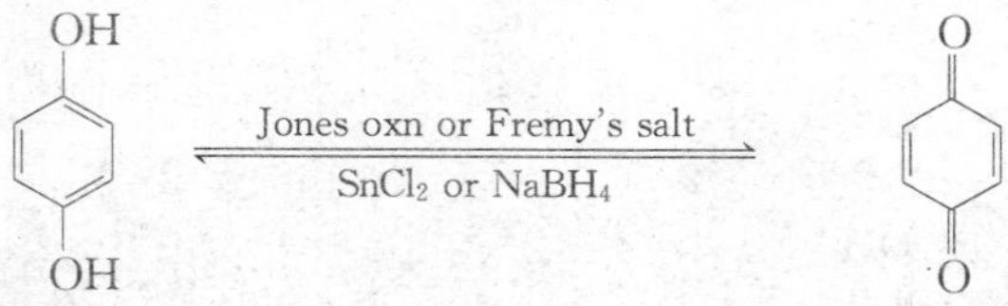

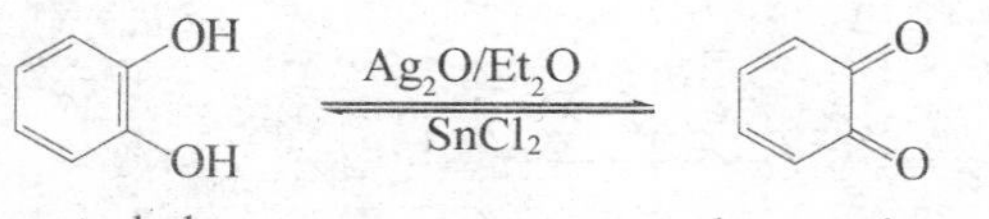

Fremy's 盐＝$(KSO_3)_2NO$，更温和的氧化剂

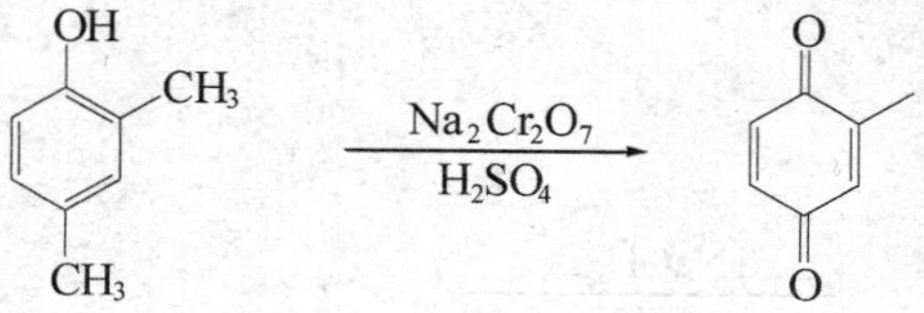

$$\text{2,4-二甲基苯酚} \xrightarrow[H_2SO_4]{Na_2Cr_2O_7} \text{2-甲基-1,4-苯醌}$$

Elbs 过硫酸盐(persulfate)氧化(Karl Elbs,1893)：

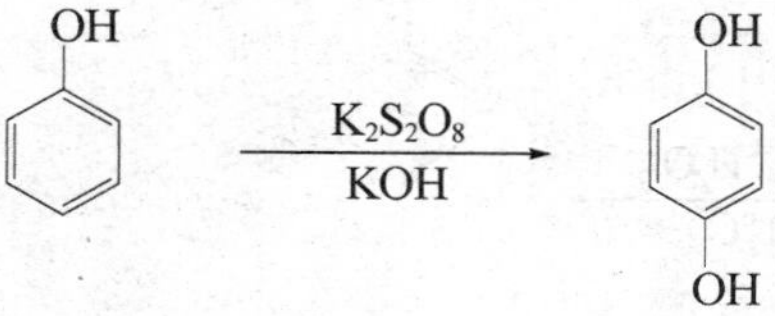

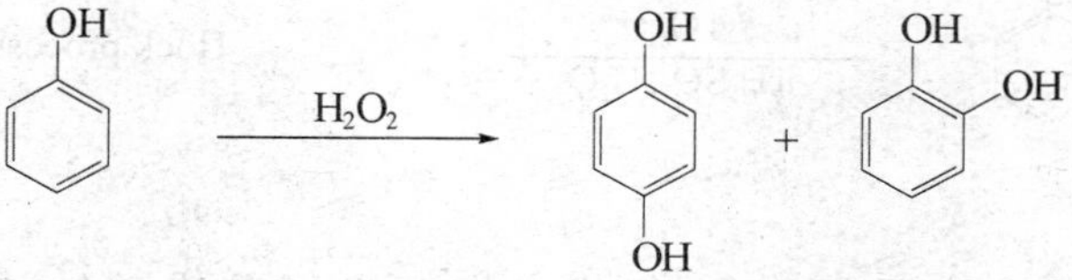

$$\text{苯酚} \xrightarrow[KOH]{K_2S_2O_8} \text{对苯二酚}$$

$$\text{苯酚} \xrightarrow{H_2O_2} \text{对苯二酚} + \text{邻苯二酚}$$

还原——催化加氢：苯酚催化加氢产生环己醇，这是工业生产纯净环己醇的方法。

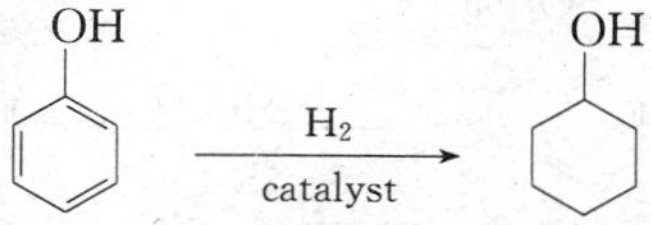

$$\text{苯酚} \xrightarrow[catalyst]{H_2} \text{环己醇}$$

间苯二酚在碱性条件下催化加氢生成 1,3-环己二酮，这里仅加成一分子氢，是很特殊的例子。

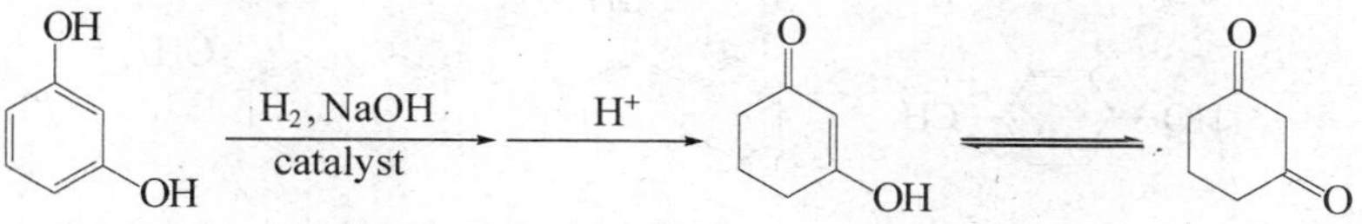

$$\text{间苯二酚} \xrightarrow[catalyst]{H_2,NaOH} \xrightarrow{H^+} \text{3-羟基-2-环己烯酮} \rightleftharpoons \text{1,3-环己二酮}$$

7.2.3.6 显色反应

酚遇有三氯化铁水溶液，生成的配位化合物有美丽的颜色，可用于酚的鉴别。

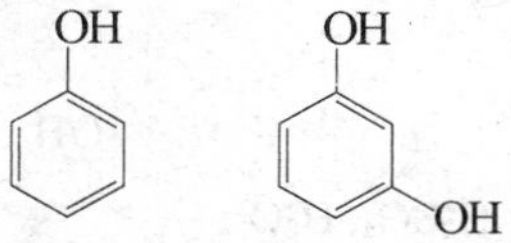

苯酚、间苯二酚　　蓝紫色　$Fe(OAr)_3$

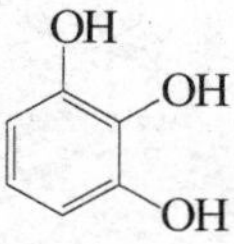

邻苯三酚　红棕色　　对苯二酚　暗绿色

7.2.4 酚的制备与个别化合物

制备酚的反应：

$$\text{PhSO}_3\text{H} \xrightarrow[\text{ii H}^+]{\text{i NaOH, }\triangle} \text{PhOH}$$

$$\text{PhCl} \xrightarrow[\text{ii H}^+]{\text{i NaOH, H}_2\text{O, 350°C}} \text{PhOH} \quad \text{Dow process}$$

$$\text{PhN}_2^+ \xrightarrow[\text{100°C}]{\text{H}_2\text{SO}_4, \text{H}_2\text{O}} \text{PhOH}$$

$$\text{PhCH(CH}_3)_2 \xrightarrow[\text{ii H}_2\text{SO}_4, \text{H}_2\text{O}]{\text{i O}_2} \text{PhOH} \quad \text{Hock process}$$

1. 磺化碱熔法

Baeyer 和 Monsanto 公司在 1900 年代早期开发了苯磺酸钠盐与固体苛性碱熔融 (alkaline fusion) 生产苯酚的工艺，成为早期的商业生产路线。

$$\text{PhSO}_3\text{H} \xrightarrow{\text{Na}_2\text{SO}_3} \text{PhSO}_3\text{Na} \xrightarrow[\text{300°C}]{\text{NaOH(s)}} \text{PhONa} \xrightarrow{\text{H}^+} \text{PhOH}$$

问题 22 如何制备对甲苯酚与萘酚？

（对甲苯酚、1-萘酚、2-萘酚结构式）

2. 异丙苯氧化法

异丙苯（cumene，来自于苯和丙烯）经空气氧化转化为氢过氧化异丙苯（cumene hydroperoxide, CHP），稀酸分解得到苯酚和丙酮，此为异丙苯氧化法（cumene process），又称 Hock 工艺（Hock process, Heinrich Hock, 1944）。

$$\text{Isopropyl benzene (Cumene)} \xrightarrow[\text{90°C~130°C}]{\text{O}_2} \text{Cumene hydroperoxide (Cumyl hydroperoxide)} \xrightarrow[\text{60°C~65°C}]{\text{H}_2\text{SO}_4, \text{H}_2\text{O}} \text{PhOH} + \text{(CH}_3)_2\text{C=O}$$

异丙苯氧化法生产苯酚和丙酮是原子经济反应,因此,具有重要意义和实际应用价值。

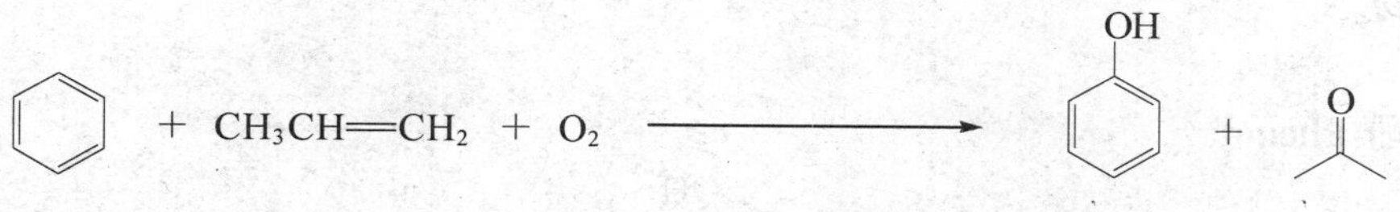

$$C_6H_6 + CH_3CH=CH_2 + O_2 \longrightarrow C_6H_5OH + CH_3COCH_3$$

氢过氧化异丙苯生成:

$$C_6H_6 + CH_3CH=CH_2 \xrightarrow{H_3PO_4} PhCH(CH_3)_2$$

$$PhCH(CH_3)_2 + R\cdot \longrightarrow PhC\cdot(CH_3)_2 + RH$$

$$PhC\cdot(CH_3)_2 + O_2 \longrightarrow PhC(CH_3)_2OO\cdot$$

$$PhC(CH_3)_2OO\cdot + PhCH(CH_3)_2 \longrightarrow PhC(CH_3)_2OOH + PhC\cdot(CH_3)_2$$

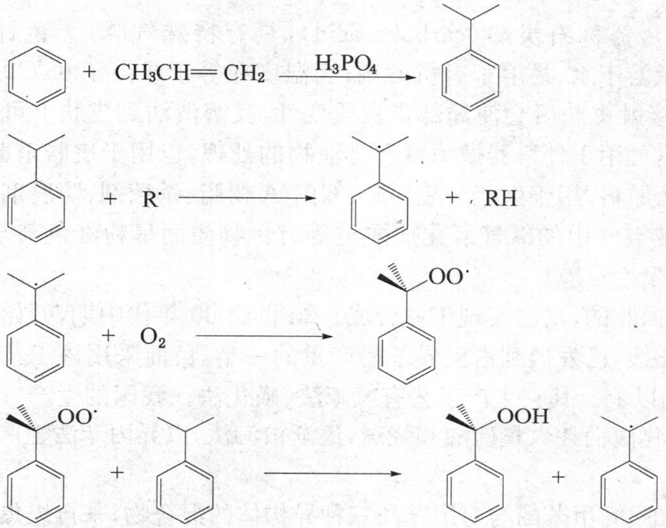

氢过氧化物重排——Hock 重排(Heinrich Hock,1944):这是烃基迁移由碳原子到氧原子的重排。

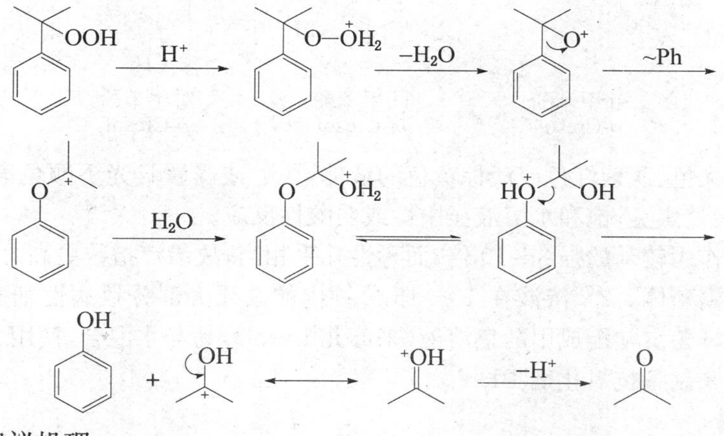

[反应机理图示:PhC(CH₃)₂OOH $\xrightarrow{H^+}$ PhC(CH₃)₂O⁺H₂-OH $\xrightarrow{-H_2O}$ PhC(CH₃)₂O⁺ $\xrightarrow{\sim Ph}$ (CH₃)₂C⁺—OPh $\xrightarrow{H_2O}$ (CH₃)₂C(OH₂⁺)—OPh ⇌ (CH₃)₂C(OH)(OH⁺)—Ph $\longrightarrow$ PhOH + (CH₃)₂C=OH⁺ ⇌ (CH₃)₂C⁺—OH $\xrightarrow{-H^+}$ (CH₃)₂C=O]

问题 23 建议机理

$$\text{1-苯基环己基过氧化氢} \xrightarrow[H_2O]{H_2SO_4} \text{环己酮} + PhOH$$

$$\text{(4-硝基苯基)二苯基甲基过氧化氢} \xrightarrow[H_2O]{H_2SO_4} \text{4-硝基苯基苯基酮} + PhOH$$

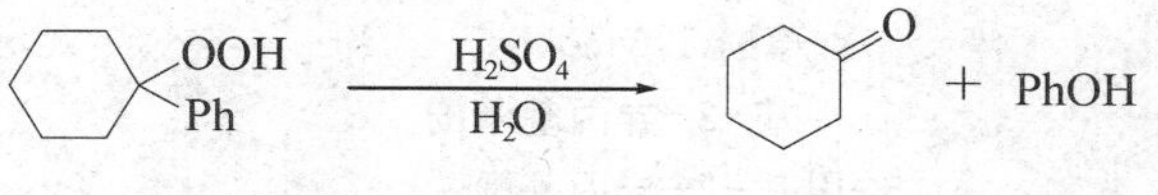

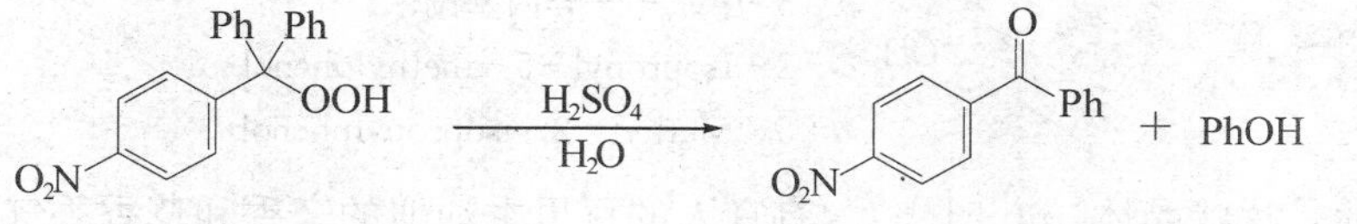

个别化合物

1. 苯酚 Phenol

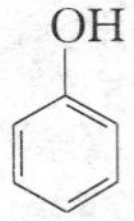

苯酚（phenol；benzenol），俗称石炭酸（carbolic acid），具有特殊气味，无色针状晶体，mp 43℃，bp 182℃，常温下微溶于水，易溶于有机溶剂；当温度在等于或高于65℃时，能与水混溶。苯酚具有强腐蚀性，接触皮肤后会使局部蛋白质变性，其溶液沾到皮肤上可用酒精洗涤。苯酚有很强的消毒能力，可用于外科器械消毒和排泄物的处理，也用于皮肤杀菌、止痒防治。苯酚是重要的化工、医药原料，用于生产酚醛树脂、双酚A树脂、杀菌剂、防腐剂和药物如阿司匹林等。苯酚易氧化，被空气中的氧气氧化成醌类等有色物质而呈粉红色甚至棕红色。在常温下苯酚与钠不能顺利发生反应。

苯酚最初是从煤焦油中回收的，早已实现工业合成。20世纪60年代中期，开始实现异丙苯法生产苯酚、丙酮的技术路线，已发展到占世界苯酚产量的一半，目前采用该工艺生产的苯酚已占世界苯酚产量的90%以上。其它生产工艺有氯苯法、磺化法。我国的生产方法有异丙苯法和磺化法两种。由于磺化法消耗大量硫酸和烧碱，逐渐被淘汰，以异丙苯法生产为主。

2. 甲苯酚

甲酚（cresols）是邻甲苯酚、间甲苯酚与对甲苯酚三种异构体的混合物，来自煤焦油。

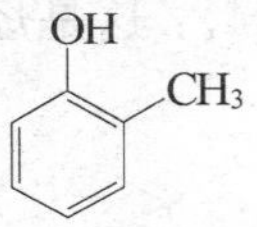

邻甲苯酚 *o*-Cresol　　间甲苯酚 *m*-Cresol　　对甲苯酚 *p*-Cresol

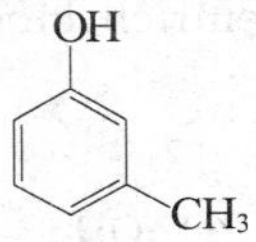

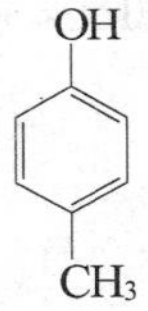

甲酚是几乎无色、淡紫红色或淡棕黄色的液体，久贮或露置日光下颜色渐变深暗，有类似苯酚的气味，并微带焦臭；饱和水溶液显中性或弱酸性反应。

甲酚的抗菌作用较苯酚强3～10倍，而毒性几乎相当，故治疗指数更高。能杀灭包括分支杆菌在内的细菌繁殖体。2%溶液在10～15分钟内能杀死大部分致病性细菌，2.5%溶液30分钟能杀灭结核杆菌。常配成甲酚皂溶液（来苏儿Lysol），易与水混合，使用方便。

对甲苯酚用来制备抗氧化剂 BHT。

3. 麝香草酚

麝香草酚（thymol），又称麝香草脑、百里香酚、百里酚。

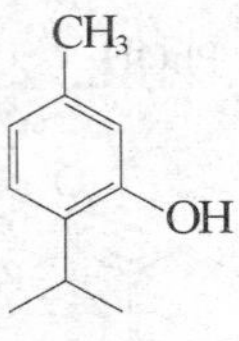

麝香草酚 Thymol
5-甲基-2-异丙基苯酚
5-甲基-2-异丙基酚
2 - Isopropyl - 5 - methylphenol
5 - Methyl - 2 - isopropylphenol

麝香草酚是片状晶体，mp 51.5℃，有宜人的百里香油似的辛香和草香香气。

麝香草酚是一种单萜酚,与香芹酚是同分异构体,天然存在于百里香油、丁香罗勒油、番木瓜果、红绿茶中。可从百里香油(含50%左右)中提取,也可由间甲苯酚与异丙基氯制备。

麝香草酚具有很强的杀菌作用,主要用作防腐剂、消毒剂和抗氧剂。

4. 五氯苯酚

五氯苯酚(pentachlorophenol,PCP);五氯酚

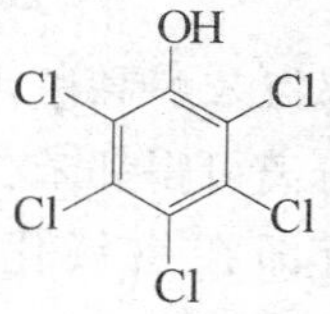

五氯苯酚为白色薄片或结晶状固体,mp 190℃,常含一分子结晶水,稍热即有极强辛辣臭味。工业品为灰黑色粉末或片状固体。

五氯苯酚具有阻止真菌的生长、抑制细菌繁殖与腐蚀的作用,用作木材、皮革制品、纸张以及纺织品的防霉、防腐剂,对防治霉菌与一般虫类(如白蚁)有效。五氯苯酚钠用于防治血吸虫中间宿主钉螺。五氯苯酚也用作稻田除草剂。

本品属中等毒性,皮肤接触有明显的刺激作用。五氯酚有蓄积作用,能通过生物富集而进入食物链,强烈地吸附在土壤中并被植物吸收,在高温下,五氯酚转化成极难生物降解的八氯二苯并二噁英。

5. 2,6-二叔丁基-4-甲基苯酚

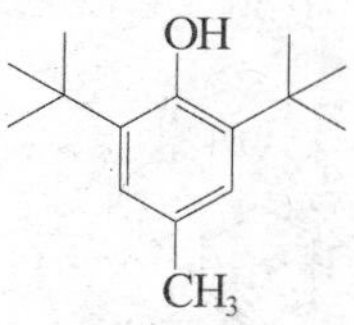

2,6-Di(*tert*-butyl)-4-methylphenol
4-Methyl-2,6-di(*tert*-butyl)phenol
3,5-Di(*tert*-butyl)-4-hydroxytoluene
Butylated hydroxytoluene (BHT)
Dibutylhydroxytoluene

防老剂BHT、抗氧剂BHT、抗氧剂264(antioxidant 264)

白色或浅黄色结晶,mp 70℃,易溶于有机溶剂,难溶于水和碱溶液。

通用型酚类抗氧剂,广泛用于高分子材料、石油制品和食品加工工业中。在石油工业中是各种润滑油、二次加工汽油、石蜡和其他一些矿物油的优良抗氧剂,是高聚物聚丙烯、聚乙烯、聚苯乙烯;ABS树脂、聚酯、纤维素树脂和泡沫塑料的廉价通用抗氧剂,特别适用于白色或浅色制品,尤其是食品级塑料、包装食品用高分子材料和天然橡胶、合成橡胶的白色或浅色制品的抗氧剂和稳定剂,是合成橡胶如顺丁橡胶、丁苯橡胶、氯丁橡胶、丁睛橡胶和丁基橡胶的抗氧剂和稳定剂。

生产:利用Friedel-Crafts反应由对甲苯酚叔丁基化。

6. 邻苯二酚

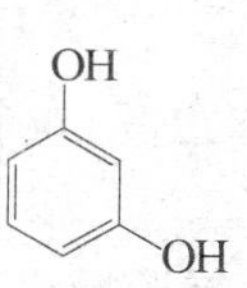

1,2-苯二酚(1,2-benzenediol);儿茶酚(catechol)

邻苯二酚最初是干馏儿茶酸(3,4-二羟基苯甲酸)得到的,故称儿茶酚。

邻苯二酚是无色结晶,见光或暴露于空气中变色,能升华,可水汽蒸馏。邻苯二酚具强还原性,可用作显影剂,在室温下可还原 Fehling 溶液和 Tollens 试剂。

儿茶酚多数以衍生物的形式存在于自然界中,例如,邻甲氧基酚和2-甲氧基-4-甲基苯酚。哺乳动物体内的拟交感胺如肾上腺素、去甲肾上腺素等是儿茶酚的羟胺衍生物。二茶酚胺类药物,具有升压、止喘功效。

生产:邻氨基苯酚重氮化水解法;邻氯苯酚高压水解法;苯酚羟基化法,即苯酚经过氧酸或双氧水等氧化得邻二酚和对苯二酚,分离可得邻苯二酚。

实验室可由水杨醛的 Dakin 反应即在氢氧化钠水溶液用过氧化氢氧化制备邻苯二酚。

7. 间苯二酚

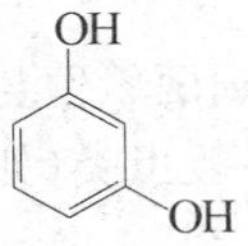

<chemical structure: 1,3-benzenediol>

1,3-苯二酚(1,3-benzenediol);resorcinol;resorcin 雷琐辛;雷琐酚;雷索酚;树脂酚

间苯二酚最初是通过蒸馏天然树脂(resin)制得的,故称树脂酚。白色针状结晶或粉末,味甜,在日光或空气中即缓慢变成粉红色。

应用:用于合成染料、药物、塑料、橡胶等合成树脂的原料,也用作防腐剂。

生产:可由间苯二磺酸或间二硝基苯制备。

苯磺酸磺化碱熔法:

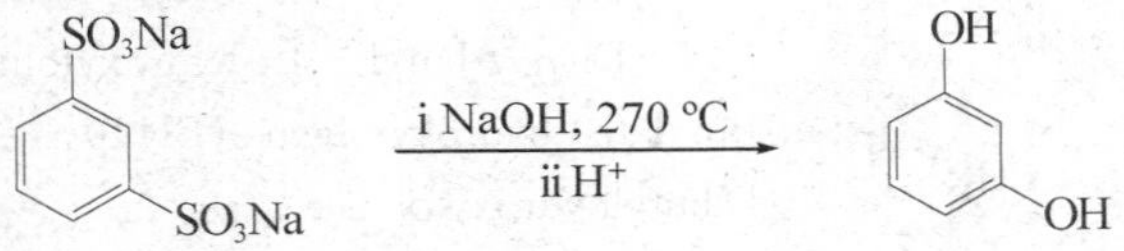

<chemical reaction: 1,3-benzenedisulfonate sodium salt → (i NaOH, 270 °C; ii H⁺) → 1,3-benzenediol>

硝基苯硝化水解法:

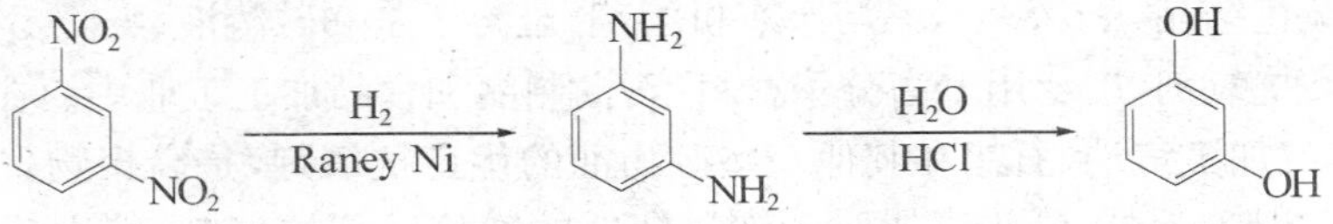

<chemical reaction: 1,3-dinitrobenzene → (H₂/Raney Ni) → 1,3-diaminobenzene → (H₂O/HCl) → 1,3-benzenediol>

8. 对苯二酚

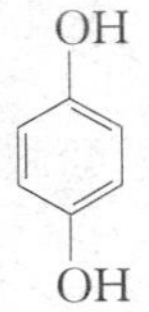

<chemical structure: 1,4-benzenediol>

对苯二酚(p-benzenediol);1,4-苯二酚(benzene-1,4-diol);氢醌(hydroquinone;quinol)

对苯二酚具有强还原性,用作显影剂、橡胶防老剂、稳定剂和抗氧剂、阻聚剂,与氧化产物对苯醌构成氧化还原电对。

生产

苯胺氧化-还原法：苯胺氧化成对苯醌，再还原得对苯酚。

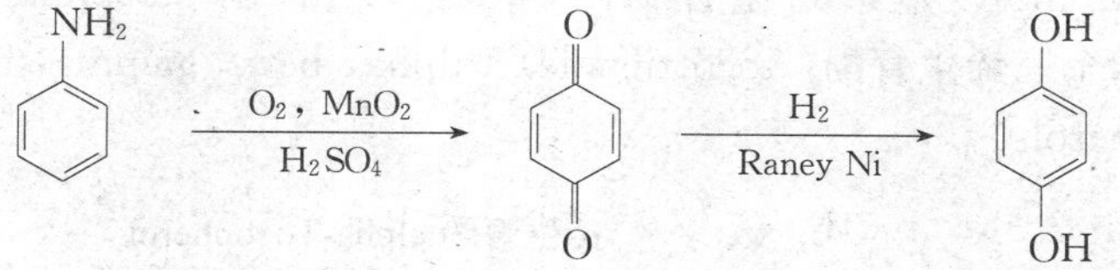

$$\text{C}_6\text{H}_5\text{NH}_2 \xrightarrow[\text{H}_2\text{SO}_4]{\text{O}_2,\ \text{MnO}_2} \text{对苯醌} \xrightarrow[\text{Raney Ni}]{\text{H}_2} \text{对苯二酚}$$

苯酚氧化——羟基化法：苯酚经过氧化氢氧化，得对苯二酚与邻苯二酚，分离得对苯二酚。

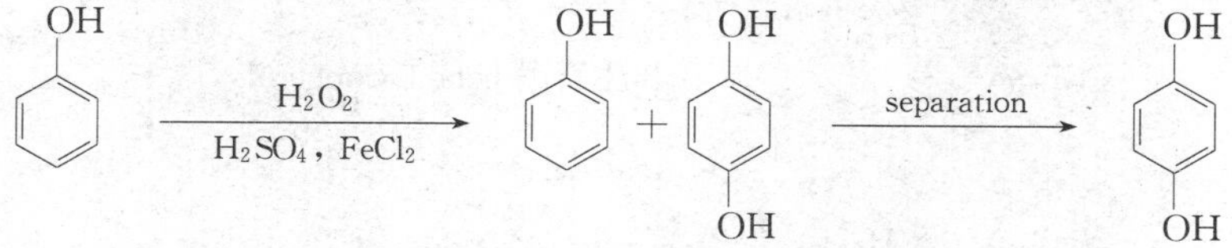

$$\text{PhOH} \xrightarrow[\text{H}_2\text{SO}_4,\ \text{FeCl}_2]{\text{H}_2\text{O}_2} \text{邻苯二酚} + \text{对苯二酚} \xrightarrow{\text{separation}} \text{对苯二酚}$$

二异丙苯氧化法：苯丙烯烷基化，得对二异丙基苯，后者经空气氧化，得双氢过氧化异丙苯，酸催化水分解得对苯二酚。

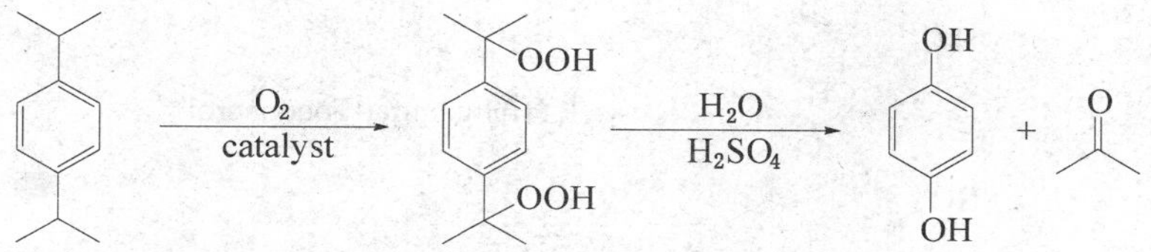

$$\text{对二异丙基苯} \xrightarrow[\text{catalyst}]{\text{O}_2} \text{双氢过氧化物} \xrightarrow[\text{H}_2\text{SO}_4]{\text{H}_2\text{O}} \text{对苯二酚} + \text{(CH}_3\text{)}_2\text{CO}$$

9. 连苯三酚

连苯三酚即 1，2，3-苯三酚（1，2，3-benzenetriol）；焦棓酚（pyrogallol）；焦没食子酸（pyrogallic acid）。

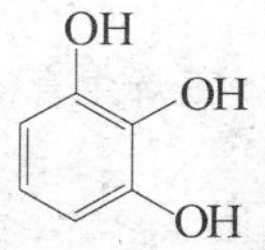

连苯三酚是通过加热棓酸（没食子酸）脱羧得到的，故称焦棓酚（It was first prepared by Scheele (1786)：heating gallic acid.）。

$$\text{Gallic acid} \xrightarrow{\Delta} \text{Pyrogallic acid}$$

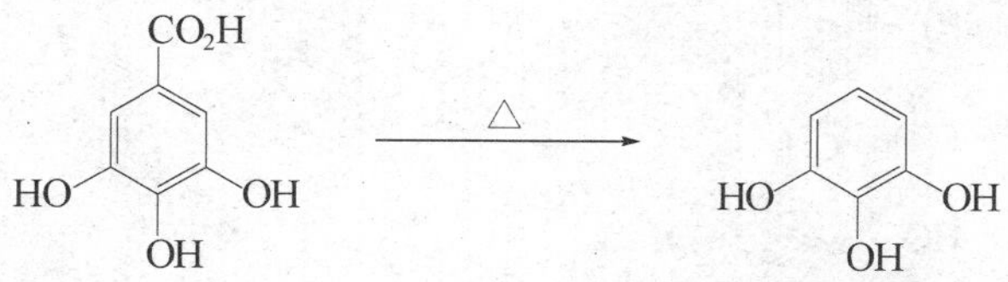

间苯二酚用双氧水在六氟丙酮溶液中氧化也得到连苯三酚。

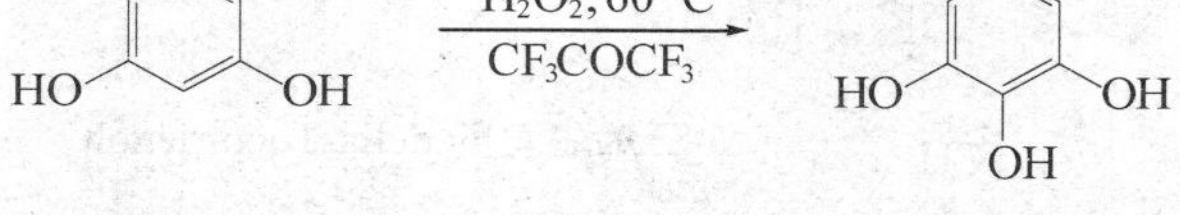

$$\text{间苯二酚} \xrightarrow[\text{CF}_3\text{COCF}_3]{\text{H}_2\text{O}_2,\ 60\ ^\circ\text{C}} \text{连苯三酚}$$

连苯三酚用于气体分析吸收氧气。

10. 维生素 E

维生素 E（vitamin E）是系列化合物，包括四个生育酚（tocopherols）（alpha，beta，gamma，delta）和四个三烯生育酚（tocotrienols）（alpha，beta，gamma，delta）。

生育酚（tocopherols）

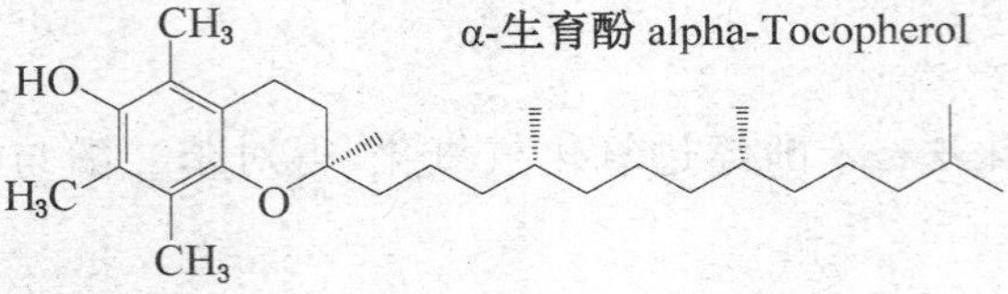

α-生育酚 alpha-Tocopherol

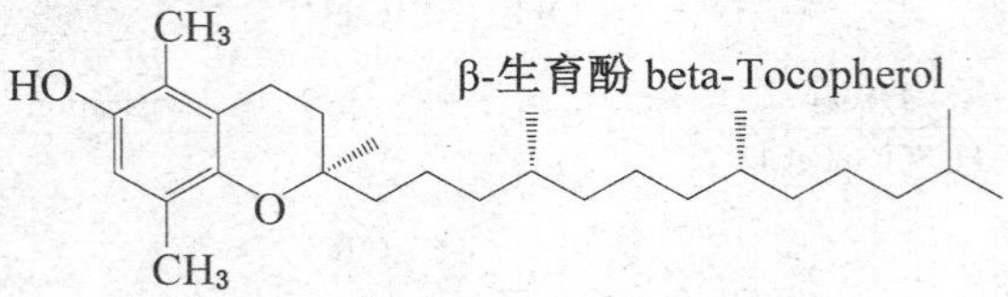

β-生育酚 beta-Tocopherol

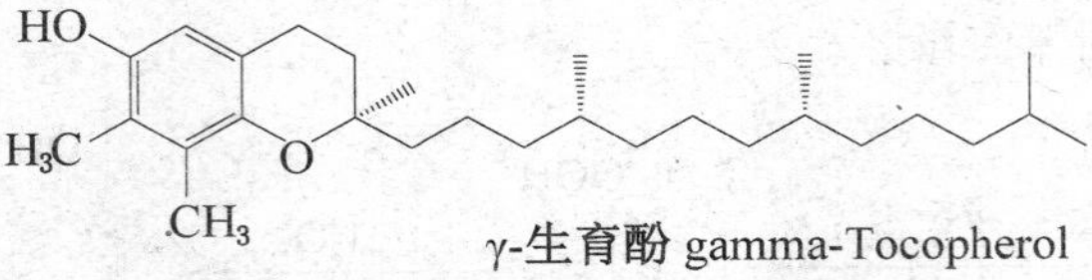

γ-生育酚 gamma-Tocopherol

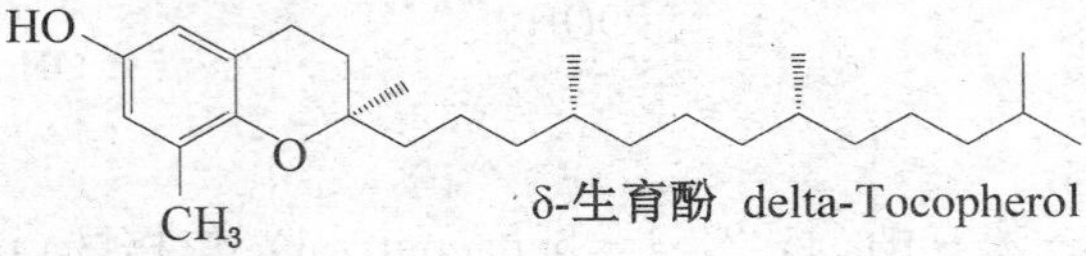

δ-生育酚 delta-Tocopherol

三烯生育酚（tocotrienols）

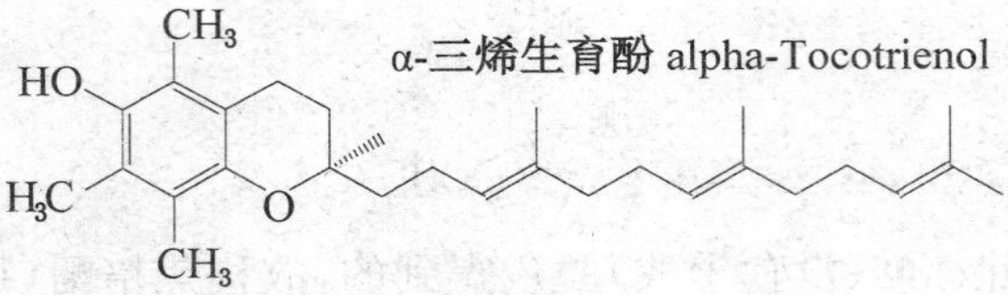

α-三烯生育酚 alpha-Tocotrienol

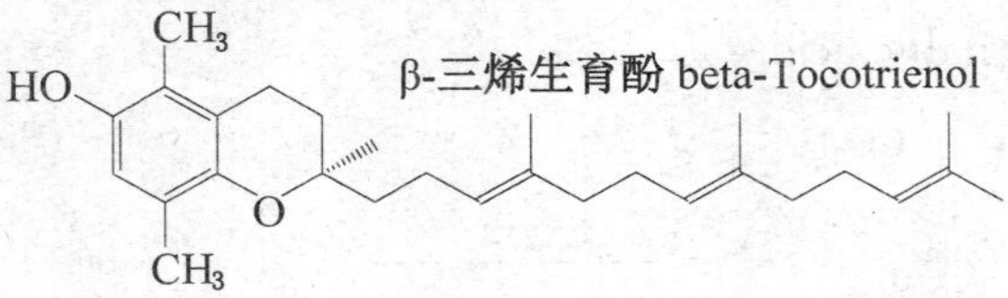

β-三烯生育酚 beta-Tocotrienol

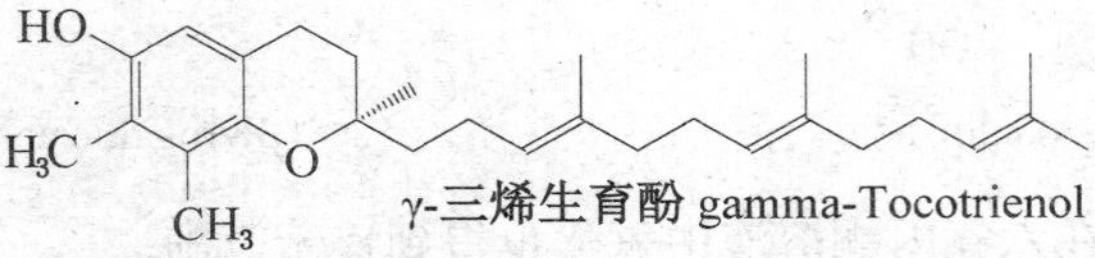

γ-三烯生育酚 gamma-Tocotrienol

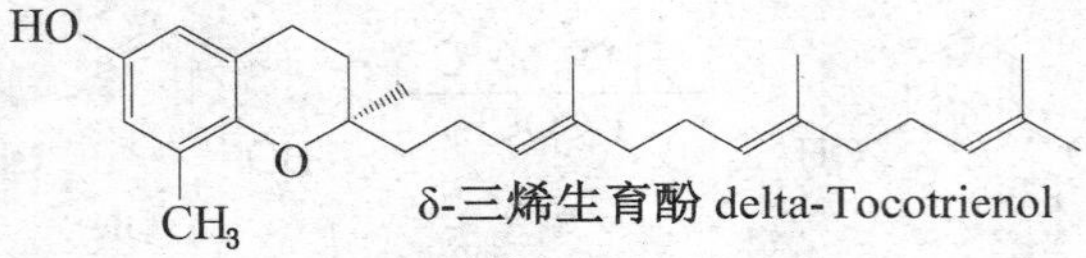

δ-三烯生育酚 delta-Tocotrienol

维生素 E 是一种脂溶性维生素，对热、酸稳定，对碱不稳定，对氧敏感。维生素 E 能促进性激素分泌，增加雌性激素浓度，提高生育能力，预防流产。维生素 E 是有效的抗氧化剂，保护 T 淋巴细胞和红细胞、抗自由基氧化、抑制血小板聚集，从而降低心肌梗死和脑梗塞的危险性；还可用于防治烧伤、冻伤、毛细血管出血、美容等领域。近来还发现维生素 E 可抑制眼睛晶状体内的过氧化脂反应，使末梢血管扩张，改善血液循环，预防、阻碍近视眼发生和发展。

维生素 E 可有效清除自由基，抑制过氧化脂质生成，祛除黄褐斑；抑制酪氨酸酶的活性，从而减少黑色素生成；消除由紫外线、空气污染等外界因素造成的过多的氧自由基，起到延缓光老化、预防晒伤和抑制日晒红斑生成等保护作用。

三烯生育酚是比生育酚更有效的抗氧化剂，因为其不饱和侧链有助于更好得穿透进入大脑和肝肝脏饱和脂肪层。三烯生育酚能够降低肿瘤的形成、DNA 和细胞损伤。

11. 天然多酚

天然酚与多酚都是抗氧化剂，多以酚酸酯或糖苷的形式存在（见第 9 章酚酸部分和第 14 章生物分子——糖部分）。

12. 萘酚

萘酚（naphthols；naphthalenols）包括 1-萘酚和 2-萘酚。

1-萘酚（1-naphthol）习惯称作 α-萘酚（α-naphthol）。

1-萘酚工业上由萘加氢、氧化、脱氢生产。

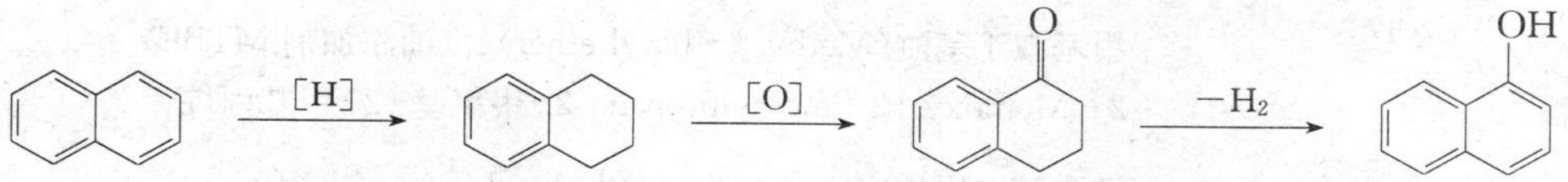

实验室可用磺化碱熔法制备，也可经硝化、还原、重氮化、水解制备：

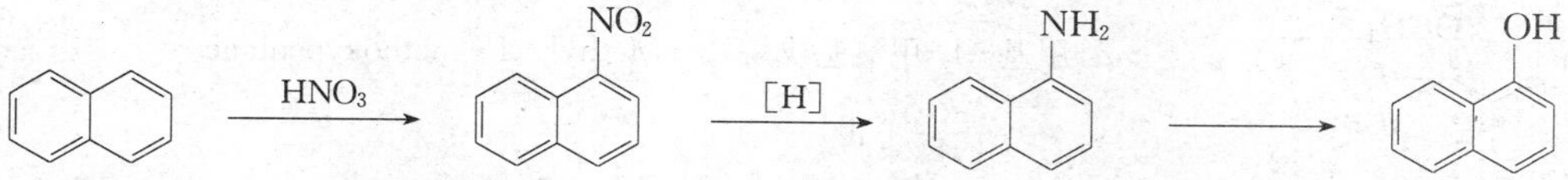

2-萘酚（2-naphthol）又称 β-萘酚（β-naphthol），可由磺化碱熔融法制备，现代工业上则是由异丙萘氧化法生产。

磺化碱熔融法制备：

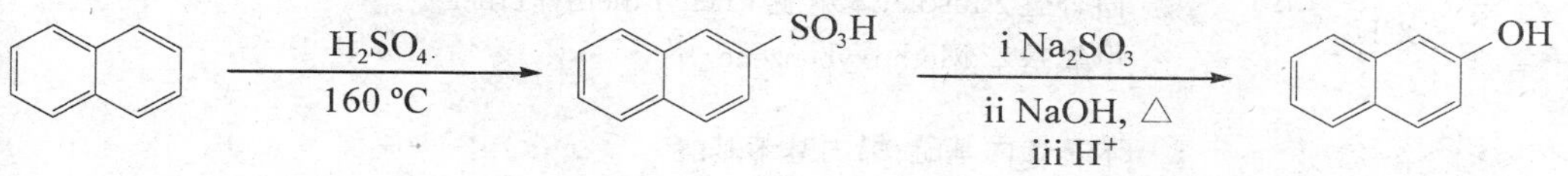

异丙萘氧化法：

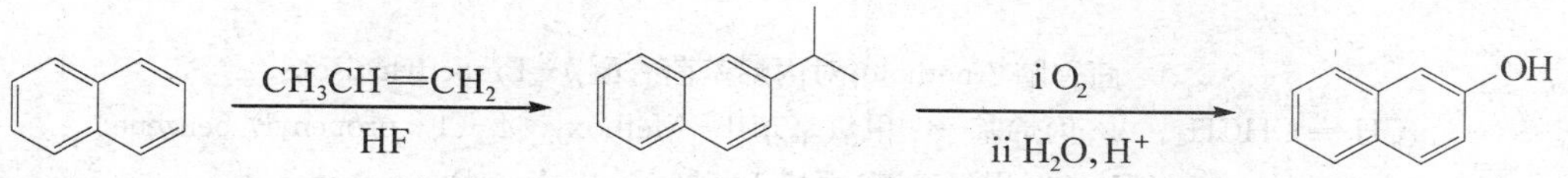

1-萘酚与 2-萘酚都是合成染料的原料，1-萘酚也用于合成杀虫剂。2-萘酚用于 2-萘胺的制备（见第 10 章含氮化合物）。

7.3 醚 Ethers

根据所连烃基的不同,醚(ether)有脂肪醚、芳香醚和脂肪芳香醚。醚也有开链与环醚,单醚与多醚。

7.3.1 醚的命名

醚的命名,通常是将两个烃基加上醚字即可,习惯上是烃基排列是先小后大。系统命名则是烷烃、烯烃、芳烃为母体,烷氧基作为取代基。

二乙基醚;乙醚 Diethyl ether (Et_2O)
IUPAC name：Ethoxyethane 乙氧基乙烷

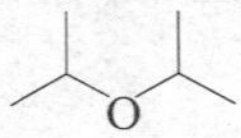

二异丙基醚 Diisopropyl ether
2-Isopropoxypropane 2-异丙氧基丙烷

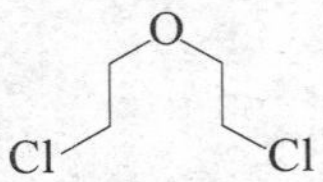

二(2-氯乙基)醚;二(β-氯乙基)醚
1,5-二氯-3-氧杂戊烷

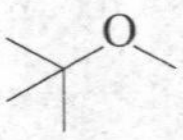

甲基叔丁基醚(Methyl t-butyl ether)(汽油添加剂 MTBE)
2-Methoxy-2-methylpropane 2-甲氧基-2-甲基丙烷

$CH_3OCH_2CH_2OCH_3$　　乙二醇二甲醚 Glyme; Dimethyl glycol
1,2-二甲氧基乙烷 1,2-Dimethoxyethane (DME)

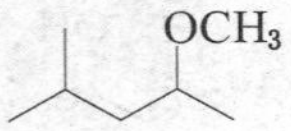

2-甲基-4-甲氧基戊烷 2-Methyl-4-methoxypentane

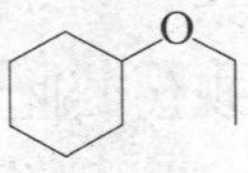

乙基环己基醚;环己基乙基醚
乙氧基环己烷 Ethoxycyclohexane

$CH_3OCH_2CH=CH_2$　　甲基烯丙基醚;3-甲氧基-1-丙烯

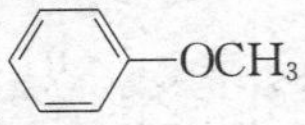

茴香醚 Anisole;苯甲醚 Phenyl methyl ether
甲氧基苯 Methoxybenzene

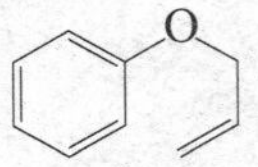

苯基烯丙基醚;烯丙基苯基醚
烯丙氧基苯 3-苯氧基-1-丙烯

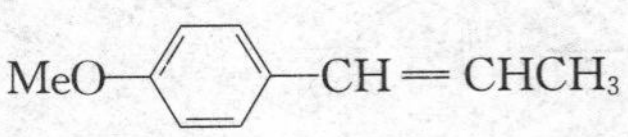

茴香脑 Anethole;对丙烯基茴香醚 p-Propenylanisole
1-丙烯基-4-甲氧基苯 1-Methoxy-4-(1-propenyl)benzene
1-(4-甲氧苯基)丙烯 1-(Methoxyphenyl)propene

$CH_3OCH_2CH_2OH$　　β-甲氧基乙醇;2-甲氧基乙醇

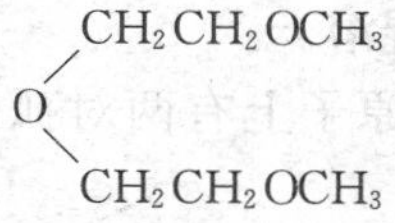

	一缩二乙二醇二甲醚 Diglyme
CH₂CH₂OCH₃–O–CH₂CH₂OCH₃	Diethylene glycol dimethyl ether
	2,5,8-三氧杂壬烷 2,5,8-Trioxanonane

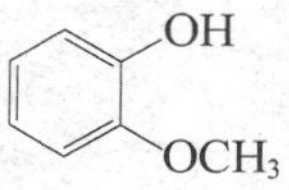

愈创木酚 Guaiacol
儿茶酚一甲醚
邻甲氧基苯酚;2-甲氧基苯酚

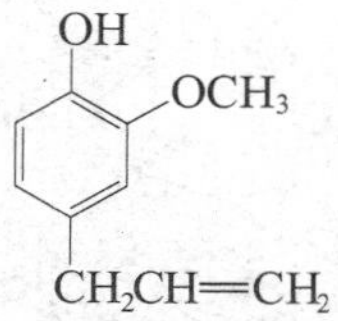

丁香酚 Eugenol
4-烯丙基-2-甲氧基苯酚 4-Allyl-2-methoxyphenol

环氧乙烷 Epoxyethane; Oxirane
氧化乙烯 Ethylene oxide

(R)-甲基环氧乙烷;(R)-1,2-环氧丙烷

顺-2,3-环氧丁烷;(R,S)-2,3-二甲基环氧乙烷

环氧氯丙烷 Epichlorohydrin
3-氯-1,2-环氧丙烷 1-Chloro-2,3-epoxypropane

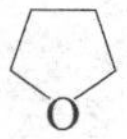

四氢吡喃 Tetrahydropyran (THP)
1,4-环氧丁烷 1,4-Epoxybutane
氧杂环戊烷 Oxacyclopentane

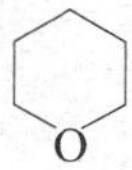

四氢吡喃 Tetrahydropyran (THP)
氧杂环己烷 Oxacyclohexane

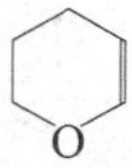

二氢吡喃 3,4-Dihydropyran (DHP)

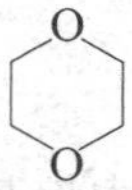

二噁烷 Dioxane; 1,4-Dioxane
1,4-二氧六环;二氧六环
1,4-二氧杂环己烷

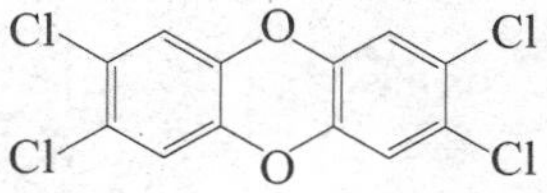

二噁英 Dioxine
2,3,7,8-Tetrachlorodibenzodioxin (TCDD)

7.3.2 醚的结构与物理性质

由于烃基对氧原子的遮掩,醚难溶于水,沸点低,易挥发,良好的有机溶剂(从水中萃取有机物)。

环醚的氧原子暴露,易与水形成氢键。环醚四氢呋喃和二噁烷与水混溶。

醚氧原子采取 sp³ 杂化,四面体构型,因此,显示一定的极性。醚氧原子上有两对孤电子对,是电子源,显示一定程度的碱性,即可质子化也可与 Lewis 酸配位。

μ1.29 D   μ1.15 D   μ1.63 D

7.3.3 醚的化学反应

7.3.3.1 碱性与亲核性

醚氧显示一定的碱性,因成盐而溶于冷的浓硫酸等强浓酸中,水稀释,锌盐分解,醚又浮出。

$$R_2O: + H_2SO_4 \longrightarrow R_2O^+-H \; HSO_4^-$$

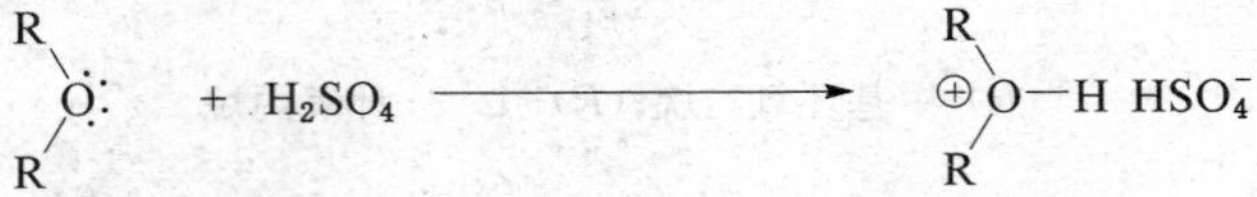

可利用此性质分离混合物。

问题 24 如何分离环己烷与二异丙基醚混合物?

醚氧原子是配位原子,醚作为配体可与 Lewis 酸形成配位化合物。

例:

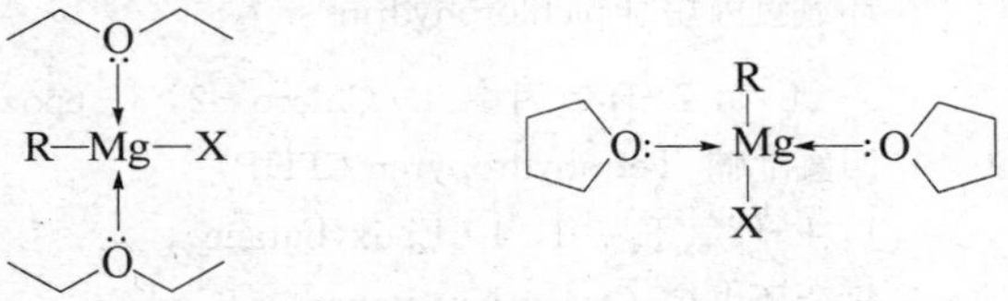

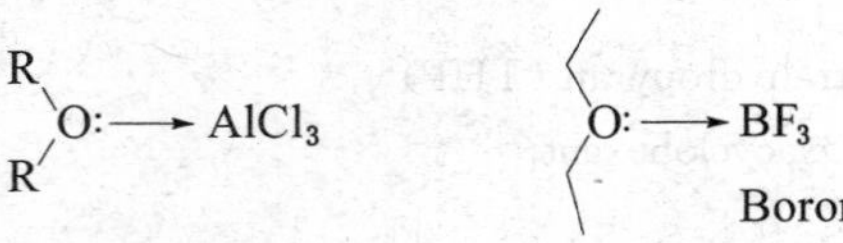

R—Mg—X (配位乙醚)

(THF)₂Mg X

R₂O: → AlCl₃

Et₂O: → BF₃
Boron trifluoride diethyl etherate

(CH₃CH₂)₃O⁺ ⁻BF₄
Triethyloxonium tetrafluoroborate
四氟硼酸三乙基氧盐

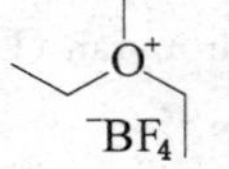

(CH₃)₃O⁺ ⁻BF₄
Trimethyloxonium tetrafluoroborate
四氟硼酸三甲基氧盐

Meerwein 盐或试剂(Hans Meerwein,1937),三乙基氧盐和三甲基氧盐,都是强力烷基化试剂,对氧、硫、氮等甲基化、乙基化,生成醚、酯、胺等化合物。

四氟硼酸三乙基氧盐的制备:

$$CH_3CH_2F + (CH_3CH_2)_2O \cdot BF_3 \xrightarrow{Et_2O} (CH_3CH_2)_3O^+ \; ^-BF_4$$

$$Et_2O + CH_3CH_2Br \xrightarrow[Et_2O]{AgBF_4} (CH_3CH_2)_3O^+ \; ^-BF_4 + AgBr$$

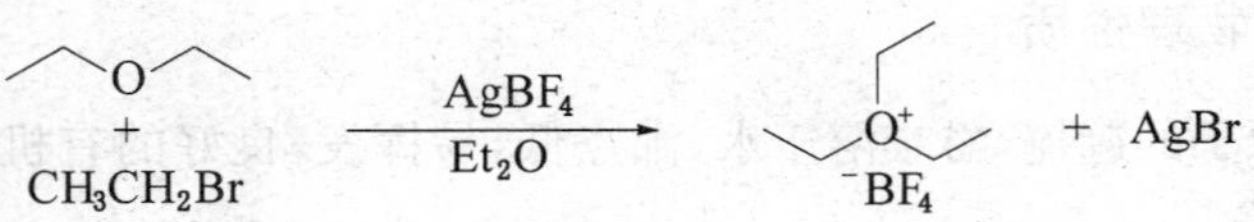

7.3.3.2 醚键断裂

醚键可被强氢卤酸裂解,生成卤代烃。

$$CH_3OCH_3 + HI(1\ mol) \longrightarrow CH_3I + CH_3OH$$

有机分析中用于测定甲氧基含量——Zeisel 测定法。

氢卤酸过量,生成两分子卤代烃。

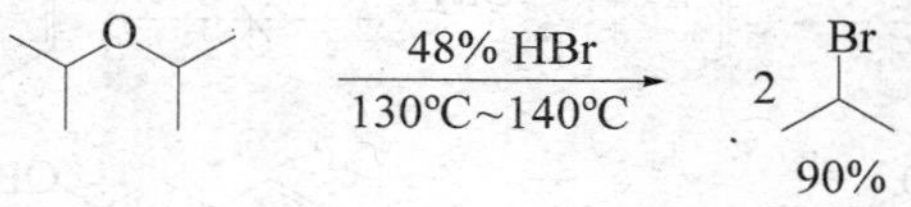

$$(CH_3)_2CHOCH(CH_3)_2 \xrightarrow[130°C\sim140°C]{48\%\ HBr} 2\ (CH_3)_2CHBr\quad 90\%$$

氢卤酸的活性:和氢卤酸的酸性一致。

$$HX: HI > HBr > HCl$$

混合醚碳氧键断裂的难易顺序:烃基叔、仲、伯,活性依次下降,芳烃基是惰性的。

$$R: 3° > 2° > 1° > CH_3 \gg Ar$$

醚键选择性断裂:伯仲烃基醚键的破裂一般是双分子亲核取代(S_N2)。

例:

$$CH_3CH_2OCH_3 + HI(1\ mol) \xrightarrow[\triangle]{HI} CH_3CH_2OH + CH_3I$$

$$(CH_3)_2CHOCH_3 + HI(1\ mol) \xrightarrow[\triangle]{HI} (CH_3)_2CHOH + CH_3I$$

S_N2

叔烃基醚的酸裂解是单分子亲核取代(S_N1)。

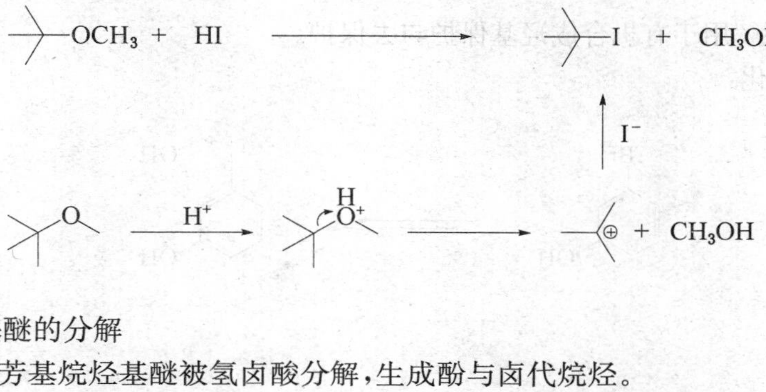

$$(CH_3)_3C-OCH_3 + HI \longrightarrow (CH_3)_3C-I + CH_3OH$$

$$(CH_3)_3C-O-CH_3 \xrightarrow{H^+} (CH_3)_3C-\overset{+}{O}(H)-CH_3 \longrightarrow (CH_3)_3C^+ + CH_3OH$$

芳基烷烃基醚的分解

强酸裂解:芳基烷烃基醚被氢卤酸分解,生成酚与卤代烷烃。

例:

$$C_6H_5OCH_3 \xrightarrow[120°C\sim130°C]{57\%\ HI} C_6H_5OH + CH_3I$$

强质子酸裂解机理：S_N2 发生在饱和碳上，S_N 不发生在苯环上。

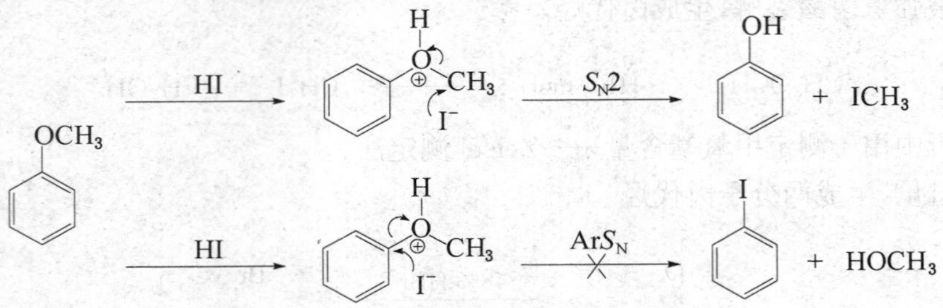

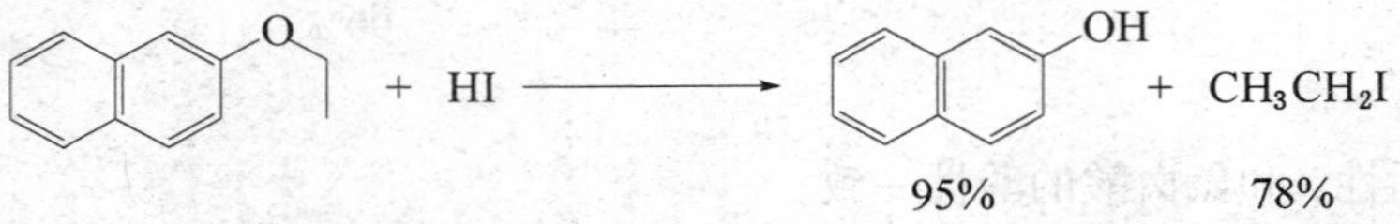

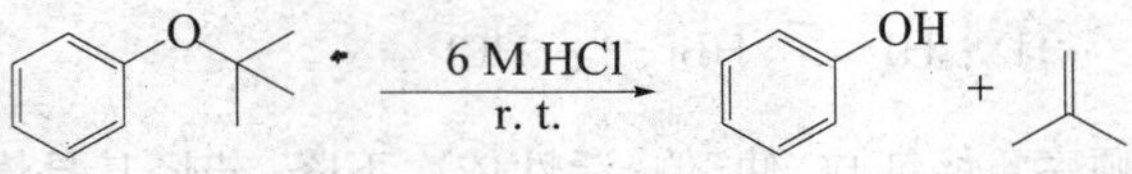

二芳基醚不被裂解。

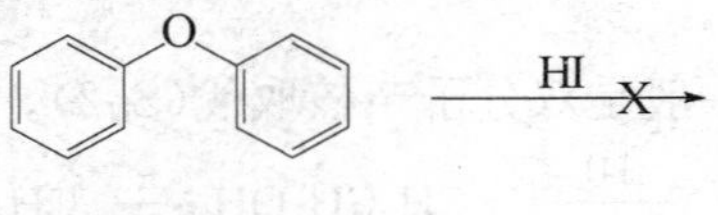

催化氢解：苯甲醚易氢解。

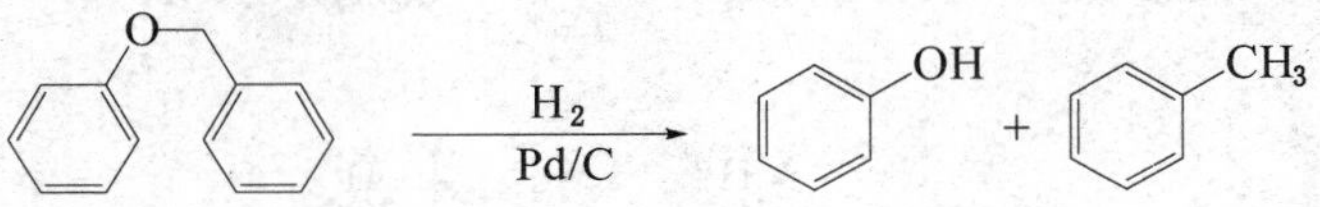

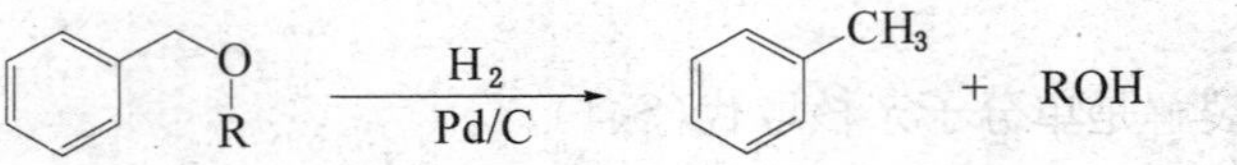

醚的形成与裂解用于有机合成羟基保护与去保护。

例1 完成转化：

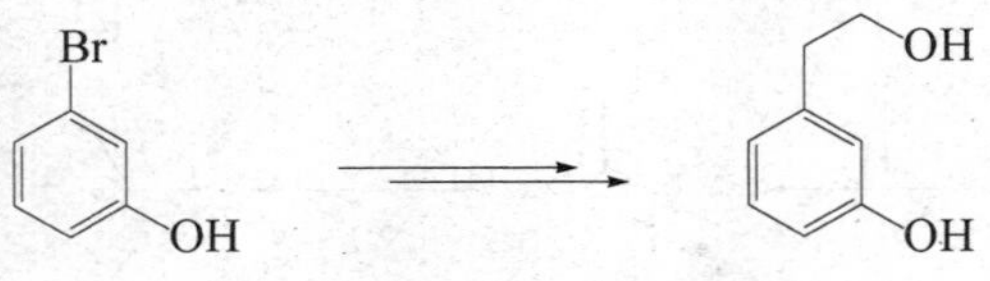

合成：

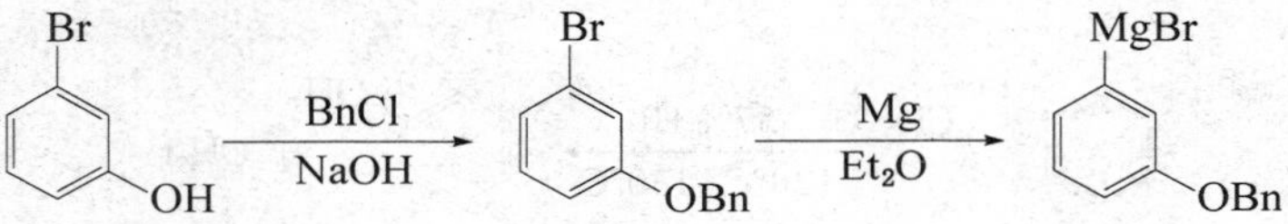

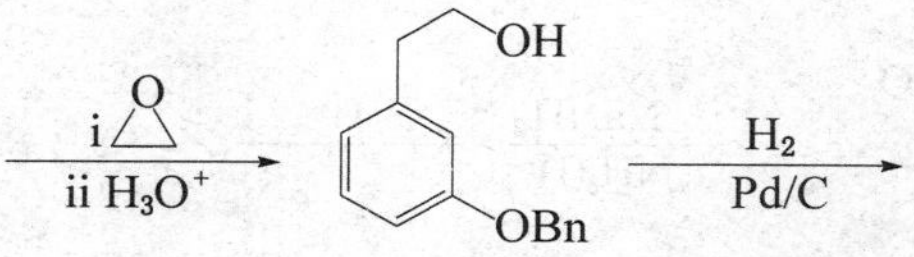

例 2 完成转化：

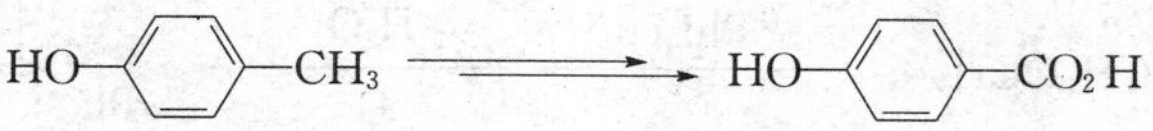

合成：

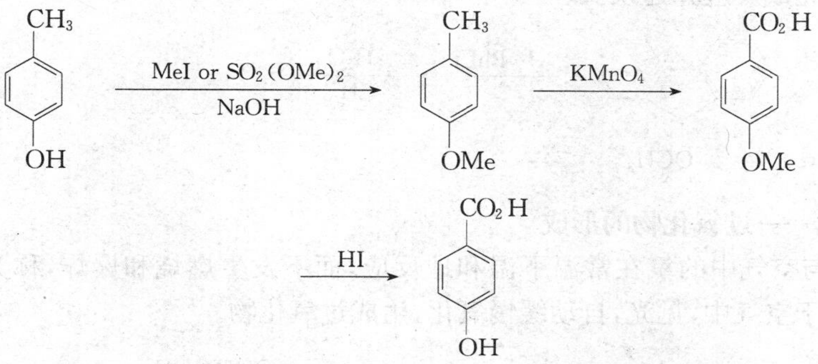

问题 25 完成反应

$(CH_3)_2CHOCH_3 + HI \longrightarrow$

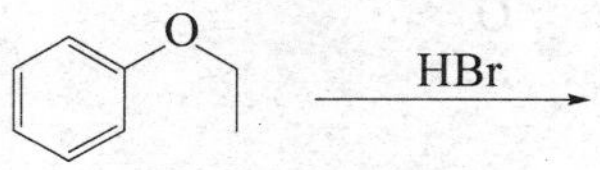

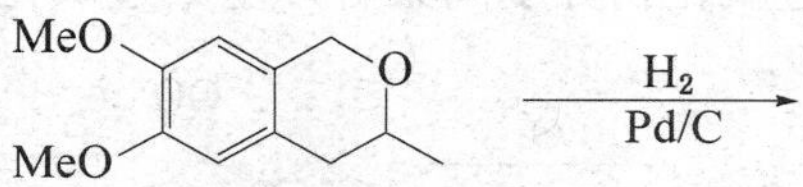

7.3.3.3 Wittig 重排

苯甲基或烯丙基醚(benzyl or allyl ether)在特强碱作用下重排成醇，称为 Wittig 重排，又称为 1，2-Wittig 重排 (Georg Wittig，1942)。Wittig 重排经历碳-氧键(C—O)断裂，生成新的碳-碳键(C—C)，实现了由醚到醇转化。

例：二苯甲基醚在丁基锂作用下生成 1，2-二苯基乙醇。

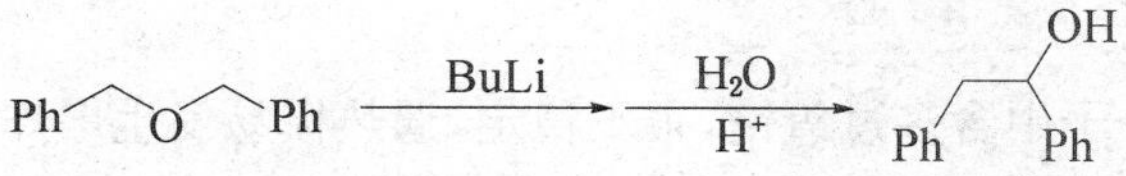

重排机理：醚的苯甲位 α-氢被夺取，生成的碳负离子亲核进攻醚氧的另一缺电子的 α-碳，完成烃基由氧到碳(O→C)的 1，2-迁移。

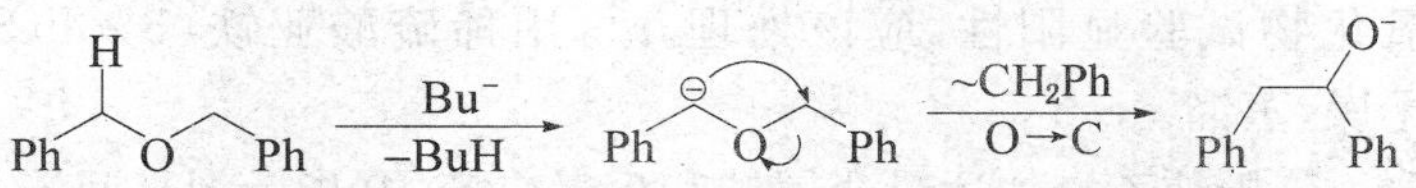

问题 26 完成反应并建议机理

$$\text{CH}_2=\text{CH-CH}_2\text{-O-CH}_2\text{-CH=CH}_2 \xrightarrow[\text{NH}_3(l)]{\text{NaNH}_2} \xrightarrow{\text{H}^+}$$

问题 27 建议机理

$$\text{PhCH}_2\text{OCH}_3 \xrightarrow{\text{PhLi}} \xrightarrow[\text{H}^+]{\text{H}_2\text{O}} \text{Ph-CH(OH)-CH}_3$$

问题 28 完成反应并建议机理

$$\text{9-methoxyfluorene} \xrightarrow{\text{PhLi}} \xrightarrow[\text{H}^+]{\text{H}_2\text{O}}$$

7.3.3.4 氧化——过氧化物的形成

化学物质与空气中的氧在常温下温和地反应,而不发生燃烧和爆炸,称为自动氧化。含 α-氢的醚暴露于空气中,见光,自动缓慢氧化,生成过氧化物。

$$\text{CH}_3\text{CH}_2\text{-O-CH}_2\text{CH}_3 \xrightarrow{\text{O}_2} \text{CH}_3\text{CH(OOH)-O-CH(OOH)CH}_3$$

$$(\text{CH}_3)_2\text{CH-O-CH}(\text{CH}_3)_2 \xrightarrow{\text{O}_2} (\text{CH}_3)_2\text{C(OOH)-O-CH}(\text{CH}_3)_2$$

自动氧化是通过自由基机理进行的。
首先醚 α-氢过氧化生成氢过氧化物,氢过氧化物分子间聚合产生聚过氧化物。

$$\text{CH}_3\text{CH}_2\text{-O-CH}_2\text{CH}_3 \xrightarrow[-\text{RH}]{\text{R}\cdot} \text{CH}_3\text{CH}_2\text{-O-}\overset{\cdot}{\text{CH}}\text{CH}_3 \xrightarrow{\text{O}_2} \text{CH}_3\text{CH}_2\text{-O-CH(OO}\cdot\text{)CH}_3$$

$$\text{CH}_3\text{CH}_2\text{-O-CH(OO}\cdot\text{)CH}_3 + \text{CH}_3\text{CH}_2\text{-O-CH}_2\text{CH}_3 \longrightarrow \text{CH}_3\text{CH}_2\text{-O-CH(OOH)CH}_3 + \text{CH}_3\text{CH}_2\text{-O-}\overset{\cdot}{\text{CH}}\text{CH}_3$$

$$\text{CH}_3\text{CH}_2\text{-O-CH(OO}\cdot\text{)CH}_3 + \text{CH}_3\text{CH}_2\text{-O-}\overset{\cdot}{\text{CH}}\text{CH}_3 \longrightarrow \text{CH}_3\text{CH}_2\text{-O-CH(CH}_3\text{)-O-O-CH(CH}_3\text{)-O-CH}_2\text{CH}_3$$

由于聚过氧化物分子中含多过氧键,很不稳定,遇热极易发生爆炸性分解。
甲基叔丁基醚不易生成过氧化物。
蒸馏醚类化合物应首先检验是否含有过氧化物(碘化钾-淀粉试纸检验,蓝色-有过氧化物),若有,应采取措施除去,再蒸馏,即使如此,仍不可蒸干。
处理:若过氧化物试验显阳性,应该处理。可用稀硫酸亚铁($5\%\text{FeSO}_4$)或氯化亚锡(SnCl_2)液洗涤,干燥,蒸馏。
绝对无水乙醚:分析纯乙醚加适量金属钠和少量二苯酮(指示剂),回流至变蓝(数小时),

防潮蒸馏即得高纯乙醚,99.99%,即绝对无水乙醚。此种乙醚不仅无水、无活性氢杂质,也彻底除去了过氧化物。

7.3.4 醚的制备

7.3.4.1 单纯醚

构造对称的单纯醚的制备通常用醇酸脱水反应。

$$2R\text{—}OH \xrightarrow[-H_2O]{H^+} R\text{—}O\text{—}R$$

伯仲醇酸脱水成醚机理:S_N2

$$2R\text{—}OH \xrightarrow{H^+} R\overset{+}{\underset{H}{O}}H_2 \cdots HO\text{—}R \xrightarrow[-H_2O]{S_N2} R\text{—}\overset{+}{\underset{H}{O}}\text{—}R$$

$$\xrightarrow{-H^+} R\text{—}O\text{—}R$$

例:

$$2\,CH_3CH_2OH \xrightarrow[140℃]{H_2SO_4} CH_3CH_2\text{—}O\text{—}CH_2CH_3$$

$$(CH_3)_2CHCH_2OH \xrightarrow[100℃\sim125℃]{H_2SO_4} \text{异戊基醚} \quad 70\%\sim75\%$$

$$(CH_3)_2CHOH \xrightarrow[100℃\sim125℃]{H_2SO_4} (CH_3)_2CH\text{—}O\text{—}CH(CH_3)_2$$

例:由乙醇合成麻醉剂二乙烯基醚(VE)。

$$CH_3CH_2OH \Longrightarrow CH_2=CH\text{—}O\text{—}CH=CH_2$$

二乙烯基醚 Vinyl ether (VE)
(吸入性麻醉剂 inhalation anesthetic)

合成:

$$CH_3CH_2OH \xrightarrow[170℃]{H_2SO_4} CH_2=CH_2 \xrightarrow[H_2O]{Cl_2} ClCH_2CH_2OH$$

$$\xrightarrow[-H_2O]{H_2SO_4} \underset{Cl\quad Cl}{\bigcirc\!\!\!\!O} \xrightarrow[EtOH]{KOH} CH_2=CH\text{—}O\text{—}CH=CH_2$$

7.3.4.2 混合醚

构造不对称的混合醚的制备有醇酸脱水、Williamson 醚合成、醇与烯炔加成和烷氧汞化等方法。

1. 醇酸脱水

构造不对称的混合醚也可通过醇酸脱水制备,但结构要求是叔烃基或能产生较稳定碳正离子的烃基醚,机理是单分子亲核取代(S_N1)。

例：

$$\text{(CH}_3)_3\text{C-OH} + \text{CH}_3\text{OH (excess)} \xrightarrow{\text{H}^+} \text{(CH}_3)_3\text{C-O-CH}_3$$

机理：

$$\text{(CH}_3)_3\text{C-OH} \xrightarrow{\text{H}^+} \text{(CH}_3)_3\text{C-}\overset{+}{\text{O}}\text{H}_2 \xrightarrow{-\text{H}_2\text{O}} \text{(CH}_3)_3\text{C}^+ \xrightarrow[S_N1]{\text{H}\ddot{\text{O}}-\text{Me}}$$

$$\text{(CH}_3)_3\text{C-}\overset{+}{\underset{\text{H}}{\text{O}}}\text{-CH}_3 \xrightarrow{-\text{H}^+} \text{(CH}_3)_3\text{C-O-CH}_3$$

再如乙基叔丁基醚、异丙基叔丁基醚以及丙基二苯甲基醚的制备：

$$\text{(CH}_3)_3\text{C-OH} + \text{CH}_3\text{CH}_2\text{OH (excess)} \xrightarrow[70\ ^\circ\text{C}]{15\%\ \text{H}_2\text{SO}_4} \text{(CH}_3)_3\text{C-O-CH}_2\text{CH}_3 \quad 95\%$$

$$\text{Ph}_2\text{CH-OH} + \text{HO-CH}_2\text{CH}_2\text{CH}_3 \xrightarrow[\Delta]{\text{H}_2\text{SO}_4} \text{Ph}_2\text{CH-O-CH}_2\text{CH}_2\text{CH}_3 \quad 90\%$$

$$\text{(CH}_3)_3\text{C-OH} + \text{HO-CH(CH}_3)_2 \xrightarrow[\Delta]{\text{H}_2\text{SO}_4} \text{(CH}_3)_3\text{C-O-CH(CH}_3)_2 \quad 82\%$$

问题 29 建议机理

$$\text{HO-(CH}_2)_4\text{-OH} \xrightarrow{\text{H}^+} \text{四氢呋喃}$$

$$\text{(CH}_3)_2\text{C(OH)-CH}_2\text{CH}_2\text{-OH} \xrightarrow{\text{H}^+} \text{2,2-二甲基四氢呋喃}$$

2. Williamson 威廉姆森醚合成法

醇或酚氧负离子作为亲核试剂与含有离去基的底物发生双分子亲核取代形成碳–氧键——醚键，称为 Williamson 醚合成（Alexander Williamson，1850）。Williamson 醚合成既用于脂肪醚的合成也适用于烷基芳基醚的制备。

1）脂肪混合醚

$$\text{RONa} + \text{R}'-\text{L} \xrightarrow{S_N2} \text{RO-R}' + \text{NaL}$$

$$\text{R-CH}_2\text{OH} \xrightarrow[-\text{H}_2]{\text{NaH}} \text{R-CH}_2\text{O}^- \xrightarrow[-\text{I}^-]{\text{Me-I}} \text{R-CH}_2\text{O-CH}_3$$

例：

$$\text{PhCH}_2\text{Cl} + \text{Me}_2\text{CHONa} \longrightarrow \text{PhCH}_2\text{OCHMe}_2 \quad 84\%$$

$$\text{CH}_3\text{CH}_2\text{CH}_2\text{CH}_2\text{OH} \xrightarrow{\text{NaH}} \xrightarrow{\text{EtBr}} \text{CH}_3\text{CH}_2\text{CH}_2\text{CH}_2\text{OEt} \quad 71\%$$

Williamson 醚合成反应多可在相转移催化条件下进行。

例：

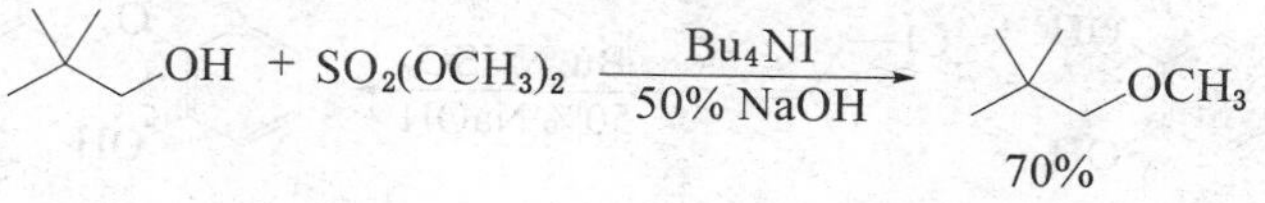

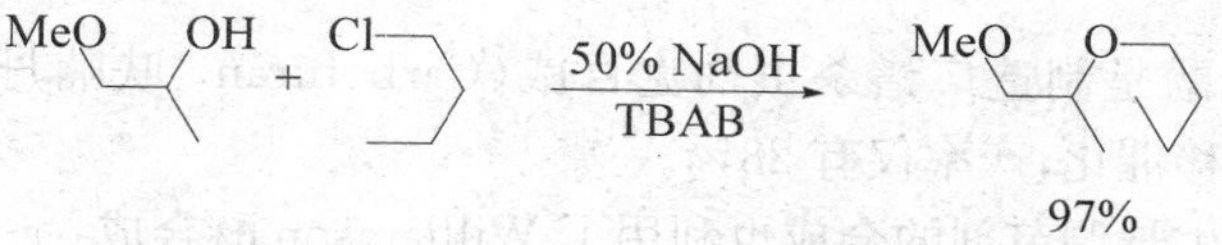

$(CH_3)_3CCH_2OH + SO_2(OCH_3)_2 \xrightarrow[50\% \text{ NaOH}]{Bu_4NI} (CH_3)_3CCH_2OCH_3$ 70%

MeOCH₂CH(OH)CH₃ + Cl(CH₂)₄ $\xrightarrow[\text{TBAB}]{50\% \text{ NaOH}}$ 产物 97%

合成实例：

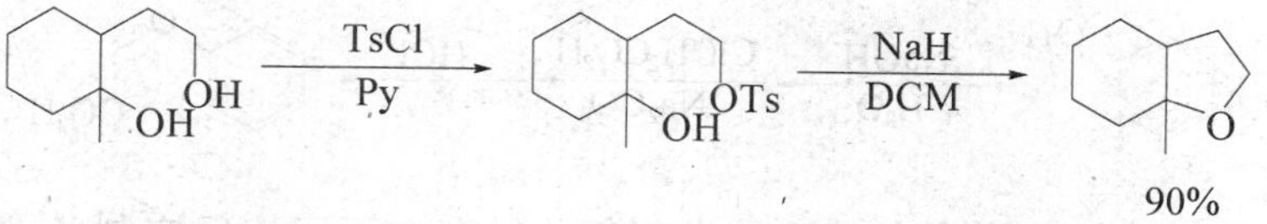

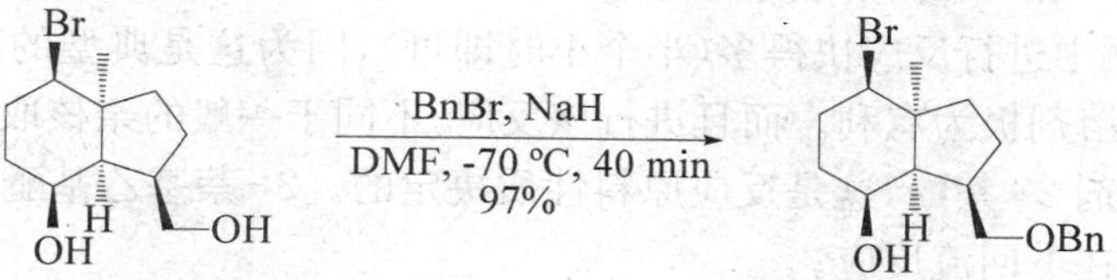

环状醇 $\xrightarrow[\text{Py}]{\text{TsCl}}$ 甲苯磺酸酯 $\xrightarrow[\text{DCM}]{\text{NaH}}$ 环醚 90%

溴羟基二醇 $\xrightarrow[\text{DMF, -70 °C, 40 min}]{\text{BnBr, NaH}}$ 苄基醚 97%

问题 30 完成反应

Me_2CHONa + 环己基乙基OMs $\longrightarrow$

仲丁醇 $\xrightarrow{\text{NaH}}$ $\xrightarrow{\text{MeI}}$

叔丁醇 $\xrightarrow[\text{EtBr}]{\text{NaH}}$

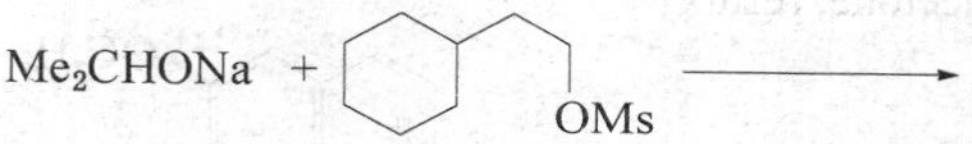

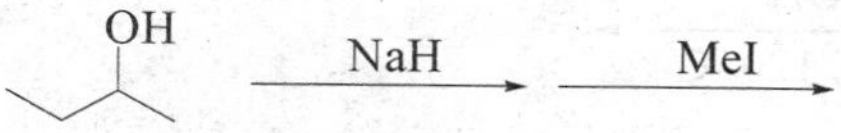

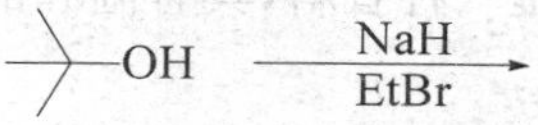

2) 烷基芳基醚

酚在苛性碱或碳酸碱存在下与含有离去基的底物共热反应形成烷基芳基醚。

例：

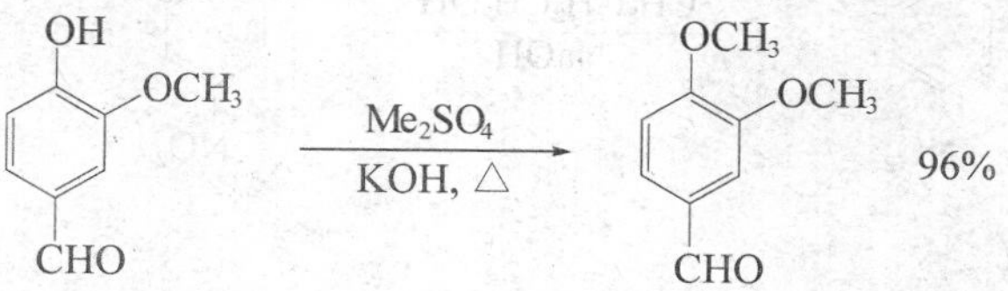

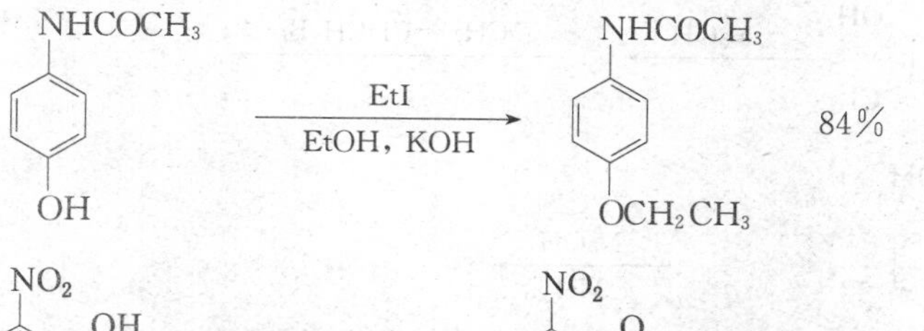

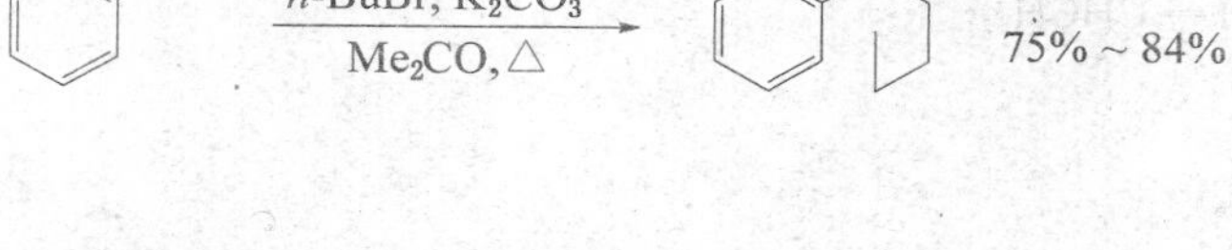

愈创木醛 $\xrightarrow[\text{KOH, } \triangle]{Me_2SO_4}$ 二甲氧基苯甲醛 96%

对羟基乙酰苯胺 $\xrightarrow[\text{EtOH, KOH}]{\text{EtI}}$ 对乙氧基乙酰苯胺 84%

邻硝基苯酚 $\xrightarrow[\text{Me}_2\text{CO, } \triangle]{n\text{-BuBr, } K_2CO_3}$ 邻硝基苯丁醚 75%~84%

$$\text{catechol} + \text{ClCH}_2\text{C(CH}_3\text{)=CH}_2 \xrightarrow[\text{50\% NaOH}]{\text{Bu}_4\text{NHSO}_4} \text{2-(2-methylallyloxy)phenol} \quad 82\%$$

2-异丁烯氧基苯酚是制造广谱杀虫剂克百威(Carbofuran，呋喃丹，虫满威)的中间体。此反应若不采用相转移催化，产率仅有 28%。

苯氧乙酸类植物生长调节剂的合成也利用了 Williamson 醚合成：

$$\text{PhOH} \xrightarrow[\text{H}_2\text{O}]{\text{NaOH}} \xrightarrow[\text{Na}_2\text{CO}_3]{\text{ClCH}_2\text{CO}_2\text{H}} \xrightarrow{\text{HCl}} \text{PhOCH}_2\text{CO}_2\text{H}$$

2-萘基乙基醚可由 2-萘酚与溴乙烷在氢氧化钠存在下回流反应制备，溶剂选用乙醇或丙酮均可，但在丙酮中进行反应快得多（半个小时即可），因为这是典型的双分子亲核取代，丙酮作为非质子偶极溶剂极为有利。而且进行该反应，不同于一般的亲核取代，是底物溴乙烷应过量而不是亲核试剂 2-萘酚，这是反应原料性质决定的。2-萘基乙基醚也可由 2-萘酚与过量的乙醇在硫酸存在下回流反应。

$$\text{2-naphthol} \xrightarrow[\text{acetone, reflux}]{\text{EtBr, NaOH}} \text{2-naphthyl ethyl ether (OC}_2\text{H}_5\text{)}$$

$$\text{2-naphthol} \xrightarrow[\text{H}_2\text{SO}_4, 120\,°\text{C}]{\text{EtOH}} \text{2-naphthyl ethyl ether}$$

β-萘乙醚，2-萘基乙基醚，俗称橙花醚(nerolin)，是一种香料，具有温和的橙花香香气，多用于配制香皂、化妆品香精。

烷基芳基醚也可通过活化芳香亲核取代制备：

$$\text{1-Cl-2,4-(NO}_2\text{)}_2\text{C}_6\text{H}_3 \xrightarrow[\text{NaOH}]{\text{CH}_3\text{CH}_2\text{CH}_2\text{OH}} \text{1-OPr-2,4-(NO}_2\text{)}_2\text{C}_6\text{H}_3$$

问题 31 完成反应

$$\text{2-chlorophenol} \xrightarrow{\text{NaOH}} \xrightarrow{\text{CH}_2\text{=CHCH}_2\text{Br}}$$

$$\text{4-(1-propenyl)phenol} \xrightarrow[\text{MeI}]{\text{NaOH}}$$

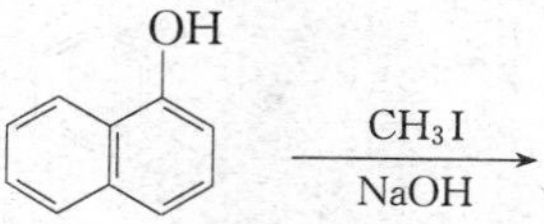

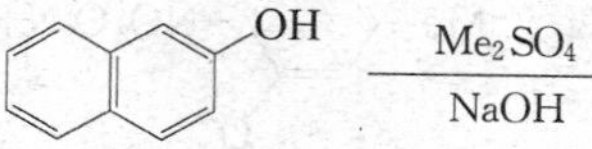

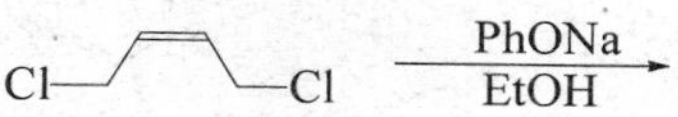

[Reactions shown:]

1-naphthol + CH₃I / NaOH →

2-naphthol + Me₂SO₄ / NaOH →

ClCH₂CH=CHCH₂Cl + PhONa / EtOH →

3. 醇与烯炔加成

醇与烯炔的加成可用于醚的制备。

例：(CH₃)₂C=CH₂ + BrCH₂CH₂CH₂OH $\xrightarrow[\Delta]{H_2SO_4}$ (CH₃)₃C—O—CH₂CH₂CH₂Br   80%

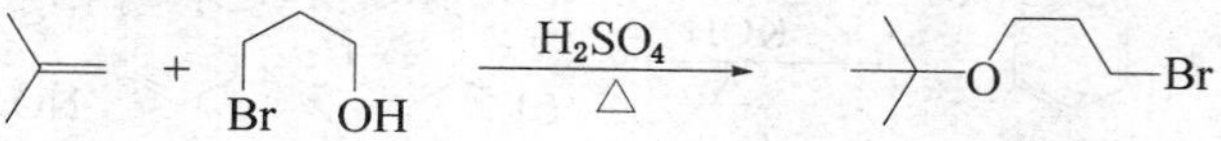

BuOH + HC≡CH $\xrightarrow[\Delta]{KOH}$ BuO—CH=CH₂

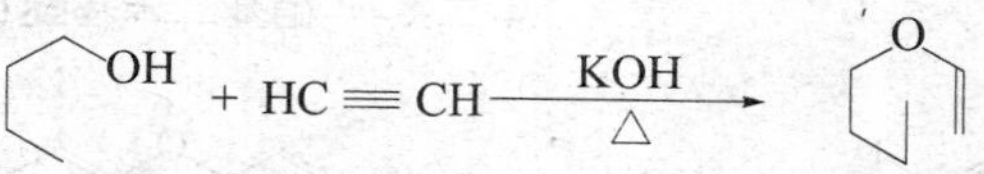

4. 烷氧汞化反应

烯键的烷氧汞化反应液用于实验室醚的制备。

例：1-戊烯 $\xrightarrow[\text{ii } NaBH_4]{\text{i } Hg(OAc)_2, EtOH}$ 2-乙氧基戊烷   98%

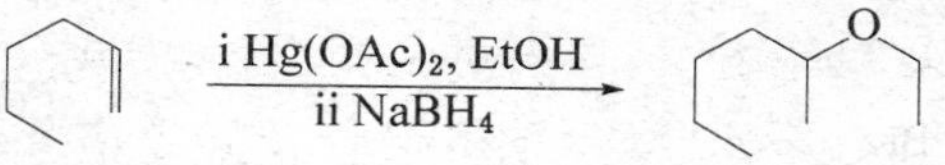

7.3.4.3 二芳基醚

二芳基醚合成可用改良的 Fittig 合成，即应用铜粉代替金属钠，此为 Ullmann 二芳基醚合成，氧化铜、亚铜盐都可以作为催化剂。

例：

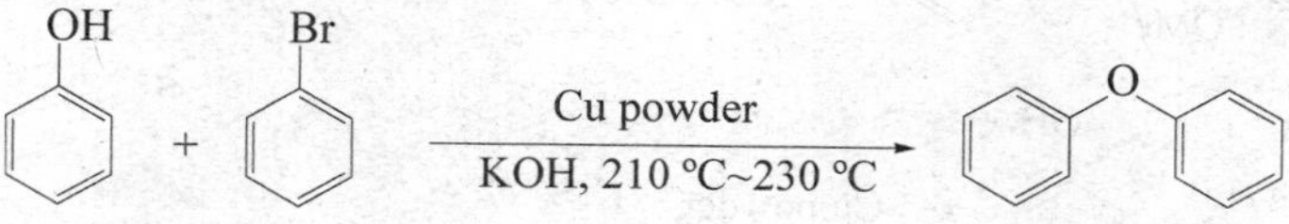

PhOH + PhBr $\xrightarrow[\text{KOH, 210 °C~230 °C}]{\text{Cu powder}}$ Ph—O—Ph   87%~90%

PhOH + 4-NO₂-C₆H₄-Cl $\xrightarrow[\text{150 °C~160 °C, 1 h}]{\text{Cu}}$ Ph—O—C₆H₄—NO₂   82%

3-MeC₆H₄OK + PhCl $\xrightarrow[\text{140 °C~190 °C}]{\text{CuO}}$ 3-甲基二苯醚   75%

PhOK + 3-MeO-C₆H₄-Br $\xrightarrow[\text{xylene, reflux}]{\text{CuCl, Py}}$ 3-甲氧基二苯醚   74%

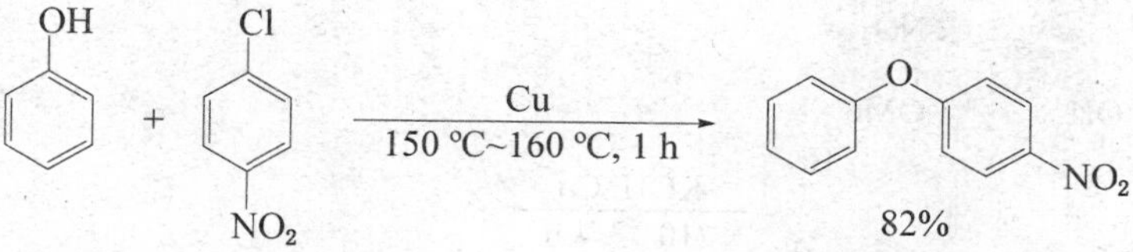

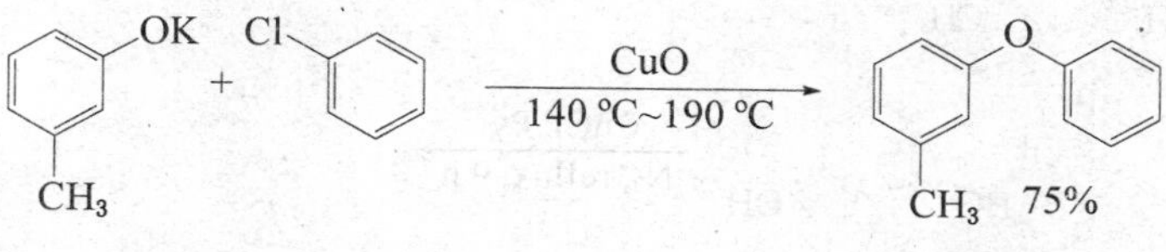

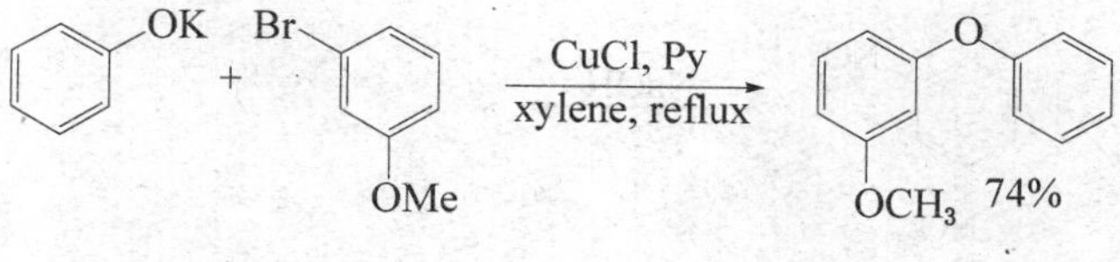

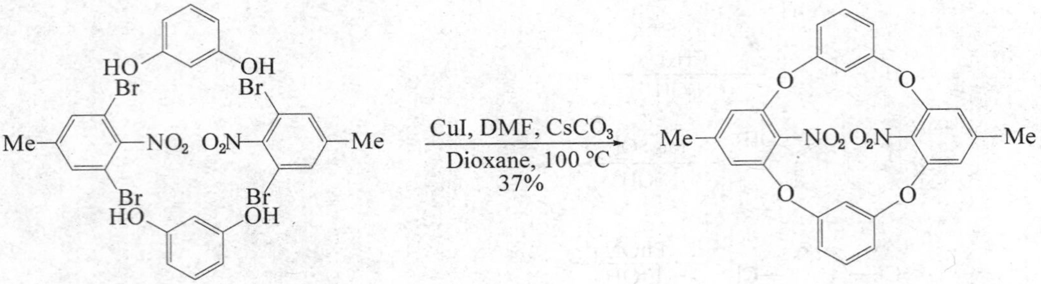

二芳基醚也可通过活化芳香亲核取代(S_NAr)制备。

例：

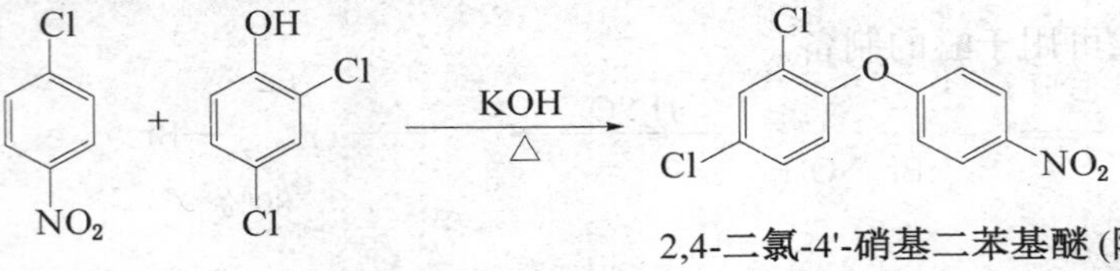

2,4-二氯-4'-硝基二苯基醚 (除草醚)

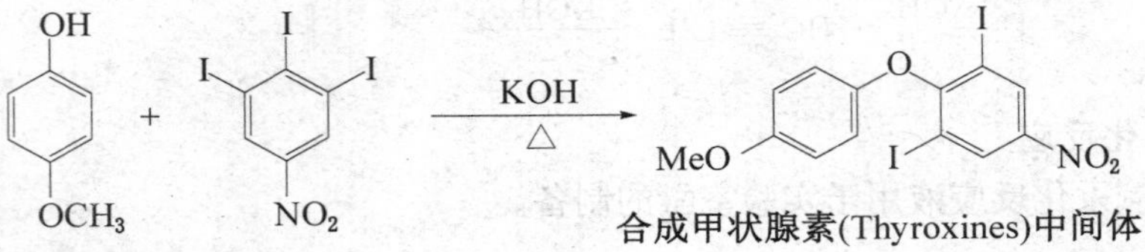

合成甲状腺素(Thyroxines)中间体

问题 32 完成反应

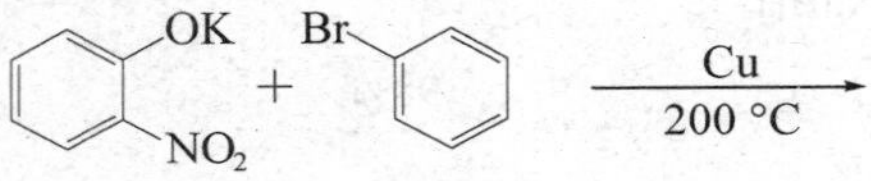

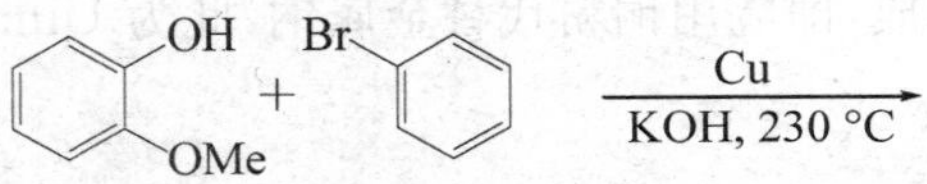

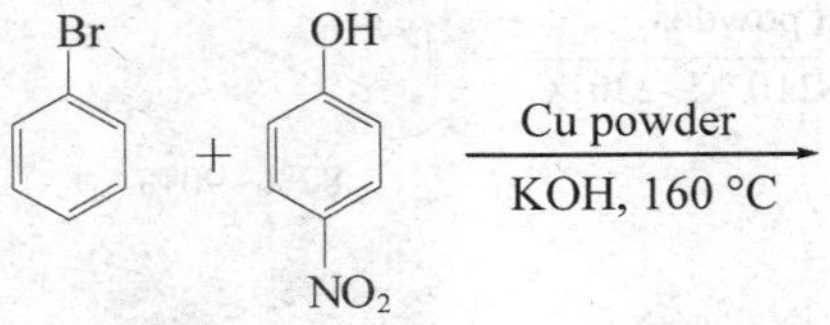

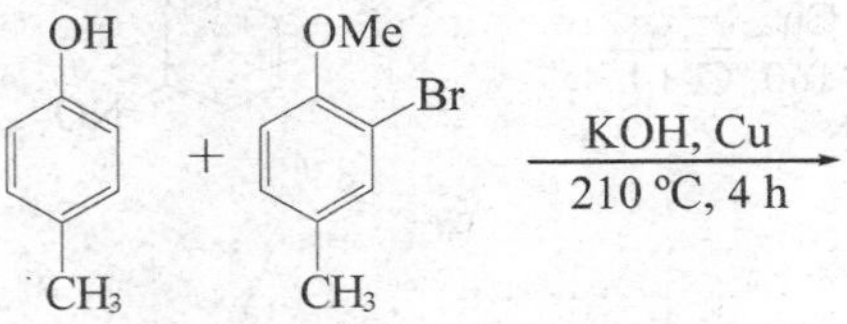

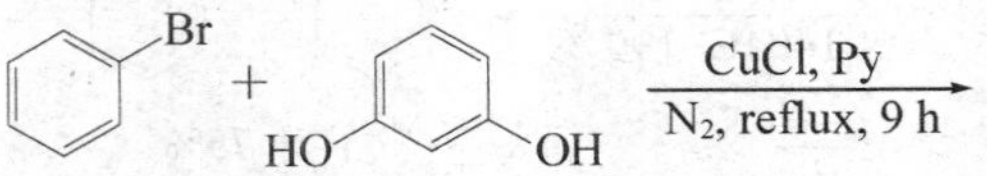

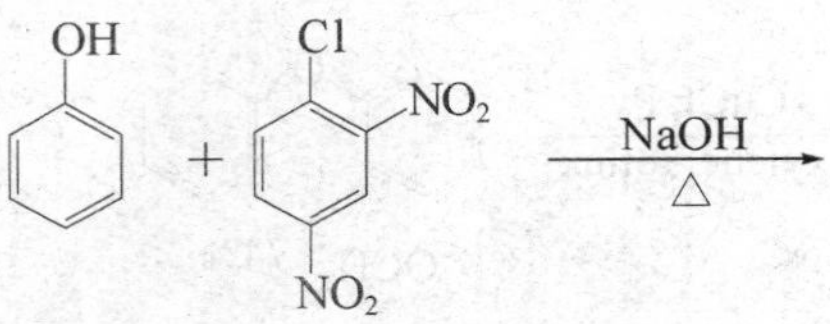

7.3.5 环醚

环醚(cyclic ether)包括小环、普通环和大环醚。

7.3.5.1 环氧化合物

环氧化合物(epoxide)主要是指环氧乙烷及其衍生物。

1. 环氧化合物的反应

(1) 开环加成

环氧乙烷的反应主要是其开环加成。亲核试剂进攻电正性的碳原子，碳-氧键破裂，所以是亲核开环加成反应。

环氧乙烷的开环加成反应广泛用于有机合成。

例：

$$\text{环氧乙烷} \xrightarrow[10\ ^\circ\text{C}]{\text{HBr}} \text{BrCH}_2\text{CH}_2\text{OH} \quad 87\% \sim 92\%$$

$$\text{环氧乙烷} \xrightarrow[\text{EtOH}]{\text{EtONa}} \text{EtOCH}_2\text{CH}_2\text{OH} \quad 50\%$$

$$\text{环氧乙烷} \xrightarrow[(1:1)]{\text{MeNH}_2} \text{MeNHCH}_2\text{CH}_2\text{OH}$$

$$\text{环氧乙烷} \xrightarrow[(2:1)]{\text{MeNH}_2} \text{MeN(CH}_2\text{CH}_2\text{OH)}_2$$

开环加成机理：

$$\text{环氧乙烷} \xrightarrow{\text{H}^+} \overset{+}{\text{O}}\text{H} \xrightarrow{\text{Br}^-} \text{BrCH}_2\text{CH}_2\text{OH}$$

$$\text{EtO}^- + \text{环氧乙烷} \xrightarrow[-\text{EtO}^-]{\text{H-OEt}} \text{EtOCH}_2\text{CH}_2\text{OH}$$

Grignard 试剂加成环氧乙烷制备增加两个碳的伯醇：

$$\text{环氧乙烷} + \text{R-MgX} \xrightarrow{\text{Et}_2\text{O}} \text{RCH}_2\text{CH}_2\text{OMgX} \xrightarrow{\text{H}_3\text{O}^+} \text{RCH}_2\text{CH}_2\text{OH}$$

例：

$$\text{环己基MgBr} + \text{环氧乙烷} \xrightarrow[\text{ii H}_3\text{O}^+]{\text{i Et}_2\text{O}} \text{环己基CH}_2\text{CH}_2\text{OH} \quad 62\%$$

炔负离子加成环氧乙烷或其衍生物制备 β-炔醇：

$$\text{CH}_3\text{C}\equiv\text{C}^-\text{Na}^+ + \text{环氧乙烷} \xrightarrow[\text{ii H}^+]{\text{i NH}_3(l)} \text{CH}_3\text{C}\equiv\text{CCH}_2\text{CH}_2\text{OH}$$

$$\text{HC}\equiv\text{C-MgBr} + \text{环氧乙烷} \xrightarrow[\text{ii H}_3\text{O}^+]{\text{i Et}_2\text{O}} \text{HC}\equiv\text{CCH}_2\text{CH}_2\text{OH}$$

问题 33 完成反应

$$\text{(CH}_3\text{)}_2\text{CHCH}_2\text{MgBr} + \underset{O}{\triangle} \xrightarrow[\text{ii } H_3O^+]{\text{i } Et_2O}$$

$$\text{C}_6\text{H}_{11}\text{-MgBr} + \underset{O}{\triangle} \xrightarrow[\text{ii } H_3O^+]{\text{i } Et_2O}$$

问题 34 合成设计

$$C_2 \Longrightarrow \Longrightarrow \text{香料叶醇 (cis-CH}_3\text{CH=CHCH}_2\text{CH}_2\text{OH)}$$

$$\text{Ph-}\!\!\equiv\!\!\text{-H} \Longrightarrow \Longrightarrow \text{(cis-Ph-CH=CH-CH}_2\text{-OH)}$$

乙二醇及其聚乙二醇生产

乙二醇：工业上，由环氧乙烷水解生产乙二醇。

$$\underset{O}{\triangle} + H_2O \xrightarrow[\substack{0.5\% \ H_2SO_4 \\ 50\ ^\circ\!C \sim 70\ ^\circ\!C}]{\substack{190\ ^\circ\!C \sim 220\ ^\circ\!C \\ 2.2\ \text{MPa}}} HOCH_2CH_2OH \quad \text{乙二醇；甘醇 Eethylene glycol}$$

聚乙二醇：环氧乙烷和乙二醇作用，生成二甘醇，后者再与环氧乙烷反应产生三甘醇。

二甘醇：

$$\underset{O}{\triangle} + HOCH_2CH_2OH \longrightarrow HOCH_2CH_2OCH_2CH_2OH$$

一缩二乙二醇；二甘醇
Diethylene glycol; Diglycol (DEG)

三甘醇：

$$\underset{O}{\triangle} + HOCH_2CH_2OCH_2CH_2OH \longrightarrow HOCH_2CH_2OCH_2CH_2OCH_2CH_2OH$$

二缩三乙二醇；三甘醇
Triethylene glycol (TEG)

聚乙二醇：环氧乙烷在催化剂 Lewis 酸如四氯化锡和少量水存在下聚合，得到高分子聚乙二醇。

$$(n+1)\underset{O}{\triangle} \xrightarrow[H_2O]{SnCl_4} HOCH_2(CH_2OCH_2)_nCH_2OH$$

聚乙二醇 Polyethylene glycol

聚乙二醇无毒、无刺激性,味微苦,具有良好的水溶性,并与许多有机物组份有良好的相溶性。聚乙二醇具有优良的润滑性、保湿性、分散性、粘接性、抗静电及柔软性等,在化妆品、制药、化纤、橡胶、塑料、造纸、油漆、电镀、农药、金属加工及食品加工等行业中均有着极为广泛的应用。

用于合成精细化学品——非离子型表面活性剂

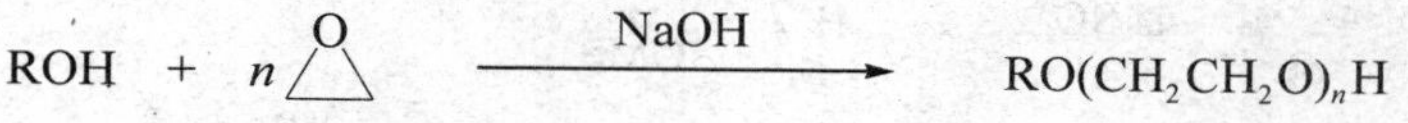

$$ROH + n \underset{\triangle}{O} \xrightarrow{NaOH} RO(CH_2CH_2O)_nH$$

$R = n\text{-}C_{12}H_{25}$ 十二烷基聚乙二醇醚
$R = p\text{-}C_9H_{19}C_6H_4$ 对壬基聚乙二醇醚

$$RCOH + n \underset{\triangle}{O} \longrightarrow RCO(CH_2CH_2O)_nH$$

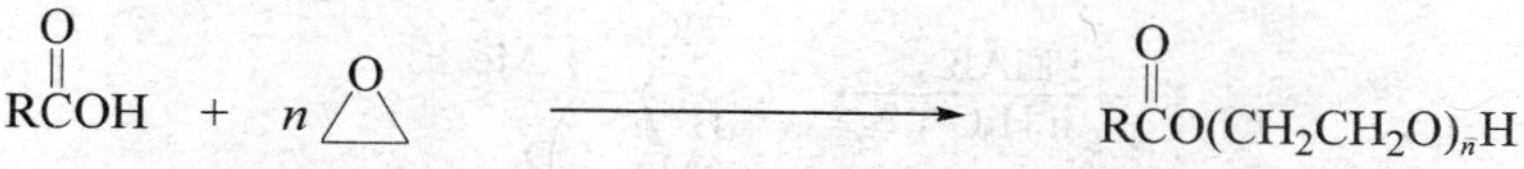

脂肪酸聚乙二醇酯

十二烷基聚乙二醇醚、对壬基聚乙二醇醚和脂肪酸聚乙二醇酯都是非离子型表面活性剂,具有乳化、润湿、分散、除油等性能,用作乳化剂、分散剂、洗涤清洁剂、增溶剂、润滑剂、柔软剂、消泡剂等,特别是其除油能力较强。

酸、碱均催化环氧乙烷的开环反应。

立体化学：反式开环,构型转化。

例：

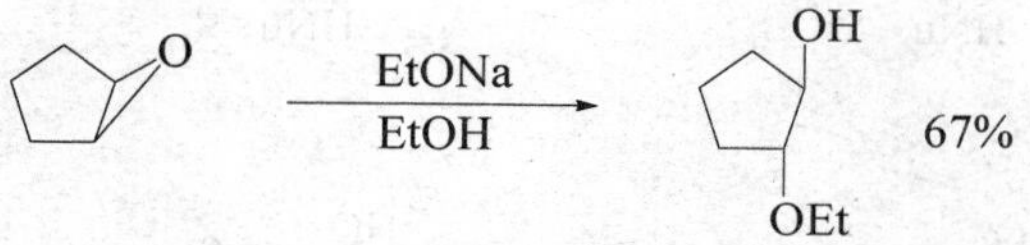

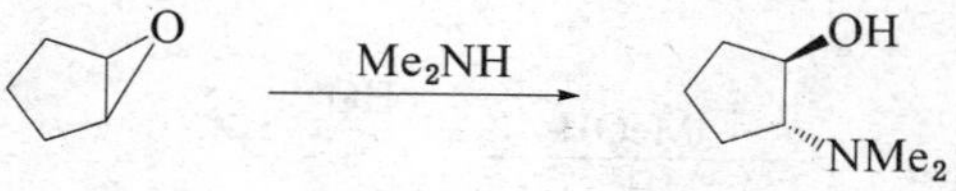

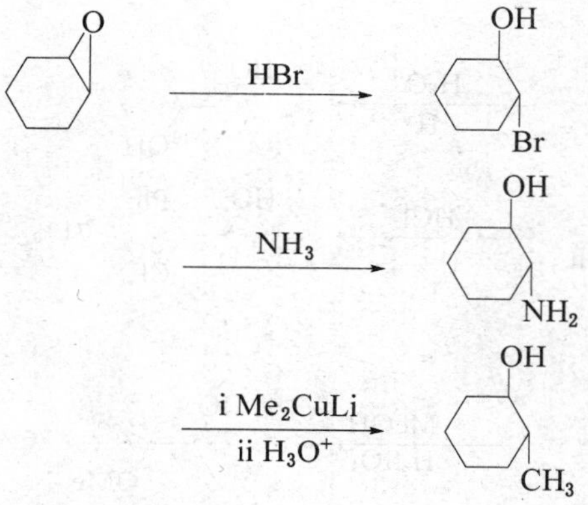

环戊烷环氧化物 $\xrightarrow[\text{EtOH}]{\text{EtONa}}$ 反式-2-乙氧基环戊醇 67%

环戊烷环氧化物 $\xrightarrow{Me_2NH}$ 反式-2-二甲氨基环戊醇

环己烷环氧化物 $\xrightarrow{HBr}$ 反式-2-溴环己醇

$\xrightarrow{NH_3}$ 反式-2-氨基环己醇

$\xrightarrow[\text{ii } H_3O^+]{\text{i } Me_2CuLi}$ 反式-2-甲基环己醇

2,3-环氧丁烷也是反式开环加成：

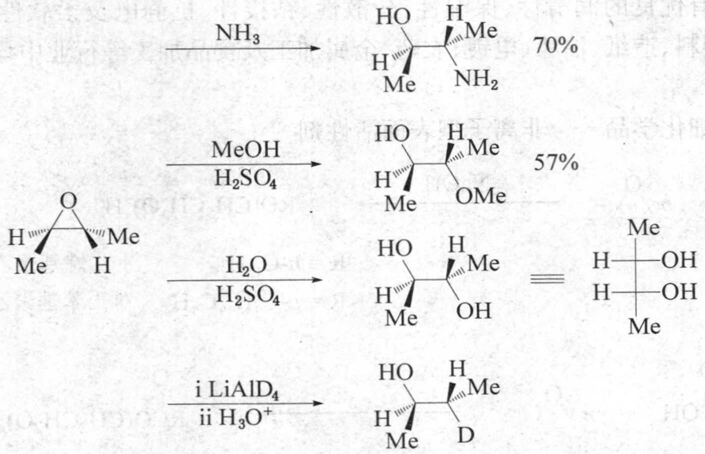

$$\text{环氧丁烷} \xrightarrow{NH_3} \text{产物} \quad 70\%$$

$$\xrightarrow[H_2SO_4]{MeOH} \text{产物} \quad 57\%$$

$$\xrightarrow[H_2SO_4]{H_2O} \text{产物}$$

$$\xrightarrow[ii\ H_3O^+]{i\ LiAlD_4} \text{产物}$$

区域选择性：取代的环氧乙烷，若构造不对称，亲核试剂进攻的区域选择性（regioselectivity）取决于反应的酸碱性条件。

酸性条件下，亲核试剂优先进攻取代较多的 α-碳，似 S_N1 反应，经历较稳定的碳正离子。

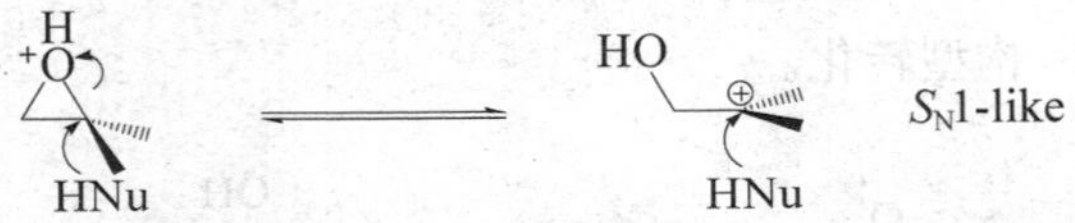

S_N1-like

例：

$$\xrightarrow{HBr}$$

$$\xrightarrow{MeOH/H^+}$$

$$\xrightarrow{H_2O^{18}/H^+}$$

$$\xrightarrow{HCl} \quad 71\%$$

$$\xrightarrow[H_2SO_4]{MeOH} \quad 76\%$$

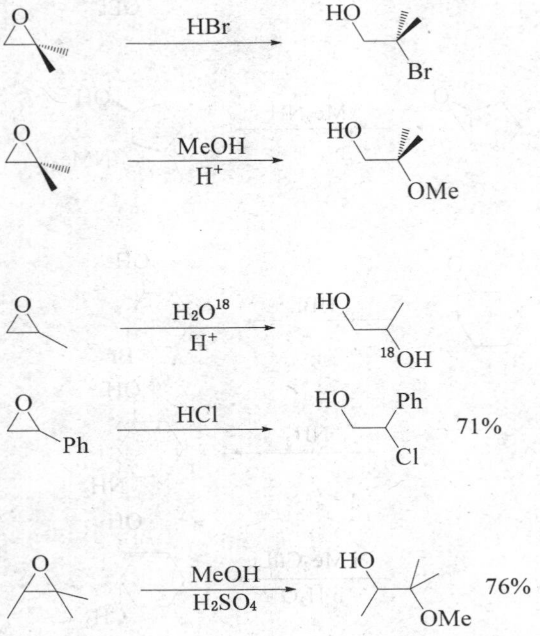

碱性条件下，亲核试剂优先进攻取代较少的 α-碳，似 S_N2 反应，立体效应控制。

第7章 醇 酚 醚 Alcohols, Phenols and Ethers

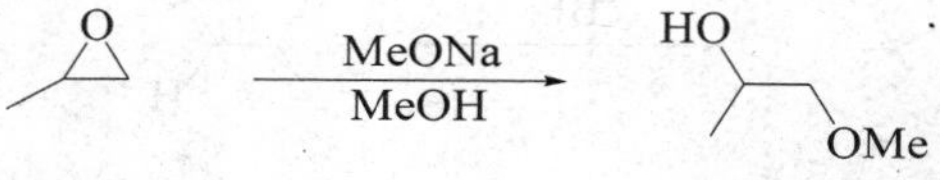

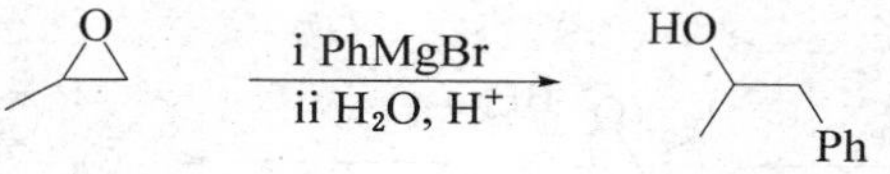

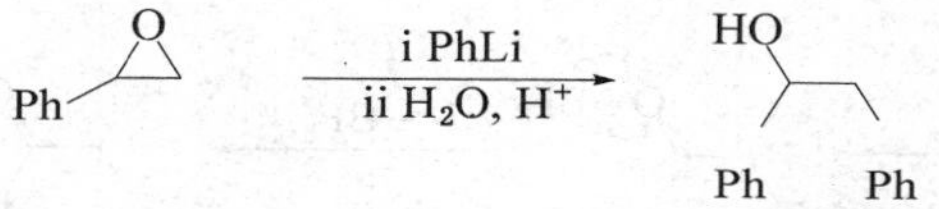

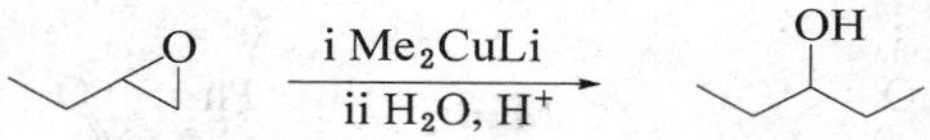

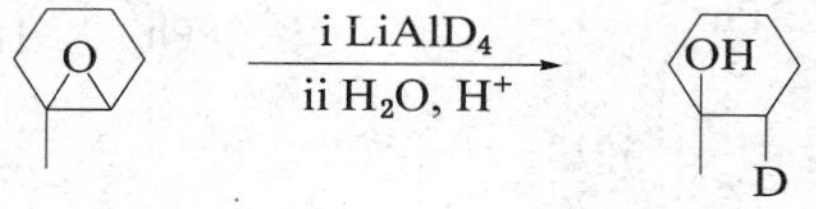

S_N2-like

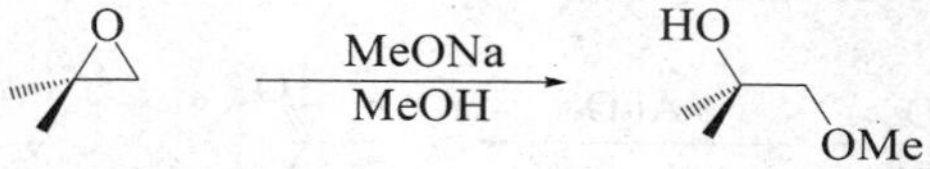

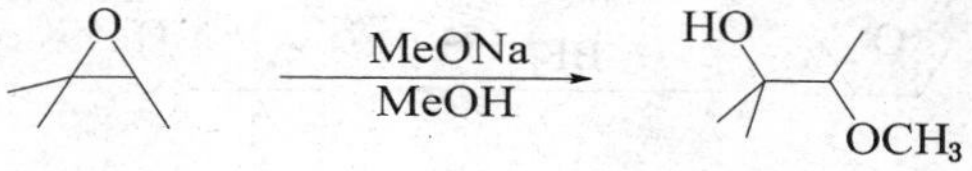

问题 35 完成反应

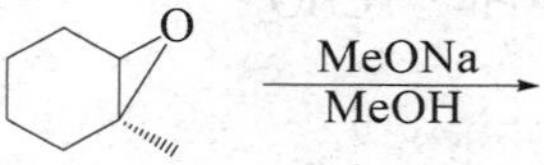

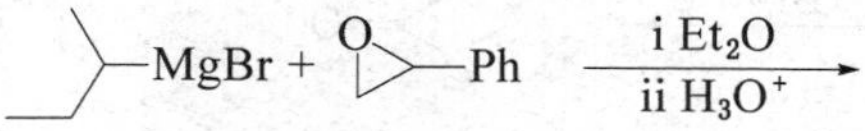

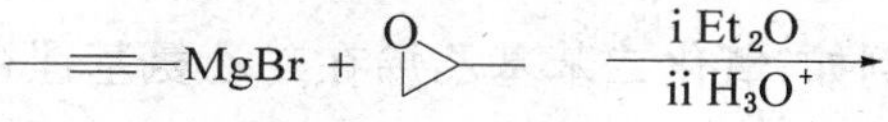

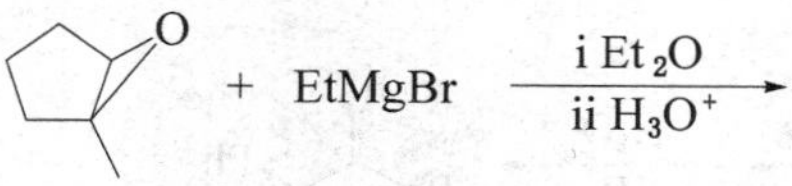

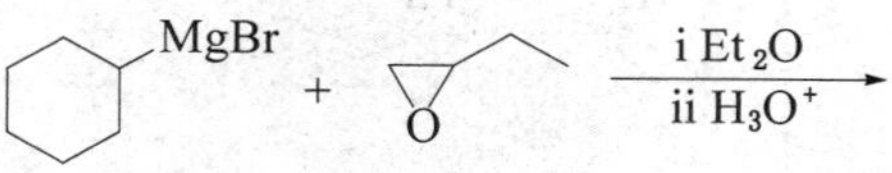

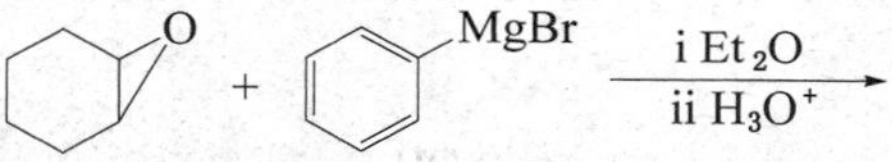

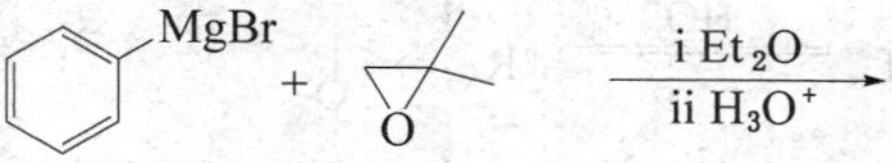

(2) 环氧化物重排

Meinwald 重排：环氧化物在酸（Lewis 酸、酸性氧化物、甚至无机盐）作用下重排成醛酮，称为 Meinwald 重排（Jerrold Meinwald）。例：

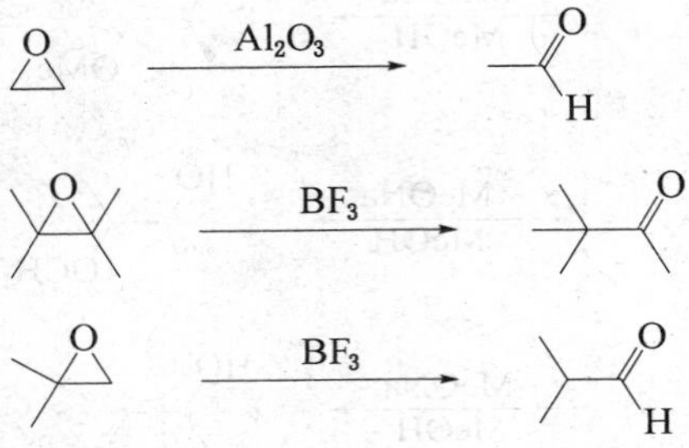

环氧化物重排反应机理

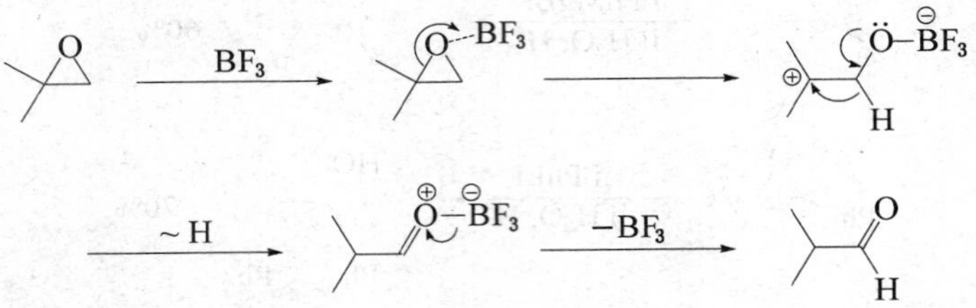

例：

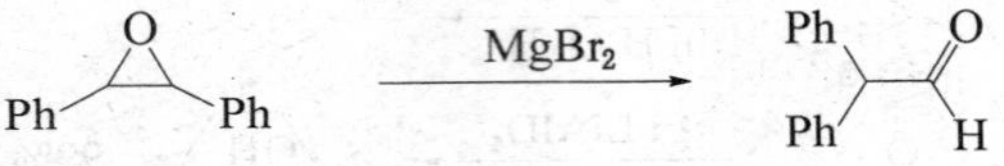

问题 36 建议机理

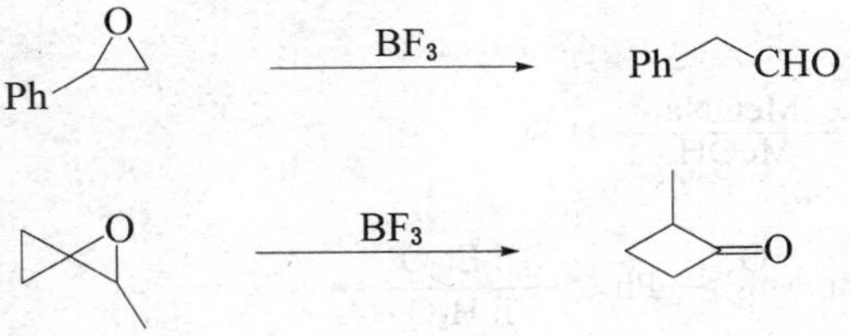

环氧化物在强碱作用下重排成酮。例如，氧化二苯基乙烯在二乙氨基锂存在下重排成二苯基乙酮。

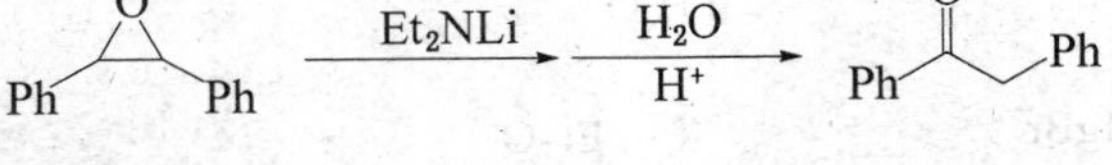

问题 37 建议上述反应机理

Payne 重排：在碱性条件下，2,3-环氧（epoxy）醇异构化，生成新的 2,3-环氧醇，称为 Payne 重排（G. B. Payne，1962）。

Payne 重排机理：

$$R \overset{O}{\triangle} OH \xrightarrow[-H_2O]{HO^-} R \overset{O}{\triangle} O^- \longrightarrow R \overset{O^-}{\underset{}{\triangle}} O$$

问题 38 建议机理

$$BnO \overset{O}{\triangle} OH \xrightarrow[NaOH]{Me_3CSH} BnO \overset{OH}{\underset{OH}{\diagdown}} SCMe_3$$

氮杂-Payne 重排(aza-Payne rearrangement)：氮原子参与的 Payne 重排，例如：

$$\overset{O}{\triangle} NH_2 \xrightarrow[THF, -78\ ^\circ C]{n\text{-BuLi}} \overset{NH}{\underset{OH}{\triangle}} \quad 85\%$$

$$TsHN \overset{O}{\triangle} \underset{KH}{\overset{BF_3 \cdot Et_2O}{\rightleftharpoons}} TsN \overset{}{\triangle} OH$$

2. 环氧化物的制备

过氧酸氧化烯烃

$$Ph \diagup\!\!=\!\!\diagdown Ph \xrightarrow[PhH]{PhCO_3H} \overset{H \overset{O}{\triangle} H}{Ph\ \ Ph} \quad 52\%$$

$$Ph \diagup\!\!=\!\!\diagdown Ph \xrightarrow{CH_3CO_3H} \overset{H \overset{O}{\triangle} Ph}{Ph\ \ H} \quad 78\% \sim 83\%$$

β-卤代醇消去

$$\overset{OH}{\underset{Br}{\bigcirc}} \xrightarrow[H_2O]{NaOH} \overset{O}{\bigcirc} \quad 81\%$$

$$\overset{HO\ Me}{\underset{Me\ Br}{\diagdown}} \xrightarrow[H_2O]{NaOH} \overset{H \overset{O}{\triangle} H}{Me\ Me}$$

$$\overset{HO\ H}{\underset{Me\ Br}{\diagdown Me}} \xrightarrow[H_2O]{NaOH} \overset{H \overset{O}{\triangle} Me}{Me\ H}$$

7.3.5.2 普通环醚

四氢呋喃与过量氢卤酸反应，生成 1,4-二卤代丁烷：

$$\text{(THF)} \xrightarrow{\text{HBr}} \text{Br}\diagup\diagdown\text{OH} \xrightarrow{\text{HBr}} \text{Br}\diagup\diagdown\text{Br}$$

$$\text{(THF)} \xrightarrow[\text{ZnCl}_2]{\text{HCl}} \text{Cl}\diagup\diagdown\text{OH} \xrightarrow[\text{ZnCl}_2]{\text{HCl}} \text{Cl}\diagup\diagdown\text{Cl}$$

1,4-丁二醇酸脱水或 4-卤代丁醇碱消去卤化氢都产生四氢呋喃：

$$\text{HO}\diagup\diagdown\text{OH} \xrightarrow[-\text{H}_2\text{O}]{\text{H}^+} \text{(THF)} \xleftarrow[-\text{HCl}]{\text{HO}^-} \text{Cl}\diagup\diagdown\text{OH}$$

$$\text{CH}_2=\text{CH-CH}_2\text{CH}_2\text{CH(OH)CH}_3 \xrightarrow{\text{H}^+} \text{2,5-二甲基四氢呋喃}$$

问题 39 完成反应并建议机理

$$\xrightarrow{\text{H}^+}$$

两分子乙二醇酸脱水可生成 1,4-二噁烷，两分子环氧乙烷二聚也产生二噁烷：

$$\text{HO}\diagdown\diagup\text{OH} + \text{HO}\diagdown\diagup\text{OH} \xrightarrow[-\text{H}_2\text{O}]{\text{H}^+} \text{(1,4-dioxane)} \xleftarrow{\text{H}^+} \text{环氧乙烷} + \text{环氧乙烷}$$

α-四氢呋喃基甲醇在酸作用下重排生成二氢吡喃（DHP）：

$$\text{THF-CH}_2\text{OH} \xrightarrow{\text{H}^+} \text{DHP}$$

二氢吡喃在酸催化下与醇反应生成四氢吡喃醚（THPOR），这是一种缩醛结构，酸水解给醇，在有机合成中可用于保护羟基。

$$\text{DHP} \xrightarrow[\text{H}^+]{\text{ROH}} \text{THPOR} \xrightarrow[\text{H}^+]{\text{H}_2\text{O}} \text{ROH} + \text{THP-OH}$$

7.3.5.3 冠醚

冠醚（crown ether）是一类大环多醚化合物，最普通的一种是氧化乙烯的低聚体（oligomer of ethylene oxide），重复结构单元是氧乙烯，即 CH_2CH_2O。这一系列的重要成员是四聚体（$n=4$），五聚体（$n=5$），以及六聚体（$n=6$）。

命名：环大小-冠(crown)-氧原子数。例：

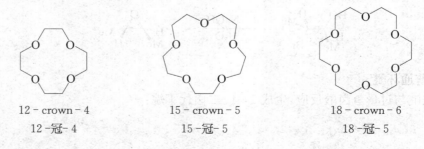

12 - crown - 4　　　15 - crown - 5　　　18 - crown - 6
12 -冠- 4　　　　15 -冠- 5　　　　18 -冠- 5

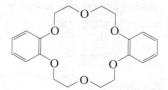

Dibenzo - 18 - crown - 6
二苯并- 18 -冠- 6

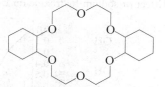

Dicyclohexyl - 18 - crown - 6
二环己基- 18 -冠- 6

系统命名：氧杂环烃。例：

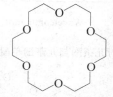

1，4，7，10，13，16 -六氧杂环十八烷

氮杂冠醚（aza - crown ether）与穴醚（cryptand）

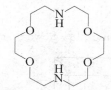

二氮杂- 18 -冠- 6 Diaza - 18 - crown - 6

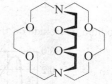

2，2，2 - Cryptand；Cryptand [2.2.2]

冠醚的由来：这类大环多醚的构象类似于皇冠（crown），故称为冠醚。

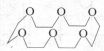

冠醚的发现：20 世纪 60 年代，美国杜邦公司（DuPont Co.）的化学研究人员 C. J. Pedersen 在研究烯烃聚合催化剂的过程中首次发现了冠醚。Pedersen 设想用钒的络合物作催化剂。首先由邻苯二酚和二(2 -氯乙基）醚制备配体 A。实验没有得到所期望的产物，但分离到少量的 (0.4%)纤维状晶体。当时(1962 年)Pedersen 用紫外光谱法(UV)研究产物的结构(图 7-10，图 7-11)。结果发现，这一未知物的 UV 谱不是预期的。A 的 UV 谱应与体系的酸碱度有关，即酚在碱性条件下有红移现象。未知物在甲醇中的溶解度较小，其甲醇溶液的 UV 谱在 275 nm 处有强吸收。加氢氧化钠，未知物在甲醇中的溶解度增加，其 UV 谱有变化，但不像是游离酚羟基的存在。如用能溶于甲醇的钠盐代替氢氧化钠，未知物的溶解度和 UV 谱的变化与加氢氧化钠相同，表明未知物能与钠离子相互作用，UV 谱的变化也是由于这种相互作用的结果。

Effect of sodium hydroxide on the UV spectrum of catechol and catechol monoether

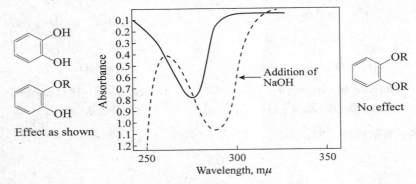

图 7-10　氢氧化钠对儿茶酚与儿茶酚单醚的 UV 谱的影响

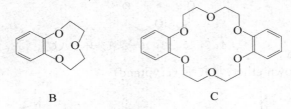

B　　　　　　　　　　C

Effect of sodium hydroxide on the UV spectrum of dibenzo-18-crown-6 in methanol

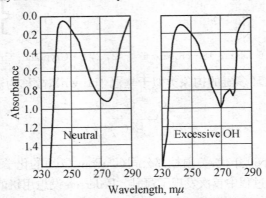

图 7-11　氢氧化钠对二苯并-18-冠-6 的 UV 谱的影响

未知物的元素分析结果与 B 相符,但分子量却是 B 的两倍,即其结构不是 B,而应是 C,也就是二苯并-18-冠-6。这是 Pedersen 合成的第一个冠醚。随后直接用邻苯二酚与二(2-氯乙基)醚反应,二苯并-18-冠-6 的产率可达到 45%～80%。

18-冠-6 的合成

二缩乙二醇(三甘醇)在吡啶存在下与亚硫酰氯反应转化成 1,2-二(2-氯乙氧基)乙烷。二缩乙二醇和 1,2-二(2-氯乙氧基)乙烷在碱性条件下回流反应即生成 18-冠-6。这里钾离子有模板效应(template effect),有利于最后分子内亲核取代关环。

三甘醇　$\xrightarrow{\text{SOCl}_2}{\text{Py}}$　1,2-二(2-氯乙氧基)乙烷

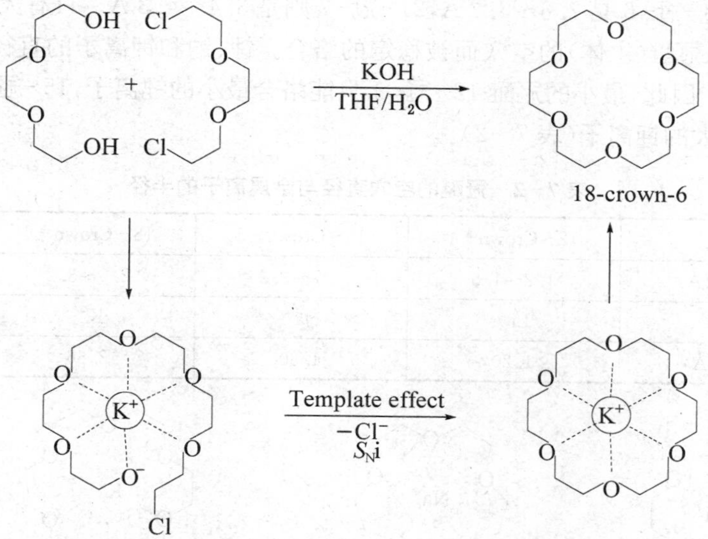

第7章 醇 酚 醚 Alcohols, Phenols and Ethers

溴代二苯并穴醚[2.2.2] (bromodibenzocryptand[2.2.2])的合成：

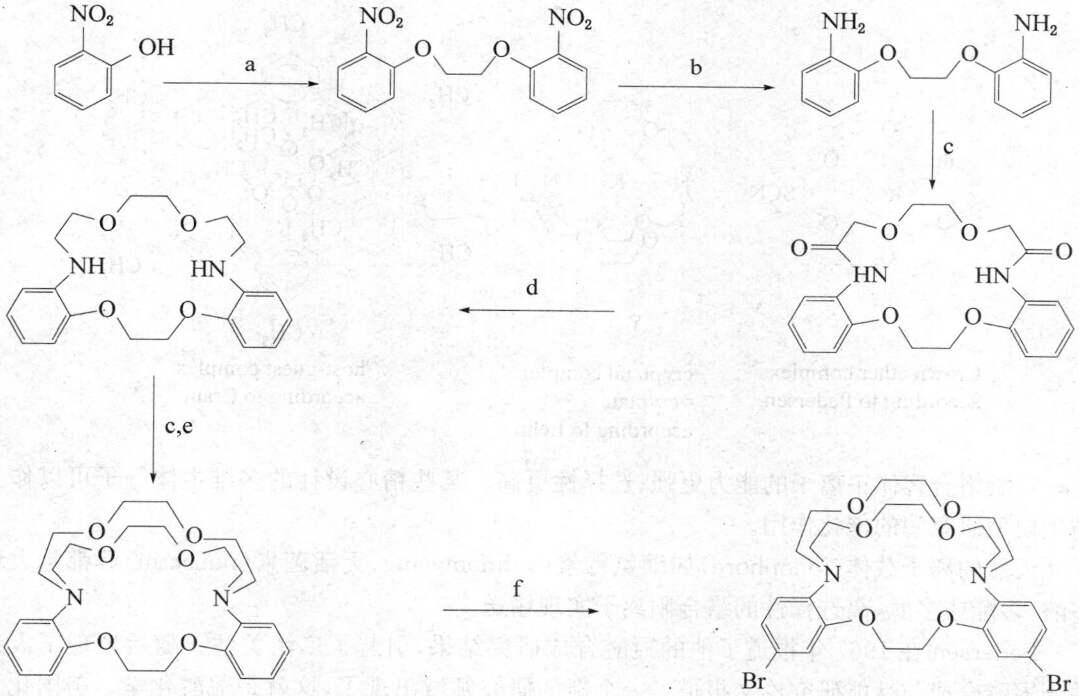

(a) $BrCH_2CH_2Br$, K_2CO_3; (b) 10% Pd/C; (c) $ClCOCH_2OCH_2CH_2OCH_2COCl$;
(d) $LiAlH_4$; (e) Borane; (f) 2,4,4,6-Tetrabromo-2,5-cyclohexadien-1-one

冠醚特性：选择性络合金属离子等客体。冠醚是一种大环多醚，分子内有一空腔，可以容纳一个大小适当的正离子，环上的多个氧原子都可以向其配位，使正离子稳定地保持在空穴内。实验表明，这种环多醚对其他碱金属、碱土金属离子以及其他阳离子甚至中性分子也有选择性的络合作用。

不同冠醚分子的内腔（空穴）大小不同，如12-冠-4的空穴内径是1.2~1.5 Å，15-冠-5

为 1.7～2.2 Å，18-冠-6 是 2.6～3.2 Å，21-冠-7 则是 3.4～4.3 Å。只有大小适当的正离子（客体）才可以进入冠醚（主体）的空穴而被稳定的络合。锂、钠和钾离子的直径分别为 1.20 Å、1.80 Å 和 2.66 Å。因此，最小的冠醚 12-冠-4 只能络合最小的锂离子，15-冠-5 结合钠离子，18-冠-6 配位较大的钾离子（表 7-2）。

表 7-2　冠醚的空穴直径与金属离子的半径

Crown ether	12-Crown-4	15-Crown-5	18-Crown-6	21-Crown-7
Cavity diameter (Å)	1.2～1.5	1.7～2.2	2.6～3.2	3.4～4.3
Metal ion	Li^+	Na^+	K^+	Cs^+
Ionic diameter (Å)	1.20	1.80	2.66	3.34

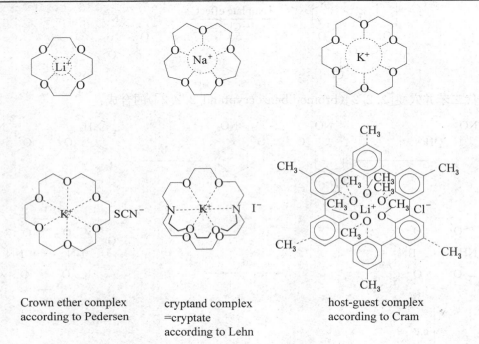

Crown ether complex
according to Pedersen

cryptand complex
=cryptate
according to Lehn

host-guest complex
according to Cram

穴醚络合客体正离子的能力更强、选择性更高。某些精心设计的多维主体分子可以作为仿生模型研究酶的催化作用。

天然的离子载体(ionophore)如缬氨霉素(valinomycin)、无活菌素(nonactin)等都是大环多醚、多酯或多肽，高选择性的络合阳离子实现输送。

Pedersen 在 1967 年报道了他的冠醚合成研究结果，引起了广泛关注。随后出现了大量关于冠醚合成与性能研究论文报道。一个新的研究领域出现了，这就是冠醚化学。美国化学家 C. J. Cram 和法国化学家 J. M. Lehn 也做了开创性的工作，Lehn 首次合成了穴醚，Cram 设计并合成了具有极高络合选择性的主体分子——离子载体。

冠醚化学的开启对于配位化学、分析化学、有机合成、以及生物有机化学与生物无机化学等学科都具有重要的意义，奠定了新的化学交叉研究领域——主-客体化学(host-guest chemistry, Donald J. Cram)或超分子化学(supramolecular chemistry, Jean-Marie Lehn)。

C. J. Pedersen、C. J. Cram 和 J. M. Lehn 由于在冠醚化学领域开创性研究而获得 1987 年的 Nobel 化学奖(The Nobel Prize in Chemistry 1987 was awarded jointly to Donald J.

Cram, Jean-Marie Lehn and Charles J. Pedersen "for their development and use of molecules with structure-specific interactions of high selectivity").

冠醚在有机合成中用作催化剂——相转移催化(phase-transfer catalysis，PTC)。

高锰酸钾不溶于苯,但加少量的冠醚即可溶解,得到"紫色苯"(purple benzene)。

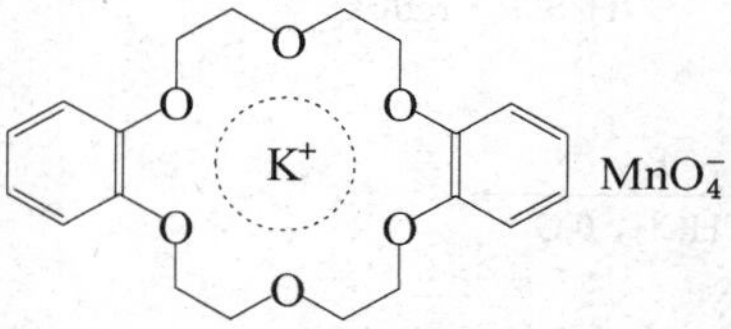

冠醚相转移催化反应举例：

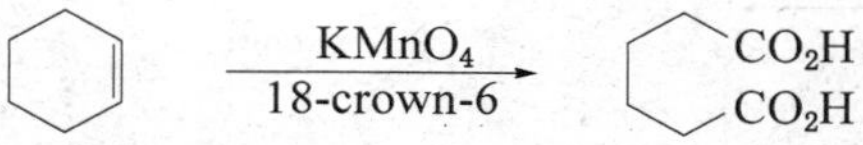

$$\text{环己烯} \xrightarrow[\text{18-crown-6}]{\text{KMnO}_4} \text{己二酸}$$

MeCN, 25℃, 72 h   20%
MeCN, 18-crown-6   100%
25℃, 0.5 h

习题

一、用普通命名法和系统命名法分别命名
1. $C_4H_{10}O$ 写出异构体并命名。
2. $C_5H_{12}O$ 写出异构体并命名。
3. 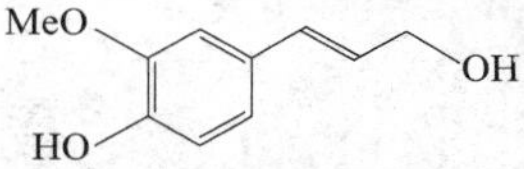 (结构式：MeO-, HO- 取代苯环连接 -CH=CH-CH₂OH)

二、给出结构并系统命名

烯丙醇、苯甲醇、巴豆醇、肉桂醇、频哪醇(pinacol)、水杨醇、薄荷醇、甘醇、二甘醇、甘油、甲酚、儿茶酚、氢醌、苦味酸、丁香酚、环氧氯丙烷、茴香醚、THF、MTBE、BHT、乙二醇二甲醚、二噁烷(二氧六环)。

三、回答问题
1. 讨论正丁醇与叔丁醇的沸点。
2. 讨论正丁醇与叔丁醇的水溶性。
3. 讨论正丁醇、叔丁醇与金属钠的反应性及其盐的反应性。
4. 乙二醇及其甲醚的沸点随分子量增大而降低。

$\begin{array}{c}CH_2OH\\CH_2OH\end{array}$	$\begin{array}{c}CH_2OH\\CH_2OCH_3\end{array}$	$\begin{array}{c}CH_2OCH_3\\CH_2OCH_3\end{array}$
bp 198℃	125℃	84℃

四、完成反应

1. 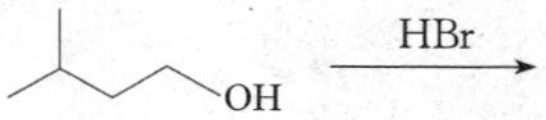 (3-甲基丁醇) $\xrightarrow{\text{HBr}}$

2. (2-戊醇) $\xrightarrow[\text{Py}]{\text{SOCl}_2}$

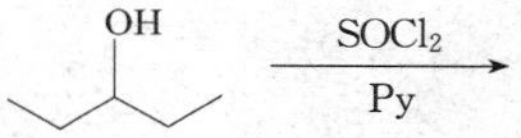

3. 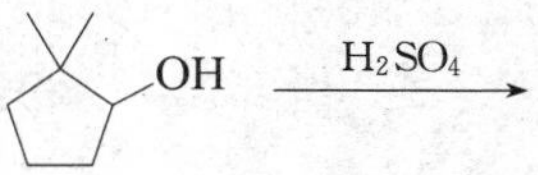 (1-甲基环戊醇) $\xrightarrow{\text{H}_2\text{SO}_4}$

4. 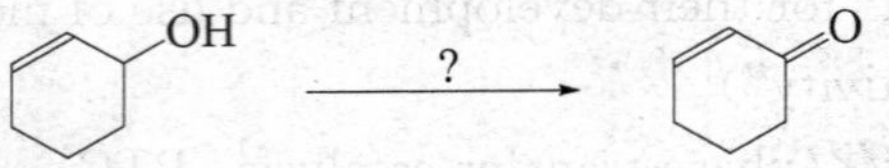 cyclohex-2-en-1-ol →(?)→ cyclohex-2-enone

5. 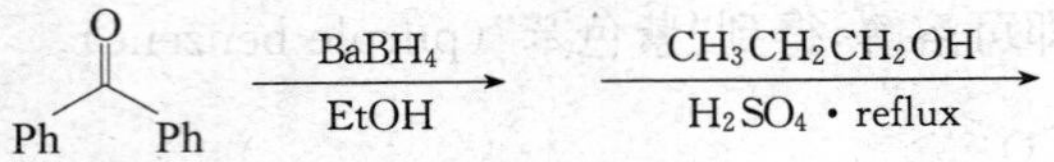 Ph-CO-Ph $\xrightarrow{\text{BaBH}_4 / \text{EtOH}}$ $\xrightarrow{\text{CH}_3\text{CH}_2\text{CH}_2\text{OH} / \text{H}_2\text{SO}_4 \cdot \text{reflux}}$

6. 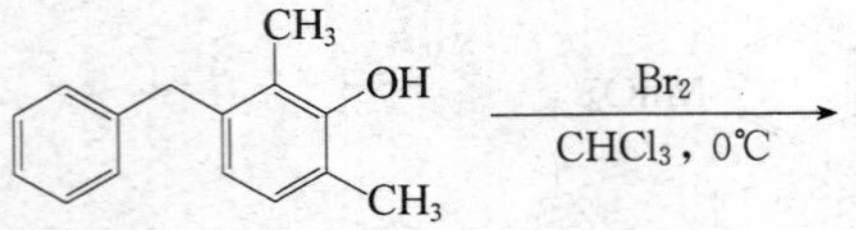 2,6-dimethyl-4-benzylphenol $\xrightarrow{\text{Br}_2 / \text{CHCl}_3, 0°C}$

7. 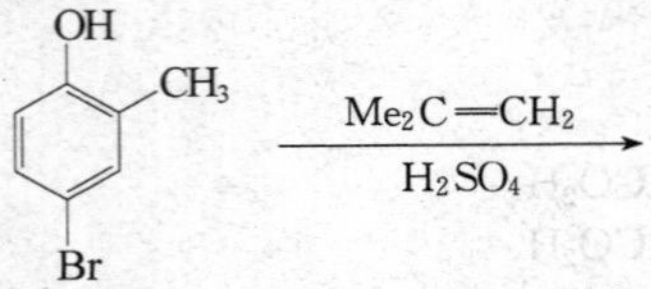 4-bromo-2-methylphenol $\xrightarrow{\text{Me}_2\text{C}=\text{CH}_2 / \text{H}_2\text{SO}_4}$

8. 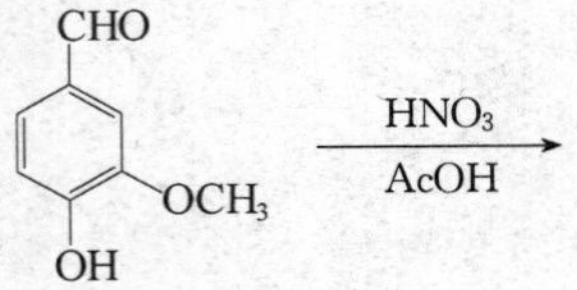 4-hydroxy-3-methoxybenzaldehyde $\xrightarrow{\text{HNO}_3 / \text{AcOH}}$

9. 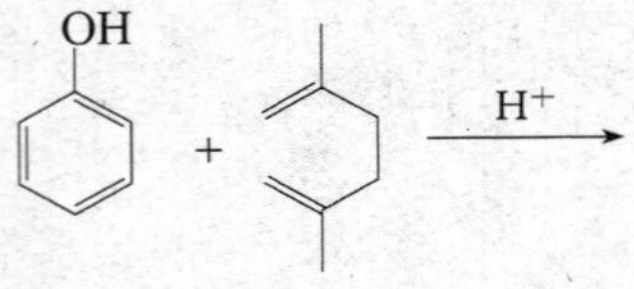 PhOH + (isoprenyl diene) $\xrightarrow{\text{H}^+}$

10. $\text{Me}_3\text{CCH}_2\text{OCH}_3$ $\xrightarrow{\text{HBr}}$

11.  sec-Bu-O-tBu $\xrightarrow{\text{HI}}$

12. 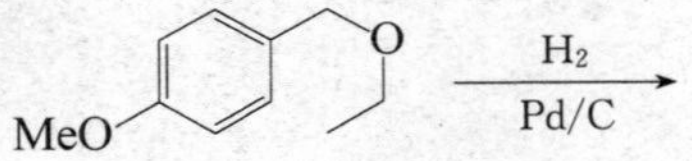 MeO-C$_6$H$_4$-CH$_2$-O-Et $\xrightarrow{\text{H}_2 / \text{Pd/C}}$

13. 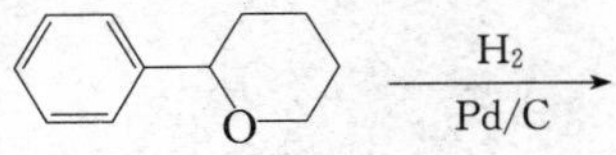 2-phenyltetrahydropyran $\xrightarrow{\text{H}_2 / \text{Pd/C}}$

14. 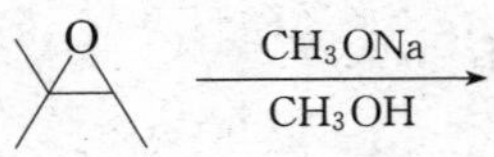 2,2-dimethyloxirane $\xrightarrow{\text{CH}_3\text{ONa} / \text{CH}_3\text{OH}}$

15. 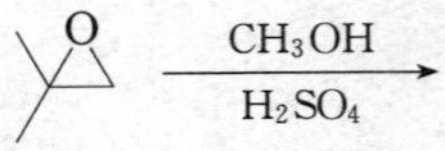 2,2-dimethyloxirane $\xrightarrow{\text{CH}_3\text{OH} / \text{H}_2\text{SO}_4}$

16. 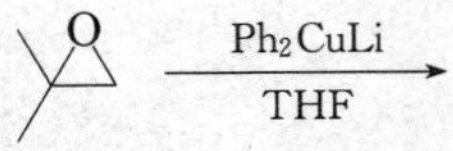 2,2-dimethyloxirane $\xrightarrow{\text{Ph}_2\text{CuLi} / \text{THF}}$

17. 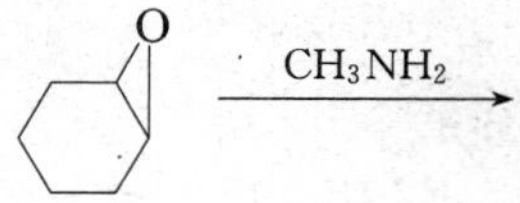 cyclohexene oxide + CH₃NH₂ →

18. 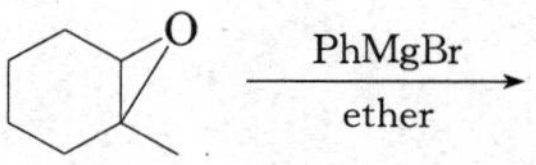 1-methylcyclohexene oxide + PhMgBr / ether →

19. 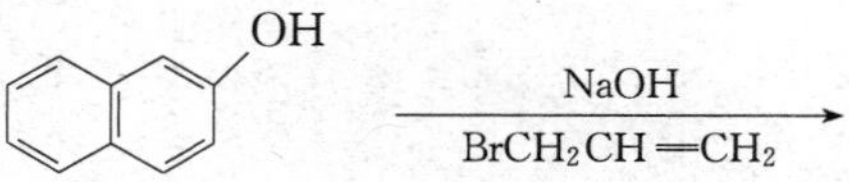 2-naphthol + BrCH₂CH=CH₂ / NaOH →

20. 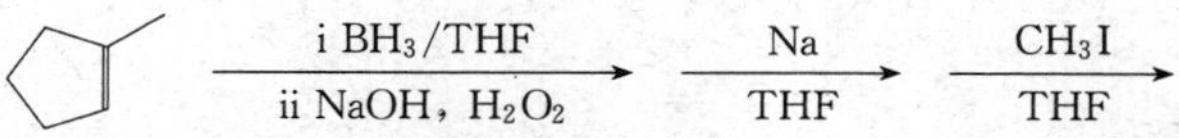 1-methylcyclopentene $\xrightarrow{\text{i } BH_3/THF}{\text{ii NaOH, } H_2O_2}$ $\xrightarrow{\text{Na}}{\text{THF}}$ $\xrightarrow{\text{CH}_3\text{I}}{\text{THF}}$

21. 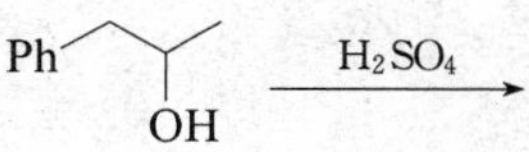 PhCH₂CH(OH)CH₃ $\xrightarrow{H_2SO_4}$

22. 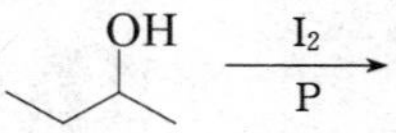 2-butanol $\xrightarrow{I_2 / P}$

23. 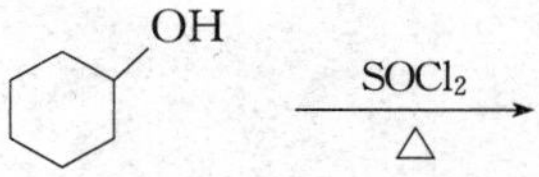 cyclohexanol $\xrightarrow[\triangle]{SOCl_2}$

24. 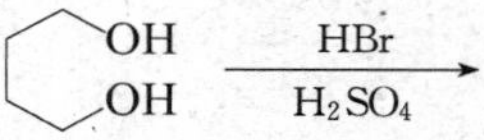 1,2-cyclohexanediol $\xrightarrow{HBr / H_2SO_4}$

25. 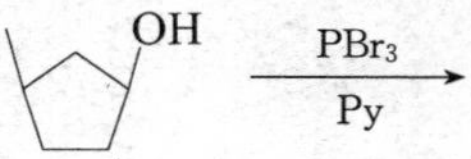 cyclopentanol $\xrightarrow{PBr_3 / Py}$

26. 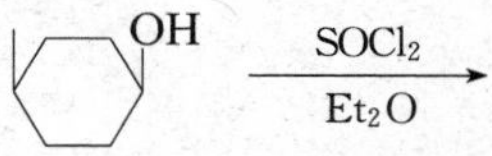 2-methylcyclohexanol $\xrightarrow{SOCl_2 / Et_2O}$

27. 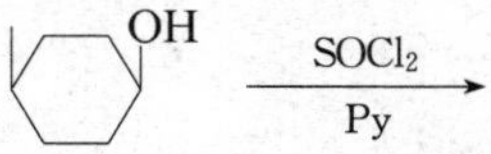 2-methylcyclohexanol $\xrightarrow{SOCl_2 / Py}$

28. 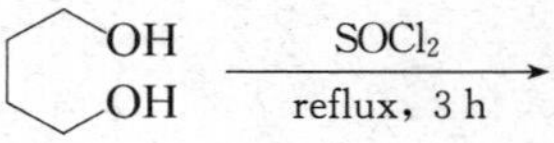 1,2-cyclohexanediol $\xrightarrow{SOCl_2, \text{ reflux, 3 h}}$

29. 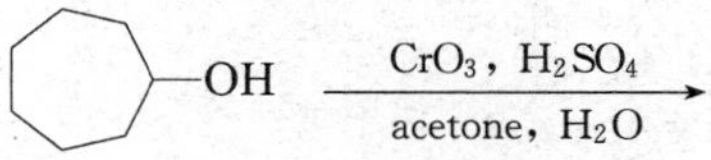 cycloheptanol $\xrightarrow{CrO_3, H_2SO_4 / \text{acetone, } H_2O}$

30. 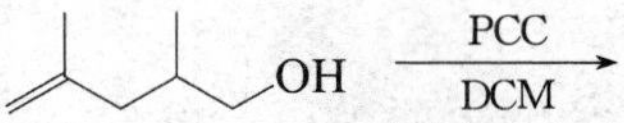 2,4-dimethyl-4-penten-1-ol $\xrightarrow{PCC / DCM}$

31. 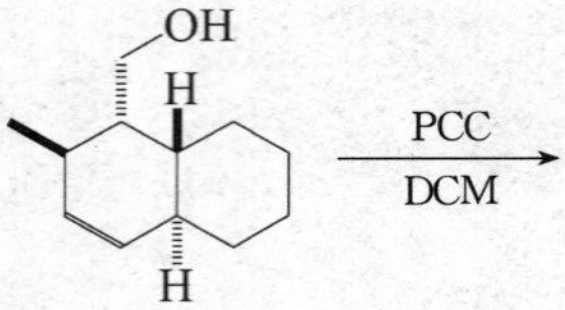 [structure: bicyclic compound with CH2OH] —PCC/DCM→

32. 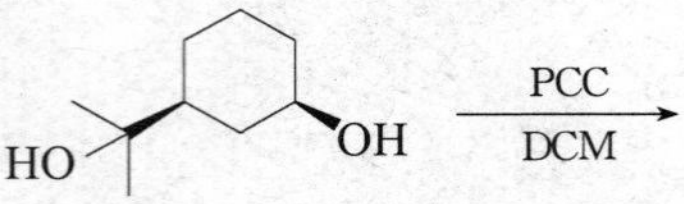 [structure: cyclohexane with HO-C(CH3)2 and OH] —PCC/DCM→

33. 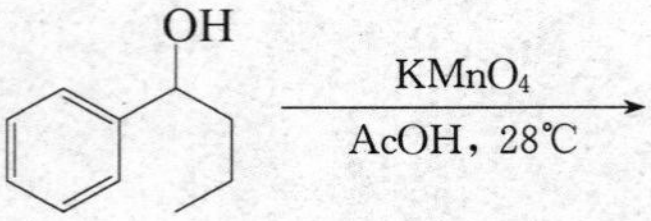 [structure: PhCH(OH)CH2CH2CH3] —KMnO4, AcOH, 28°C→

34. 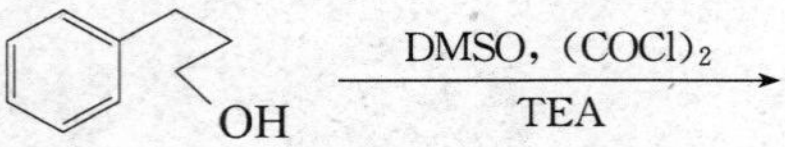 PhCH2CH2OH —DMSO, (COCl)2 / TEA→

35. 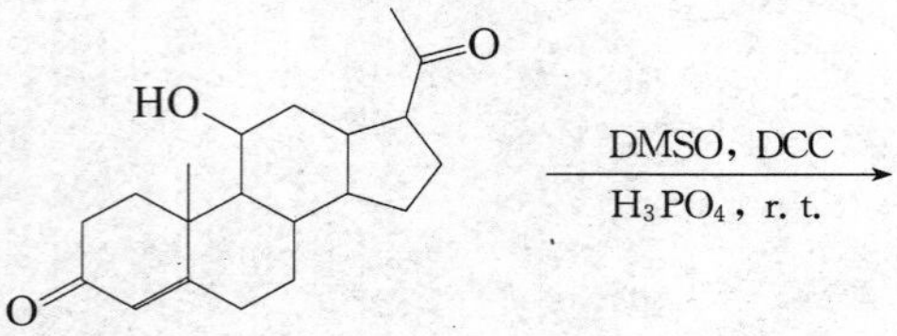 [steroid structure with HO, C=O, and enone] —DMSO, DCC / H_3PO_4, r.t.→

36. 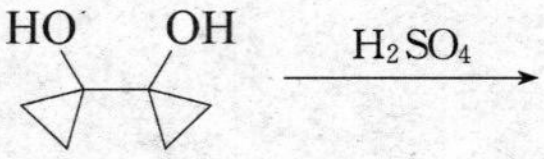 [bis(1-hydroxycyclopropyl)] —H_2SO_4→

37. 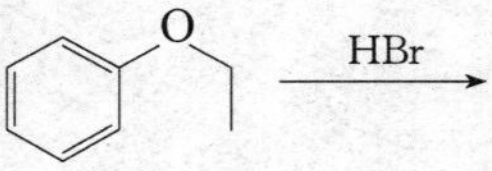 PhOEt —HBr→

38. $CH_3CH_2CH_2OH$ —NaH→ —EtBr→

39. 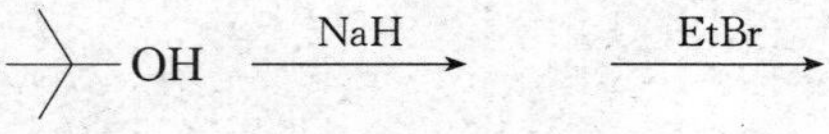 (CH3)3C–OH —NaH→ —EtBr→

40. 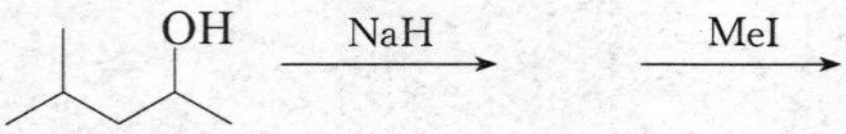 [(CH3)2CHCH2CH(OH)CH3] —NaH→ —MeI→

41. Ph2CH–OH + CH3CH2CH2Br —NaH→

42. CH3SH + ClCH2CH2OH —NaOH→

43. 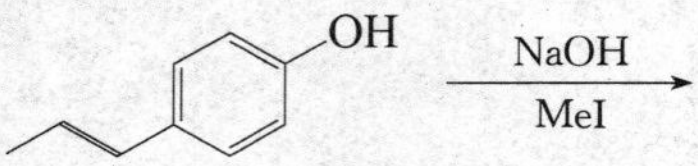 [4-propenylphenol] —NaOH / MeI→

44. 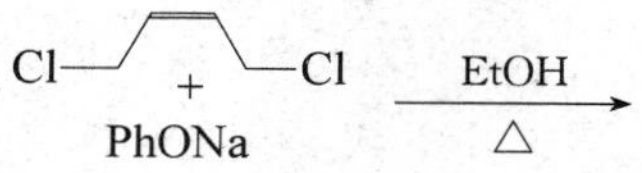 ClCH₂CH=CHCH₂Cl + PhONa $\xrightarrow[\triangle]{\text{EtOH}}$

45. 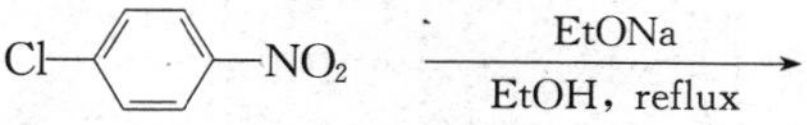 4-Cl-C₆H₄-NO₂ $\xrightarrow[\text{EtOH, reflux}]{\text{EtONa}}$

46. 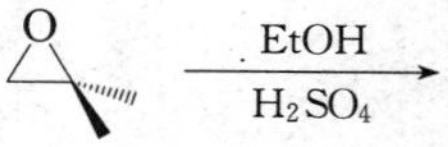 (2-methyloxirane) $\xrightarrow[\text{H}_2\text{SO}_4]{\text{EtOH}}$

47. 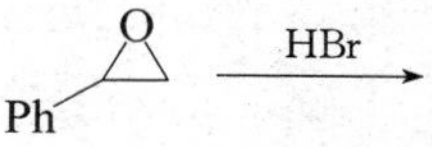 (2-phenyloxirane) $\xrightarrow{\text{HBr}}$

48. 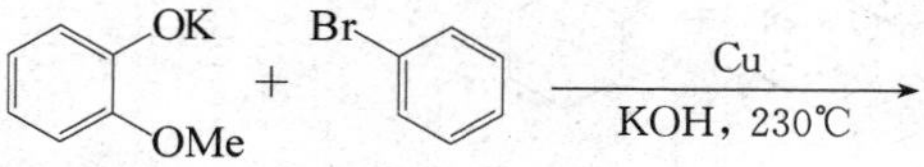 2-methoxyphenol potassium salt + PhBr $\xrightarrow[\text{KOH, 230℃}]{\text{Cu}}$

五、建议机理

1. 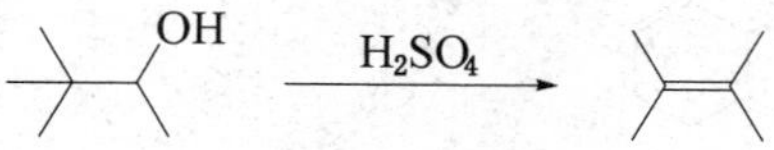 3-methyl-2-butanol $\xrightarrow{\text{H}_2\text{SO}_4}$ 2-methyl-2-butene

2. 1-cyclobutylethanol $\xrightarrow{\text{H}^+}$ 1-methylcyclopentene

3. 1-(1-hydroxycyclopropyl)ethanol (diol) $\xrightarrow{\text{H}_2\text{SO}_4}$ 2-methylcyclobutanone

4. 1-vinylcyclopropanol $\xrightarrow{\text{H}^+}$ 2-methylcyclobutanone

5. 3,3-dimethyl-1-butene $\xrightarrow[\text{H}_2\text{O}]{\text{H}_2\text{SO}_4}$ 2,3-dimethyl-2-butanol

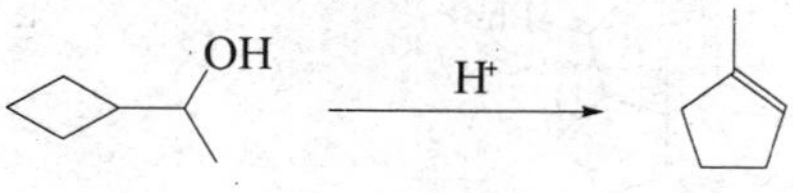

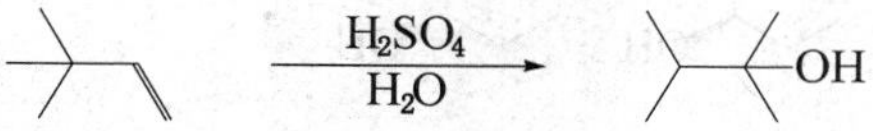

6. 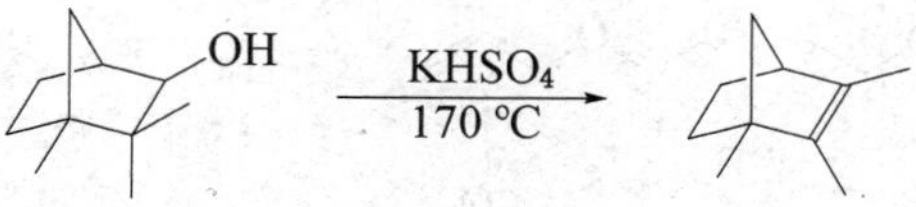 camphor-like alcohol $\xrightarrow[170\,℃]{\text{KHSO}_4}$ alkene

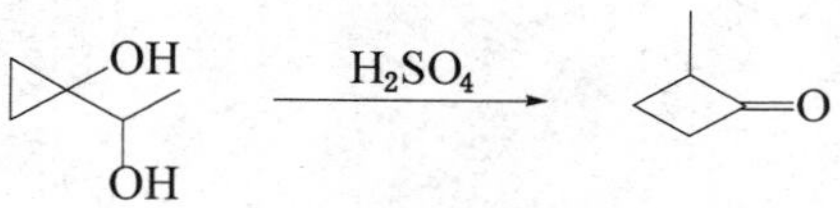

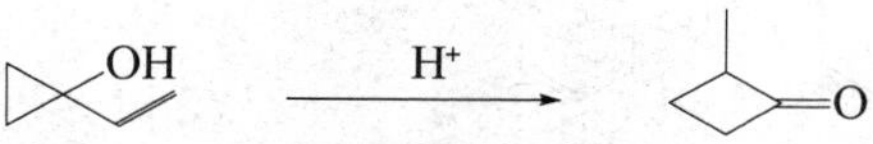

7. 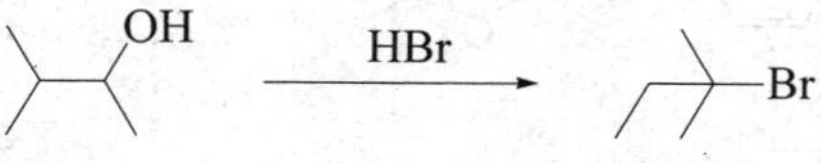 3-methyl-2-butanol $\xrightarrow{\text{HBr}}$ 2-bromo-2-methylbutane

8. 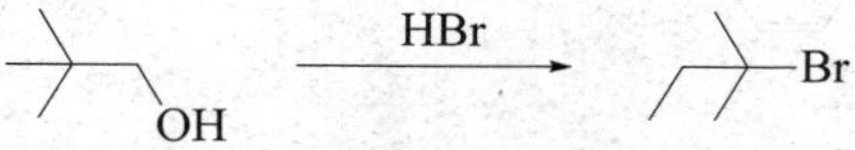 neopentyl alcohol $\xrightarrow{\text{HBr}}$ 2-bromo-2-methylbutane

9. 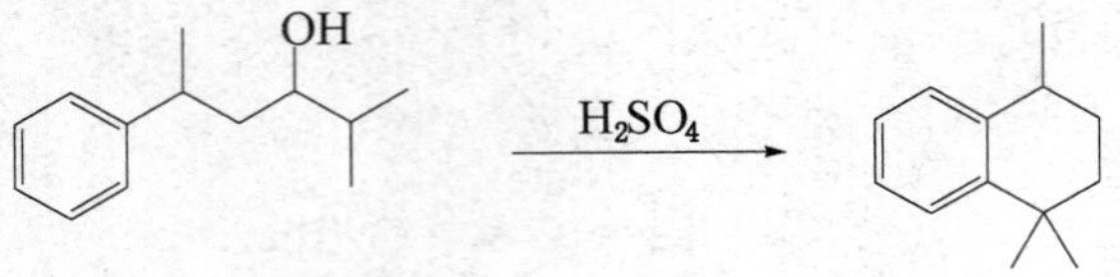 [reaction: PhCH(CH₃)CH₂CH(OH)CH(CH₃)₂ + H₂SO₄ → 1,4,4-trimethyltetralin]

10. 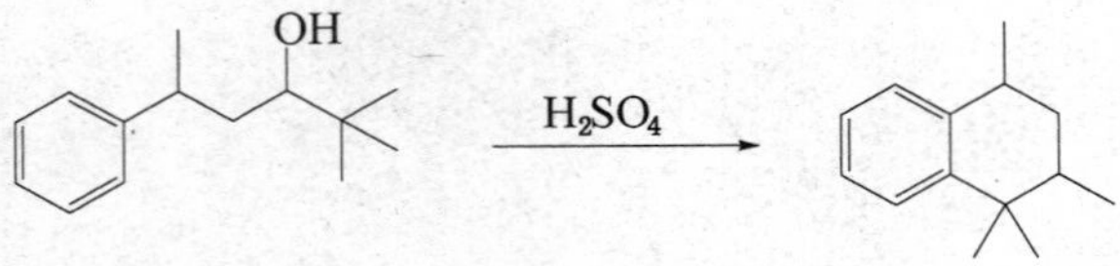 [reaction: PhCH(CH₃)CH₂CH(OH)C(CH₃)₃ + H₂SO₄ → 1,3,4,4-tetramethyltetralin]

11. 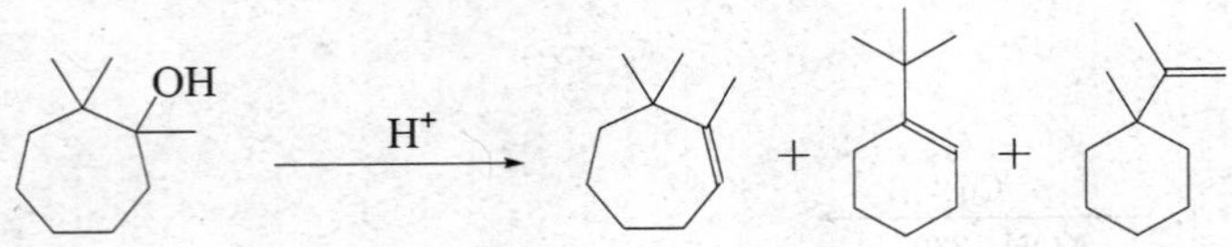 [reaction: 1,2,2-trimethylcycloheptanol + H⁺ → cycloheptene + cyclohexene derivatives]

12. 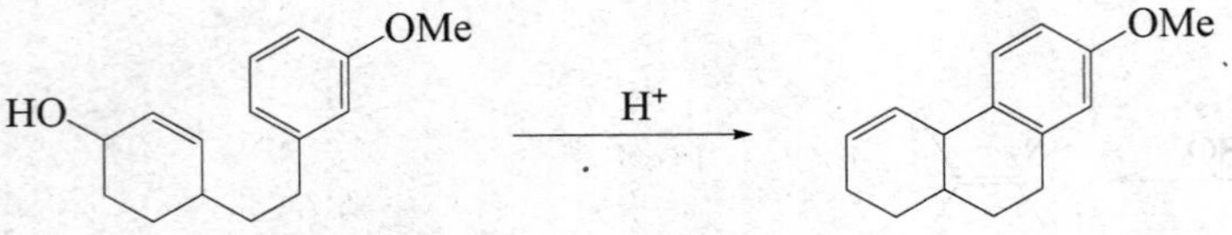 [reaction: HO-cyclohexenyl-CH₂CH₂-C₆H₄-OMe + H⁺ → phenanthrene-OMe derivative]

13. 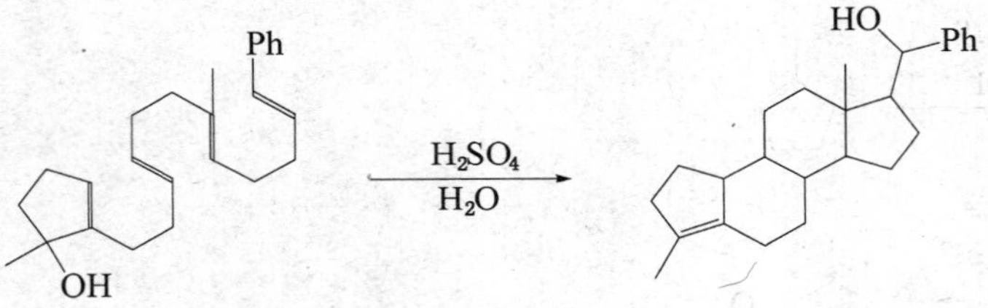 [reaction: polyene with Ph group + H₂SO₄/H₂O → steroid-like structure with HO-CH(Ph)]

六、完成转化

1. cyclohexanol → cyclohexene, 2-cyclohexenol, 2-cyclohexenone, cyclohexyl ethyl ether, 3-cyclohexenyl ethyl ether, cyclohexenyl vinyl ether, trans-1,2-cyclohexanediol, cis-1,2-cyclohexanediol

2. THF → adiponitrile, 1,4-diethoxybutane, benzo-fused dioxane, PhO(CH₂)₄OPh, PhCH₂O(CH₂)₄OCH₂Ph, benzodioxane

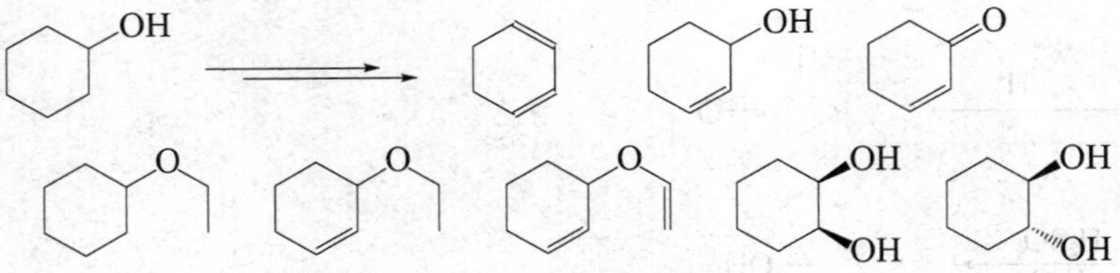

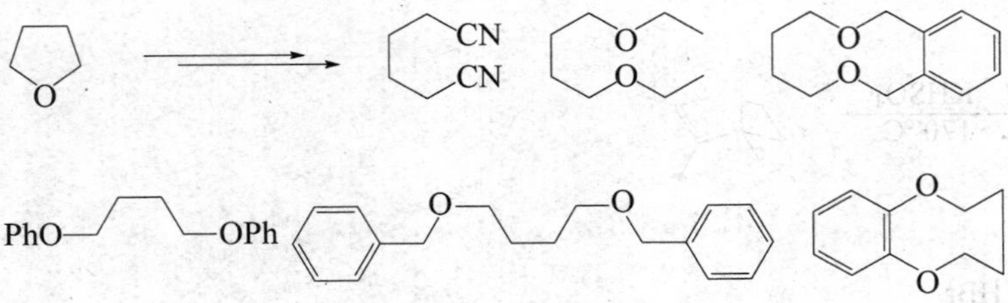

3. HO-C₆H₄-C₂H₅ → HO-C₆H₄-CO₂H

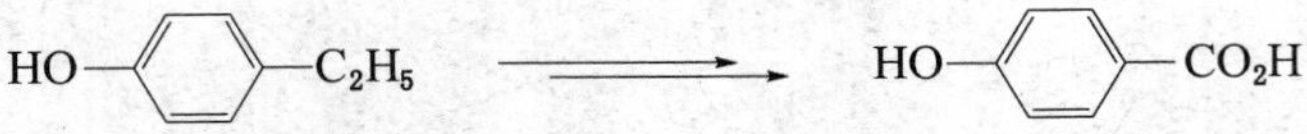

第7章 醇 酚 醚 Alcohols, Phenols and Ethers

4. 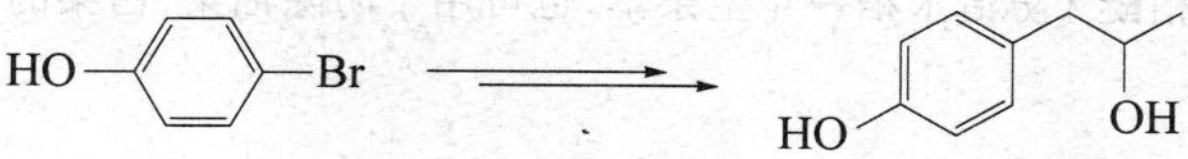 HO—C₆H₄—Br ⟶ HO—C₆H₄—CH₂CH(OH)CH₃

5. 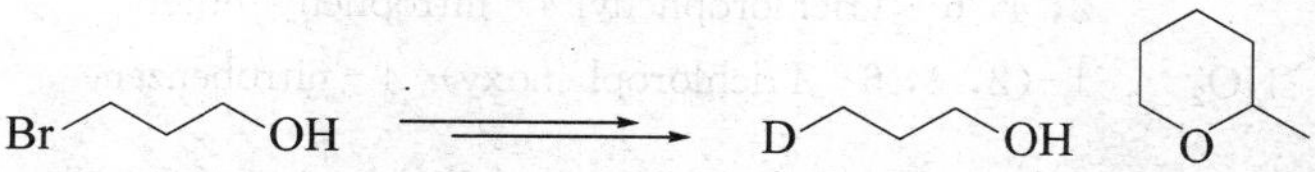 Br—CH₂CH₂CH₂—OH ⟶ D—CH₂CH₂CH₂—OH + 2-methyltetrahydropyran

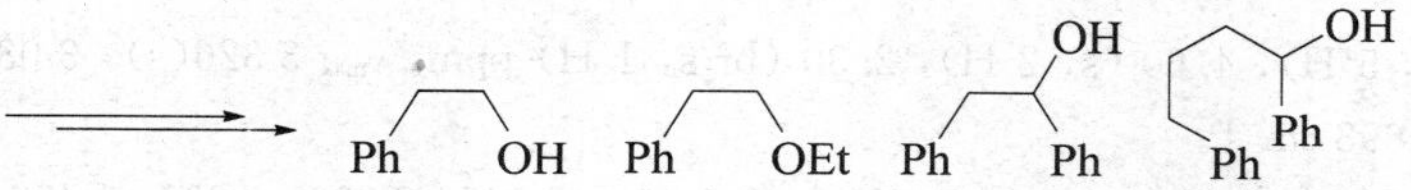

七、合成设计

1. 乙烯 ⟶ BuOH, BuOCH₂CH₂OH, EtOCH₂CH₂OH, BrCH₂CH₂OCH₂CH₂OCH₂CH₃ 等产物

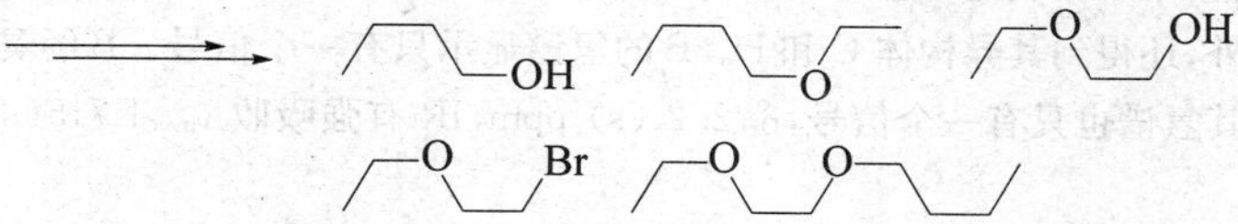

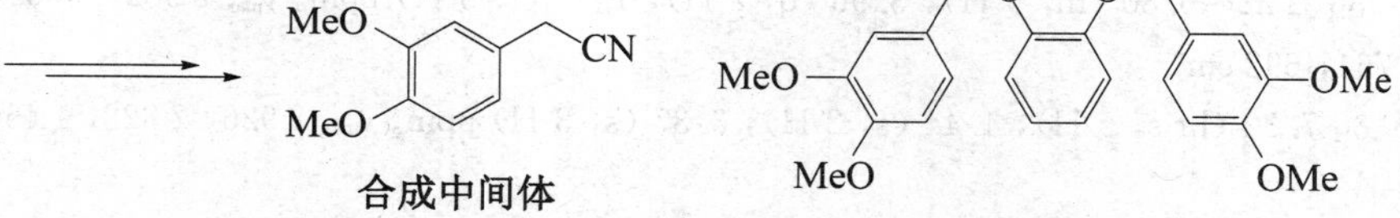

2. C_{2-4} 醇 ⟶ 多种醇产物 (正戊醇、异戊醇、2-戊醇、4-甲基-2-戊醇、正己醇、2-己醇等)

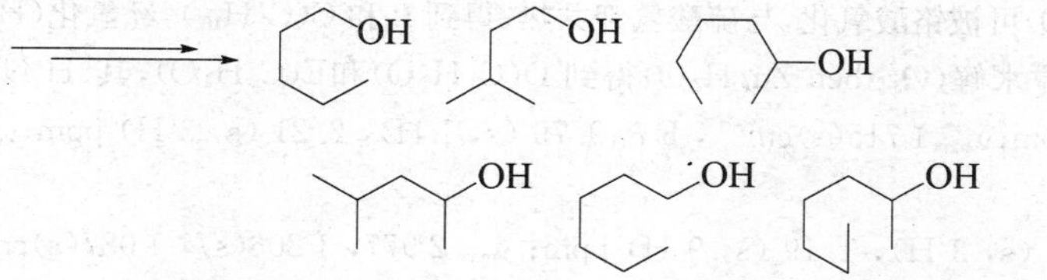

3. 苯、C_2 ⟶ PhCH₂OH, PhCH₂OEt, PhCH(OH)CH₃, PhCH₂CH₂CH(OH)CH₃, Ph₂CHCH(OH)...

4. 苯 ⟶ 对叔丁基苯酚，2,6-二溴-4-叔丁基苯酚，PhOCH₂CH₂OH，PhOEt，PhOCH₂CH=CH₂

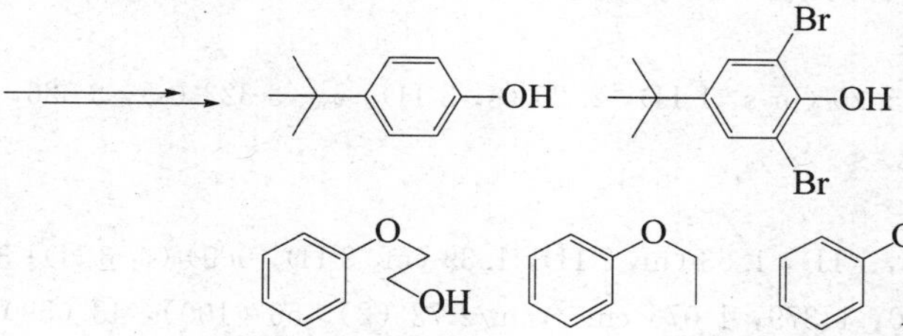

5. 环己醇 ⟶ 环己醇（取代），环己烯，2-甲基环己酮

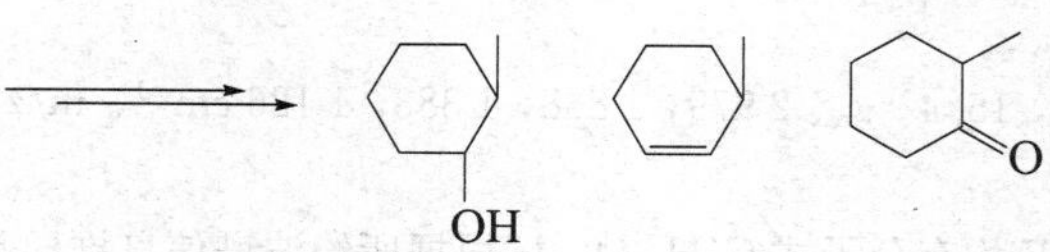

6. 儿茶酚 ⟶ 3,4-二甲氧基苯乙腈（合成中间体），以及双(3,4-二甲氧基苄基)邻苯二酚醚

7. 萘 ⟶ 2-萘酚，2-甲氧基萘（橙花醚 Nerolin），1-(异丙氨基)-3-(1-萘氧基)-2-丙醇（治疗心脏病药物 Propranolol 普奈洛尔）

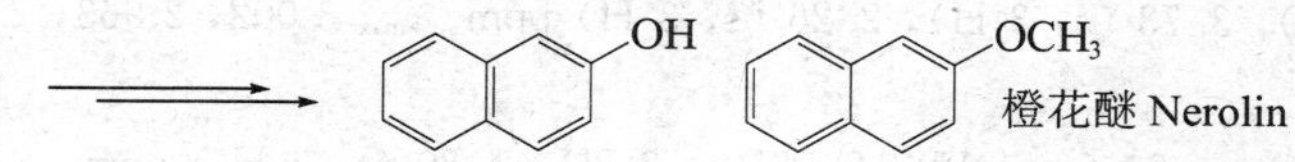

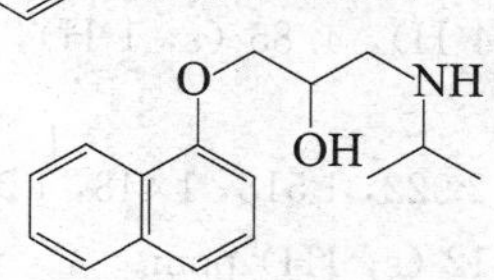

8. 由乙醇合成三乙醇胺。

   $CH_3CH_2OH \longrightarrow N(CH_2CH_2OH)_3$

9. 由苯酚、氯苯合成低毒除草剂草枯醚（防治水稻一年生杂草，也可用于防除油菜、白菜的禾本科杂草）。

草枯醚 Chlornitrofen
2,4,6 - Trichlorophenyl 4 - nitrophenyl ether
1 - (2,4,6 - Trichlorophenoxy) - 4 - nitrobenzene

八、结构推导

1. 化合物 A($C_6H_{14}O$) 经 Collins 氧化，ν_{max} 3 300 cm^{-1} 带消失转而出现 1 710 cm^{-1} 强峰，与硫酸氢钾共热，除得到主要产物 B(C_6H_{12}) 外，还得到其异构体 C 和 D。B 的氢谱显示只有一个信号。B 经臭氧化-还原水解只得一种产物 E(C_3H_6O)，其氢谱也只有一个信号，δ_H 2.2 (s) ppm，IR 有强吸收 ν_{max} 1 715(s) cm^{-1}。试给出 A～E 的结构。

2. 化合物 A($C_5H_{12}O$) 可被铬酸氧化，与硫酸氢钾共热，得到 B 和 C(C_5H_{10})，经氢化(H_2/Ni)处理都得到异戊烷。B 经臭氧化-还原水解(O_3 then Zn/H_2O)得到 D(C_3H_6O)和 E(C_2H_4O)，其 ^{1}H NMR 与 IR 数据如示：D δ_H 2.16(s, 6 H) ppm；ν_{max} 1 715(s) cm^{-1}，E δ_H 9.79 (s, 1 H), 2.21 (s, 3 H) ppm；ν_{max} 1 727(s) cm^{-1}。试给出 A～E 的结构。

3. $C_5H_{12}O$　δ_H 3.21 (s, 3 H), 1.19 (s, 9 H) ppm；ν_{max} 2 977, 1 206(s), 1 087(s) cm^{-1}。

4. C_7H_8O

A　δ_H 7.31 (br s, 5 H), 4.60 (s, 2 H), 2.30 (br s, 1 H) ppm。ν_{max} 3 326(s), 3 031, 2 932, 1 611, 1 497, 1 018(s), 736, 698 cm^{-1}。

B　δ_H 7.26～6.88 (m, 5 H), 3.75 (s, 3 H)。ν_{max} 3 033, 2 945, 2 836, 1 601, 1 498, 1 248(s), 1 041(s), 755, 692 cm^{-1}。

C　δ_H 7.0～6.72 (dd, 4 H), 5.20 (br s, 1 H), 2.25 (s, 3 H)。ν_{max} 3 322 (s), 3 026, 2 922, 1 600, 1 514, 1 463, 1 237 (s), 816 cm^{-1}。

5. $C_4H_{10}O$

A　δ_H 3.63 (t, 2 H), 2.24 (s, 1 H), 1.53 (m, 2 H), 1.39 (m, 2 H), 0.94 (t, 3 H); δ_C 62.3, 34.9, 19.1, 13.9 ppm。ν_{max} 3 333, 2 960, 1 379, 1 073 cm^{-1}, m/z 73 (2), 56 (100), 43 (59), 42 (31.6), 41 (66), 31 (83)。

B　δ_H 3.47 (q), 1.21 (t); δ_C 66, 15.4。ν_{max} 2 979, 2 868, 1 383, 1 126 cm^{-1}。m/z 74 (44), 59 (67), 31 (100)。

6. MS 显示，化合物 A、B、C、D 和 E 均有分子式 $C_8H_{10}O$。试根据所给波谱信息推导其结构。

A　δ_H 7.22～6.80 (m, 5 H), 3.96 (q, 2 H), 1.37 (t, 3 H) ppm。ν_{max} 2 982, 1 602, 1 498, 1 246(s), 1 049, 764, 692 cm^{-1}。

B　δ_H 7.32 (br s, 5 H), 4.44 (s, 2 H), 3.37 (s, 3 H) ppm。ν_{max} 2 926, 2 822, 1 466, 1 382, 1 102(s) cm^{-1}。

C　δ_H 7.05～6.78 (dd, 4 H), 3.73 (s, 3 H), 2.26 (s, 3 H) ppm。ν_{max} 3 002, 2 963, 2 836, 1 614, 1 513, 1 249(s), 1 039, 818 cm^{-1}。

D　δ_H 7.06～6.76 (dd, 4 H), 4.85 (s, 1 H), 2.58 (q, 2 H), 1.20 (t, 3 H) ppm。ν_{max} 3 263(s), 1 246(s), 1 039, 826 cm^{-1}。

E　ν_{max} 3 371(s), 3 022, 2 922, 1 518, 1 448, 1 030 (s), 810 (s) cm^{-1}。δ_H 7.29—7.05 (dd, 4 H), 4.57 (s, 2 H), 2.33 (s, 3 H), 2.12 (s, 1H) ppm。

7. $C_9H_{12}O$

ν_{max} 3 318(s), 2 960, 1 611, 1 513, 1 222 (s), 823 cm^{-1}。δ_H 7.10～6.76 (dd, 4 H), 4.80 (br s, 1 H), 2.85 (m, 1 H), 1.21 (d, 6 H) ppm; δ_C 153.0, 141.4, 127.5, 115.3, 33.3, 24.2 ppm。